U0895882

中 国 国 家 标 准 汇 编

503

GB 26370～27410

（2010 年制定）

中国标准出版社　编

中国质检出版社
中国标准出版社

北　京

图书在版编目（CIP）数据

中国国家标准汇编：2010年制定．503：GB 26370～27410/中国标准出版社编．—北京：中国标准出版社，2012
ISBN 978-7-5066-6536-0

Ⅰ．①中… Ⅱ．①中… Ⅲ．①国家标准-汇编-中国-2010 Ⅳ．①T-652.1

中国版本图书馆CIP数据核字(2011)第195003号

中国质检出版社
中国标准出版社 出版发行
北京市朝阳区和平里西街甲2号(100013)
北京市西城区三里河北街16号(100045)

网址：www.spc.net.cn
总编室：(010)64275323 发行中心：(010)51780235
读者服务部：(010)68523946

中国标准出版社秦皇岛印刷厂印刷
各地新华书店经销

*

开本 880×1230 1/16 印张 41.75 字数 1 052 千字
2012年1月第一版 2012年1月第一次印刷

*

定价 220.00 元

如有印装差错 由本社发行中心调换

出 版 说 明

1.《中国国家标准汇编》是一部大型综合性国家标准全集。自1983年起，按国家标准顺序号以精装本、平装本两种装帧形式陆续分册汇编出版。它在一定程度上反映了我国建国以来标准化事业发展的基本情况和主要成就，是各级标准化管理机构，工矿企事业单位，农林牧副渔系统，科研、设计、教学等部门必不可少的工具书。

2.《中国国家标准汇编》收入我国每年正式发布的全部国家标准，分为"制定"卷和"修订"卷两种编辑版本。

"制定"卷收入上一年度我国发布的、新制定的国家标准，顺延前年度标准编号分成若干分册，封面和书脊上注明"20××年制定"字样及分册号，分册号一直连续。各分册中的标准是按照标准编号顺序连续排列的，如有标准顺序号缺号的，除特殊情况注明外，暂为空号。

"修订"卷收入上一年度我国发布的、修订的国家标准，视篇幅分设若干分册，但与"制定"卷分册号无关联，仅在封面和书脊上注明"20××年修订-1,-2,-3,……"字样。"修订"卷各分册中的标准，仍按标准编号顺序排列(但不连续)；如有遗漏的，均在当年最后一分册中补齐。需提请读者注意的是，个别非顺延前年度标准编号的新制定的国家标准没有收入在"制定"卷中，而是收入在"修订"卷中。

读者配套购买《中国国家标准汇编》"制定"卷和"修订"卷则可收齐上一年度我国制定和修订的全部国家标准。

3.由于读者需求的变化，自1996年起，《中国国家标准汇编》仅出版精装本。

4.2010年我国制修订国家标准共2846项。本分册为"2010年制定"卷第503分册，收入国家标准GB 26370～27410的最新版本。

中国标准出版社

2011年8月

目　　录

ICS 11.080
C 59

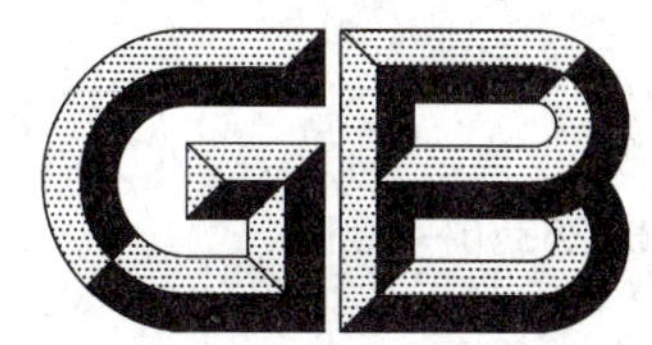

中华人民共和国国家标准

GB 26370—2010

含溴消毒剂卫生标准

Hygienic standard for disinfectants with bromine

2011-01-14 发布　　　　2011-06-01 实施

中华人民共和国卫生部
中国国家标准化管理委员会　发布

前 言

本标准的全部技术内容为强制性。

本标准的附录A和附录B为规范性附录，附录C为资料性附录。

本标准由中华人民共和国卫生部提出并归口。

本标准负责起草单位：河北省疾病预防控制中心、中国疾病预防控制中心。

本标准参加起草单位：定州市荣鼎水环境生化技术有限公司、河北冀衡化学股份有限公司、上海市消毒品协会。

本标准主要起草人：陈素良、张流波、韩艳淑、崔玉杰、孙克勤、甄素娟、姜霞、李永丹、肖辉、黎春晖、薛广波。

含溴消毒剂卫生标准

1 范围

本标准规定了含溴消毒剂的原料要求和技术要求、应用范围、使用方法、检验方法、标志和包装、运输和贮存、标签和说明书及注意事项。

本标准适用于以溴氯-5,5-二甲基乙内酰脲或1,3-二溴-5,5-二甲基乙内酰脲为杀菌成分的消毒剂。

本标准不适用于溴氯-5,5-二甲基乙内酰脲或1,3-二溴-5,5-二甲基乙内酰脲与其他消毒有效成分复配的消毒剂。

2 规范性引用文件

下列文件中的条款通过在本标准中的引用而成为本标准的条款。凡是注日期的引用文件,其后所有的修改单(不包括勘误的内容)或修订版均不适用于本标准,然而,鼓励根据本标准达成协议的各方研究是否可使用这些文件的最新版本。凡是不注日期的引用文件,其最新版本适用于本标准。

GB 190 危险货物包装标志

GB/T 191 包装储运图示标志

GB 209 工业用氢氧化钠

GB/T 601 化学试剂 标准滴定溶液的制备

GB/T 603 化学试剂 试验方法中所用制剂及制品的制备

GB 5138 工业用液氯

GB/T 6682 分析实验室用水规格和试验方法

GB/T 21845 化学品 水溶解度试验

QB/T 2021 工业溴

中华人民共和国卫生部 消毒产品标签说明书管理规范 2005年版

中华人民共和国卫生部 消毒技术规范 2002年版

3 术语和定义

下列术语和定义适用于本标准。

3.1

含溴消毒剂 disinfectant with bromine

溶于水后,能水解生成次溴酸,并发挥杀菌作用的一类消毒剂。如:溴氯-5,5-二甲基乙内酰脲(bromochloro-5,5-dimethylhydantoin)和1,3-二溴-5,5-二甲基乙内酰脲(1,3-dibromo-5,5-dimethylhydantoin)。

3.2

有效溴 available bromine

与含溴消毒剂氧化能力相当的溴量,其含量用mg/L或%浓度表示,是衡量含溴消毒剂氧化能力的标志。

3.3

有效卤素 available halogen

与含卤素消毒剂氧化能力相当的总卤素量,其含量用mg/L或%浓度表示,是衡量含卤素消毒剂氧化能力的标志。

3.4

一般物体表面 surface of a common object

家庭、公共场所中日常用品表面及交通工具上人体常接触的物体表面，如：桌椅、床头柜、卫生洁具、门窗把手、楼梯扶手、公交车座椅、把手和儿童玩具等的表面。

4 原料要求

4.1 5,5-二甲基乙内酰脲应符合以下要求：

外观为白色结晶性粉末或结晶颗粒，含量≥99.0%，熔点174 ℃～176 ℃，水不溶物≤0.10%，灼烧残渣≤0.20%，烘干失重≤0.50%。

4.2 溴应符合QB/T 2021的要求。

4.3 液氯应符合GB 5138的要求。

4.4 氢氧化钠应符合GB 209的要求。

4.5 其他非消毒因子成分或辅料应符合有关标准和规定。

5 技术要求

5.1 感官性状

5.1.1 溴氯-5,5-二甲基乙内酰脲为白色或类白色结晶性粉末、颗粒或片剂。

5.1.2 1,3-二溴-5,5-二甲基乙内酰脲为白色或淡黄色粉末、颗粒及片剂。

5.2 理化指标

5.2.1 溴氯-5,5-二甲基乙内酰脲应符合表1要求。

表1 溴氯-5,5-二甲基乙内酰脲技术要求

项目	指标
溴氯-5,5-二甲基乙内酰脲的质量分数/%	92.0～95.0
有效卤素(以Cl计)的质量分数/%	54.0～56.0
干燥失重/%	≤1.0
溶解度(水,20 ℃)/(g/L)	2.0～2.5
有效期内有效卤素下降率/%	≤10.0

溴氯-5,5-二甲基乙内酰脲中加入其他非消毒因子制成的消毒剂，其溴氯-5,5-二甲基乙内酰脲和有效卤素含量的标识量波动范围应≤10%，其他指标应符合表1要求。

5.2.2 1,3-二溴-5,5-二甲基乙内酰脲应符合表2要求。

表2 1,3-二溴-5,5-二甲基乙内酰脲技术要求

项目	指标
1,3-二溴-5,5-二甲基乙内酰脲的质量分数/%	96.0～99.0
有效溴(以Br计)的质量分数/%	107～111
干燥失重/%	≤1.0
溶解度(水,20 ℃)/(g/L)	2.2
有效期内有效溴下降率/%	≤10.0

1,3-二溴-5,5-二甲基乙内酰脲中加入其他非消毒因子制成的消毒剂，其1,3-二溴-5,5-二甲基乙内酰脲和有效溴含量的标识量波动范围应≤10%，其他指标应符合表2要求。

5.2.3 稳定性要求：完整包装的消毒剂在产品规定的储存条件下有效期应≥12个月。

5.3 杀灭微生物指标

按产品说明书的要求，稀释至说明书中规定的使用剂量，按卫生部《消毒技术规范》(2002 年版)中的定量杀菌试验方法进行试验，其杀菌效果应符合表 3 要求。

表 3 杀灭微生物指标

指示菌株	杀灭对数值	
	悬液法	载体法
大肠杆菌(8099)	≥5.00	≥3.00
金黄色葡萄球菌(ATCC 6538)	≥5.00	≥3.00
白色念珠菌(ATCC 10231)	≥4.00	≥3.00
枯草杆菌黑色变种芽孢(ATCC 9372)	≥5.00	≥3.00

6 应用范围

适用于游泳池水、污水和一般物体表面的消毒。

不适用于手、皮肤黏膜和空气的消毒。

7 使用方法

7.1 游泳池水消毒

按规定的浓度计算出溴氯-5,5-二甲基乙内酰脲的需要剂量，溶解后加入游泳池水中，或将溴氯-5,5-二甲基乙内酰脲置于游泳池配套的平衡水箱内，通过游泳池循环系统进入游泳池水体，使游泳池水中的总有效卤素浓度达到 1.2 mg/L～1.5 mg/L。

7.2 污水消毒

计算污水体积，并按照溴氯-5,5-二甲基乙内酰脲 1 000 mg/L～1 500 mg/L 的总有效卤素量计算所需量。先将药剂溶于少量清水，再投入污水中，混匀后作用 90 min～100 min。

7.3 一般物体表面消毒

常用浸泡、擦拭和喷洒等方法。溴氯-5,5-二甲基乙内酰脲总有效卤素 200 mg/L～400 mg/L，作用 15 min～20 min；1,3-二溴-5,5-二甲基乙内酰脲有效溴含量 400 mg/L～500 mg/L，作用 10 min～20 min。

8 检验方法

8.1 含量测定

溴氯-5,5-二甲基乙内酰脲及其有效期内有效卤素含量测定、1,3-二溴-5,5-二甲基乙内酰脲含量及其有效期内有效溴含量测定，按附录 A 和附录 B 进行，根据测定结果计算有效卤素和有效溴的下降率。

8.2 溶解度

按照 GB/T 21845 进行。

8.3 干燥失重

按附录 C 进行。

8.4 杀灭微生物效果

按卫生部《消毒技术规范》(2002 年版)进行。

9 标志和包装

9.1 应采用耐酸包装。外包装可用纸板桶、钙塑桶、塑料编织袋或复合塑料编织袋等包装材料，内衬聚乙烯塑料薄膜袋或塑料袋。

9.2 包装标志应符合 GB 190 和 GB/T 191 的要求,包装标识应符合卫生部《消毒产品标签说明书管理规范》(2005 年版)的要求。

9.3 包装单元的净含量可根据用户的要求确定,净含量的偏差应符合国家有关规定和要求。

10 运输和贮存

贮存于阴凉、干燥处,贮运应防止日晒、雨淋、受潮,禁止与酸或碱、易氧化的有机物和还原物共贮共运。

11 标签和说明书

应符合卫生部《消毒产品标签说明书管理规范》(2005 年版)的规定。

12 注意事项

12.1 含溴消毒剂为外用品,不得口服。

12.2 本品属强氧化剂,与易燃物接触可能引发无明火自燃,应远离易燃物及火源。

12.3 禁止与还原物共贮共运,以防爆炸。

12.4 未加入防腐蚀剂的产品对金属有腐蚀性。

12.5 对有色织物有漂白褪色作用。

12.6 本品有刺激性气味,对眼睛、黏膜、皮肤等有灼伤危险,严禁与人体接触。如有不慎接触,则应及时用大量水冲洗,严重时送医院治疗。

12.7 操作人员应佩戴防护眼镜、橡胶手套等劳动防护用品。

附　录　A
（规范性附录）
溴氯-5,5-二甲基乙内酰脲及其有效卤素（以 Cl 计）含量测定

A.1　原理

在酸性溶液中，含溴消毒剂可以将碘化钾氧化生成碘，以淀粉溶液为指示剂，用硫代硫酸钠标准滴定溶液滴定生成的碘，根据消耗的硫代硫酸钠的量，计算出有效卤素及溴氯-5,5-二甲基乙内酰脲的含量。

A.2　试剂

本标准所用试剂，除非另有说明，在分析中仅使用确认为分析纯的试剂和蒸馏水或去离子水或相当纯度的水。

A.2.1　300 g/L 碘化钾（分析纯）溶液。

A.2.2　硫酸溶液：1 份 95%～98%的分析纯硫酸加 5 份去离子水配制而成。

安全提示：硫酸属强酸，具有腐蚀性，使用时应注意。溅到身上时，用大量水冲洗，避免吸入或接触皮肤。

A.2.3　10 g/L 淀粉指示剂：按 GB/T 603 配制。

A.2.4　0.1 mol/L 硫代硫酸钠标准滴定溶液：按 GB/T 601 制备并标定。

A.2.5　试验用水：应符合 GB/T 6682 中三级水要求。

A.3　分析步骤

粉剂、颗粒剂可直接称量，片剂用干燥的研钵研磨后称量。称取样品 0.15 g（精确至 0.000 2 g），加入干燥清洁的、内有一根磁力搅拌棒的 250 mL 碘量瓶内，再顺序加入蒸馏水 120 mL、300 g/L 碘化钾溶液 10 mL 和硫酸溶液 20 mL，迅速盖好碘量瓶盖，加少量蒸馏水以密封瓶口，放在暗处的磁力搅拌器上，避光搅拌至样品溶解，用蒸馏水冲洗瓶塞和瓶内壁，立刻用硫代硫酸钠标准滴定溶液滴定，至浅黄色时，加 2 mL 淀粉指示剂，继续用硫代硫酸钠标准滴定溶液滴定，至蓝色刚好消失，放置 30 s 不变色为终点，记录消耗硫代硫酸钠标准滴定溶液的体积。

按上述步骤进行空白对照试验。

平行测定 2 次，取其含量平均值作为样品的溴氯-5,5-二甲基乙内酰脲含量或有效卤素含量。

A.4　结果计算

A.4.1　溴氯-5,5-二甲基乙内酰脲含量以质量分数 w_1 计，数值以%表示，按式（A.1）计算：

$$w_1 = \frac{(V/1\,000 - V_0/1\,000)cM/4}{m} \times 100 \qquad \text{(A.1)}$$

式中：

V——试样消耗硫代硫酸钠标准滴定溶液的体积的数值，单位为毫升（mL）；

V_0——空白消耗硫代硫酸钠标准滴定溶液的体积的数值，单位为毫升（mL）；

c——硫代硫酸钠标准滴定溶液浓度的准确数值，单位为摩尔每升（mol/L）；

M——溴氯-5,5-二甲基乙内酰脲的摩尔质量的数值，单位为克每摩尔（g/mol）（M=241.5）；

m——称取样品的质量的数值，单位为克（g）。

A.4.2　有效卤素（以 Cl 计）含量以质量分数 w_2 计，数值以%表示，按式（A.2）计算：

$$w_2 = \frac{(V/1\,000 - V_0/1\,000)cM}{m} \times 100 \quad \cdots\cdots\cdots\cdots\cdots\cdots\cdots\cdots (A.2)$$

式中：

V——试样试验时消耗硫代硫酸钠标准滴定溶液的体积的数值，单位为毫升(mL)；

V_0——空白试验时消耗硫代硫酸钠标准滴定溶液的体积的数值，单位为毫升(mL)；

c——硫代硫酸钠标准滴定溶液浓度的准确数值，单位为摩尔每升(mol/L)；

M——有效卤素(以 Cl 计)的摩尔质量的数值，单位为克每摩尔(g/mol)(M=35.45)；

m——称取样品的质量的数值，单位为克(g)。

A.4.3 最终计算结果保留三位有效数字。

A.5 精密度

两次平行测定结果的绝对差值不大于两个测定值的算术平均值的 0.5%。

附　录　B
（规范性附录）
1,3-二溴-5,5-二甲基乙内酰脲和有效溴（以 Br 计）含量测定

B.1　原理

在酸性溶液中，含溴消毒剂可以将碘化钾氧化生成碘，以淀粉溶液为指示剂，用硫代硫酸钠标准滴定溶液滴定生成的碘，根据消耗的硫代硫酸钠的量，计算出有效溴及 1,3-二溴-5,5-二甲基乙内酰脲的含量。

B.2　试剂

B.2.1　碘化钾（分析纯）。

B.2.2　硫酸溶液：1 份 95%～98%的分析纯硫酸加 8 份去离子水配制而成。

安全提示：硫酸属强酸，具有腐蚀性，使用时应注意。溅到身上时，用大量水冲洗，避免吸入或接触皮肤。

B.2.3　5 g/L 淀粉指示剂：按 GB/T 603 配制。

B.2.4　0.1 mol/L 硫代硫酸钠标准滴定溶液：按 GB/T 601 制备并标定。

B.2.5　试验用水：应符合 GB/T 6682 中三级水要求。

B.3　分析步骤

粉剂、颗粒剂可直接称量，片剂用干燥的研钵研磨后称量。称取样品 0.15 g（精确至 0.000 2 g），置于先加有 125 mL 水、2 g 碘化钾的 250 mL 碘量瓶中，在电磁搅拌器上充分搅拌，使样品完全溶解，加硫酸溶液 20 mL，盖上盖并振摇混匀后加去离子水数滴于碘量瓶盖缘，置暗处 5 min，打开盖，让盖缘去离子水流入瓶内。用硫代硫酸钠标准滴定溶液滴定游离碘，边滴边摇匀。待溶液呈淡黄色时，加入 5 g/L 淀粉溶液 10 滴，溶液立即变蓝色。继续滴定至蓝色消失，记录消耗硫代硫酸钠标准滴定溶液的体积。

同时按上述步骤进行空白试验。

平行测定 2 次，取其含量平均值作为样品的 1,3-二溴-5,5-二甲基乙内酰脲含量或有效溴含量。

B.4　结果计算

B.4.1　1,3-二溴-5,5-二甲基乙内酰脲的含量以质量分数 w_3 计，数值以%表示，按式（B.1）计算：

$$w_3 = \frac{(V/1\,000 - V_0/1\,000)cM/4}{m} \times 100 \qquad \text{(B.1)}$$

式中：

V——试样消耗硫代硫酸钠标准滴定溶液的体积的数值，单位为毫升（mL）；

V_0——空白消耗硫代硫酸钠标准滴定溶液的体积的数值，单位为毫升（mL）；

c——硫代硫酸钠标准滴定溶液浓度的准确数值，单位为摩尔每升（mol/L）；

M——1,3-二溴-5,5-二甲基乙内酰脲的摩尔质量的数值，单位为克每摩尔（g/mol）（M=285.94）；

m——称取样品的质量的数值，单位为克（g）。

B.4.2　有效溴（以 Br 计）含量以质量分数 w_4 计，数值以%表示，按式（B.2）计算：

$$w_4 = \frac{(V/1\,000 - V_0/1\,000)cM}{m} \times 100 \qquad \text{(B.2)}$$

式中：

V——试样消耗硫代硫酸钠标准滴定溶液的体积的数值，单位为毫升（mL）；

V_0——空白消耗硫代硫酸钠标准滴定溶液的体积的数值，单位为毫升（mL）；

c——硫代硫酸钠标准溶液浓度的准确数值，单位为摩尔每升（mol/L）；

M——有效溴（以 Br 计）的摩尔质量的数值，单位为克每摩尔（g/mol）（M=79.90）；

m——称取样品的质量的数值，单位为克（g）。

B.4.3 最终计算结果保留三位有效数字。

B.5 精密度

两次平行测定结果的绝对差值不大于两个测定值的算术平均值的 0.5%。

附 录 C
（资料性附录）
干燥失重测定方法

C.1 仪器

C.1.1 一般试验室仪器。

C.1.2 万分之一分析天平。

C.1.3 烘干箱，温度控制在 70 ℃～74 ℃。

C.2 测定步骤

称取试样约 5 g（精确至 0.000 1 g）放入已烘至恒重的称量瓶中称量，记录干燥前量瓶和试样的质量（g）。将盛有试样的称量瓶放入烘箱中，打开瓶盖，在 70 ℃～74 ℃下干燥 3 h，盖好瓶盖，取出称量瓶置于干燥器内冷却至室温（不得少于 30 min），称量并记录干燥后量瓶和试样的质量（g）。

C.3 计算

干燥失重以质量分数 w_5 计，数值以％表示，按式（C.1）计算：

$$w_5 = \frac{m_1 - m_2}{m} \times 100 \qquad \text{(C.1)}$$

式中：

m_1——干燥前称量瓶和试样的质量的数值，单位为克（g）；

m_2——干燥后称量瓶和试样的质量的数值，单位为克（g）；

m——试样的质量的数值，单位为克（g）。

ICS 11.080
C 59

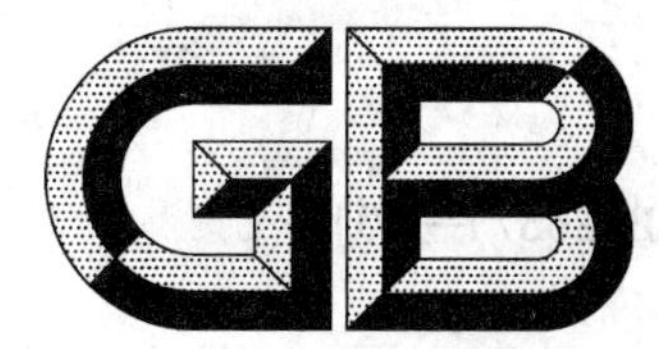

中华人民共和国国家标准

GB 26371—2010

过氧化物类消毒剂卫生标准

Hygienic standard for peroxide disinfectants

2011-01-14 发布　　2011-06-01 实施

中华人民共和国卫生部
中国国家标准化管理委员会　发布

前言

本标准的全部技术内容为强制性。

本标准由中华人民共和国卫生部提出并归口。

本标准负责起草单位:中国人民解放军军事医学科学院、黑龙江省疾病预防控制中心、广东省疾病预防控制中心。

本标准参加起草单位:山东新华医疗器械股份有限公司、山东利尔康消毒科技有限公司、北京四环卫生药械厂有限公司。

本标准主要起草人:张文福、姚楚水、林玲、葛洪、廖如燕、林锦炎、于平、王久儒、朱汉泉、王金强。

过氧化物类消毒剂卫生标准

1 范围

本标准规定了过氧化物类消毒剂的原料要求和技术要求、应用范围、使用方法、检验方法、标志和包装、运输和贮存、标签和说明书及注意事项。

本标准适用于以过氧化氢为主要杀菌成分的消毒剂;以过氧化氢、冰醋酸为主要原料生成的过氧乙酸消毒剂;本标准也适用于以过氧化氢、过氧乙酸为主要杀菌成分的消毒剂。

2 规范性引用文件

下列文件中的条款通过本标准的引用而成为本标准的条款。凡是注日期的引用文件,其随后所有的修改单(不包括勘误的内容)或修订版均不适用于本标准,然而,鼓励根据本标准达成协议的各方研究是否可使用这些文件的最新版本。凡是不注日期的引用文件,其最新版本适用于本标准。

GB 190 危险货物包装标志

GB/T 191 包装储运图示标志

GB/T 610 化学试剂 砷测定通用方法

GB/T 676 化学试剂 乙酸(冰醋酸)

GB 1616 工业过氧化氢

GB/T 9728 化学试剂 硫酸盐测定通用方法

GB/T 9735 化学试剂 重金属测定通用方法

GB 15258 化学品安全标签编写规定

GB 15603 常用化学危险品贮存通则

GB 15981 消毒与灭菌效果的评价方法与标准

GB 19104 过氧乙酸溶液

GB 19105 过氧乙酸包装要求

中华人民共和国药典(二部) 2010 年版

中华人民共和国卫生部 消毒技术规范 2002 年版

中华人民共和国卫生部 消毒产品标签说明书管理规范 2005 年版

3 术语和定义

GB 15981、GB 19104 中确立的以及下列术语和定义适用于本标准。

3.1

过氧化物类消毒剂 peroxide disinfectant

化学分子结构中含有二价基“—O—O—”的强氧化剂。最常见的为过氧乙酸与过氧化氢。

3.2

食品用工具、设备 food processing tools and devices

食品生产、经营过程中接触的机械、管道、传送带、容器、用具和餐具等。

3.3

一般物体表面 common subject surface

家庭、公共场所中日常用品表面及交通工具上人体常接触的物体表面,如:桌椅、床头柜、卫生洁具、门窗把手、楼梯扶手、公交车座椅、把手和儿童玩具等的表面。

4 原料要求

4.1 原料应符合 GB/T 676、GB 1616、GB 19104 的要求。

4.2 过氧化氢原液应符合《中华人民共和国药典》(二部)(2010 年版)的要求。

4.3 过氧乙酸原液应符合 GB 19104 的要求。

4.4 生产用水应为去离子水。

5 技术要求

5.1 感官性状

5.1.1 无色或浅黄色液体,不分层、无沉淀。

5.1.2 含过氧乙酸的产品应有刺激性气味,并带有醋酸味。

5.2 理化指标

5.2.1 过氧化氢消毒剂应符合表 1 要求。

5.2.2 过氧乙酸消毒剂应符合表 2 要求。

表 1 过氧化氢消毒剂理化指标

项　　目	指　　标
过氧化氢(以 H_2O_2 计)的质量分数/%	3.0~6.0
重金属(以 Pb 计)/(mg/kg)	≤5
砷(As)/(mg/kg)	≤3

表 2 过氧乙酸消毒剂理化指标

项　　目	指　　标
过氧乙酸(以 $C_2H_4O_3$ 计)的质量分数/%	15~21
硫酸盐(以 SO_4 计)的质量分数/%	≤3
重金属(以 Pb 计)/(mg/kg)	≤5
砷(As)/(mg/kg)	≤3

5.2.3 稳定性:在产品有效期内,有效成分含量不得低于标准中标示量的下限值。

5.3 杀灭微生物指标

按产品说明书的要求,稀释至说明书中规定的使用剂量,按卫生部《消毒技术规范》(2002 年版)中的定量杀菌试验方法进行试验,其杀菌效果应符合表 3 要求。

表 3 杀灭微生物技术要求

消毒对象	微生物种类	杀灭对数值	
		悬液试验法	载体试验法
一般物体表面	大肠杆菌 金黄色葡萄球菌	≥5.00 ≥5.00	≥3.00 ≥3.00
皮肤伤口冲洗	金黄色葡萄球菌 铜绿假单胞菌 白色念株菌	≥5.00 ≥5.00 ≥4.00	≥3.00 ≥3.00 ≥3.00
医疗器械	枯草杆菌黑色变种芽孢	≥5.00	≥3.00
注:本表中的消毒剂量应为企业说明书中的标示剂量。杀灭试验法首选悬液法,不能使用悬液法者(如消毒剂原液直接使用)可用载体法。			

空气消毒应符合表 4 要求。

表 4 空气消毒杀灭微生物

消毒对象	微生物种类	杀灭对数值
空气	白色葡萄球菌 自然菌	实验室试验 ≥5.00 现场试验 ≥1.00

6 应用范围

适用于一般物体表面消毒、食品用工具和设备、空气消毒、皮肤伤口冲洗消毒、耐腐蚀医疗器械的消毒。

7 使用方法

7.1 一般物体表面

0.1%～0.2%过氧乙酸或 3.0%过氧化氢，喷洒或浸泡消毒作用时间 30 min，然后用清水冲洗去除残留消毒剂。

7.2 空气消毒

0.2%过氧乙酸或 1.5%～3.0%过氧化氢，用气溶胶喷雾方法，消毒作用 60 min，然后进行通风换气。也可使用 15%过氧乙酸加热蒸发，用量按 7 mL/m^3 计算，熏蒸作用 1 h～2 h，然后进行通风换气。

7.3 皮肤伤口冲洗消毒

1.5%～3.0%过氧化氢消毒液，直接冲洗伤口部位皮肤表面，作用 3 min～5 min。

7.4 医疗器械消毒

耐腐蚀医疗器械的高水平消毒，6.0%的过氧化氢浸泡作用 120 min，或 0.5%过氧乙酸冲洗作用 10 min，消毒结束后应使用无菌水冲洗去除残留消毒剂。

7.5 食品用工具、设备消毒

500 mg/L 过氧乙酸或 1.0%过氧化氢，喷洒或浸泡消毒作用 10 min；然后用清水冲洗去除残留消毒剂。

8 检验方法

8.1 过氧乙酸(以 $C_2H_4O_3$ 计)含量的测定

按 GB/T 19104 的规定进行。

8.2 过氧化氢(以 H_2O_2 计)含量的测定

按 GB 1616 的规定进行。

8.3 硫酸盐(以 SO_4 计)含量的测定

按 GB/T 9728 的规定进行测定。

8.4 重金属(以 Pb 计)含量的测定

按 GB/T 9735 的规定进行。

8.5 砷含量的测定

按 GB/T 610 的规定进行。

8.6 消毒效果检测

按卫生部《消毒技术规范》(2002 年版)的要求执行。

9 标志和包装

9.1 过氧化物类消毒剂包装上应有牢固清晰的标志，内容包括：生产厂名、厂址、产品名称、规格、等级、净含量、批号或生产日期。应符合 GB 15258 的规定，并符合 GB 190 规定的"有机过氧化物"标志、"腐蚀品"标志，符合 GB/T 191 中规定的"向上"标志。

9.2 过氧化物类消毒剂包装应符合 GB 19105 要求。采用深色聚乙烯塑料桶包装或内衬塑料的槽车包装；包装容器的盖上应有透气但不漏液体的排气孔。

10 运输和贮存

10.1 过氧化物类消毒剂应使用危险品运输车辆运输。在运输过程中应防止日光照射或受热，不能与易燃品和还原剂混运。

10.2 过氧化物类消毒剂应符合 GB 15603 中的有关规定。应贮存于通风、避光和阴凉的库房中，不得与其他化学品混存。如：易燃或可燃物、强还原剂、铜、铁、铁盐、锌、活性金属粉末、毛发、油脂类。

11 标签和说明书

应符合卫生部《消毒产品标签说明书管理规范》(2005 年版)的规定。

12 注意事项

12.1 液体过氧化物类消毒剂有腐蚀性，对眼、黏膜或皮肤有刺激性，有灼伤危险；若不慎接触，应用大量水冲洗并及时就医。

12.2 在实施消毒作业时，应佩带个人防护用具。

12.3 如出现容器破裂或渗漏现象，应用大量水冲洗，或用沙子、惰性吸收剂吸收残液，并采取相应的安全防护措施。

12.4 过氧化物类消毒剂易燃易爆，遇明火、高热会引起燃烧爆炸；与还原剂接触、遇金属粉末有燃烧爆炸危险。

ICS 11.080
C 59

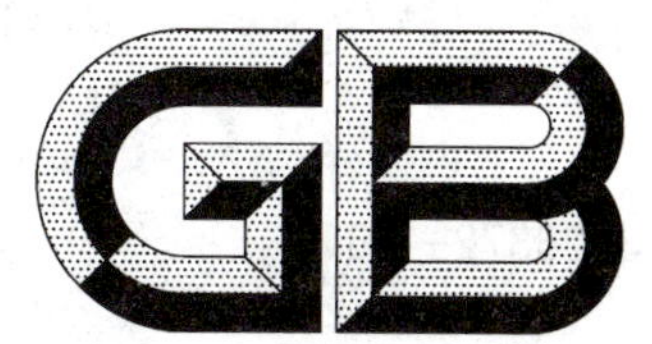

中华人民共和国国家标准

GB 26372—2010

戊二醛消毒剂卫生标准

Hygienic standard for glutaraldehyde disinfectant

2011-01-14 发布　　2011-06-01 实施

中华人民共和国卫生部
中国国家标准化管理委员会　发布

前 言

本标准的全部技术内容为强制性。

本标准由中华人民共和国卫生部提出并归口。

本标准负责起草单位：军事医学科学院、上海市疾病预防控制中心。

本标准参加起草单位：上海利康高科技有限公司、山东利尔康消毒科技有限公司、山东新华医疗器械股份有限公司、北京四环卫生药械厂有限公司。

本标准主要起草人：姚楚水、王长德、房军、沈伟、袁庆霞、张文福、朱仁义、孙文胜、王金强、王久儒、饶林、于平。

戊二醛消毒剂卫生标准

1 范围

本标准规定了戊二醛消毒剂的原料要求和技术要求、应用范围、使用方法、检验方法、标志和包装、运输和贮存、标签和说明书及注意事项。

本标准适用于以戊二醛，或戊二醛加脂肪醇聚氧乙烯醚，或戊二醛加十二烷基二甲基苄基氯化铵，或戊二醛加十二烷基二甲基苄基溴化铵为主要成分；以pH调节剂（碳酸氢钠）、防锈剂（亚硝酸钠）等为辅助成分，其最终戊二醛的浓度范围为2.0%～2.5%的消毒剂。

本标准不适用于较低浓度（2.0%以下）的戊二醛消毒剂。

2 规范性引用文件

下列文件中的条款通过本标准的引用而成为本标准的条款。凡是注日期的引用文件，其随后所有的修改单（不包括勘误的内容）或修订版均不适用于本标准，然而，鼓励根据本标准达成协议的各方研究是否可使用这些文件的最新版本。凡是不注明日期的引用文件，其最新版本适用于本标准。

GB/T 191　包装储运图示标志

GB 1887　食品添加剂　碳酸氢钠

中华人民共和国药典（二部）　2010年版

中华人民共和国卫生部　内镜清洗消毒技术操作规范　2004年版

中华人民共和国卫生部　消毒技术规范　2002年版

中华人民共和国卫生部　消毒产品标签说明书管理规范　2005年版

3 原料要求

3.1 戊二醛为医用级或药用级，含量≥50.0%。

3.2 脂肪醇聚氧乙烯醚：应符合国家或行业有关产品质量要求，含量≥99.0%。

3.3 十二烷基二甲基苄基氯化铵或十二烷基二甲基苄基溴化铵：应符合国家或行业有关产品质量要求，含量≥45%。

3.4 亚硝酸钠：应为医用级或分析纯，并符合国家或行业有关要求，含量≥98%。

3.5 碳酸氢钠：应为食用级或分析纯，并符合国家或行业有关要求，含量≥98%。

3.6 水：纯化水。

4 技术要求

4.1 外观和理化指标

4.1.1 戊二醛消毒液为无色的透明液体、无沉淀物，有醛刺激性气味。

4.1.2 戊二醛含量范围为2.0%～2.5%。

4.1.3 加pH调节剂前，戊二醛消毒剂的pH3.5～4.5。

4.1.4 加pH调节剂后，戊二醛消毒应用液的pH7.5～8.0。

4.2 有效期及连续使用稳定性

4.2.1 在室温、避光、密封保存条件下，有效期不低于2年，在标识有效期内戊二醛有效成分含量应≥2.0%。

4.2.2 室温条件下，加入防锈剂和pH调节剂后，用于医疗器械浸泡消毒或灭菌，可连续使用14 d，使用期间戊二醛含量应≥1.8%。

4.3 杀灭微生物指标

4.3.1 按卫生部《消毒技术规范》(2002 年版)中的定量杀菌试验方法进行试验,其杀菌效果应符合以下要求:

原液作用时间≤60 min,对污染枯草杆菌黑色变种(ATCC 9372)芽孢菌片杀灭对数值应≥3.00;作用时间≤4 h,达到灭菌合格要求。

4.3.2 按卫生部《消毒技术规范》(2002 年版)中医疗器械模拟现场试验的方法进行试验,其杀菌效果应符合以下要求:

原液作用时间≤60 min,对污染枯草杆菌黑色变种(ATCC 9372)芽孢菌片杀灭对数值应≥3.00;作用时间≤5 h达到灭菌合格要求。

5 应用范围

5.1 主要用于医疗器械的浸泡消毒与灭菌。

5.2 不能用于注射针头、手术缝合线及棉线类物品的消毒或灭菌。

5.3 不能用于室内物体表面的擦拭或喷雾消毒、室内空气消毒、手、皮肤黏膜消毒。

6 使用方法

6.1 消毒剂的配制

使用前加入 pH 调节剂(碳酸氢钠)和防锈剂(亚硝酸钠),充分混匀。

6.2 待消毒或灭菌器械的清洗处理

污染的器械消毒或灭菌处理前应充分清洗干净、干燥。

新启用的手术器械消毒或灭菌前应先除去油污及保护膜,再用洗涤剂清洗去除油脂,干燥。

6.3 医疗器械的浸泡消毒

将清洗后的器械放入 2.0%~2.5%戊二醛消毒液浸泡,使其完全淹没,再将消毒容器加盖,常温下作用 60 min。使用前用无菌水冲洗干净。

6.4 医疗器械的浸泡灭菌

将清洗后的器械放入 2.0%~2.5%戊二醛消毒液浸泡,使其完全淹没,再将消毒容器加盖,常温下作用 10 h。使用前用无菌水冲洗干净。

6.5 内镜消毒

6.5.1 用内镜清洗消毒机消毒,按所使用的内镜清洗消毒机获得的卫生部卫生许可批件及其使用说明书要求进行。

6.5.2 手工内镜消毒处理,按卫生部《内镜清洗消毒技术操作规范》(2004 年版)的要求进行。

7 检验方法

理化检验方法、消毒效果检验方法按卫生部《消毒技术规范》(2002 年版)的方法执行。

8 标志和包装

8.1 标志

应符合 GB/T 191 的要求,运输包装应标明:产品名称、厂名和厂址、商标、规格、数量、有效期、卫生许可证号、贮藏条件,以及"防潮"、"避光"等。

8.2 包装

包装材质应符合无毒级包装材料要求。外包装采用瓦楞纸包装箱,应捆扎牢固,正常运输、装卸时不得松散。

9 运输和贮存

9.1 运输

运输中不得倒置,防压、防撞、防挤、防止暴晒、雨淋,车辆应经常保持干燥。

9.2 贮存

产品应密封、避光贮存在阴凉、干燥、通风处。不得露天存放,不得与其他有毒物品混贮。

10 标签和说明书

应符合中华人民共和国卫生部《消毒产品标签说明书管理规范》(2005年版)的要求。

11 注意事项

11.1 外用消毒液,禁止口服。

11.2 置于儿童不易触及处。

11.3 操作人员对醛过敏者禁用。

11.4 戊二醛对皮肤和黏膜有刺激性,对人有毒性,戊二醛使用液对眼睛有严重的伤害。应在通风良好处配制、使用,注意个人防护,戴防护口罩、防护手套和防护眼镜。如不慎接触,应立即用清水连续冲洗,如伤及眼睛应及早就医。

11.5 应在通风良好处使用,必要时,使用场所应有排风设备。如使用处空气中戊二醛浓度过高,建议配备自给式呼吸器(正压式防护面具)。

11.6 用于浸泡器械的容器,必须洁净、加盖,使用前需先经消毒处理。

11.7 在室温条件下,加入亚硝酸钠和碳酸氢钠后的戊二醛消毒液最多可连续使用14 d。连续使用过程中,应加强日常监测,掌握其浓度变化,低于要求浓度,停止使用。

11.8 经消毒或灭菌后的医疗器械,使用前以无菌方式取出,用无菌蒸馏水反复冲洗干净,再用无菌纱布等擦干后再使用。

11.9 用内镜清洗消毒机消毒处理时,所用的内镜清洗消毒机必须获得卫生部卫生许可批件,所用的消毒程序也必须是其批件中批准的使用程序。

11.10 产品应密封,避光,置于阴凉、干燥、通风处保存。不得露天存放,不得与其他有毒物品混贮。

11.11 运输中不得倒置,防压、防撞、防挤、防止暴晒、雨淋,车辆应经常保持干燥。

ICS 11.080
C 59

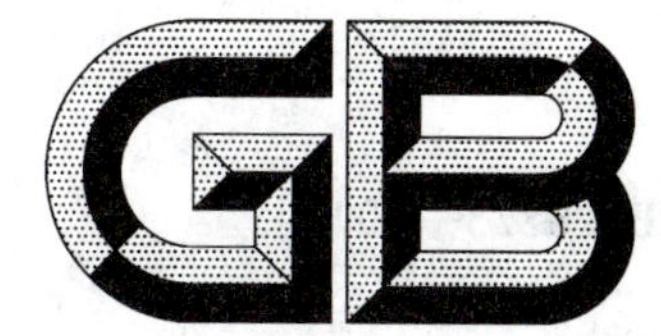

中华人民共和国国家标准

GB 26373—2010

乙醇消毒剂卫生标准

Hygienic standard for alcohol disinfectants

2011-01-14 发布　　　　2011-06-01 实施

中华人民共和国卫生部
中国国家标准化管理委员会　发布

前　言

本标准的全部技术内容为强制性。

本标准的附录A为规范性附录。

本标准由中华人民共和国卫生部提出并归口。

本标准负责起草单位：浙江省疾病预防控制中心、卫生部卫生监督中心、吉林省疾病预防控制中心、浙江省卫生监督所。

本标准参加起草单位：上海利康消毒高科技有限公司。

本标准主要起草人：胡国庆、孙守宏、黄新宇、任加宝、卞雪莲、孙文胜。

乙醇消毒剂卫生标准

1 范围

本标准规定了乙醇消毒剂的原料要求和技术要求、应用范围、使用方法、检验方法、标志和包装、运输和贮存、标签和说明书及注意事项。

本标准适用于以乙醇为主要原料制成的乙醇消毒剂，包括乙醇与表面活性剂、食用色素、护肤成分和食用香精等配伍的消毒剂。

本标准不适用于乙醇与其他杀菌成分复配的消毒剂，也不适用以乙醇为溶剂的消毒剂。

2 规范性引用文件

下列文件中的条款通过本标准的引用而成为本标准的条款。凡是注日期的引用文件，其随后所有的修改单(不包括勘误的内容)或修订版均不适用于本标准，然而，鼓励根据本标准达成协议的各方研究是否可使用这些文件的最新版本。凡是不注日期的引用文件，其最新版本适用于本标准。

GB/T 191 包装储运图示标志

GB 10343 食用酒精

中华人民共和国药典(二部) 2010 年版

中华人民共和国卫生部 消毒技术规范

中华人民共和国卫生部 消毒产品标签说明书管理规范 2005 年版

3 原料要求

3.1 配方中使用的乙醇应符合《中华人民共和国药典》(二部)(2010 年版)中“乙醇”的要求；以食用乙醇为原料的应符合 GB 10343 的要求。

3.2 生产用水应为去离子水。

3.3 配方中的其他组分应符合国家有关标准和规定(包括纯度、规格等)。

3.4 用于手、皮肤消毒的消毒液不得使用工业级原材料。

4 技术要求

4.1 感官性状

无色澄清透明液体，无杂质，无沉淀，具有乙醇固有的气味。

4.2 理化指标

4.2.1 乙醇含量

70%～80%(体积分数)。

4.2.2 稳定性

完整包装的消毒液在产品规定的储存条件下有效期应≥12 个月。

4.3 杀灭微生物指标

按产品说明书的要求，稀释至说明书中规定的使用剂量，按卫生部《消毒技术规范》(2002 年版)中的定量杀菌试验方法进行试验，其杀菌效果应符合表 1 要求。

表 1 杀灭微生物技术要求

代表菌(毒)株	有效浓度	作用时间 min				杀灭对数值	
		卫生手消毒	外科手消毒	皮肤消毒	物体表面消毒	载体法	悬液法
大肠杆菌	原液	≤1	≤3	—	≤3	≥3.00	≥5.00
金黄色葡萄球菌	原液	≤1	≤3	≤3	≤3	≥3.00	≥5.00
铜绿假单胞菌	原液	—	—	≤3	—	≥3.00	≥5.00
白色念珠菌	原液	≤1	≤3	≤3	—	≥3.00	≥4.00

5 应用范围

5.1 主要用于手和皮肤消毒，也可用于体温计、血压计等医疗器具、精密仪器的表面消毒。

5.2 不宜用于空气消毒及医疗器械的浸泡消毒。

6 使用方法

6.1 卫生手消毒，将消毒剂均匀喷雾手部或涂擦于手部 1 遍～2 遍，作用 1 min；外科手消毒擦拭 2 遍，作用 3 min。

6.2 皮肤消毒，将消毒剂均匀喷雾皮肤表面或涂擦于皮肤表面 2 遍，作用 3 min。

6.3 物体表面消毒，将消毒剂均匀喷雾于物体表面，使其保持湿润或擦拭物体表面 2 遍，作用 3 min。

6.4 体温表消毒，将体温表完全浸泡于消毒剂中，作用 30 min。

7 检验方法

7.1 稳定性的检验

见附录 A。

7.2 乙醇(C_2H_6O)含量的检验

见附录 A。

7.3 消毒效果的检测

按卫生部《消毒技术规范》的规定进行检验。

8 标志和包装

包装标志应符合 GB/T 191 的规定，使用的容器与材料应符合相应的卫生标准和有关规定。

9 运输和贮存

运输时应有防晒、防雨淋等措施；不得与有毒、有害、易燃易爆或影响产品质量的物品混装运输。装卸应避免倒置。

10 标签和说明书

应符合卫生部《消毒产品标签说明书管理规范》(2005 年版)的要求。

11 注意事项

11.1 外用消毒液，不得口服。置于儿童不易触及处。

11.2　易燃，远离火源。

11.3　对酒精过敏者慎用。

11.4　避光，置于阴凉、干燥、通风处密封保存。

11.5　不宜用于脂溶性物体表面的消毒。

附 录 A
（规范性附录）
乙醇消毒剂稳定性和乙醇含量检测方法

A.1 乙醇消毒剂稳定性

A.1.1 加速试验方法

取包装完整的乙醇消毒液置于54 ℃恒温箱内14 d，于放置前、后分别测定消毒液中乙醇的含量。每次检测三批样品，每批样品重复测2次，取其平均值。观察产品存放前后乙醇的降解率。

A.1.2 自然留样方法

取包装完整的乙醇消毒液放置于温度为25 ℃±2 ℃环境（记录相对温度），定期测定其12月内产品中乙醇的含量，观察其降解率。

A.2 乙醇含量的检测方法

A.2.1 气相色谱法 本方法检出限0.1%，方法线性范围0.0%～2.0%，加标回收率99.5%。

A.2.1.1 色谱参考条件 色谱柱：2.0 m×4 mm玻璃柱；固定相：GDX-102 0.2 mm～0.3 mm（60目～80目）；柱温180 ℃；进样口温度和检测器温度230 ℃；载气（N_2）流速45 mL/min；氢气流速45 mL/min；空气流速450 mL/min。

A.2.1.2 标准曲线的绘制 配制乙醇浓度分别为0.1%、0.2%、0.3%、0.5%、1.0%及2.0%的乙醇标准系列，取1 μL标液进入气相色谱仪测其峰高，以乙醇峰高对其含量绘制标准曲线。

A.2.1.3 样品测定 直接取1 μL样品溶液或稀释液进入气相色谱仪测其峰高，与标准系列比较而定量。

A.2.1.4 计算 样品中乙醇浓度按式（A.1）计算：

$$X = c \times \frac{V_1}{V_2} \qquad \cdots\cdots\cdots\cdots\cdots\cdots\cdots\cdots\cdots\cdots (\text{A.1})$$

式中：

X——样品中乙醇浓度，%；

c——样品测定溶液中乙醇浓度，%；

V_1——样品稀释后定容的体积数，单位为毫升（mL）；

V_2——取样品原液的体积数，单位为毫升（mL）。

A.2.1.5 精密度 在重复性条件下获得的两次独立测定结果的绝对差值不得超过算术平均值的5%。

A.2.2 比重法 本方法适用于仅含乙醇和水的溶液。

A.2.2.1 操作步骤 于室温20 ℃左右，在量筒中加入适量乙醇样品溶液，其量以使酒精比重计放入后能充分浮起为准。将比重计下按后，缓慢松手，当其上浮静止且溶液无气泡时，读取液面处刻度即为乙醇在水中的体积分数。

A.2.2.2 精密度 本方法在重复性条件下获得的两次独立测定结果的绝对差值不得超过算术平均值的5%。

A.3 结果判定

消毒液经 54 ℃存放 14 d 后，产品中乙醇含量的降解率应≤10％；经室温存放 12 月后，产品中乙醇含量的降解率应≤10％。同时还应观察记录消毒液有无颜色变化，有无沉淀或悬浮物产生，性状变化的记录应写进检测报告。

ICS 03.080
A 12

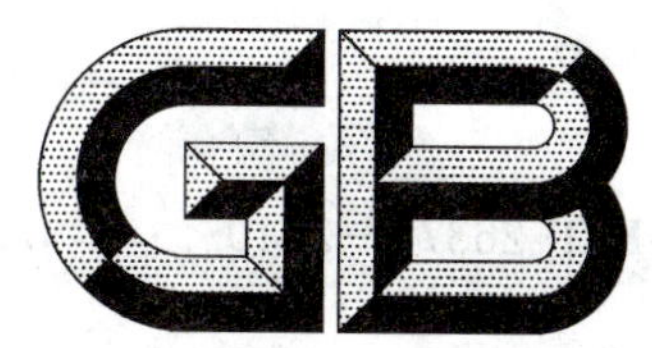

中华人民共和国国家标准

GB/T 26374—2010

接运遗体服务

Service for receiving and carrying corpse

2011-01-14 发布　　　　2011-06-01 实施

中华人民共和国国家质量监督检验检疫总局
中国国家标准化管理委员会　发布

前　言

本标准由中华人民共和国民政部提出。

本标准由全国殡葬标准化技术委员会(SAC/TC 354)归口。

本标准由中国殡葬协会和民政部一零一研究所负责起草。

本标准主要起草人:肖成龙、王玮、林建清、万齐华。

接 运 遗 体 服 务

1 范围

本标准规定了遗体接运服务要求和检验方法。

本标准适用于国内普通场所(医院、家庭、殡仪馆、火葬场和其他普通场所)和特殊场所(交通、火灾、水灾、震灾、矿难等事故和凶杀等现场)之间的本地与异地遗体接运,不适用于国际运尸。

2 规范性引用文件

下列文件中的条款通过本标准的引用而成为本标准的条款。凡是注日期的引用文件,其随后所有的修改单(不包括勘误的内容)或修订版均不适用本标准,然而,鼓励根据本标准达成协议的各方研究是否可使用这些文件的最新版本。凡是不注日期的引用文件,其最新版本适用于本标准。

GB 7258 机动车运行安全技术条件

GB/T 17220 公共场所卫生监测技术规范

GB 19053 殡仪场所致病菌安全限值

GB 19193 疫源地消毒总则

3 术语和定义

下列术语和定义适用于本标准。

3.1

遗体 corpse

死亡人员遗留的躯体,包括怀孕24周及以上时间死胎的躯体。

3.2

普通遗体 ordinary corpse

正常死亡、完整而未腐败的遗体。

3.3

特殊遗体 special corpse

非正常死亡的或残缺破损、腐败变质的遗体,包括事故性遗体和患传染病死亡的遗体。

3.4

遗体接运 receive and carry corpse

核对、查验、接收、装殓、运送和移交遗体等的全过程。

3.5

遗体接运工 worker for receiving and carrying corpse

在殡仪服务机构,从事遗体接运服务的专业人员。

3.6

死亡证明 death certificate

由公安机关或国务院卫生行政部门规定的医疗机构开具的判定个人死亡的书面文件。

3.7

遗体查验 check corpse

正式接收遗体前,对所接运遗体的身份、状态、性质及其附属物品进行的检查和验证。

3.8

遗体交接　handover and receiving of corpse

在遗体运输前后，将遗体从客户手中接收过来和向殡仪服务机构移交出去的统称。

3.9

遗体更衣　change clothes for corpse

为死者更换衣物、穿寿鞋和戴寿帽等工作过程。

3.10

灵车　healse carriage

运载遗体或骸骨的车辆。

3.11

入殓　encoffin

把遗体装入棺木或遗体包装袋的过程。

3.12

起灵　remove coffin containing corpse

灵车启动前，为死者在接运场地举行的送别仪式。

3.13

异地运尸　receive and carry corpse in different places

国内不同行政区域之间的遗体接运。

4　服务要求

4.1　遗体接运服务流程的制定应符合当地客户的共性要求，应反映地方风俗并尊重民族习惯。

4.2　遗体接运服务不应搞封建迷信活动，宜破除落后的陈规陋俗。

4.3　接运遗体应由具有相应国家资质的遗体接运工承担。

4.4　机动灵车的运行安全技术条件应符合 GB 7258 要求。

4.5　车内空气和接运遗体器具的微生物类安全限值应符合 GB 19053 的规定。

4.6　接运遗体所需用品的种类应满足所接遗体的特殊需要；用品的备用数量宜为实际使用量的 2 倍；用品的质量应满足国家有关标准的技术要求。

4.7　普通遗体的接运人员应采取一般医院的个人卫生防护措施，对所接运的遗体应进行消毒。

4.8　特殊遗体的接运人员应采取传染病医院的个人卫生防护措施。

4.9　开展遗体接运，宜按下列程序进行：

a)　制定遗体接运工作流程；
b)　根据任务单与客户进行业务联系接洽并设计接运路线；
c)　进行现场工作准备；检查殡仪车辆；进行个人着装与卫生防护；准备遗体接运工具与卫生防疫用品；
d)　辨明遗体存放地点，根据死亡证明核对、查验和接收遗体。死亡证明有效性的核对与认可按卫生、公安和民政部门的规定执行；
e)　对普通遗体进行消毒与包扎；对特殊遗体进行安全处理；
f)　开展遗体更衣服务；
g)　遗体入殓，将遗体装入遗体包装袋或棺木，查点、登记随葬品。由客户确认后在接运单上签字；
h)　举行起灵仪式；
i)　运送遗体到预定地点；
j)　办理交接手续，移交遗体及其附属物品；
k)　填报遗体运输日志，建立接运业务档案；

l) 引导客户开展下步业务。

4.10 遗体的查验和性质判定按国家有关卫生标准执行。

4.11 特殊遗体的消毒处理按 GB 19193 的相关规定执行。

4.12 灵车的遗体舱应密闭,其卫生要求应符合 GB 19053 的相关规定。

5 检验方法

5.1 灵车、遗体接运器具的微生物监测布点和采样按 GB/T 17220 执行。

5.2 致病菌的检验按 GB 19053 中规定的方法执行。

ICS 01.040.03
A 02

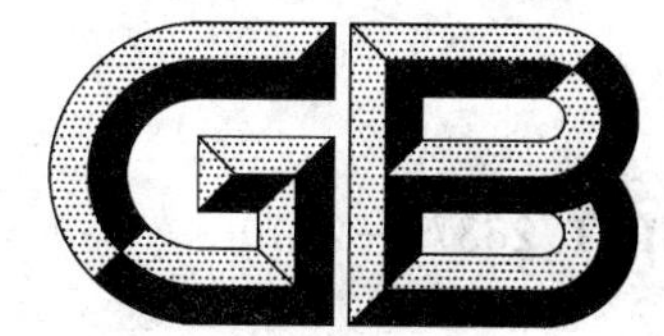

中华人民共和国国家标准

GB/T 26375—2010

社会捐助款物管理和使用规范

Rules on management of donation

2011-01-14 发布

2011-06-01 实施

中华人民共和国国家质量监督检验检疫总局
中国国家标准化管理委员会
发布

前　言

本标准由中华人民共和国民政部提出。

本标准由全国减灾救灾标准化技术委员会归口。

本标准起草单位:民政部救灾司、民政部国家减灾中心。

本标准主要起草人:郑远长、孙浩荃、刘乃山、曹榕。

社会捐助款物管理和使用规范

1 范围

本标准规定了社会捐助款物的管理使用要求和在社会捐助款物接收、发放、使用过程中有关问题的处理原则。

本标准适用于社会捐助款物管理和使用活动。

2 规范性引用文件

下列文件中的条款通过本标准的引用而成为本标准的条款。凡是注日期的引用文件,其随后所有的修改单(不包括勘误的内容)或修订版均不适用本标准,然而,鼓励根据本标准达成协议的各方研究是否可使用这些文件的最新版本。凡是不注日期的引用文件,其最新版本适用于本标准。

GB/T 24440 社会捐助基本术语

3 术语和定义

GB/T 24440 确立的以及下列术语和定义适用于本标准。

3.1

社会捐助款物 social donation

捐款和捐助物资。

注:是捐赠人捐赠的有权处分的合法财产,主要有现金、有价证券、生活用品、房屋和知识产权等。

3.2

救灾捐赠款物 donation for disaster relief

用于解决受灾群众生活困难,帮助灾区恢复重建等方面的社会捐助款物。

3.3

捐赠意愿 donation willness

捐赠人进行捐赠时的意思表达。

3.3.1

捐赠承诺 donation promise

捐赠人进行捐赠时的口头或书面许诺。

3.3.2

捐助协议 donation agreement

捐赠人和受赠人之间就捐助款物的名称、种类、规格、数额、质量和兑现时间等事项达成的口头或书面共识。

3.3.3

捐赠意向 application desire for donation values

捐赠人对捐助款物用途的书面或口头意思表达。

3.3.4

捐赠函 donation letter

捐赠人出具的表示捐赠意愿和承诺的文字凭据。

3.4

捐赠凭证　donation memo

能够确认捐赠行为的收据、发票和单据等有效证明。

3.5

捐赠收据　donation receipt

受赠人收到捐助款物后向捐赠人出具的财政、税务部门统一印制的专用凭证。

3.6

社会公示　donation publicity

受赠人向社会公开捐助款物的接收、管理、使用等情况的行为。

3.7

在地化捐赠统计　local donation statistics

对捐赠人在捐赠行为发生地的捐赠进行统计。

4　社会捐助款物管理和使用基本规范

4.1　捐款管理和使用基本规范

4.1.1　登记捐款

根据在地化捐赠统计要求，记录捐赠人及捐款等信息。

4.1.2　开具收据

捐款到账或捐赠人出具银行转账或邮局汇款证明之后，受赠人向捐赠人开具捐赠收据。不能单凭捐赠承诺或捐赠函开具捐赠收据。

4.1.3　送达凭证

受赠人将捐赠凭证送达捐赠人。

4.1.4　资金管理

接收捐款应开设专户，建立专账。接收现金应当日入账，当日解缴；接收外币应及时兑换，外币支票应按国家有关规定托收。

4.1.5　捐款分配

以社会救助需求和捐赠意向等为依据制定捐款分配方案。

4.1.6　捐款发放

捐款发放采取现金和转账两种形式，可直接由受赠人发放给受益人，也可委托当地政府、街道办事处、基层群众自治组织以及基层民间组织发放给受益人。

4.1.7　定向捐款使用

对于定向捐款，受赠人应按照捐赠意愿和捐赠意向及捐助协议约定的用途使用；如确需改变用途的，应征得捐赠人的同意。

4.1.8　非定向捐款的使用

对于非定向捐款，受赠人可根据社会救助需求统筹使用。

4.2　捐赠物资管理和使用基本规范

4.2.1　登记验收

受赠人首先应验收捐助物资，对符合要求的捐助物资进行登记，记录捐赠人及捐赠物资等信息。

4.2.2　开具凭证

开具合法、有效的捐赠物资证明。

4.2.3　物资管理

捐赠物资实行专人负责，专账管理。捐赠物资应分类整理和储存。对使用过的物品进行分类、清洗、消毒、包装、入库等。

4.2.4 **物资分配**

以社会救助需求和捐赠意向等为依据制定捐赠物资分配方案。

4.2.5 **物资发放**

由受赠人直接发放或委托当地政府、街道办事处、基层群众自治组织以及基层民间组织发放给受益人。

4.2.6 **定向捐赠物资使用**

对于定向捐赠物资，受赠人应按照捐赠意愿及协议约定的用途使用；如确需改变用途的，应征得捐赠人的同意。

4.2.7 **非定向捐赠物资使用**

对于非定向捐赠物资，受赠人可根据社会救助需求统筹使用。

4.2.8 **物资变卖**

对不适用、不宜运输的捐赠物资，在征得捐赠人同意后，经过审批和评估，可以进行变卖，变卖所得款仍用于与原捐赠宗旨相符的方向。

4.2.9 **信息公开**

对社会捐助款物特别是救灾捐赠款物使用情况进行社会公示。

ICS 01.040.01
A 22

中华人民共和国国家标准

GB/T 26376—2010

自然灾害管理基本术语

Basic terms on natural disaster management

2011-01-14 发布　　2011-06-01 实施

中华人民共和国国家质量监督检验检疫总局
中国国家标准化管理委员会　发布

前　言

本标准由中华人民共和国民政部提出。

本标准由全国减灾救灾标准化技术委员会归口。

本标准起草单位:民政部救灾司、民政部国家减灾中心。

本标准主要起草人:邹铭、张卫星、庞陈敏、闫志壮、范一大、李保俊、张晓宁、高玉成、孙浩荃、胡俊锋、袁艺、杨思全、张云霞、关妍、张宝军、杨佩国、吴建安。

自然灾害管理基本术语

1 范围

本标准规定了自然灾害管理的基本术语。

本标准适用于自然灾害管理工作。

2 一般术语

2.1

自然灾害 **natural disaster**

由自然因素造成人类生命、财产、社会功能和生态环境等损害的事件或现象。

注：包括气象灾害、地震灾害、地质灾害、海洋灾害、生物灾害、森林或草原火灾等。

2.2

自然灾害管理 **natural disaster management**

在灾害应对的各个阶段，政府或有关部门、社会组织为预防和减轻自然灾害，制定政策、做出决策以及采取的措施。

2.3

减灾 **disaster reduction**

在灾害管理的各个阶段，采取一系列措施减轻灾害造成的人员伤亡、财产损失，以及灾害对社会和环境的影响。

2.4

防灾 **disaster prevention**

灾害发生前，采取一系列措施防止灾害发生或预防灾害造成人员伤亡、财产损失，以及对社会和环境的影响。

2.5

备灾 **disaster preparedness**

灾害发生前开展的风险调查与评估、机制建设、预案制定、应急演练、物资储备、装备和通信保障、教育培训、社会动员等一系列准备工作。

2.6

抗灾 **disaster response**

灾害发生期间，为抗击或抵御灾害，紧急采取的抢险、抢修、救援等一系列应对工作。

2.7

救灾 **disaster relief**

灾害发生后，开展的灾情调查与评估、物资调配、转移安置、生活和医疗救助、心理抚慰、救灾捐赠等一系列灾害救助工作。

2.8

恢复重建 **recovery and reconstruction**

修复和重建被灾害破坏的建(构)筑物、生态环境、生产生活秩序和社会功能。

3 备灾

3.1

灾害监测 disaster monitoring

对灾害的孕育、发生、演化和影响等进行监视与观测。

3.2

灾害预警 disaster early warning

对灾害可能发生的时间、地点、影响范围和程度等信息预先发出警报。

3.3

灾害应急预案 disaster contingency plan

为预防和减轻灾害而预先制定的组织指挥、预警预报、信息管理、应急准备、应急响应、灾后救助和恢复重建等方面的应对方案。

3.4

应急工作规程 emergency working procedure

对应急预案有关响应条件、程序和措施等进一步细化的规定。

3.5

灾害应急演练 emergency response exercise

模拟灾害发生情境，进行预案启动、指挥协调、抢险救援、转移安置、生活和医疗救助等方面的模拟和演习。

3.6

救灾资金 disaster relief funds

用于灾害抢险、救援、救助和恢复重建的资金。

3.7

救灾物资 disaster relief materials

用于灾害抢险、救援或救助的各类物资。

注：包括生活类物资、救援类物资、医疗类物资、通信类物资和供电类物资等。

3.8

救灾物资储备 disaster relief materials reserve

为应对自然灾害，预先准备和存储应急救援、生活救助、医疗救治、卫生防疫等物资的工作。

3.9

救灾物资管理 disaster relief materials management

对灾害抢险、救援或救助物资进行采购、存储、调拨、发放、使用和回收等工作的总和。

3.10

救灾装备 disaster relief equipment

用于灾害救援或救助的仪器、设备等。

3.11

救灾组织结构 disaster relief organization structure

有关政府、社会团体、企业、志愿者队伍等应对灾害的组织框架和构成。

3.12

专业救援队伍 professional rescue team

为应对灾害而专门成立的具有专业救援知识、技能和装备的人员队伍。

3.13

应急避难场所　emergency shelter

用于居民紧急疏散或临时生活安置的安全场所。

3.14

减灾规划　disaster reduction plan

为明确一定时期内减灾工作的目标、原则、任务和保障措施等方面内容而制定的计划。

3.15

减灾宣传　disaster reduction publicity

向公众传播或讲授减轻灾害风险或损失等方面知识或技能的活动。

3.16

减灾教育　disaster reduction education

减轻灾害风险或损失等方面知识或技能的教育。

3.17

减灾培训　disaster reduction training

减轻灾害风险或损失等方面知识或技能的培养和训练。

3.18

减灾工程措施　structural measures for disaster reduction

为预防或减轻灾害而实施的河道疏通、堤防加固和边坡治理等实体性工程措施。

3.19

减灾非工程措施　non-structural measures for disaster reduction

为预防或减轻灾害而开展的宣传、教育和培训等不涉及实体性工程措施。

3.20

灾害风险管理　disaster risk management

评估灾害风险，制定和实施减轻灾害风险的政策和措施。

3.21

灾害保险　disaster insurance

用于补偿灾害损失的保险。

4　应急响应

4.1

预警响应　early warning response

针对自然灾害风险采取相应防御措施的行动。

4.2

灾害响应　disaster emergency response

灾害造成影响达到预案启动条件而采取相应措施的行动。

4.3

灾害过程　disaster process

一次灾害从孕育、发生、发展到消亡的过程。

4.4

灾情　disaster information

有关灾害发生的规模、强度、次数、灾害损失及影响的情况。

4.5

灾情管理 disaster information management

对灾情信息的收集、上报、处理、存储、分析、评估、服务和发布等。

4.6

灾情会商 disaster information consultation

政府有关部门、科研机构、社会组织或专家联合对灾情进行的综合分析与判断。

4.7

灾害评估 disaster assessment

对灾害发展动态或灾害造成的损失和影响进行综合评定和估计。

4.8

灾害风险评估 disaster risk assessment

对可能发生的灾害及其造成的后果进行评定和估计。

4.9

应急救援 emergency rescue

灾害发生后对灾区紧急采取的救援行动。

4.10

应急救助 emergency relief

灾害发生后对灾区紧急提供生活物资、医疗药品等方面的救援和帮助。

4.11

应急抢险 emergency restoration and danger elimination

灾害发生后对灾区受威胁或损毁工程、设施、财产等进行的紧急修复或险情排除。

4.12

应急救治 emergency treatment

对因灾伤病人员进行的紧急救护和医治。

4.13

应急搜救 emergency search and rescue

对灾区受困人员等进行的紧急搜索和营救。

4.14

应急通信 emergency communication

灾害发生后为保障联络畅通而紧急使用的通信手段或措施。

4.15

转移安置 evacuation and resettlement

将处在灾害危险区域的人员转移到安全区域并给予临时生活救助。

4.16

疫病防治 epidemic prevention

采取医疗卫生措施预防灾区疫病发生、流行和蔓延。

4.17

社会动员 social mobilization

在一定区域和范围内发动和组织社会力量开展的灾害准备、应急救援、应急救助、恢复重建等行动。

4.18

救灾捐赠 disaster relief donation

社会各界为灾区提供资金、物资或其他帮助的行为。

4.19

国际援助 international assistance

国际社会为灾区无偿提供资金、物资或其他人道主义帮助的行为。

5 恢复重建

5.1

恢复重建规划 recovery and reconstruction plan

灾害发生后,为恢复重建损毁房屋、基础设施、生产生活秩序和生态环境等而制定的全面计划和安排。

5.2

灾后生活救助 post-disaster living relief

对灾后受灾群众生活提供资金、物资等方面的帮助。

5.3

灾害心理干预 disaster psychological intervention

运用心理咨询、治疗、训练和教育等手段,缓解或消除因灾导致的心理问题或疾病的过程。

5.4

恢复重建承载力评估 bearing capacity assessment of recovery and reconstruction

在综合分析灾区自然环境、社会经济条件、受灾程度等基础上,对灾区恢复和重新建设能够承载的人口聚集规模、土地开发强度和产业结构等方面进行评定和估计。

5.5

住房恢复重建 housing recovery and reconstruction

按照灾害设防标准和有关技术规范,对因灾损毁的住房进行修复和重新建设。

5.6

基础设施恢复重建 infrastructure recovery and reconstruction

按照灾害设防标准和有关技术规范,对因灾损毁的道路、地下管网等基础设施进行修复和重新建设。

5.7

社会秩序恢复重建 social order recovery and reconstruction

采取一定的措施使灾区生产、生活等社会秩序恢复正常状况。

5.8

产业恢复重建 industry recovery and reconstruction

根据资源环境承载能力、社会发展和产业政策等方面的需要,对农业、工业和服务业等的恢复和重新建设。

5.9

生态恢复重建 ecological recovery and reconstruction

对灾区生态系统结构和功能进行修复或改良。

中 文 索 引

英 文 索 引

B

D

E

ICS 03.220.20
R 86

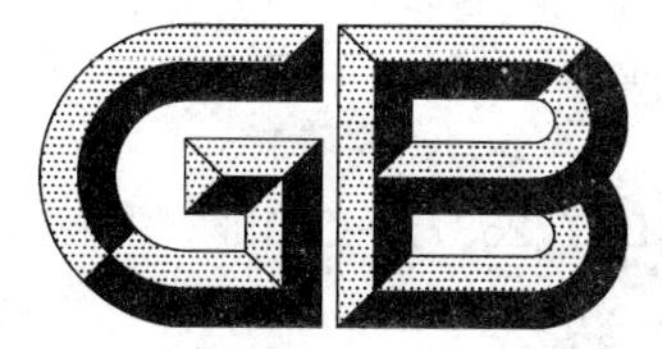

中华人民共和国国家标准

GB/T 26377—2010

逆反射测量仪

Retroreflectometer

2011-01-14 发布　　2011-06-01 实施

中华人民共和国国家质量监督检验检疫总局
中国国家标准化管理委员会　发布

前 言

本标准由全国交通工程设施(公路)标准化技术委员会(SAC/TC 223)提出并归口。

本标准起草单位:交通运输部公路科学研究院、国家交通安全设施质量监督检验中心。

本标准主要起草人:韩文元、杨勇、高捍忠、白媛媛、王蕊、杨丰艳、张璇。

逆反射测量仪

1 范围

本标准规定了逆反射测量仪的术语和定义、结构与分类、技术要求、计量学特性、试验方法、检验规则以及标志、包装、运输与贮存。

本标准适用于交通安全设施逆反射性能便携式测量仪器,不适用于实验室内15 m和30 m标准几何条件下的绝对逆反射测量系统。

2 规范性引用文件

下列文件中的条款通过在本标准中引用而成为本标准的条款。凡是注日期的引用文件,其随后所有的修改单(不包括勘误的内容)或修订版均不适用于本标准,然而,鼓励根据本标准达成协议的各方研究是否可使用这些文件的最新版本。凡是不注日期的引用文件,其最新版本适用于本标准。

GB/T 191 包装储运图示标志(GB/T 191—2008,ISO 780:1997,MOD)

GB/T 1408.1 绝缘材料电气强度试验方法 第1部分:工频下试验(GB/T 1408.1—2006,IEC 60243-1:1998,IDT)

GB/T 2423.1 电工电子产品环境试验 第2部分:试验方法 试验A:低温(GB/T 2423.1—2008,IEC 60068-2-1:2007,IDT)

GB/T 2423.2 电工电子产品环境试验 第2部分:试验方法 试验B:高温(GB/T 2423.2—2008,IEC 60068-2-2:2007,IDT)

GB/T 2423.3 电工电子产品环境试验 第2部分:试验方法 试验Cab:恒定湿热试验(GB/T 2423.3—2006,IEC 60068-2-78:2001,IDT)

GB/T 2423.10 电工电子产品环境试验 第2部分:试验方法 试验Fc:振动(正弦)(GB/T 2423.10—2008,IEC 60068-2-6:1995,IDT)

GB/T 7922 照明光源颜色的测量方法

GB/T 22084.1 含碱性或其他非酸性电解质的蓄电池和蓄电池组 便携式密封单体蓄电池 第1部分:镉镍电池

GB/T 22084.2 含碱性或其他非酸性电解质的蓄电池和蓄电池组 便携式密封单体蓄电池 第2部分:金属氢化物镍电池

JJG 213 分布(颜色)温度标准灯检定规程

JJG(交通)059 逆反射测量仪计量检定规程

3 术语和定义

下列术语和定义适用于本标准。

3.1

逆反射 retroreflection

反射光从接近入射光的反方向返回的一种反射。当入射光方向在较大范围内变化时,仍能保持这种性质。

[JT/T 688—2007,定义2.1]

3.2

参考中心 reference centre

在确定逆反射材料特性时，在试样的中心或接近中心所给定的一个点(见图 1)。

3.3

参考轴 reference axis

起始于参考中心，垂直于被测试样反射面的直线。

3.4

照明轴 illumination axis

从逆反射体中心发出，通过光源点的射线。

[JT/T 688—2007，定义 2.11]

3.5

观测轴 observation axis

从逆反射体中心发出，通过观测点的射线。

[JT/T 688—2007，定义 2.12]

3.6

入射角 β entrance angle

照明轴与逆反射体轴之间的夹角。

[JT/T 688—2007，定义 2.21]

注：入射角通常不大于 90°，但考虑完整性将其规定为 $0° \leqslant \beta \leqslant 180°$。在角度计系统中 β 被分解为 β_1 和 β_2 两个分量，见图 2。

3.7

观测角 α observation angle

照明轴与观测轴之间的夹角。

注：观测角不为负值，一般小于 10°，通常小于 2°。全部范围定义为 $0° \leqslant \alpha < 180°$。

3.8

发光强度系数 R coefficient of luminous intensity

逆反射在观察方向的发光强度 I 除以投向逆反射体且落在垂直于入射光方向的平面内的光照度 $E_\perp$ 的商。

$$R = \frac{I}{E_\perp}$$

式中：

R ——发光强度系数，单位为坎德拉每勒克斯($cd \cdot lx^{-1}$)；

I ——发光强度，单位为坎德拉(cd)；

$E_\perp$——垂直照度，单位为勒克斯(lx)。

3.9

逆反射系数 R' coefficient of retroreflection

平面逆反射表面上的发光强度系数 R 除以它的表面面积的商。

$$R' = \frac{R}{A} = \frac{I}{E_\perp \cdot A}$$

式中：

R'——逆反射系数，单位为坎德拉每勒克斯平方米($cd \cdot lx^{-1} \cdot m^{-2}$)；

A——试样表面的面积，单位为平方米(m^2)。

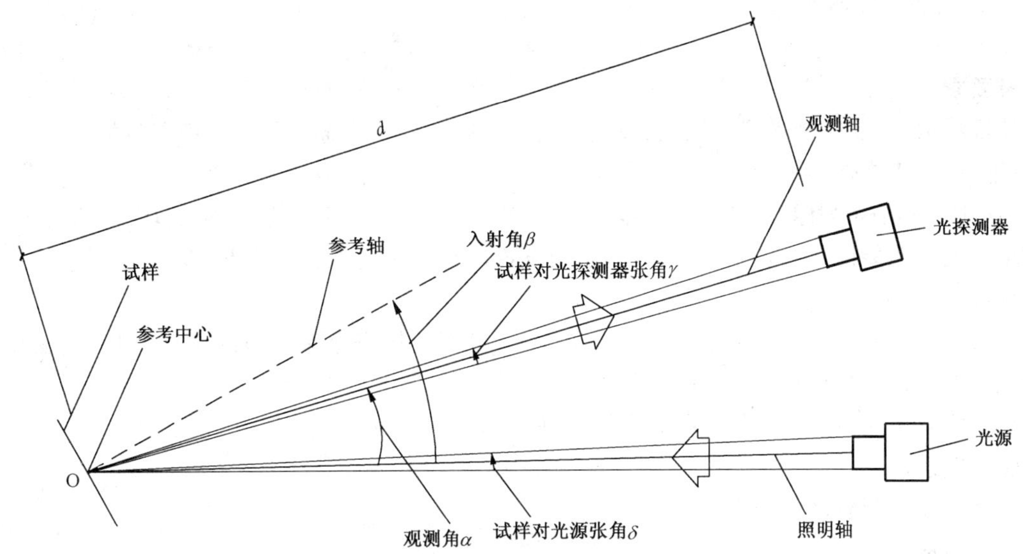

图 1　逆反射系统术语及光学测试原理

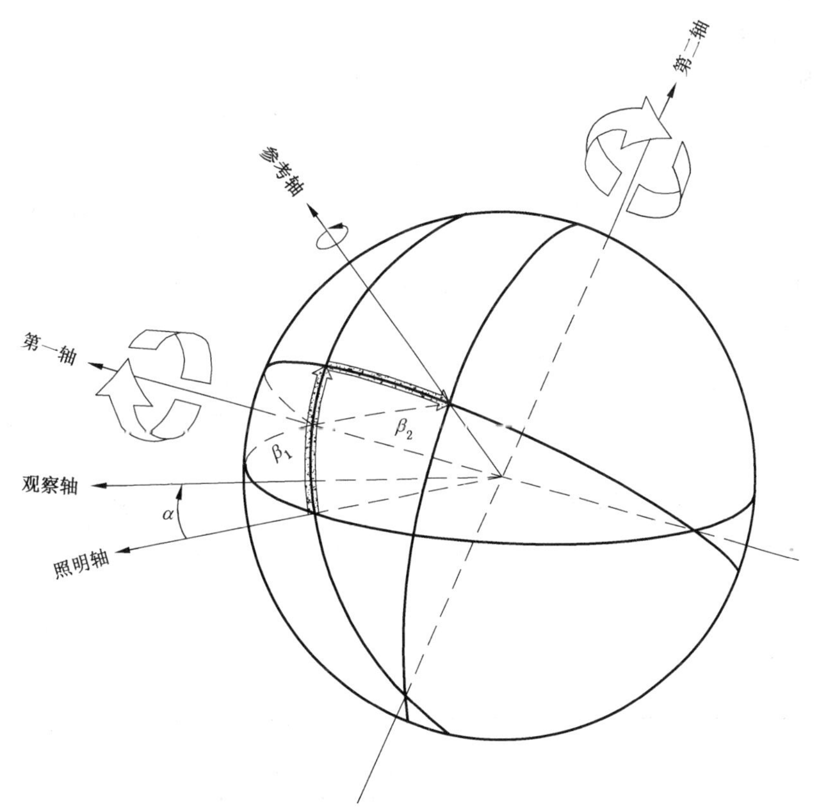

图 2　逆反射测试的角度参考系统

4　组成与分类

4.1　组成

逆反射测量仪一般由光源、接受器、光学系统、数据处理单元、电源、机壳等部分组成。

4.2　分类

按测量对象分为逆反射标志测量仪、逆反射标线测量仪、突起路标测量仪三类。

5 技术要求

5.1 一般要求

5.1.1 外观结构：逆反射测量仪的机壳、底座等构件应采用轻质合金材料或工程塑料加工制造，以减轻仪器自身重量，便于携带。测量仪外观颜色应协调一致，无划伤、磕碰痕迹等缺陷。

5.1.2 测量仪上应有下列标识：型号、出厂编号、制造单位、制造日期、几何条件、测量范围、测量不确定度等。

5.1.3 测量仪的功能键、按钮、开关、读数单元的设置应符合人机工学的特点，以方便使用，不应引起读数或插接错误的缺陷。

5.1.4 使用交流电源供电的测量仪采用金属机壳时，机壳应接安全保护地线，并采用单相三线插头连接到电源上，不应存在影响人身安全的缺陷。

5.1.5 测量仪应快速预热达到稳定状态，预热时间不大于 15 min。

5.2 测量几何条件

5.2.1 逆反射标志测量仪

入射角 β_1 为 $-40°\sim+40°$，β_2 为 0°；观测角 α 为 $0.1°\sim2°$。

5.2.2 逆反射标线测量仪

入射角 β_1 为 88.76°，β_2 为 0°；观测角 α 为 1.05°。

5.2.3 突起路标测量仪

入射角 β_1 为 0°，β_2 为 $-20°\sim+20°$；观测角 α 为 $0°\sim2°$。

5.3 光学性能

5.3.1 光源

逆反射测量仪的光源应使用标准 A 光源，光源色温为 2 856 K±50 K，光源张角不大于 0.2°。

5.3.2 接受器

接受器用来检测来自被测样品的逆反射光，应具有足够的灵敏度和量程，接受器的明视觉光谱光效率函数 $V(\lambda)$ 应与 CIE1931 标准观察者相匹配，接受器张角不大于 0.2°。

5.3.3 测量面积

5.3.3.1 逆反射标志测量仪测量面光孔直径为 30 mm±5 mm 的圆形或边长为 30 mm±5 mm 的方形区域。

5.3.3.2 逆反射标线测量仪光孔的测量面积为长 200 mm±1 mm，宽 95 mm±1 mm 的长方形区域，且测量光孔位置符合图 3 要求。

单位为毫米

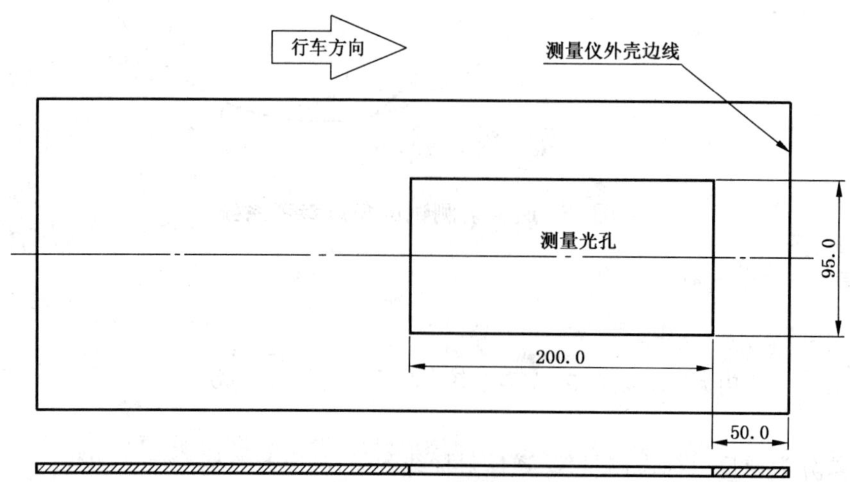

图 3 逆反射标线测量仪测量光孔尺寸图

5.3.3.3 突起路标测量仪光孔的测量面积为不小于长为150 mm,宽25 mm的长方形区域。

5.4 计量学特性

5.4.1 测量范围

按测量仪类型测量范围如下:

a) 逆反射标志测量仪:(0.1～1 999)$cd \cdot lx^{-1} \cdot m^{-2}$;

b) 逆反射标线测量仪:(0.1～1 999)$mcd \cdot lx^{-1} \cdot m^{-2}$;

c) 突起路标测量仪:(0.1～1 999)$mcd \cdot lx^{-1}$。

5.4.2 示值误差

按测量仪类型示值误差如下:

a) 逆反射标志测量仪:当测量范围为0.1～199.9时±5%,当测量范围大于199.9时±2%;

b) 逆反射标线测量仪:±5%;

c) 突起路标测量仪:±8%。

5.4.3 复现性测量误差

按测量仪类型复现性测量误差如下:

a) 逆反射标志测量仪:当测量范围为0.1～199.9时±5%,当测量范围大于199.9时±3%;

b) 逆反射标线测量仪:±5%;

c) 突起路标测量仪:±10%。

5.5 电气性能

5.5.1 电源

逆反射测量仪应配有直流和交流两套电源,直流电压应为12 V,交流为220 V。直流电源还应配有蓄电池,蓄电池宜用体积小、质量轻的镍镉或金属氢氧化物可充电电池,新蓄电池的容量一次充满电后应满足仪器连续工作4 h的需要,充电时间不大于12 h。

5.5.2 绝缘电阻

测量仪交流电源火线和零线接线端子与机壳的绝缘电阻应不小于100 MΩ。

5.5.3 电气强度

分别在测量仪电源火线和零线接线端子与机壳之间施加频率50 Hz、有效值1 500 V正弦交流电压,历时1 min,应无闪络或击穿现象。

5.6 环境适应性

5.6.1 耐低温性能

在－20 ℃条件下,按6.7.1的方法试验后4 h,试验结束后取出样机在室温下恢复4个小时,测量仪功能正常,用标准试样校准后,示值误差应满足5.4.2的要求。

5.6.2 耐高温性能

在＋55 ℃条件下,按6.7.2的方法试验后4 h,试验结束后立即取出样机进行测试,测量仪功能正常,用标准试样校准后,示值误差应不超过以下范围:

a) 逆反射标志测量仪:当测量范围为0.1～199.9时±7%,当测量范围大于199.9时±4%;

b) 逆反射标线测量仪:±7%;

c) 突起路标测量仪:±10%。

5.6.3 耐湿热性能

在温度＋40 ℃,相对湿度(95±2)%条件下,按6.7.3的方法试验后8 h,试验结束后立即取出样机进行测试,测量仪功能正常,用标准试样校准后,示值误差应不超过以下范围:

a) 逆反射标志测量仪:当测量范围为0.1～199.9时±10%,当测量范围大于199.9时±7%;

b) 逆反射标线测量仪:±7%;

c) 突起路标测量仪:±10%。

5.6.4 耐机械振动性能

将测量仪放置在制造商提供的包装箱内，在振动频率 2 Hz～200 Hz 的范围内按 6.7.4 的方法进行扫频试验。在 2 Hz～9 Hz 时按位移控制，位移 3.5 mm；9 Hz～200 Hz 时按加速度控制，加速度为 10 m/s^2。2 Hz→9 Hz→200 Hz→9 Hz→2 Hz 为一个循环，扫频速率为 1 oct/min，共经历 10 个循环，试验结束后立即打开包装箱检查，测量仪应功能正常、结构不受影响、零部件无松动；在室温条件下，用标准试样校准后，示值误差应不超过以下范围：

a) 逆反射标志测量仪：当测量范围为 0.1～199.9 时±7%，当测量范围大于 199.9 时±4%；

b) 逆反射标线测量仪：±7%；

c) 突起路标测量仪：±10%。

6 试验方法

6.1 试验条件

一般情况下，应在下列试验条件下，对逆反射测量仪进行测试：

——环境温度：(23±2)℃；

——相对湿度：(50±5)%。

6.2 一般要求项目

用目测和手感方法逐项检查。

6.3 测量几何条件

在进行型式检验时，应审查设计和加工图纸、计算和测量零件和装配件的误差是否符合几何条件的要求。

6.4 光学性能

6.4.1 光源色温：用非接触式的色度测量仪器，按 GB/T 7922 的规定测量；或用色温表按照 JJG 213 规定的方法进行检定测量。

6.4.2 接受器的明视觉光谱光效率函数 $V(\lambda)$：按照国家计量检定规程测量接受器的光谱光效率函数 $V(\lambda)$，相对误差应在 7% 以内。也可用标准 A 光源和彩色平板滤光器测量接受器的光谱响应函数，方法如下：

任选一种彩色平板滤光器，安放在白色逆反射样品前，用逆反射测量仪测量其逆反射系数 R_{A1}，然后移去滤光器，再测量白色逆反射样品的逆反射系数 R_{A0}，得到比值 $\gamma_1=R_{A1}/R_{A0}$；最后测量标准 A 光源通过此两个滤光器组成的空气对的亮度透射比 γ_0，计算值 $\gamma=\gamma_1/\gamma_0$，γ 应小于 10%。

注：测量亮度透射比 γ_0 用的两个滤光器应具有相同的光学特性。

6.4.3 测量面积：用分度值 0.5 mm 的钢板尺测量。

6.5 计量学特性

计量特性按 JJG(交通)059 进行。

6.6 电气性能

6.6.1 电源

电源配置和电压用目测和精度 2.5 级的万用表进行；蓄电池容量可用实测方法，也可用专用仪表按 GB/T 22084.1 和 GB/T 22084.2 的规定执行。

6.6.2 绝缘电阻

用精度 1.0 级、500 V 的兆欧表在电源接线端子与机壳之间测量。

6.6.3 电气强度

按 GB/T 1408.1，用精度 1.0 级的耐电压测试仪在电源接线端子与机壳之间测量。

6.7 环境适应性

6.7.1 耐低温性能

按 GB/T 2423.1 规定进行。

6.7.2 耐高温试验性能

按 GB/T 2423.2 规定进行。

6.7.3 耐湿热性能

按 GB/T 2423.3 规定进行。

6.7.4 耐机械振动试验方法

按 GB/T 2423.10 规定进行。

7 检验规则

7.1 逆反射测量仪的检验分为型式检验和出厂检验，型式检验由通过国家计量认证合格和国家实验室认可的实验室执行。

7.2 型式检验项目和出厂检验项目见表 1。

7.3 若检验中出现任意一项不合格，即判为该测量仪不合格。

表 1

序号	项目名称	技术要求	检验方法	型式检验	出厂检验
1	一般要求	5.1	6.2	√	√
2	测量几何条件	5.2	6.3	√	×
3	光源色温	5.3.1	6.4.1	√	√
4	接受器的 $V(\lambda)$ 函数	5.3.2	6.4.2	√	√
5	测量面积	5.3.3	6.4.3	√	×
6	计量学特性	5.4	6.5	√	√
7	电源电压	5.5.1	6.6.1	√	×
8	蓄电池容量	5.5.1	6.6.1	√	×
9	绝缘电阻	5.5.2	6.6.2	√	√
10	绝缘强度	5.5.3	6.6.3	√	√
11	耐低温性能	5.6.1	6.7.1	√	×
12	耐高温性能	5.6.2	6.7.2	√	×
13	耐湿热性能	5.6.3	6.7.3	√	×
14	耐机械振动性能	5.6.4	6.7.4	√	√
注：√为检验项目，×为不检验项目。					

8 标志、包装、运输与贮存

8.1 标志

8.1.1 产品标志

每台仪器应在明显位置设有标志牌，标志牌上应有如下内容：

a) 生产企业名称、地址及商标；

b) 产品名称及型号规格；

c) 输入额定电压、额定电流；

d) 其他必要的技术数据；

e) 质量；

f) 产品编号；

g) 制造日期。

8.1.2 包装标志

包装储存标志应按 GB/T 191 的有关规定，应标有“精密仪器”、“注意防潮”、“小心轻放”等图案，还应在产品包装箱上印刷以下内容：

a) 生产企业名称、地址及商标；

b) 产品名称及型号规格；

c) 质量：×××kg；

d) 外形尺寸：长×宽×高 mm；

e) 包装储运图示标志；

f) 仪器编号。

8.2 包装

8.2.1 仪器应使用工程塑料或铝合金等材质坚固的包装箱，箱内用聚氨脂泡沫缓冲，仪器在包装箱内应牢固可靠，适应常用运输、装卸工具的运送及装卸。

8.2.2 仪器包装箱内应随带如下文件：

a) 仪器型式鉴定合格证复印件；

b) 仪器检定合格证或校准证书；

c) 测量原理图；

d) 仪器校准、维护、使用说明书；

e) 设备及附件清单；

f) 其他有关技术资料。

8.3 运输

包装好的产品可用常规运输工具运输，运输过程应避免剧烈振动、雨雪淋袭、太阳久晒、接触腐蚀性气体及机械损伤。

8.4 贮存

产品应贮存于通风、干燥、防尘、无酸碱及腐蚀性气体的专用仪器仓库中，周围应无强烈的机械振动、冲击及强磁场作用。

参 考 文 献

[1] JT/T 688—2007 逆反射术语.

[2] ASTM E808-01 逆反射术语.

[3] ASTM E809-08 逆反射器光度性能测试方法.

[4] ASTM E810-03 逆反射系数测试方法 共平面几何法.

[5] ASTM E1696-04 用便携式逆反射测量仪测量突起路标的现场测试方法.

[6] ASTM E1709-08 用0.2观测角逆反射测量仪测量逆反射标志的测试方法.

[7] ASTM E1710-05 用逆反射测量仪按CEN几何测量条件测量路面标线逆反射性能测试方法.

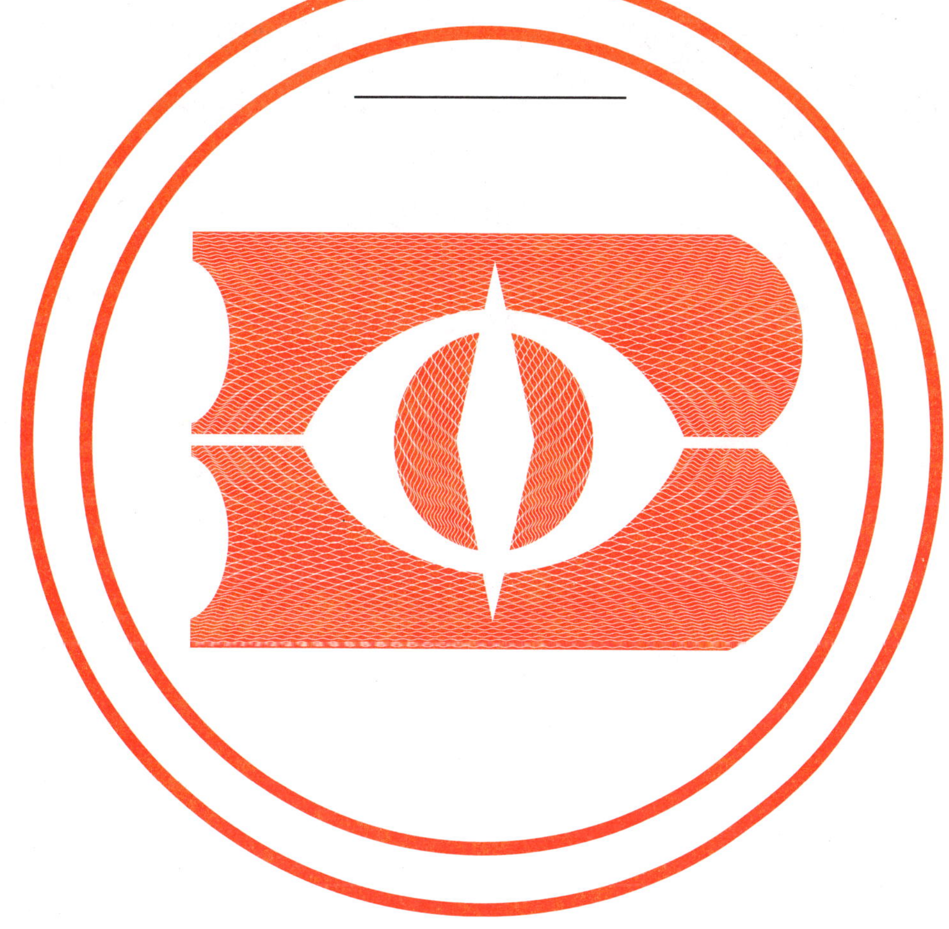

ICS 07.060;13.030.20
Z 17

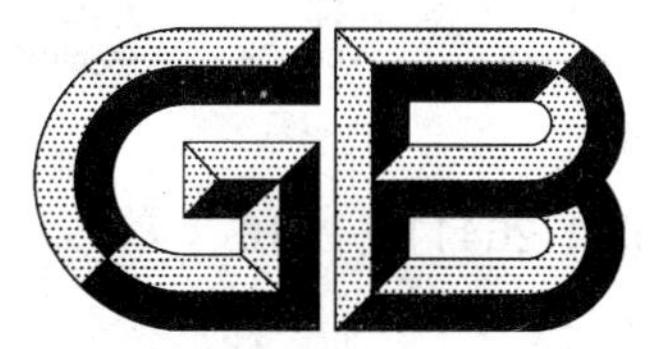

中华人民共和国国家标准

GB/T 26411—2010

海水中16种多环芳烃的测定 气相色谱-质谱法

Determination of 16 polynuclear aromatic hydrocarbons in seawater by GC-MS

2011-01-14 发布　　2011-06-01 实施

中华人民共和国国家质量监督检验检疫总局
中国国家标准化管理委员会　发布

前　言

本标准与美国国家环保总署 USEPA METHOD 525.2、3535 和 610 方法的一致性程度为非等效。

本标准的附录 A 和附录 C 为规范性附录，附录 B 为资料性附录。

本标准由国家海洋局提出。

本标准由全国海洋标准化技术委员会(SAC/TC 283)归口。

本标准起草单位：国家海洋局南海环境监测中心、广东海洋大学。

本标准主要起草人：赵利容、曲念东、林端、黄楚光、谢群、孙省利、陈春亮。

海水中16种多环芳烃的测定 气相色谱-质谱法

1 范围

本标准规定了海水中16种多环芳烃的样品采集与贮存、预处理、分析测试、质量保证和数据处理的方法和程序。

本标准适用于海水中萘、苊烯、苊、芴、菲、蒽、荧蒽、芘、苯并(a)蒽、䓛、苯并(b)荧蒽、苯并(k)荧蒽、苯并(a)芘、二苯并(a,h)蒽、苯并(ghi)苝和茚并(1,2,3-cd)芘等16种多环芳烃的固相萃取气相色谱-质谱法的测定,也适用于地表水和地下水等水质中16种多环芳烃的测定。

2 规范性引用文件

下列文件中的条款通过本标准的引用而成为本标准的条款。凡是注日期的引用文件,其随后所有的修改单(不包括勘误的内容)或修订版均不适用于本标准,然而,鼓励根据本标准达成协议的各方研究是否可使用这些文件的最新版本。凡是不注日期的引用文件,其最新版本适用于本标准。

GB 12808 实验室玻璃仪器 单标线吸量管

GB/T 14666 分析化学术语

GB/T 15921 海洋学术语 海洋化学

3 术语和定义

GB/T 15921、GB/T 14666中确立的术语和定义适用于本标准。

4 方法原理

采用C18固相萃取柱直接富集水中16种多环芳烃,用丙酮和二氯甲烷洗脱,洗脱液经浓缩后,用正己烷定容,用气相色谱-质谱法定性定量分析。

5 试剂和材料

除另作说明,本标准中所用试剂均为分析纯。

5.1 二氯甲烷(CH_2Cl_2)。

5.2 正己烷(C_6H_{14})。

5.3 甲醇(CH_3OH)。

5.4 丙酮(CH_3COCH_3)。

5.5 异丙醇(C_3H_8O)。

5.6 1∶1(体积比)甲醇/水溶液。

5.7 硫代硫酸钠($Na_2S_2O_3 \cdot 5H_2O$)。

5.8 无水硫酸钠(Na_2SO_4):预处理方法见附录A。

5.9 重铬酸钾-浓硫酸洗液:称取10 g研细的重铬酸钾固体,加热溶于20 mL水中,待冷后,边搅拌边缓慢地加入180 mL浓硫酸(H_2SO_4),冷后,移入磨口瓶中保存。

5.10 水(H_2O):重蒸蒸馏水或市售纯净水。

5.11 C18固相萃取柱:规格为500 mg/3 mL。

5.12 玻璃纤维滤膜(0.7 μm):在400 ℃灼烧1 h冷却或二氯甲烷(5.1)超声30 min后自然干,贮于磨口玻璃瓶中密封保存。

5.13 标准溶液

5.13.1 多环芳烃标准溶液:2 000(1±5%)μg/mL,含有本标准涉及的16种多环芳烃的混合标准溶液(溶剂为1∶1,二氯甲烷∶苯)。

5.13.2 多环芳烃标准溶液中间液:20(1±5%)μg/mL,取10.0 μL的多环芳烃标准溶液(5.13.1)溶于正己烷(5.2)中,定容至1.00 mL。

5.13.3 多环芳烃标准溶液使用液:0.2(1±5%)μg/mL,取10.0 μL的多环芳烃标准溶液中间液(5.13.2)溶于正己烷中,定容至1.00 mL。

5.13.4 多环芳烃替代物标准溶液:2 000(1±5%)μg/mL,5种多环芳烃氘代物混合标准溶液(溶剂为二氯甲烷),包括萘-d8、苊-d10、菲-d10、䓛-d12和苝-d12。

5.13.5 多环芳烃替代物标准溶液中间液:20(1±5%)μg/mL,取10.0 μL多环芳烃替代物标准溶液(5.13.4)溶于二氯甲烷中,定容至1.00 mL。

5.13.6 多环芳烃替代物标准溶液使用液:0.02(1±5%)μg/mL,取10.0 μL多环芳烃替代物标准溶液中间液(5.13.5)溶于异丙醇(5.5)中,定容至10.0 mL。

5.13.7 多环芳烃替代物标准溶液使用液:2(1±5%)μg/mL,取100 μL多环芳烃替代物标准溶液中间液(5.13.5)溶于二氯甲烷中,定容至1.00 mL。

5.13.8 多环芳烃内标标准溶液:200(1±5%)μg/mL,四氯间二甲苯或六甲基苯(溶剂为甲醇)。

5.13.9 多环芳烃内标标准溶液使用液:4(1±5%)μg/mL,取10.0 μL多环芳烃内标标准溶液(5.13.8)溶于异丙醇中,定容至0.50 mL。

6 仪器和设备

6.1 气相色谱-质谱联用仪(气相色谱-质谱):EI源。

6.2 色谱柱:毛细管色谱柱(30 m×0.25 mm ID×0.25 μm,Crossbond 5% diphenyl-95% dimethyl polysiloxane)。

6.3 气体:氮气(N_2)和氦气(He),纯度大于99.99%。

6.4 固相萃取装置。

6.5 真空抽气泵。

6.6 K-D浓缩器。

6.7 氮吹仪。

6.8 超声清洗器。

6.9 刻度移液管:0.50 mL、1.00 mL、5.0 mL、10.0 mL,GB 12808 A类。

6.10 微量气相进样针:5 μL、10 μL、50 μL和100 μL。

6.11 分析天平:分辨率0.01 g。

7 水样采集和处理

7.1 水样的采集

7.1.1 采水器及采样瓶的清洗

采水器应在使用之前用清水洗净,运输过程中避免污染。样品应选用2 L棕色玻璃容器采集,采样瓶在使用前应按照11.1规定的方法清洗。

7.1.2 采样

采样时不应用样品预洗采样瓶,以防止样品的沾染或吸附,采样瓶应完全注满,倒置无气泡。

7.1.3 样品保存

在每1 L海水样品中加入80 mg硫代硫酸钠(5.7)和5 mL甲醇(5.3)。样品应在4 ℃的环境下避光阴暗保存。样品应在7 d内完成萃取,40 d内完成测试。

7.1.4 空白样品的采集

用水(5.10)作空白样品,空白样品的采集和保存按7.1.2、7.1.3的规定操作。

7.2 水样预处理

7.2.1 水样的准备

量取1 000 mL水样,用玻璃纤维滤膜(5.12)抽滤后,依次加入100 mL异丙醇(5.5)和1.00 mL多环芳烃替代物标准溶液使用液(5.13.6)。

7.2.2 C18固相萃取柱的活化

7.2.2.1 将C18固相萃取柱(5.11)依次放置于固相萃取装置,拧紧所有旋钮。

7.2.2.2 加入3 mL正己烷(5.2)于柱中,拧松开关,当溶剂完全浸润柱填充物时拧紧开关,保持1 min。打开开关,使溶剂缓慢流过柱子,速度为1滴/秒。当溶剂液面接近柱填充物时,再加入3 mL正己烷,共重复3次。

7.2.2.3 继续加入二氯甲烷(5.1)于柱中,重复7.2.2.2的操作。

7.2.2.4 继续加入甲醇(5.3)于柱中,重复7.2.2.2的操作。

7.2.2.5 继续加入水(5.10)于柱中,重复7.2.2.2的操作。

7.2.3 水样的萃取

7.2.3.1 将准备好的水样连接入已经活化的C18固相萃取柱,打开真空泵,流速控制为(6～8) mL/min。

7.2.3.2 当水样全部萃取完毕,液面接近柱填充物时,关闭真空泵,加入3 mL 1∶1(体积比)甲醇/水溶液(5.6)于柱中,打开真空泵调整流速为1滴/秒。待溶液全部流出后维持抽空1 min,通入高纯氮气10 min进一步干燥,氮气流速为1 L/min。

7.2.4 C18固相萃取柱的洗脱

7.2.4.1 加入1.5 mL丙酮(5.4)于柱中,拧松开关,当溶剂完全浸润柱填充物时拧紧开关,保持3 min。打开开关,使溶剂缓慢流过柱子,速度为1滴/秒。用10 mL玻璃试管收集洗脱液。

7.2.4.2 继续加入3 mL二氯甲烷(5.1),重复7.2.4.1的操作;重复一次。收集于同一玻璃试管中。

7.2.4.3 将洗脱液通过装有10 cm无水硫酸钠(5.8)的层析柱脱水,当液面接近无水硫酸钠,加入5 mL二氯甲烷(5.1)继续冲洗层析柱,重复二次。脱水后的洗脱液用K-D浓缩器浓缩至约1 mL,置换为正己烷溶剂,浓缩至约0.5 mL,加入10.0 μL多环芳烃内标标准溶液使用液(5.13.9),待测。

8 样品的测试

8.1 仪器分析

8.1.1 色谱条件

进样口温度:250 ℃。

离子源温度:200 ℃;离子源类型:EI源。

接口温度为:250 ℃。

升温程序:初始温度为50 ℃,以20 ℃/min的速度升至150 ℃,保持2 min;再以12 ℃/min的速度升至290 ℃,保持7 min。

进样方式:不分流,进样量:1 μL～2 μL。

高纯氦气(≥99.99%),柱流量:1.5 mL/min,总流量:50 mL/min。

8.1.2 全扫描(SCAN)定性分析

质量数范围(50～500)m/z。

8.1.3 选择离子扫描(SIM)定量分析

根据仪器条件和样品选择多环芳烃各化合物的特征离子进行检测。16种多环芳烃、5种多环芳烃替代物和多环芳烃内标物特征离子参见表B.1。

8.2 标准曲线

8.2.1 定量方法

采用替代物/内标物定量方法。

8.2.2 标准工作溶液

分别取5.0 μL,10.0 μL,20.0 μL,50.0 μL,100.0 μL和0.200 mL多环芳烃标准溶液使用液(5.13.3)于正己烷中,定容至0.5 mL,使系列标准工作溶液中各化合物浓度分别为2.0 ng/mL、4.0 ng/mL、8.0 ng/mL、20.0 ng/mL、40.0 ng/mL和80.0 ng/mL。每个标准工作溶液中分别加入10.0 μL多环芳烃替代物标准溶液使用液(5.13.7)和10.0 μL多环芳烃内标标准溶液使用液(5.13.9)。

8.2.3 绘制标准曲线

通过自动进样器或10.0 μL气相进样针分别移取不同浓度的标准使用液1 μL~2 μL,注入气相色谱仪,按照8.1.1色谱条件得到各不同浓度的多环芳烃的色谱图,计算不同浓度待测物质的相应峰高(或峰面积),绘制标准曲线。

8.3 样品的测定

8.3.1 进样方式:自动进样器或手动进样。

8.3.2 进样量:1 μL~2 μL。

8.3.3 操作:用正己烷(5.2)润洗微量注射器的针头和针筒10次,再用试样润洗3次,抽取待测样品,排除针筒中的气泡,迅速注入气相色谱进样口,进行分析。

8.3.4 分析空白试验:按10.1.3进行分析空白试验。

8.4 色谱图的分析

8.4.1 标准色谱图

16种多环芳烃及5种多环芳烃替代物的标准色谱图参见图B.1。

8.4.2 定性分析

对照待测样品质谱图与标准图谱库中的标准质谱图,进行定性分析。

9 结果的表示与计算

用选择离子扫描方式进行定量分析,记录试样中每种多环芳烃的峰高(或峰面积),按式(1)、式(2)和式(3)计算试样中各种多环芳烃的浓度值。

$$\frac{A_s}{A_i}=K_{si}\frac{M_s}{M_i} \qquad \cdots\cdots(1)$$

式中:

A_s——标准样品中多环芳烃目标化合物的峰高或峰面积;

A_i——标准样品中内标化合物的峰高或峰面积;

M_s——标准样品中多环芳烃目标化合物的质量,单位为纳克(ng);

M_i——内标化合物的质量,单位为纳克(ng);

K_{si}——标准样品中多环芳烃目标化合物与内标化合物响应因子的比值,K值为常数。

$$\frac{A_t}{A_i}=K_{ti}\frac{M_t}{M_i} \qquad \cdots\cdots(2)$$

式中:

A_t——标准样品中多环芳烃替代物的峰高或峰面积;

M_t——标准样品中多环芳烃替代物的质量，单位为纳克(ng)；

K_{ti}——标准样品中多环芳烃替代物与内标化合物响应因子的比值，K 值为常数。

$$\frac{A_s}{A_t}=K_{st}\frac{M_s}{M_t} \qquad (3)$$

式中：

K_{st}——标准样品中多环芳烃目标化合物与多环芳烃替代物响应因子的比值，K 值为常数。

多环芳烃替代物回收率按式(4)进行计算：

$$R_{ec}=\frac{A_{tx}M_i}{A_{ix}M_t K_{ti}}\times 100 \qquad (4)$$

式中：

R_{ec}——待测样品中加入的多环芳烃替代物的回收率，%；

A_{ix}——待测样品中内标化合物的峰高或峰面积；

A_{tx}——待测样品中多环芳烃替代物的峰高或峰面积。

样品中目标化合物的浓度按式(5)进行计算：

$$C_x=\frac{A_{sx}M_t}{A_{tx}K_{st}V} \qquad (5)$$

式中：

C_x——待测样品中多环芳烃目标化合物浓度，单位为纳克每升(ng/L)；

A_{sx}——待测样品中多环芳烃目标化合物的峰高或峰面积；

V——样品取样体积，单位为升(L)。

10 质量控制

10.1 空白

10.1.1 试剂空白

所有试剂空白测试结果应低于方法检出限。

10.1.2 全程序空白

每批样品全程序空白的样品数量不少于该批样品总数的 10%。

10.1.3 分析空白试验

按照试样的分析条件和步骤对空白样品进行分析试验，得到的结果为“空白值”。

10.2 方法检出限

16 种多环芳烃方法检出限数据见表 C.1。

10.3 回收率

空白加标和多环芳烃替代物的回收率应在 60%～130%，见表 C.2、表 C.3 和表 C.4。

10.4 精密度

16 种多环芳烃在 6.0 ng/L，10.0 ng/L 和 20.0 ng/L 浓度水平的精密度数据分别见表 C.2、表 C.3 和表 C.4。

10.5 标准曲线的使用

每个工作日应测定一种或几种浓度的标准溶液以检验标准曲线，若某一化合物的测定值与标准值的相对标准偏差大于 10%，则应重新绘制标准曲线。

10.6 平行样

本方法中平行双样数量为总样品数的 10%～20%，平行双样相对偏差应低于 30%。

11 注意事项

11.1 玻璃器皿使用前应先用清水冲洗，等水干后放入 40 ℃～50 ℃的重铬酸钾-浓硫酸洗液中浸泡

24 h，取出后用清水洗净，再用纯水清洗，用烘箱 105 ℃烘 2 h，再于马弗炉中 400 ℃灼烧 4 h，玻璃器皿彻底清洗干净后放入专用柜保存。带有刻度的玻璃器皿不能灼烧。

11.2 无水硫酸钠纯度无法满足实验要求时，应进行处理以消除干扰。

11.3 试剂纯度无法满足实验要求时，应蒸馏后使用。

11.4 整个实验过程应在具有通风设备的实验室进行。

11.5 当待测化合物在气相色谱-质谱的全扫描方法下不能定性时，可通过提取碎片离子方式定性分析。

11.6 需要加入内标溶液时，应在待测样品测定前完成操作。

11.7 样品准备时，应在待测样品溶液液面以下加入多环芳烃替代物。当受环境影响，如室温过高，加速了多环芳烃替代物的挥发，损失较大，可能对测定结果有影响时，可采取增加多环芳烃替代物标准溶液使用液的浓度，减少加入体积的方法提高回收率。

11.8 样品的预处理时，C18 固相萃取柱的活化和水样萃取过程中不能使柱干。

附 录 A
(规范性附录)
无水硫酸钠的预处理方法

A.1 在蒸馏装置中对甲醇进行蒸馏。

A.2 取一定量无水硫酸钠,用普通滤纸包好,放入烧杯中,先用蒸馏后的甲醇浸泡 10 min,再超声 15 min,取出后放入干净烧杯中自然晾干。

A.3 以二氯甲烷为溶剂,将经过 A.2 处理后的无水硫酸钠在索氏抽提器中抽提 72 h。

A.4 取下索氏抽提器中的无水硫酸钠,放入烧杯中自然晾干。

A.5 将自然晾干的无水硫酸钠置于马弗炉中灼烧 4 h。

A.6 将灼烧后的无水硫酸钠置于干燥皿中,备用。

附 录 B
（资料性附录）
16 种多环芳烃的标准色谱图和特征离子表

B.1 标准色谱图

图 B.1 给出了本标准中 16 种多环芳烃及替代物的标准色谱图。

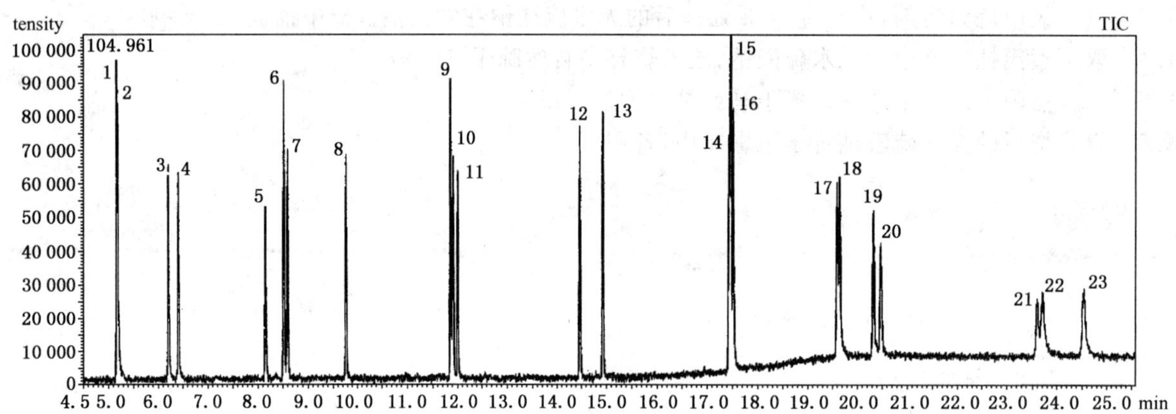

1——萘-d8；
2——萘；
5——苊烯；
6——苊-d10；
7——苊；
8——芴；
9——菲-d10；
10——菲；
11——蒽；
12——荧蒽；
13——芘；
14——苯并(a)蒽；
15——䓛-d12；
16——䓛；
17——苯并(b)荧蒽；
18——苯并(k)荧蒽；
19——苯并(a)芘；
20——苝-d12；
21——茚并(1,2,3-cd)芘；
22——二苯并(a,h)蒽；
23——苯并(ghi)苝。

注：3、4 两种组份与本标准无关，故未给出。

图 B.1　16 种多环芳烃及替代物标准色谱图

B.2 16 种多环芳烃,5 种多环芳烃替代物和多环芳烃内标物的特征离子

表 B.1 给出了本标准中 16 种多环芳烃,5 种多环芳烃替代物和多环芳烃内标物的特征离子。

表 B.1 16 种多环芳烃、5 种多环芳烃替代物和多环芳烃内标物的特征离子

序号	化合物	特征离子	序号	化合物	特征离子
1	萘-d8	136,134	12	芘	202,200,203
2	萘	128,129,127	13	苯并(a)蒽	228,226
3	苊烯	152,151,153	14	䓛-d12	240,236
4	苊-d10	164,162,160	15	䓛	228,229,226
5	苊	153,154,152	16	苯并(b)荧蒽	252,253,125
6	芴	166,165,167	17	苯并(k)荧蒽	252,253,250
7	四氯间二甲苯	207,209,244	18	苯并(a)芘	252,253,250
8	菲-d10	188,184	19	苝-d12	264,260
9	菲	178,179	20	茚并(1,2,3-cd)芘	276,277,138
10	蒽	178,179,176	21	二苯并(a,h)蒽	278,276,139
11	荧蒽	202,101,100	22	苯并(ghi)苝	276,274,138

附 录 C
（规范性附录）
16 种多环芳烃的方法检出限、回收率和精密度数据

C.1 16 种多环芳烃的方法检出限数据

表 C.1 给出了本标准中 16 种多环芳烃的方法检出限数据。

表 C.1 16 种多环芳烃的方法检出限数据

序号	化合物	检出根	序号	化合物	检出根
1	萘	1 ng/L	9	苯并(a)蒽	1 ng/L
2	苊烯	1 ng/L	10	䓛	1 ng/L
3	苊	1 ng/L	11	苯并(b)荧蒽	1 ng/L
4	芴	1 ng/L	12	苯并(k)荧蒽	1 ng/L
5	菲	1 ng/L	13	苯并(a)芘	1 ng/L
6	蒽	1 ng/L	14	茚并(1,2,3-cd)芘	2 ng/L
7	荧蒽	1 ng/L	15	二苯并(a,h)蒽	2 ng/L
8	芘	1 ng/L	16	苯并(ghi)苝	2 ng/L

C.2 16 种多环芳烃的准确度和精密度数据

表 C.2 给出了加标量为 6.0 ng/L 时 16 种多环芳烃平行测试三次的准确度和精密度数据；表 C.3 给出了加标量为 12.0 ng/L 时 16 种多环芳烃平行测试三次的准确度和精密度数据；表 C.4 给出了加标量为 20.0 ng/L 时 16 种多环芳烃平行测试三次的准确度和精密度数据。

表 C.2 加标量为 6.0 ng/L 时 16 种多环芳烃平行测试 3 次的准确度和精密度数据

化 合 物	加标量/(ng/L)	平均值/(ng/L)	相对标准偏差/%	平均回收率/%	回收率相对偏差/%
萘	6.0	40.2	3	183	20
苊烯	6.0	6.0	3	88	9
苊	6.0	5.5	4	79	7
芴	6.0	6.8	3	96	9
菲	6.0	6.0	3	95	11
蒽	6.0	5.8	4	93	5
荧蒽	6.0	4.8	1	102	4
芘	6.0	5.7	2	114	2
苯并(a)蒽	6.0	6.0	3	121	1
䓛	6.0	5.8	5	116	2
苯并(b)荧蒽	6.0	6.9	7	125	3
苯并(k)荧蒽	6.0	6.7	5	121	5

表 C.2（续）

化合物	加标量/(ng/L)	平均值/(ng/L)	相对标准偏差/%	平均回收率/%	回收率相对偏差/%
苯并(a)芘	6.0	6.1	10	110	3
茚并(1,2,3-cd)芘	6.0	6.3	7	114	10
二苯并(a,h)蒽	6.0	5.9	3	107	8
苯并(ghi)苝	6.0	5.5	8	100	9

表 C.3 加标量为 12.0 ng/L 时 16 种多环芳烃平行测试 3 次的准确度和精密度数据

化合物	加标量/(ng/L)	平均值/(ng/L)	相对标准偏差/%	平均回收率/%	回收率相对偏差/%
萘	12.0	55.0	9	93	30
苊烯	12.0	12.9	1	70	17
苊	12.0	12.6	3	67	16
芴	12.0	15.0	9	75	17
菲	12.0	12.9	7	80	15
蒽	12.0	11.0	2	74	9
荧蒽	12.0	11.3	1	100	4
芘	12.0	12.1	2	106	2
苯并(a)蒽	12.0	12.3	1	108	2
䓛	12.0	11.9	2	105	2
苯并(b)荧蒽	12.0	14.1	1	111	4
苯并(k)荧蒽	12.0	13.3	4	105	6
苯并(a)芘	12.0	11.9	3	94	5
茚并(1,2,3-cd)芘	12.0	12.2	1	97	3
二苯并(a,h)蒽	12.0	12.0	1	95	3
苯并(ghi)苝	12.0	11.5	2	91	1

表 C.4 加标量为 20.0 ng/L 时 16 种多环芳烃平行测试 3 次的准确度和精密度数据

化合物	加标量/(ng/L)	平均值/(ng/L)	相对标准偏差/%	平均回收率/%	回收率相对偏差/%
萘	20.0	40.8	4	36	17
苊烯	20.0	20.2	3	63	10
苊	20.0	20.8	2	64	9
芴	20.0	23.1	7	69	7
菲	20.0	19.4	2	67	6
蒽	20.0	19.0	2	71	5
荧蒽	20.0	17.9	3	91	5
芘	20.0	19.0	2	96	5

表 C.4（续）

化合物	加标量/(ng/L)	平均值/(ng/L)	相对标准偏差/%	平均回收率/%	回收率相对偏差/%
苯并(a)蒽	20.0	19.9	3	101	5
䓛	20.0	19.5	1	99	4
苯并(b)荧蒽	20.0	21.3	3	106	2
苯并(k)荧蒽	20.0	20.6	4	103	4
苯并(a)芘	20.0	19.0	3	95	5
茚并(1,2,3-cd)芘	20.0	22.7	6	113	8
二苯并(a,h)蒽	20.0	24.7	15	123	17
苯并(ghi)苝	20.0	20.3	6	101	7

ICS 77.120.99
H 65

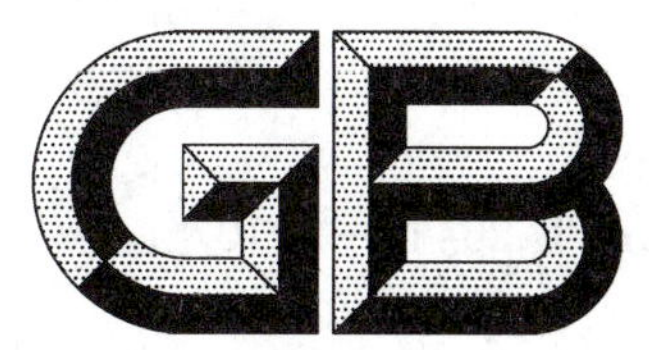

中华人民共和国国家标准

GB/T 26412—2010

金属氢化物-镍电池负极用稀土系 AB_5 型贮氢合金粉

RE-base AB_5 hydrogen storage alloy powder used in negative pole of nickel-metal hydride batteries

2011-01-14 发布　　2011-11-01 实施

中华人民共和国国家质量监督检验检疫总局
中国国家标准化管理委员会　发布

前　言

本标准由全国稀土标准化技术委员会(SAC/TC 229)归口。

本标准由内蒙古稀奥科贮氢合金有限公司负责起草。

本标准由广州有色金属研究院、厦门钨业股份有限公司、包头稀土研究院、北京宏福源科技有限公司参加起草。

本标准主要起草人:朱惜林、韩树民、李培良、高军伟、张永健、朱桂容、闫慧忠。

金属氢化物-镍电池负极用稀土系 AB_5 型贮氢合金粉

1 范围

本标准规定了金属氢化物-镍电池负极用稀土系 AB_5 型贮氢合金粉的要求、试验方法、检验规则和标志、包装、运输、贮存。

本标准适用于采用真空感应熔炼工艺生产的稀土系 AB_5 型贮氢合金粉。用作金属氢化物-镍电池的负极材料。

2 规范性引用文件

下列文件对于本文件的应用是必不可少的。凡是注日期的引用文件，仅注日期的版本适用于本文件。凡是不注日期的引用文件，其最新版本(包括所有的修改单)适用于本文件。

GB/T 1479.1 金属粉末松装密度的测定 第1部分:漏斗法

GB/T 5162 金属粉末 振实密度的测定

GB/T 19077.1 粒度分析 激光衍射法 第1部分:通则

YS/T 484 金属氢化物 镍电池负极用储氢合金比容量的测定

3 要求

3.1 牌号及电化学性能

产品牌号及电化学性能应符合表1的规定。需方如对产品有特殊要求，供需双方可另行协商。

表 1

牌号	类型	电化学性能(25 ℃±2 ℃)		
		比容量/(mAh/g)	循环寿命/次	300 mA/g 放电容量/(mAh/g)
207000	普通型	≥310	≥500	≥275
207001	功率型	≥300	≥500	≥285
207002	高容量型	≥330	≥300	≥280

3.2 物理性能

3.2.1 粒度分布及密度

产品粒度分布及密度应符合表2的规定，需方如有特殊要求，供需双方可另行协商。

表 2

合金粉		粒度分布/μm			密度/(g/cm³)	
		D10	D50	D90	松装密度	振实密度
负极湿法成型用粉	A 型	12.0±3.0	38.0±5.0	85.0±10.0	≥3.2	≥4.3
	B 型	14.0±3.0	54.0±5.0	115.0±10.0	≥3.2	≥4.3
负极干法成型用粉		19.0±5.0	65.0±10.0	130.0±20.0	≥3.4	≥4.6

3.2.2 压力-组成等温线(Pressure-Composition Isotherms,即 PCI)特性

产品的 PCI 特性应符合表 3 的规定。

表 3

牌号	类型	40 ℃下在 H/M=0.5 时的放氢压力/MPa	40 ℃下放氢压力在 0.5 MPa 时的 H/M
207000	普通型	0.02～0.06	>0.80
207001	功率型	0.04～0.08	>0.70
207002	高容量型	0.02～0.04	>0.85
注：H/M 是指氢的原子数/合金的原子数。			

3.3 化学成分及制造工艺

产品的化学成分及制造工艺参见附录 A(资料性附录),仅供参考,不做验收依据。具体的成分与杂质含量要求可由供需双方共同商定。

3.4 外观

产品为粉末状,呈银灰色,无明显夹杂物。

4 试验方法

4.1 电化学性能

4.1.1 比容量

比容量测定按 YS/T 484 的规定进行,取平行样测定。测定的参数设置为:充放电电流密度(I_A)取 65 mA/g,充电 6.5 h,充电后搁置时间为 30 min,放电后间隔时间为 25 min,相对于 Hg/HgO/6 mol/L KOH 参比电极的截止电位为－640 mV,放电容量达到最大稳定值即为标称放电比容量。误差±2%以内的数据视为有效。

4.1.2 循环寿命

循环寿命的测定参照 YS/T 484 的规定进行,取平行样测定。测定的参数设置为:充放电电流密度(I_A)取 300 mA/g,充电 1.2 h,充放电后搁置时间为 10 min,相对于 Hg/HgO/6 mol/L KOH 参比电极的截止电位为－600 mV。按此充放电参数循环至连续 3 次放电容量低于合金粉 300 mA/g 放电容量的 80%,即把放电容量达到 80%C 时的充放电循环周期数视为循环寿命。误差±2%以内的数据视为

有效。

4.1.3 300 mA/g 放电容量

被测电极按 4.1.1 中规定测定比容量后，充放电电流密度(I_A)选取 300 mA/g，充电 1.2 h，充放电后搁置时间为 10 min，放电相对于 Hg/HgO/6 mol/L KOH 参比电极的截止电位为－600 mV，放电容量达到最大稳定值即为 300 mA/g 放电容量，记为 C，C 的计算参照 YS/T 484 的规定进行。误差±2%以内的数据视为有效。

4.2 物理性能

4.2.1 粒度分布

产品粒度分布测试按 GB/T 19077.1 的规定进行。

4.2.2 密度

产品松装密度测试按 GB/T 1479 的规定进行；振实密度测试按 GB/T 5162 的规定进行。

4.2.3 压力-组成等温线(Pressure-Composition Isotherms，即 PCI)特性

PCI 特性的测试可按供需双方共同商定的方法进行。

4.3 外观

产品外观用目测检查。

5 检验规则

5.1 检查与验收

5.1.1 检查

产品应由供方质量监督部门进行检验，保证产品符合本标准规定，并填写质量证明书。

5.1.2 验收

需方应对收到的产品按本标准的规定进行检验。如检验结果与本标准规定不符时，可在自收到产品之日起，两个月内向供方提出，由供需双方协商解决。如需仲裁，可委托双方认可的单位进行，并在需方共同取样。

5.2 组批

产品应成批提交检验，每批由同一牌号、同一生产工艺制成的相同组分和同一粒度分布的材料组成。

5.3 检验项目

每批产品应进行比容量、粒度分布、外观的检验，其他性能进行抽检。

5.4 取样与制样

电化学性能和物理性能的仲裁取样件(袋)数可按表 4 规定进行。每件(袋)取样 50 g，混匀后用四

分法缩分至试样所需数量并进行真空包装。

表 4

件(袋)数	1～5	6～49	50～100	>100
取样件(袋)数	件(袋)数的 100%	5	件(袋)数的 10%，取整数	件(袋)数的平方根，取正整数

5.5 检验结果判定

5.5.1 产品电化学性能及物理性能仲裁分析结果与本标准规定不符时，则从该批产品中取双倍试样对不合格项目进行重复试验，如其中仍有一项结果不合格，则判定该批产品为不合格。

5.5.2 外观检验结果与本标准规定不符时，则直接判定批产品为不合格。

6 标志、包装、运输、贮存

6.1 标志、包装

6.1.1 包装桶(箱)外应有明显标志，注明：供方名称、产品名称、牌号、批号、净重、生产日期等标志或字样。

6.1.2 产品采取防氧化(如抽真空、充氩气)措施后密封包装并装入铁桶或纸箱中。

6.2 运输、贮存

产品运输、贮存时应严防受潮，避免磨擦，远离火源，轻拿轻放。不得将合金粉暴露在空气中，以防氧化、燃烧。如遇着火，应用干砂或防火布覆盖灭火。

6.3 质量证明书

每批产品应附质量证明书，注明：

a) 供方名称；

b) 产品名称、牌号、规格；

c) 批号；

d) 净含量和件数；

e) 各项检验结果和供方质量检验部门印记；

f) 本标准编号；

g) 出厂日期。

附　录　A
（资料性附录）
金属氢化物-镍电池负极用稀土系 AB_5 型贮氢合金粉的化学成分及制造工艺

A.1　金属氢化物-镍电池负极用稀土系 AB_5 型贮氢合金粉的化学成分

金属氢化物-镍电池负极用稀土系 AB_5 型贮氢合金材料是以金属间化合物 $RENi_5$ 为基础的贮氢合金。主要成分稀土(RE)、镍(Ni)。其中稀土主要为金属镧(La)、铈(Ce)、镨(Pr)、钕(Nd)中的一种或几种;镍也可被钴(Co)、锰(Mn)、铝(Al)、铁(Fe)、铜(Cu)等其他金属替代。钴的含量对金属氢化物-镍电池负极用贮氢合金材料起着重要的作用,它可以很好地提高合金的抗粉化能力,从而改善合金的电化学循环寿命。

A.2　金属氢化物-镍电池负极用稀土系 AB_5 型贮氢合金粉的制造工艺

贮氢合金采用真空感应熔炼工艺,通常真空感应熔炼后要经过真空或惰性气体下高温热处理来改善合金的性能,然后在氮气或惰性气体保护下进行破碎和制粉,即得到最终产品。

ICS 77.120.99
H 65

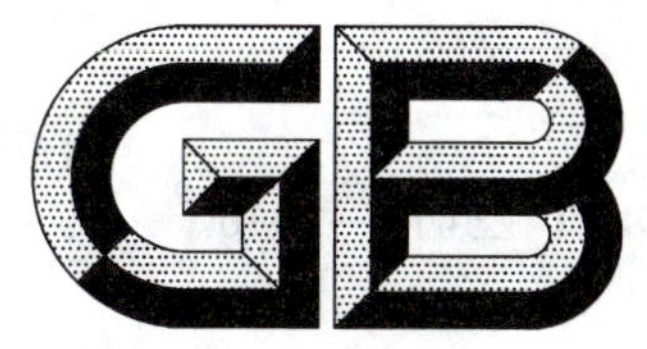

中华人民共和国国家标准

GB/T 26413—2010

重稀土氧化物富集物

Heavy rare earth oxide enrichment

2011-01-14 发布　　　　2011-11-01 实施

中华人民共和国国家质量监督检验检疫总局
中国国家标准化管理委员会　发布

前　言

本标准由全国稀土标准化技术委员会(SAC/TC 229)归口。

本标准由江阴加华新材料资源有限公司负责起草。

本标准由广东珠江稀土有限公司、宜兴新威利成稀土有限公司参加起草。

本标准主要起草人:史卫东、谢建伟、肖睿、金燕华、俞志春。

重稀土氧化物富集物

1 范围

本标准规定了重稀土氧化物富集物的要求、试验方法、检验规则与包装、标志、运输、贮存。

本标准适用于用化学法制得的，从离子吸附型稀土矿中提取的、供深加工和冶金等用的重稀土氧化物富集物。

2 规范性引用文件

下列文件对于本文件的应用是必不可少的。凡是注日期的引用文件，仅注日期的版本适用于本文件。凡是不注日期的引用文件，其最新版本(包括所有的修改单)适用于本文件。

GB/T 8170 数值修约规则与极限数值的表示和判定

GB/T 12690 稀土金属及其氧化物中非稀土杂质化学分析方法

GB/T 14635 稀土金属及其化合物化学分析方法 稀土总量的测定

3 要求

3.1 化学成分

产品牌号及化学成分应符合表1的规定。需方如有特殊要求，供需双方可另行协商。

表 1

产品牌号	化学成分(质量分数)/%						
	REO 不小于	Y_2O_3/REO 不小于	稀土杂质/REO，不大于	非稀土杂质，不大于			灼减 不大于
			$(La_2O_3+CeO_2+Pr_6O_{11}+Nd_2O_3)$/REO	Fe_2O_3	Al_2O_3	ThO_2	
190080	98.0	80.0	1.0	0.05	0.005	0.01	1.0
190075	95.0	75.0	1.5	0.08	0.01	0.03	4.0
190070	95.0	70.0	1.5	0.08	0.01	0.05	4.0
190065	95.0	65.0	1.5	0.10	0.01	0.05	4.0
190060	92.0	60.0	3.0	0.10	0.05	0.05	7.0

3.2 外观

3.2.1 产品为淡黄色，粉末状。

3.2.2 产品必须洁净，无可见夹杂物。

4 试验方法

4.1 产品中稀土总量(REO)的分析方法按 GB/T 14635 的规定进行。

4.2 产品中 Y_2O_3/REO 的含量及稀土杂质含量的分析方法按供方现行方法进行。
4.3 产品中非稀土杂质含量及灼减量的分析方法按 GB/T 12690 的规定进行。
4.4 数值修约按 GB/T 8170 的规定进行。
4.5 产品外观用目视检查。

5 检验规则

5.1 检查与验收

5.1.1 产品由供方质量检验部门进行检验,保证产品符合本标准规定,并填写产品质量证明书。
5.1.2 需方应对收到的产品进行检验,如检验结果与本标准规定不符,应在收到产品之日起 2 个月内向供方提出,由供需双方协商解决。如需仲裁,可委托双方认可的单位进行,并在需方共同取样。

5.2 组批

产品应成批提交检验,每批应由同一牌号的产品组成。

5.3 检验项目

每批产品应进行化学成分和外观检验。

5.4 取样与制样

化学成分的仲裁取样按表 2 规定进行。每件(袋)取样量不少于 10 g,将试样充分混匀后,以四分法迅速缩分至试样所需量,装入试样袋密封。

表 2

件(袋)数	1～5	6～49	50～100	＞100
取样件(袋)数	件(袋)数的 100%	5	件(袋)数的 10%, 取整数	件(袋)数的平方根, 取正整数

5.5 检验结果的判定

5.5.1 化学成分仲裁分析结果与本标准规定不符时,则从该批产品中取双倍试样对不合格项目进行重复试验,如仍有一项结果不合格,则判该批产品为不合格。
5.5.2 外观检验结果与本标准规定不符时,则直接判定该批产品为不合格。

6 标志、包装、运输、贮存及质量证明书

6.1 标志、包装

6.1.1 每桶(箱、袋)外注明:供方名称、产品名称、牌号、批号、净含量、毛重、出厂日期及“防潮”标志或字样。
6.1.2 产品分装于双层塑料袋中,每袋净重 50 kg。如需方有特殊要求,则供需双方另行协商。

6.2 运输、贮存

产品运输时严防淋雨吸潮,需存放于干燥处,不得露天堆放。

6.3 质量证明书

每批产品应附质量证明书，注明：

a） 供方名称；

b） 产品名称和牌号；

c） 批号；

d） 净含量和件数；

e） 各项分析检验结果及检验部门印记；

f） 本标准编号；

g） 出厂日期。

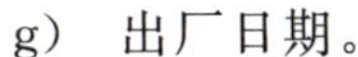

ICS 77.120.99
H 65

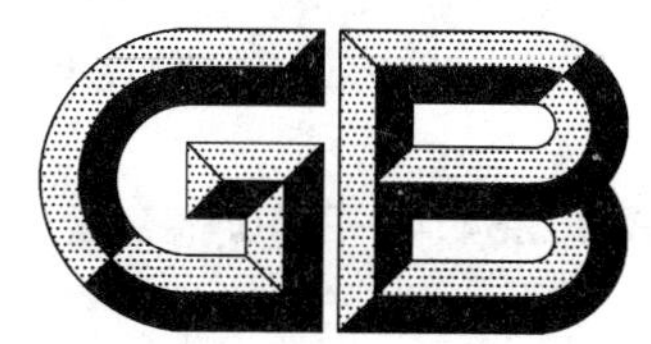

中华人民共和国国家标准

GB/T 26414—2010

钆镁合金

Gadolinium-magnesium alloy

2011-01-14 发布　　2011-11-01 实施

中华人民共和国国家质量监督检验检疫总局
中国国家标准化管理委员会　发布

前　言

本标准由全国稀土标准化技术委员会(SAC/TC 229)归口。

本标准由包头稀土研究院负责起草。

本标准由湖南稀土金属材料研究院、有研稀土新材料股份有限公司参加起草。

本标准主要起草人:张志宏、于雅樵、陈国华、解萍、侯复生、翁国庆、庞思明。

钆镁合金

1 范围

本标准规定了钆镁合金的要求、试验方法、检验规则及标志、包装、运输和贮存。

本标准适用于电解法、熔配法及还原法生产的，供作汽车发动机及耐高温镁合金添加剂等用的钆镁合金。

2 规范性引用文件

下列文件对于本文件的应用是必不可少的。凡是注日期的引用文件，仅注日期的版本适用于本文件。凡是不注日期的引用文件，其最新版本(包括所有的修改单)适用于本文件。

GB/T 8170 数值修约规则与极限数值的表示和判定

3 要求

3.1 化学成分

钆镁合金的化学成分应符合表1的规定。需方如对产品有特殊要求，供需双方可另行议定。

表 1

产品牌号	化学成分(质量分数)/%											
	RE	Mg	Gd/RE 不小于	杂质含量，不大于								
				稀土杂质/RE	非稀土杂质							
					Si	Fe	Al	Ca	Cu	Ni	C	O
085085A	85±2	余量	99.9	0.1	0.02	0.10	0.10	0.05	0.03	0.01	0.05	0.1
085085B	85±2	余量	99.5	0.5	0.05	0.20	0.10	0.10	0.05	0.05	0.08	0.1
085075A	75±2	余量	99.9	0.1	0.02	0.10	0.10	0.05	0.03	0.01	0.05	0.1
085075B	75±2	余量	99.5	0.5	0.05	0.20	0.10	0.10	0.05	0.05	0.08	0.1
085030A	30±2	余量	99.9	0.1	0.02	0.10	0.02	0.05	0.03	0.01	0.03	0.05
085030B	30±2	余量	99.5	0.5	0.05	0.20	0.05	0.10	0.05	0.05	0.05	0.05
085025A	25±2	余量	99.9	0.1	0.02	0.10	0.02	0.05	0.03	0.01	0.03	0.05
085025B	25±2	余量	99.5	0.5	0.05	0.20	0.05	0.10	0.05	0.05	0.05	0.05
085020A	20±2	余量	99.9	0.1	0.02	0.10	0.02	0.05	0.03	0.01	0.03	0.05
085020B	20±2	余量	99.5	0.5	0.05	0.20	0.05	0.10	0.05	0.05	0.05	0.05

3.2 外观

3.2.1 产品为铸态合金。

3.2.2 产品表面及其断口均呈银灰色，应洁净，无可见的夹杂物和氧化脱落粉末。

4 试验方法

4.1 产品中稀土总量的分析方法参照附录A(资料性附录)的规定进行。
4.2 稀土杂质及非稀土杂质含量的分析方法按供方现行方法进行。
4.3 数值修约按GB/T 8170的规定进行。
4.4 产品外观用目视检查。

5 检验规则

5.1 检查与验收

5.1.1 产品由供方质量检验部门进行检验，保证产品质量符合本标准规定，并填写质量证明书。
5.1.2 需方应对收到的产品按本标准的规定进行检验，如检验结果与本标准规定不符时，应在收到产品之日起2个月内向供方提出，由供需双方协商解决。如需仲裁，可委托双方认可的单位进行，并在需方共同取样。

5.2 组批

产品应成批提交检验，每批应由同一牌号的产品组成。

5.3 检验项目

每批产品应进行化学成分和外观的检验。

5.4 取样与制样

5.4.1 化学成分的仲裁取样件数按表2的规定进行。

表 2

每批重量/kg	≤10	>10～50	>50～100	>100～200	>200～500	>500
取样件数/块	2	3	4	5	8	10

5.4.2 化学成分的仲裁取样方法按下述规定进行：

取样时，首先将试样打磨干净。分析氧含量，从合金锭中间位置截取试样，取样量不少于10 g；分析其他杂质含量时，用直径5 mm～10 mm的钻头在合金锭上、下两面等距离处各钻取3点以上，弃去距锭块表面0.5 mm～1.0 mm的钻屑，然后钻取试样，取样量不少于10 g，将所得试样迅速混匀缩分至所需数量，并放入带盖的磨口瓶中密封保存。

5.4.3 断口制样：任取一块合金，用压力试验机打断口。

5.5 检验结果的判定

化学成分仲裁分析结果与本标准规定不符时，则从该批产品中取双倍样锭对不合格项目进行重复试验，如仍有一项结果不合格，则判该批产品为不合格。

产品外观不合格，则直接判定该批产品为不合格。

6 标志、包装、运输、贮存及质量证明书

6.1 标志、包装

6.1.1 包装桶(箱)外应有不褪色标志,注明:供方名称、产品名称、牌号、批号、净重、毛重、出厂日期等标志或字样。

6.1.2 产品应装入铁桶中,需方如对包装有特殊要求,由供需双方协商。

6.2 运输、贮存

运输及贮存时,产品需存放干燥处,不得露天放置。

6.3 质量证明书

每批产品应附质量证明书,注明:

a) 供方名称;
b) 产品名称;
c) 牌号、批号、净重、毛重、件数;
d) 各项分析检验结果和供方质量检验部门印记;
e) 本标准编号;
f) 检验日期;
g) 出厂日期。

附　录　A
（资料性附录）
钆镁合金化学分析方法
稀土总量的测定
草酸盐重量法

A.1　范围

本方法规定了钆镁合金中稀土总量的测定方法。

本方法适用于钆镁合金中稀土总量的测定。测定范围:15.00%～90.00%。

A.2　方法原理

试样经盐酸溶解,氨水沉淀稀土,两次分离除去钙、镁等杂质后,沉淀和滤纸用盐酸溶解和破坏,在 pH1.5～2.0 条件下用草酸沉淀稀土,沉淀经高温灼烧后生成稀土氧化物,称量测定稀土总量。

A.3　试剂

A.3.1　盐酸(ρ1.19 g/mL)。

A.3.2　盐酸(1+1)。

A.3.3　硝酸(ρ1.42 g/mL)。

A.3.4　高氯酸(ρ1.67 g/mL)。

A.3.5　氨水(ρ0.90 g/mL)。

A.3.6　氨水(1+1)。

A.3.7　氯化铵洗液(20 g/L):用时以氨水(ρ0.90 g/mL)调 pH9～10。

A.3.8　草酸溶液(100 g/L)。

A.3.9　草酸洗液(20 g/L)。

A.3.10　间甲酚紫指示剂(1 g/L 乙醇溶液)。

A.3.11　草酸。

A.3.12　氯化铵。

A.4　设备

A.4.1　高温炉(1 000 ℃)。

A.4.2　铂坩埚。

A.4.3　分析天平(精度 0.1 mg)。

A.5　试样

金属试料应去掉表面氧化层,取样后立即称量。

A.6 分析步骤

A.6.1 试料

按表 A.1 称取试样(A.5),精确至 0.000 1 g。

表 A.1

稀土总量/%	试料/g
15～20	6.0
>20～30	5.0
>30～40	4.0
>40～50	3.0
>50～70	2.5
>70～80	2.0
>80～90	1.5

A.6.2 测定数量

称取两份试料(A.6.1),进行平行测定,取其平均值。

A.6.3 空白试验及验证试验

A.6.3.1 空白试验

随同试料(A.6.1)做空白试验。

A.6.3.2 验证试验

随同试料分析同类型标准样品做验证试验。

A.6.4 测定

A.6.4.1 将试料(A.6.1)置于 300 mL 烧杯中,加入 10 mL 盐酸(A.3.1),盖上表面皿加热至试料完全溶解,取下,稍冷,移入 100 mL 容量瓶中定容,混匀。

A.6.4.2 分取 10 mL 溶液(A.6.4.1),加入 2 g 氯化铵(A.3.12),加入氨水(A.3.6)至沉淀出现,并过量 20 mL,用水稀释至 150 mL,加热煮沸,取下稍冷 。

A.6.4.3 用中速定量滤纸过滤。用氯化铵洗液(A.3.7)洗涤烧杯 2～3 次。洗沉淀 7～8 次。

A.6.4.4 将沉淀连同滤纸放入原烧杯中,加 20 mL 盐酸(A.3.2),加热,待滤纸破碎后取下,加入 100 mL 热水,在不断搅拌下,加入 15 mL 煮沸的草酸溶液(A.3.8)沉淀稀土,加 4 滴间甲酚紫指示剂(A.3.10),用氨水(A.3.6)和盐酸(A.3.2)调至溶液 pH1.5～2.0(精密 pH 试纸检验),于 80～90 ℃保温 40 min,冷却至室温放置 2 h。

A.6.4.5 沉淀(A.6.4.4)用慢速定量滤纸过滤,用草酸洗液(A.3.9)洗烧杯 2～3 次,用带有橡皮头的玻璃棒擦洗杯壁,洗涤沉淀 7～8 次。

A.6.4.6 将沉淀(A.6.4.5)连同滤纸放入已恒重的铂坩埚中,烘干,灰化后,于 950 ℃高温炉中灼烧 60 min,取出后置于干燥器中冷至室温,称重,重复操作,直至恒重。

A.7 分析结果的计算与表述

按式(A.1)计算稀土总量的质量分数(%)：

$$w=\frac{(m_2-m_1-m_0)V\times 0.8677}{mV_1}\times 100 \qquad (1)$$

式中：

m_2 ——稀土氧化物质量与铂坩埚的质量，单位为克(g)；

m_1 ——空铂坩埚的质量，单位为克(g)；

m_0 ——空白的质量，单位为克(g)；

V ——试液总体积，单位为毫升(mL)；

0.867 7——氧化钆换算成金属钆的换算系数；

m ——试料的质量，单位为克(g)；

V_1 ——分取试液体积，单位为毫升(mL)。

A.8 允许差

实验室之间分析结果的差值应不大于表 A.2 所列允许差。

表 A.2

稀土总量/%	允许差/%
15.00～20.00	0.20
>20.00～40.00	0.30
>40.00～60.00	0.40
>60.00～80.00	0.50
>80.00～90.00	0.60

ICS 77.120.99
H 65

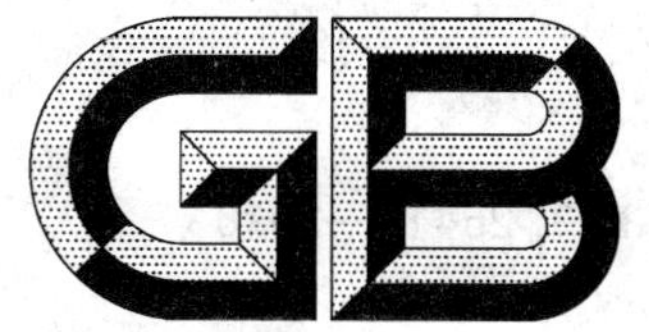

中华人民共和国国家标准

GB/T 26415—2010

镝 铁 合 金

Dysprosium-iron alloy

2011-01-14 发布　　2011-11-01 实施

中华人民共和国国家质量监督检验检疫总局
中国国家标准化管理委员会　发布

前　言

本标准由全国稀土标准化技术委员会(SAC/TC 229)归口。

本标准由包头稀土研究院负责起草。

本标准由江西南方稀土高技术股份有限公司、有研稀土新材料股份有限公司参加起草。

本标准主要起草人:张志宏、陈国华、解萍、侯复生、谢黎云、张耀静。

镝 铁 合 金

1 范围

本标准规定了镝铁合金的要求、试验方法、检验规则及标志、包装、运输和贮存。

本标准适用于电解法、熔配法生产的,供制作钕铁硼永磁材料、铽镝铁磁致伸缩材料等稀土功能材料用的镝铁合金。

2 规范性引用文件

下列文件对于本文件的应用是必不可少的。凡是注日期的引用文件,仅注日期的版本适用于本文件。凡是不注日期的引用文件,其最新版本(包括所有的修改单)适用于本文件。

GB/T 8170 数值修约规则与极限数值的表示和判定

GB/T 26416(所有部分) 镝铁合金化学分析方法

3 要求

3.1 化学成分

镝铁合金的化学成分应符合表1的规定。需方如对产品有特殊要求,供需双方可另行协商,并在合同中注明。

表 1

产品牌号	化学成分(质量分数)/%										
	RE	Fe	Dy/RE 不小于	杂质含量,不大于							
				稀土杂质/RE	非稀土杂质						
					C	Si	Ca	Al	Mg	Ni	O
105085	85.0±1.0	余量	99.5	0.5	0.05	0.05	0.03	0.05	0.03	0.03	0.1
105080	80.0±1.0	余量	99.5	0.5	0.05	0.05	0.03	0.05	0.03	0.03	0.1
105075	75.0±1.0	余量	99.5	0.5	0.05	0.05	0.03	0.05	0.03	0.03	0.1

3.2 外观

3.2.1 产品为铸态合金。

3.2.2 产品表面及其断口均呈银白色,应洁净,无可见的夹杂物和氧化脱落粉末。

4 试验方法

4.1 产品中化学成分的分析方法按 GB/T 26416 的规定进行。

4.2 数值修约按 GB/T 8170 的规定进行。

4.3 产品外观用目视检查。

5 检验规则

5.1 检查与验收

5.1.1 产品由供方质量检验部门进行检验,保证产品质量符合本标准规定,并填写质量证明书。

5.1.2 需方应对收到的产品按本标准的规定进行检验,如检验结果与本标准规定不符时,应在收到产品之日起2个月内向供方提出,由供需双方协商解决。如需仲裁,可委托双方认可的单位进行,并在需方共同取样。

5.2 组批

产品应成批提交检验,每批应由同一牌号的产品组成。

5.3 检验项目

每批产品应进行化学成分和外观的检验。

5.4 取样与制样

5.4.1 化学成分的仲裁取样件数按表2的规定进行。

表2

每批重量/kg	≤10	>10～50	>50～100	>100～200	>200～500	>500
取样件数/块	2	3	4	5	8	10

5.4.2 化学成分的仲裁取样方法按下述规定进行:

取样时,首先将试样打磨干净。分析氧含量,从合金锭中间位置截取试样,取样量不少于10 g;分析其他杂质含量时,用直径5 mm～10 mm的钻头在合金锭上下两面等距离处各钻取3点,弃去距锭块表面0.5 mm～1.0 mm的钻屑,然后以<60 r/min的钻速钻取试样,取样量不少于10 g,将所得试样迅速混匀缩分至所需数量,立即放入带盖的磨口瓶中密封保存。

5.4.3 断口制样:任取一块合金,用压力试验机打断口。

5.5 检验结果的判定

化学成分仲裁分析结果与本标准规定不符时,则从该批产品中取双倍样锭对不合格项目进行重复试验,如仍有一项结果不合格,则判该批产品为不合格。

产品外观不合格,则直接判定该批产品为不合格。

6 标志、包装、运输、贮存及质量证明书

6.1 标志、包装

6.1.1 包装桶(箱)外应有不褪色标志,注明:供方名称、产品名称、牌号、批号、净重、毛重、出厂日期等标志或字样。

6.1.2 产品应采取防氧化措施密封装入铁桶中,如需方对包装有特殊要求,由供需双方协商确定。

6.2 运输、贮存

运输及贮存时，产品需存放干燥处，不得露天放置。

6.3 质量证明书

每批产品应附质量证明书，注明：

a) 供方名称；

b) 产品名称；

c) 牌号、批号、净重、毛重、件数；

d) 各项分析检验结果和供方质量检验部门印记；

e) 本标准编号；

f) 检验日期；

g) 出厂日期。

ICS 77.120.99
H 14

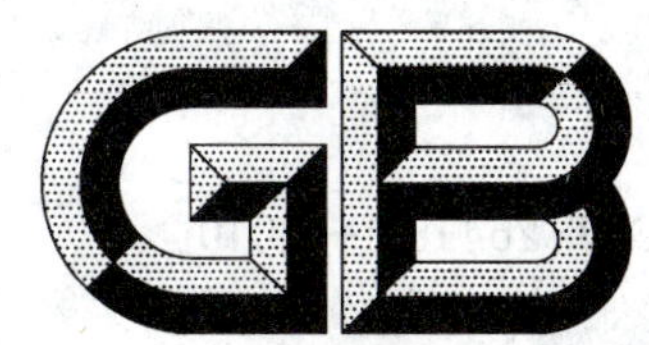

中华人民共和国国家标准

GB/T 26416.1—2010

镝铁合金化学分析方法 第1部分：稀土总量的测定 重量法

Chemical analysis methods of dysprosium ferroalloy—
Part 1: Determination of total rare earth contents—
Gravimetry

2011-01-14 发布　　　　2011-11-01 实施

中华人民共和国国家质量监督检验检疫总局
中国国家标准化管理委员会　发布

前言

GB/T 26416《镝铁合金化学分析方法》共分5个部分：

——第1部分：稀土总量的测定 重量法；

——第2部分：稀土杂质含量的测定 电感耦合等离子体发射光谱法；

——第3部分：钙、镁、铝、硅、镍、钼、钨量的测定 电感耦合等离子体发射光谱法；

——第4部分：铁量的测定 重铬酸钾容量法；

——第5部分：氧量的测定 脉冲-红外吸收法。

本部分为第1部分。

本部分由全国稀土标准化技术委员会(SAC/TC 229)归口。

本部分由包头稀土研究院、中国有色金属工业标准计量质量研究所负责起草。

本部分由包头稀土研究院起草。

本部分由赣州虔东稀土集团股份有限公司、内蒙古包钢稀土(集团)高科技股份有限公司参加起草。

本部分主要起草人：高励珍、张立峰、崔爱端。

本部分参加起草人：姚南红、陈婕、王新萍、张桂梅、吴广伟。

镝铁合金化学分析方法
第1部分:稀土总量的测定
重量法

1 范围

GB/T 26416的本部分规定了镝铁合金中稀土总量的测定方法。

本部分适用于镝铁合金中稀土总量的测定。测定范围:70.00%~90.00%。

2 方法原理

试料用盐酸溶解,加入过氧化氢氧化二价铁,在pH1.5~2.0条件下,用草酸沉淀稀土分离铁,沉淀经高温灼烧后生成稀土氧化物,冷却后称量测定稀土总量。

3 试剂和材料

3.1 盐酸(ρ1.19 g/mL)。

3.2 草酸溶液(100 g/L)。

3.3 过氧化氢(30%)。

3.4 草酸洗液(2 g/L)。

3.5 氨水(1+1)。

3.6 盐酸(1+1)。

3.7 间甲酚紫指示剂(1 g/L乙醇溶液)。

3.8 精密pH试纸(0.5~5.0)。

4 仪器

4.1 分析天平(感量0.1 mg)。

4.2 高温炉(>950 ℃)。

4.3 铂坩埚。

5 试样

将试料去掉表面氧化层,取样后立即称量。

6 分析步骤

6.1 试料

称取5 g试样(5),精确至0.000 1 g。

6.2 测定数量

称取两份试料(6.1)进行平行测定,取其平均值。

6.3 空白试验

随同试料(6.1)做空白试验。

6.4 测定

6.4.1 试料的溶解:将试料(6.1)置于 300 mL 烧杯中,加 30 mL 盐酸(3.1),2 滴过氧化氢(3.3)助溶,盖上表面皿加热至试料完全溶解,冷却至室温,移入 250 mL 容量瓶中,用水稀释至刻度,混匀。

6.4.2 分取 10 mL 试液(6.4.1)于 300 mL 烧杯中(如果溶液不清,可干过滤后分取),用水稀释至约 150 mL,加热至沸,加入 1 mL 过氧化氢(3.3),在不断搅拌下加入 15 mL 近沸的草酸溶液(3.2),加入 4 滴间甲酚紫指示剂(3.7),用氨水(3.5)和盐酸(3.6)调节 pH1.5~2.0(用精密试纸检验),于 80 ℃~90 ℃保温 40 min,冷却至室温放置 2 h。

6.4.3 用慢速定量滤纸过滤,用草酸洗液(3.4)洗烧杯 3~5 次,用滤纸片擦净烧杯,将沉淀全部转移至滤纸上,洗涤沉淀 12~15 次,滤纸和沉淀置于已恒重的铂坩埚中,烘干,灰化,于 950 ℃高温炉中灼烧 40 min,取出,置于干燥器中冷却至室温,称重,重复此操作,直至恒重。

7 分析结果的计算与表述

按式(1)计算稀土总量的质量分数(%):

$$w(\mathrm{RE})=\frac{(m_2-m_1-m_0)V\times 0.871\,3}{mV_1}\times 100 \qquad \cdots\cdots(1)$$

式中:

m_2——稀土氧化物质量与铂坩埚的质量,单位为克(g);

m_1——空坩埚的质量,单位为克(g);

m_0——空白的质量,单位为克(g);

m——试料的质量,单位为克(g);

V——试液总体积,单位为毫升(mL);

0.871 3——氧化镝换算成镝的换算系数;

V_1——分取试液体积,单位为毫升(mL)。

8 精密度

8.1 重复性

在重复性条件下获得的两次独立测试结果的测定值,在以下给出的平均值范围内,这两个测试结果的绝对差值不超过重复性限(r),超过重复性限(r)的情况不超过 5%,重复性限(r)按表 1 数据采用线性内插法求得。

表 1

稀土总量质量分数/%	重复性限(r)/%
72.88	0.37
80.06	0.34
86.73	0.36
注:重复性限(r)为 $2.8\times S_r$,S_r 为重复性标准差。	

8.2 允许差

实验室之间分析结果的差值应不大于表 2 所列允许差。

表 2

稀土总量质量分数/%	允许差/%
70.00～80.00	0.50
>80.00～90.00	0.60

9 质量保证和控制

每周用自制的控制标样(如有国家级或行业级标样时,应首先使用)校核一次本标准分析方法的有效性。当过程失控时,应找出原因,纠正错误,重新进行校核。

ICS 77.120.99
H 14

中华人民共和国国家标准

GB/T 26416.2—2010

镝铁合金化学分析方法 第2部分:稀土杂质含量的测定 电感耦合等离子体发射光谱法

Chemical analysis methods of dysprosium ferroalloy—
Part 2:Determination of rare earth impurity contents—
Inductively coupled plasma atomic emission spectrometry

2011-01-14 发布　　2011-11-01 实施

中华人民共和国国家质量监督检验检疫总局
中国国家标准化管理委员会　发布

前　言

GB/T 26416《镝铁合金化学分析方法》共分5个部分：

——第1部分：稀土总量的测定　重量法；

——第2部分：稀土杂质含量的测定　电感耦合等离子体发射光谱法；

——第3部分：钙、镁、铝、硅、镍、钼、钨量的测定　电感耦合等离子体发射光谱法；

——第4部分：铁量的测定　重铬酸钾容量法；

——第5部分：氧量的测定　脉冲-红外吸收法。

本部分为第2部分。

本部分由全国稀土标准化技术委员会(SAC/TC 229)归口。

本部分由包头稀土研究院、中国有色金属工业标准计量质量研究所负责起草。

本部分由包头稀土研究院起草。

本部分由赣州虔东稀土集团股份有限公司、内蒙古包钢稀土(集团)高科技股份有限公司参加起草。

本部分主要起草人：刘晓杰、杜梅、崔爱端。

本部分参加起草人：姚南红、温斌、杨春红、魏晓鸥、常瑞敏。

镝铁合金化学分析方法
第2部分：稀土杂质含量的测定
电感耦合等离子体发射光谱法

1 范围

GB/T 26416的本部分规定了镝铁合金中镧、铈、镨、钕、钐、铕、钆、铽、钬、铒、铥、镱、镥、钇含量的测定方法。

本部分适用于镝铁合金中镧、铈、镨、钕、钐、铕、钆、铽、钬、铒、铥、镱、镥、钇含量的测定。测定范围见表1。

表1

元素	质量分数/%	元素	质量分数/%
镧	0.005 0～0.50	铽	0.010～0.50
铈	0.005 0～0.50	钬	0.010～0.50
镨	0.005 0～0.50	铒	0.010～0.50
钕	0.005 0～0.50	铥	0.005 0～0.50
钐	0.005 0～0.50	镱	0.005 0～0.50
铕	0.005 0～0.50	镥	0.005 0～0.50
钆	0.010～0.50	钇	0.010～0.50

2 原理

试料以盐酸溶解，在稀盐酸介质中，直接以氩等离子体光源激发，进行光谱测定，以基体匹配法校正基体对测定的影响。

3 试剂与材料

3.1 硝酸（ρ1.42 g/mL）。

3.2 盐酸（1+1）。

3.3 过氧化氢（30%）。

3.4 镧标准贮存溶液：称取0.117 3 g经900 ℃灼烧1 h的氧化镧（REO>99.5%，La_2O_3/REO>99.99%）于100 mL烧杯中，加10 mL盐酸（3.2），低温加热溶解至清，取下冷却，溶液移入100 mL容量瓶中，用水稀释至刻度，混匀，此溶液1 mL含1 000 μg镧。

3.5 铈标准贮存溶液：称取0.122 8 g经900 ℃灼烧1 h的氧化铈（REO>99.5%，Ce_2O_3/REO>99.99%）于100 mL烧杯中，加10 mL硝酸（3.1），加2 mL过氧化氢（3.3），低温加热至溶解完全，取下冷却，溶液移入100 mL容量瓶中，用水稀释至刻度，混匀，此溶液1 mL含1 000 μg铈。

3.6 镨标准贮存溶液：称取0.120 8 g经900 ℃灼烧1 h的氧化镨（REO>99.5%，Pr_6O_{11}/REO>99.99%）于100 mL烧杯中，加10 mL盐酸（3.2），低温加热溶解至清，取下冷却，溶液移入100 mL容量瓶中，用水稀释至刻度，混匀，此溶液1 mL含1 000 μg镨。

3.7 钕标准贮存溶液：称取0.116 6 g经900 ℃灼烧1 h的氧化钕（REO>99.5%，Nd_2O_3/REO>99.99%）于100 mL烧杯中，加10 mL盐酸（3.2），低温加热溶解至清，取下冷却，溶液移入100 mL容量瓶中，用水稀释至刻度，混匀，此溶液 1 mL 含 1 000 μg 钕。

3.8 钐标准贮存溶液：称取 0.116 0 g 经 900 ℃灼烧 1 h 的氧化钐（REO＞99.5%，Sm_2O_3/REO＞99.99%）于 100 mL 烧杯中，加 10 mL 盐酸(3.2)，低温加热溶解至清，取下冷却，溶液移入 100 mL 容量瓶中，用水稀释至刻度，混匀，此溶液 1 mL 含 1 000 μg 钐。

3.9 铕标准贮存溶液：称取 0.115 8 g 经 900 ℃灼烧 1 h 的氧化铕（REO＞99.5%，Eu_2O_3/REO＞99.99%）于 100 mL 烧杯中，加 10 mL 盐酸(3.2)，低温加热溶解至清，取下冷却，溶液移入 100 mL 容量瓶中，用水稀释至刻度，混匀，此溶液 1 mL 含 1 000 μg 铕。

3.10 钆标准贮存溶液：称取 0.115 2 g 经 900 ℃灼烧 1 h 的氧化钆（REO＞99.5%，Gd_2O_3/REO＞99.99%）于 100 mL 烧杯中，加 10 mL 盐酸(3.2)，低温加热溶解至清，取下冷却，溶液移入 100 mL 容量瓶中，用水稀释至刻度，混匀，此溶液 1 mL 含 1 000 μg 钆。

3.11 铽标准贮存溶液：称取 0.117 6 g 经 900 ℃灼烧 1 h 的氧化铽（REO＞99.5%，Tb_4O_7/REO＞99.99%）于 100 mL 烧杯中，加 10 mL 盐酸(3.2)，低温加热溶解至清，取下冷却，溶液移入 100 mL 容量瓶中，用水稀释至刻度，混匀，此溶液 1 mL 含 1 000 μg 铽。

3.12 钬标准贮存溶液：称取 0.114 5 g 经 900 ℃灼烧 1 h 的氧化钬（REO＞99.5% Ho_2O_3/REO＞99.99%）于 100 mL 烧杯中，加 10 mL 盐酸(3.2)，低温加热溶解至清，取下冷却，溶液移入 100 mL 容量瓶中，用水稀释至刻度，混匀，此溶液 1 mL 含 1 000 μg 钬。

3.13 铒标准贮存溶液：称取 0.114 4 g 经 900 ℃灼烧 1 h 的氧化铒（REO＞99.5%，Er_2O_3/REO＞99.99%）于 100 mL 烧杯中，加 10 mL 盐酸(3.2)，低温加热溶解至清，取下冷却，溶液移入 100 mL 容量瓶中，用水稀释至刻度，混匀，此溶液 1 mL 含 1 000 μg 铒。

3.14 铥标准贮存溶液：称取 0.114 2 g 经 900 ℃灼烧 1 h 的氧化铥（REO＞99.5% Tm_2O_3/REO＞99.99%）于 100 mL 烧杯中，加 10 mL 盐酸(3.2)，低温加热溶解至清，取下冷却，溶液移入 100 mL 容量瓶中，用水稀释至刻度，混匀，此溶液 1 mL 含 1 000 μg 铥。

3.15 镱标准贮存溶液：称取 0.113 9 g 经 900 ℃灼烧 1 h 的氧化镱（REO＞99.5% Yb_2O_3/REO＞99.99%）于 100 mL 烧杯中，加 10 mL 盐酸(3.2)，低温加热溶解至清，取下冷却，溶液移入 100 mL 容量瓶中，用水稀释至刻度，混匀，此溶液 1 mL 含 1 000 μg 镱。

3.16 镥标准贮存溶液：称取 0.113 7 g 经 900 ℃灼烧 1 h 的氧化镥（REO＞99.5%，Lu_2O_3/REO＞99.99%）于 100 mL 烧杯中，加 10 mL 盐酸(3.2)，低温加热溶解至清，取下冷却，溶液移入 100 mL 容量瓶中，用水稀释至刻度，混匀，此溶液 1 mL 含 1 000 μg 镥。

3.17 钇标准贮存溶液：称取 0.127 0 g 经 900 ℃灼烧 1 h 的氧化钇（REO＞99.5%，Y_2O_3/REO＞99.99%）于 100 mL 烧杯中，加 10 mL 盐酸(3.2)，低温加热溶解至清，取下冷却，溶液移入 100 mL 容量瓶中，用水稀释至刻度，混匀，此溶液 1 mL 含 1 000 μg 钇。

3.18 镝基体溶液：称取 5.738 6 g 经 900 ℃灼烧 1 h 的氧化镝（REO＞99.5%，Dy_2O_3/REO＞99.99%），置于 250 mL 烧杯中，加 25 mL 盐酸(3.2)，低温加热至溶解完全，冷却至室温，移入 100 mL 容量瓶中，用水稀释至刻度，混匀。此溶液 1 mL 含 50 mg 镝。

3.19 氩气(纯度＞99.99%)。

4 仪器

4.1 全谱直读等离子体发射光谱仪。

4.2 光源：氩等离子体光源，使用功率不小于 1.0 kW。

5 试样

金属试样应去掉表面氧化层，取样后立即称量。

6 分析步骤

6.1 试料

称取 2.7 g 试样(5),精确至 0.000 1 g。

6.2 测定次数

称取两份试料(6.1)进行平行测定,取其平均值。

6.3 分析试液的制备

将试料(6.1)置于 100 mL 烧杯中,加 20 mL 盐酸(3.2),逐滴滴入过氧化氢(3.3),低温加热至溶解完全,冷却至室温,移入 50 mL 容量瓶中,用水稀释至刻度,混匀。分取此溶液加 5 mL 盐酸(3.2)以水稀释 10 倍,待用。

6.4 系列标准溶液的制备

将镝标准溶液(3.18)及各稀土标准溶液(3.4～3.17)按表 2 分别移入 5 个 50 mL 容量瓶中,并加入 10 mL 盐酸(3.1),以水稀释至刻度,混匀,制得 5 个系列标准溶液,待用。

表 2

标液标号	各稀土元素质量浓度/(μg/mL)						
	镝	镧	铈	镨	钕	钐	铕
1	4 000	0	0	0	0	0	0
2	4 000	0.50	0.50	0.50	0.50	0.50	0.50
3	4 000	2.50	2.50	2.50	2.50	2.50	2.50
4	4 000	5.00	5.00	5.00	5.00	5.00	5.00
5	4 000	25.00	25.00	25.00	25.00	25.00	25.00

标液标号	各稀土元素质量浓度/(μg/mL)							
	钆	铽	钬	铒	铥	镱	镥	钇
1	0	0	0	0	0	0	0	0
2	0.50	0.50	0.50	0.50	0.50	0.50	0.50	0.50
3	2.50	2.50	2.50	2.50	2.50	2.50	2.50	2.50
4	5.00	5.00	5.00	5.00	5.00	5.00	5.00	5.00
5	25.00	25.00	25.00	25.00	25.00	25.00	25.00	25.00

6.5 测定

6.5.1 分析线见表 3。

表 3

元素	分析线/nm	元素	分析线/nm
La	408.671,412.322,379.477	Tb	321.998,332.440,384.873,350.914
Ce	446.021,428.993	Ho	379.675,341.644,345.600
Pr	511.076,525.973,417.939	Er	389.623,369.265,390.631
Nd	401.224,411.732,410.907	Tm	313.125,379.576,346.220
Sm	443.432,442.434,445.851	Yb	281.938,328.937,369.419
Eu	381.967,664.506,272.778	Lu	261.541,307.760
Gd	342.246,376.840,385.098	Y	361.104,360.192,224.303,371.029

6.5.2 依次测定系列标准溶液(6.4),分析试液(6.3),由计算机输出分析试液(6.3)的质量浓度。

7 分析结果的计算与表述

将标准系列溶液(6.4)的各稀土杂质的质量浓度直接输入计算机,根据标准系列溶液(6.4)和分析试液(6.3)的强度值,由计算机计算、校正并输出分析试液(6.3)中待测稀土元素的质量浓度。

按式(1)计算待测稀土元素的质量分数(%):

$$w(X)=\frac{\rho V_2 V_0\times 10^{-6}}{mV_1}\times 100 \quad\cdots\cdots(1)$$

式中:

ρ——自工作曲线上查得被测稀土元素的质量浓度,单位为微克每毫升(μg/mL);

V_2——试液的测定体积,单位为毫升(mL);

V_0——试液总体积,单位为毫升(mL);

m——试料的质量,单位为克(g);

V_1——分取试液体积,单位为毫升(mL)。

8 精密度

8.1 重复性

在重复性条件下获得的两次独立测试结果的测定值,在以下给出的平均值的范围内,这两个测试结果的绝对差值不超过重复性限(r),超过重复性限(r)的情况不超过5%,重复性限(r)按表4数据采用线性内插法求得:

表 4

元素	质量分数/%	重复性限(r)/%	元素	质量分数/%	重复性限(r)/%
镧	0.003 1	0.000 8	钆	0.017	0.003
	0.020	0.002		0.130	0.015
	0.038	0.002		0.50	0.03
铈	0.007 3	0.002 0	铽	0.020	0.004
	0.024	0.003		0.12	0.02
	0.041	0.003		0.48	0.03
镨	0.007 3	0.002 0	钬	0.035	0.001
	0.031	0.003		0.15	0.01
	0.040	0.003		0.50	0.02
钕	0.022	0.007	铒	0.002 6	0.000 8
	0.049	0.003		0.11	0.01
	0.059	0.003		0.50	0.02
钐	<0.002	—	铥	<0.002	—
	0.016	0.002		0.019	0.003
	0.037	0.002		0.036	0.002
铕	<0.002	—	镱	<0.002	—
	0.016	0.002		0.016	0.002
	0.034	0.002		0.034	0.003

表 4（续）

元素	质量分数/%	重复性限(r)/%	元素	质量分数/%	重复性限(r)/%
镥	0.003 8	0.000 3	钇	0.027	0.003
	0.020	0.002		0.160	0.015
	0.041	0.003		0.470	0.015
注：重复性限(r)为 2.8×S_r，S_r 为重复性标准差。					

8.2 允许差

实验室之间分析结果的差值应不大于表 5 所列允许差。

表 5

稀土杂质	质量分数/%	允许差/%	稀土杂质	质量分数/%	允许差/%
镧、钐、铕、钬、铥、铒、镱、镥、钇	0.005 0～0.010	0.000 8	铈、镨、钕、钆、铽	0.005 0～0.010	0.002 0
	>0.010～0.020	0.002		>0.010～0.020	0.004
	>0.020～0.050	0.003		>0.020～0.050	0.005
	>0.050～0.100	0.008		>0.050～0.10	0.010
	>0.100～0.30	0.015		>0.10～0.30	0.02
	>0.30～0.50	0.02		>0.30～0.50	0.03

9 质量保证与控制

每周用自制的控制标样(如有国家级或行业级标样时，应首先使用)校核一次本标准分析方法的有效性，当过程失控时，应找出原因，纠正错误，重新进行校核。

ICS 77.120.99
H 14

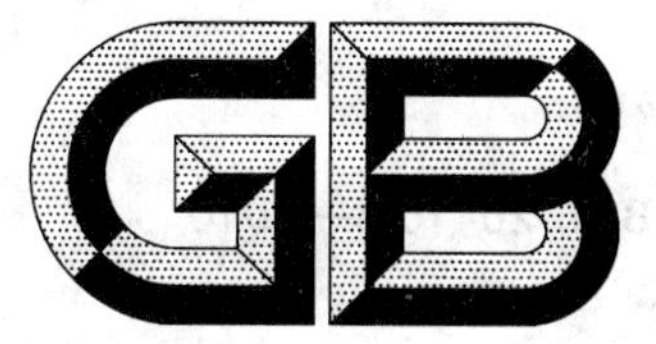

中华人民共和国国家标准

GB/T 26416.3—2010

镝铁合金化学分析方法 第3部分:钙、镁、铝、硅、镍、钼、钨量的测定 电感耦合等离子体发射光谱法

**Chemical analysis methods of dysprosium ferroalloy—
Part 3: Determination of calcium, magnesium, aluminum, silicon, nickel, molybdenum, and tungsten contents—
Inductively coupled plasma atomic emission spectrometry**

2011-01-14 发布　　2011-11-01 实施

中华人民共和国国家质量监督检验检疫总局
中国国家标准化管理委员会　发布

前　言

GB/T 26416《镝铁合金化学分析方法》共分5个部分：

——第1部分：稀土总量的测定　重量法；

——第2部分：稀土杂质含量的测定　电感耦合等离子体发射光谱法；

——第3部分：钙、镁、铝、硅、镍、钼、钨量的测定　电感耦合等离子体发射光谱法；

——第4部分：铁量的测定　重铬酸钾容量法；

——第5部分：氧量的测定　脉冲-红外吸收法。

本部分为第3部分。

本部分由全国稀土标准化技术委员会(SAC/TC 229)归口。

本部分由包头稀土研究院、中国有色金属工业标准计量质量研究所负责起草。

本部分由包头稀土研究院起草。

本部分由赣州虔东稀土集团股份有限公司、内蒙古包钢稀土(集团)高科技股份有限公司参加起草。

本部分主要起草人：崔爱端、蒋天怡、金斯琴高娃。

本部分参加起草人：姚南红、温斌、杨春红、魏晓鸥、常瑞敏。

镝铁合金化学分析方法 第3部分：钙、镁、铝、硅、镍、钼、钨量的测定 电感耦合等离子体发射光谱法

1 范围

GB/T 26416 的本部分规定了镝铁合金中钙、镁、铝、硅、镍、钼、钨含量的测定方法。

本部分适用于镝铁合金中钙、镁、铝、硅、镍、钼、钨含量的测定。测定范围：钙、镁、镍 0.005 0%～0.050%；铝、硅、钼 0.020%～0.10%；钨 0.030%～0.20%。

2 原理

试料用硝酸溶解，标准曲线法测定钙、镁含量；基体匹配法测定铝、硅、镍含量；氟化分离法测定钼、钨含量。

3 试剂与材料

3.1 硝酸（ρ1.42 g/mL；优级纯）。

3.2 氢氟酸（ρ1.14 g/mL；优级纯）。

3.3 盐酸（1+1）（优级纯）。

3.4 碳酸钠（优级纯）。

3.5 氨水（1+3）（优级纯）。

3.6 氢氧化钠（优级纯）。

3.7 钙标准贮存溶液：称取 0.139 9 g 预先在 850 ℃灼烧 0.5 h 并在干燥器中冷却至室温的氧化钙（纯度>99.99%），置于 150 mL 烧杯中，加少量水湿润，加入 10 mL 盐酸（3.3）溶解，冷却至室温，移入 100 mL 容量瓶中，用水稀释至刻度，混匀，此溶液 1 mL 含 1 mg 钙。

3.8 钙标准溶液：将钙标准贮存溶液（3.7）稀释 200 倍，此溶液 1 mL 含 5 μg 钙。

3.9 镁标准贮存溶液：称取 0.165 8 g 预先在 850 ℃灼烧 0.5 h 并在干燥器中冷却至室温的氧化镁（纯度>99.99%）于 150 mL 烧杯中，加少量水湿润，加入 10 mL 盐酸（3.3）溶解，冷却至室温，移入 100 mL 容量瓶中，用水稀释至刻度，混匀，此溶液 1 mL 含 1 mg 镁。

3.10 镁标准溶液：将镁标准贮存溶液（3.9）稀释 200 倍，此溶液 1 mL 含 5 μg 镁。

3.11 镍标准贮存溶液：称取 0.100 0 g 金属镍（纯度>99.99%），用 10 mL 盐酸（3.3）溶解，定容至 100 mL。此溶液 1 mL 含 1 mg 镍。

3.12 镍标准溶液：将镍标准贮存溶液（3.11）稀释 10 倍，此溶液 1 mL 含 100 μg 镍。保存于塑料瓶中。

3.13 铝标准贮存溶液：称取 0.100 0 g 金属铝（纯度>99.99%），用 10 mL 盐酸（3.3）溶解，定容至 100 mL。此溶液 1 mL 含 1 mg 铝。

3.14 铝标准溶液：将铝标准贮存溶液（3.13）稀释 5 倍，此溶液 1 mL 含 200 μg 铝。保存于塑料瓶中。

3.15 硅标准贮存溶液：称取 0.107 0 g 预先在 850 ℃灼烧 0.5 h 并在干燥器中冷却至室温的二氧化硅（纯度>99.99%），置于有 5 g 碳酸钠（3.4）的铂坩埚中，混匀，于 1 000 ℃熔融 20 min，取出稍冷，用 200 mL 热水提取，定容至 250 mL。此溶液 1 mL 含 200 μg 硅。保存于塑料瓶中。

3.16 钼标准贮存溶液：称取 0.150 0 g 预先在 110 ℃烘干 1 h 并在干燥器中冷却至室温的氧化钼（纯

度>99.99%),置于聚四氟乙烯烧杯中,用 20 mL 氨水(3.5)溶解,定容至 100 mL。此溶液 1 mL 含 1 mg 钼。保存于塑料瓶中。

3.17 钼标准溶液:将钼标准贮存溶液(3.16)稀释 5 倍,此溶液 1 mL 含 200 μg 钼。5%氢氟酸介质。保存于塑料瓶中。

3.18 钨标准贮存溶液:称取 0.126 1 g 预先在 110 ℃烘干 1 h 并在干燥器中冷却至室温的氧化钨(纯度>99.99%),于聚四氟乙烯烧杯中,用 20 mL 水及 2 g 氢氧化钠(3.6)溶解,定容至 100 mL。此溶液 1 mL 含 1 mg 钨。保存于塑料瓶中。

3.19 钨标准溶液:将钨标准贮存溶液(3.18)稀释 5 倍,此溶液 1 mL 含 200 μg 钨。5%氢氟酸介质。保存于塑料瓶中。

3.20 铁基体溶液:称取 1.000 0 g 金属铁(纯度>99.99%,镍<0.002%,铝<0.000 5%,钼<0.000 5%,硅<0.001%)于烧杯中,加少量水润湿,加 5 mL 硝酸(3.1)低温溶解至清,以水稀释定容至 100 mL 容量瓶中,转移于塑料瓶中保存,此溶液 1 mL 含 10 mg 铁。

3.21 镝基体溶液:称取 4.590 8 g 氧化镝(REO>99.5%,Dy_2O_3/REO>99.99%,镍<0.000 2%,铝<0.000 5%,钼<0.000 5%,硅<0.001%)于烧杯中,加 10 mL 硝酸(3.1)溶解至清,以水稀释定容至 100 mL 容量瓶中,转移于塑料瓶中保存,此溶液 1 mL 含 40 mg 镝。

3.22 氩气(纯度>99.99%)。

4 仪器

4.1 电感耦合等离子体光谱仪,分辨率<0.006 nm(200 nm 处)。

4.2 光源:氩等离子体光源。

5 试料

将试样去掉表面氧化层,取样后立即称量。

6 分析步骤

6.1 试料

称取 1.0 g 试样(5),精确至 0.000 1 g。

6.2 测定次数

称取两份试料(6.1)进行平行测定,取其平均值。

6.3 空白试验

随同试料做空白试验。

6.4 分析试液的制备

6.4.1 将试料(6.1)置于 100 mL 烧杯中,加入 20 mL 水,3.0 mL 硝酸(3.1),溶解至清,移入 200 mL 容量瓶中,用水稀释至刻度,混匀。

6.4.2 分取 10 mL 试液(6.4.1)于 25 mL 容量瓶中,用水稀释至刻度,混匀。

6.4.3 将试料(6.1)置于 200 mL 聚四氟乙烯烧杯中,加入 5 mL 硝酸(3.1),溶解至清,加入约 50 mL 水,加热至近沸,加入约 2 mL 氢氟酸(3.2),加热至近沸,保温 10 min,放置冷却至室温,移入 100 mL 容量瓶中,用水稀释至刻度,混匀。待沉淀下沉后,用两张慢速滤纸干过滤。

6.4.4 分取 10 mL 滤液(6.4.3)于 25 mL 容量瓶中,用水稀释至刻度,混匀。

6.5 标样溶液的配制

6.5.1 分别移取 0.00 mL,0.50 mL,2.50 mL 镍标准溶液(3.12),铝标准溶液(3.14),硅标准贮存溶液(3.15)于 3 个 50 mL 塑料容量瓶中,加入 5 mL 铁基体溶液(3.20),5 mL 镝基体溶液(3.21),用水稀释至刻度,混匀。

6.5.2 分别移取 0 mL,1.00 mL,5.00 mL 钙标准溶液(3.8)、镁标准溶液(3.10)于 3 个 25 mL 容量瓶中,加入 0.25 mL 硝酸(3.1),用水稀释至刻度,混匀。

6.5.3 分别移取 0.00 mL,1.00 mL,2.00 mL 钼标准溶液(3.17);0.00 mL,1.00 mL,3.00 mL 钨标准溶液(3.19)于 3 个 50 mL 塑料容量瓶中,补加 2 滴氢氟酸(3.2),用水稀释至刻度,混匀。以上系列标样溶液各元素的质量浓度见表 1。

表 1

标样溶液系列	各元素质量浓度/(μg/mL)						
	Ni	Al	Si	Ca	Mg	Mo	W
1	0.00	0.00	0.00	0.00	0.00	0.00	0.00
2	1.00	2.00	2.00	0.20	0.20	4.00	4.00
3	5.00	10.00	10.00	1.00	1.00	8.00	12.00

6.6 测定

6.6.1 分析线波长见表 2。

表 2

测定元素	波长/nm
Ca	393.366
Mg	280.270
Ni	216.555
Al	308.215
Si	212.412
Mo	203.846、202.032
W	207.912、209.475

6.6.2 将标样溶液(6.5.1)与分析试液(6.4.2)同时进行氩等离子体光谱测定;将标样溶液(6.5.2)、空白试样溶液(6.3) 与分析试液(6.4.2)同时进行氩等离子体光谱测定;将标样溶液(6.5.3)与分析试液(6.4.4)同时进行氩等离子体光谱测定。由计算机输出分析试液(6.4.2)或(6.4.4)中被测元素的质量浓度。

7 分析结果的计算与表述

按式(1)计算被测元素的质量分数(%):

$$w(X)=\frac{(\rho_2-\rho_1)VV_2\times 10^{-6}}{mV_1}\times 100 \qquad \cdots\cdots (1)$$

式中:

ρ_2——计算机输出的分析试液中各元素的浓度,单位为微克每毫升(μg/mL);

ρ_1——计算机输出的空白溶液中各元素的浓度,单位为微克每毫升(μg/mL);

V——试液(6.4.1)(6.4.3)的总体积,单位为毫升(mL);

V_2——分析试液(6.4.2)(6.4.4)的体积,单位为毫升(mL);

m——试料的质量,单位为克(g);

V_1——分取试液(6.4.1)(6.4.3)的体积,单位为毫升(mL)。

8 精密度

8.1 重复性

在重复性条件下获得的两次独立测试结果的测定值，在以下给出的平均值范围内，这两个测试结果的绝对差值不超过重复性限(r)，超过重复性限(r)的情况不超过5%，重复性限(r)按表3数据采用线性内插法求得。

表3

测定元素	质量分数/%	重复性限(r)/%
Ca	0.007 0	0.000 8
	0.022 3	0.001 7
	0.052 2	0.001 3
Ni	0.007 9	0.000 3
	0.024 5	0.004 2
	0.050 6	0.002 0
Mo	0.019 9	0.002 5
	0.050 1	0.002 0
	0.196	0.008
W	0.020	0.003
	0.050	0.005
	0.198	0.015
Mg	0.005 9	0.000 5
	0.010 7	0.002 3
	0.012 8	0.003 4
Al	0.024 2	0.002 0
	0.075 3	0.011
	0.111	0.015
Si	0.066 5	0.007 0
	0.197	0.021
	0.228	0.027
注：重复性限(r)为$2.8\times S_r$，S_r为重复性标准差。		

8.2 允许差

实验室之间分析结果的差值应不大于表4所列允许差。

表4

测定元素	质量分数/%	允许差/%
Ca	0.005 0～0.010	0.001 5
	>0.010～0.050	0.003 0
Ni	0.005 0～0.010	0.001 5
	>0.010～0.050	0.005 0

表 4（续）

测定元素	质量分数/%	允许差/%
Mo	0.020～0.050	0.008 0
	>0.050～0.10	0.012
W	0.030～0.100	0.008 0
	>0.100～0.20	0.015
Mg	0.005 0～0.010	0.001 0
	>0.010～0.050	0.004 0
Al	0.020～0.050	0.005 0
	>0.050～0.10	0.015
Si	0.020～0.050	0.005 0
	>0.050～0.10	0.010

9 质量保证和控制

每周用自制的控制标样(如有国家级或行业级标样时,应首先使用)校核一次本标准分析方法的有效性。当过程失控时,应找出原因,纠正错误,重新进行校核。

ICS 77.120.99
H 14

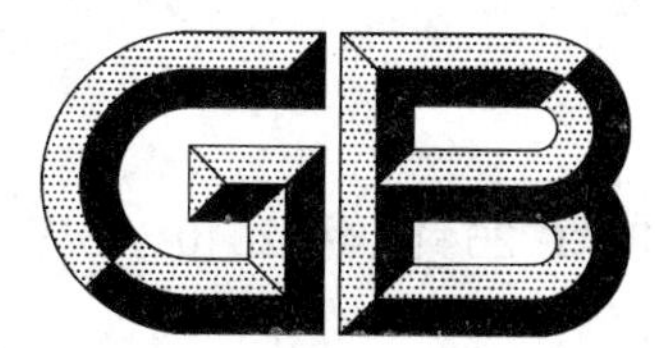

中华人民共和国国家标准

GB/T 26416.4—2010

镝铁合金化学分析方法 第4部分:铁量的测定 重铬酸钾容量法

Chemical analysis methods of dysprosium ferroalloy—Part 4: Determination of iron content—The potassium dichromate titrimetry

2011-01-14 发布

2011-11-01 实施

中华人民共和国国家质量监督检验检疫总局
中国国家标准化管理委员会 发布

前　言

GB/T 26416《镝铁合金化学分析方法》共分 5 个部分：

——第 1 部分：稀土总量的测定　重量法；

——第 2 部分：稀土杂质含量的测定　电感耦合等离子体发射光谱法；

——第 3 部分：钙、镁、铝、硅、镍、钼、钨量的测定　电感耦合等离子体发射光谱法；

——第 4 部分：铁量的测定　重铬酸钾容量法；

——第 5 部分：氧量的测定　脉冲-红外吸收法。

本部分为第 4 部分。

本部分由全国稀土标准化技术委员会(SAC/TC 229)归口。

本部分由包头稀土研究院、中国有色金属工业标准计量质量研究所负责起草。

本部分由包头稀土研究院起草。

本部分由赣州虔东稀土集团股份有限公司、包头玺骏稀土有限公司参加起草。

本部分主要起草人：高励珍、王东杰、郝茜。

本部分参加起草人：姚南红、陈婕、朱霓、靳宏霞。

镝铁合金化学分析方法 第4部分：铁量的测定 重铬酸钾容量法

1 范围

GB/T 26416 的本部分规定了镝铁合金中铁量的测定方法。

本部分适用于镝铁合金中铁量的测定。测定范围：10.00%～30.00%。

2 方法原理

试料用盐酸溶解后，以钨酸钠为指示剂，用三氯化钛将三价铁还原成二价铁至生成"钨蓝"，再滴加重铬酸钾初调溶液氧化过量的三价钛，加入硫磷混酸，以二苯胺磺酸钠为指示剂，用重铬酸钾标准溶液滴定至紫色为终点。

3 试剂和材料

3.1 盐酸（ρ1.19 g/mL）。

3.2 盐酸（1+1）。

3.3 盐酸（1+9）。

3.4 市售三氯化钛溶液（150～200 g/mL）。

3.5 三氯化钛溶液（1+19）：将市售三氯化钛溶液（3.4）用盐酸（3.3）稀释20倍，用时现配。

3.6 硫酸（ρ1.84 g/mL）。

3.7 磷酸（ρ1.70 g/mL）。

3.8 硫酸（5+95）。

3.9 钨酸钠溶液（250 g/L）：称取25 g钨酸钠溶于适量水中（若浑浊需过滤），加5 mL磷酸（3.7），用水稀释至100 mL，混匀。

3.10 硫磷混酸：将300 mL硫酸（3.6）在不断搅拌下缓慢注入500 mL水中，再加入300 mL磷酸（3.7），用水稀释至1 000 mL，混匀。

3.11 硫酸亚铁铵溶液[$(NH_4)_2Fe(SO_4)_2 \cdot 6H_2O$]（约0.06 mol/L）：称取25 g硫酸亚铁铵[$(NH_4)_2Fe(SO_4)_2 \cdot 6H_2O$]溶解于硫酸（3.8）中，用硫酸（3.8）稀释至1 000 mL水，混匀。

3.12 重铬酸钾标准溶液 $c(K_2Cr_2O_7)=0.010\ 38$ mol/L：称取6.107 2 g基准重铬酸钾（预先经150 ℃烘干1 h后，置于干燥器中，冷却至室温）溶于水后，移入2 000 mL容量瓶中，用水稀释至刻度，混匀。

3.13 重铬酸钾初调溶液 $c(K_2Cr_2O_7)\approx0.003\ 0$ mol/L：称取1.765 1 g重铬酸钾（分析纯）溶于水后，移入2 000 mL容量瓶中，用水稀释至刻度，混匀。

3.14 二苯胺磺酸钠指示剂（5 g/L）。

4 仪器

滴定管，容量25 mL，其他均为普通实验室仪器。

5 试样

将试样去掉表面氧化层，取样后立即称量。

6 分析步骤

6.1 试料

称取 5 g 试样(5),精确至 0.000 1 g。

6.2 测定数量

称取两份试料(6.1)进行平行测定,取其平均值。

6.3 空白试验

随同试料(6.1)做空白试验。准确加入 6.00 mL 硫酸亚铁铵溶液(3.11)于 300 mL 三角瓶中,加入 10 mL 硫磷混酸溶液 (3.10),滴加 2 滴二苯胺磺酸钠指示剂(3.14),立即用重铬酸钾标准溶液(3.12)滴定至终点,记下消耗重铬酸钾标准溶液(3.12)的体积 V_1。再向溶液中准确加入 6.00 mL 硫酸亚铁铵溶液(3.11),仍以重铬酸钾标准溶液(3.12)滴定至终点,当 V_1、V_2 为一恒定值时,则(V_1-V_2)即为空白实验消耗重铬酸钾标准溶液(3.12)的体积 V_0。

6.4 测定

6.4.1 试料的溶解:将试料(6.1)置于 300 mL 烧杯中,加 30 mL 盐酸(3.1),盖上表面皿低温加热至试料完全溶解,冷却至室温,移入 250 mL 容量瓶中稀释至刻度,混匀。

6.4.2 移取 10 mL 试液(6.4.1)于 300 mL 三角瓶中,用少量水吹洗内壁,加入 1 mL 钨酸钠溶液(3.9),滴加三氯化钛溶液(3.5)至溶液出现蓝色并过量 1~2 滴,用重铬酸钾初调溶液(3.13)回滴至淡蓝色(不计读数)。

6.4.3 加入 10mL 硫磷混酸(3.10),2 滴二苯胺磺酸钠指示剂(3.14),立即用重铬酸钾标准溶液(3.12)滴定至紫色 30 s 不消失为终点。

注:滴定与配制重铬酸钾标准溶液的温度应保持一致,否则应进行体积校正。温度每变化 1 ℃,溶液体积的相对变化率约为 0.02%。即当滴定温度每高于配制温度 1 ℃时,重铬酸钾标准溶液的浓度相对降低约 0.02%。

7 分析结果的计算与表述

按式(1)计算铁的质量分数(%):

$$w(\mathrm{Fe})=\frac{c(V-V_0)\times 55.85\times 6\times 10^{-3}}{m}\times 100 \qquad (1)$$

式中:

c——重铬酸钾标准溶液的浓度,单位为摩尔每升(mol/L);

V——滴定试液所消耗重铬酸钾标准溶液的体积,单位为毫升(mL);

V_0——滴定空白实验消耗的重铬酸钾标准溶液体积,单位为毫升(mL);

55.85——铁的摩尔质量,单位为克每摩尔(g/mol);

6——重铬酸钾标准溶液与铁的相关系数;

m——试料质量,单位为克(g)。

8 精密度

8.1 重复性

在重复性条件下获得的两次独立测试结果的测定值,在以下给出的平均值范围内,这两个测试结果的绝对差值不超过重复性限(r),超过重复性限(r)的情况不超过 5%,重复性限(r)按表 1 数据采用线性内插法求得。

表 1

铁质量分数/%	重复性限(r)
13.23	0.23
19.78	0.11
26.92	0.23
注：重复性限(r)为 2.8×S_r，S_r 为重复性标准差。	

8.2 允许差

实验室之间分析结果的差值应不大于表 2 所列允许差。

表 2

铁质量分数/%	允许差/%
10.00～20.00	0.30
>20.00～30.00	0.35

9 质量保证和控制

每周用自制的控制标样(如有国家级或行业级标样时，应首先使用)校核一次本标准分析方法的有效性。当过程失控时，应找出原因，纠正错误，重新进行校核。

ICS 77.120.99
H 14

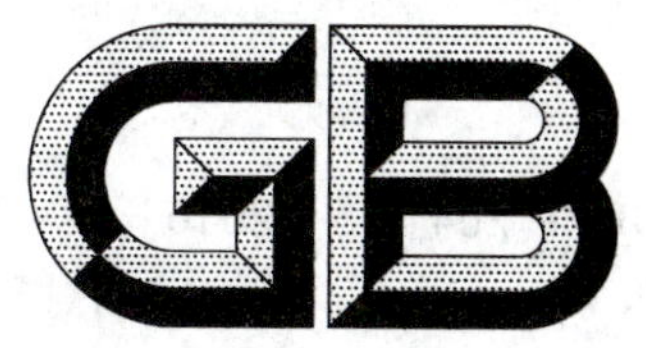

中华人民共和国国家标准

GB/T 26416.5—2010

镝铁合金化学分析方法 第5部分:氧量的测定 脉冲-红外吸收法

Chemical analysis methods of dysprosium ferroalloy—
Part 5: Determination of oxygen content—
Impulse-infrared conductance absorption method

2011-01-14 发布 2011-11-01 实施

中华人民共和国国家质量监督检验检疫总局
中国国家标准化管理委员会 发布

前言

GB/T 26416《镝铁合金化学分析方法》共分5个部分：

——第1部分：稀土总量的测定 重量法；

——第2部分：稀土杂质含量的测定 电感耦合等离子体发射光谱法；

——第3部分：钙、镁、铝、硅、镍、钼、钨量的测定 电感耦合等离子体发射光谱法；

——第4部分：铁量的测定 重铬酸钾容量法；

——第5部分：氧量的测定 脉冲-红外吸收法。

本部分为第5部分。

本部分由全国稀土标准化技术委员会(SAC/TC 229)归口。

本部分由包头稀土研究院、中国有色金属工业标准计量质量研究所负责起草。

本部分由包头稀土研究院起草。

本部分由包钢技术中心、中核北方核燃料元件有限公司参加起草。

本部分主要起草人：赵长玉、张志刚。

本部分参加起草人：李虹、张作东、王力涛。

镝铁合金化学分析方法
第5部分:氧量的测定
脉冲-红外吸收法

1 范围

GB/T 26416 的本部分规定了镝铁合金中氧含量的测定方法。

本部分适用于镝铁合金中氧含量的测定。测定范围:0.010%~0.50%。

2 方法原理

在惰性气氛下,加热熔融石墨坩埚中的试料,试料中的氧呈一氧化碳析出,进入红外检测器中进行测定。

3 试剂和材料

3.1 带盖镍囊。

3.2 四氯化碳。

3.3 高纯氦气:纯度≥99.99%。

3.4 石墨坩埚。

3.5 标准样品:在含氧量 0.010%~0.50%范围内选择三个合适的标样。

4 仪器

4.1 脉冲-红外氧氮仪。

4.2 脉冲炉:温度大于 2 000 ℃,检测器灵敏度:0.001 μg/g。

5 试样

测定氧含量的样品呈块状,剪成小块,在水中打磨、剥皮,放入四氯化碳中保存,防止样品氧化。测量前取出,快速吹干。在 10 min 以内测定。

注:加工、处理试样时,确保试样清洁,防止污染。

6 分析步骤

6.1 试料

称取 0.1 g~0.2 g 试样(5),精确至 0.001 g。

6.2 测定数量

称取两份试料(6.1)进行平行测定,取其平均值。

6.3 空白校正

6.3.1 打开脉冲炉,将坩埚(3.4)置于下电极,测氧时,将带盖镍囊(3.1)置于装样器内。

6.3.2 下电极上升,坩埚(3.4)脱气,加热熔融,显示空白值,重复测定 3~5 次,其氧结果的平均空白值<0.002 5%,方可进行下一步测定。

6.4 校正仪器

称取标样(3.5)三份,按(6.5)条操作方法校正仪器。

6.5 测定

6.5.1 打开脉冲炉，将坩埚(3.4)置于下电极，测氧时，将试料(6.1)装入带盖镍囊(3.1)中，置入装样器内。

6.5.2 下电极上升，坩埚(3.4)脱气，装有试料的带盖镍囊进入坩埚(3.4)加热熔融。由仪器显示分析结果(如仪器不能自动显示分析结果按式(1)进行结果计算)。

7 分析结果的计算与表述

按式(1)计算氧的质量分数(%)：

$$w(\mathrm{O}) = w_2 - a w_1 \qquad \cdots\cdots (1)$$

式中：

w_2——带盖镍囊和试料中氧含量的质量分数；

a——带盖镍囊与试料的质量比(在 1.2～2.0 之间)；

w_1——空白试验氧含量的质量分数。

8 精密度

8.1 重复性

在重复性条件下获得的两次独立测试结果的测定值，在以下给出的平均值范围内，这两个测试结果的绝对差值不超过重复性限(r)，超过重复性限(r)的情况不超过 5%，重复性限(r)按表 1 数据采用线性内插法求得。

表 1

氧质量分数/%	重复性限(r)/%
0.012 7	0.003 0
0.167	0.014
注：重复性限(r)为 $2.8\times S_r$，S_r 为重复性标准差。	

8.2 允许差

实验室之间分析结果的差值应不大于表 2 所列允许差。

表 2

氧质量分数/%	允许差/%
0.010～0.10	0.005
>0.10～0.50	0.02

9 质量保证和控制

每周用自制的控制标样(如有国家级或行业级标样时，应首先使用)校核一次本标准分析方法的有效性。当过程失控时，应找出原因，纠正错误，重新进行校核。

ICS 77.120.99
H 14

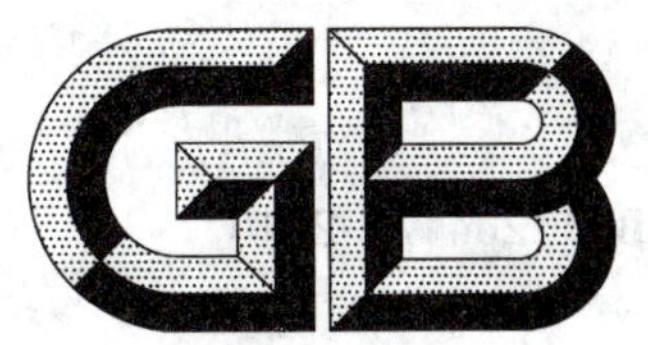

中华人民共和国国家标准

GB/T 26417—2010

镨钕合金及其化合物化学分析方法 稀土配分量的测定

Chemical analysis methods of praseodymium-neodymium alloy and the compounds—Determination of REO relative contents

2011-01-14 发布 2011-11-01 实施

中华人民共和国国家质量监督检验检疫总局
中国国家标准化管理委员会 发布

前　言

本标准由2个方法组成，2个方法的测定范围出现重叠时，以方法1作为仲裁方法。

本标准由全国稀土标准化技术委员会(SAC/TC 229)归口。

本标准由赣州有色冶金研究所、中国有色金属工业标准计量质量研究所负责起草。

本标准方法1由北京有色金属研究总院、赣州虔东稀土集团股份有限公司参加起草。

本标准方法2由包头稀土研究院、江阴加华新材料资源有限公司、广东珠江稀土有限公司参加起草。

本标准方法1主要起草人：钟道国、潘建忠。

本标准方法1参加起草人：宋永清、温斌、姚南红、刘竹英。

本标准方法2主要起草人：刘鸿、谢璐。

本标准方法2参加起草人：崔爱端、钟新文、赵萍红、张弘强、林志阳、陈璐、宋耀。

镨钕合金及其化合物化学分析方法 稀土配分量的测定

1 范围

本标准规定了镨钕合金及其化合物中稀土元素配分量的2种测定方法。

本标准适用于镨钕合金及其化合物中十五个稀土元素配分量的测定。方法1测定范围：Pr 10.0%～30.0%，Nd 70.00%～90.00%，其他稀土元素0.05%～0.50%；方法2测定范围：Pr 10.0%～30.0%，Nd 60.0%～90.0%，其他稀土元素0.03%～0.40%。

方法1 X射线荧光光谱法

2 方法原理

试料经溶解蒸至近干，准确加入稀盐酸溶液溶解清亮，制成薄样，在X射线荧光光谱仪上测定各稀土元素含量并计算其配分量。

3 试剂与材料

3.1 氧化镧(REO>99.5%，La_2O_3/REO>99.99%)。

3.2 氧化铈(REO>99.5%，CeO_2/REO>99.99%)。

3.3 氧化镨(REO>99.5%，Pr_6O_{11}/REO>99.99%)。

3.4 氧化钕(REO>99.5%，Nd_2O_3/REO>99.99%)。

3.5 氧化钐(REO>99.5%，Sm_2O_3/REO>99.99%)。

3.6 氧化铕(REO>99.5%，Eu_2O_3/REO>99.99%)。

3.7 氧化钆(REO>99.5%，Gd_2O_3/REO>99.99%)。

3.8 氧化铽(REO>99.5%，Tb_4O_7/REO>99.99%)。

3.9 氧化镝(REO>99.5%，Dy_2O_3/REO>99.99%)。

3.10 氧化钬(REO>99.5%，Ho_2O_3/REO>99.99%)。

3.11 氧化铒(REO>99.5%，Er_2O_3/REO>99.99%)。

3.12 氧化铥(REO>99.5%，Tm_2O_3/REO>99.99%)。

3.13 氧化镱(REO>99.5%，Yb_2O_3/REO>99.99%)。

3.14 氧化镥(REO>99.5%，Lu_2O_3/REO>99.99%)。

3.15 氧化钇(REO>99.5%，Y_2O_3/REO>99.99%)。

3.16 过氧化氢(30%)。

3.17 硝酸(ρ1.42 g/mL)。

3.18 盐酸(1+1)。

3.19 盐酸(3+97)。

3.20 稀土氧化物混合标准溶液(1)：称取0.200 0 g于900 ℃灼烧1 h后，置于干燥器中冷却至室温的氧化铈(3.2)于100 mL烧杯中，用水湿润，加入10 mL硝酸(3.17)，滴加过氧化氢(3.16)助溶，低温加热溶解清亮。冷却后移入200 mL容量瓶中。

3.21 稀土氧化物混合标准溶液(2):分别称取0.2000g于900℃灼烧1h后,置于干燥器中冷却至室温(除氧化铈以外)的各单一稀土氧化物(3.1、3.3～3.15)于同一200mL烧杯中,用水湿润,加入30mL盐酸(3.18),低温加热溶解清亮[可滴加过氧化氢(3.16)助溶]。冷却后移入200mL容量瓶(3.20)中,用水稀释至刻度,混匀。此溶液1mL含各单一稀土氧化物1mg。

3.22 滤纸片:ϕ50mm,快速定性。

3.23 P10氩-甲烷气体:10%甲烷+90%氩气。

4 仪器与设备

4.1 X射线荧光光谱仪:X光管功率≥3kW。

4.2 分光晶体:LiF200。

4.3 微量移液器:0.10mL～0.50mL,可调。

5 试样

5.1 镨钕氧化物:将试样研磨后,在干燥箱内于105℃烘1h,并置于干燥器内冷却至室温备用。

5.2 镨钕合金:细屑状密封包装。

6 分析步骤

6.1 试料

6.1.1 氧化物试料

称取0.5000g试样(5.1),精确到0.0001g。

6.1.2 金属试料

称取0.425g试样(5.2),精确到0.0001g。

6.2 测定数量

称取两份试料(6.1),进行平行测定,取其平均值。

6.3 试样片的制备

6.3.1 将试料(6.1)置于100mL烧杯中,加入5mL盐酸(3.18)和少许过氧化氢(3.16),于低温溶解清亮,蒸至近干,冷却后准确加入5.0mL盐酸(3.19),溶解清亮混匀。

6.3.2 用微量移液器(4.3)移取0.30mL试液(6.3.1),均匀滴在平铺于玻璃板上的滤纸片(3.22)上,放置20min,在红外线灯下烘干,待测。每份试样制备2片样片。

6.4 标准样片的制备

按表1称取经900℃灼烧1h后,置于干燥器中冷却至室温的氧化镨、氧化钕于一系列100mL烧杯中,加入5mL盐酸(3.18),低温溶解清亮,冷却后按表2准确移取混合标准溶液(3.21)于对应的烧杯中,低温蒸至近干,冷却后准确加入5.0mL盐酸(3.19)溶解清亮摇匀。溶液中稀土浓度为100mg/mL,标准系列的配分值见表2。按6.3.2操作制备标准样片,待测。

表1

标准序号	1	2	3	4	5	6	7	8	9	10
称取 Pr_6O_{11}/mg	45	70	80	90	100	105	110	125	130	150
称取 Nd_2O_3/mg	449	407.5	420	402.5	397	357.5	384	375	358.8	346.3
滴加标准液(3.21)/mL	6.00	22.50	0	7.50	3.00	37.50	6.00	0	11.25	3.75

表 2

标液编号	稀土氧化物配分量/%														
	La_2O_3	CeO_2	Pr_6O_{11}	Nd_2O_3	Sm_2O_3	Eu_2O_3	Gd_2O_3	Tb_4O_7	Dy_2O_3	Ho_2O_3	Er_2O_3	Tm_2O_3	Yb_2O_3	Lu_2O_3	Y_2O_3
1	0.08	0.08	9.08	89.88	0.08	0.08	0.08	0.08	0.08	0.08	0.08	0.08	0.08	0.08	0.08
2	0.30	0.30	14.30	81.80	0.30	0.30	0.30	0.30	0.30	0.30	0.30	0.30	0.30	0.30	0.30
3	0	0	16.00	84.00	0	0	0	0	0	0	0	0	0	0	0
4	0.10	0.10	18.10	80.60	0.10	0.10	0.10	0.10	0.10	0.10	0.10	0.10	0.10	0.10	0.10
5	0.04	0.04	20.04	79.44	0.04	0.04	0.04	0.04	0.04	0.04	0.04	0.04	0.04	0.04	0.04
6	0.50	0.50	21.50	72.00	0.50	0.50	0.50	0.50	0.50	0.50	0.50	0.50	0.50	0.50	0.50
7	0.08	0.08	22.08	76.88	0.08	0.08	0.08	0.08	0.08	0.08	0.08	0.08	0.08	0.08	0.08
8	0	0	25.00	75.00	0	0	0	0	0	0	0	0	0	0	0
9	0.15	0.15	26.15	71.90	0.15	0.15	0.15	0.15	0.15	0.15	0.15	0.15	0.15	0.15	0.15
10	0.05	0.05	30.05	69.30	0.05	0.05	0.05	0.05	0.05	0.05	0.05	0.05	0.05	0.05	0.05

6.5 分析条件

激发电压:50 kV;激发电流:60 mA;细准直器;LiF200 晶体;FC-SC 计数器联用;真空光路。其他条件见表 3。

表 3

元素	La	Ce	Pr	Nd	Sm	Eu	Gd	Tb
分析线	$L_{\alpha1}$	$L_{\alpha1}$	$L_{\beta1}$	$L_{\alpha1}$	$L_{\beta1}$	$L_{\alpha1}$	$L_{\alpha1}$	$L_{\alpha1}$
2θ/(°)	82.91	79.05	68.25	72.16	59.53	63.58	61.13	58.85
测量时间/s	30	30	20	20	30	30	30	30
元素	Dy	Ho	Er	Tm	Yb	Lu	Y	—
分析线	$L_{\alpha1}$	$L_{\beta1}$	$L_{\beta1}$	$L_{\alpha1}$	$L_{\alpha1}$	$L_{\beta1}$	$K_{\alpha1}$	—
2θ/(°)	56.52	48.32	46.44	50.80	49.06	41.40	23.76	—
测量时间/s	30	30	30	30	30	30	20	—

6.6 测定

将标准系列各稀土元素的含量输入计算机,按照分析条件(6.5)测定标准样片(6.4),由计算机计算得到标准曲线系数、谱线干扰和基体效应系数。再测定试样片(6.3),由计算机计算校正输出各稀土元素质量分数。

7 分析结果的计算与表述

7.1 按式(1)计算归一化后待测稀土元素氧化物的配分量(%):

$$P(i)=\frac{w_i}{\sum w_i}\times 100 \qquad \cdots\cdots(1)$$

式中:

w_i——待测稀土元素的氧化物质量分数(%);

$\sum w_i$——稀土元素的氧化物质量分数之和(%)。

7.2 按式(2)计算归一化后待测稀土元素单质的配分量(%):

$$P(i)=\frac{k_i \cdot w_i}{\sum(k_i \cdot w_i)}\times 100 \qquad \cdots\cdots(2)$$

式中：

k_i——各稀土元素氧化物与其单质的换算系数见表4。计算氧化物配分时，$k_i=1$；

w_i——待测稀土元素的氧化物质量分数(%)；

$\sum(k_i \cdot w_i)$——稀土元素的单质质量分数之和。

表 4

元　素	k_i	元　素	k_i
La	0.852 7	Dy	0.871 3
Ce	0.814 1	Ho	0.873 0
Pr	0.827 7	Er	0.874 5
Nd	0.857 4	Tm	0.875 6
Sm	0.862 4	Yb	0.878 2
Eu	0.863 6	Lu	0.879 4
Gd	0.867 6	Y	0.787 4
Tb	0.850 2	—	—

8 精密度

8.1 重复性

在重复性条件下获得的两次独立测试结果的测定值，在以下给出的平均值范围内，这两个测试结果的绝对差值超过重复性限(r)的情况不超过5%。重复性限(r)按表5数据采用线性内插法求得。

表 5

氧化物	质量分数/%	重复性限(r)/%	氧化物	质量分数/%	重复性限(r)/%
氧化镧	0.10	0.02	氧化镝	0.10	0.02
	0.24	0.03		0.20	0.01
氧化铈	0.044	0.010	氧化钬	0.10	0.01
	0.12	0.02		0.20	0.02
	0.24	0.02		—	—
氧化镨	12.90	0.17	氧化铒	0.10	0.02
	22.63	0.23		0.21	0.02
	32.05	0.23		—	—
氧化钕	65.26	0.14	氧化铥	0.10	0.02
	77.30	0.21		0.20	0.02
	85.80	0.22		—	—
氧化钐	0.10	0.02	氧化镱	0.10	0.02
	0.20	0.02		0.20	0.03
氧化铕	0.090	0.023	氧化镥	0.10	0.02
	0.18	0.04		0.20	0.02
氧化钆	0.10	0.02	氧化钇	0.10	0.01
	0.20	0.02		0.21	0.02
氧化铽	0.095	0.012	—	—	—
	0.20	0.02		—	—
注：重复性限(r)为$2.8\times S_r$，S_r为重复性标准差。					

8.2 允许差

实验室之间分析结果的差值应不大于表6所列的允许差。

表6

稀土氧化物	配分量/%	允许差/%
Pr_6O_{11}	10.00～30.00	0.40
Nd_2O_3	70.00～90.00	0.40
La_2O_3、CeO_2、Sm_2O_3、Eu_2O_3、Gd_2O_3、Tb_4O_7、Dy_2O_3、Ho_2O_3、Er_2O_3、Tm_2O_3、Yb_2O_3、Lu_2O_3、Y_2O_3	0.05～0.15	0.03
	>0.15～0.30	0.04
	>0.30～0.50	0.05

9 质量保证与控制

每周用自制的控制标样(如有国家级或行业级标样时,应首先使用)校核一次本标准分析方法的有效性。当过程失控时,应找出原因,纠正错误,重新进行校核。

方法2 电感耦合等离子体发射光谱法

10 测定范围

Pr 10.0%～30.0%,Nd 60.0%～90.0%,其他稀土元素0.03%～0.40%。

11 方法原理

试料经盐酸分解清亮,在稀酸介质中,直接在等离子发射光谱仪上测定各稀土元素含量并计算其配分量。

12 试剂与材料

12.1 盐酸(1+1)。

12.2 盐酸(1+19)。

12.3 硝酸(1+1)。

12.4 过氧化氢(30%)。

12.5 氧化镧标准贮存溶液:称取0.1000 g经900 ℃灼烧1 h的氧化镧(REO>99.5%,La_2O_3/REO>99.99%)置于100 mL烧杯中,加入10 mL盐酸(12.1),低温加热至溶解完全,冷却至室温,移入100 mL容量瓶中,用水稀释至刻度,混匀。此溶液1 mL含1 mg氧化镧。再将此溶液用盐酸(12.2)稀释成1 mL含50 μg氧化镧的标准液。

12.6 氧化铈标准贮存溶液:称取0.1000 g经950 ℃灼烧1 h的氧化铈(REO>99.5%,CeO_2/REO>99.99%)置于100 mL烧杯中,加入10 mL硝酸(12.3),滴加过氧化氢(12.4),低温加热至溶解完全,冷却至室温,移入100 mL容量瓶中,用水稀释至刻度,混匀。此溶液1 mL含1 mg氧化铈。再将此溶液用盐酸(12.2)稀释成1 mL含50 μg氧化铈的标准液。

12.7 氧化钐标准贮存溶液:称取0.1000 g经950 ℃灼烧1 h的氧化钐(REO>99.5%,Sm_2O_3/REO>99.99%)置于100 mL烧杯中,加入10 mL盐酸(12.1),低温加热至溶解完全,冷却至室温,移入100 mL容量瓶中,用水稀释至刻度,混匀。此溶液1 mL含1 mg氧化钐。再将此溶液用盐酸(12.2)稀释成1 mL含50 μg氧化钐的标准液。

12.8 氧化铕标准贮存溶液:称取0.1000 g经950 ℃灼烧1 h的氧化铕(REO>99.5%,Eu_2O_3/REO>99.99%)置于100 mL烧杯中,加入10 mL盐酸(12.1),低温加热至溶解完全,冷却至室温,移入100 mL容量瓶中,用水稀释至刻度,混匀。此溶液1 mL含1 mg氧化铕。再将此溶液用盐酸(12.2)稀释成 1 mL 含 50 μg 氧化铕的标准液。

12.9 氧化钆标准贮存溶液：称取 0.100 0 g 经 950 ℃灼烧 1 h 的氧化钆(REO>99.5%，Gd_2O_3/REO>99.99%)置于 100 mL 烧杯中，加入 10 mL 盐酸(12.1)，低温加热至溶解完全，冷却至室温，移入 100 mL 容量瓶中，用水稀释至刻度，混匀。此溶液 1 mL 含 1 mg 氧化钆。再将此溶液用盐酸(12.2)稀释成 1 mL 含 50 μg 氧化钆的标准液。

12.10 氧化铽标准贮存溶液：称取 0.100 0 g 经 950 ℃灼烧 1 h 的氧化铽(REO>99.5%，Tb_4O_7/REO>99.99%)置于 100 mL 烧杯中，加入 10 mL 盐酸(12.1)，滴加双氧水(12.4)，低温加热至溶解完全，冷却至室温，移入 100 mL 容量瓶中，用水稀释至刻度，混匀。此溶液 1 mL 含 1 mg 氧化铽。再将此溶液用盐酸(12.2)稀释成 1 mL 含 50 μg 氧化铽的标准液。

12.11 氧化镝标准贮存溶液：称取 0.100 0 g 经 950 ℃灼烧 1 h 的氧化镝(REO>99.5%，Dy_2O_3/REO>99.99%)置于 100 mL 烧杯中，加入 10 mL 盐酸(12.1)，低温加热至溶解完全，冷却至室温，移入 100 mL 容量瓶中，用水稀释至刻度，混匀。此溶液 1 mL 含 1 mg 氧化镝。再将此溶液用盐酸(12.2)稀释成 1 mL 含 50 μg 氧化镝的标准液。

12.12 氧化钬标准贮存溶液：称取 0.100 0 g 经 950 ℃灼烧 1 h 的氧化钬(REO>99.5%，Ho_2O_3/REO>99.99%)置于 100 mL 烧杯中，加入 10 mL 盐酸(12.1)，低温加热至溶解完全，冷却至室温，移入 100 mL 容量瓶中，用水稀释至刻度，混匀。此溶液 1 mL 含 1 mg 氧化钬。再将此溶液用盐酸(12.2)稀释成 1 mL 含 50 μg 氧化钬的标准液。

12.13 氧化铒标准贮存溶液：称取 0.100 0 g 经 950 ℃灼烧 1 h 的氧化铒(REO>99.5%，Er_2O_3/REO>99.99%)置于 100 mL 烧杯中，加入 10 mL 盐酸(12.1)，低温加热至溶解完全，冷却至室温，移入 100 mL 容量瓶中，用水稀释至刻度，混匀。此溶液 1 mL 含 1 mg 氧化铒。再将此溶液用盐酸(12.2)稀释成 1 mL 含 50 μg 氧化铒的标准液。

12.14 氧化铥标准贮存溶液：称取 0.100 0 g 经 950 ℃灼烧 1 h 的氧化铥(REO>99.5%，Tm_2O_3/REO>99.99%)置于 100 mL 烧杯中，加入 10 mL 盐酸(12.1)，低温加热至溶解完全，冷却至室温，移入 100 mL 容量瓶中，用水稀释至刻度，混匀。此溶液 1 mL 含 1 mg 氧化铥。再将此溶液用盐酸(12.2)稀释成 1 mL 含 50 μg 氧化铥的标准液。

12.15 氧化镱标准贮存溶液：称取 0.100 0 g 经 950 ℃灼烧 1 h 的氧化镱(REO>99.5%，Yb_2O_3/REO>99.99%)置于 100 mL 烧杯中，加入 10 mL 盐酸(12.1)，低温加热至溶解完全，冷却至室温，移入 100 mL 容量瓶中，用水稀释至刻度，混匀。此溶液 1 mL 含 1 mg 氧化镱。再将此溶液用盐酸(12.2)稀释成 1 mL 含 50 μg 氧化镱的标准液。

12.16 氧化镥标准贮存溶液：称取 0.100 0 g 经 950 ℃灼烧 1 h 的氧化镥(REO>99.5%，Lu_2O_3/REO>99.99%)置于 100 mL 烧杯中，加入 10 mL 盐酸(12.1)，低温加热至溶解完全，冷却至室温，移入 100 mL 容量瓶中，用水稀释至刻度，混匀。此溶液 1 mL 含 1 mg 氧化镥。再将此溶液用盐酸(12.2)稀释成 1 mL 含 50 μg 氧化镥的标准液。

12.17 氧化钇标准贮存溶液：称取 0.100 0 g 经 950 ℃灼烧 1 h 的氧化钇(REO>99.5%，Y_2O_3/REO>99.99%)置于 100 mL 烧杯中，加入 10 mL 盐酸(12.1)，低温加热至溶解完全，冷却至室温，移入 100 mL 容量瓶中，用水稀释至刻度，混匀。此溶液 1 mL 含 1 mg 氧化钇。再将此溶液用盐酸(12.2)稀释成 1 mL 含 50 μg 氧化钇的标准液。

12.18 1＃标准贮存溶液：称取 2.250 0 g 经 950 ℃灼烧的氧化钕(REO>99.5%，Nd_2O_3/REO>99.99%)和 0.250 0 g 经 950 ℃灼烧的氧化镨(REO>99.5%，Pr_6O_{11}/REO>99.99%)，置于 200 mL 烧杯中，加入 20 mL 盐酸(12.1)，低温加热至溶解完全，冷却至室温，移入 100 mL 容量瓶中，用水稀释至刻度，混匀。

12.19 2＃标准贮存溶液：称取 1.500 0 g 经 950 ℃灼烧的氧化钕(REO>99.5%，Nd_2O_3/REO>99.99%)和 0.870 0 g 经 950 ℃灼烧的氧化镨(REO>99.5%，Pr_6O_{11}/REO>99.99%)，置于 200 mL

烧杯中，加入 20 mL 盐酸(12.1)，低温加热至溶解完全，冷却至室温，移入 100 mL 容量瓶中，用水稀释至刻度，混匀。

12.20 3＃标准贮存溶液：称取 0.750 0 g 经 950 ℃灼烧的氧化钕(REO＞99.5%，Nd_2O_3/REO＞99.99%)和 1.685 0 g 经 950 ℃灼烧的氧化镨(REO＞99.5%，Pr_6O_{11}/REO＞99.99%)，置于 200 mL 烧杯中，加入 20 mL 盐酸(12.1)，低温加热至溶解完全，冷却至室温，移入 100 mL 容量瓶中，用水稀释至刻度，混匀。

12.21 氩气＞99.99%。

13 仪器与设备

电感耦合等离子体发射光谱仪：倒数线色散率不大于 0.26 nm/mm(一级光谱)。

14 试样

14.1 镨钕氧化物：将试样研磨后，在干燥箱内于 105 ℃烘 1 h，并置于干燥器内冷却至室温备用。

14.2 镨钕合金：细屑状密封包装。

15 分析步骤

15.1 试料

15.1.1 氧化物试料

称取 0.250 0 g 试样(14.1)，精确到 0.000 1 g。

15.1.2 金属试料

称取 0.212 5 g 试样(14.2)，精确到 0.000 1 g。

15.2 测定数量

称取二份试料(15.1)，独立地进行测定，取其平均值。

15.3 分析试液的制备

15.3.1 将试料(15.1)置于 100 mL 烧杯中，加入 10 mL 盐酸(12.1)及 0.5 mL 过氧化氢(12.4)，加热分解至清亮，冷却，移入 100 mL 容量瓶中，用水稀释至刻度，混匀。

15.3.2 移取 10 mL 上述溶液(15.3.1)于 100 mL 容量瓶中，用盐酸(12.2)稀释至刻度，混匀待测。

15.4 标准溶液的配制

按表 7 移取各贮存溶液于 3 个不同的 500 mL 容量瓶中，用盐酸(12.2)稀释至刻度，混匀。各标准配分量见表 8。

表 7

标液标号	分取各贮存液体积/mL							
	12.5	12.6	12.7	12.8	12.9	12.10	12.11	12.12
1	0	0	0	0	0	0	0	0
2	10.0	10.0	10.0	10.0	10.0	10.0	10.0	10.0
3	5.0	5.0	5.0	5.0	5.0	5.0	5.0	5.0
标液标号	分取各贮存液体积/mL							
	12.13	12.14	12.15	12.16	12.17	12.18	12.19	12.20
1	0	0	0	0	0	5.0	0	0
2	10.0	10.0	10.0	10.0	10.0	0	5.0	0
3	5.0	5.0	5.0	5.0	5.0	0	0	5.0

表 8

标液标号	元素							
	La_2O_3	CeO_2	Pr_6O_{11}	Nd_2O_3	Sm_2O_3	Eu_2O_3	Gd_2O_3	Tb_4O_7
1	0.00	0.00	10.00	90.00	0.00	0.00	0.00	0.00
2	0.40	0.40	34.80	60.00	0.40	0.40	0.40	0.40
3	0.20	0.20	67.40	30.00	0.20	0.20	0.20	0.20
标液标号	元素							
	Dy_2O_3	Ho_2O_3	Er_2O_3	Tm_2O_3	Yb_2O_3	Lu_2O_3	Y_2O_3	合计
1	0.00	0.00	0.00	0.00	0.00	0.00	0.00	100
2	0.40	0.40	0.40	0.40	0.40	0.40	0.40	100
3	0.20	0.20	0.20	0.20	0.20	0.20	0.20	100

15.5 测定

15.5.1 推荐分析线见表 9。

表 9

元素	分析线/nm	元素	分析线/nm
La	333.749	Dy	340.780
Ce	413.765	Ho	341.646
Pr	440.884	Er	326.478
Nd	401.225	Tm	313.126
Sm	442.434	Yb	289.138
Eu	272.778	Lu	261.542
Gd	310.050	Y	324.228
Tb	332.440	—	—

15.5.2 将分析试液(15.3.2)与标准系列溶液(15.4)同时进行氩等离子体光谱测定。

16 分析结果的计算与表述

16.1 镨钕氧化物

将标准系列(15.4)的配分量直接输入计算机，根据标准系列溶液(15.4)和分析试液(15.3.2)的强度值，由计算机计算归一直接输出各稀土元素氧化物配分值。

16.2 镨钕金属

按式(3)计算待测稀土单质的配分量(%)：

$$P(i)=\frac{k_i \cdot c_i}{\sum(k_i \cdot c_i)}\times 100 \qquad \cdots\cdots(3)$$

式中：

k_i——各稀土元素氧化物与其单质的换算系数见表 10。计算氧化物配分时，$k_i=1$；

c_i——仪器计算机输出的某稀土氧化物配分量(%)；

$\sum(k_i \cdot c_i)$——稀土元素单质的配分量之和。

表 10

元　　素	k_i	元　　素	k_i
La	0.852 7	Dy	0.871 3
Ce	0.814 1	Ho	0.873 0
Pr	0.827 7	Er	0.874 5
Nd	0.857 4	Tm	0.875 6
Sm	0.862 4	Yb	0.878 2
Eu	0.863 6	Lu	0.879 4
Gd	0.867 6	Y	0.787 4
Tb	0.850 2	—	—

17 精密度

17.1 重复性

在重复性条件下获得的两次独立测试结果的测定值，在以下给出的平均值范围内，这两个测试结果的绝对差值超过重复性限(r)的情况不超过5%。重复性限(r)按表11数据采用线性内插法求得。

表 11

氧化物	质量分数/%	重复性限(r)/%	氧化物	质量分数/%	重复性限(r)/%
氧化镧	0.050	0.004	氧化镝	0.048	0.002
	0.12	0.01		0.10	0.003
	0.23	0.02		0.20	0.01
氧化铈	0.047	0.003	氧化钬	0.050	0.004
	0.13	0.01		0.10	0.01
	0.24	0.01		0.20	0.01
氧化镨	10.08	0.34	氧化铒	0.049	0.002
	22.60	0.67		0.10	0.006
	31.83	0.61		0.20	0.01
氧化钕	65.49	0.68	氧化铥	0.050	0.004
	77.32	0.66		0.10	0.01
	89.28	0.35		0.20	0.02
氧化钐	0.046	0.005	氧化镱	0.050	0.004
	0.11	0.01		0.10	0.003
	0.20	0.01		0.20	0.01
氧化铕	0.048	0.004	氧化镥	0.049	0.003
	0.11	0.01		0.10	0.01
	0.20	0.02		0.20	0.02
氧化钆	0.050	0.004	氧化钇	0.048	0.002
	0.11	0.01		0.10	0.01
	0.20	0.02		0.20	0.02
氧化铽	0.048	0.003	—	—	—
	0.11	0.01		—	—
	0.20	0.01		—	—
注：重复性限(r)为$2.8\times S_r$，S_r为重复性标准差。					

17.2 允许差

实验室之间分析结果的差值应不大于表12所列的允许差。

表 12

稀土氧化物	配分量/%	允许差/%
Pr_6O_{11}	10.00～30.00	0.80
Nd_2O_3	60.00～90.00	0.80
La_2O_3、CeO_2、Sm_2O_3、Eu_2O_3、Gd_2O_3、Tb_4O_7、Dy_2O_3、Ho_2O_3、Er_2O_3、Tm_2O_3、Yb_2O_3、Lu_2O_3、Y_2O_3	0.03～0.15	0.02
	>0.15～0.40	0.04

18 质量保证与控制

每周用自制的控制标样(如有国家级或行业级标样,应首先使用)校核一次本标准分析方法的有效性。当过程失控时,应找出原因,纠正错误,重新进行校核。

ICS 65.120
B 46

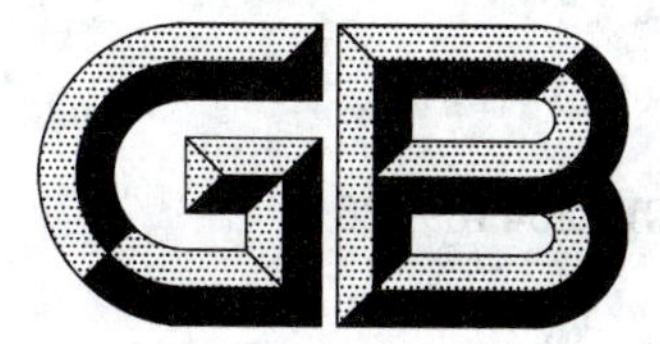

中华人民共和国国家标准

GB 26418—2010

饲料中硒的允许量

Limited content of selenium in feeds

2011-01-14 发布　　　　2011-07-01 实施

中华人民共和国国家质量监督检验检疫总局
中国国家标准化管理委员会　发布

前　言

本标准的全部技术内容为强制性。

本标准由全国饲料工业标准化技术委员会(SAC/TC 76)提出并归口。

本标准起草单位:华中农业大学、湖北省饲料质量监督检验站。

本标准主要起草人:齐德生、于炎湖、张妮娅、郑强。

饲料中硒的允许量

1 范围

本标准规定了饲料中硒的允许量及其试验方法。

本标准适用于猪、家禽及反刍动物牛、羊配合饲料。

2 规范性引用文件

下列文件中的条款通过本标准的引用而成为本标准的条款。凡是注日期的引用文件，其随后所有的修改单(不包括勘误的内容)或修订版均不适用于本标准，然而，鼓励根据本标准达成协议的各方研究是否可使用这些文件的最新版本。凡是不注日期的引用文件，其最新版本适用于本标准。

GB/T 13883 饲料中硒的测定

GB/T 14699.1 饲料 采样

3 要求

猪、家禽及反刍动物牛、羊配合饲料中硒(以 Se 计)的允许量见表 1。

表 1

单位为毫克每千克

适用范围	允许量
猪、家禽配合饲料	≤0.5
反刍动物牛、羊配合饲料	≤0.5

4 试验方法

4.1 采样

按 GB/T 14699.1 执行。

4.2 硒的测定方法

按 GB/T 13883 执行。

ICS 65.120
B 46

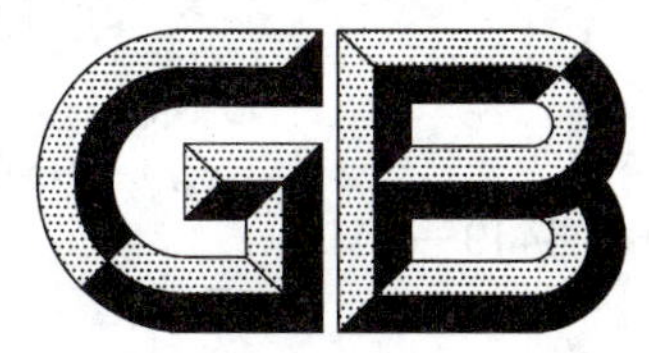

中华人民共和国国家标准

GB 26419—2010

饲料中铜的允许量

Limited contents of copper in feeds

2011-01-14 发布　　2011-07-01 实施

中华人民共和国国家质量监督检验检疫总局
中国国家标准化管理委员会　发布

前　言

本标准的全部技术内容为强制性。

本标准是在充分查阅美国NRC、英国ARC(AFRC)、法国INRA、德国GfE及有关饲料法规与欧洲动物营养科学委员会关于铜在饲料中使用的建议(2003)、国内外有关试验研究报道和我国现有标准的基础上，对国内有代表性的畜禽饲料产品抽样实测，全面考虑铜对动物和人类健康及环境污染的潜在影响，结合我国的实际情况而制定的。

本标准由全国饲料工业标准化技术委员会(SAC/TC 76)提出并归口。

本标准起草单位：国家粮食局无锡粮油食品饲料质量监督检验测试中心、江苏省农业科学院畜牧研究所、江苏省饲料工业协会。

本标准主要起草人：朱金娥、陈志华、周维仁、宋小春、严建刚、朱丽英。

饲料中铜的允许量

1 范围

本标准规定了畜禽饲料产品中铜的允许量。

本标准适用于畜禽饲料。

2 规范性引用文件

下列文件中的条款通过本标准的引用而成为本标准的条款。凡是注日期的引用文件，其随后所有的修改单(不包括勘误的内容)或修订版均不适用于本标准，然而，鼓励根据本标准达成协议的各方研究是否可使用这些文件的最新版本。凡是不注日期的引用文件，其最新版本适用于本标准。

GB/T 13885 动物饲料中钙、铜、铁、镁、锰、钾、钠和锌含量的测定 原子吸收光谱法(GB/T 13885—2003,ISO 6869:2000,IDT)

GB/T 14699.1 饲料 采样(GB/T 14699.1—2005,ISO 6497:2002,IDT)

3 术语和定义

下列术语和定义适用于本标准。

3.1

铜的允许量 limited contents of copper

在一定饲喂时间内，不会影响动物的健康和生产性能，也不会通过畜禽产品食物链影响人类健康并对环境影响小的畜禽饲料产品中铜的最大含量。

4 要求

畜禽饲料中铜(以 Cu 计)的允许量见表 1。

表 1 畜禽饲料中铜的允许量

单位为毫克每千克

产品名称	允许量
仔猪配合饲料(30 kg 体重以下)	≤200
生长肥育猪前期配合饲料(30 kg～60 kg 体重)	≤150
生长肥育猪后期配合饲料(60 kg 体重以上)	≤35
种公母猪配合饲料	≤35
禽配合饲料	≤35
牛精料补充料	≤35
羊精料补充料	≤25
注 1：浓缩饲料按添加比例折算，与相应畜禽配合饲料的允许量相同。 注 2：添加剂预混合饲料按添加比例折算，与相应畜禽配合饲料的允许量相同。	

5 检测方法

5.1 饲料采样

按 GB/T 14699.1 执行。

5.2 铜的测定方法

按 GB/T 13885 执行。

ICS 65.020
B 16

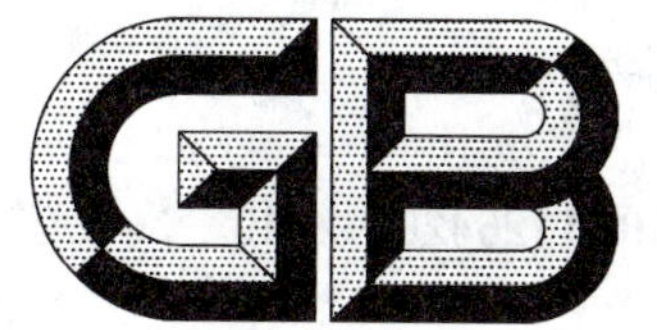

中华人民共和国国家标准

GB/T 26420—2010

林业检疫性害虫除害处理技术规程

Disinfestation technical rules of forest quarantine pest insect

2011-01-14 发布　　　　2011-06-01 实施

中华人民共和国国家质量监督检验检疫总局
中国国家标准化管理委员会　发布

前　言

本标准按照 GB/T 1.1—2009 给出的规则起草。

本标准由国家林业局提出。

本标准由全国植物检疫标准化技术委员会林业植物检疫分技术委员会归口。

本标准起草单位:国家林业局森林病虫害防治总站。

本标准主要起草人:胡学兵、赵宇翔、崔永三、郑华、李鹏、董燕、余波、罗正均、蔡卫群、潭宏利、赫传杰、阎合。

林业检疫性害虫除害处理技术规程

1 范围

本标准规定了对携带林业检疫性害虫的森林植物及其产品，以及填充物、装载容器、运输工具和堆放场所等进行除害处理的技术和方法。

本标准适用于植物检疫机构对携带林业检疫性害虫的森林植物及其产品，以及填充物、装载容器、运输工具和堆放场所等实施检疫除害处理。

2 规范性引用文件

下列文件对于本文件的应用是必不可少的。凡是注日期的引用文件，仅注日期的版本适用于本文件。凡是不注日期的引用文件，其最新版本(包括所有的修改单)适用于本文件。

GB/T 4897 刨花板

GB/T 7909 造纸木片

GB/T 9846 胶合板

GB/T 11718 中密度纤维板

GB/T 20476—2006 松材线虫病发生区 松木包装材料 处理和管理

3 术语和定义

下列术语和定义适用于本文件。

3.1

植物检疫 plant quarantine

旨在防止检疫性有害生物传入和/或扩散或确保其官方防治的一切活动。

3.2

林业检疫性害虫 forest quarantine pest insect

对受其威胁的地区具有潜在的经济重要性，但尚未在该地区发生，或虽已发生但分布不广，并得到官方防治的林业害虫。本标准中的林业检疫性害虫是指国务院林业主管部门发布的《林业检疫性有害生物名单》、省(自治区、直辖市)林业主管部门发布的《林业检疫性有害生物补充名单》、国务院林业主管部门公布的林业危险性有害生物名单中的害虫。

3.3

林业植物及其产品 forest plant and its product

林业上活的植物及其器官、未经加工的植物性材料，以及虽经加工但由于其性质或加工的性质仍有可能造成有害生物传入和扩散危险的产品。

3.4

除害处理 disinfestation of pest

杀灭、去除有害生物或使其丧失繁育能力的过程。

3.5

熏蒸处理 fumigation treatment

用一种完全或主要呈气态的化学药剂，对携带有害生物的森林植物及其产品，以及包装材料、填充物、装载容器、运输工具和堆放场所等采取密闭熏蒸的方式达到除害处理要求的过程。

3.6

热处理 heat treatment

对携带有害生物的森林植物及其产品，以及包装材料、填充物、装载容器等采取加热的方式达到除害处理要求的过程。

注：本标准中热处理指热风处理。

3.7

微波处理 microwave treatment

利用微波能量处理携带有害生物的森林植物及其产品，以及填充物、装载容器等达到除害处理要求的过程。

3.8

制板处理 wood-based panel manufactured treatment

按照人造板的制作工艺，对携带有害生物的森林植物及其产品加工制造成人造板，并达到除害处理要求的过程。

注：本标准中人造板主要包括胶合板、刨花板、中密度纤维板、细木工板。

3.9

检验 inspection

对植物及其产品或其他限定物进行官方的检查以确定是否存在有害生物和/或是否符合植物检疫法规。

4 种子除害处理

4.1 集中销毁

林业检疫性害虫危害严重且利用价值小或量少的种子可实施集中销毁处理。

4.2 熏蒸处理

种子熏蒸处理方法见附录A。熏蒸使用药剂的种类、投药剂量、熏蒸时间及注意事项见附录B。

4.3 微波加热

将待处理的种子放入微波炉中，根据种子的不同设定处理温度进行加热处理。处理用微波炉可选用ER-692型或WMO-5型微波炉。处理效果检查见附录A中A.3.7。

微波处理适应于处理数量较少的染虫种子。

4.4 安全性要求

熏蒸处理时，应选取远离民居、公共场所、人口稠密的地方，且所选地要地势平坦、土壤紧密、向阳、通风良好、交通方便且该地下风口没有人居住。库房熏蒸所使用的熏蒸库应离其他建筑物50 m以上。熏蒸时应设置熏蒸警戒标志。

熏蒸和微波处理后应保证种子发芽率在90%以上。

种子除害处理应在确保不会造成林业检疫性害虫传播扩散的条件下实施。

5 苗木、鲜切花及插条、接穗、砧木等繁殖材料和观赏植物除害处理

5.1 集中销毁

染虫程度重或利用价值小或量少的苗木、鲜切花及插条、接穗、砧木等繁殖材料和观赏植物可实施

集中销毁处理。

5.2 药剂处理

5.2.1 喷药处理

将配好的药剂直接喷洒到染虫苗木、鲜切花及插条、接穗、砧木等繁殖材料和观赏植物上杀死害虫。喷洒时应根据不同虫态和不同种类的苗木、鲜切花及插条、接穗、砧木等繁殖材料和观赏植物等选择不同的药剂和浓度。

5.2.2 药浸处理

适用于染虫苗木及插条、接穗、砧木等繁殖材料的除害处理。

将染虫苗木及插条、接穗、砧木等繁殖材料放入配有药剂的水池中浸泡，直至杀死害虫。浸泡时应根据不同虫态和不同种类的苗木、鲜切花及插条、接穗、砧木等繁殖材料等选择不同的药剂和浓度。

5.2.3 涂干处理

适用于苗木和观赏植物的除害处理。

将处理药剂涂于苗木和观赏植物枝干上，直至杀死或驱除所有害虫。涂干时应根据不同虫态和不同种类的苗木和观赏植物选择不同的药剂和配药比例。

5.3 熏蒸处理

5.3.1 熏蒸方法

熏蒸苗木、鲜切花及插条、接穗、砧木等繁殖材料和观赏植物时一般应采取库房或集装箱熏蒸，熏蒸处理方法见附录 A。

5.3.2 药剂选择和使用要求

熏蒸药剂可使用溴甲烷，溴甲烷的使用剂量和熏蒸时间见附录 C。

5.4 安全性要求

熏蒸处理的安全要求见 4.4。

药剂和熏蒸处理时，应在保证苗木、鲜切花及插条、接穗、砧木等繁殖材料和观赏植物活性、使用价值和经济价值的基础上实施。

苗木、鲜切花及插条、接穗、砧木等繁殖材料和观赏植物除害处理应在确保不会造成林业检疫性害虫传播扩散的条件下实施。

6 木材、竹材、藤条及其制品除害处理

6.1 集中销毁

染虫程度重或无利用价值、数量较少的染虫木材、竹材、藤条及其制品可实施集中销毁处理。

6.2 熏蒸

6.2.1 熏蒸方法

熏蒸处理的方法见附录 A。熏蒸处理的安全要求见 4.4。

6.2.2 药剂选择和使用要求

使用的熏蒸药剂一般为溴甲烷、磷化铝和硫酰氟，三种药剂的使用剂量和熏蒸时间见附录 D。

6.3 热处理

将木材、竹材、藤条及其制品放入热风型干燥窑(箱)中，按照处理前确定的温度和时间加热处理。热处理的具体方法见附录 E。

6.4 微波处理

处理方法按照 GB/T 20476—2006 中的 5.3 规定执行。处理效果检查见附录 A 中 A.3.7。

6.5 制板

将木材按照胶合板、刨花板、中密度纤维板生产工序，加工制作成胶合板、刨花板、中密度纤维板、细木工板，利用加工制作过程中的粉碎、加热等工序杀死林业检疫性害虫。处理过程中的废料应全部烧毁。

木材制板处理可按照当前人造板的生产工序和工艺要求进行，相关内容可按照 GB/T 4897、GB/T 9846 和 GB/T 11718 执行。

6.6 造纸

指利用木材进行造纸，并在造纸生产的制浆工序中将林业检疫性害虫杀死，达到除害处理的目的。处理过程中的废料应全部烧毁。

造纸木材的选用按照 GB/T 7909 中的规定进行，造纸按照造纸生产工序和工艺要求进行。

6.7 安全性要求

熏蒸处理的安全要求见 4.4。

热处理和微波处理应在保证木材、竹材、藤条及其制品的使用价值基础上实施。

木材、竹材、藤条及其制品除害处理应在确保不会造成林业检疫性害虫传播扩散的条件下实施。

7 果实除害处理

7.1 集中销毁

对林业检疫性害虫危害严重且经济价值小或量少的果实可实施集中销毁处理。

7.2 再利用处理

对林业检疫性害虫危害较轻、果实受害数量少且果实表面危害特征明显的果实，可人工筛捡出受害果实，并经检查无带虫果后制成干果、果泥等产品加以利用。筛捡出的受害果实应及时进行集中销毁。

7.3 安全性要求

果实的除害处理应在确保不会造成林业检疫性害虫传播扩散的条件下实施。

果实再利用处理应确保再利用的果实中无带虫果实、果实产品无危害人类健康风险的条件下实施。

8 包装材料、填充物、装载容器、运输工具、堆放场所除害处理

8.1 集中销毁

对无利用价值的包装材料、填充物、装载容器可实施集中销毁处理。

8.2 熏蒸处理

8.2.1 熏蒸方法

熏蒸方法见附录A。运输工具、堆放场在实施帐幕熏蒸时，可密闭后直接投药熏蒸。

8.2.2 投药剂选择和使用要求

熏蒸使用的药剂为溴甲烷、磷化铝和硫酰氟，三种药剂的使用剂量和熏蒸时间见附录D中D.1。

8.3 喷药处理

对染虫的运输工具、堆放场所可根据害虫种类的不同选取不同的杀虫药剂进行除害处理。

8.4 再利用处理

针对数量多且可再利用的包装材料、填充物、装载容器等，可在熏蒸处理后再利用或作制板处理。熏蒸方法见附录A。制板处理方法见6.5。

8.5 安全性要求

熏蒸处理的安全要求见4.4。

包装材料、填充物、装载容器、运输工具、堆放场所的除害处理应在确保不会造成林业检疫性害虫传播扩散的条件下实施。

附 录 A
（规范性附录）
熏蒸处理方法

A.1 准备工作

A.1.1 制订熏蒸方案。

A.1.2 确定熏蒸对象的类别、数量、大小和当地气温或室温等基本情况，若熏蒸对象有外包装，还应检查其透气性。

A.1.3 测量温度，确定熏蒸药剂种类。

A.1.4 计算熏蒸剂使用剂量和熏蒸时间。

A.1.5 熏蒸药剂和仪器设备的准备和安放。

A.1.6 设置熏蒸警戒标志。

A.2 熏蒸剂种类和技术指标

溴甲烷（CH_3Br） 有效含量不低于98%；

磷化铝（AlP） 有效含量不低于56%；

氯化苦（CCl_3NO_2） 有效含量不低于98%；

硫酰氟（SO_2F_2） 有效含量不低于95%。

A.3 帐幕熏蒸

A.3.1 仪器设备

帐幕熏蒸的仪器设备有：

——双面压延防水布或厚度0.1 mm以上农用塑料薄膜（聚乙烯薄膜）；

——熏蒸气体浓度检测仪：最低灵敏度为0.5 g/m^3；

——卤化物测漏仪：最低灵敏度为0.1 g/m^3（25 ppm）；

——其他仪器设备：磅秤、温度计、计算器、胶带、防毒面具、警戒标志等。

A.3.2 处理方法

A.3.2.1 堆垛及堆积测量

将熏蒸对象在选择好的熏蒸场地上堆垛。堆垛的大小视具体情况而定，堆垛要尽量规则，基本上形成一个长方形或圆锥形。一般垛高为1.5 m～2.0 m。若堆垛的宽度不整齐，向上明显变窄时，宽度应以基部和顶部宽度的平均值来计算。堆积按公式（A.1）、（A.2）计算。

长方形： $$V = L \times W \times H \tag{A.1}$$

圆锥形： $$V = 1/3\pi(D/2)^2 H \tag{A.2}$$

式中：

V——堆积，单位为立方米（m^3）；

L——长度，单位为米（m）；

W——宽度,单位为米(m);

H——高度,单位为米(m);

D——直径,单位为米(m)。

A.3.2.2 挖沟

沿垛堆四周挖一宽 20.0 cm 以上,深 30.0 cm 以上的沟,挖出的土堆放在沟外侧,覆盖帐幕后回填。

A.3.2.3 覆盖帐幕

将准备好的帐幕覆盖在堆垛上,帐幕四周边埋入沟内,用沟外侧的土回填,适当加水,踩紧踏实。

A.3.2.4 投药点设置

气态熏蒸剂的施放:根据堆垛的大小设置投药点,堆垛在 70 m^3 以下时,可在堆垛上部中央处设置一个投药点,堆垛大于 70 m^3 时,可在堆垛上部设置两个投药点。在投药点将一块 50 cm×50 cm 的塑料布吊起四角,形成一个中间下凹的蒸发盘,然后将投药管的一端置于蒸发盘内,另一端伸出沟外,打开施药开关,熏蒸剂即流入堆垛。

固态熏蒸剂的施放:施药前先在熏蒸堆垛里把准备放置药片的器皿布设好,然后按预定的施药量,分别把药片倒入器皿,随着施药的进程逐步把堆垛密闭起来。

液态熏蒸剂的施放:施药点设在堆垛的上层,在施药点的上方帐幕上打个洞,把漏斗的下端插入,将药液倒入漏斗内即可,待药液全部流入帐幕后,用胶布把帐幕上的洞口封闭。

A.3.2.5 投药

投药前先检查帐幕有否破损,四周边、投药口外缘是否封好,帐幕若有破损处需用不干胶带或其他粘合剂补好,确认封闭严密后开始投药。操作人员应戴好防毒面具站在上风处,投药完毕,封好进药口,保持密闭至所选择的熏蒸时间。

A.3.2.6 设置熏蒸警戒标志。

A.3.3 投药量计算

投药量按公式(A.3)计算。

$$C_{总} = C \times V \qquad \text{(A.3)}$$

式中:

$C_{总}$——总投药量,单位为克(g);

C——每立方米的投药量,单位为克每立方米(g/m^3);

V——堆积,单位为立方米(m^3)。

A.3.4 检漏

熏蒸人员戴好防毒面具,用卤化物检漏仪或熏蒸气体浓度检测仪检查帐幕边缘、投药口等容易发生泄漏的地方,一旦发现泄漏需及时封堵。

A.3.5 补救措施

用浓度检测仪检测帐幕内熏蒸气体,在常压熏蒸时,散气前规定的最低浓度值与实际浓度检测值之差小于或等于 5.0 g/m^3 时,延长熏蒸时间 8 h~12 h;大于 5.0 g/m^3 时需补充投药,并延长熏蒸时间 12 h~24 h。补充投药前,应重新查补漏洞。补充投药量按公式(A.4)计算。

$$M = P \times R \times V \div 100 \qquad \text{(A.4)}$$

式中:

M——补充投药量,单位为千克(kg);

P——低于所要求的最低浓度值,单位为克每立方米(g/m^3);

R ——系数，其数值为1.6；

V ——熏蒸体积，单位为立方米(m^3)。

A.3.6 结束操作

熏蒸完毕，先将帐幕下风方向一边打开，0.5 h后再揭幕充分散毒，揭幕时从打开的一边开始。

A.3.7 效果检查

处理结束后，应及时抽取样品进行效果检查。害虫死亡、昏迷、活虫的鉴别，可在解剖镜或扩大镜下，用针刺激和热刺激来判断。若检查还有活的虫体，则应重新进行处理。

A.4 库房(集装箱)熏蒸

A.4.1 设施和仪器设备

A.4.1.1 熏蒸库：墙体为砖混结构，墙壁结实，墙体厚度应在18.0 cm以上，墙体内外均要用水泥批搪防止熏蒸剂渗漏。熏蒸库内地面及库顶均要用水泥灌造，批搪光滑。库房的墙壁、顶部和地面不能有裂缝，门窗的设计应达到有效密封的要求。通往库房外的管线在穿墙处应封堵严密。熏蒸库容积应不小于68.0 m^3。

A.4.1.2 集装箱：具有一定强度、刚度和规格专供周转使用的大型装货容器，其容积应不小于24.0 m^3。

A.4.1.3 气化器：气化器出口熏蒸药剂的温度不低于20 ℃。

A.4.1.4 电风扇：所有电风扇每分钟的总风量应等于熏蒸总体积，安装在熏蒸库的天花板上。

A.4.1.5 熏蒸气体浓度检测仪：最低灵敏度为0.5 g/m^3。

A.4.1.6 卤化物检漏仪：最低灵敏度为0.1 g/m^3(25 ppm)。

A.4.1.7 其他器材：测毒采样管、磷化铝盛药盘或盛药袋、温度计、计算器、粘胶带、浆糊、牛皮纸、剪刀、卷尺、防毒面具、手套、警戒标志等。

A.4.2 处理方法

见A.3.2。

A.4.3 投药量计算

见A.3.3。

A.4.4 检漏和补救措施

检漏和补救的方法见A.3.4和A.3.5。检漏时重点检查熏蒸库门、通气管接口、投药管、取样管等容易发生泄漏的地方。

A.4.5 结束操作

熏蒸完毕后，操作人员应注意佩戴防毒面具，打开熏蒸库(集装箱)门，开启电风扇或抽风机通风，散毒。熏蒸库(集装箱)门打开后，应有专人值守，严防人员进入，并保证熏蒸库(集装箱)门外50 m内无人员停留。通风散气12 h～24 h后，方可进入熏蒸库(集装箱)，并作熏蒸处理效果检查。熏蒸处理效果检查见附录A中A.3.7。

经检查，确认各样均无活体检疫性森林病虫即为熏蒸合格。熏蒸合格后，撤下警戒标志，结束熏蒸。

熏蒸情况记入熏蒸记录表(见表A.1)。

表 A.1 熏蒸情况记录表

批号	样号	熏蒸日期 （年、月、日）	堆积 m^3	投药量 g/m^3	总投药量 g	熏蒸时间 h	活检疫对象 （+、—）	记录人

A.5 注意事项

A.5.1 严格按照规定的剂量和处理时间进行熏蒸。

A.5.2 避免在过高的温度下熏蒸。

A.5.3 避免重复熏蒸。

A.5.4 库房熏蒸时，要在电风扇开启后开始投药。投药结束后，电风扇应继续开启 15 min～30 min，直到熏蒸库内各点熏蒸剂气体浓度均匀为止。

A.5.5 熏蒸完毕后立即通风散气。

附 录 B
（规范性附录）
种子熏蒸使用药剂的种类、投药剂量、熏蒸时间及注意事项

B.1 种子熏蒸使用药剂的种类、投药剂量和熏蒸时间

种子熏蒸使用药剂的种类、投药剂量和熏蒸时间见表B.1。

表 B.1 投药剂量和熏蒸时间表

熏蒸药剂	温度	投药剂量	密闭时间 h
溴甲烷	4 ℃～10 ℃	35 g/m³	72
	11 ℃～20 ℃	35 g/m³	48
	21 ℃～31 ℃	35 g/m³	36
磷化铝	10 ℃～20 ℃	9 g/m³	72
	21 ℃～31 ℃	9 g/m³	48
氯化苦	4 ℃～10 ℃	50 mL/m³	72
	11 ℃～20 ℃	45 mL/m³	72
	21 ℃～31 ℃	40 mL/m³	48
硫酰氟	4 ℃～10 ℃	40 g/m³	72
	11 ℃～20 ℃	40 g/m³	72
	21 ℃～31 ℃	35 g/m³	48

注1：表中温度指熏蒸当日的最高气温。
注2：表中所列的投药剂量均是熏杀种子带虫剂量，若熏杀种子间带虫时，用量可酌情减少。
注3：表中熏蒸投药剂量和熏蒸时间按熏蒸种子害虫的种类不同进行适度调整。

B.2 种子熏蒸注意事项

实施熏蒸处理的种子含水量一般不应高于12％。

附　录　C
（规范性附录）
溴甲烷熏蒸苗木、鲜切花及插条、接穗、砧木等繁殖材料和观赏植物的投药剂量和时间

C.1　受蚧虫、蓟马、红蜘蛛、白蚁、潜叶蝇、蚜虫侵害

投药剂量和熏蒸时间按表 C.1 进行。

表 C.1　投药剂量和熏蒸时间

温度 ℃	投药剂量 g/m^3	密闭时间 h
4～10	56	2
11～15	48	2
16～20	40	2
21～25	32	2
26～29	24	2
30～32	14	2
注 1：熏蒸受甲虫类和钻蛀类昆虫侵害的苗木和观赏植物时，可在表中数据基础上适当加大投药剂量和延长熏蒸时间。 注 2：表中温度指熏蒸当日的最高气温。		

C.2　多叶休眠苗木熏蒸

熏蒸外部和钻蛀危害害虫的投药剂量和熏蒸时间按表 C.2、表 C.3 进行。

表 C.2　外部害虫投药剂量和熏蒸时间

温度 ℃	投药剂量 g/m^3	密闭时间 h
4～10	40	3.5
11～15	40	3
16～20	40	2.5
21～25	40	2
26～29	32	2
30～32	24	2
注：表中温度指熏蒸当日的最高气温。		

表 C.3 钻蛀害虫投药剂量和熏蒸时间

温度 ℃	投药剂量 g/m^3	密闭时间 h
4～10	64	3.5
11～15	64	3
16～20	64	2.5
21～25	64	2
26～29	48	2.2
30～32	40	2.5
注：表中温度指熏蒸当日的最高气温。		

C.3 无叶休眠苗木熏蒸

无叶休眠苗木指木本落叶的苗木、结乳汁果的苗木以及这些苗木的根。

熏蒸外部危害的害虫的投药剂量和时间见表 C.3。熏蒸钻蛀害虫时，可在表 C.3 所列熏蒸时间上延长 0.5 h。

C.4 溴甲烷熏蒸苗木、鲜切花及插条、接穗、砧木等繁殖材料和观赏植物的注意事项

C.4.1 可根据苗木、鲜切花及插条、接穗、砧木等繁殖材料和观赏植物的种类、苗龄、耐药性、害虫种类及虫龄适度调整熏蒸剂量和时间。

C.4.2 熏蒸苗木、鲜切花及插条、接穗、砧木等繁殖材料和观赏植物时不应堆垛。

附 录 D
（规范性附录）
熏蒸木材、竹材、藤条及其制品的投药剂量和熏蒸时间

熏蒸木材、竹材、藤条及其制品的投药剂量和熏蒸时间见表 D.1。

表 D.1 投药剂量和熏蒸时间表

熏蒸药剂	温度	投药量 g/m³	熏蒸时间 h
溴甲烷	10 ℃～20 ℃	63～83	48
		42～56	72
	20 ℃以上	42～63	48
		28～42	72
磷化铝	10 ℃～20 ℃	20	168
	20 ℃以上	20	120
硫酰氟	10 ℃～20 ℃	60～80	48
	20 ℃以上	60～80	24

注 1：表中温度指熏蒸当日的最高气温。

注 2：当日最高气温低于 4 ℃时停止熏蒸处理。

注 3：磷化铝熏蒸处理时，当日最高气温不低于 10 ℃。

附 录 E
(规范性附录)
木材、竹材、藤条及其制品的热处理

E.1 准备工作

E.1.1 制订热处理方案。

E.1.2 确定热处理对象的类别、数量、厚度(直径)以及是否适合热处理等基本情况。

E.1.3 确定热处理的温度、时间。

E.1.4 清扫热风型干燥窑(箱)和检查密封性。

E.1.5 热处理设备的安放和性能的检测、调试。

E.2 热处理设施设备

E.2.1 热风型干燥窑(箱):由窑(箱)体、通风装置、燃烧炉、换热器、喷蒸装置、进排气装置、窑(箱)门、检查门和控制柜等组成。

E.2.2 其他设备:热处理自动控制系统。

E.3 热处理方法

E.3.1 装窑(箱):将木材、竹材、藤条及其制品放入窑内并堆垛。在堆垛时,木材、竹材之间应放有隔条,堆的四周与墙壁之间留约 15 cm 的空隙,以便热气流通。

E.3.2 设置木芯探头:木芯温度探头放于窑体中部放置。

E.3.3 清扫窑(箱)内杂物。

E.3.4 关闭窑(箱)门,检查窑(箱)门的密封性。

E.3.5 点火并启动热处理自动控制系统,做好记录。

E.4 结束操作

在达到热处理温度和时间要求后停火,并打开窑(箱)门、排烟引风机和进排气道,进行散热排烟。

E.5 效果检查

抽取被处理的具有明显林业检疫性害虫危害的木材、竹材、藤条及其制品进行效果检查,抽样数量为每批处理总件数的 0.5%~5.0%,但最低不得少于 3 件。处理效果检查见附录 A 中 A.3.7。木材、竹材、藤条及其制品热处理检查合格后即可出窑(箱),若不合格应查找原因,重新处理。

参 考 文 献

[1] 粮农组织.国际植物保护公约.罗马.1997.

[2] 世界贸易组织.实施卫生和植物检疫措施协定.日内瓦.1994.

[3] 粮农组织.植物检疫术语表.《国际植检措施标准》第5号出版物,罗马.2007.

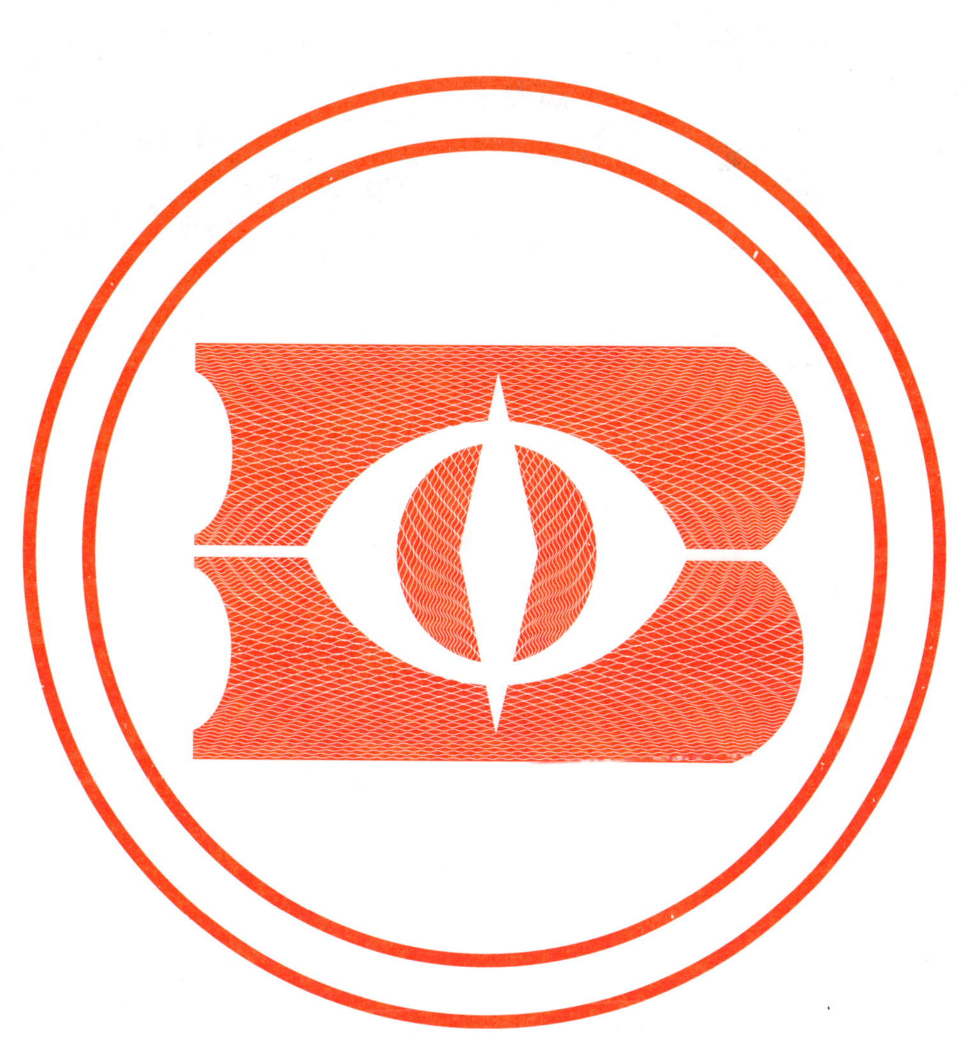

ICS 65.020.20
B 61

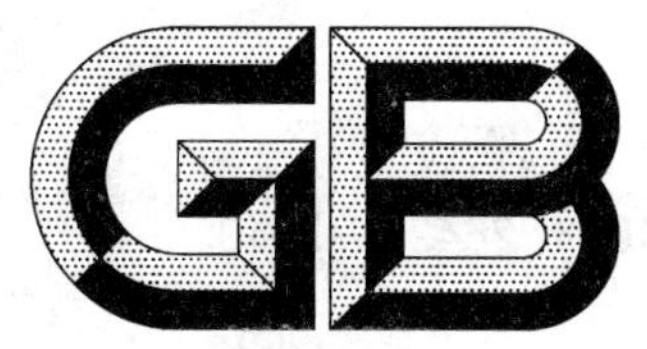

中华人民共和国国家标准

GB/T 26421—2010

印楝苗木质量分级

Quality grading of *Azadirachta indica* seedling

2011-01-14 发布 2011-06-01 实施

中华人民共和国国家质量监督检验检疫总局
中国国家标准化管理委员会 发布

前　言

本标准的附录 A 为规范性附录。

本标准由国家林业局提出。

本标准由全国林木种子标准化技术委员会归口。

本标准由中国林业科学研究院资源昆虫研究所负责起草。

本标准主要起草人:郑益兴、刘娟、彭兴民、张燕平。

印楝苗木质量分级

1 范围

本标准规定了印楝种植所采用的印楝苗木的定义、分级要求、检验方法和检验规则。

本标准适用于我国印楝适生区，也适用于印楝（*Azadirachta indica* A. Juss）及其变种泰楝（*Azadirachta indica* var. *siamensis* Valeton）。

2 规范性引用文件

下列文件中的条款通过本标准的引用而成为本标准的条款。凡是注日期的引用文件，其随后所有的修改单（不包括勘误的内容）或修订版均不适用于本标准，然而，鼓励根据本标准达成协议的各方研究是否可使用这些文件的最新版本。凡是不注日期的引用文件，其最新版本适用于本标准。

GB 6000—1999 主要造林树种苗木质量分级

GB/T 6001—1985 育苗技术规程

LY/T 1000—1991 容器育苗技术

3 术语和定义

下列术语和定义适用于本标准。

3.1

印楝 *Azadirachta indica* A. Juss.

原产南亚次大陆，是楝科（Meliaceae）喜温耐旱的多用途速生乔木树种，因其能生产高效杀虫、菌的生物农药而在世界各地广泛种植，我国无自然分布。

3.2

苗木种类 nursey-stock types

根据繁殖材料和培育方法，印楝苗木可区分为以下几种，即播种苗、嫁接苗和扦插苗。

3.3

苗龄 seedling age

苗木年龄。从播种、插条或嫁接到出圃，苗木实际生长年龄。以经历1个生长年为1年生苗。苗龄即为一个生长周期作为1个苗龄单位。

1-0 表示印楝1年生未经移植播种苗。

$0.5_{(2.5)}$-0 表示印楝二年生砧木嫁接后在原苗床未经移植培育半年的嫁接苗。

$0.5_{(0.5)}$-0 表示在原苗床培育半年未经移植的印楝扦插苗。

注：括号内的数字表示嫁接苗或扦插苗在原苗床根的年龄。

3.4

一批苗木 a set of seedlings

在同一苗圃，用同一批繁殖材料，采用相同的育苗技术培育的同龄苗木，称为一批苗木（简称苗批）。

［GB 6000—1999，定义2.3］

3.5

地径 basal diameter

苗木地际直径，即播种苗、移植苗苗干基部土痕处的粗度；扦插苗和萌蘖苗为萌发主干基部处的直径；嫁接苗为接口以上正常粗度处的直径。

［GB 6000—1999，定义2.4］

3.6

苗高　seedling height

自地径至顶芽基部的苗干长度。

[GB 6000—1999,定义 2.5]

3.7

根系长度和根幅　root length and width of root run

起苗修根后应保留的长度和幅度。

[GB 6000—1999,定义 2.6]

3.8

Ⅰ级侧根　first degree lateral root

从主根上长出的各级根系为侧根。直接从主根长出的根级为Ⅰ级侧根。

[GB 6000—1999,定义 2.7]

4　育苗档案

印楝育苗档案格式参照 GB/T 6001—1985 和 LY/T 1000—1991 的相关要求设计,见表 1。

表 1　印楝育苗档案格式

<table>
<tr><td colspan="5">编　　号:　　苗圃名称:　　记 录 人:　　记录日期:</td></tr>
<tr><td colspan="5">苗圃地点:　　苗圃面积:　　采种日期:　　苗圃负责人:</td></tr>
<tr><td>苗木
来源</td><td colspan="4">种子采集地(种子园)登记号:
种子采集地(种子园)地点:</td></tr>
<tr><td colspan="5">千粒重:　　实验发芽率:　　种子催芽日期:　　播种期:　　播种量:</td></tr>
<tr><td colspan="5">场圃发芽率:　　间苗次数:　　间苗日期:　　间苗数量(株/m²):</td></tr>
<tr><td colspan="5">间苗量占总苗数(%):　　单位面积成苗量(株/m²):</td></tr>
<tr><td colspan="5">起苗时淘汰数量:　　淘汰苗木日期:</td></tr>
<tr><td colspan="5">淘汰苗占总苗数(%):　　单位面积的出苗量(株/m²):</td></tr>
<tr><td colspan="5">注:弱苗、病苗、黄化苗、畸形苗等,在起苗时进行淘汰。</td></tr>
</table>

5　分级要求

5.1　印楝苗木质量等级见表 2。

表 2　印楝苗木质量等级表

<table>
<tr><td rowspan="4" colspan="2">苗木种类</td><td rowspan="4">苗龄</td><td colspan="9">苗 木 等 级</td><td rowspan="4">Ⅰ级和Ⅱ级苗木综合控制指标</td></tr>
<tr><td colspan="4">Ⅰ级苗木</td><td colspan="4">Ⅱ级苗木</td><td>等外级苗木</td></tr>
<tr><td rowspan="2">地径/cm</td><td rowspan="2">苗高/cm</td><td colspan="2">根系</td><td rowspan="2">地径/cm</td><td rowspan="2">苗高/cm</td><td colspan="2">根系</td><td rowspan="2">根系长度/cm</td></tr>
<tr><td>主根长/cm</td><td>>5 cm Ⅰ级侧根根数</td><td>主根长/cm</td><td>>5 cm Ⅰ级侧根根数</td></tr>
<tr><td rowspan="2">播种苗</td><td>裸根苗</td><td>1-0</td><td>≥0.6</td><td>≥50</td><td>≥20</td><td>—</td><td>≥0.4</td><td>≥40</td><td>10～19</td><td>—</td><td>主根<10</td><td rowspan="2">苗干和根系无严重机械损伤;苗干无畸形;根系无霉变腐烂;叶色正常;无病虫害。</td></tr>
<tr><td>容器苗</td><td>1-0</td><td>≥0.6</td><td>≥45</td><td>≥20</td><td>—</td><td>≥0.4</td><td>≥35</td><td>10～19</td><td>—</td><td>主根<10</td></tr>
</table>

表 2（续）

苗木种类	苗龄	苗木等级									Ⅰ级和Ⅱ级苗木综合控制指标
		Ⅰ级苗木				Ⅱ级苗木				等外级苗木	
		地径/cm	苗高/cm	根系		地径/cm	苗高/cm	根系		根系长度/cm	
				主根长/cm	>5 cm Ⅰ级侧根数			主根长/cm	>5 cm Ⅰ级侧根数		
嫁接苗	$0.5_{(2.5)}$-0	≥0.5	≥15	≥20	—	≥0.3	≥10	10～19	—	主根<10	苗干和根系无严重机械损伤；苗干无畸形；根系无霉变腐烂；叶色正常；无病虫害。
扦插苗	$0.5_{(0.5)}$-0	≥0.5	≥30	—	≥4	≥0.3	≥20	—	2～3	>5 cm Ⅰ级侧根数少于2根	
注：等外级苗木为不合格苗木。											

5.2 合格苗木以综合控制条件、根系、地径和苗高确定。

5.3 以根系所达到的级别确定苗木级别，如根系达Ⅰ级苗要求，苗木可为Ⅰ级或Ⅱ级，如根系只达Ⅱ级苗的要求，该苗木最高也只为Ⅱ级，在根系达到要求后按地径和苗高指标分级，如根系达不到要求则为不合格苗。

5.4 合格苗木分为Ⅰ、Ⅱ两个等级，由地径和苗高两项指标确定，在地径和苗高不属同一等级时，以地径所属级别为准。

5.5 苗木分级应在背阴避风处操作，分级后要做好等级标志，并及时贮存、运输或假植。

6 检验

6.1 检验方法

6.1.1 抽样

起苗后苗木质量检验要在一个苗批内进行，采取随机抽样的方法。

印楝苗木质量检验抽样方法按 GB 6000—1999 中 4.1.1 执行。

6.1.2 苗木质量检验

6.1.2.1 种子来源核定

用于培育印楝实生苗的种子来源，根据育苗档案核对确定。

受检印楝苗木的种子来源与其育苗档案记录相符为合格，否则应复核修正。

6.1.2.2 苗龄核定

印楝苗木苗龄根据育苗档案核定。

受检印楝苗木苗龄与育苗档案记录相符为合格，否则应复核修正。

6.1.2.3 苗木检测

6.1.2.3.1 地径用游标卡尺测量，如测量的部位出现干形不规则，则测量其上部苗干起始正常处。读数精确到 0.01 cm。

6.1.2.3.2 苗高用钢卷尺或直尺测量，自地径沿苗干量至顶芽基部。读数精确到 1 cm。

6.1.2.3.3 根系长度用钢卷尺或直尺测量。播种苗以地径处为起点，量至侧根的末端为其长度；扦插苗的根系长度是指主干根系萌发处到根末端的长度；嫁接苗的根系长度是指砧木的根系长度。读数精确到 1 cm。

6.1.2.3.4 根幅：苗木取出后，当苗根处于自然舒展状态时，用钢卷尺或直尺测量，以主根为中心量取其侧根的幅度，如两个方向根幅相差较大，应垂直交叉测量两次，取其平均值，读数精确到 1 cm。

6.1.2.3.5 大于 5 cm 长Ⅰ级侧根数是指直接从主根上长出的长度在 5 cm 以上的侧根条。

6.1.2.3.6 苗木检验工作应在背阴避风处进行，注意防止根系失水风干。

6.2 检验规则

6.2.1 印楝苗木检验规则按 GB 6000—1999 中 5.1、5.2、5.3 和 5.4 执行。

6.2.2 检验结束后，应填写印楝苗木检验证书。凡出圃的苗木，均应附苗木检验证书，向外地调运的苗木要经过检疫并附检疫证书。印楝苗木检验证书见附录 A。

附　录　A
（规范性附录）
印楝苗木检验证书

表 A.1　印楝苗木检验证书

证书编号：

<table>
<tr><td>树种名称</td><td></td><td>苗木种类</td><td></td><td>苗木生产基地名称</td><td></td></tr>
<tr><td>批号</td><td></td><td>苗龄</td><td></td><td>苗木生产基地地址</td><td></td></tr>
<tr><td>起苗日期</td><td></td><td>包装日期</td><td></td><td>发苗日期</td><td></td></tr>
<tr><td rowspan="4">苗木总数量/株</td><td rowspan="4"></td><td rowspan="2">Ⅰ级苗木</td><td>数量/株</td><td>平均苗高/cm</td><td>平均地径/cm</td></tr>
<tr><td></td><td></td><td></td></tr>
<tr><td rowspan="2">Ⅱ级苗木</td><td>数量/株</td><td>平均苗高/cm</td><td>平均地径/cm</td></tr>
<tr><td></td><td></td><td></td></tr>
<tr><td>检疫结果</td><td colspan="5"></td></tr>
<tr><td>检验意见</td><td colspan="5"></td></tr>
<tr><td colspan="2">检验单位(章)：</td><td colspan="2">检验人(签名)：</td><td colspan="2">检验日期：　年　月　日
签证日期：　年　月　日</td></tr>
<tr><td colspan="6">注：本证书一式四份，苗木生产基地一份，苗木用户一份，检验单位两份。</td></tr>
</table>

ICS 65.020.20
B 61

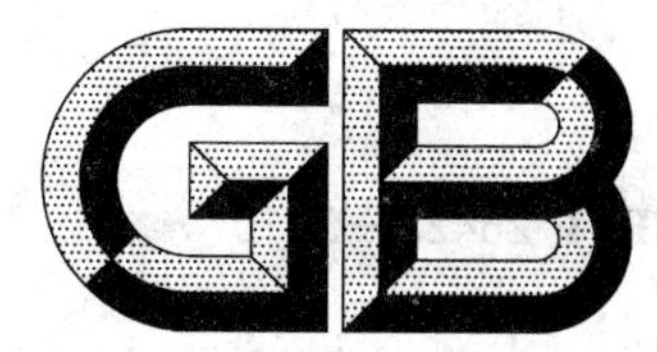

中华人民共和国国家标准

GB/T 26422—2010

印楝种子质量分级

Classification of *Azadirachta indica* seed quality

2011-01-14 发布　　2011-06-01 实施

中华人民共和国国家质量监督检验检疫总局
中国国家标准化管理委员会　发布

前　言

本标准由国家林业局提出。

本标准由全国林木种子标准化技术委员会归口。

本标准起草单位:中国林业科学研究院资源昆虫研究所。

本标准主要起草人:刘娟、石雷、郑益兴、张燕平、彭兴民、王兵益。

印楝种子质量分级

1 范围

本标准规定了印楝育苗所采用的种子的分级要求、抽样、检验方法。

本标准适用于国产、用于培育苗木的印楝种子分级。

2 规范性引用文件

下列文件中的条款通过本标准的引用而成为本标准的条款。凡是注日期的引用文件，其随后所有的修改单(不包括勘误的内容)或修订版均不适用于本标准，然而，鼓励根据本标准达成协议的各方研究是否可使用这些文件的最新版本。凡是不注日期的引用文件，其最新版本适用于本标准。

GB 2772—1999 林木种子检验规程

3 术语和定义

下列术语和定义适用于本标准。

3.1

印楝种子 *Azadirachta indica* seeds

从国外引入我国种植的印楝树所生产的种子。

4 种子采集与分级质量要求

4.1 种子应在果实成熟期采收。

4.2 种子应由鲜果直接脱皮洗净，通过自然风干，不宜曝晒。

4.3 各级印楝种子的质量指标，应符合表1给出的质量要求。

表1 印楝种子质量要求

指标名称	级别		
	一级	二级	三级
种子净度 x_1/%	$x_1 \geqslant 98$	$95 \leqslant x_1 < 98$	$90 \leqslant x_1 < 95$
种子发芽率 x_2/%	$x_2 \geqslant 70$	$60 \leqslant x_2 < 70$	$50 \leqslant x_2 < 60$
种子含水量 x_3/%	$8 \leqslant x_3 \leqslant 10$	$10 < x_3 \leqslant 11$	$10 < x_3 \leqslant 11$

4.4 各项质量指标不属于同一级时，以最低单项指标定等级。

5 检验

5.1 抽样

按GB 2772—1999第3章的规定进行。

5.2 送检样品

用布袋包装，填写两份检验申请表，一份放入袋内，另一份挂在袋外。送检样品要尽快连同检验申请表寄送种子检验机构。

5.3 检验方法

5.3.1 净度分析

按GB 2772—1999第4章的规定进行。

5.3.2 发芽测定

按 GB 2772—1999 第 5 章的规定进行。

5.3.3 含水量测定

按 GB 2772—1999 第 9 章的规定进行。

ICS 65.020.01
B 60

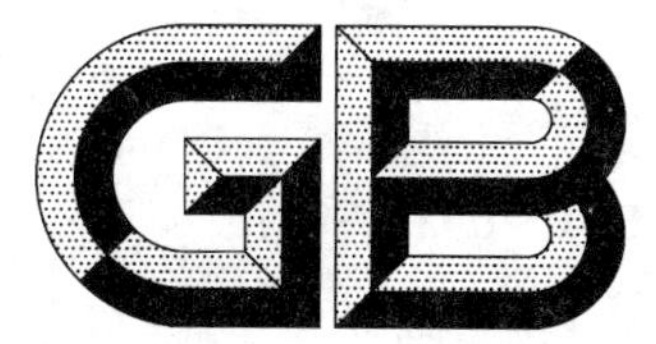

中华人民共和国国家标准

GB/T 26423—2010

森 林 资 源 术 语

Terminology of forest resources

2011-01-14 发布 2011-06-01 实施

中华人民共和国国家质量监督检验检疫总局
中国国家标准化管理委员会 发布

前　言

本标准由国家林业局提出。

本标准由国家林业局归口。

本标准起草单位:国家林业局调查规划设计院。

本标准主要起草人:翁国庆、唐小平、黄山如、刘悦翠、邓华锋、王红春、李炳凯。

森 林 资 源 术 语

1 范围

本标准规定了森林资源经营管理方面的术语和定义。

本标准适用于森林资源经营管理及相关的科研、教学、生产等领域。

2 森林调整

2.1

森林调整　forest regulation

通过适宜的森林经营措施将现实森林逐步导向满足森林经营目标的技术方法。

2.2

森林永续利用　sustained-yield forest management

均衡、持久、合理地发挥森林的再生作用，保证当前生产和生态服务，使森林资源能续用不竭的森林利用方式。

2.3

现代森林永续利用　modern sustained-yield forest

在一定经营范围内，能不间断地生产经济建设和人民生活所需的木材和林副产品，持续地发挥森林的生态效益、经济效益与社会效益，并在提高森林生产力的基础上，扩大森林的利用量。

2.4

林分　stand

内部林学特征相同且与四周相邻部分有显著区别的森林地段。

2.5

同龄林　even-aged forest

内部林木年龄相差不超过一个龄级的林分。

2.6

同龄林龄级结构　age class structure of even-aged forests

森林经营单位内同龄林面积的龄级分布。

2.7

异龄林　uneven-aged forest

内部林木年龄差异超过一个龄级的林分。

2.8

异龄林年龄结构　age class structure of uneven-aged forests

在异龄林内林木株数的年龄或龄级分布。

2.9

法正林　normal forest；model forest

具备能够实现严格永续利用条件的森林，或生长完满并具有特定模式的理想林分。

2.10

法正龄级分配　normal age class

森林经营单位内，各个年龄或龄级的林分都有，且各年龄或龄级林分所占面积相等。

2.11

法正林分排列　normal stand arrangement;normal stand distribution

在森林经营单位内各个龄级林分符合采伐与天然下种更新以及防风保护等要求的空间分布。

2.12

法正生长量　normal growth

森林经营单位内各个龄级林分都有相应于各林龄及各立地条件的充分生长量(完满疏密度),整个经营单位可保持一定的总生长量。亦即整个经营单位的法正生长量等于最老林分的蓄积量。

2.13

完全调整林　fully regulated forest

法正林的进一步发展,一种能够实现永续利用的森林结构。

2.14

轮伐期　rotation

在皆伐作业的森林经营单位内,把全部林分轮伐一遍所需的时间。对同一林地,林木成熟采伐后,通过更新、培育又达到成熟,再度进行采伐的间隔期限。

2.15

择伐周期　cutting cycle

回归年

在择伐作业中,采伐符合一定尺寸的林木后,保留的林木继续生长至再恢复到能够采伐利用的尺寸为止的经营周期。

2.16

择伐强度　intensity of selective cutting

择伐蓄积占林分总蓄积的百分比。

2.17

更新期　regeneration interval

森林采伐后距造林时的间隔期限。

2.18

调整期　adjustment period

对现实林不可能马上实现森林永续利用,要有一段调整使其达到永续利用状态的时期。

2.19

天然更新　natural regeneration

利用自然的力量,在没有人力的参与下重新形成新一代森林的过程。

2.20

人工更新　artificial regeneration

在各类迹地上用人工植苗、插条或直播方法形成新一代森林的过程。

2.21

人工促进天然更新　artificially promoted natural regeneration

在林冠下或迹地上,为保证森林天然更新所采取的人为辅助措施,包括种子年进行松土整地、补播补植、清除杂草灌木,控制更新地区放牧及伐区清理等方法形成新一代森林的过程。

2.22

伐前更新　pre-cut regeneration

森林采伐前在林冠下进行的森林更新。

2.23

伐后更新　post-cutting regeneration;regeneration after removal of old growth

森林采伐后在迹地上进行的森林更新。

2.24

区划轮伐法 division into annual coupes

区划面积法

面积配分法

将经营范围内的森林面积等分区划，每年按顺序采伐各年度伐区上林木的森林调整方法。

2.25

材积配分法 volume allotting method

将现有蓄积和各林分生长到轮伐期所期望的生长量总和分配到轮伐期各年，从而使轮伐期各年间能得到相等的年伐蓄积的方法。

2.26

材积平分法 volume framework method

将轮伐期划分为一定数量的分期，然后将森林经营类型(作业级)范围的材积平分于各分期，以分期来控制和调整收获量的方法。

2.27

面积平分法 area framework method

将轮伐期划分为一定数量的分期，然后将森林经营类型(作业级)范围内的林地面积平分于各分期，以分期来控制和调整收获量的方法。

2.28

折衷平分法 combined framework method

期望在轮伐期内实现林木材积的均衡利用和到下一轮伐期间实现法正龄级分配和排列的方法。

2.29

法正蓄积法 normal volume method; regulation of yield based on normal growing stock and normal increment

以现实林分蓄积和生长量作为收获的基础，以法正蓄积(理想森林结构)作为调整目标的一种森林收获量计算和调整的方法。

2.30

龄级法 age-class method

以森林永续利用为指导，以法正龄级分配为原则，按森林经营类型(作业级)编制的龄级表分析采伐量、生长量、蓄积之间的关系，结合森林调整，确定最近一个经理期的采伐面积和采伐蓄积，并通过采伐和更新，将现实林不均匀分配的龄级结构调整为均匀分配的龄级结构的方法。

2.31

面积控制法 method of area control

通过计算年伐面积确定年伐蓄积的森林调整方法。

2.32

材积控制法 method of volume control

通过计算年伐蓄积确定年伐面积的森林调整方法。

3 森林成熟

3.1

森林成熟 forest maturity

森林在其生长发育过程中达到最符合经营目的时的状态。

3.2

森林成熟龄 forest mature age

森林在其生长发育过程中达到最符合经营目的时的年龄。

3.3

数量成熟　quantitative maturity

树木材积生长量或林分蓄积平均生长量达到最大时的状态。

3.4

数量成熟龄　quantitative mature age

树木材积生长量或林分蓄积平均生长量达到最大时的年龄。

3.5

工艺成熟　technical maturity

树木或林分在生长发育过程中,目的材种平均生长量达到最大时的状态。

3.6

工艺成熟龄　technical mature age

林分在生长发育过程中,目的材种平均生长量达到最大时的年龄。

3.7

自然成熟　physical maturity

生理成熟

树木或林分生长发育到开始枯萎时的状态。

3.8

自然成熟龄　physical mature age

树木或林分生长发育到开始枯萎时的年龄。

3.9

更新成熟　regeneration maturity

树木或林分在采伐后能保证天然更新时的状态。

3.10

更新成熟龄　regeneration mature age

树木或林分在采伐后能保证天然更新时的年龄。

3.11

种子更新成熟　seed regeneration maturity

树木或林分开始大量结实时的状态。

3.12

种子更新成熟龄　seed regeneration mature age

树木或林分开始大量结实时的最低年龄。

3.13

萌芽更新成熟　sprout regeneration maturity

树木或林分采伐后具有旺盛萌芽力时的状态。

3.14

萌芽更新成熟龄　sprout regeneration mature age

树木或林分保持旺盛萌芽力时的最高年龄。

3.15

防护成熟　protection maturity

树木或林分发挥防护作用最大时的状态。

3.16

防护成熟龄　protection mature age

树木或林分发挥防护作用最大时的年龄。

3.17

经济成熟　financial maturity

在森林生长发育过程中，货币收入达到最多时的状态。

3.18

经济成熟龄　financial mature age; financial rotation

在森林生长发育过程中，货币收入达到最多时的年龄。

4　森林采伐

4.1

伐区　cutting area

同一年度内，用相同采伐类型采伐作业的、在地域上相连的森林地段。是森林采伐作业设计、施工、管理与监督的基本单位。

4.2

森林采伐　forest harvesting

根据森林资源经营管理的需要和森林、林木的生长发育状况，将森林中的林木伐倒、运出伐区，并清理和恢复森林的一项经营管理活动。

4.3

采伐类型　cutting type

根据采伐的目的与作用而划分的采伐类别。包括主伐、更新采伐和抚育间伐。

4.4

采伐方式　cutting methods

按照一定的空间配置和时间顺序，对林分或具有一定特征的林木进行采伐的程序。

4.5

森林主伐　forest harvest cutting; final cutting

为获取木材而对用材林中成熟林和过熟林分所进行的采伐作业。

4.6

主伐年龄　final age

采伐年龄　harvest age

伐期龄　cutting age

林分经过正常的生长发育，达到可以进行主伐利用时的最低年龄。

4.7

森林主伐方式　forest final cutting methods

按照一定的空间配置和时间顺序，对成熟林分或具有一定特征的成熟林木进行采伐的程序。包括皆伐、择伐和渐伐。

4.8

补充主伐　supplementary final cutting

对疏林、散生木和采伐迹地上已失去更新下种作用的母树的采伐利用活动。

4.9

更新采伐　regeneration cutting

为了恢复、提高或改善防护林和特用林的生态功能，进而为林分的更新创造良好条件所进行的采伐。

4.10

抚育采伐　tending cutting

从幼林郁闭起，到主伐前一个龄级止，为了改善林分条件，促进保留林木生长发育而进行的采伐。

4.11

皆伐 clear cutting

一次采伐完伐区上的林木的主伐方式。

4.12

择伐 selection cutting

在林分内,每隔一定时期,单株或群状地采伐达到一定大小或具有一定特征的成熟林木的主伐方式。

4.13

径阶择伐 diameter limit selection cutting

在异龄林中选取一定径阶(粗度)以上的林木进行采伐,保留下的小径木继续生长到采伐直径时,再度进行择伐。

4.14

渐伐 shelter wood cutting

在一个龄级期内,分数次(2次~4次)采伐完伐区上的林木,并完成森林天然更新的主伐方式。

4.15

透光伐 lighting cutting

为改善幼龄林分光照条件,减少幼龄林木与其他植物对生长空间的竞争而进行的抚育采伐方式。

4.16

生态疏伐 ecological thinning

为使森林形成林冠梯级郁闭,林内大、中、小立木都能直接接受阳光,诱导形成复层异龄林,增强森林生态系统的生态防护功能,而在防护林和特用林中龄阶段进行的抚育采伐。

4.17

景观疏伐 scenery cutting

为满足生态旅游对森林景观要求,而对特用林中风景林进行采伐的抚育采伐方式。

4.18

生长伐 accretion cutting

为加速林木生长和促进林木结实,在中龄林阶段进行的伐除生长过密和生长不良的林木,提高林分经济价值和防护效益的抚育采伐方式。

4.19

抚育间伐 forest intermediate cutting;thinning

为充分利用木材、增加用材林产出,并减少林木间竞争、改善保留林木生长发育条件而对用材林中龄林进行的利用性抚育采伐。

4.20

卫生伐 sanitary cutting

为改善林分卫生条件而伐除因遭受森林火灾、病虫害严重危害的林木以及枯死木、损伤木等的抚育采伐方式。

4.21

采伐强度 cutting intensity

采伐林分中,被采伐的材积或株数占采伐前林分蓄积或株数的百分比。

4.22

森林采伐量 forest harvesting rate;forest cutting level;forest cutting volume

森林经营单位在一定时期内的采伐的森林蓄积量。

4.23

年采伐量　annual yield

森林经营单位在一年内采伐的森林蓄积量。

4.24

年伐面积　annual cutting area

森林经营单位在一定时期内年均采伐森林的面积。

4.25

年伐蓄积　annual cutting volume

森林经营单位在一定时期内年均采伐森林蓄积。

4.26

标准年伐量　normal annual yield

根据森林永续利用的原则，市场的需求和森林调整的要求，统筹考虑经营单位的当前需要和长远利益，结合森林经营单位具体经济条件、需材情况和森林资源特点，加以论证和确定的各经营类型在经理期内的平均年伐量。

5　森林区划

5.1

森林区划　forest division

林地区划

为了科学经营森林，实现森林永续利用，合理安排空间秩序，针对行政管理、资源管理和组织生产作业的需要，对整个林区进行地域上的划分，将林区和不同的森林对象区划为不同的单位的过程。

5.2

国有林经营单位　national forest management unit

国有林区中主要从事森林资源培育和经营管理的企业单位。主要有国有林业局。

5.3

林场　forest farm

国有林经营单位下属的一个具体从事森林资源培育和经营管理的生产单位，或(集体林区中)独立的从事森林资源培育和经营管理的企业单位。

5.4

营林区　forest sub-farm；forest range

在林场内，为了合理地进行森林经营利用活动，开展多种经营以及考虑生产和职工生活的方便，根据有效经营活动范围，特别是护林防火工作量的大小而划分的经营管理单位。

5.5

林班　compartment

为便于森林资源经营管理、合理组织生产作业而划分的一种长期性的、最小的森林经营管理区划单元。

5.6

综合区划法　combined division method

把人工区划法与自然区划法结合起来应用进行林班区划的方法。

5.7

小班　subcompartment

内部特征基本一致，与相邻地段有明显区别，而需要采取相同经营措施的森林地块或小区。是森林资源规划设计调查、统计和森林经营管理的基本单位。

5.8

细班　subplot

森林调查中，面积 0.067 hm^2 以上，但达不到小班面积要求（通常 1 hm^2 以上）的小块林地。通常两个以上的细班组成小班。

5.9

林班标　signed-stake of compartment boundary

在各林班线的交叉点所设置的具有编号、能起指明位置和地面测站作用的标桩。

5.10

林种　category of forest

森林按照其经营目的或所发挥效益的不同而划分的分类单位。

5.11

林种区　forest category division

地域上相连、经营方向相同、林种相同的区域。

5.12

经营区　forest management division

地域上相连、经营利用方向和经营强度一致的林地区域。

5.13

森林经营类型　forest management type

在林种区内地域上不一定相连，但经营目的、林学技术设计和经营措施相同的小班的集合。

5.14

森林经营措施类型　silviculture treatment type; type of management strategy; type of forest management practices

按照森林培育和利用的主要环节或技术措施，将森林经营措施和技术特征相同的小班组织为同一类型的小班集合体。

5.15

林分改造　stand improvement

为了提高林分生产力，充分发挥森林多种效益，把低质低效林、低产林和其他不满足经营目的的森林，通过封山育林、补植补造、嫁接复壮、抚育采伐等措施，改造为林分结构合理、生态系统稳定、高产高效、符合经营目的的森林。

5.16

作业区　operating area

根据集材系统，按一个楞场或装车场所吸引的采伐范围划分的区域。

5.17

小班经营法　subcompartment management; method of management by subcompartment; subcompartment method; subcompartment based management

以一个小班或地域上相连接的几个小班集合作为基本经营单位，进行设计、开展经营活动的方法。

6　森林调查

6.1

森林调查　forest survey

森林资源调查　forest inventory

以森林、林地、林木以及森林范围内栖息的野生动、植物资源及其环境条件为对象的调查。

6.2

国家森林资源连续清查　national forest continuous inventory

全国森林资源连续清查

一类调查

以掌握宏观森林资源现状和动态为目的，以省（自治区、直辖市）为单位，利用固定样地为主进行定期复查的森林资源调查。

6.3

森林资源规划设计调查　forest inventory for planning and design

森林经理调查　forest management inventory

二类调查

以森林经营管理单位或行政区域为调查总体，查清森林、林木和林地资源的种类、分布、数量和质量，客观反映调查区域森林经营管理状况，为编制森林经营方案、开展林业区划规划、指导森林经营管理等需要进行的调查活动。

6.4

林业生产条件调查　forestry production baseline survey

为了正确确定森林经理对象内的森林经营方针，制定科学、合理的森林经营方案，对经理地区的自然条件、经济条件和过去经营情况进行的调查。

6.5

专业调查　thematic survey

在森林资源规划设计调查中为完成某一专项任务而进行的调查，是森林资源规划设计调查的重要组成部分。如森林生长量调查、消耗量调查、森林更新调查、森林土壤调查、森林病虫害调查、出材量调查、制表调查、立地条件调查等。

6.6

小班调查　subcompartment cruise

将森林资源的各项调查因子落实到小班的一种调查。

6.7

树种组　species group

在森林资源调查中，为统计汇总方便，而将生物学特征和生态学特点相似的树种归类合并而成的一类树种。

6.8

优势树种（组）　dominant tree species;dominant group

林分中蓄积量或株数最多的树种（组）。

6.9

组成树种　composition species

林分中优势树种（组）以外的树种。

6.10

树种组成　species composition

组成林分各树种（组）的蓄积量或株数所占比例。

6.11

目的树种　target species

由两个以上树种组成的林分中，最符合经营目的的树种。

6.12

主要树种　principal species

由两个以上树种组成的林分中，林木蓄积量或株数最多的树种。

6.13

林分类型　forest type;stand type

反映林分树种组成的指标。

6.14

纯林　pure stand

由一个树种(组)组成,或虽由两个以上树种组成但其中一个树种的蓄积或株数占林分蓄积或株数65%(含)以上的林分。

6.15

混交林　mixed stand

没有一个树种(组)的蓄积量或株数占林分蓄积量或株数65%(含)以上的林分。

6.16

森林起源　stand origin

森林形成的方式。

6.17

天然林　natural forest

由天然下种、人工促进天然更新或萌生形成的森林。

6.18

人工林　forest plantation;planted forest

由人工直播(条播或穴播)、植苗、分殖或扦插造林形成的森林。

6.19

天然更新等级　natural regeneration class

根据幼苗幼树株数和高度划分反映林分天然更新状况的指标。

6.20

树木年龄　tree age

树木自种子萌发后生长的年数。

6.21

林分年龄　stand age

平均年龄　average age

林龄

林分内各林木年龄的平均值。

6.22

绝对同龄林　absolute even-aged forest

林分内林木的年龄都相同的林分。

6.23

相对同龄林　relative even-aged forest

组成树种的林木年龄相差不足一个龄级的林分。

6.24

异龄林　uneven aged forest

林分中林木年龄相差超过一个龄级的林分。

6.25

全龄林　all aged forest

由所有龄级的林木所组成的林分。

6.26

龄级　age class

林木或林分按年龄的分级。

6.27

龄组　age group

根据林木生长发育阶段而进行的对林分龄级的分组。

6.28

幼龄林　young growth; young forest

处于生长发育初期的林分。

6.29

中龄林　half-mature forest

处于生长发育中期的林分。

6.30

近熟林　pre-mature forest

生长发育接近成熟的林分。

6.31

成熟林　mature forest

生长发育已经成熟并达到某种经营目的时的林分。

6.32

过熟林　over-mature stand

已经超过成熟阶段、生长发育开始衰退的林分。

6.33

经济林生产期　production stages of non-timber forests

根据经济林所处产期划分为产前期、初产期、盛产期、衰产期。

6.34

集约经营　intensive regime; intensive management

依靠科技进步和现代化管理，在一定的土地上集中投入较多的生产资料和劳动，以期获得更多产品或收益的森林经营方式。

6.35

常规经营　conventional (forest) management

在一定的土地上，按照社会平均的生产资料和劳动投入，采用成熟的、广泛使用的技术和手段，以期获得社会平均产品或收益的森林经营方式。

6.36

粗放经营　extensive management

在一定的土地上，以低于社会平均的生产资料和劳动投入，通常获得低于社会平均产品或收益的森林经营方式。

6.37

林层　storey

森林群落中由乔木树种林冠形成的水平层次的垂直分布状况。

6.38

单层林　one-storey stand

林冠的水平层次只有一层的林分。

6.39

复层林　muti-storey stand

林冠的水平层次有两层或两层以上的林分。

6.40

林分密度　stand density

林分内单位面积林木的数量。

6.41

株数密度　density of trees

林分内单位面积林木的株数。

6.42

郁闭度　crown density;shade density

林冠的垂直投影面积与林地面积之比,用十分法表示。

6.43

郁闭度等级　crown density class

根据森林经营管理的目的而将林分郁闭度划分成若干个等级。通常分为疏、中、密三个等级。

6.44

疏密度　degree of closing;degree of density;degree of stocking;density of the crop

林分每公顷胸高断面积(或蓄积)与相同条件下标准林分每公顷胸高断面积(或蓄积)之比,以十分法表示。

6.45

林分平均高　average height of stand;stand mean height

平均高

林分中林木树高的平均值。

6.46

条件平均高　average height

林分平均直径所对应的树高。

6.47

优势木　dominant tree;dominating stem

林分中每 100 m^2 的面积上,最粗或最高的树木。

6.48

优势木平均高　average top height

优势木的算术平均高。

6.49

平均胸径　mean diameter at breast height

林分中各林木胸径的断面积加权平均值。

6.50

算术平均胸径　arithmetic mean diameter at breast height

林分中各林木胸径的算术平均值。

6.51

林分断面积　basal area at breast height

林分中各林木胸高断面积的合计。

6.52

林分蓄积量　stand volume

林分蓄积

林分中各林木材积的合计。

6.53

特大径级　huge diameter class

胸径在 38 cm(含)以上的径阶组。

6.54

大径级　large diameter class

胸径在 26 cm～36 cm 的径阶组。

6.55

中径级　middle diameter class

胸径在 14 cm～24 cm 的径阶组。

6.56

小径级　small diameter class

胸径在 14 cm(不含)以下的径阶组。

6.57

立地等级　site class

立地质量　site quality

综合评价气候、土壤和生物等林地所处自然立地条件影响林地生产潜力高低的指标。

6.58

地位级　site class

依据林分平均年龄和平均树高的关系定量评价立地质量的指标。

6.59

地位级表　site class table

以林分平均高和平均年龄的关系为依据而编制成的林业数表。

6.60

地位指数　site index

以林分基准(或标准)年龄时的优势木平均高评价立地质量的定量评价指标。

6.61

地位指数表　site index table

以林分优势木平均高与林分优势木平均年龄的关系为依据编制成的林业数表。

6.62

覆盖度　coverage rate

灌木覆盖度

灌木树冠垂直投影面积与林地面积的百分比。

6.63

四旁树　"four-sides" plantation

生长在村(宅)旁、路旁、水旁、田旁等栽植连续面积达不到有林地标准的各种竹丛、树木。

6.64

散生木　scattered trees

生长在竹林地、灌木林地、未成林造林地、无立木林地、宜林地、非林地上达到起测直径的树木(不包括四旁树),以及生长在幼、中龄林上层达不到林层标准的高大树木。

6.65

林业用地　forest land;forestry land

林地

用于森林生态建设和森林资源培育、生产经营的土地和潮间带的红树林地,包括郁闭度 0.20 以上的乔木林地及竹林地、灌木林地、疏林地、采伐和火烧迹地、未成林造林地、苗圃地、森林经营单位辅助生产用地和宜林地。

6.66

有林地　forested land;timber stand

连续面积大于 0.067 hm^2、郁闭度 0.20 以上、附着有森林植被的林地,包括乔木林、红树林和竹林。

6.67

乔木　arbor

有明显主干、成熟后树高 5 m 以上、胸径 5 cm 以上的林木。

6.68

乔木林　arboreal forests

由乔木(含因人工栽培而矮化的)树种组成的片林或林带。其中,乔木林带行数应在两行以上且行距小于等于 4 m 或林冠冠幅水平投影宽度在 10 m 以上。

6.69

竹林　forests of bamboos

附着有胸径 2 cm 以上的竹类植物的林地。

6.70

疏林地　open forest land;scattered woodland

由乔木树种组成,连续面积大于 0.067 hm^2、郁闭度在 0.10～0.19 之间的林地。

6.71

灌木林地　shrub land

附着有灌木树种或因生境恶劣矮化成灌木型的乔木树种以及胸径小于 2 cm 的小杂竹,连续面积大于 0.067 hm^2、覆盖度在 30%以上的林地。

6.72

国家特别规定的灌木林　national specific provision shrubbery

根据国家有关法律法规的规定而被纳入森林覆盖率计算的灌木林。

6.73

未成林造林地　un-closed afforestation land

人工造林、封山(沙)育林后但尚未郁闭成林的林地。

6.74

苗圃地　nursery land

固定的林木、花卉育苗用地。

6.75

无立木林地　non-standing tree forest land

采伐迹地、火烧迹地和其他无立木林地的总称。

6.76

迹地　slash

受人为干扰或自然因素影响而达不到疏林地指标且尚未更新的林地。

6.77

采伐迹地　clear-cutted forestland

采伐后保留木达不到疏林地标准、尚未人工更新或天然更新达不到中等等级的林地。

6.78

火烧迹地　burned forest land

火灾后活立木达不到疏林地标准、尚未人工更新或天然更新达不到中等等级的林地。

6.79

宜林地 planned forest land

当前为非林地但已经过法定程序规划用作林地的土地。

6.80

辅助生产林地 auxiliary forest land

直接为森林培育和森林资源经营管理服务的工程设施与配套设施用地和其他有林地权属证明的土地。

6.81

森林覆盖率 forest coverage;percentage of forest cover

以行政区域为单位森林面积与土地面积的百分比。

6.82

林木绿化率 greening rate of trees

反映森林、林木和灌木林覆盖国土面积的指标。

6.83

林相图 stock map;stand map;forest map

反映森林经营单位的地物、地类及森林按优势树种及龄组分布特征的图。其特点是按不同的地类、不同的优势树种、不同的龄组进行着色。

6.84

森林资源分布图 forest resource distribution map

森林分布图

以林相图为基础,反映地类和林班内优势林分空间状况的图件资料。

6.85

森林资源档案 forest resource archives;forest resource record

以文字、图表及其电子文档等方式,按一定格式,记录和反映森林经营单位森林资源状况及其变化、森林资源经营管理活动和科学研究等方面情况,并按程序纳入档案管理的森林资源技术经济文件和资料。

7 森林资源经营管理

7.1

森林经营方案 forest management plan;forest working plan

森林经营主体根据国民经济和社会发展要求及国家有关方针政策编制的森林资源培育、保护和利用的中长期规划,以及对生产顺序和经营利用措施的规划设计。

7.2

编案单位 object of forest management planning

拥有森林资源资产所有权或经营权、处置权,经营界限明确,产权明晰,有一定经营规模和相对稳定的经营期限,能自主决策和实施森林经营,为满足森林经营需求而直接参与经济活动的经营单位、经济实体。

7.3

森林经营主体 forest managing body

森林资源经营管理决策权的所有者,可以是法人或自然人。

7.4

森林经营单位 forest management unit

具有一定面积、边界明确的森林区域,并能依照确定的经营方针和经营目标开展森林经营、具有法人资格的森林经营主体。

7.5

森林　forest

由乔木、直径2 cm以上的竹子组成且郁闭度0.20以上，以及符合森林经营目的的灌木组成且覆盖度30%以上的植物群落。包括郁闭度0.20以上的乔木林、竹林和红树林，国家特别规定的灌木林、农田林网以及村旁、路旁、水旁、宅旁林木等。

7.6

森林资源　forest resources

森林、林木、林地以及依托森林、林木、林地生存的野生动物、植物和微生物等的总称。

7.7

森林分类经营　classified forest management

国家或森林经营者根据生态保护和建设、社会和经济发展的需要，为最大限度地发挥森林多种效益而按照森林的主导功能及其自身特点和运营规律，将森林划分为生态公益林和商品林，并分别采取不同经营管理措施，以及相应的经济、社会、行政和法律手段的一种现代森林经营体制和发展模式。

7.8

森林生态系统经营　forest ecosystem management

从森林生态系统整体功能出发，以维持森林生态系统复杂的过程、路径及相互依赖关系，长期保持森林生态系统良好功能、自身健康为目标，按照生态系统发生、发展的演替规律，通过公众参与、分层次协调和控制，主要在生态系统层次上进行森林动态管理的一种经营管理模式。

7.9

森林可持续经营　sustainable forest management

通过现实和潜在森林生态系统的科学管理、合理经营，维持森林生态系统的健康和活力，维护生物多样性及其生态过程，以此来满足社会经济发展过程中，对森林产品及其环境服务功能的需求，保障和促进人口、资源、环境与社会、经济的持续协调发展。

7.10

森林资源经营管理　forest resource management

对森林资源进行区划、调查、分析、评价、经营规划与决策、信息管理等一系列工作的总称。

7.11

森林功能区划　division of forest functions

根据森林资源主导功能、生态区位、利用方向等，采用系统分析或分类方法，将经营区内森林划分为若干个独立的功能区域，实行分区经营管理，从整体上发挥森林资源的多功能特性的管理方法或过程。

7.12

森林分类区划界定　boundary delineation of forest management classes

依据森林分类体系，将林种划分按照一定的原则和要求，以行政区域或森林经营单位为单位，逐一落实到小班或地块，并通过合法程序，经政府批准，以签定合同规范形式确定有关各方权、责、利关系的过程。

7.13

生态公益林　non-commercial forest

以保护和改善人类生存环境、维持生态平衡、保存种质资源、科学实验、森林旅游、国土保安等需要为主要经营目的的森林、林木、林地，包括防护林和特种用途林。

7.14

商品林　commercial forest

以生产木材、竹材、薪材、干鲜果品和其他工业原料等为主要经营目的的森林、林木、林地，包括用材林、薪炭林和经济林。

7.15

重点公益林 prior non-commercial forest;key welfare forest

生态区位极为重要或生态状况极为脆弱，对国土生态安全、生物多样性保护和经济社会可持续发展具有重要作用，以提供森林生态和社会服务产品为主要经营目的的重点防护林和特种用途林。

7.16

一般公益林 common non-commercial forest

按照国家有关规定，未划入重点公益林的生态公益林。

7.17

森林采伐限额 forest cutting limit;forest fell limit;forest cutting quota

国家根据合理经营、可持续利用森林资源的原则，对森林、林木实行限额消耗的法定控制指标，是森林经营单位每年最大的采伐量。

7.18

林木采伐许可证 felling license;cutting license

采伐森林和林木的法律凭证。

7.19

木材运输证 timber transportation certificate

落实木材凭证运输的法律凭证。

7.20

木材经营加工许可证 timber sales and processing license

木材经营、加工的合法凭证。

7.21

森林资源监测 forest resource monitoring

根据森林资源经营管理和生态建设、科学研究等的需要，采用相应的技术方法和标准，按照确定的时空尺度，在特定范围内对森林资源分布、数量、质量的动态变化以及相关的自然和社会经济条件等数据进行采集、统计、分析和评价的工作。

7.22

森林资源综合监测 integrated forest resource monitoring

在一定时间和空间范围内，利用各种信息采集、处理和分析技术及其他相关技术，对森林生态系统、湿地生态系统、荒漠生态系统及其他相关的生态系统进行系统的观察、测定、分析和评价，以全面展现监测期间森林资源和生态状况变化，综合揭示各种因素的相互关系和内在变化规律，为森林资源经营管理和生态建设以及社会公众及时提供全面、准确信息服务的技术工作。

7.23

林权 forest ownership

森林所有者和经营者对森林、林木及林地的占有、使用、收益和处分的权利。

7.24

林权证 certificate of forest ownership

森林、林木和林地所有权或使用权的法律凭证。

参 考 文 献

[1] GB/T 15781 森林抚育规程
[2] LY/T 1646—2005 森林采伐作业规程
[3] 国家林业局.森林经营方案编制与实施纲要(试行),林资发[2006]227号印发.
[4] 国家林业局.国家森林资源连续清查技术规定,林资发[2004]25号印发.
[5] 国家林业局.森林资源规划设计调查主要技术规定,林资发[2003]61号印发.
[6] 国家林业局.国家林业局关于开展全国森林分类区划界定工作的通知,林策发[1999]191号.
[7] 国家林业局.全国营造林实绩综合核查工作方案,林资发[2003]105号印发.
[8] 国家林业局."国家特别规定的灌木林地"的规定(试行),林资发[2004]14号.
[9] 林业部调查规划院.森林调查手册.中国林业出版社,1984.
[10] 中国农业百科全书编辑部.中国农业百科全书(林业卷).农业出版社,1989.
[11] 《中国林业工作手册》编纂委员会.中国林业工作手册.2006.
[12] 雷加富.中国森林生态系统经营.中国林业出版社,2007.
[13] 南京林业大学.新英汉林业词汇.中国林业出版社,1988.
[14] 于政中.森林经理学.中国林业出版社,1993.
[15] 孟先宇.测树学,中国林业出版社,2007.
[16] 陈青法,方灵兰.简明林业词典.甘肃人民出版社,1981.

汉语拼音索引

T

W

X

Y

Z

英文对应词索引

A

B

C

D

E

F

G

H

I

K

L

M

N

O

P

T

U

V

Y

ICS 65.020.40
B 60

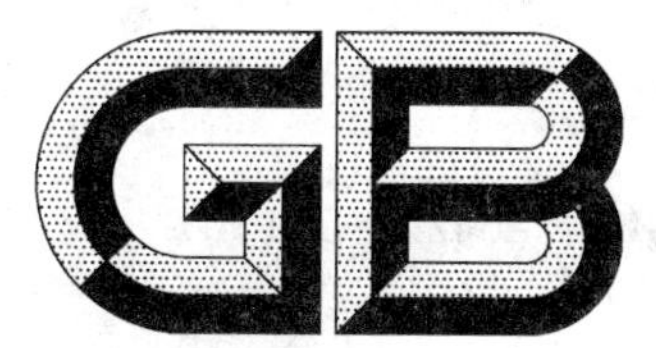

中华人民共和国国家标准

GB/T 26424—2010

森林资源规划设计调查技术规程

Technical regulations for inventory for forest management planning and design

2011-01-14 发布　　　　2011-06-01 实施

中华人民共和国国家质量监督检验检疫总局
中国国家标准化管理委员会　发布

前　言

本标准的附录A为规范性附录,附录B为资料性附录。

本标准由国家林业局提出并归口。

本标准起草单位:国家林业局调查规划设计院。

本标准主要起草人:唐小平、陈雪峰、翁国庆、张敏、李晖、李利国、龙新毛、王红春。

森林资源规划设计调查技术规程

1 范围

本标准规定了森林资源规划设计调查的对象、内容、程序、方法、成果等技术要求。

本标准适用于全国范围内的森林资源普查、规划设计调查以及森林资源调查管理。

2 规范性引用文件

下列文件中的条款通过本标准的引用而成为本标准的条款。凡是注日期的引用文件，其随后所有的修改单(不包括勘误的内容)或修订版均不适用于本标准，然而，鼓励根据本标准达成协议的各方研究是否可使用这些文件的最新版本。凡是不注日期的引用文件，其最新版本适用于本标准。

GB/T 18337.2 生态公益林建设 规划设计通则

LY/T 1812 林地分类

LY/T 1821—2009 林业地图图式

国家林业局 财政部 重点公益林区划界定办法(林策发[2004]94号)

国家森林资源连续清查技术规定(林资发[2004]25号)

中华人民共和国主要林木目录(第一批)(国家林业局令第3号)

林业专业调查主要技术规定(林资字[86]便字5号)

3 术语和定义

下列术语和定义适用于本标准。

3.1

森林资源规划设计调查 forest inventory for planning and design; forest management inventory

二类调查 forest second type inventory

以森林经营管理单位或行政区域为调查总体，查清森林、林木和林地资源的种类、分布、数量和质量，客观反映调查区域森林经营管理状况，为编制森林经营方案、开展林业区划规划、指导森林经营管理等需要进行的调查活动。

3.2

林班 compartment

为便于森林资源经营管理、合理组织林业生产而划分的一种长期性的、最小的森林经营管理区划单元。

3.3

小班 subcompartment

内部特征基本一致，与相邻地段有明显区别，而需要采取相同经营措施的森林地块或小区。是森林资源规划设计调查、统计和森林经营管理的基本单位。

3.4

林木生长量 tree increment

在一定时期内林木的直径、高度、蓄积等的变化量。

3.5

林种 category of forest

森林按照其经营目的或所发挥效益的不同而划分的分类单位。

3.6

立地质量　site quality

综合评价气候、土壤和生物等林地所处自然立地条件影响林地生产潜力高低的指标。

3.7

地位级　site class

依据林分平均年龄和平均树高的关系定量评价立地质量的指标。

3.8

地位指数　site index

以林分基准(或标准)年龄时的优势木平均高评价立地质量的定量评价指标。

3.9

平均木　average tree;average-stem

林分内具有平均直径和平均高的林木。

3.10

平均年龄　stand age

林分内各林木年龄的平均值。

3.11

胸高直径　diameter at breast height

胸径

林木胸高(距地面 1.3 m)处的直径。

3.12

断面积　basal area

树干横截面的面积。森林资源调查中通常采用胸高处的断面积,简称胸高断面积。

3.13

平均直径　mean diameter at breast height

反映林分林木粗度的基本指标。通常以林分平均胸高断面积对应的直径为林分平均直径,而不是林分内各林木胸径的算术平均值。

3.14

平均高　average height of stand;stand mean height

反映林分高度平均水平的调查因子。通常以具有平均直径的林木的高度作为平均高。

3.15

优势木　dominant tree;dominating stem

林分中每 100 m^2 的面积上,最粗或最高的树木。

3.16

优势木平均高　average top height

优势木的算术平均高。

3.17

林分生物量　stand biomass

林分中一定时间内所有高等植物的重量,包括乔木、灌木、草本的地上部分和地下部分。常用绝干重表示。

3.18

立木材积表　tree volume table

材积表

按立木材积与立木计测三要素(直径、树高和形数)之间的函数关系编制的数表。

3.19

林相图 stock map; stand map; forest map

反映森林经营单位的地物、地类及森林按优势树种及龄组分布特征的图。其特点是按不同的地类、不同的优势树种、不同的龄组进行着色。

3.20

森林分布图 forest resource distribution map

森林资源分布图

以林相图为基础，反映地类和林班内优势林分空间状况的图件资料。

4 调查范围与内容

4.1 调查范围

以森林经营管理单位为调查总体时，应调查经营管理范围内的所有土地；以行政区域为调查总体时，一般只调查行政区域内的森林、林木和林地。

4.2 调查内容

4.2.1 基本调查内容

基本调查内容包括：

a) 核对森林经营单位的区划界线，并在经营管理范围内进行或调整经营区划；

b) 调查各类林地的面积；

c) 调查各类森林、林木蓄积；

d) 调查与森林资源有关的自然地理环境和生态环境因素；

e) 调查森林经营条件、前期主要经营措施与经营成效。

4.2.2 专项调查内容

下列调查内容以及调查的详细程度，应依据森林资源特点、经营目标和调查目的以及以往资源调查成果的可利用程度，由调查会议具体确定：

a) 森林生长量和消耗量；

b) 森林土壤；

c) 森林更新；

d) 森林病虫害；

e) 森林火灾；

f) 野生动植物资源；

g) 生物量；

h) 湿地资源；

i) 荒漠化土地资源；

j) 森林景观资源；

k) 森林生态因子；

l) 森林多种效益；

m) 林业经济与森林经营情况；

n) 其他专项调查。

5 主要调查指标

5.1 地类

林地的类型划分与技术要求执行 LY/T 1812 的规定。

5.2 森林类别

5.2.1 生态公益林

以保护和改善人类生存环境、维持生态平衡、保存物种资源、科学实验、森林旅游、国土保安等需要为主要经营目的的森林、林木、林地，包括防护林和特种用途林。依据 GB/T 18337.2 的有关要求区划为特殊保护、重点保护和一般保护三个保护等级。

生态公益林按事权等级划分为国家级公益林和地方公益林。国家级公益林区划界定执行《国家林业局 财政部 重点公益林区划界定办法》的相关规定。

5.2.2 商品林

以生产木材、竹材、薪材、干鲜果品和其他工业原料等为主要经营目的的森林、林木、林地，包括用材林、薪炭林和经济林。

5.3 林种

5.3.1 分类系统

有林地、疏林地和灌木林地根据经营目标的不同分为五个林种、二十三个亚林种，分类系统见表 1。

表 1 林种分类系统表

林 种	亚 林 种
（一）防护林	11. 水源涵养林
	12. 水土保持林
	13. 防风固沙林
	14. 农田牧场防护林
	15. 护岸林
	16. 护路林
	17. 其他防护林
（二）特种用途林	21. 国防林
	22. 实验林
	23. 母树林
	24. 环境保护林
	25. 风景林
	26. 名胜古迹和革命纪念林
	27. 自然保护区林
（三）用材林	31. 短轮伐期工业原料用材林
	32. 速生丰产用材林
	33. 一般用材林
（四）薪炭林	41. 薪炭林
（五）经济林	51. 果树林
	52. 食用原料林
	53. 林化工业原料林
	54. 药用林
	55. 其他经济林

5.3.2 **区划要求**

5.3.2.1 **防护林**

5.3.2.1.1 水源涵养林

以涵养水源，改善水文状况，调节区域水分循环，防止河流、湖泊、水库淤塞，以及保护饮用水水源为主要目的的森林、林木和灌木林。具有下列条件之一者，应划为水源涵养林：

a) 流程在500 km以上的江河发源地汇水区，主流与一级、二级支流两岸山地自然地形中的第一层山脊以内；
b) 流程在500 km以下的河流，但所处地域雨水集中，对下游工农业生产有重要影响，其河流发源地汇水区及主流、一级支流两岸山地自然地形中的第一层山脊以内；
c) 大中型水库与湖泊周围山地自然地形第一层山脊以内或平地1 000 m以内，小型水库与湖泊周围自然地形第一层山脊以内或平地250 m以内；
d) 雪线以下500 m和冰川外围2 km以内；
e) 保护城镇饮用水源的森林、林木和灌木林。

5.3.2.1.2 水土保持林

以减缓地表径流、减少冲刷、防止水土流失、保持和恢复土地肥力为主要目的的森林、林木和灌木林。具备下列条件之一者，应划为水土保持林：

a) 东北地区(包括内蒙古东部)坡度在25°以上，华北、西南、西北等地区坡度在35°以上，华东、中南地区坡度在45°以上，森林采伐后会引起严重水土流失的；
b) 因土层瘠薄，岩石裸露，采伐后难以更新或生态环境难以恢复的；
c) 土壤侵蚀严重的黄土丘陵区塬面，侵蚀沟、石质山区沟坡、地质结构疏松等易发生泥石流地段的；
d) 主要山脊分水岭两侧各300 m范围内的森林、林木和灌木林。

5.3.2.1.3 防风固沙林

以降低风速、防止或减缓风蚀、固定沙地，以及保护耕地、果园、经济作物、牧场免受风沙侵袭为主要目的的森林、林木和灌木林。具备下列条件之一者，应划为防风固沙林：

a) 强度风蚀地区，常见流动、半流动沙地(丘、垄)或风蚀残丘地段的；
b) 与沙地交界250 m以内和沙漠地区距绿洲100 m以外的；
c) 海岸基质类型为沙质、泥质地区，顺台风盛行登陆方向离固定海岸线1 000 m范围内，其他方向200 m范围内的；
d) 珊瑚岛常绿林；
e) 其他风沙危害严重地区的森林、林木和灌木林。

5.3.2.1.4 农田牧场防护林

以保护农田、牧场减免自然灾害，改善自然环境，保障农、牧业生产条件为主要目的的森林、林木和灌木林。具备下列条件之一者，应划为农田牧场防护林：

a) 农田、草牧场境界外100 m范围内，与沙质地区接壤250 m～500 m范围内的；
b) 为防止、减轻自然灾害在田间、草牧场、阶地、低丘、岗地等处设置的林带、林网、片林。

5.3.2.1.5 护岸林

以防止河岸、湖岸、海岸冲刷崩塌，固定河床为主要目的的森林、林木和灌木林。具备下列条件之一者，应划为护岸林：

a) 主要河流两岸各200 m及其主要支流两岸各50 m范围内的，包括河床中的雁翅林；
b) 堤岸、干渠两侧各10 m范围内的；
c) 红树林或海岸500 m范围内的森林、林木和灌木林。

5.3.2.1.6 护路林

以保护铁路、公路免受风、沙、水、雪侵害为主要目的的森林、林木和灌木林。具备下列条件之一者，可以划为护路林：

a) 林区、山区国道及干线铁路路基与两侧(设有防火线的在防火线以外)的山坡或平坦地区各200 m以内，非林区、丘岗、平地和沙区国道及干线铁路路基与两侧(设有防火线的在防火线以外)各50 m以内；

b) 林区、山区、沙区的省、县级道路和支线铁路路基与两侧(设有防火线的在防火线以外)各50 m以内，其他地区10 m范围内的森林、林木和灌木林。

5.3.2.1.7 其他防护林：以防火、防雪、防雾、防烟、护鱼等其他防护作用为主要目的的森林、林木和灌木林。

5.3.2.2 **特种用途林**

以保存物种资源、保护生态环境，用于国防、森林旅游和科学实验等为主要经营目的的森林、林木和灌木林。

a) 国防林：以掩护军事设施和用作军事屏障为主要目的的森林、林木和灌木林。具备下列条件之一者，可以划为国防林：

   1) 边境地区的森林、林木和灌木林；

   2) 军事设施周围的森林、林木和灌木林。

b) 实验林：以提供教学或科学实验场所为主要目的的森林、林木和灌木林，包括科研试验林、教学实习林、科普教育林、定位观测林等。

c) 母树林：以培育优良种子为主要目的的森林、林木和灌木林，包括母树林、种子园、子代测定林、采穗圃、采根圃、树木园、种质资源和基因保存林等。

d) 环境保护林：以净化空气、防止污染、降低噪声、改善环境为主要目的，包括城市及城郊结合部、工矿企业内、居民区与村镇绿化区的森林、林木、灌木林。

e) 风景林：以满足人类生态需求，优化美化环境为主要目的，分布在风景名胜区、各类公园、度假区、滑雪场、狩猎场及游览场所内的森林、林木和灌木林。

f) 名胜古迹和革命纪念林：位于名胜古迹和革命纪念地，包括文化遗产地、历史与革命遗址地的森林、林木和灌木林，以及纪念林、文化林、古树名木等。

g) 自然保护区林：各级自然保护区、自然保护小区内以保护和恢复典型生态系统和珍贵、稀有动植物资源及栖息地或原生地，或者以保存和重建自然遗产地为主要目的的森林、林木和灌木林。

5.3.2.3 **用材林**

5.3.2.3.1 **短轮伐期工业原料用材林**

以生产纸浆材及特殊工业用木质原料为主要目的，定向培育的森林、林木和灌木林。

5.3.2.3.2 **速生丰产用材林**

通过使用良种壮苗和实施集约经营，缩短培育周期，获取最佳收益，生长量达到相应树种速生丰产林指标要求的森林。

5.3.2.3.3 **一般用材林**

其他以生产木材和竹材为主要目的的森林、林木。

5.3.2.4 **薪炭林**

以生产热能燃料、原料为主要经营目的的森林、林木和灌木林。

5.3.2.5 **经济林**

5.3.2.5.1 **果品林**

以生产各种干、鲜果品为主要目的的森林、林木和灌木林。

5.3.2.5.2 **食用原料林**

以生产食用油料、饮料、调料、香料等为主要目的的森林、林木和灌木林。

5.3.2.5.3 **林化工业原料林**

以生产树脂、橡胶、木栓、单柠等非木质林产化工原料为主要目的的森林、林木和灌木林。

5.3.2.5.4 **药用林**

以生产药材、药用原料为主要目的的森林、林木和灌木林。

5.3.2.5.5 **其他经济林**

以生产其他林副、特产品为主要目的的森林、林木和灌木林。

5.3.3 **林种优先级**

当某地块同时满足一个以上林种划分条件时，应根据先生态公益林、后商品林的原则区划。商品林的亚林种按适地适树原则确定，公益林的二级林种按以下优先顺序确定：

a) 国防林；

b) 自然保护区林；

c) 名胜古迹和革命纪念林；

d) 风景林；

e) 环境保护林；

f) 母树林；

g) 实验林；

h) 护岸林；

i) 护路林；

j) 防火林；

k) 水土保持林；

l) 水源涵养林；

m) 防风固沙林；

n) 农田牧场防护林。

5.4 **树种(组)、优势树种(组)与树种组成**

5.4.1 **树种(组)**

主要调查树种(组)原则上与《国家森林资源连续清查技术规定》一致。各地可依据《中华人民共和国主要林木目录(第一批)》等规定，根据当地实际增加调查树种(组)。

5.4.2 **优势树种(组)**

在乔木林、疏林小班中，按蓄积量组成比重确定，蓄积量占总蓄积量比重最大的树种(组)为小班的优势树种(组)。

未达到起测胸径的幼龄林、未成林造林地小班，按株数组成比例确定，株数占总株数最多的树种(组)为小班的优势树种(组)。

经济林、灌木林按株数或丛数比例确定，株数或丛数占总株数或丛数最多的树种(组)为小班的优势树种(组)。

5.4.3 **树种组成**

乔木林、竹林按十分法确定树种组成。复层林应分别林层按十分法确定各林层的树种组成。组成不到5%的树种不记载。

5.5 **龄级、龄组、竹度与生产期**

5.5.1 **龄级与龄组**

乔木林的龄级与龄组根据优势树种(组)的平均年龄确定。主要树种(组)的龄级期限和龄组的划分标准见表2。

表 2　主要树种龄级与龄组划分表

单位为年

树种	地区	起源	龄组划分					龄级期限
			幼龄林	中龄林	近熟林	成熟林	过熟林	
红松、云杉、柏木、紫杉、铁杉	北部	天然	≤60	61～100	101～120	121～160	>161	20
	北部	人工[a]	≤40	41～60	61～80	81～120	>121	20
	南部	天然	≤40	41～60	61～80	81～120	>121	20
	南部	人工	≤20	21～40	41～60	61～80	>81	20
落叶松、冷杉、樟子松、赤松、黑松	北部	天然	≤40	41～80	81～100	101～140	>141	20
	北部	人工	≤20	21～30	31～40	41～60	>61	10
	南部	天然	≤40	41～60	61～80	81～120	>121	20
	南部	人工	≤20	21～30	31～40	41～60	>61	10
油松、马尾松、云南松、思茅松、华山松、高山松	北部	天然	≤30	31～50	51～60	61～80	>81	10
	北部	人工	≤20	21～30	31～40	41～60	>61	10
	南部	天然	≤20	21～30	31～40	41～60	>61	10
	南部	人工	≤10	11～20	21～30	31～50	>51	10
杨树、柳树、桉树、檫树、楝树、泡桐、木麻黄、枫杨、软阔类	北部	人工	≤10	11～15	16～20	21～30	>31	5
	南部	人工	≤5	6～10	11～15	16～25	>26	5
桦树、榆树、木荷、枫香、珙桐	北部	天然	≤30	31～50	51～60	61～80	>81	10
	北部	人工	≤20	21～30	31～40	41～60	>61	10
	南部	天然	≤20	21～40	41～50	51～70	>71	10
	南部	人工	≤10	11～20	21～30	31～50	>51	10
栎类、柞树、槠类、栲类、香樟、楠木、椴树、水曲柳、胡桃楸、黄菠萝、硬阔类	南北	天然	≤40	41～60	61～80	81～120	>121	20
	南北	人工	≤20	21～40	41～50	51～70	>71	10
杉木、柳杉、水杉	南部	人工	≤10	11～20	21～25	26～35	>36	5

[a] 飞播造林同人工林。

5.5.2　**竹度**

竹林的龄级按竹度确定。一个大小年的周期一般为 2 年，称为一度。一度为幼龄竹，二、三度为壮龄竹，四度以上为老龄竹。

5.5.3　**生产期**

经济林划分为产前期、初产期、盛产期和衰产期四个生产期。

5.6　**立地因子**

5.6.1　地貌：

——极高山：海拔 5 000 m(含)以上的山地；

——高山：海拔为 3 500 m～4 999 m 的山地；

——中山：海拔为 1 000 m～3 499 m 的山地；

——低山：海拔低于 1 000 m 的山地；

——丘陵：没有明显的脉络，坡度较缓和，且相对高差小于 100 m；

——平原：平坦开阔，且相对高差小于 50 m。

5.6.2　坡度：

——Ⅰ级为平坡 0°～5°；

——Ⅱ级为缓坡 6°～15°；

——Ⅲ级为斜坡 16°～25°；

——Ⅳ级为陡坡 26°～35°；

——Ⅴ级为急坡 36°～45°；

——Ⅵ级为险坡 46°以上。

5.6.3　坡向

按东、南、西、北、东北、东南、西北、西南及无九个方位确定坡向。

5.6.4　坡位

分脊、上、中、下、谷、平地六个坡位。

5.6.5　腐殖质层厚度和土层厚度

5.6.5.1　腐殖质层厚度

腐殖质层厚度分三个等级：

——厚：>5 cm；

——中：2 cm～4.9 cm；

——薄：<2 cm。

5.6.5.2　土层厚度

土层厚度根据土壤的 A 层+B 层厚度确定，厚度等级见表 3。

表 3　土层厚度等级表

单位为厘米

厚度级	A 层+B 层厚度	
	亚热带山地丘陵、热带	亚热带高山、暖温带、温带、寒温带
厚层土	>80	>60
中层土	40～79	30～59
薄层土	<40	<30

5.7　其他

5.7.1　权属

权属包括所有权和使用权(经营权)，森林资源权属分别林地、林木记载，分为林地所有权、林地使用权和林木所有权、林木使用权。

林地所有权分国有和集体，林木所有权分国有、集体、个人和其他。林地与林木使用权分国有、集体、个人和其他。

5.7.2　起源

天然林：由天然下种或萌生形成的森林、林木、灌木林。

人工林：由人工直播(条播或穴播)、植苗、分殖或扦插造林形成的森林、林木、灌木林。

飞播林：由飞机播种形成的森林、林木、灌木林。

5.7.3　天然更新等级

天然更新等级根据幼苗各高度级的天然更新株数确定，满足一个条件即可，见表 4。

表 4　天然更新等级

单位为株每公顷

等　　级	高　　度		
	≤30 cm	31 cm～50 cm	≥51 cm
良　　好	>5 000	>3 000	>2 500
中　　等	3 000～4 999	1 000～2 999	500～2 499
不　　良	<3 000	<1 000	<500

5.7.4 林木质量

用材林近、成、过熟林林木质量划为三个等级：

a) 商品用材树：用材部分占全树高40%以上。

b) 半商品用材树：用材部分长度在2 m(针叶树)或1 m(阔叶树)以上，但不足全树高的40%。在实际计算时一半计入商品用材树，一半计入薪材树。

c) 薪材树：用材部分在2 m(针叶树)或1 m(阔叶树)以下。

5.7.5 林分出材率等级

用材林近、成、过熟林林分出材率等级由林分出材量占林分蓄积量的百分比或林分中商品用材树的株数占林分总株数的百分比确定，满足一个条件即可，见表5。

表5 用材林近、成、过熟林林分出材率等级表

出材率等级	林分出材率			商品用材树比率		
	针叶林	针阔混	阔叶林	针叶林	针阔混	阔叶林
1	>70%	>60%	>50%	>90%	>80%	>70%
2	50%～69%	40%～59%	30%～49%	70%～89%	60%～79%	45%～69%
3	<50%	<40%	<30%	<70%	<60%	<45%

5.7.6 可及度

用材林近、成、过熟林可及度分为即可及、将可及和不可及：

——即可及：具备采、集、运条件的林分。

——将可及：近期将具备采、集、运条件的林分。

——不可及：因地形或经济原因暂时不具备采、集、运条件的林分。

5.7.7 径阶与径级组

林木调查起测胸径为5.0 cm，视林分平均胸径以2 cm或4 cm为径阶距并采用上限排外法。

径级组的划分标准为：

——小径组：6 cm～12 cm；

——中径组：14 cm～24 cm；

——大径组：26 cm～36 cm；

——特大径组：38 cm以上。

5.7.8 林层

林层划分应同时满足以下四个条件：

a) 各林层每公顷蓄积量大于30 m^3；

b) 相邻林层间林木平均高相差20%以上；

c) 各林层平均胸径在8 cm以上；

d) 主林层郁闭度大于0.30，其他林层郁闭度大于0.20。

5.7.9 大径木蓄积比等级

复层林或异龄林小班中达到大径木标准的林木蓄积占小班总蓄积的比率，分为以下三级：

——Ⅰ级：大径级、特大径级蓄积量占小班总蓄积量大于70%；

——Ⅱ级：大径级、特大径级蓄积量占小班总蓄积量为30%～69%；

——Ⅲ级：大径级、特大径级蓄积量占小班总蓄积量小于30%。

5.7.10 郁闭度、覆盖度等级

5.7.10.1 有林地郁闭度等级

高：郁闭度0.70以上；

中：郁闭度0.40～0.69；

低：郁闭度 0.20～0.39。

5.7.10.2 **灌木林覆盖度等级**

密：覆盖度 70%以上；

中：覆盖度 50%～69%；

疏：覆盖度 30%～49%。

5.7.11 **群落结构类型**

完整结构：具有乔木层、下木层、草本层和地被物层 4 个植被层的森林。

复杂结构：具有乔木层和其他 1～2 个植被层的森林。

简单结构：只有乔木一个植被层的森林。

5.7.12 **自然度**

天然林按照植被状况与原始顶极群落的差异，或次生群落位于演替中的阶段划为 3 级：

——Ⅰ：原始或受人为影响很小而处于基本原始的植被；

——Ⅱ：有明显人为干扰的天然植被或处于演替中期或后期的次生群落；

——Ⅲ：人为干扰很大，演替逆行处于极为残次的次生植被阶段或天然植被几乎破坏殆尽，难以恢复的逆行演替后期。

5.7.13 **散生木和四旁树**

5.7.13.1 **散生木**

生长在竹林地、灌木林地、未成林造林地、无立木林地和宜林地上达到起测胸径的林木，以及散生在幼林中的高大林木。

5.7.13.2 **四旁树**

在宅旁、村旁、路旁、水旁等地栽植的面积不到 0.067 hm^2 的各种竹丛、林木。

5.7.14 **森林覆盖率与林木绿化率**

5.7.14.1 **森林覆盖率**

森林覆盖率按式(1)计算。

$$P=\frac{F_a}{L_a}\times 100\%+\frac{S_{ta}}{L_a}\times 100\% \qquad \cdots\cdots(1)$$

式中：

P——森林覆盖率；

F_a——有林地面积；

L_a——土地总面积；

S_{ta}——国家特别规定灌木林面积。

5.7.14.2 **林木绿化率**

林木绿化率按式(2)计算。

$$P_g=\frac{F_a}{L_a}\times 100\%+\frac{S_a}{L_a}\times 100\%+\frac{B_4}{L_a}\times 100\% \qquad \cdots\cdots(2)$$

式中：

P_g——林木绿化率；

S_a——灌木林面积；

B_4——四旁树占地面积[1)]。

1) 四旁树占地面积按 1 650 株/hm^2(每亩 111 株)计。

6 森林经营区划

6.1 经营区划系统

经营区划系统应同经营范围或行政范围界线保持一致，分别经营管理层级区划到林班，集体林一般区划到行政村，如行政村的面积较大时，可在村内区划林班。对过去已区划的界线，应相对固定，无特殊情况不宜更改。

6.2 林班区划

林班区划原则上采用自然区划或综合区划，地形平坦等地物点不明显的地区，可以采用人工区划。林班面积一般为 100 hm^2～500 hm^2。自然保护区、东北与内蒙古国有林区、西南高山林区和生态公益林集中地区的林班面积根据需要可适当放大。

林班区划线应相对固定，无特殊情况不宜更改。对于自然区划界线不太明显或人工区划的林班线应现地伐开或设立明显标志，并在林班线的交叉点上埋设林班标桩。

6.3 小班划分

6.3.1 小班划分条件

小班划分应尽量以明显地形地物界线为界，同时兼顾资源调查和经营管理的需要考虑下列基本条件：

a) 权属不同；

b) 森林类别及林种不同；

c) 生态公益林的事权与保护等级不同；

d) 林业工程类别不同；

e) 地类不同；

f) 起源不同；

g) 优势树种（组）比例相差二成以上；

h) Ⅵ龄级以下相差一个龄级，Ⅶ龄级以上相差两个龄级；

i) 商品林郁闭度相差 0.20 以上，公益林相差一个郁闭度级，灌木林相差一个覆盖度级；

j) 立地类型不同。

6.3.2 小班重新划分条件

森林资源复查时，应尽量沿用原有的小班界线。但对上期划分不合理、因经营活动等原因造成界线发生变化的小班，应根据小班划分条件重新划分。

6.3.3 小班面积

小班最小面积和最大面积依据林种、绘制基本图所用的地形图比例尺和经营集约度而定。最小小班面积在地形图上不小于 4 mm^2，对于面积在 0.067 hm^2 以上而不满足最小小班面积要求的，仍应按小班调查要求调查、记载，在图上并入相邻小班。南方集体林区商品林最大小班面积一般不超过 15 hm^2，其他地区一般不超过 25 hm^2。

无林地小班、非林地小班最大面积不限。

6.3.4 设立国家级生态公益林标志

国家级生态公益林小班，应尽量利用明显的地形、地物等自然界线作为小班界线或在小班线上设立明显标志，使小班位置固定下来，作为地籍小班统一编码管理。

6.4 森林分类区划

森林分类区划是在综合考虑国家和区域生态、社会和经济需求后，依据国民经济发展规划、林业发展规划、林业区划等宏观规划成果进行的区划。森林分类区划以小班为单位，原则上与已有森林分类区划成果保持一致。

7 调查准备

7.1 调查数表准备

森林资源规划设计调查应提前准备和检验当地适用的立木材积表、形高表(或树高-断面积-蓄积量表)、立地类型表、森林经营类型表、森林经营措施类型表、造林典型设计表等林业数表。为了提高调查质量和成果水平,可根据条件编制、收集或补充修订立木生物量表、地位指数表(或地位级表)、林木生长率表、材种出材率表、收获表(生长过程表)等。

7.2 调查图、卡准备

参考上期调查的小班数量,或者经营管理面积,准备调查图卡,以备外业调查记载、内业统计、整理计算。

7.3 仪器装备准备

根据调查人员数量、外业工作量等,准备外业调查必要的调查仪器、设备。

8 小班调查

8.1 原则

8.1.1 根据调查单位的森林资源特点、调查技术水平、调查目的和调查等级,可采用不同的小班调查方法。

8.1.2 小班调查应充分利用上期调查成果和小班经营档案,以提高小班调查精度和效率,保持调查的连续性。

8.2 小班调绘

8.2.1 调绘方法

根据实际情况,可分别采用以下方法进行小班调绘:

a) 采用由测绘部门最新绘制的比例尺为 1∶10 000～1∶25 000 的地形图到现地进行勾绘。对于没有上述比例尺的地区可采用由 1∶50 000 放大到 1∶25 000 的地形图。

b) 使用近期拍摄的(以不超过两年为宜)、比例尺不小于 1∶25 000 或由 1∶50 000 放大到 1∶25 000 的航片、1∶100 000 放大到 1∶25 000 的侧视雷达图片在室内进行小班勾绘,然后到现地核对,或直接到现地调绘。

c) 使用近期(以不超过一年为宜)经计算机几何校正及影像增强的比例尺 1∶25 000 的卫片(空间分辨率 10 m 以内)在室内进行小班勾绘,然后到现地核对。空间分辨率 10 m 以上的卫片只能作为调绘辅助用图,不能直接用于小班勾绘。

8.2.2 全球定位系统(GPS)应用

现地小班调绘、小班核对以及为林分因子调查或总体蓄积量精度控制调查而布设样地时,可用全球定位系统(GPS)确定小班界线和样地位置。

8.3 小班测树因子调查

8.3.1 样地实测法

在小班范围内,通过随机、机械或其他的抽样方法,布设圆形、方形、带状或角规样地,在样地内实测各项调查因子,由此推算小班调查因子。布设的样地应符合随机原则(带状样地应与等高线垂直或成一定角度),样地数量应满足第 6 章的精度要求。

8.3.2 目测法

当林况比较简单时采用此法。调查前,调查员要通过 30 块以上的标准地目测练习和一个林班的小班目测调查练习,并经过考核,各项调查因子目测的数据 80%项次以上达到允许的精度要求时,才可以进行目测调查。

小班目测调查时,应深入小班内部,选择有代表性的调查点进行调查。为了提高目测精度,可利用角规样地或固定面积样地以及其他辅助方法进行实测，用以辅助目测。目测调查点数视小班面积不同而定：

3 hm^2 以下	1～2 个
4 hm^2～7 hm^2	2～3 个
8 hm^2～12 hm^2	3～4 个
13 hm^2 以上	5～6 个

8.3.3 航片估测法

航片比例尺大于 1∶10 000 时可采用此法。调查前，分别林分类型或树种(组)抽取若干个有蓄积量的小班(数量不低于 50)，判读各小班的平均树冠直径、平均树高、株数、郁闭度等级、坡位等，然后到实地调查各小班的相应因子，编制航空像片树高表、胸径表、立木材积表或航空像片数量化蓄积量表。为保证估测精度，应选设一定数量的样地对数表(模型)进行实测检验，达到 90%以上精度时方可使用。

航片估测时，先在室内对各个小班进行判读(可结合小班室内调绘工作)，利用判读结果和所编制的航空像片测树因子表估计小班各项测树因子。然后，抽取 5%～10%的判读小班到现地核对，各项测树因子判读精度达到第 13 章精度要求的小班超过 90%时可以通过。

8.3.4 卫片估测法

8.3.4.1 适用条件

卫片的空间分辨率应达到 3 m。

8.3.4.2 建立判读标志

根据调查单位的森林资源特点和分布状况，以卫星遥感数据景幅的物候期为单位，每景选择若干条能覆盖区域内所有地类和树种(组)、色调齐全且有代表性的勘察路线。将卫星影像特征与实地情况对照获得相应影像特征，并记录各地类与树种(组)的影像色调、光泽、质感、几何形状、地形地貌及地理位置(包括地名)等，建立目视判读标志表。

8.3.4.3 目视判读

根据目视判读标志，综合运用其他各种信息和影像特征，在卫星影像图上判读并记载小班的地类、树种(组)、郁闭度、龄组等判读结果。

对于林地、林木的权属、起源，以及目视判读中难以区别的地类，要充分利用已掌握的有关资料、询问当地技术人员或到现地调查等方式确定。

8.3.4.4 判读复核

目视判读采取一人区划判读，另一人复核判读方式进行，二人在“背靠背”作业前提下分别判读和填写判读结果。当两名判读人员的一致率达到 90%以上时，二人应对不一致的小班通过商议达成一致意见，否则应到现地核实。当两判读人员的一致率达不到 90%以上时，应分别重新判读。对于室内判读有疑问的小班应全部到现地确定。

8.3.4.5 实地验证

室内判读经检查合格后，采用典型抽样方法选择部分小班进行实地验证。实地验证的小班数不少于小班总数的 5%(但不低于 50 个)，并按照各地类和树种(组)判读的面积比例分配，同时每个类型不少于 10 个小班。在每个类型内，要按照小班面积大小比例不等概选取。各项因子的正判率达到 90%以上时为合格。

8.3.4.6 蓄积量调查

结合实地验证，典型选取有蓄积量的小班，现地调查其单位面积蓄积量，然后建立判读因子与单位面积蓄积量之间的回归模型，根据判读小班的蓄积量标志值计算相应小班的蓄积量。

8.4 小班调查测树因子

各种小班调查方法允许调查的小班测树因子见表 6。

表 6　不同调查方法应调查的小班测树因子表

测树因子	调查方法			
	样地法	目测法	航片估测法	卫片估测法
林层	√	√	√	
起源	√	√	√	√
优势树种(组)	√	√	√	√
树种组成	√	√		
平均年龄(龄组)	√	√	√	√
平均树高	√	√	√	
平均胸径	√	√	√	
优势木平均高	√	√	√	
郁闭度	√	√	√	√
每公顷株数	√	√	√	
散生木蓄积量	√	√		
每公顷蓄积量	√	√	√	√
枯倒木蓄积量	√	√		
天然更新	√	√		
下木覆盖度	√	√		

9　小班调查因子调查记载

9.1　不同小班调查记载要求

分别森林类别和地类调查、记载各小班调查因子，详见表 7。

表 7　不同地类小班调查因子表

项　目	地　类												
	乔木林	竹林	疏林地	国家特别规定灌木林	其他灌木林	人工造林未成林地	封育未成林地	苗圃地	采伐迹地	火烧迹地	宜林地	其他无立木林地	辅助生产林地
空间位置	1,2	1,2	1,2	1,2	1,2	1,2	1,2	1,2	1,2	1,2	1,2	1,2	1,2
权属	1,2	1,2	1,2	1,2	1,2	1,2	1,2	1,2	1,2	1,2	1,2	1,2	1,2
地类	1,2	1,2	1,2	1,2	1,2	1,2	1,2	1,2	1,2	1,2	1,2	1,2	1,2
工程类别	1,2	1,2	1,2	1,2	1,2	1,2	1,2		1,2	1,2	1,2	1,2	
事权	2	2	2	2	2	2	2		2	2	2	2	
保护等级	2	2	2	2	2	2	2		2	2	2	2	
地形地势	1,2	1,2	1,2	1,2	1,2	1,2	1,2		1,2	1,2	1,2	1,2	
土壤/腐殖质	1,2	1,2	1,2	1,2	1,2	1,2	1,2		1,2	1,2	1,2	1,2	

表 7（续）

项　目	地　　类												
	乔木林	竹林	疏林地	国家特别规定灌木林	其他灌木林	人工造林未成林地	封育未成林地	苗圃地	采伐迹地	火烧迹地	宜林地	其他无立木林地	辅助生产林地
下木植被	1,2	1,2	1,2	1,2	1,2	1,2	1,2		1,2	1,2	1,2	1,2	
立地类型	1,2	1,2	1,2	1,2	1,2	1,2	1,2		1,2	1,2	1,2	1,2	
立地质量	1	1	1	1	1	1	1		1	1	1	1	
天然更新	1,2	1,2	1,2				1,2		1,2	1,2	1,2	1,2	
造林类型									1,2	1,2	1,2	1,2	
林种	1,2	1,2	1,2	1,2	1,2								
起源	1,2	1,2	1,2	1,2	1,2	1,2	1,2						
林层	1												
群落结构	2												
自然度	1,2	1,2	1,2	1,2	1,2								
优势树种(组)	1,2	1,2	1,2	1,2	1,2	1,2	1,2						
树种组成	1	1	1			1	1						
平均年龄	1,2		1,2	1		1,2	1,2						
平均树高	1,2	1,2	1,2	1,2	1,2	1,2	1,2						
平均胸径	1,2	1,2	1,2										
优势木平均高	1												
郁闭/覆盖度	1,2	1,2	1,2	1,2	1,2								
每公顷株数	1	1	1			1,2	1,2						
散生木				1,2	1,2	1,2	1,2		1,2	1,2	1,2	1,2	
每公顷蓄积量	1,2	1,2	1,2										
枯倒木蓄积量	1,2		1,2										
健康状况	1,2	1,2	1,2	1,2	1,2	1,2	1,2						
调查日期	1,2	1,2	1,2	1,2	1,2	1,2	1,2	1,2	1,2	1,2	1,2	1,2	1,2
调查员姓名	1,2	1,2	1,2	1,2	1,2	1,2	1,2	1,2	1,2	1,2	1,2	1,2	1,2
注：1为商品林，2为公益林。													

9.2　一般小班调查因子记载

一般小班调查因子记载下列各项：

——空间位置：记载小班所在的县(局、总场、管理局)、林场(分场、乡、管理站)、作业区(工区、村)、林班号、小班号。

——权属：分别土地所有权和使用权、林木所有权和使用权调查记载小班的土地、林木权属。

——地类：按最后一级地类调查记载小班地类。

——工程类别：小班的工程类别分为天然林保护工程，退耕还林工程，环京津风沙源治理工程，三北与长江中下游等重点地区防护林建设工程、野生动植物保护和自然保护区建设工程、速生丰产用材林工程、其他工程。

——事权：生态公益林(地)小班填写事权等级(国家级、地方级)。

——保护等级：生态公益林(地)小班填写保护等级(特殊保护、重点保护、一般保护)。

——地形地势：记载小班的地貌、平均海拔、坡度、坡向和坡位等因子。

——土壤：记载小班土壤名称(记至土类)、腐殖质层厚度、土层厚度(A层+B层)、质地、石砾含量等。

——下木植被：记载下层植被的优势和指示性植物种类、平均高度和覆盖度。

——立地类型：查立地类型表确定小班立地类型。

——立地质量：根据小班优势木平均高和平均年龄查地位指数表，或根据小班主林层优势树种平均高和平均年龄查地位级表确定小班的立地质量。对疏林地、无立木林地、宜林地等小班可根据有关立地因子查数量化地位指数表确定小班的立地质量。

——天然更新：调查小班天然更新幼树与幼苗的种类、年龄、平均高度、平均根径、每公顷株数、分布和生长情况，并评定天然更新等级。

——造林类型：对适合造林的小班，根据小班的立地条件，按照适地适树的原则，查造林典型设计表确定小班的造林类型。

——林种：按林种划分技术标准调查确定，记载到亚林种。

——起源：按主要生成方式调查确定。

——林层：商品林按林层划分条件确定是否分层，然后确定主林层。并分别林层调查记载郁闭度、平均年龄、株数、树高、胸径、蓄积量和树种组成等测树因子。除株数、蓄积量以各林层之和作为小班调查数据以外，其他小班调查因子均以主林层的调查因子为准。

——自然度：根据干扰程度记载。

——群落结构：公益林根据植被的层次多少确定群落结构类型。

——自然度：天然林根据干扰的强弱程度记载到级。

——优势树种(组)：分别林层记载优势树种(组)。

——树种组成：分别林层用十分法记载。

——平均胸径：分别林层，记载优势树种(组)的平均胸径。

——平均年龄：分别林层，记载优势树种(组)的平均年龄。平均年龄由林分优势树种(组)的平均木年龄确定，平均木是指具有优势树种(组)断面积平均直径的林木。

——平均树高：分别林层，调查记载优势树种(组)的平均树高。在目测调查时，平均树高可由平均木的高度确定。灌木林设置小样方或样带估测灌木的平均高度。

——优势木平均高：在小班内，选择3株优势树种(组)中最高或胸径最大的立木测定其树高，取平均值作为小班的优势木平均高。

——郁闭度或覆盖度：有林地小班用目测或仪器测定各林层林冠对地面的覆盖程度，取小数2位；灌木林设置小样方或样带估测并记载覆盖度，用百分数表示。

——每公顷株数：商品林分别林层记载活立木的每公顷株数。

——散生木：分树种调查小班散生木株数、平均胸径，计算各树种材积和总材积。

——每公顷蓄积量：分别林层记载活立木每公顷蓄积量。

——枯倒木蓄积量：记载小班内可利用的枯立木、倒木、风折木、火烧木的总株数和平均胸径，计算蓄积量。

——健康状况：记载林地卫生、林木(苗木)受病虫危害和火灾危害以及林内枯倒木分布与数量等状况。林木病虫害应调查记载林木病虫害的有无以及病虫种类、危害程度。森林火灾应调查记载森林火灾发生的时间、受害面积、损失蓄积。

——调查日期：记录小班调查时的年、月、日。

——调查员姓名：由调查员本人签字。

9.3 其他小班调查因子调查记载

9.3.1 用材林近成过熟林小班

除按9.2记载小班因子外，还要调查记载小班的可及度状况：

a) 即可及、将可及小班采用实测标准地(样地)、角规控制检尺、数学模型等方法调查或推算各径级组株数和蓄积量。

b) 即可及、将可及小班采用实测标准地(样地)、数学模型等方法调查或推算商品用材树、半商品用材树和薪材树的株数和蓄积。

c) 即可及、将可及小班根据小班蓄积量和林分材种出材率表或直径分布和单木材种出材率表确定材种出材量。

9.3.2 择伐林小班

对于实行择伐方式的异龄林小班，采用实测标准地(样地)、角规控制检尺等调查方法调查记载小班的直径分布。

9.3.3 人工幼林、未成林人工造林地小班

除按9.2记载小班因子外，还要调查记载整地方法、规格、造林年度、造林密度、混交比、成活率或保存率及抚育措施。

9.3.4 竹林小班

对于商品用材林中的竹林小班增加调查记载小班各竹度的株数和株数百分比。

9.3.5 经济林小班

9.3.5.1 有蓄积量的乔木经济林小班，应参照用材林小班调查计算方法调查记载小班蓄积量。

9.3.5.2 调查各生产期的株数和生长状况。

9.3.6 公益林小班

下经理期有经营活动的公益林或天然异龄林小班应参照用材林小班的要求补充调查因子。

9.3.7 辅助生产林地小班

调查记载辅助生产林地及其设施的类型、用途、利用或保养现状。

9.4 林网、四旁树、散生木调查

9.4.1 林网调查

达到有林地标准的农田牧场林带、护路林带、护岸林带等不划分小班，但应统一编号，在图上反映，除按照生态公益林的要求进行调查外，还要调查记载林带的行数、行距。

9.4.2 城镇林、四旁树调查

达到有林地标准的城镇林、四旁林视其森林类别分别按照商品林或生态公益林的调查要求进行调查。在宅旁、村旁、路旁、水旁等地栽植的达不到有林地标准的各种竹丛、林木，包括平原农区达不到有林地标准的农田林网树，以街道、行政村为单位，街段、户为样本单元进行抽样调查。

9.4.3 散生木调查

散生木应按小班进行全面调查、单独记载。

10 调查总体蓄积量控制

10.1 控制总体

以调查范围为总体进行蓄积量抽样调查控制。调查面积小于5 000 hm^2 或森林覆盖率小于15%的总体可以不进行抽样控制，也可以与相邻调查区域联合进行抽样控制，但应保证控制范围内调查方法和调查时间的一致性。

10.2 总体精度

总体抽样控制精度根据调查区域的性质确定：

a) 以商品林为主的调查总体为90%；

b) 以公益林为主的调查总体为85%；

c) 自然保护区、森林公园为80%。

10.3 抽样方法

在抽样总体内，采用机械抽样、分层抽样、成群抽样等抽样方法进行抽样控制调查，样地数量要满足抽样控制精度要求。

10.4 样地调查与精度计算

样地实测可以采用角规测树、每木检尺等方法。根据样地样木测定的结果计算样地蓄积量，并按相应的抽样理论公式计算总体蓄积量、蓄积量标准误和抽样精度。

10.5 精度控制

当总体蓄积量抽样精度达不到规定的要求时，要重新计算样地数量，并布设、调查增加的样地，然后重新计算总体蓄积量、蓄积量标准误和抽样精度，直至总体蓄积量抽样精度达到规定的要求。

10.6 蓄积量控制

将各小班蓄积量汇总计算的总体蓄积量(包括林网和四旁树蓄积量)与以总体抽样调查方法计算的总体蓄积量进行比较：

a) 当两者差值不超过±1倍的标准误时，即认为由小班调查汇总的总体蓄积量符合精度要求，并以各小班汇总的蓄积量作为总体蓄积量。

b) 当两者差值超过±1倍的标准误，但不超过±3倍的标准误时，应对差异进行检查分析，找出影响小班蓄积量调查精度的因素，并根据影响因素对各小班蓄积量进行修正，直至两种总体蓄积量的差值在±1倍的标准误范围以内。

c) 当两者差值超过±3倍的标准误时，小班蓄积量调查全部返工。

11 专项调查

11.1 调查主要内容与方法

由调查会议确定的生长量调查、消耗量调查、土壤调查、森林病虫害调查、森林火灾调查、珍稀植物、野生经济植物资源调查、野生动物资源调查、湿地资源调查、荒漠化土地资源调查、森林多种效益计量、评价调查和林业经济调查等各专项调查，可按照林业部制定的《林业专业调查主要技术规定》和其他有关专项调查技术规定(或实施细则)的调查方法执行。

11.2 调查重点

各地在开展森林资源规划设计调查时，应根据当地森林资源的特点和调查的目的等，对调查的内容及其详细程度有所侧重：

a) 以森林主伐利用为主的地区，应着重对地形、可及度，以及用材林的近、成、过熟林测树因子等进行调查。

b) 以森林抚育改造为主的地区，应着重对幼中龄林的密度、林木生长发育状况等林分因子以及立地条件进行调查。

c) 以更新造林为主的地区，应着重对土壤、水资源等条件及天然更新状况等进行调查，以做到适地适树，保证更新造林质量。

d) 以自然保护为主的地区，应着重调查被保护对象种类、分布、数量、质量、自然性以及受威胁状况等。

e) 以防护、旅游等生态公益效能为主的林区，应分别不同的类型，着重调查与发挥森林生态公益效能有关的林木因子、立地因子和其他因子。

12 统计与成图

12.1 成果统计

12.1.1 统计要求：

a) 所有调查材料，应经专职检查人员检查验收。

b) 小班调查材料验收完毕后才能进行资源统计。各种统计成果报表在形式和内容上均要相同。

12.1.2 统计方法：

a) 统计报表采用由小班、林班向上逐级统计汇总方式进行。

b) 当小班由几个地块合并而成时，可选择面积最大的地块或根据经营方向确定一个地块的调查因子作为合并小班的调查因子，但小班蓄积量为各地块的蓄积量之和。在统计汇总时，采用合并后小班的调查因子。

12.1.3 内业统计

按照森林经营区划系统分层进行统计汇总。

12.1.4 统计表

统计表分权属统计汇总。统计表格式见附录A和附录B。其中表A.1按土地所有权统计，表A.2按林木所有权统计。

12.2 成果图

12.2.1 成果图绘制

各种规划设计调查成果图可采用计算机或手工等制图手段绘制，图式应符合LY/T 1821—2009的规定。

12.2.2 基本图编制

12.2.2.1 基本图主要反映调查单位自然地理、社会经济要素和调查测绘成果。它是求算面积和编制林相图及其他林业专题图的基础资料。

12.2.2.2 基本图图幅按国际分幅编制。

12.2.2.3 基本图比例尺根据调查单位的面积大小和林地分布情况确定，可采用1∶5 000；1∶10 000；1∶25 000等不同比例尺。

12.2.2.4 基本图的底图采用：

a) 计算机成图：直接利用调查单位所在地的国家基础地理信息数据绘制基本图的底图，或将符合精度要求的最新地形图输入计算机，并矢量化，编制基本图的底图。

b) 手工成图：用符合精度要求的最新地形图手工绘制基本图的底图。

12.2.2.5 基本图编制：

a) 将调绘手图(包括航片、卫片)上的小班界、林网转绘或叠加到基本图的底图上，在此基础上编制基本图。转绘误差不超过0.5 mm。

b) 基本图的编图要素包括各种境界线(行政区域界、国有林业局、林场、营林区、林班、小班)、道路、居民点、独立地物、地貌(山脊、山峰、陡崖等)、水系、地类、林班注记、小班注记。

12.2.3 林相图编制

以林场或乡(村)为单位，用基本图为底图进行绘制，比例尺与基本图一致。林相图根据小班主要调查因子注记与着色。凡有林地小班，应进行全小班着色，按优势树种确定色标，按龄组确定色层。其他小班仅注记小班号及地类符号。

12.2.4 森林分布图编制

以经营单位或县级行政区域为单位，用林相图缩小绘制。比例尺一般为1∶50 000～1∶100 000。其绘制方法是将林相图上的小班进行适当综合。凡在森林分布图上大于4 mm^2 的非有林地小班界均需绘出。但大于4 mm^2 的有林地小班，则不绘出小班界，仅根据林相图着色区分。

12.2.5 **森林分类区划图和专题图编制**

12.2.5.1 **森林分类区划图编制**

以经营单位或县级行政区域为单位，用林相图缩小绘制。比例尺一般为1∶50 000～1∶100 000。该图分别工程区、森林类别、生态公益林保护等级和事权等级着色。

12.2.5.2 **专题图编制**

以反映专项调查内容为主的各种专题图，其图种和比例尺根据经营管理需要，由调查会议具体确定。

12.3 **面积量算**

12.3.1 **技术要求**

12.3.1.1 按照“层层控制，分级量算，按比例平差”的原则进行面积量算。即先量算调查总体的面积，再量算内部各层经营管理区域、林班(村)面积，最后量算小班面积。

12.3.1.2 一个图幅上的各部分面积，要分别量测进行平差。

12.3.2 **量算方法**

用地理信息系统(GIS)绘制成果图时，可直接用地理信息系统量算林班和小班面积。手工绘制成果图时，可用几何法、网点网格法或求积仪等量算林班和小班面积。

12.3.3 **面积平差**

各林班面积之和与上一层经营区划单位面积相差不到1%，林班内各小班面积之和与林班面积相差不到2%时，可进行平差，超出时应重新量算。

12.3.4 **面积单位与精度**

面积量算以公顷为单位，精确到0.1 hm^2。

13 调查精度

13.1 允许误差

主要小班调查因子允许误差分别经营单位性质、小班森林类别等分为A、B、C三个等级：

a) 国有森林经营单位和重点林区县，商品林小班允许误差采用等级“A”；

b) 其他区域的商品林小班、所有单位的一般生态公益林小班允许误差采用等级“B”；

c) 自然保护区、原始林区小班允许误差采用等级“C”。

各等级的允许误差见表8。

表8 主要小班调查因子允许误差表

%

调查因子	误差等级		
	A	B	C
小班面积	5	5	5
树种组成	5	10	20
平均树高	5	10	15
平均胸径	5	10	15
平均年龄	10	15	20
郁闭度	5	10	15
每公顷断面积	5	10	15
每公顷蓄积量	15	20	25
每公顷株数	5	10	15

13.2 其他要求

小班调查时确定的小班权属、地类、林种、起源不得有错。

14 主要成果

14.1 表格材料

14.1.1 小班调查簿

森林资源规划设计调查的小班调查簿格式由各地自定。

14.1.2 统计表

应提交下列6种统计表，格式见附录A。

a) 各类土地面积统计表；

b) 各类森林、林木面积蓄积统计表；

c) 林种统计表；

d) 乔木林面积、蓄积按龄组统计表；

e) 生态公益林(地)统计表；

f) 红树林资源统计表。

14.2 图面材料

图面材料包括：

a) 基本图，比例尺为1∶5 000～1∶25 000；

b) 林相图，比例尺为1∶10 000～1∶50 000；

c) 森林分布图，比例尺为1∶50 000～1∶100 000；

d) 森林分类区划图，比例尺为1∶50 000～1∶100 000；

e) 其他专题图。

14.3 文字材料

文字材料包括：

a) 森林资源规划设计调查报告；

b) 专项调查报告；

c) 质量检查报告。

14.4 电子文档

与上述表格材料、图面材料和文字材料相对应的电子文档。

附 录 A
（规范性附录）
森林资源规划设计调查主要统计表格式

表 A.1 各类土地面积统计表

单位为公顷

<table>
<tr><td rowspan="4">统计单位</td><td rowspan="4">总面积</td><td rowspan="4">林地使用权</td><td rowspan="4">森林类别</td><td colspan="23">林地</td><td rowspan="4">非林地</td><td rowspan="4">森林覆盖率</td><td rowspan="4">林木绿化率</td></tr>
<tr><td rowspan="3">合计</td><td colspan="4">有林地</td><td rowspan="3">疏林地</td><td colspan="4">灌木林地</td><td colspan="3">未成林造林地</td><td rowspan="3">苗圃地</td><td colspan="4">无立木林地</td><td colspan="4">宜林地</td><td rowspan="3">辅助生产林地</td></tr>
<tr><td rowspan="2">小计</td><td rowspan="2">乔木林地</td><td rowspan="2">红树林地</td><td rowspan="2">竹林地</td><td rowspan="2">小计</td><td colspan="2">国家特别规定灌木林</td><td rowspan="2">其他灌木林</td><td rowspan="2">小计</td><td rowspan="2">人工造林未成林地</td><td rowspan="2">封育未成林地</td><td rowspan="2">小计</td><td rowspan="2">采伐迹地</td><td rowspan="2">火烧迹地</td><td rowspan="2">其他无立木林地</td><td rowspan="2">小计</td><td rowspan="2">宜林荒山荒地</td><td rowspan="2">宜林沙荒地</td><td rowspan="2">其他宜林地</td></tr>
<tr><td>灌木经济林</td><td>其他</td></tr>
<tr><td>1</td><td>2</td><td>3</td><td>4</td><td>5</td><td>6</td><td>7</td><td>8</td><td>9</td><td>10</td><td>11</td><td>12</td><td>13</td><td>14</td><td>15</td><td>16</td><td>17</td><td>18</td><td>19</td><td>20</td><td>21</td><td>22</td><td>23</td><td>24</td><td>25</td><td>26</td><td>27</td><td>28</td><td>29</td><td>30</td></tr>
<tr><td></td><td></td><td></td><td></td><td></td><td></td><td></td><td></td><td></td><td></td><td></td><td></td><td></td><td></td><td></td><td></td><td></td><td></td><td></td><td></td><td></td><td></td><td></td><td></td><td></td><td></td><td></td><td></td><td></td><td></td></tr>
<tr><td colspan="30">注：总面积为林地与非林地之和。</td></tr>
</table>

表 A.2 各类森林、林木面积蓄积统计表

<table>
<tr><td rowspan="3">统计单位</td><td rowspan="3">林木使用权</td><td rowspan="3">面积总计 hm²</td><td rowspan="3">蓄积量总计 m³</td><td rowspan="3">四旁树和散生木株数合计 株</td><td colspan="6">有林地</td><td colspan="2" rowspan="2">疏林</td><td colspan="2" rowspan="2">四旁树</td><td colspan="2" rowspan="2">散生木</td></tr>
<tr><td rowspan="2">面积合计 hm²</td><td colspan="2">乔木林地</td><td>红树林</td><td colspan="2">竹林</td></tr>
<tr><td>面积 hm²</td><td>蓄积 m³</td><td>面积 hm²</td><td>面积 hm²</td><td>株数 株</td><td>面积 hm²</td><td>蓄积 m³</td><td>株数 株</td><td>蓄积 m³</td><td>株数 株</td><td>蓄积 m³</td></tr>
<tr><td>1</td><td>2</td><td>3</td><td>4</td><td>5</td><td>6</td><td>7</td><td>8</td><td>9</td><td>10</td><td>11</td><td>12</td><td>13</td><td>14</td><td>15</td><td>16</td><td>17</td></tr>
<tr><td></td><td></td><td></td><td></td><td></td><td></td><td></td><td></td><td></td><td></td><td></td><td></td><td></td><td></td><td></td><td></td><td></td></tr>
</table>

表 A.3 林种统计表

统计单位	林种	亚林种	面积合计	蓄积合计	有林地																疏林		灌木林		
					小计	乔木林												红树林	竹林				小计	国家特别规定灌木林	其他灌木森
						小计		幼龄林		中龄林		近熟林		成熟林		过熟林									
			hm^2	m^3	面积 hm^2	面积 hm^2	蓄积 m^3	面积 hm^2	蓄积 m^3	面积 hm^2	蓄积 m^3	面积 hm^2	蓄积 m^3	面积 hm^2	蓄积 m^3	面积 hm^2	蓄积 m^3	面积 hm^2	面积 hm^3	株数 万株	面积 hm^2	蓄积 m^3	面积 hm^2	面积 hm^2	面积 hm^2
1	2	3	4	5	6	7	8	9	10	11	12	13	14	15	16	17	18	19	20	21	22	23	24	25	26

表 A.4 乔木林面积蓄积按起源、优势树种、龄组统计表

统计单位	起源	优势树种	小计		幼龄林		中龄林		近熟林		成熟林		过熟林	
			面积 hm^2	蓄积 m^3	面积 hm^2	蓄积 m^3	面积 hm^2	蓄积 m^3	面积 hm^2	蓄积 m^3	面积 hm^2	蓄积 m^3	面积 hm^2	蓄积 m^3
1	2	3	4	5	6	7	8	9	10	11	12	13	14	15

表 A.5 生态公益林统计表

单位为公顷

统计单位	总面积	工程类别	事权等级	合计	有林地				疏林地	灌木林地			未成林造林地			苗圃地	无立木林地				宜林地			
					小计	乔木林	红树林	竹林		小计	国家特别规定灌木林	其他灌木林	小计	人工造林未成林地	封育未成林地		小计	采伐迹地	火烧迹地	其他无立木林地	小计	宜林荒山荒地	宜林沙荒	其他宜林地
1	2	3	4	5	6	7	8	9	10	11	12	13	14	15	16	17	18	19	20	21	22	23	24	25

表 A.6 红树林资源统计表

单位为公顷

统计单位	林地使用权	树种(或群落类型)	地类								林种					郁闭度等级		
			合计	有林地	未成林造林地			宜林地			合计	自然保护区林	护岸林	其他特种用途林	合计	高	中	低
					小计	人工造林未成林地	封育未成林地	小计	规划造林地	其他宜林地						≥0.7	0.40～0.69	0.20～0.39
1	2	3	4	5	6	7	8	9	10	11	12	13	14	15	16	17	18	19

附 录 B
（资料性附录）
森林资源规划设计调查其他统计表格式

表 B.1 用材林面积蓄积按龄级统计表

统计单位	林木使用权	亚林种	合计		Ⅰ龄级		Ⅱ龄级		Ⅲ龄级		Ⅳ龄级		Ⅴ龄级		Ⅵ龄级		Ⅶ龄级		Ⅷ以上龄级	
			面积 hm²	蓄积 m³	面积 hm²	蓄积 m³	面积 hm²	蓄积 m³	面积 hm²	蓄积 m³	面积 hm²	蓄积 m³	面积 hm²	蓄积 m³	面积 hm²	蓄积 m³	面积 hm²	蓄积 m³	面积 hm²	蓄积 m³
1	2	3	4	5	6	7	8	9	10	11	12	13	14	15	16	17	18	19	20	21

表 B.2 用材林近成过熟林面积蓄积按可及度、出材等级统计表

统计单位	起源	优势树种	可及度								出材等级							
			合计		即可及		将可及		不可及		合计		Ⅰ		Ⅱ		Ⅲ	
			面积 hm²	蓄积 m³	面积 hm²	蓄积 m³	面积 hm²	蓄积 m³	面积 hm²	蓄积 m³	面积 hm²	蓄积 m³	面积 hm²	蓄积 m³	面积 hm²	蓄积 m³	面积 hm²	蓄积 m³
1	2	3	4	5	6	7	8	9	10	11	12	13	14	15	16	17	18	19

表 B.3　用材林近成过熟林各树种株数、材积按径级组、林木质量统计表

统计单位	起源	龄组	树种	径级组										林木质量							
				合计		小径组		中径组		大径组		特大径组		合计		商品用材树		半商品用材树		薪材树	
				株数 百株	材积 m^3	株数 百株	材积 m^3	株数 百株	材积 m^3	株数 百株	材积 m^3	株数 百株	材积 m^3	株数 百株	材积 m^3	株数 百株	材积 m^3	株数 百株	材积 m^3	株数 百株	材积 m^3
1	2	3	4	5	6	7	8	9	10	11	12	13	14	15	16	17	18	19	20	21	22

表 B.4　用材林、一般生态公益林异龄林面积蓄积按大径木比等级统计表

统计单位	起源	优势树种	合计		大径比<30%		大径比 30%～70%		大径比>70%	
			面积 hm^2	蓄积 m^3	面积 hm^2	蓄积 m^3	面积 hm^2	蓄积 m^3	面积 hm^2	蓄积 m^3
1	2	3	4	5	6	7	8	9	10	11

表 B.5 经济林统计表

统计单位	林木使用权	起源	树种	乔木										灌木				
				合计		产前期		初产期		盛产期		衰产期		合计 hm²	产前期 hm²	初产期 hm²	盛产期 hm²	衰产期 hm²
				面积 hm²	株数 百株	面积 hm²	株数 百株	面积 hm²	株数 百株	面积 hm²	株数 百株	面积 hm²	株数 百株					
1	2	3	4	5	6	7	8	9	10	11	12	13	14	15	16	17	18	19

表 B.6 竹林统计表

统计单位	起源	林种	合计		毛竹林					杂竹		散生毛竹
			面积 hm²	株数 百株	面积 hm²	株数				面积 hm²	株数 百株	株数 百株
						小计 百株	幼龄竹 百株	壮龄竹 百株	老龄竹 百株			
1	2	3	4	5	6	7	8	9	10	11	12	13

表 B.7 灌木林统计表

单位为公顷

统计单位	使用权	起源	优势树种	合计				国家规定灌木林				其他灌木林			
				合计	疏	中	密	小计	疏	中	密	小计	疏	中	密
1	2	3	4	5	6	7	8	9	10	11	12	13	14	15	16

ICS 65.120
B 46

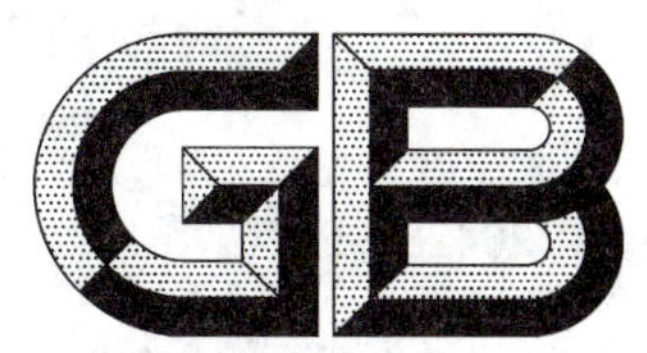

中华人民共和国国家标准

GB/T 26425—2010

饲料中产气荚膜梭菌的检测

Method for determination of *Clostridium perfringens* in feeds

(ISO 7937:2004,Microbiology of food and animal feeding stuffs—Horizontal method for the enumeration of *Clostridium perfringens*—Colony-count technique,MOD)

2011-01-14 发布 2011-07-01 实施

中华人民共和国国家质量监督检验检疫总局
中国国家标准化管理委员会 发布

前　言

本标准按照 GB/T 1.1—2009 给出的规则起草。

本标准使用重新起草法修改采用 ISO 7937:2004《食品和动物饲料的微生物学　产气荚膜梭菌计数的水平方法　菌落计数技术》(英文版)。

本标准与 ISO 7937:2004 相比在结构上有较多调整,附录 B 中列出了本标准与 ISO 7937:2004 的章条编号对照一览表。

本标准与 ISO 7937:2004 相比存在技术性差异,这些差异涉及的条款已通过在其外侧页边空白位置的垂直单线(|)进行了标识,附录 C 中给出了相应技术性差异及其原因的一览表。

本标准还做了下列编辑性修改:

——删除了 ISO 7937:2004 的目次;

——删除了 ISO 7937:2004 的引言;

——删除了 ISO 7937:2004 的参考文献。

本标准由全国饲料工业标准化技术委员会(SAC/TC 76)归口。

本标准起草单位:广东省微生物分析检测中心。

本标准主要起草人:朱红惠、孙晓棠、羊宋贞、陈远良、张鲜姣。

饲料中产气荚膜梭菌的检测

1 范围

本标准规定了饲料中产气荚膜梭菌的检验方法。

本标准适用于饲料中产气荚膜梭菌的检测。

2 规范性引用文件

下列文件对于本文件的应用是必不可少的。凡是注日期的引用文件,仅注日期的版本适用于本文件。凡是不注日期的引用文件,其最新版本(包括所有的修改单)适用于本文件。

GB/T 8170 数值修约规则与极限数值的表示和判定

GB/T 14699.1 饲料 采样(GB/T 14699.1—2005,ISO 6497:2002,IDT)

GB/T 20195 动物饲料 试样的制备(GB/T 20195—2006,ISO 6498:1998,IDT)

SN/T 1538.1—2005 培养基制备指南 第1部分:实验室培养基制备质量保证通则(SN/T 1538.1—2005,ISO/TS 11133-1:2000,MOD)

SN/T 1538.2—2007 培养基制备指南 第2部分:培养基性能测试实用指南(SN/T 1538.2—2007,ISO/TS 11133-2:2003,MOD)

3 原理

3.1 在平板中接种特定量待测液体样品,或特定量其他类型待测样品初始悬液。在相同条件下接种待测样品或初始悬液的十倍梯度稀释物。浇注一层选择性培养基,凝固后再浇注一层此培养基覆盖。

3.2 平板于37 ℃厌氧培养20 h±2 h。

3.3 典型菌落计数。

3.4 典型菌落的数量用确证试验证实,进一步计算每毫升或每克试样中产气荚膜梭菌数。

4 稀释液、培养基及试剂

除非另有说明,在分析中仅使用确认为分析纯的试剂,实验室用水采用蒸馏水或去离子水,或相当纯度的水。

4.1 蛋白胨生理盐水稀释液:参见附录A中的A.1。

4.2 亚硫酸盐-环丝氨酸琼脂(SC):参见附录A中的A.2。

注:该培养基原称为无卵黄胰蛋白胨-亚硫酸盐-环丝氨酸琼脂(TSC)。

4.3 液体硫乙醇酸盐培养基:参见附录A中的A.3。

4.4 乳糖亚硫酸盐(LS)培养基(可选):参见附录A中的A.4。

4.5 动力硝酸盐培养基(可选):参见附录A中的A.5。

4.6 硝酸盐还原试剂(可选):参见附录A中的A.6。

4.7 锌粉(可选):可选。

4.8 乳糖-明胶培养基(可选):参见附录A中的A.7。

5 设备和玻璃器皿

需配备微生物学常规设备和以下设备及玻璃器皿。

5.1 干热灭菌烘箱或湿热高压灭菌锅。

5.2 恒温培养箱:37 ℃±1 ℃。

5.3 厌氧培养装置或厌氧罐。

5.4 pH 计:精度到±0.1 个单位。

5.5 接种环、穿刺接种针:铂金丝或镍丝,一次性使用的无菌用品亦可,接种环直径约 3 mm。

5.6 过滤除菌装置:用于溶液过滤除菌。

5.7 试管、锥形瓶、倒管:容积适当,试管 16 mm×160 mm。

5.8 吸管:1 mL(具 0.1 mL 刻度),10 mL(具 0.5 mL 刻度)。

5.9 玻璃或塑料平板:直径 9 cm～10 cm。

5.10 水浴锅:46 ℃±0.5 ℃,44 ℃～47 ℃可调。

5.11 橡胶吸耳球:必要时与具刻度的移液管一同用于配制硝酸盐还原试剂。

6 采样

实验室样品真实、具有代表性。采样工具,如铲子、匙、采样器、试管、广口瓶、剪子等,应是灭菌的。样品送到微生物检验室应越快越好。采样数量和方式按照 GB/T 14699.1 执行。

7 样品的制备

按照 GB/T 20195 进行试样的制备,样品制备后应尽快检验。

8 操作步骤

8.1 检样制备、初始悬液和十倍稀释

以无菌操作称取试样 25 g(mL)加入 225 mL 蛋白胨生理盐水稀释液(4.1),均质 1 min～2 min,制成 1∶10 的稀释液。吸取 1∶10 的稀释液 1 mL,加入 9 mL 蛋白胨生理盐水稀释液,经充分混匀后制成 1∶100 的稀释液。更高稀释度可按此方法操作。

8.2 接种和培养

用无菌移液管吸取 1 mL 初始悬液(若样品本身为液体,则直接吸取样液)加入到灭菌空平皿中央,每个样品做两个重复,每个平板浇注 44 ℃～47 ℃水浴保温的 SC 培养基(4.2)10 mL～15 mL,柔和转动平板,使稀释液与培养基充分混匀。培养基凝固后,再于其上浇注 10 mL 的 SC 培养基,待其凝固后,将平板倒置于厌氧培养装置(5.3)内,37 ℃厌氧培养 20 h±2 h。培养时间不宜过长,否则会导致平板过度黑化。

采用同样操作步骤进行 1∶100 的稀释物的接种和培养,必要时可采用同样操作步骤进行更高适宜稀释物的接种和培养。

8.3 计数及菌落筛选

培养后,选择长有 150 个菌落以下的平板,最好选择连续稀释度的平板,计数每皿中黑色菌落。然

后从中选出 5 个黑色菌落用 8.4.1 或 8.4.2 中的任一种方法做确证试验。

8.4 确证试验

8.4.1 用 LS 培养基进行确证试验

注：因只有产气荚膜梭菌和不和谐梭菌(*Clostridium absonum*)这两种菌能在 LS 培养基(4.4)上 46 ℃培养下生长，故采用此法进行确证试验不需确保从 SC 培养基上选出的黑色菌落为纯培养即可转接至液体硫乙醇酸盐培养基进而转接到 LS 培养基上。

8.4.1.1 培养及转种

将每个选出的菌落接种至液体硫乙醇酸盐培养基(4.3)，37 ℃厌氧培养 18 h～24 h 后，立即用灭菌移液管将 5 滴液体硫乙醇酸盐培养物转接到 LS 培养基中，水浴(5.10)中 46℃需氧培养 18 h～24 h。

8.4.1.2 鉴别

检查 LS 培养基中的倒管是否产气且是否呈黑色(为亚硫酸铁沉淀)，LS 培养基变黑且产气超过 1/4小倒管的可确认为阳性；若 LS 培养基变黑但产气不足 1/4 小倒管的，立即从中转接 5 滴至另一管 LS 培养基，于水浴中 46 ℃培养 18 h～24 h 后，同上判断是否阳性。

在 SC 培养基上形成特征性菌落，且用 LS 培养基确认为阳性的可认定为产气荚膜梭菌，其他情况均应判为阴性。

8.4.2 用动力硝酸盐培养基和乳糖-明胶培养基进行确证试验

8.4.2.1 概述

用此法进行确证需确保用于确证的菌落得到良好分离。平板表面出现过度生长或不可能选出良好分离的特征菌落时，应将 5 个特征菌落接种至预脱气的液体硫乙醇酸盐培养基，37 ℃厌氧培养 18 h～24 h 后，划线于 SC 基础琼脂平板(A.2.1)上，待划线干后，再覆盖 10 mL SC 基础琼脂，凝固后置 37 ℃厌氧培养 18 h～24 h 后，从每一平板中选取至少 1 个良好分离的特征菌落，必要时重复于 SC 基础琼脂上划线及培养，直至获得良好分离的黑色菌落。再如 8.4.2.2、8.4.2.3 和 8.4.2.4 所述进行确证试验。

8.4.2.2 动力硝酸盐培养基确证

将选出的菌落穿刺接种至新鲜脱气的动力硝酸盐培养基(4.5)，37 ℃厌氧培养 24 h，观察接种线的生长情况，沿接种线周围呈扩散生长的为有动力，然后用有刻度的滴管和橡胶吸耳球滴加硝酸盐还原试剂(4.6)0.2 mL～0.5 mL，观察硝酸盐是否被还原，变红的为阳性。若 15 min 内无红色产生，加少量锌粉 10 min 后观察结果，此时若变红则表明无硝酸盐被还原，判为阴性。产气荚膜梭菌无动力，能将硝酸盐还原为亚硝酸盐。

警告：为了安全起见，滴加硝酸盐还原试剂应在通风橱中进行。

8.4.2.3 转种及乳糖-明胶培养基确证试验

将选出的菌落穿刺接种至新鲜脱气的乳糖-明胶培养基(4.8)，37 ℃厌氧培养 24 h，观察是否发酵乳糖，发酵乳糖者产气且变黄(因产酸)，5 ℃放置 1 h，据其是否凝固检查明胶液化与否。此培养基凝固者，接着再培养 24 h，以检查明胶液化与否。

8.4.2.4 鉴别

SC 培养基上形成黑色菌落，无动力，能还原硝酸盐，发酵乳糖产酸产气，48 h 内液化明胶者可判为产气荚膜梭菌。产气荚膜梭菌的硝酸盐还原反应迅速且强烈，仅有微弱硝酸盐还原反应(如变成桃红色)者，应排除。

9 结果计算与报告

9.1 每个平板中产气荚膜梭菌的数量

每个平板中产气荚膜梭菌菌落数 a 的计算见式(1)：

$$a=\frac{b}{A}\times C \qquad \cdots\cdots(1)$$

式中：

a——每块平板上的产气荚膜梭菌菌落数；

b——挑取后经证实为产气荚膜梭菌的菌落数；

A——挑取平板上用于验证的菌落数；

C——平板上的所有特征菌落数。

最终结果按照 GB/T 8170 数值修约规则修约至整数。

示例：

若某板上长有 30 个典型菌落，从中选出做确证试验的 5 个菌中有 4 个证实为产气荚膜梭菌，则：

$$a=\frac{4}{5}\times 30=24$$

9.2 试样中产气荚膜梭菌菌数的计算方法与报告

9.2.1 通常情况下试样中产气荚膜梭菌菌数的计算方法与报告

选择两个连续稀释度平板(其上经确证后的产气荚膜梭菌数介于 15～150 之间)，按式(2)计算 1 mL或 1 g 试样中的产气荚膜梭菌菌数 N：

$$N=\frac{\sum a}{V(n_1+0.1n_2)d} \qquad \cdots\cdots(2)$$

式中：

N ——样品中产气荚膜梭菌菌落数；

$\sum a$——所有平板经确证后的产气荚膜梭菌菌落数的总和；

V ——平板的接种体积，单位为毫升(mL)；

n_1 ——第一个稀释度的平板数；

n_2 ——第二个稀释度的平板数；

d ——第一个稀释度的稀释因子(未经稀释的液体样品的 d 值为 1)。

按照 GB/T 8170 数值修约规则将计算出的结果保留至两位有效数字，也可记录为 1.0～9.9 乘以 10 的指数幂形式。

报告每毫升或每克试样中产气荚膜梭菌数量，单位为 CFU/g(mL)。

示例 1：

若第一个稀释度(10^{-2})经确证后的菌落数为 168 和 215，第二个稀释度(10^{-3})经确证后的菌落数为 14 和 15，则：

$$N=\frac{168+215+14+15}{1\times(2+0.1\times 2)\times 10^{-2}}=\frac{422}{0.022}=19\ 182$$

报告每毫升或每克试样中含产气荚膜梭菌数量为 1.9×10^4 CFU/g(mL)或 19 000 CFU/g(mL)。

示例 2：

只有一个稀释度平板上含少于 150 个确证为产气荚膜梭菌菌落数，如最后一稀释液(10^{-4})经证实含产气荚膜梭菌菌落数分别为 120 和 130，则：

$$N=\frac{120+130}{1\times 2\times 10^{-4}}=\frac{250}{0.0002}=1250000$$

报告每毫升或每克试样中含产气荚膜梭菌数量为 1.2×10^{6} CFU/g(mL)或 1 200 000 CFU/g(mL)。

9.2.2 经确证后的产气荚膜梭菌菌数很少的情况下的计算方法与报告

9.2.2.1 仅液体测试样品原液或其他样品的初始悬液证实含产气荚膜梭菌,且均少于 15

仅液体测试样品原液或其他样品的初始悬液证实含产气荚膜梭菌,且均少于 15 时,按式(3)计算 1 mL或 1 g 样品中的产气荚膜梭菌数 Ne。

$$Ne=\frac{\sum a}{2Vd} \qquad\cdots\cdots(3)$$

式中:

Ne ——样品中产气荚膜梭菌菌数;

$\sum a$ ——两个被选择平板中经确证后的产气荚膜梭菌菌落数的总和;

V ——平板的接种体积,单位为毫升(mL);

d ——稀释度的稀释因子(未经稀释的液体样品的 d 值为 1)。

报告每毫升或每克试样中产气荚膜梭菌数量。

示例 1:

某固体样品初始悬液的菌落数分别为 8 和 6,则:

$$Ne=\frac{8+6}{1\times 2\times 10^{-1}}=\frac{14}{0.2}=70$$

报告每克试样中含产气荚膜梭菌菌数为 70 CFU/g。

9.2.2.2 液体测试样品原液或其他样品的初始悬液经确证后不含产气荚膜梭菌

报告每毫升或每克试样中产气荚膜梭菌数量小于 $1/d$(d 为液体测试样品原液或其他样品的初始悬液的稀释因子,未经稀释的液体样品 d 值为 1)。

附 录 A
（资料性附录）
培养基和试剂

A.1 蛋白胨生理盐水

A.1.1 成分

酪蛋白胨	1.0 g
氯化钠	8.5 g
蒸馏水	1 000 mL

A.1.2 制法

溶解各成分于水中，必要时加热。调整 pH 值，使培养基 pH 值在 25 ℃时为 7.0±0.2。

A.2 亚硫酸盐-环丝氨酸琼脂(SC)

A.2.1 基础培养基

A.2.1.1 成分

蛋白胨	15.0 g
大豆蛋白胨	5.0 g
酵母粉	5.0 g
偏重亚硫酸钠($Na_2S_2O_5$)	1.0 g
柠檬酸铁铵[1]	1.0 g
琼脂	9.0 g～18.0 g[2]
蒸馏水	1 000 mL

A.2.1.2 制法

各成分加热溶解，调整 pH 值，使培养基 pH 值在 25 ℃时为 7.6 ±0.2，分装，121 ℃灭菌 15 min，5 ℃±3 ℃最多可保存 2 周。

某些情况下(见 8.4.2.1)，可能应制备 SC 琼脂基础培养基平板用于动力硝酸盐培养基和乳糖-明胶培养基确证试验，因此，将约 15 mL 基础培养基浇注平板(水浴融解后冷却至约 44 ℃～47 ℃)，使之凝固。平板干燥后立即使用。

A.2.2 D-环丝氨酸溶液

A.2.2.1 成分

D-环丝氨酸[3]	4.0 g

1） 此试剂含铁质量分数应不少于 15 %。

2） 据凝胶强度而定。

3） 仅能使用白色结晶粉末。

蒸馏水　　100 mL

A.2.2.2　**制法**

D-环丝氨酸溶于蒸馏水，过滤除菌。3 ℃±2 ℃最多可保存 4 周。

A.2.3　**完全培养基**

临用前，每 100 mL 灭菌的基础培养基(A.2.1)冷却至约 44 ℃～47 ℃后，加入 1 mL D-环丝氨酸溶液(A.2.2)，立即浇注平板。

A.2.4　**SC 培养基质量保证和性能测试**

选择性和生长率试验，见 SN/T 1538.1—2005 。性能测试见 SN/T 1538.2—2007 中的表 B.1[见 TS(C)]。

A.3　液体硫乙醇酸盐培养基

A.3.1　成分

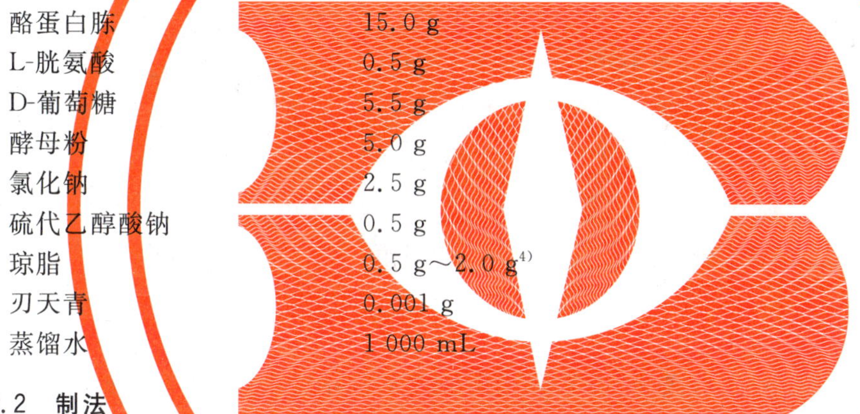

酪蛋白胨　　15.0 g
L-胱氨酸　　0.5 g
D-葡萄糖　　5.5 g
酵母粉　　5.0 g
氯化钠　　2.5 g
硫代乙醇酸钠　　0.5 g
琼脂　　0.5 g～2.0 g[4)]
刃天青　　0.001 g
蒸馏水　　1 000 mL

A.3.2　制法

加热溶解各成分，调整 pH 值，使培养基 pH 值在 25 ℃时为 7.1±0.2，分装每管 10 mL，121 ℃高压灭菌 15 min。使用前需脱气。

A.3.3　液体硫乙醇酸盐培养基质量保证和性能测试

选择性及生长率测定见 SN/T 1538.1—2005 。性能测试见 SN/T 1538.2—2007 中的表 B.4。

A.4　乳糖亚硫酸盐(LS)培养基(可选)

A.4.1　基础培养基

A.4.1.1　**成分**

酪蛋白胨　　5.0 g
酵母粉　　2.5 g
氯化钠　　2.5 g
乳糖　　10.0 g

---

4)　据琼脂凝胶强度而定。

L-半胱氨酸盐酸盐　　0.3 g
蒸馏水　　1 000 mL

A.4.1.2　制法

溶解各成分(必要时可煮沸溶解)。调整 pH 值,使培养基 pH 值在 25 ℃时为 7.1±0.2。分装至带有小倒管(Durham 小管)的试管中,每管 8 mL,121 ℃高压灭菌 15 min。3 ℃±2 ℃最多可保存 4 周。

A.4.2　焦亚硫酸钠溶液

A.4.2.1　成分

无水焦亚硫酸钠($Na_2S_2O_5$)　　1.2 g
蒸馏水　　100 mL

A.4.2.2　制法

将焦亚硫酸钠溶于蒸馏水中,过滤除菌。此溶液仅可当天使用。

A.4.3　柠檬酸铁铵溶液

A.4.3.1　成分

柠檬酸铁铵　　1 g
蒸馏水　　100 mL

A.4.3.2

将柠檬酸铁铵溶于蒸馏水中,过滤除菌。此溶液仅可当天使用。

A.4.4　完全培养基

培养基若非当天使用,临用前需迅速加热并冷却使之脱气。若培养基装于螺旋盖的瓶中,加热前松开瓶盖,冷却前则拧紧瓶盖。加焦亚硫酸钠溶液(A.4.2)和柠檬酸铁铵溶液(A.4.3)各 0.5 mL 至 8 mL的基础培养基(A.4.1)中。完全培养基应当天使用。

A.5　动力硝酸盐培养基(可选)

A.5.1　成分

酪蛋白胨　　5.0 g
牛肉膏　　3.0 g
半乳糖　　5.0 g
甘油　　5.0 g
硝酸钾(KNO_3)　　1.0 g
磷酸氢二钠(Na_2HPO_4)　　2.5 g
琼脂　　1.0 g～5.0 g[5)]
蒸馏水　　1 000 mL

5)　据琼脂凝胶强度而定。

A.5.2 制法

加热溶解，调整 pH 值，使培养基 pH 值在 25 ℃时为 7.3±0.2，分装，每管 10 mL，121 ℃高压灭菌 15 min。培养基若非当天使用，于 5 ℃±3 ℃保存，临用前水浴或蒸汽浴中加热 15 min 后迅速冷却至培养温度使之脱气。5 ℃±3 ℃最多可保存 4 周。

A.6 硝酸盐还原试剂（可选）

A.6.1 5-氨基-2-萘磺酸（5-2-ANSA）溶液

将 5-氨基-2-萘磺酸 0.1 g 溶解于 15 %（体积分数）的乙酸溶液 100 mL 中，滤纸过滤，贮存于带塞棕色瓶中（最好具球形滴器），5 ℃±3 ℃贮存。

A.6.2 磺胺酸溶液

将磺胺酸 0.4 g 溶于 15 %（体积分数）的乙酸溶液 100 mL 中，滤纸过滤，贮存于带塞棕色瓶中（最好具球形滴器），5 ℃±3 ℃贮存。

A.6.3 完全试剂的用法

临用前等比例混合以上两种溶液（A.6.1 及 A.6.2），多余试剂弃去。

A.7 乳糖-明胶培养基（可选）

A.7.1 成分

酪蛋白胨	15.0 g
酵母粉	10.0 g
乳糖	10.0 g
明胶	120.0 g
酚红	0.05 g
蒸馏水	1 000 mL

A.7.2 制法

除乳糖和酚红外，溶解其余各成分，调整 pH 值，使培养基 pH 值在 25 ℃时为 7.5±0.2，加乳糖和酚红，分装，每管 10 mL，121 ℃高压灭菌 15 min。若当天不用，于 5 ℃±3 ℃保存。过期弃去。临用前，于沸水或流动蒸汽中加热 15 min，然后迅速冷却至培养温度。5 ℃±3 ℃最多可保存 3 周。

附　录　B
（资料性附录）
本标准与 ISO 7937:2004 相比的结构变化情况

本标准与 ISO 7937:2004 相比在结构上有较多调整，具体章条编号对照情况见表 B.1。

表 B.1　本标准与 ISO 7937:2004 的章条编号对照情况

本标准章条编号	对应的国际标准章条编号
9.1～9.2	10.1
—	10.2
—	11
附录 A	5
A.1	5.1
A.2	5.2
A.2.1～A.2.4	5.2.1～5.2.4
A.3	5.3
A.3.1～A.3.3	5.3.1～5.3.3
A.4	5.4
A.4.1～A.4.4	5.4.1～5.4.4
A.5	5.5
A.5.1～A.5.2	5.5.1～5.5.2
A.6	5.6
A.6.1～A.6.3	5.6.1～5.6.3
A.7	5.8
A.7.1～A.7.2	5.8.1～5.8.2
A.7	5.8
附录 B	—
附录 C	—
—	附录 A

附 录 C
（资料性附录）
本标准与 ISO 7937:2004 的技术性差异及其原因

表 C.1 给出了本标准与 ISO 7937:2004 的技术性差异及其原因。

表 C.1 本标准与 ISO 7937:2004 的技术性差异及其原因

本标准章条编号	技术性差异	原因
1	删除 ISO 7937:2004 范围中"适用于食品以及食品生产和食品处理过程中环境样品"	本标准只针对饲料
2	关于规范性引用文件，本标准做了具有技术性差异的调整，调整的情况集中反映在第 2 章"规范性引用文件"中，具体调整如下： ——删除 ISO 6887-1； ——删除 ISO 6887-2； ——删除 ISO 6887-3； ——删除 ISO 6887-4； ——删除 ISO 7218； ——删除 ISO 8261； ——用修改采用国际标准的 SN/T 1538.1—2005，代替了 ISO/TS 11133-1； ——用修改采用国际标准的 SN/T 1538.2—2007，代替了 ISO/TS 11133-2:2003； ——增加引用了 GB/T 8170； ——增加引用了 GB/T 14699.1； ——增加引用了 GB/T 20195	删除的国际标准无对应的国内标准，为便于标准使用者使用，本标准将这些内容直接列出纳入本标准中；引用 SN/T 1538，便于标准使用者使用中文术语
4	只列出了培养基及试剂名称，将成分及配制方法转至附录 A 中	按 GB/T 20000.1 要求，与我国标准版式保持一致
6	将 ISO 7937:2004 中采样按照相应的国际标准执行，如果没有标准可按双方达成的一致意见执行，改为按照国内标准 GB/T 14699.1执行	我国饲料采样有标准
7	将 ISO 7937:2004 中试样的制备按照相应的国际标准执行，如果没有标准可按双方达成的一致意见执行，改为按照国内标准 GB/T 20195 执行	便于标准使用者使用
8.1	将 ISO 7937:2004 中引用的 ISO 6887 相关内容列出，纳入本标准中	便于标准使用者使用
9	将 ISO 7937:2004 中引用的 ISO 7218 相关内容列出，纳入本标准中	便于标准使用者使用
—	删除 ISO 7937:2004 中 3 "术语和定义"的内容	按 GB/T 20000.1 要求，与我国标准版式保持一致
—	删除 ISO 7937:2004 中 10.2 "精密度"的内容	按 GB/T 20000.1 要求，与我国标准版式保持一致

表 C.1（续）

本标准章条编号	技术性差异	原因
—	删除 ISO 7937:2004 中第 11 章检测报告要求“检测报告应当注明所使用的检测方法、培养温度及其结果。还需要提及在本标准中未涉及的所有操作步骤细节或所有可选步骤以及所有可能影响最终结果的细节。检测报告应当包含对完成检测样品的所有必要的信息。”	按 GB/T 20000.1 要求，与我国标准版式保持一致
附录 A	将培养基和试剂成分及配制方法由 ISO 7937:2004 中第 5 章转至本标准附录 A 中	按 GB/T 20000.1 要求，与我国标准版式保持一致，此内容属资料性内容，宜安排在标准附录中
—	删除 ISO 7937:2004 中“附录 A(资料性附录)实验室间比对试验数据”	按 GB/T 20000.1 要求，与我国标准版式保持一致
—	删除参考文献	按 GB/T 20000.1 要求，与我国标准版式保持一致

ICS 65.120
B 46

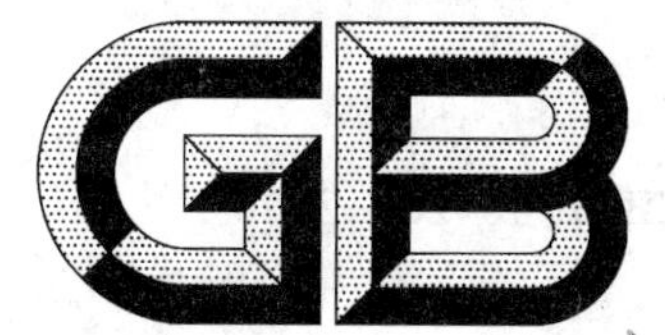

中华人民共和国国家标准

GB/T 26426—2010

饲料中副溶血性弧菌的检测

Method for determination of *Vibrio parahaemolyticus* in feeds

(ISO/TS 21872-1:2007, Microbiology of food and animal feeding stuffs—Horizontal method for the detection of potentially enteropathogenic *Vibrio* spp.—Part 1: Detection of *Vibrio parahaemolyticus* and *Vibrio cholerae*, MOD)

2011-01-14 发布　　2011-07-01 实施

中华人民共和国国家质量监督检验检疫总局
中国国家标准化管理委员会　发布

前　言

本标准按照 GB/T 1.1—2009 给出的规则起草。

本标准使用重新起草法修改采用 ISO/TS 21872-1:2007《食品和动物饲料的微生物学　潜在肠道致病性弧菌属检测的水平方法　第 1 部分:副溶血性弧菌和霍乱弧菌的检测》(英文版)。

本标准与 ISO/TS 21872-1:2007 相比在结构上有较多调整,附录 B 中列出了本标准与 ISO/TS 21872-1:2007 的章条编号对照一览表。

本标准与 ISO/TS 21872-1:2007 相比存在技术性差异,这些差异涉及的条款已通过在其外侧页边空白位置的垂直单线(|)进行了标识,附录 C 中给出了相应技术性差异及其原因的一览表。

本标准还做了下列编辑性修改:

——删除了 ISO 7937:2004 的目次;

——删除了 ISO 7937:2004 的引言;

——删除了 ISO 7937:2004 的参考文献。

本标准由全国饲料工业标准化技术委员会(SAC/TC 76)归口。

本标准起草单位:广东省微生物分析检测中心。

本标准主要起草人:朱红惠、孙晓棠、羊宋贞、黎志坤。

饲料中副溶血性弧菌的检测

1 范围

本标准规定了饲料中副溶血性弧菌的检验方法。

本标准适用于饲料中副溶血性弧菌的检测。

2 规范性引用文件

下列文件对于本文件的应用是必不可少的。凡是注日期的引用文件，仅注日期的版本适用于本文件。凡是不注日期的引用文件，其最新版本(包括所有的修改单)适用于本文件。

GB/T 14699.1 饲料 采样(GB/T 14699.1—2005,ISO 6497:2002,IDT)

GB/T 20195 动物饲料 试样的制备(GB/T 20195—2006,ISO 6498:1998,IDT)

3 原理

3.1 概述

检测副溶血性弧菌包括4个步骤。

注：副溶血性弧菌可以少量存在，而且往往伴随着大量的其他弧菌或其他属的细菌。因此，要检测副溶血性弧菌，连续两次选择性增菌是必要的。

3.2 在选择性培养液中第一次增菌

称取25 g试样加入到选择性培养液中，室温接种增菌培养基(碱性盐蛋白胨水，ASPW)，对于深度冷冻的样品于37 ℃培养6 h±1 h，对于新鲜的或干燥的样品于41.5 ℃培养6 h±1 h。

3.3 在选择性培养液中第二次增菌

吸取3.2获得的培养液重新接种新的增菌液ASPW管内，于41.5 ℃培养18 h±1 h。

3.4 分离

用3.2和3.3获得的培养液接种下面两种固体选择性培养基：

——硫代硫酸盐-柠檬酸盐-胆盐-蔗糖琼脂(TCBS)；

——可选择另一适当的能检测副溶血性弧菌的固体选择性培养基，作为TCBS的补充。

TCBS在37 ℃培养24 h±3 h后检查结果。第二种选择性培养基按产品说明培养后检查结果。

3.5 确证

转接3.4中分离的可疑菌落，培养纯化，然后通过适当的生化检验确证。

4 稀释液、培养基及试剂

除非另有说明，在分析中仅使用确认为分析纯的试剂，实验室用水采用蒸馏水或去离子水，或相当纯度的水。

4.1 增菌培养基:碱性盐蛋白胨水(ASPW),参见附录A中的A.1。

4.2 固体选择性分离培养基

4.2.1 第一种培养基:硫代硫酸盐-柠檬酸盐-胆盐-蔗糖琼脂(TCBS),参见附录A中的A.2。

4.2.2 第二种培养基:科玛嘉弧菌显色培养基(CV)或大豆蛋白胨-三苯基氯化四氮唑琼脂(TSAT),两者可选择其一。严格按照厂商说明制备培养基。

4.3 含盐营养琼脂(SNA):参见附录A中的A.3。

4.4 检测氧化酶试剂:参见附录A中的A.4。

4.5 革兰氏染色液:参见附录A中的A.5。

4.6 含盐三糖铁琼脂(TSI):参见附录A中的A.6。

4.7 检测鸟氨酸脱羧酶(ODC)含盐培养基:参见附录A中的A.7。

4.8 检测赖氨酸脱羧酶(LDC)含盐培养基:参见附录A中的A.8。

4.9 精氨酸双水解酶(ADH)含盐培养基:参见附录A中的A.9。

4.10 检测β-半乳糖苷酶试剂:参见附录A中的A.10。

4.11 检测吲哚含盐培养基:参见附录A中的A.11。

4.12 蛋白胨盐水:参见附录A中的A.12。

4.13 氯化钠溶液:参见附录A中的A.13。

5 设备和玻璃器皿

需配备微生物学常规设备和以下设备。

5.1 恒温培养箱:37 ℃±1 ℃。

5.2 恒温培养箱或水浴:41.5 ℃±1 ℃。

5.3 水浴锅:44 ℃~47 ℃。

5.4 水浴锅:37 ℃±1 ℃。

5.5 干热灭菌烘箱或湿热高压灭菌锅。

5.6 玻璃或塑料培养皿:直径9 cm~10 cm。

5.7 刻度吸管:标记容量为1 mL和10 mL,最小刻度分别为0.1 mL和0.5 mL。

5.8 pH计:25 ℃最小检测单位为0.01,精度到±0.1个单位。

5.9 显微镜。

6 采样

实验室样品真实、具有代表性。采样工具,如铲子、匙、采样器、试管、广口瓶、剪子等,应是灭菌的。样品送到微生物检验室应越快越好。采样数量和方式按照GB/T 14699.1执行。

7 样品的制备

按照GB/T 20195进行试样的制备,样品制备后应尽快检验。

8 检验程序

副溶血性弧菌检验程序见图1。

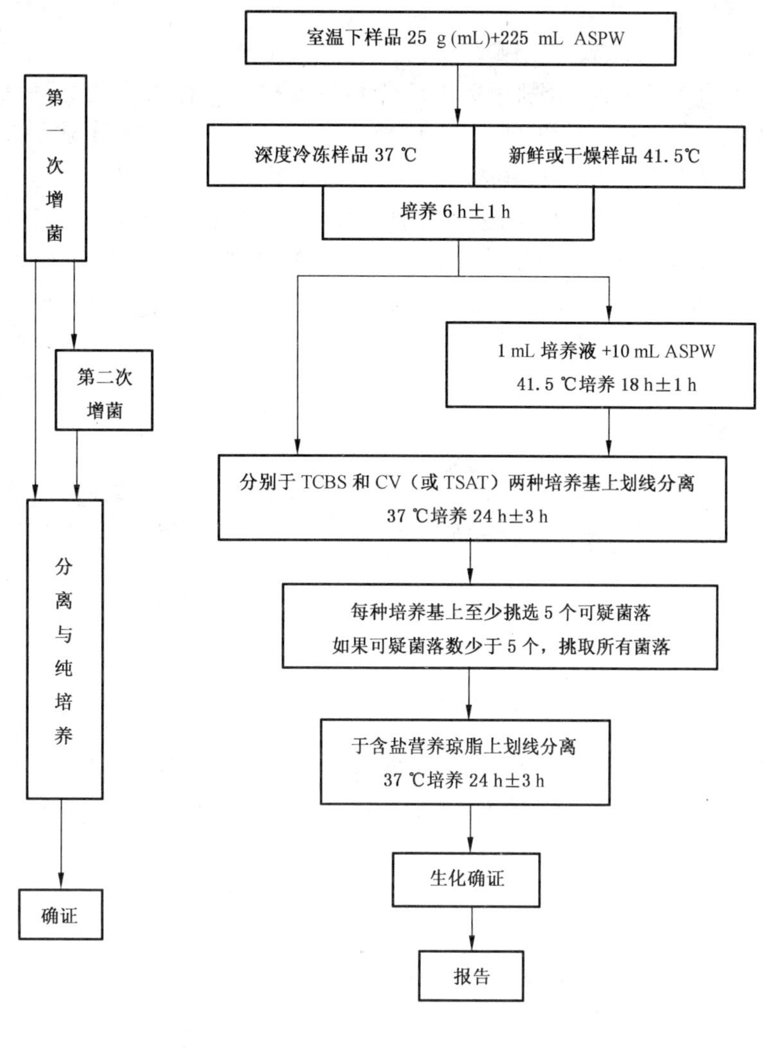

图 1 副溶血性弧菌检验程序

9 操作步骤

9.1 检样制备和初始悬液

以无菌操作称取试样 25 g(mL)，加入 225 mL 37 ℃预热的增菌培养基(ASPW)(4.1)，均质 1 min～2 min，制成 1∶10 的初始悬液。

9.2 第一次选择性增菌

对于深度冷冻的样品将初始悬液(9.1)于 37 ℃培养 6 h±1 h，对于新鲜的或干燥的样品将初始悬液(9.1)于 41.5 ℃培养 6 h±1 h。

9.3 第二次选择性增菌

用无菌移液管吸取 1 mL 培养液(9.2)注入含 10 mL ASPW(4.1)的试管内，于 41.5 ℃培养 18 h±1 h。

9.4 分离

9.2 和 9.3 培养的两次增菌液，分别用接种环各划线接种在两种培养基上，一块 TCBS 琼脂平板(4.2.1)和一块科玛嘉弧菌显色培养基(或 TSAT)琼脂平板(4.2.2)。翻转上述平皿置 37 ℃培养箱中培养。24 h±3 h 后，检查平板上的可疑菌落，在平皿底部标记要挑取的菌落。

典型的副溶血性弧菌在 TCBS 琼脂平板上表面光滑，菌落绿色(蔗糖阴性)，直径 2 mm～3 mm。

典型的副溶血性弧菌在科玛嘉弧菌显色培养基上表面光滑，菌落粉紫色，直径 2 mm～3 mm。

典型的副溶血性弧菌在 TSAT 琼脂平板上表面光滑，菌落暗红色，直径 2 mm～3 mm。

9.5 确证试验

9.5.1 菌落挑选和纯化

挑选每个平板(9.4)上的至少 5 个可疑菌落，如果平板上的可疑菌落数少于 5 个，挑选平板上所有可疑菌落。将挑选的菌落划线接种在含盐营养琼脂(4.3)平板表面，翻转上述平皿置 37 ℃培养箱中培养 24 h±3 h，获得单菌落。用纯培养物进行确证试验。

9.5.2 可疑菌落初步鉴定

9.5.2.1 氧化酶试验

用铂金丝接种环或玻璃棒挑取在含盐营养琼脂平板(9.5.1)上纯培养的单菌落，在浸有氧化酶试剂(4.4)的滤纸上划线。也可按照说明使用商业上的测试片。不可用镍铬丝或金属丝接种环取样。如果在 10 s 内变为紫红色、紫罗兰色或深紫色为阳性。

9.5.2.2 显微镜观察

挑取在含盐营养琼脂平板上纯培养的单菌落(9.5.1)，按 9.5.2.2a)和 9.5.2.2b)所述进行确证试验：

a) 进行革兰氏染色(4.5)，显微镜观察菌体形态和革兰氏染色反应，记录结果。

b) 接种含有 ASPW 的试管，37 ℃培养 1 h～6 h。滴一滴菌液在洁净的玻片中央，在菌液上轻覆以盖玻片，显微镜下观察运动性，记下运动呈阳性的结果。

9.5.2.3 选择培养物进行生化试验

保留氧化酶反应呈阳性、革兰氏染色阴性、无芽孢、运动性呈阳性的菌落，进行 9.5.3 所述的生化确证试验。

9.5.3 生化确证

9.5.3.1 概述

挑取 9.5.2.3 保留的纯培养物，接种 9.5.3.2～9.5.3.8 中需要的培养基。

9.5.3.2 含盐三糖铁琼脂试验

先穿刺含盐三糖铁琼脂(4.6)斜面底层，然后在斜面划线，37 ℃培养 24 h±3 h。观察结果。

a) 琼脂培养基斜面

——黄色：乳糖和/或蔗糖阳性(利用乳糖和/或蔗糖)；

——红色或无变化：乳糖和蔗糖阴性(不利用乳糖和蔗糖)。

b) 琼脂培养基底层

——黄色:葡萄糖阳性(发酵葡萄糖);

——红色或无变化:葡萄糖阴性(不发酵葡萄糖);

——黑色:产生硫化氢;

——泡沫或破裂:从葡萄糖产气。

典型的副溶血性弧菌反应为斜面呈碱性(红色,不利用乳糖和蔗糖)和底层呈酸性(黄色,发酵葡萄糖),不产生硫化氢,不产气,有动力。

9.5.3.3 鸟氨酸脱羧酶检测

接种培养物于液体含盐培养基(4.7)略低于表面层,加1 mL 灭菌矿物油于表面。37 ℃培养 24 h±3 h。

培养后呈混浊且紫罗兰色者为阳性反应(细菌生长并产生鸟氨酸脱羧酶),呈黄色者为阴性反应。

9.5.3.4 赖氨酸脱羧酶检测

接种培养物于液体含盐培养基(4.8)略低于表面层,加 1 mL 灭菌矿物油于表面。37 ℃培养 24 h±3 h。

培养后呈混浊且紫罗兰色者为阳性反应(细菌生长并产生赖氨酸脱羧酶),呈黄色者为阴性反应。

9.5.3.5 精氨酸双水解酶检测

接种培养物于液体含盐培养基(4.9)略低于表面层,加 1 mL 灭菌矿物油于表面。37 ℃培养 24 h±3 h。

培养后呈混浊且紫罗兰色者为阳性反应(细菌生长并产生精氨酸脱羧酶),呈黄色者为阴性反应。

9.5.3.6 β-半乳糖苷酶检测

接种培养物于含 0.25 mL 盐溶液(4.13)的管中,加一滴甲苯,振荡混匀。37 ℃水浴 5 min。加 0.25 mL 检测 β-半乳糖苷酶的试剂(4.10),混匀。37 ℃水浴 24 h±3 h。不时观察结果。

呈黄色者为阳性反应(产生 β-半乳糖苷酶),一般 20 min 可见。如果 24 h 不变色为阴性反应。

如果用商业的测试片,按照说明书操作。

9.5.3.7 吲哚检测

接种培养物于含 5 mL 胰蛋白胨-色氨酸含盐培养基(4.11)。37 ℃培养 24 h±3 h。然后加 1 mL Kovacs′试剂。

在液层界面形成红色环者为阳性反应(产生吲哚),黄褐色环为阴性反应。

9.5.3.8 嗜盐性检测

接种培养物于 0%,2%,6%,8%和 10%不同盐浓度的蛋白胨水(4.12)中,制备菌悬液。37 ℃培养 24 h±3 h。

观察液体混浊度判断细菌生长情况。

9.5.3.9 生化试验结果

副溶血性弧菌生化反应结果见表 1。

表 1 生化试验结果

试验		副溶血性弧菌 *V. parahaemolyticus*
1%的含盐三糖铁琼脂上	乳糖	—
	蔗糖	—
	葡萄糖发酵	+
	产气(葡萄糖)	—
	产生硫化氢	—
	动力	+
	鸟氨酸脱羧酶检测	+
	赖氨酸脱羧酶检测	+
	精氨酸双水解酶检测	—
	ONPG 水解	—
	吲哚产生	+
蛋白胨盐水生长	0%氯化钠	—
	2%氯化钠	+
	6%氯化钠	+
	8%氯化钠	+
	10%氯化钠	—
注：+为阳性，—为阴性。		

9.5.4 致病性因素确定(选做项)

副溶血性弧菌都是致病性的，为了确定菌株的致病性，需要检测菌株是否含有耐热直接溶血素(TDH)或 TDH 相关溶血素基因，这些检测应该在经认可的有能力的实验室进行。

将分离出的副溶血性弧菌阳性菌株接种到含盐营养琼脂斜面(4.3)送至经认可的有能力的实验室进行确证。应同时提供尽可能多的关于分离菌株的信息。

警告：副溶血性弧菌为对人和环境有中度潜在危险的病原，微生物操作、废弃物处理及个人防护等生物安全保障规定参见 GB 19489。

10 报告

根据所分离菌株是否符合 9.5.3.9 所述的生化确证特性，报告 25 g(mL)样品中检出或未检出副溶血性弧菌。

附　录　A
（资料性附录）
培养基和试剂

A.1　碱性盐蛋白胨水(ASPW)

A.1.1　成分

蛋白胨	20.0 g
氯化钠	20.0 g
蒸馏水	1 000 mL

A.1.2　制法

溶解各成分于水中，必要时加热。调整 pH 值，使培养基 pH 值在 25 ℃时为 8.6±0.2，分装烧瓶和试管(9.1 和 9.3)，121 ℃灭菌 15 min。

A.2　硫代硫酸盐-柠檬酸盐-胆盐-蔗糖琼脂(TCBS)

A.2.1　成分

蛋白胨	10.0 g
酵母膏	5.0 g
柠檬酸钠	10.0 g
硫代硫酸钠	10.0 g
柠檬酸铁	1.0 g
氯化钠	10.0 g
牛胆汁粉	8.0 g
蔗糖	20.0 g
溴麝香草酚蓝	0.04 g
麝香草酚蓝	0.04 g
琼脂	12.0 g～18.0 g[1)]
蒸馏水	1 000 mL

A.2.2　制法

加热煮沸至各成分完全溶解，调整 pH 值，使培养基 pH 值在 25 ℃时为 8.6±0.2，不要使用高压灭菌器。

A.2.3　制备琼脂平板

冷却至 50 ℃，每个灭菌平板倾注 15 mL～20 mL，凝固备用。用之前，最好使琼脂表面干燥。

1)　据凝胶强度而定。

A.2.4 培养基质量控制

用含盐营养琼脂(SNA)和下列菌株作对照,评估每批 TCBS 平板效率。

——*V. parahaemolyticu* NCTC 10885;

——*V. furnissii* NCTC 11218;

——*Escherichia coli* ATCC 25922,8739 或 11775。

平板效率计算公式见式(A.1)。

$$A=\frac{N_{\mathrm{TCBS}}}{N_{\mathrm{SNA}}}\times 100 \qquad \cdots\cdots(\mathrm{A.1})$$

式中:

A ——每批 TCBS 平板效率;

N_{TCBS}——TCBS 培养基上产生的菌落数;

N_{SNA}——SNA 培养基上产生的菌落数。

对于副溶血性弧菌(阳性对照),平板效率至少应为 50%,大肠杆菌的平板效率应小于 1%(阴性对照)。副溶血性弧菌 NCTC 10885 菌落应为绿色(蔗糖阴性),而弗氏弧菌 NCTC 11218 菌落应为黄色(蔗糖阳性)。

A.3 含盐营养琼脂(SNA)

A.3.1 成分

牛肉膏	5.0 g
蛋白胨	3.0 g
氯化钠	10.0 g
琼脂	12.0 g~18.0 g[2)]
蒸馏水	1 000 mL

A.3.2 制法

热溶解各成分,调整 pH 值,使培养基 pH 值在 25 ℃时为 7.2±0.2。分装到适当容量的烧瓶和试管中,121 ℃灭菌 15 min,试管需制成斜面。

A.3.3 制备琼脂平板

冷却至 50 ℃,每个灭菌平板倾注 15 mL~20 mL,凝固备用。用之前,最好使琼脂表面干燥。

A.4 检测氧化酶试剂

A.4.1 成分

四甲基对苯二胺	1.0 g
蒸馏水	100 mL

A.4.2 制法

用之前迅速溶解各成分于冷的蒸馏水中。

2) 据凝胶强度而定。

A.5 革兰氏染色液

A.5.1 结晶紫染色液

A.5.1.1 成分

结晶紫	1 g
95%乙醇	20 mL
1%草酸铵水溶液	80 mL

A.5.1.2 制法

将结晶紫溶解于乙醇中，然后与草酸铵溶液混合。

A.5.2 革兰氏碘液

A.5.2.1 成分

碘	1 g
碘化钾	2 g
蒸馏水	300 mL

A.5.2.2 制法

将碘与碘化钾先进行混合，加入蒸馏水少许，充分振摇，待完全溶解后，再加蒸馏水至300 mL。

A.5.3 沙黄复染液

A.5.3.1 成分

沙黄	0.25 g
95%乙醇	10 mL
蒸馏水	90 mL

A.5.3.2 制法

将沙黄溶解于乙醇中，然后用蒸馏水稀释。

A.5.4 染色法

将涂片在火焰上固定，滴加结晶紫染色液，染色1 min，水洗；滴加革兰氏碘液，作用1 min，水洗；滴加95%乙醇脱色，约30 s，水洗；滴加沙黄复染液，复染1 min，水洗；待干，镜检。

A.6 含盐三糖铁琼脂(TSI)

A.6.1 成分

蛋白胨	20.0 g
牛肉膏	3.0 g
酵母膏	3.0 g

氯化钠	10.0 g
乳糖	10.0 g
蔗糖	10.0 g
葡萄糖	1.0 g
柠檬酸铁	0.3 g
苯酚红	0.024 g
琼脂	12.0 g～18.0 g[3)]
蒸馏水	1 000 mL

A.6.2 制法

溶解各成分于水中，必要时加热。调整 pH 值，使培养基 pH 值在 25 ℃时为 7.4±0.2。分装到适当容量的试管中，121 ℃灭菌 15 min。制成斜面，斜面长约 4.5 cm，底部深度约 2.5 cm。

如果培养基放置超过 8 天，用之前先放入沸水浴 10 min 使之融化，冷却制成斜面。

A.7 检测鸟氨酸脱羧酶(ODC)含盐培养基

A.7.1 成分

L-鸟氨酸盐酸盐	5.0 g
酵母膏	3.0 g
葡萄糖	1.0 g
溴甲酚紫	0.015 g
氯化钠	10.0 g
蒸馏水	1 000 mL

A.7.2 制法

溶解各成分于水中，必要时加热。调整 pH 值，使培养基 pH 值在 25 ℃时为 6.8±0.2。分装试管，每管 2 mL～5 mL，121 ℃灭菌 15 min。

A.8 检测赖氨酸脱羧酶(LDC)含盐培养基

A.8.1 成分

L-赖氨酸盐酸盐	5.0 g
酵母膏	3.0 g
葡萄糖	1.0 g
溴甲酚紫	0.015 g
氯化钠	10.0 g
蒸馏水	1 000 mL

A.8.2 制法

溶解各成分于水中，必要时加热。调整 pH 值，使培养基 pH 值在 25 ℃时为 6.8±0.2。分装试管，

3) 据凝胶强度而定。

每管 2 mL～5 mL，121 ℃灭菌 15 min。

A.9 精氨酸双水解酶(ADH)含盐培养基

A.9.1 成分

精氨酸盐酸盐	5.0 g
酵母膏	3.0 g
葡萄糖	1.0 g
溴甲酚紫	0.015 g
氯化钠	10.0 g
蒸馏水	1 000 mL

A.9.2 制法

溶解各成分于水中，必要时加热。调整 pH 值，使培养基 pH 值在 25 ℃时为 6.8±0.2。分装试管，每管 2 mL～5 mL，121 ℃灭菌 15 min。

A.10 检测 β-半乳糖苷酶试剂

A.10.1 ONPG 溶液

A.10.1.1 成分

O-硝基苯-β-D-吡喃半乳糖苷(ONPG)	0.08 g
蒸馏水	15 mL

A.10.1.2 制法

将 ONPG 溶解于约 50 ℃水中，冷却。

A.10.2 缓冲液

A.10.2.1 成分

磷酸二氢钠(NaH_2PO_4)	6.9 g
氢氧化钠(NaOH)(0.1 mol/L)	约 3.0 mL
用蒸馏水补充至终体积	50 mL

A.10.2.2 制法

将磷酸二氢钠溶解在 45 mL 水中，用氢氧化钠调整 pH 值，使 pH 值在 25 ℃时为 7.0±0.2。定容至 50 mL。

A.10.3 完全试剂

A.10.3.1 成分

缓冲液(A.10.2)	5 mL

ONPG 溶液(A.10.1)	15 mL

A.10.3.2 制法

将缓冲液加入到 ONPG 溶液中。0 ℃～5 ℃保存。

A.11 检测吲哚含盐培养基

A.11.1 色氨酸含盐培养基

A.11.1.1 成分

酪蛋白胨	10.0 g
DL-色氨酸	1.0 g
氯化钠	10.0 g
蒸馏水	1 000 mL

A.11.1.2 制法

溶解各成分于水中,必要时加热,过滤。调整 pH 值,使培养基 pH 值在 25 ℃时为 7.0±0.2。分装试管,每管约 5 mL,121 ℃灭菌 15 min。

A.11.2 Kovacs'试剂

A.11.2.1 成分

对二甲氨基苯甲醛	5 g
盐酸(ρ 为 1.18 g/mL～1.19 g/mL)	约 25 mL
2-甲基-2-丁醇	75 mL

A.11.2.2 制法

混合各成分。

A.12 蛋白胨盐水

A.12.1 成分

蛋白胨	10.0 g
氯化钠	0,20,60,80 或 100 g
蒸馏水	1 000 mL

A.12.2 制法

溶解各成分于水中,必要时加热。调整 pH 值,使培养基 pH 值在 25 ℃时为 7.5±0.2。分装试管,121 ℃灭菌 15 min。

A.13 氯化钠溶液

A.13.1 成分

氯化钠	10.0 g

蒸馏水　　　　　　　　　　　　　　1 000 mL

A.13.2 制法

溶解各成分于水中，必要时加热。调整 pH 值，使培养基 pH 值在 25 ℃时为 7.5±0.2。分装试管，121 ℃灭菌 15 min。

附　录　B
（资料性附录）
本标准与 ISO/TS 21872-1:2007 相比的结构变化情况

本标准与 ISO/TS 21872-1:2007 相比在结构上有较多调整，具体章条编号对照情况见表 B.1。

表 B.1　本标准与 ISO/TS 21872-1:2007 的章条编号对照情况

本标准章条编号	对应的国际标准章条编号
4.5	—
4.6～4.13	5.5～5.12
6.5～6.9	—
8	附录 A
9	9
9.1～9.5	9.1～9.5
10	10
—	11
附录 A	附录 B
A.5	—
A.6～A.13	B.5～B.12

附 录 C
（资料性附录）
本标准与 ISO/TS 21872-1:2007 的技术性差异及其原因

表 C.1 给出了本标准与 ISO/TS 21872-1:2007 的技术性差异及其原因。

表 C.1 本标准与 ISO/TS 21872-1:2007 的技术性差异及其原因

本标准章条编号	技术性差异	原因
1	删除 ISO/TS 21872-1:2007 关于食品以及食品生产和食品处理过程中环境样品的适用范围	根据我国国情，食品与动物饲料分别制定标准
1	删除 ISO/TS 21872-1:2007 关于霍乱弧菌的适用范围	本标准只检测副溶血性弧菌，删除了检测霍乱弧菌的相关内容
2	关于规范性引用文件，本标准做了具有技术性差异的调整，调整的情况集中反映在第 2 章“规范性引用文件”中，具体调整如下： ——删除了 ISO 6887； ——删除了 ISO 7218； ——删除了 ISO 8261； ——增加引用了 GB/T 14699.1； ——增加引用了 GB/T 20195	删除的国际标准无对应的国内标准，为便于标准使用者使用，本标准将这些内容直接列出纳入本标准中；增加引用了国内标准，便于标准使用者使用中文术语
4	只列出了培养基及试剂名称，将成分及配制方法转至附录 A 中	按 GB/T 20000.1 要求，与我国标准版式保持一致
4.2.2	增加了科玛嘉弧菌显色培养基(CV)	便于标准使用者使用
4.5	增加了省略的革兰氏染色液	便于标准使用者使用
5.5～5.9	增加了省略的几种设备和玻璃器皿	便于标准使用者使用
6	将 ISO/TS 21872-1:2007 中采样按照相应的国际标准执行，如果没有标准可按双方达成的一致意见执行，改为按照国内标准 GB/T 14699.1 执行	我国饲料采样有标准
7	将根据国际标准改成根据国内标准执行	便于标准使用者使用
8	将检验程序由 ISO/TS 21872-1:2007 中附录 A 转至本标准第 9 章中	按 GB/T 20000.1 要求，与我国标准版式保持一致
9.1	称取试样量由 Xg(mL)改为 25 g(mL)	便于使用，与我国标准保持一致
9.4	增加了典型副溶血性弧菌在科玛嘉弧菌显色培养基上的培养特征	便于标准使用者使用
9.5.3.9	删除了霍乱弧菌相关的生化试验说明	本标准只检测副溶血性弧菌

表 C.1（续）

本标准章条编号	技术性差异	原因
—	删除了 ISO/TS 21872-1:2007 中“3　术语和定义”的内容	按 GB/T 20000.1 要求，与我国标准版式保持一致
—	删除了 ISO/TS 21872-1:2007 中第 11 章检测报告要求“检测报告应当注明抽样方法，所使用的检测方法，培养温度及其结果。还需要提及在本标准中未涉及的所有操作步骤细节或所有可选步骤以及所有可能影响最终结果的细节。检测报告应当包含对完成检测样品的所有必要的信息。”	按 GB/T 20000.1 要求，与我国标准版式保持一致
—	删除参考文献	按 GB/T 20000.1 要求，与我国标准版式保持一致

参 考 文 献

[1] GB 19489—2008 实验室 生物安全通用要求

ICS 65.120
B 46

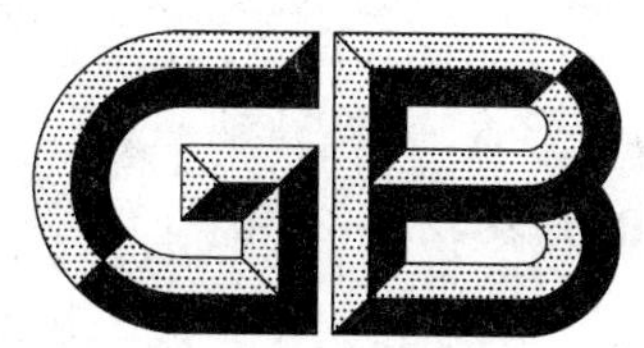

中华人民共和国国家标准

GB/T 26427—2010

饲料中蜡样芽孢杆菌的检测

Method for determination of *Bacillus cereus* in feeds

(ISO 7932:2004, Microbiology of food and animal feeding stuffs—Horizontal method for the enumeration of presumptive *Bacillus cereus*—Colony-count technique at 30 ℃, MOD)

2011-01-14 发布　　　2011-07-01 实施

中华人民共和国国家质量监督检验检疫总局
中国国家标准化管理委员会　发布

前言

本标准按照 GB/T 1.1—2009 给出的规则起草。

本标准使用重新起草法修改采用 ISO 7932:2004《食品和动物饲料的微生物学　推定蜡样芽孢杆菌计数的水平方法　30 ℃时菌落计数技术》(英文版)。

本标准与 ISO 7932:2004 相比在结构上有较多调整,附录 B 中列出了本标准与 ISO 7932:2004 的章条编号对照一览表。

本标准与 ISO 7932:2004 相比存在技术性差异,这些差异涉及的条款已通过在其外侧页边空白位置的垂直单线(|)进行了标识,附录 C 中给出了相应技术性差异及其原因的一览表。

本标准还做了下列编辑性修改:

——删除了 ISO 7937:2004 的目次;

——删除了 ISO 7937:2004 的引言;

——删除了 ISO 7937:2004 的参考文献;

——增加了蜡样芽孢杆菌的鉴定技术。

本标准由全国饲料工业标准化技术委员会(SAC/TC 76)归口。

本标准起草单位:广东省微生物分析检测中心。

本标准主要起草人:朱红惠、孙晓棠、羊宋贞、张鲜姣、陈远良。

饲料中蜡样芽孢杆菌的检测

1 范围

本标准规定了饲料中蜡样芽孢杆菌的检验方法。

本标准适用于饲料中蜡样芽孢杆菌的检测。

2 规范性引用文件

下列文件对于本文件的应用是必不可少的。凡是注日期的引用文件，仅注日期的版本适用于本文件。凡是不注日期的引用文件，其最新版本(包括所有的修改单)适用于本文件。

GB/T 8170 数值修约规则与极限数值的表示和判定

GB/T 14699.1 饲料 采样(GB/T 14699.1—2005,ISO 6497:2002,IDT)

GB/T 20195 动物饲料 试样的制备(GB/T 20195—2006,ISO 6498:1998,IDT)

SN/T 1538.2—2007 培养基制备指南 第2部分:培养基性能测试实用指南(SN/T 1538.2—2007,ISO/TS 11133-2:2003,MOD)

3 术语和定义

3.1

蜡样芽孢杆菌 ***Bacillus cereus***

在选择性培养基上能形成典型菌落，并经本标准指定的方法确证为阳性的细菌。

4 原理

4.1 在选择性固体培养基平板表面涂布特定量的待测液体样品或特定量的其他类型待测样品的初始悬液。在相同的条件下制备待测样品或初始悬液的十倍梯度稀释物。

4.2 平板 30 ℃培养 18 h～48 h。

4.3 典型菌落的数量用确证试验证实，计算每毫升或每克试样中蜡样芽孢杆菌菌数。

5 稀释液、培养基及试剂

除非另有说明，在分析中仅使用确认为分析纯的试剂，实验室用水采用蒸馏水或去离子水，或相当纯度的水。

5.1 蛋白胨生理盐水稀释液：参见附录A中的A.1。

5.2 甘露醇卵黄多粘菌素(MYP)琼脂培养基：参见附录A中的A.2。

5.3 羊血琼脂：参见附录A中的A.3。

5.4 革兰氏染色液：参见附录A中的A.4。

5.5 动力培养基：参见附录A中的A.5。

5.6 甲醇。

5.7 0.5%碱性复红染色液:参见附录A中的A.6。

6 设备和玻璃器皿

需配备微生物学常规设备和以下设备。

6.1 干热灭菌烘箱或湿热高压灭菌锅。

6.2 干燥箱或培养箱:对流通风,能调节温度至37 ℃±1 ℃到55 ℃±1 ℃。

6.3 恒温培养箱:30 ℃±1 ℃。

6.4 水浴锅:44 ℃~47 ℃可调。

6.5 pH计:25 ℃最小检测单位为0.01,精度到±0.1个单位。

6.6 玻璃或塑料培养皿:直径9 cm~10 cm,如必要需直径14 cm。

6.7 刻度吸管:标记容量为1 mL和10 mL,最小刻度分别为0.1 mL和0.5 mL。

6.8 玻璃或塑料涂布棒。

6.9 显微镜。

7 采样

实验室样品真实、具有代表性。采样工具,如铲子、匙、采样器、试管、广口瓶、剪子等,应是灭菌的。样品送到微生物检验室应越快越好。采样数量和方式按照GB/T 14699.1执行。

8 试样的制备

按照GB/T 20195进行试样的制备,样品制备后应尽快检验。

9 操作步骤

9.1 检样制备、初始悬液和十倍稀释

以无菌操作称取试样25 g(mL)加入225 mL蛋白胨生理盐水稀释液,均质1 min~2 min,制成1∶10的初始悬液。吸取1∶10的稀释液1 mL,加入9 mL蛋白胨生理盐水稀释液,经充分混匀后制成1∶100的稀释液。更高稀释度可按此方法操作。

9.2 接种和培养

9.2.1 用无菌移液管分别吸取0.1 mL初始悬液(若样品本身为液体,则直接吸取样液)接种到两个甘露醇卵黄多粘菌素(MYP)琼脂平板(5.2)上。采用同样操作步骤进行1∶100的稀释物的接种和培养,必要时可采用同样操作步骤进行更高适宜稀释物的接种和培养。

9.2.2 对含蜡样芽孢杆菌数低于15个的样品,接种1 mL的初始悬液于140 mm直径的平皿,或分别接种0.3 mL、0.3 mL、0.4 mL于3个90 mm直径的平皿,使用无菌涂布棒涂布,可以达到10 CFU/g的检测下限。每种方法各做一平行,需要140 mm直径的2个大平皿(或90 mm直径的6个小平皿)。

9.2.3 使用涂布棒尽可能小心快速地涂布接种液于琼脂表面,涂布棒不得接触平皿边缘。每个平皿用一支无菌涂布棒。涂布好的平皿盖好,置室温中放置15 min使接种物完全被琼脂吸收。

9.2.4 翻转上述平皿置30 ℃培养箱中培养18 h~24 h。如菌落较小或无菌落生长,或未见典型菌落,可延长培养24 h±3 h。

9.3 菌落计数

培养后，选择长有150个菌落以下的平板，最好是两个连续稀释度的平板。计数每皿中典型的蜡样芽孢杆菌菌落数。典型蜡样芽孢杆菌菌落大，粉红色（表示不发酵甘露醇），周围有晕圈（表示产生卵磷脂酶）。

注1：如果平板上含有较多的可以发酵甘露醇的微生物，会导致大量产酸，蜡样芽孢杆菌典型的粉红色将减弱或完全消失。

注2：部分蜡样芽孢杆菌产生很少或不产生卵磷脂酶，这些菌株的菌落周围将不会有晕圈。这些菌落也应该进行确证试验。

如果1.0 mL接种液涂布在3个平皿上（9.2.2），相当于1个平板计数和进行确证试验。

9.4 确证试验

9.4.1 菌落挑选和纯化

挑选计数平板上的5个可疑菌落进行确证。如果平板上的可疑菌落数少于5个，挑选平板上所有可疑菌落进行确证。

若平板表面出现过度生长不可能选出良好分离的特征菌落时，应将5个特征菌落划线在甘露醇卵黄多粘菌素（MYP）琼脂平板上，30 ℃培养18 h～24 h。从每一平板中选取至少1个良好分离的粉红色菌落，进行确证试验。

9.4.2 羊血琼脂上的溶血试验

挑选纯化的菌落划线、穿刺或点接在羊血琼脂（5.3）表面，30 ℃培养24 h±2 h，观察溶血反应。蜡样芽孢杆菌菌落周围呈现溶血环。

9.4.3 形态观察

将挑选纯化的菌落做革兰氏染色（5.4）镜检。蜡样芽孢杆菌为革兰氏阳性大杆菌，呈短链或长链，芽孢呈椭圆形位于菌体中央或偏端，不使菌体胀大。

9.4.4 动力试验

用接种针挑取选出的菌落穿刺接种于动力培养基（5.5）中，30 ℃培养24 h±2 h。蜡样芽孢杆菌有动力，沿穿刺线呈扩散生长。

9.4.5 蛋白质结晶毒素试验

取经30 ℃培养24 h±2 h并于室温放置2 d～3 d的培养物少许于载玻片上，滴加蒸馏水混涂成薄膜。待自然干燥后用弱火焰固定。于涂膜处加甲醇，半分钟后倾去甲醇，置火焰上干燥。然后滴加0.5% 碱性复红染色液（5.7），置火焰上加热至微见蒸汽（勿使染液沸腾）后维持1.5 min，移去火焰，将载玻片放置0.5 min，倾去染液。用洁净自来水彻底漂洗、晾干、镜检。在油镜下观察有无游离芽孢和深染的似菱形的小结晶体（如游离芽孢形成得不丰富，应将培养物置室温1 d～2 d再行检查）。蜡样芽孢杆菌应为阴性，无深染的似菱形的小结晶体。

9.4.6 试验结果

试验结果见表1。

表 1 试验结果

试验	确证为蜡样芽孢杆菌的试验结果
MYP 琼脂(9.4.1)	形成粉红色菌落，周围有晕圈
溶血试验(9.4.2)	阳性[a]
形态观察(9.4.3)	革兰氏阳性大杆菌，呈短链或长链，芽孢呈椭圆形位于菌体中央或偏端，不使菌体胀大
动力试验(9.4.4)	阳性，沿穿刺线呈扩散生长
蛋白质结晶毒素试验(9.4.5)	阴性

[a] 不同菌株红血球溶解圈大小可能不同。

10 结果计算与报告

10.1 每个平板中蜡样芽孢杆菌的数量

每个平板中蜡样芽孢杆菌菌落数 a 的计算见式(1)：

$$a=\frac{b}{A}\times C \qquad \cdots\cdots(1)$$

式中：

a ——每块平板上的蜡样芽孢杆菌菌落数；

b ——挑取后经证实为蜡样芽孢杆菌的菌落数；

A——挑取平板上用于验证的菌落数；

C——平板上的所有特征菌落数。

最终结果按照 GB/T 8170 数值修约规则修约至整数。

示例：

若某板上长有 30 个典型菌落，从中选出做确证试验的 5 个菌中有 4 个证实为蜡样芽孢杆菌，则：

$$a=\frac{4}{5}\times 30=24$$

10.2 试样中蜡样芽孢杆菌数的计算方法与报告

10.2.1 通常情况下试样中蜡样芽孢杆菌菌数的计算方法与报告

10.2.1.1 当有两个连续稀释度平板上经确证后的蜡样芽孢杆菌菌数介于 15～150 之间时，按式(2)计算 1 mL 或 1 g 试样中的蜡样芽孢杆菌菌数 N：

$$N=\frac{\sum a}{V(n_1+0.1n_2)d} \qquad \cdots\cdots(2)$$

式中：

N ——样品中蜡样芽孢杆菌菌落数；

$\sum a$——所有平板经确证后的蜡样芽孢杆菌菌落数的总和；

V ——平板的接种体积，单位为毫升(mL)；

n_1 ——第一个稀释度的平板数；

n_2 ——第二个稀释度的平板数；

d ——第一个稀释度的稀释因子(未经稀释的液体样品的 d 值为 1)。

按照 GB/T 8170 数值修约规则将计算出的结果保留至两位有效数字，也可记录为 1.0～9.9 乘以 10 的指数幂形式。

报告每毫升或每克试样中蜡样芽孢杆菌数量，单位为 CFU/g(mL)。

示例：

若第一个稀释度(10^{-2})经确证后的菌落数为 168 和 215，第二个稀释度(10^{-3})经确证后的菌落数为 14 和 15，则：

$$N=\frac{168+215+14+15}{0.1\times(2+0.1\times2)\times10^{-2}}=\frac{422}{0.0022}=191\,820$$

报告每毫升或每克试样中含蜡样芽孢杆菌数量为 1.9×10^{5} CFU/g(mL)或 190 000 CFU/g(mL)。

10.2.1.2 当只有一个稀释度平板上经确证后的蜡样芽孢杆菌菌数介于 15～150 个时，仍然按式(2)计算 1 mL 或 1 g 试样中的蜡样芽孢杆菌菌数。

示例：

如最后一稀释液(10^{-4})经证实含蜡样芽孢杆菌菌落数分别为 120 和 130，则：

$$N=\frac{120+130}{0.1\times2\times10^{-4}}=\frac{250}{0.00002}=12\,500\,000$$

报告每毫升或每克试样中含蜡样芽孢杆菌数量为 1.2×10^{7} CFU/g(mL)或 12 000 000 CFU/g(mL)。

10.2.2 经确证后的蜡样芽孢杆菌菌数低于 15 个的情况下的计算方法与报告

10.2.2.1 仅液体测试样品原液或其他样品的初始悬液证实含蜡样芽孢杆菌，且均少于 15

仅液体测试样品原液或其他样品的初始悬液证实含蜡样芽孢杆菌，且均少于 15 时，按式(3)计算 1 mL 或 1 g 样品中的蜡样芽孢杆菌数 Ne。

$$Ne=\frac{\sum a}{2Vd} \quad\cdots\cdots\cdots\cdots(3)$$

式中：

Ne ——样品中蜡样芽孢杆菌数；

$\sum a$——两个被选择平板中经确证后的蜡样芽孢杆菌菌落数的总和；

V ——平板的接种体积，单位为毫升(mL)；

d ——稀释度的稀释因子(未经稀释的液体样品的 d 值为 1)。

报告每毫升或每克试样中蜡样芽孢杆菌数量。

示例：

某固体样品接种 1 mL 初始悬液的菌落数分别为 8 和 6，则：

$$N=\frac{8+6}{1\times2\times10^{-1}}=\frac{14}{0.2}=70$$

报告每克试样中含蜡样芽孢杆菌数为 70 CFU/g。

10.2.2.2 液体测试样品原液或其他样品的初始悬液经确证后不含蜡样芽孢杆菌

报告每毫升或每克试样中蜡样芽孢杆菌数量小于 $1/d$(d 为液体测试样品原液或其他样品的初始悬液的稀释因子，未经稀释的液体样品 d 值为 1)。

附　录　A
（资料性附录）
培养基和试剂

A.1　蛋白胨生理盐水

A.1.1　成分

酪蛋白胨	1.0 g
氯化钠	8.5 g
蒸馏水	1 000 mL

A.1.2　制法

溶解各成分于水中，必要时加热。调整 pH 值，使培养基 pH 值在 25 ℃时为 7.0±0.2。

A.2　甘露醇卵黄多粘菌素（MYP）琼脂培养基

A.2.1　基础培养基

A.2.1.1　成分

牛肉膏	1.0 g
酪蛋白胨	10.0 g
D-甘露醇	10.0 g
氯化钠	10.0 g
酚红	0.025 g
琼脂	12.0 g～18.0 g[1)]
蒸馏水	900 mL

A.2.1.2　制法

除酚红外加热溶解各成分，调整 pH 值，使培养基 pH 值在 25 ℃时为 7.2±0.2，加入酚红，分装烧瓶，每瓶 90 mL，121 ℃灭菌 15 min。

A.2.2　多粘菌素 B 溶液

A.2.2.1　成分

多粘菌素 B	10^6 IU
蒸馏水	100 mL

A.2.2.2　制法

多粘菌素 B 溶于蒸馏水，过滤除菌。

1）　据凝胶强度而定。

A.2.3 卵黄液

取鲜鸡蛋，用硬刷将蛋壳彻底洗净，沥干，放于95%酒精溶液中浸泡30 s，风干。以无菌操作取出卵黄，放入灭菌量筒中，加入4倍体积的无菌水，转移至灭菌烧瓶中混匀。

水浴44 ℃～47 ℃加热2 h，5 ℃±3 ℃静置18 h～24 h，形成沉淀。

以无菌操作收集表面乳状液。

此乳状液5 ℃±3 ℃放置不可超过72 h。

A.2.4 完全培养基

A.2.4.1 成分

基础培养基(A.2.1)	90 mL
多粘菌素B溶液(A.2.2)	1.0 mL
卵黄液(A.2.3)	10.0 mL

A.2.4.2 制法

灭菌的基础培养基冷却至约44 ℃～47 ℃后，加入其他溶液，混匀。

水浴44 ℃～47 ℃冷却此完全培养基。

A.2.5 制备琼脂平板

每个灭菌平板倾注完全培养基15 mL～20 mL，冷却凝固备用。5 ℃±3 ℃最多可保存4天。用之前，最好放置在干燥箱中37 ℃～55 ℃之间，使琼脂表面干燥。

A.2.6 性能测试

性能测试见SN/T 1538.2—2007中的表B.1。

A.3 羊血琼脂

A.3.1 基础培养基

A.3.1.1 成分

蛋白胨	15.0 g
肝消化酶	2.5 g
酵母膏	5.0 g
氯化钠	5.0 g
琼脂	12.0 g～18.0 g[2)]
蒸馏水	1 000 mL

A.3.1.2 制法

热溶解各成分，调整pH值，使培养基pH值在25 ℃时为7.0±0.2，分装烧瓶，121 ℃灭菌15 min。

---

2) 据凝胶强度而定。

A.3.2 完全培养基

A.3.2.1 成分

基础培养基(A.3.1)	100 mL
无菌脱纤维羊血	5 mL～7 mL

A.3.2.2 制法

灭菌的基础培养基冷却至约44 ℃～47 ℃后,加入无菌脱纤维羊血,混匀。

每个灭菌平板至少倾注脱纤维羊血完全培养基12 mL,冷却凝固备用。

A.4 革兰氏染色液

A.4.1 结晶紫染色液

A.4.1.1 成分

结晶紫	1 g
95%乙醇	20 mL
1%草酸铵水溶液	80 mL

A.4.1.2 制法

将结晶紫溶解于乙醇中,然后与草酸铵溶液混合。

A.4.2 革兰氏碘液

A.4.2.1 成分

碘	1 g
碘化钾	2 g
蒸馏水	300 mL

A.4.2.2 制法

将碘与碘化钾先进行混合,加入蒸馏水少许,充分振摇,待完全溶解后,再加蒸馏水至300 mL。

A.4.3 沙黄复染液

A.4.3.1 成分

沙黄	0.25 g
95%乙醇	10 mL
蒸馏水	90 mL

A.4.3.2 制法

将沙黄溶解于乙醇中,然后用蒸馏水稀释。

A.4.4 染色法

将涂片在火焰上固定,滴加结晶紫染色液,染色1 min,水洗;滴加革兰氏碘液,作用1 min,水洗;

滴加 95%乙醇脱色,约 30 s,水洗;滴加沙黄复染液,复染 1 min,水洗,待干,镜检。

A.5 动力培养基

A.5.1 成分

胰蛋白胨	10.0 g
酵母膏	2.5 g
葡萄糖	5.0 g
磷酸氢二钠	2.5 g
琼脂	3.5 g
蒸馏水	1 000 mL

A.5.2 制法

热溶解各成分,必要时,调整 pH 值,使培养基 pH 值在 25 ℃时为 7.3±0.2。分装试管,每管约 5 mL,121 ℃灭菌 15 min。

A.6 0.5%碱性复红染色液

A.6.1 成分

碱性复红染料	0.5 g
95%乙醇	20 mL
蒸馏水	80 mL

A.6.2 制法

将碱性复红染料溶解于乙醇中,然后加蒸馏水。如有不溶物时,可用滤纸过滤或静置后取上清液备用。

附　录　B
（资料性附录）
本标准与 ISO 7932:2004 相比的结构变化情况

本标准与 ISO 7932:2004 相比在结构上有较多调整，具体章条编号对照情况见表 B.1。

表 B.1　本标准与 ISO 7932:2004 的章条编号对照情况

本标准章条编号	对应的国际标准章条编号
5.4～5.7	—
6.9	—
9.4.3～9.4.5	—
9.4.6	9.4.3
10.1～10.2	10.1
—	10.3
—	11
附录 A	—
A.1～A.3	5.1～5.3
A.4～A.6	—
附录 B	—
附录 C	—
—	附录 A
—	附录 B

附　录　C
（资料性附录）
本标准与 ISO 7932:2004 的技术性差异及其原因

表 C.1 给出了本标准与 ISO 7932:2004 的技术性差异及其原因。

表 C.1　本标准与 ISO 7932:2004 的技术性差异及其原因

本标准章条编号	技术性差异	原因
1	删除了 ISO 7932:2004 关于食品以及食品生产和食品处理过程中环境样品的适用范围	根据我国国情，食品与动物饲料分别制定标准
1	删除了 ISO 7932:2004“注：为了有一个切实可行的检测方法，确证试验仅包括在 MYP 培养基上的典型菌落特征和溶血试验。因此引入了‘推定’这个词，因为确证试验不能将蜡样芽孢杆菌和相近的但通常很少遇到的芽孢杆菌如炭疽芽孢杆菌、苏云金芽孢杆菌、蕈状芽孢杆菌区分开。增加运动性试验可以区分蜡样芽孢杆菌和炭疽芽孢杆菌。”	增加了确证试验，可以将蜡样芽孢杆菌和相近的但通常很少遇到的芽孢杆菌如炭疽芽孢杆菌、苏云金芽孢杆菌、蕈状芽孢杆菌区分开
2	关于规范性引用文件，本标准做了具有技术性差异的调整，调整的情况集中反映在第 2 章“规范性引用文件”中，具体调整如下： ——删除了 ISO 6887-1:1999； ——删除了 ISO 7218:1996； ——删除了 ISO 8261； ——用修改采用国际标准的 SN/T 1538.2—2007，代替了 ISO/TS 11133-2:2003； ——增加引用了 GB/T 8170； ——增加引用了 GB/T 14699.1； ——增加引用了 GB/T 20195	删除的国际标准无对应的国内标准，为便于标准使用者使用，本标准将这些内容直接列出纳入本标准中；引用 SN/T 1538.2—2007，便于标准使用者使用中文术语
5	只列出了培养基及试剂名称，将成分及配制方法转至附录 A 中	按 GB/T 20000.1 要求，与我国标准版式保持一致
5.4～5.7	增加了革兰氏染色液、动力培养基、甲醇、0.5％碱性复红染色液	本标准增加的确证试验所需的试剂和培养基
6.9	增加了显微镜	本标准增加的确证试验所需的仪器
7	将 ISO 7932:2004 中采样按照相应的国际标准执行，如果没有标准可按双方达成的一致意见执行，改为按照国内标准 GB/T 14699.1 执行	我国饲料采样有标准
8	将 ISO 7932:2004 中试样的制备按照相应的国际标准执行，如果没有标准可按双方达成的一致意见执行，改为按照国内标准 GB/T 20195 执行	我国饲料试样的制备有标准

表 C.1(续)

本标准章条编号	技术性差异	原因
9.1	将 ISO 7932:2004 中 9.1 引用的 ISO 6887-1 相关内容列出,纳入本标准中	便于标准使用者使用
9.4.3～9.4.5	增加了确证试验:形态观察、动力试验和蛋白质结晶毒素试验	区分蜡样芽孢杆菌和相近的但通常很少遇到的芽孢杆菌如炭疽芽孢杆菌、苏云金芽孢杆菌、蕈状芽孢杆菌
10	将 ISO 7932:2004 中 10.1 引用的 ISO 7218:1996/Amd.1: 2001 中相关内容列出,纳入本标准中	便于标准使用者使用
—	删除 ISO 7932:2004 中"10.3 精密度"内容,包括"10.3.1 实验室间测定"、"10.3.2 重复性"和"10.3.3 再现性"	按 GB/T 20000.1 要求,与我国标准版式保持一致
—	删除 ISO 7932:2004 中第 11 章检测报告要求"检测报告应当注明所使用的检测方法,培养温度及其结果。还需要提及在本标准中未涉及的所有操作步骤细节或所有可选步骤以及所有可能影响最终结果的细节。检测报告应当包含对完成检测样品的所有必要的信息。"	按 GB/T 20000.1 要求,与我国标准版式保持一致
附录 A	将培养基和试剂成分及配制方法由 ISO 7932:2004 中第 5 章转至本标准的附录 A 中	按 GB/T 20000.1 要求,与我国标准版式保持一致,此内容属资料性内容,宜安排在标准附录中
—	删除 ISO 7932:2004 中"附录 A(资料性附录)实验室间比对试验数据"	按 GB/T 20000.1 要求,与我国标准版式保持一致
—	删除参考文献	按 GB/T 20000.1 要求,与我国标准版式保持一致

ICS 65.120
B 46

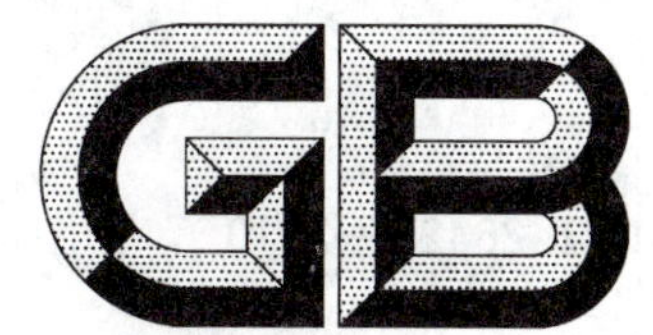

中华人民共和国国家标准

GB/T 26428—2010

饲用微生物制剂中枯草芽孢杆菌的检测

Method for determination of *Bacillus subtilis* in feeds

2011-01-14 发布　　2011-07-01 实施

中华人民共和国国家质量监督检验检疫总局
中国国家标准化管理委员会　发布

前　言

本标准按照 GB/T 1.1—2009 给出的规则起草。

本标准由全国饲料工业标准化技术委员会(SAC/TC 76)归口。

本标准起草单位:广东省微生物分析检测中心。

本标准主要起草人:朱红惠、孙晓棠、羊宋贞、陈远良、张鲜姣。

饲用微生物制剂中枯草芽孢杆菌的检测

1 范围

本标准规定了饲用微生物制剂中枯草芽孢杆菌的检验方法。

本标准适用于饲用微生物制剂中枯草芽孢杆菌的检测和计数。

2 规范性引用文件

下列文件对于本文件的应用是必不可少的。凡是注日期的引用文件,仅注日期的版本适用于本文件。凡是不注日期的引用文件,其最新版本(包括所有的修改单)适用于本文件。

GB/T 8170 数值修约规则与极限数值的表示和判定

GB/T 14699.1 饲料 采样(GB/T 14699.1—2005,ISO 6497:2002,IDT)

GB/T 20195 动物饲料 试样的制备(GB/T 20195—2006,ISO 6498:1998,IDT)

3 稀释液、培养基及试剂

除非另有说明,在分析中仅使用确认为分析纯的试剂,实验室用水采用蒸馏水或去离子水,或相当纯度的水。

3.1 0.85 %灭菌生理盐水。

3.2 营养琼脂(NA)培养基:参见附录A中的A.1。

3.3 革兰氏染色液:参见附录A中的A.2。

3.4 7%氯化钠生长培养基:参见附录A中的A.3。

3.5 V-P测定培养基和试剂:参见附录A中的A.4。

3.6 硝酸盐还原培养基和试剂:参见附录A中A.5。

3.7 D-甘露醇发酵培养基:参见附录A中的A.6。

3.8 丙酸盐利用培养基:参见附录A中的A.7。

4 设备和玻璃器皿

除常用微生物实验室设备外,其他设备和玻璃器皿如下。

4.1 恒温培养箱:37 ℃±1 ℃。

4.2 pH计:精度到±0.1个单位。

4.3 玻璃或塑料培养皿。

4.4 刻度吸管:标记容量为1 mL和10 mL,最小刻度分别为0.1 mL和0.5 mL。

4.5 玻璃或塑料涂布棒。

4.6 显微镜:1 000倍。

5 采样

实验室样品真实、具有代表性。采样工具,如铲子、匙、采样器、试管、广口瓶、剪子等,应是灭菌的。

样品送到微生物检验室应越快越好。采样数量和方式按照 GB/T 14699.1 执行。

6 试样的制备

按照 GB/T 20195 进行试样的制备,样品制备后应尽快检验。

7 操作步骤

7.1 检样制备、初始悬液和十倍稀释

以无菌操作称取试样 25 g(mL),加入 225 mL 0.85%灭菌生理盐水,均质 1 min～2 min,制成1∶10的初始悬浮液。吸取 1∶10 的初始悬浮液 1 mL,加入 9 mL 0.85 %灭菌生理盐水,经充分混匀后制成1∶100的稀释液。根据样品含菌量,做进一步的十倍系列递增稀释。

7.2 接种和培养

选择 2 个～3 个适宜的稀释度,水浴 80 ℃±1 ℃维持 10 min,用无菌移液管分别吸取 0.1 mL,接种到两个营养琼脂平板(3.2)上。使用涂布棒尽可能小心快速地涂布接种液于琼脂表面,涂布棒不得接触平皿边缘。每个平皿用一支无菌涂布棒。涂布好的平皿盖好,置室温中放置 15 min 使接种物完全被琼脂吸收。翻转上述平皿置 37 ℃±1 ℃培养箱中培养 48 h±2 h。

7.3 菌落计数及筛选

培养后,选取菌落数在 30 个～300 个之间的平板计数。若平板中有较大片状菌落生长时,则不宜采用;若片状菌落不到平板的一半,而其余一半中菌落分布又很均匀,即可计算半个平板后乘以 2 以代表全皿菌落数。典型枯草芽孢杆菌菌落表面粗糙,不透明,不闪光,边缘扩张,圆形或蔓延成波浪形、不规则形,灰白色或微黄色。然后从中选出 5 个特征菌落进行确证试验。

7.4 确证试验

7.4.1 概述

目前商业上的生化鉴定试剂盒或生化鉴定管,如果采用的培养基与本标准确证试验所用的培养基一致,可以按照商品说明书使用这些试剂盒或生化鉴定管进行该项确证试验。

7.4.2 菌种制备

自平板上挑取单菌落,划线转接培养于营养琼脂平板上,37 ℃±1 ℃培养 48 h ±2 h。从每一平板中选取至少 1 个良好分离的特征菌落,转接保存,进行确证试验。

7.4.3 形态观察

将挑选纯化的菌落做革兰氏染色(3.3)镜检。枯草芽孢杆菌细胞应为杆状,有芽孢,芽孢椭圆形,中生或近中生,芽孢囊不明显膨大。

7.4.4 生理生化确证试验

将挑选纯化的菌落进行 7%氯化钠生长(3.4)、V-P 测定(3.5)、硝酸盐还原(3.6)、D-甘露醇发酵(3.7)和丙酸盐利用(3.8)试验。

7.4.5 确证结果

枯草芽孢杆菌菌落表面粗糙，不透明，灰白色或微黄色，细胞杆状，有芽孢，芽孢椭圆形中生或近中生，芽孢囊不明显膨大，在7%氯化钠中生长，V-P测定阳性，硝酸盐还原阳性，能从D-甘露醇产酸，不利用丙酸盐者可判为枯草芽孢杆菌。枯草芽孢杆菌与类似芽孢杆菌的鉴别特征见表1。

表1　枯草芽孢杆菌与其他类似芽孢杆菌的鉴别特征

项目		枯草芽孢杆菌 *B. subtilis*	地衣芽孢杆菌 *B. licheniformis*	蜡样芽孢杆菌 *B. cereus*	凝结芽孢杆菌 *B. coagulans*	坚强芽孢杆菌 *B. firmus*	迟缓芽孢杆菌 *B. lentus*	巨大芽孢杆菌 *B. megaterium*	短小芽孢杆菌 *B. pumilus*
厌氧生长		−	+	+	+	−	−	−	−
V-P		+	+	+	+	−	−	−	+
硝酸盐还原		+	+	+	d	d	d	d	−
淀粉水解		+	+	+	+	+	+	+	−
明胶液化		+	+	+	−	+	d	+	+
利用	丙酸盐	−	+	ND	−	−	−	ND	−
	柠檬酸盐	+	+	+	d	−	−	+	+
产酸	D-木糖	+	+	−	d	−	+	d	+
	L-阿拉伯糖	+	+	−	d	−	+	d	+
	D-甘露醇	+	+	−	d	+	+	d	+
7%氯化钠生长		+	+	d	−	+	d	d	+
pH5.7生长		+	+	+	+	−	−	d	+

注：+：阳性；−：阴性；d：部分菌株为阳性；ND：未测定。

8 结果计算与报告

8.1 计算每块板上枯草芽孢杆菌菌落数

计数每块平板上的枯草芽孢杆菌菌落数 a，使用式(1)计算：

$$a=\frac{b}{A}\times C \qquad \cdots\cdots(1)$$

式中：

a ——计数每块平板上的枯草芽孢杆菌菌落数；

b ——挑取后经证实为枯草芽孢杆菌的菌落数；

A ——挑取平板上用于验证的菌落数；

C ——平板上的所有特征菌落数。

最终结果按照GB/T 8170数值修约规则修约至整数。

示例：

若某板上长有78个典型菌落，从中选出做确证实验的5个菌中有4个证实为枯草芽孢杆菌，则：

$$a=\frac{4}{5}\times 78=62.4$$

按照GB/T 8170数值修约规则得 a 为62。

8.2 样品中枯草芽孢杆菌数的计算方法与报告

选择两个连续稀释度平板（每个稀释度至少有一块平板，其上经确证后的枯草芽孢杆菌菌数介于30～300之间），通过式(2)计算，即为1 mL或1 g样品中的枯草芽孢杆菌数 N：

$$N=\frac{\sum a}{V(n_1+0.1n_2)d} \quad \cdots\cdots(2)$$

式中：

N ——样品中枯草芽孢杆菌菌数；

$\sum a$ ——所有平板经确证后的枯草芽孢杆菌菌数的总和；

V ——平板的接种体积，单位为毫升(mL)；

n_1 ——第一个稀释度的平板数；

n_2 ——第二个稀释度的平板数；

d ——第一个稀释度的稀释因子（未经稀释的液体样品的 d 值为1）。

按照GB/T 8170数值修约规则将计算出的结果保留至两位有效数字，也可将样品的枯草芽孢杆菌菌落数记录为1.0～9.9乘以10的指数幂表示。

报告每毫升或每克样品的枯草芽孢杆菌估计数，单位为CFU/g(mL)。

示例1：

若第一个稀释度(10^{-3})经确证后的菌落数为168和215，第二个稀释度(10^{-4})经确证后的菌落数为34和55，则：

$$N=\frac{168+215+34+55}{0.1\times(2+0.1\times2)\times10^{-3}}=\frac{472}{0.000\,22}=2\,145\,450$$

按照GB/T 8170数值修约规则得出每克或每毫升样品中含枯草芽孢杆菌估计数为2 100 000 CFU/g(mL)或 2.1×10^6 CFU/g(mL)。

示例2：

若只有最后一稀释液(10^{-4})经证实含枯草芽孢杆菌菌落数分别为120和130，则：

$$N=\frac{120+130}{0.1\times2\times10^{-4}}=\frac{250}{0.000\,02}=12\,500\,000$$

按照GB/T 8170数值修约规则修约，报告每克或每毫升样品中含枯草芽孢杆菌估计数为12 000 000 CFU/g(mL)或 1.2×10^7 CFU/g(mL)。

附 录 A
（资料性附录）
培养基和试剂

A.1 营养琼脂(NA)培养基

A.1.1 成分

蛋白胨	10 g
牛肉膏	3 g
氯化钠	5 g
琼脂	16 g
蒸馏水	1 000 mL

A.1.2 制法

溶解各成分于水中，必要时加热。调整 pH 值，使培养基 pH 值在 25 ℃时为 7.3 ±0.2。121 ℃灭菌 30 min。

A.2 革兰氏染色

A.2.1 结晶紫染色液

A.2.1.1 成分

结晶紫	1 g
95%乙醇	20 mL
1%草酸铵水溶液	80 mL

A.2.1.2 制法

将结晶紫溶解于乙醇中，然后与草酸铵溶液混合。

A.2.2 革兰氏碘液

A.2.2.1 成分

碘	1 g
碘化钾	2 g
蒸馏水	300 mL

A.2.2.2 制法

将碘与碘化钾先进行混合，加入蒸馏水少许，充分振摇，待完全溶解后，再加蒸馏水至 300 mL。

A.2.3 沙黄复染液

A.2.3.1 成分

沙黄	0.25 g
95%乙醇	10 mL
蒸馏水	90 mL

A.2.3.2 制法

将沙黄溶解于乙醇中,然后用蒸馏水稀释。

A.2.4 染色法

将涂片在火焰上固定,滴加结晶紫染色液,染色 1 min,水洗;滴加革兰氏碘液,作用 1 min,水洗;滴加 95 %乙醇脱色,约 30s,水洗;滴加沙黄复染液,复染 1 min,水洗,待干,镜检。

A.3 7%氯化钠生长

A.3.1 成分

蛋白胨	10 g
牛肉膏	3 g
氯化钠	70 g
蒸馏水	1 000 mL

A.3.2 制法

溶解各成分于水中,必要时加热。调整 pH 值,使培养基 pH 值在 25 ℃时为 7.4±0.2。分装试管,121 ℃灭菌 30 min。

A.3.3 试验方法

取新鲜培养物接种于上述培养基中,36 ℃±1 ℃培养 2d～7d,与未接种的对照管对比,目测生长情况。

A.4 V-P 测定

A.4.1 培养基

A.4.1.1 成分

蛋白胨	5 g
葡萄糖	5 g
氯化钠	5 g
蒸馏水	1 000 mL

A.4.1.2 制法

溶解各成分于水中,必要时加热。调整 pH 值,使培养基 pH 值在 25 ℃时为 7.0±0.2。分装试管,

121 ℃灭菌 30 min。

A.4.2 试剂

肌酸	0.3%或原粉
氢氧化钠	40%

A.4.3 试验方法

接种菌于上述培养基中，36 ℃±1 ℃培养 2 d～4 d。取培养液和 40%氢氧化钠等量相混。加少许肌酸，10 min 如培养液出现红色，即为阳性反应，有时需放置更长时间才出现红色反应。

A.5 硝酸盐还原

A.5.1 培养基

A.5.1.1 成分

蛋白胨	20 g
牛肉膏	3 g
氯化钠	5 g
硝酸钾	1 g
蒸馏水	1 000 mL

A.5.1.2 制法

溶解各成分于水中，必要时加热。调整 pH 值，使培养基 pH 值在 25 ℃时为 7.4±0.2。分装试管，121 ℃灭菌 30 min。

A.5.2 试剂

甲液：	对氨基苯磺酸	0.5 g
	10 %乙酸溶液	150 mL
乙液：	甲萘胺	0.1 g
	蒸馏水	20 mL
	10 %乙酸溶液	150 mL
二苯胺试剂：	二苯胺	0.5 g
	蒸馏水	20 mL
	浓硫酸	100 mL

A.5.3 试验方法

接种菌于上述培养基中，36 ℃±1 ℃培养 2 d～4 d。加入甲液和乙液各 1 滴，观察结果。如溶液变为红色、橙色、棕色为硝酸盐还原阳性。如无红色出现，可加 1 滴～2 滴二苯胺试剂，如不呈蓝色，也为硝酸盐还原阳性，呈蓝色则为阴性。

A.6 D-甘露醇发酵

A.6.1 培养基

A.6.1.1 成分

磷酸氢二铵	1 g
氯化钾	0.2 g
硫酸镁	0.2 g
酵母膏	0.2 g
D-甘露醇	10.0 g
0.04%溴甲酚紫	15 mL
琼脂	5 g
蒸馏水	1 000 mL

A.6.1.2 制法

除指示剂溴甲酚紫外，其余各成分溶解于水，必要时加热。调整 pH 值，使灭菌后培养基 pH 值在 25 ℃时为 7.0±0.2。加入指示剂溴甲酚紫，分装试管，115 ℃灭菌 30 min。

A.6.2 试验方法

挑取小量培养物接种于上述培养基中，36 ℃±1 ℃培养 2 d～5 d。观察指示剂变黄，表示产酸，为阳性；不变或变蓝（紫）则为阴性。

A.7 丙酸盐利用

A.7.1 培养基

A.7.1.1 成分

硫酸镁·$7H_2O$	0.2 g
磷酸氢二氨	1 g
磷酸氢二钾·$3H_2O$	1 g
氯化钠	5 g
丙酸钠	2 g
1%溴百里酚蓝水溶液	10 mL
琼脂	20 g
蒸馏水	1 000 mL

A.7.1.2 制法

以上成分除指示剂外加热溶解，调整 pH 值，使培养基 pH 值在 25 ℃时为 7.0±0.2。加入指示剂溴百里酚蓝，分装试管，121 ℃高压灭菌 30 min，摆成斜面备用。同时设不加丙酸盐的空白对照。

A.7.2 试验方法

取新鲜培养物接种于上述培养基中,36 ℃±1 ℃培养 48 h,观察结果。培养基由绿色变为蓝色为阳性,培养基不变色为阴性。

ICS 03.080.99
A 20

中华人民共和国国家标准

GB/T 26429—2010

设备工程监理规范

Plant engineering consulting service specification

2011-01-14 发布　　　　2011-07-01 实施

中华人民共和国国家质量监督检验检疫总局
中国国家标准化管理委员会　发布

前　言

本标准的附录A、附录B、附录C是资料性附录。

本标准由全国设备监理工程咨询标准化技术委员会(SAC/TC 423)提出并归口。

本标准负责起草单位:中国设备监理协会、中国电能成套设备有限公司、中钢设备有限公司、苏州热工研究院有限公司、中国船级社实业公司。

本标准参加起草单位:中咨工程建设监理公司、上海市工程设备监理行业协会、上海宝钢建设监理有限公司、上海建通工程建设有限公司、北京科正平机电设备检验所、上海中监电气监检有限公司。

本标准主要起草人:王建庭、闫献军、林逸川、宋亚东、张丽英、杨秀琴、辛海燕、袁胜雁、田武、咸奎桐、李仁良、郭育荣、汪怡、程志虎、张文中、张小毅、张士锷、朱成虎、王克齐、温新婴。

引　言

为了规范设备工程监理服务活动，编制本标准。

设备工程监理服务是需要委托人、监理单位、被监理单位相互配合的活动，需要委托人遵守与监理单位的约定，履行相关义务，也需要被监理单位遵守相关合同的约定，并配合委托人和设备监理单位的设备监理活动。

本标准的附录A、附录B、附录C给出了设备工程监理服务所使用的通用记录表格。

设备工程监理规范

1 范围

本标准规定了设备监理单位提供设备工程监理服务的基本要求。

本标准适用于设备监理单位的设备工程监理活动。

2 规范性引用文件

下列文件中的条款通过本标准的引用而成为本标准的条款。凡是注明日期的引用文件，其随后所有的修改单(不包括勘误的内容)或修订版均不适用于本标准。鼓励根据本标准达成协议的各方研究是否使用这些文件的最新版本。凡是不注日期的引用文件，其最新版本适用于本标准。

GB/T 19000—2008 质量管理体系 基础和术语(ISO 9000:2005,IDT)

GB/T 19001—2008 质量管理体系 要求(ISO 9001:2008,IDT)

3 术语和定义

GB/T 19000—2008 中确立的以及下列术语和定义适用于本标准。

3.1

设备工程 plant engineering

以设备为主要建设内容的工程，包括规划、设计、采购、制造、安装、调试等过程。

注1：设备工程也包括设备系统的大修、技术改造等；

注2：实际应用中，设备工程可能被称为设备工程项目。

3.2

委托人 client

委托设备监理服务的组织，一般指业主。

3.3

设备监理单位 plant engineering consulting entity

具有企业法人资格、取得设备监理单位资质、从事设备监理服务的组织。

注：本标准所称的设备工程监理指设备监理单位接受委托人委托，按照合同约定对设备工程进行专业化监督和管理的服务。本标准中的设备监理与设备工程监理含义相同。

3.4

被监理单位 contractor;supplier;sub-supplier

按合同约定，设备监理单位受委托人委托所监理的承包人。

注：承包人是指除设备监理单位以外，委托人就设备工程项目有关事宜与之签订合同的当事人，可能是设备工程项目的设计承包人、工程承包人、设备供应人、承揽人等。

3.5

设备监理工程师 plant engineering consulting engineer

取得设备监理师执业资格证书并经注册的设备监理人员，即注册设备监理师；或经设备监理行业自律组织认可的设备监理人员。

3.6

项目监理机构 project consulting organization

设备监理单位委派负责履行监理合同的组织机构。

3.7

总监理工程师　chief consulting engineer

由设备监理单位授权、代表设备监理单位全面负责履行监理合同、主持项目监理机构工作的注册设备监理师。

3.8

总监理工程师代表　chief consulting engineer's representative

由总监理工程师书面授权，代表总监理工程师行使其部分职权的项目监理机构中的设备监理工程师。

3.9

专业监理工程师　consulting engineer

负责某一专业或某一方面的设备监理工作，具有相应监理文件签证权的设备监理工程师。

3.10

专业监理工程师助理　auxiliary staff in consulting

协助专业监理工程师工作的专业人员，通常不具有监理文件签证权，经总监理工程师或专业监理工程师授权，可以有见证签字权。

3.11

质量计划　quality plan

对特定的项目、产品、过程或合同，规定由谁及何时应使用哪些程序和相关资源的文件。

[GB/T 19000—2008，术语和定义 3.7.5]

注1：经委托人认可、设备监理单位技术负责人批准，用来对具体监理项目的服务过程和资源做出规定的文件；

注2：可编制总体质量计划，也可编写有关单项活动的质量计划；

注3：质量计划的详细程度与委托人的要求、运作的方式和监理项目的复杂程度相一致；

注4：质量计划需要应用的许多通用文件可能包含在其质量管理体系文件中，这些文件可能需要选择、改写和（或）补充；

注5：质量计划可以作为独立的文件，也可以作为其他文件的一部分，如项目管理计划；

注6：实际应用中，质量计划可能被称为监理规划。

3.12

监理细则　consulting guide

监理服务过程中规定某项具体监理活动详细作业方法等的作业指导文件。

3.13

见证　witness

设备监理人员对文件、记录、实体、过程等实物、活动进行观察、审查、记录、确认等的作证活动。

3.14

文件见证点　record point

R点

由设备监理工程师对设备工程的有关文件、记录或报告等进行见证而预先设定的监理控制点。

3.15

现场见证点　witness point

W点

由设备监理工程师对设备工程的过程、工序、节点或结果进行现场见证而预先设定的监理控制点。

3.16

停止见证点　hold point

H点

由设备监理工程师见证并签认后才可转入下一个过程、工序或节点而预先设定的监理控制点。

3.17

日常巡视检查 ordinary inspection

设备监理人员对设备工程进行的定期或不定期的现场监督活动。

4 设备监理单位的基本要求

4.1 总则

应遵循科学、公平、公正、规范、诚信的原则，恪守监理职责、行使监理权力、履行合同约定的义务、努力使委托人满意，包括：

a) 只在其能力范围内开展监理服务，履行合同约定的义务；

b) 应确保其设备监理人员遵循监理行业的道德行为准则；

c) 不应从事所监理项目的设计、销售、采购、制造、储运、安装、调试等影响公正性的活动；

d) 应要求设备监理人员以正直、公平、诚实的态度为委托人提供监理服务；

e) 应确保设备监理人员在监理活动过程中遵守有关保密的约定和规定；未经书面允许，在合同期内或合同终止后，不应泄露委托人申明的技术和商业秘密，亦不应泄露被监理单位申明的技术和商业秘密。

4.2 设备监理单位的质量管理

4.2.1 总则

应建立并保持符合 GB/T 19001—2008 要求的质量管理体系。

应对设备监理服务所涉及的过程进行持续的策划、组织、监视、控制、报告和采取必要的纠正措施。

4.2.2 文件管理

应按照 GB/T 19001—2008 要求编制形成文件的程序，还应包括以下内容：

a) 质量计划和监理细则的编制；

b) 设备监理服务的设计和开发；

c) 处理争议、投诉和申诉的控制；

d) 保密的控制；

e) 安全保障的控制。

4.2.3 记录和资料管理

4.2.3.1 总则

应编制形成文件的程序，以规定监理记录的标识、贮存、保护、检索、保存期限和处置所需的控制。

监理记录应规范、真实、准确、严谨、及时，不应随意涂改。

监理记录应保持清晰、易于识别和检索。

4.2.3.2 监理资料的管理

应对监理资料的搜集、分类、整理、归档、标识、贮存、保护、检索、保存期限、处置和提供等进行控制：

a) 监理资料应包括监理服务过程中形成的文件和原始记录；

b) 应明确监理资料管理的职责；

c) 监理资料应真实完整、分类有序；

d) 监理资料应及时整理归档；

e) 监理档案的编制、分类、归档、保留、处置、提供应符合有关规定和监理合同的约定。

注 1：监理资料包括以文字、图形、照片等为主要内容纸质形式的资料，以及电子文件形式的资料；

注 2：根据项目管理的特点，监理资料可根据工程阶段、设备类别、服务内容、专业类别、资料的内容等进行分类。按监理资料的内容可将其分为如下几类：

——依据类合同文件，包括监理合同等。一般包括项目合同、图纸、方案、变更文件、有关的会议纪要等；

——监理工作文件类，包括质量计划、监理细则等；

——监督管理类，指检查、审核、确认、见证等监理记录，包括见证记录、审核记录、监理日记等，以及被监理单位提交的方案、计划、报告、质量记录等文件和记录；
——指令文件类，包括监理工程师通知单、支付证书、暂停令、开工/复工指令等；
——沟通协调类，包括会议纪要、工作联系单、相关的往来文件、相关的电话、传真记录等；
——监理报告类，包括监理总结报告、监理阶段报告等。

5 设备监理单位的资源管理

5.1 设备监理人员

5.1.1 总则

应编制形成文件的程序，以规定设备监理人员聘用、培训、能力评定、业绩考核、岗位职责等管理的控制。

5.1.2 总监理工程师

5.1.2.1 总监理工程师应由具有三年以上设备监理工作经验的注册设备监理师担任。一名注册设备监理师只宜担任一个监理项目的总监理工程师职务。

5.1.2.2 总监理工程师应在设备监理单位授权的职责范围内履行其职责，在履行监理合同过程中代表设备监理单位，主持项目监理机构的日常工作，主要包括组织、计划、协调、控制：

a) 根据监理合同及项目进展的需要调配设备监理人员，确定项目监理机构内的人员岗位、职责、任务分工；
b) 主持制定质量计划，组织制定监理细则，组织编写并签发监理阶段报告、专题报告和监理工作总结，主持整理项目的监理资料等；
c) 审核文件见证点、现场见证点和停止见证点等监理控制点的设置；
d) 主持监理工作会议和有关专题会议；
e) 协调监理单位与委托人、承包人和其他相关方的关系，负责重大事宜的沟通；
f) 参与监督重大质量问题的分析处理以及质量事故、安全事故的调查；
g) 组织审核被监理单位提交的设计文件、技术方案、进度计划等报审文件；审核签认关键环节的质量检验资料；协助委托人处理工程变更、费用索赔、工程延期等事项；组织审核签署被监理单位提交的支付申请和完工结算；组织审查被监理单位的完工资料；
h) 签发项目监理机构的文件和指令，包括签发监理工程师通知、暂停令、开工/复工指令、支付证书等类文件；
i) 如设置总监理工程师代表，总监理工程师应向总监理工程师代表书面授权，明确其可行使的部分总监理工程师职责，但不包括以下权力：监理细则的审批权，开工/复工指令、暂停令、支付证书、工程完工验收等的签证权，工程结算签认权，合同争议、索赔、违约的最后处理的审核权，项目监理机构成员的调配、调换权。

5.1.3 专业监理工程师

专业监理工程师应在设备监理单位和(或)总监理工程师规定的职责范围内履行其职责，主要包括：

a) 参与编制质量计划，负责编制本专业的监理细则，提出文件见证点、现场见证点和停止见证点的建议，向总监理工程师报告本专业的监理工作，负责编写分配任务范围内的监理报告和监理工作总结；
b) 审查被监理单位提交的涉及本专业的技术文件、质量记录、进度计划、申请和变更等，并向总监理工程师报告；
c) 监督检查被监理单位的合同履行行为，检查各类材料、零配件、设备、仪表等的原始凭证、检测报告等质量证明文件及其质量情况，监督检查生产过程中的重要过程、关键工序，对监理控制点进行见证，适时进行日常巡视检查；针对找出的偏差或发现的问题及时提出处理意见，并对其处置结果进行验证；如发现严重不符合应及时向总监理工程师报告，并报告委托人；

d） 提出对支付申请的审查意见；

e） 适时向总监理工程师提出签发暂停令的建议；

f） 起草监理工程师通知单，经总监理工程师授权，可签发监理工程师通知单；

g） 负责本专业监理资料的收集、整理、汇总及归档等资料管理；

h） 承担总监理工程师交办的其他工作。

5.1.4 专业监理工程师助理

专业监理工程师助理应在专业监理工程师和(或)总监理工程师的指导下，在设备监理单位规定的职责范围内履行其职责，主要包括：

a） 检查材料、零配件、设备、仪表等的原始凭证、检测报告等质量证明文件及其质量情况；

b） 检查生产过程中的重要过程、关键工序，对监理控制点进行见证，适时进行日常巡视检查，签署报验单等原始凭证；

c） 复核或从现场直接获取检测等有关数据；

d） 发现问题及时向专业监理工程师或总监理工程师报告；

e） 协助总监理工程师和专业监理工程师做好的收集、整理、汇总及归档等资料管理；

f） 承担总监理工程师和专业监理工程师交办的其他工作。

5.2 项目监理机构

设备监理单位委派负责履行监理合同的项目监理机构应符合与委托人的约定，并符合以下要求：

a） 项目监理机构应实行总监理工程师负责制；

b） 设备监理单位应考虑设备工程项目阶段、项目的特点、监理实施现场条件、服务内容、服务期限、被监理单位的管理能力等因素，确定项目监理机构的组织形式和规模，与委托人另有约定的从其规定；

c） 项目监理机构人员构成应专业配套、数量应满足设备监理工作的要求。

5.3 设备监理所需的设施设备

应确定、提供和(或)维护开展设备监理活动所需的基本设施和(或)装备，应对设备监理活动所需设施和(或)装备的管理、维护和使用予以控制。

5.4 设备监理的工作环境

应确定并管理设备监理服务所需的工作环境。应对包括监理人员在监理活动中自身的安全保障等工作环境的保障和管理予以控制。

6 设备监理服务的实现

6.1 设备监理服务实现的策划

6.1.1 总则

应策划设备监理服务实现所需的过程，对设备监理服务过程以及过程之间的关系予以识别，明确监理服务所用方法、手段、服务质量标准、记录要求及所需的资源等，并编制形成文件的程序。应对每个监理项目编制质量计划。适时编制监理细则等作业指导文件。

注 1：对每个监理项目，设备监理服务实现的策划一般不是一次完成的；

注 2：也可将 GB/T 19001—2008 中 7.3 的要求应用于产品实现过程的开发。

6.1.2 设备监理服务实现策划的输入

设备监理服务实现策划的输入应包括：

a） 监理合同、项目合同；

b） 适用的法律、法规；

c） 有关的设备监理标准和规范、有关的设备工程项目的标准和规范；

d) 被监理单位的信息；
e) 设备监理单位的资源，主要指人力资源、设施和(或)装备状况；
f) 设备监理单位的有关要求。

6.1.3 设备监理服务实现策划的输出

6.1.3.1 设备监理服务实现策划的输出内容

在对设备监理服务实现进行策划时，应确定以下方面的内容：

a) 监理服务范围；
b) 监理服务内容；
c) 监理依据；
d) 监理服务目标；
e) 管理职责；
f) 项目监理机构、人员、设施装备及其他资源配备；
g) 监理的方法和手段，确定文件见证点、现场见证点和停止见证点等监理控制点和方式；
h) 监理服务提供过程的控制；

注：监理服务提供过程通常包括合同约定的委托设备监理范围和内容中所涉及的6.2设备监理服务提供的主要过程，同时也包括对人员管理、设施装备管理、工作环境管理等资源管理以及文件、记录、采购、培训、顾客财产保护、顾客沟通、不合格服务、产品防护、标识和可追溯性等监理服务提供的支持过程。

i) 监理服务质量标准；

注1：监理服务质量标准是满足要求程度的具体要求，可以是定性的，也可以定量的，是监理服务监视和测量的依据；

注2：监理服务质量标准一般包括服务过程和结果的质量标准；

注3：实际应用中，可不必强求区分服务过程和结果的质量标准。

j) 选择、改写和(或)补充的文件；

注1：如监理细则、文件控制、记录控制和工作制度等文件。

注2：6.1.2中的一些条款要求可能体现在这些文件中。

k) 监理所需记录；

注：记录表格可参照附录A、附录B、附录C。

l) 培训的要求；
m) 顾客沟通要求。

6.1.3.2 设备监理服务实现策划输出文件

设备监理服务实现策划的输出文件包括质量计划、监理细则等。

质量计划、监理细则可采用文字描述、图表或手册等形式。

监理细则应在相应监理工作开始前编制完成，可在执行过程中根据实际情况进行修改和补充。

输出文件应确定监理工作总结报告、监理阶段报告、监理日记和监理记录表格等记录的要求。

注1：监理细则是设备监理服务实现策划的输出文件之一，宜包括下列主要内容：专业的特点、监理的过程、监理的控制要点、监理的方法及措施。

注2：监理阶段报告宜包括以下内容(监理阶段报告的报告周期及具体内容由合同确定)：

a) 本阶段项目进展概况；
b) 工作完成量与计划工作量比较；
c) 质量状况分析、不符合的处理及跟踪；
d) 存在的主要问题及相应措施的效果分析；
e) 款项支付情况；
f) 合同其他事项的处理情况，如工程变更；工程延期；费用索赔等；
g) 本阶段项目进展的综合评价；
h) 本阶段监理工作总结；

i) 下阶段监理工作要点；

j) 有关本项目的意见和建议。

注3：监理工作总结报告宜包括以下内容：

a) 项目进展概况；

b) 监理组织机构、监理人员和投入的监理设施；

c) 合同履行情况；

d) 监理工作成效；

e) 监理过程中出现的问题及其处理情况和建议；

f) 工程和(或)设备照片。

6.2 设备监理服务的提供

6.2.1 设备监理服务提供的控制

6.2.1.1 应按照6.1.3的要求对所涉及的监理服务提供的主要过程及采购等其他服务过程予以控制，应对监理服务提供的支持过程予以控制。具体监理项目的设备监理服务范围和内容由合同确定。

注1：监理服务提供的支持过程见6.1.3.1 h)注。

注2：与采购有关的过程包括：

a) 协助委托人制定采购计划；

b) 协助委托人对承包人进行审核，优选承包人；

c) 协助委托人签订有关的项目合同(如承包合同、承揽合同、采购合同等)。

6.2.1.2 应检查被监理单位的质量管理体系是否能持续、稳定运行并能持续改进。核查被监理单位的相关资质、检查有关人员资格。检查被监理单位的质量管理体系，包括：

a) 按委托人的要求对被监理单位的质量管理体系进行审核评价；

b) 采取适当的方式、依据合同及委托人的要求、有关的法律和法规、被监理单位的质量管理体系文件，对被监理单位管理体系进行检查和评价，如发现不符合，应要求被监理单位及时处置并采取纠正措施，并对处置结果及纠正措施进行验证，如发现严重不符合应及时报告委托人；

c) 根据对被监理单位管理体系检查结果的分析，及时调整监理的方法、手段、资源配备。

6.2.1.3 如没有按约定时间参加现场见证，应重新商定见证时间；如不能实现现场见证的，应进行文件见证，如设备监理工程师有疑问，应重新进行现场见证，上述变更应事先报委托人确认。

6.2.2 与合同管理有关的过程

一般包括：

a) 协助委托人对合同进行分析，并提出意见；

b) 参与委托人与被监理单位的合同交底；

c) 对被监理单位的合同履行行为进行监督检查，对设备工程的结果及有关质量、进度、费用、安全等过程进行监督检查，找出偏差、督促其采取措施纠正偏差；

注1：一般通过“审查、审核、检验、试验、验证、确认”等方式对被监理单位合同行为和结果进行监督检查。

注2：与被监理单位履行合同行为能力有关的检查，包括对被监理单位的资质、管理、技术、装备、人员的保证能力和分包行为等的检查。

注3：对设备工程的过程和结果进行监督检查，具体见6.2.3至6.2.8。

d) 对与合同履行有关的偏差、矛盾、争议、冲突等影响项目进展和目标实现的问题进行沟通协调；

e) 在委托范围内对合同变更进行管理，包括对范围变更、设计变更、材料变更、设备变更、费用变更、进度计划变更等进行管理和控制；

f) 对在合同履行中因为委托人或承包人的原因、不可抗力等原因引起索赔进行审核、处理；

g) 协助委托人进行合同收尾管理，包括工程移交与结算。

6.2.3 与质量有关的过程

6.2.3.1 总则

应对设计、制造、储运、安装、调试验收等与质量有关的主要过程予以控制(见6.2.3.2至6.2.3.6)。

如发现质量隐患或发生重大质量事故时，应及时采取有效措施：

a） 如发现质量隐患时，应及时要求被监理单位采取有效措施予以整改，若被监理单位延误或拒绝整改时，可责令其停工整改，并及时向委托人报告；

b） 当发生重大质量事故时，应要求被监理单位在规定的时间内采取有效措施予以整改，并及时向委托人报告，也可责令其停工整改；

c） 当发生重大质量事故时，应协助委托人进行重大质量事故的调查处理工作；

d） 如签发暂停令，被监理单位的整改经验证符合要求后，应及时签发复工指令。

6.2.3.2 设计过程

一般包括：

a） 审查设计分包人的资质，对设计过程进行监督；

b） 参与审查被监理单位提交的设计总体方案及进度计划；

c） 监督检查设计过程中设计评审和验证；

d） 监督对设计输入的评审，审查设计所依据的各种资料、数据、标准、规范等，确认其有效性、完整性；

e） 监督对设计输出的评审，审查主要输出文件清单及接口清单，审查设计输出文件和资料，了解设备设计内、外接口的管理情况；

f） 对设计关键阶段和关键节点，包括对设计质量有重大影响的活动和设计文件等确立监理控制点，进行监督和见证；

g） 检查各专业之间信息传递的及时性、有效性和准确性，检查各专业之间组织接口和技术接口的问题和矛盾处理情况，检查综合技术方案的合理性；

h） 当设计过程出现不合格时，应要求被监理单位及时处置并采取有效的纠正措施，并对其处置结果及纠正措施进行验证；

i） 跟踪、协调、落实设计变更，要求被监理单位按设计变更控制程序的规定进行管理和控制；

j） 适时对项目质量计划、有关质量体系文件执行情况进行抽查。

6.2.3.3 设备制造过程

一般包括：

a） 审查主要标准和规范、设备设计文件、重要工艺方案与重要工艺评定；

b） 审查质量检验计划；

c） 审查采购计划和生产计划；

d） 审查人员资格，尤其是特种专业人员资格；

e） 适时检查加工设备和工装能力及状态、检测设备和装置的有效性和适用性；

f） 审查分承包人的资质和能力；

g） 向被监理单位进行监理交底；

h） 审查主要原材料、外购件和外协件的质量证明文件和复检报告，核查实物外观质量；

i） 核查有特殊要求的原材料及消耗材料的存放和发放，核查入库和发放记录；

j） 按确定的见证方式，对重要过程、主要制造工序、关键零部件加工和设备装配进行见证；

k） 检查包装过程，检查储运过程；

l） 检查设备制造过程中的改进过程；

m） 抽查检验和试验人员资格；

n） 检查检测仪器的能力范围及校准状态；

o） 采用适当方式见证被监理单位的检验和试验过程（包括中间检查和验收、出厂最终检查和试验等），核查检验工器具的有效性；见证设备的中间验收、设备的出厂检验和试验；

p） 见证检验和试验原始记录和（或）放行记录；

q) 检查不合格控制，验证不合格处置结果和纠正措施。

6.2.3.4 设备储运过程

一般包括：

a) 审查设备储运方案，包括审查设备包装、仓储、防腐保养、吊装、运输方式、运输定位设计、发运顺序等，审查超限设备的运输方案，审查大型设备解体运输方案等；

b) 审查运输计划，检查大型关键设备的运输安排，包括运输前的准备工作、运输时间、人员组织安排等；

c) 检查设备装箱和发运前状态，包括设备包装、防潮、防震、防污染措施、设备重心吊装点、收发货标记、随机资料和附件及包装等；

d) 检查设备的储存条件，包括检查待检设备、检验合格入库设备，检验不合格设备等存放条件和标识；检查设备等待发货时存放条件和标识；检查设备运抵安装现场后存放条件与标识；定期检查设备防腐保养情况；

e) 采取适当方式检查设备运输的环境条件、运输工具、特殊技术措施、装卸情况、安全措施等。

6.2.3.5 设备安装过程

一般包括：

a) 审查设备安装所依据的技术标准、工艺标准及验收规范；

b) 审查被监理单位制订的设备安装技术方案和安装措施，包括重点部位、关键工序的安装工艺措施，审查其技术可行性、安全可靠性、经济合理性，并提出审核意见；

c) 审查设备安装的工艺技术规范与合同的要求、有关标准的符合性；

d) 组织安装单位检查设备基础是否能满足设备安装的要求；

e) 审核设备安装用机具是否满足设备安装的需要，并且保持完好；

f) 检查检测仪器的能力范围及校准状态；

g) 检查保证安全生产采取的方法和落实的设施；

h) 向被监理单位进行监理交底；

i) 监督主要设备的开箱和验收工作；

j) 检查重要过程、关键零部件、单机设备和成套设备的安装质量；

k) 审核被监理单位报送的主要设备，开箱检查记录表；

l) 审查被监理单位报送的主要材料、主要设备报审表及其质量证明文件和复检报告，如有疑问，可要求被监理单位进行质量复查；

m) 随时注意检查安装中的不安全因素，发现问题及时督促被监理单位和(或)有关方解决；

n) 对安装过程进行监督，按照确定的监理方式对重要部位、重要工序、重要时刻和隐蔽工程进行见证和确认；

o) 适时检查、验收设备安装中的过程性结果；

p) 协调安装各方的工作，对有多分包人和交叉作业的现场，应及时督促被监理单位解决影响安装质量的问题。

6.2.3.6 设备调试验收过程

一般包括：

a) 审查被监理单位提交的设备调试技术方案和措施(包括设备调试所依据的技术标准及验收规范，关键件、关键工序的调试工艺措施)，审查其技术可行性、安全可靠性，并提出审查意见；审查设备调试工作的安全生产措施和安全防范应急措施；审查设备调试的工艺规范；

b) 检查被监理单位报送的主要材料及其质量证明资料；

c) 向被监理单位进行监理交底；

d) 审核设备调试用的机具、设备和装置的有效性和适用性；

e) 督促参与各方做好各设备系统调试的准备工作,并跟踪监督检查安装调试单位进行设备调试,以确认设备局部和整体的运行技术参数和性能是否达到要求;
f) 对关键零部件、单机设备和成套设备的调试过程进行见证;
g) 跟踪监督设备调试过程,检查设备调试中的过程性结果,对调试过程进行检查,对重要部位、重要工序进行见证;
h) 协调设备调试工作;
i) 审核设备调试记录;
j) 随时注意检查调试中的不安全因素,发现问题及时督促被监理单位和有关方解决;
k) 参与设备(或)工程项目的完工验收,并提出监理验收意见;
l) 检查验收资料。

6.2.4 与进度有关的过程

6.2.4.1 审核项目进度计划

对被监理单位项目进度计划进行审核包括:

a) 工期的符合性;
b) 进度计划的完整性;
c) 进度计划的可行性;
d) 进度计划的匹配性。

6.2.4.2 监督项目进度计划的执行

在项目实施过程中,对经审核批准的各级、各类项目进度计划的执行情况进行跟踪和检查,提出进度计划调整的建议,审核进度计划的变更,包括:

a) 建立进度监督控制程序,包括进度信息收集及传递检查时间及频次;
b) 确定进度计划检查的对象,重点监测的关键线路、关键节点和关键工序;
c) 对项目进度实施动态检查,随时检查项目的实际进展并分析执行效果。当进度偏差的结果已无法满足合同要求时,应提出处理建议。如果实际进度出现不可接受的偏差,应及时提出调整进度计划的要求;
d) 对不符合的问题及时督促整改或报告委托人协调。

6.2.5 与费用有关的过程

一般包括:

a) 参与审查设备工程项目的概算与预算,采取适当的方式审查方案设计、初步设计、施工图设计,审查制造加工设计内容,审查安装、调试方案等;
b) 审查资金使用计划;
c) 审核已完成工作量;
d) 签发付款证书;
e) 审核完工结算;
f) 协助委托人处理变更中有关费用事项;
g) 协助委托人处理费用索赔事项。

6.2.6 与安全有关的过程

应根据合同的约定进行相应的安全监督工作,安装调试现场的安全监督工作应按照相关法规和有关规定执行:

a) 督促被监理单位建立健全安全保障体系,包括安全管理制度、安全应急预案等;
b) 适时审查有关人员的相关资格;
c) 审查安全生产措施,包括审查安全应急预案;
d) 对被监理单位执行安全生产的法律、法规和强制性标准以及安全生产措施的情况进行监督、检查；

e) 如发现不安全因素和安全隐患时，应要求被监理单位采取有效措施予以整改，如发现存在重大安全隐患或被监理单位延误或拒绝整改时，应及时向委托人报告，也可责令其暂时停工整改；

f) 当发生安全生产事故时，应协助委托人和有关行政主管部门进行安全事故的调查处理工作；

g) 如签发了暂停令，经验证被监理单位的整改符合要求后，应及时签发复工指令。

6.2.7 与环境有关的过程

应根据合同的约定进行与环境有关的监督工作，尤其是安装调试现场的监督工作；

a) 督促审查被监理单位制订环境保护措施，包括环境保护应急预案；

b) 督促被监理单位加强对施工和(或)生产区周围环境的保护；

c) 当发现违反或有可能背离环境保护的有关规定时，应要求被监理单位采取有效措施予以整改，情节严重的或被监理单位延误或拒绝整改时，可责令其暂时停工，并及时向委托人报告；

d) 当发生环境污染等重大环境事故时，应协助委托人和有关行政主管部门进行事故的调查处理工作；

e) 如签发暂停令，经验证被监理单位的整改符合要求后，应及时签发复工指令。

6.2.8 与沟通有关的过程

6.2.8.1 与沟通有关的过程

与沟通有关的过程包括沟通策划、信息交流和信息管理、沟通控制。

6.2.8.2 与协调有关的过程

应做好项目监理机构内部的协调、项目监理机构与委托人和被监理单位之间的协调、项目监理机构与监理单位的协调等工作。

应建立包括项目监理机构对外协调、项目参与方之间的协调、项目监理机构工作协调的工作程序。

7 设备监理服务的监视、测量和评价

7.1 设备监理服务的监视和测量

应依据设备监理单位的服务质量标准，对监理服务进行监视和测量。应编制形成文件的程序，以规定职责、程序以及监视和测量的内容、频次、记录等。

7.2 不合格服务控制

应确保不符合要求的服务得到识别和控制，以防止或弥补不合格服务给委托人造成损失。应编制形成文件的程序，以规定不合格服务控制以及不合格服务处置的有关职责和权限。

a) 采取措施，消除发现的不合格；

b) 可将纠正和(或)采取的纠正措施情况通知委托人。

7.3 设备监理服务的评价

应对每个监理项目的服务过程和结果的监视和测量后所获得的信息进行分析和评价，并制定评价指标。

注：对设备监理服务的评价宜通过以下两种方式：

a) 设备监理单位评价：包括监理服务结果质量和服务过程质量评价；

b) 顾客(通常指委托人，有时还包括项目使用单位)评价：顾客满意度测评结果，验证其是否满足了委托人的要求和期望以及满足的程度。确定顾客评价的内容和方式，评价的内容尽可能细化并体现所监理的项目和顾客的特点，评价的方式方便顾客。

附 录 A
（资料性附录）
被监理单位用通用表格

表 A.1 方案报审表格式

方案报审表

项目名称： 编号：

<table>
<tr><td colspan="2">致：
我方已根据合同的有关规定完成了______________________________
______________________________的编制，并完成内部审批手续，请予以审查。
附：

报审单位：</td><td>项目负责人：
日　　期：　　年　月　日</td></tr>
<tr><td colspan="2">专业监理工程师审查意见：

专业监理工程师：</td><td>日　　期：　　年　月　日</td></tr>
<tr><td colspan="2">总监理工程师审核意见：

项目监理机构：</td><td>总监理工程师：
日　　期：　　年　月　日</td></tr>
<tr><td colspan="2">业主/建设单位意见：

业主/建设单位：</td><td>业主/建设单位代表：
日　　期：　　年　月　日</td></tr>
</table>

表 A.2 进度计划报审表格式

进度计划报审表

项目名称： 编号：

致：

我方根据＿＿＿＿＿＿＿＿＿＿＿＿＿＿＿＿＿＿＿＿＿＿＿＿＿＿＿＿＿＿＿＿＿＿＿＿

完成了＿＿＿＿＿＿＿＿＿＿＿＿＿＿＿＿＿＿＿＿＿＿＿＿＿＿＿＿＿＿＿＿＿＿＿＿，

并完成内部审批手续，请予以审查。

具体说明：

附：

报审单位： 项目负责人：

日　　期：　　　　年　　月　　日

表 A.3 材料/配件/元器件/设备报审表格式

材料/配件/元器件/设备报审表

项目名称：　　　　　　　　　　　　　　　　　　　　　　　　　　　　编号：

<table>
<tr><td>
致：
我方计划将下述□材料 □配件 □元器件 □设备 □________________(具体见附件)
拟用于____
____，
现将质量证明文件及自检结果等文件报上，请予以审核。
附件：
1. 清单；
2. 质量证明文件；
3. 自检结果。

报审单位：　　　　　　　　　　　　　　　　项目负责人：
　　　　　　　　　　　　　　　　　　　　　日　　期：　　　　　　年　　月　　日
</td></tr>
<tr><td>
审查意见：
经检查上述□材料 □配件 □元器件 □设备 □________________
□符合 □不符合相关设计文件/规范的要求。
□同意 □不同意使用。
□同意 □不同意进场。
□同意 □不同意使用于拟定设备/部位
设计文件/规范：

项目监理机构：　　　　　　　　　　　　　　总/专业监理工程师：
　　　　　　　　　　　　　　　　　　　　　日　　　　期：　　　　　　年　　月　　日
</td></tr>
</table>

表 A.4 设备进场报审表格式

设备进场报审表

项目名称：　　　　　　　　　　　　　　　　　　　　　　　编号：

<table>
<tr><td>致：
　　我方承担的＿＿＿＿＿＿＿＿＿＿＿＿＿＿＿＿＿＿＿＿＿＿＿＿＿＿＿＿＿＿，
□施工设备 □机具 □检测设备 □工具拟进场 □＿＿＿＿＿＿＿＿＿＿，并经自检合格，请审查。
　　附件：

报审单位：　　　　　　　　　　　　　项目负责人：
　　　　　　　　　　　　　　　　　　日　　　期：　　　　　年　　月　　日</td></tr>
<tr><td>审查意见
　　经审查上述 □施工设备 □机具 □检测设备 □工具 □＿＿＿＿＿＿＿＿＿＿＿＿＿，
　　□符合 □不符合以下设计文件和相关要求
　　□同意 □不同意进场。
　　具体设计文件和相关要求：

　　不同意进场原因如下：

项目监理机构：　　　　　　　　　　　　总/专业监理工程师：
　　　　　　　　　　　　　　　　　　　日　　　　期：　　　　　年　　月　　日</td></tr>
</table>

表 A.5 报验申请表格式

报验申请表

项目名称： 编号：

致：

我方完成了____

____，

现提交该项目报验申请，请予以审查。

附件：

申请单位： 项目负责人：

日　　期： 年　月　日

审查意见：

项目监理机构： 总/专业监理工程师：

日　　期： 年　月　日

表 A.6 试车申请表格式

试车申请表

项目名称： 编号：

<table>
<tr><td>致：
我方已完成了________________________________
试车准备工作，自检合格，请予以审查，并准予试车。
附件：

申请单位： 项目负责人：
日 期： 年 月 日</td></tr>
<tr><td>审查意见：

项目监理机构： 总/专业监理工程师：
日 期： 年 月 日</td></tr>
<tr><td>业主/建设单位意见：

业主/建设单位： 业主/建设单位代表：
日 期： 年 月 日</td></tr>
</table>

表 A.7　工程完工报验单格式

工程完工报验单

项目名称：　　　　　　　　　　　　　　　　　　　　　　　　　　编号：

<table>
<tr><td>致：
　　我方已完成了______________________________，
请予以审查和验收。
　　附件：

报验单位：　　　　　　　　　　　　　　　　项目负责人：
　　　　　　　　　　　　　　　　　　　　　日　　期：　　　　年　　月　　日</td></tr>
<tr><td>审查意见：
　　经初步审查，该工程
　　1. □符合 □不符合我国现行法律、法规要求：
　　2. □符合 □不符合有关标准：
　　3. □符合 □不符合设计文件要求：
　　4. □符合 □不符合合同要求：
　　综上所述，□可以 □不可以组织正式验收。

项目监理机构：　　　　　　　　　　　　　　总监理工程师：
　　　　　　　　　　　　　　　　　　　　　日　　期：　　　　年　　月　　日</td></tr>
</table>

表 A.8　开工/复工报审表格式

开工/复工报审表

项目名称：　　　　　　　　　　　　　　　　　　　　　　　　　　　　编号：

致： 我单位承担的＿＿＿＿＿＿＿＿＿＿＿＿＿＿＿＿＿＿＿＿＿＿＿＿＿＿＿＿＿＿＿＿，已完成了以下各项工作，具备了□开工/□复工条件，特此申请签发□开工/□复工指令。 附件： 1. 开工报告； 2. 证明文件。 申请单位：　　　　　　　　　　　　项目负责人： 　　　　　　　　　　　　　　　　　　日　　期：　　　　年　　月　　日
审查意见： 项目监理机构：　　　　　　　　　　　总监理工程师： 　　　　　　　　　　　　　　　　　　日　　期：　　　　年　　月　　日
业主/建设单位意见： 业主/建设单位：　　　　　　　　　　业主/建设单位代表： 　　　　　　　　　　　　　　　　　　日　　期：　　　　年　　月　　日

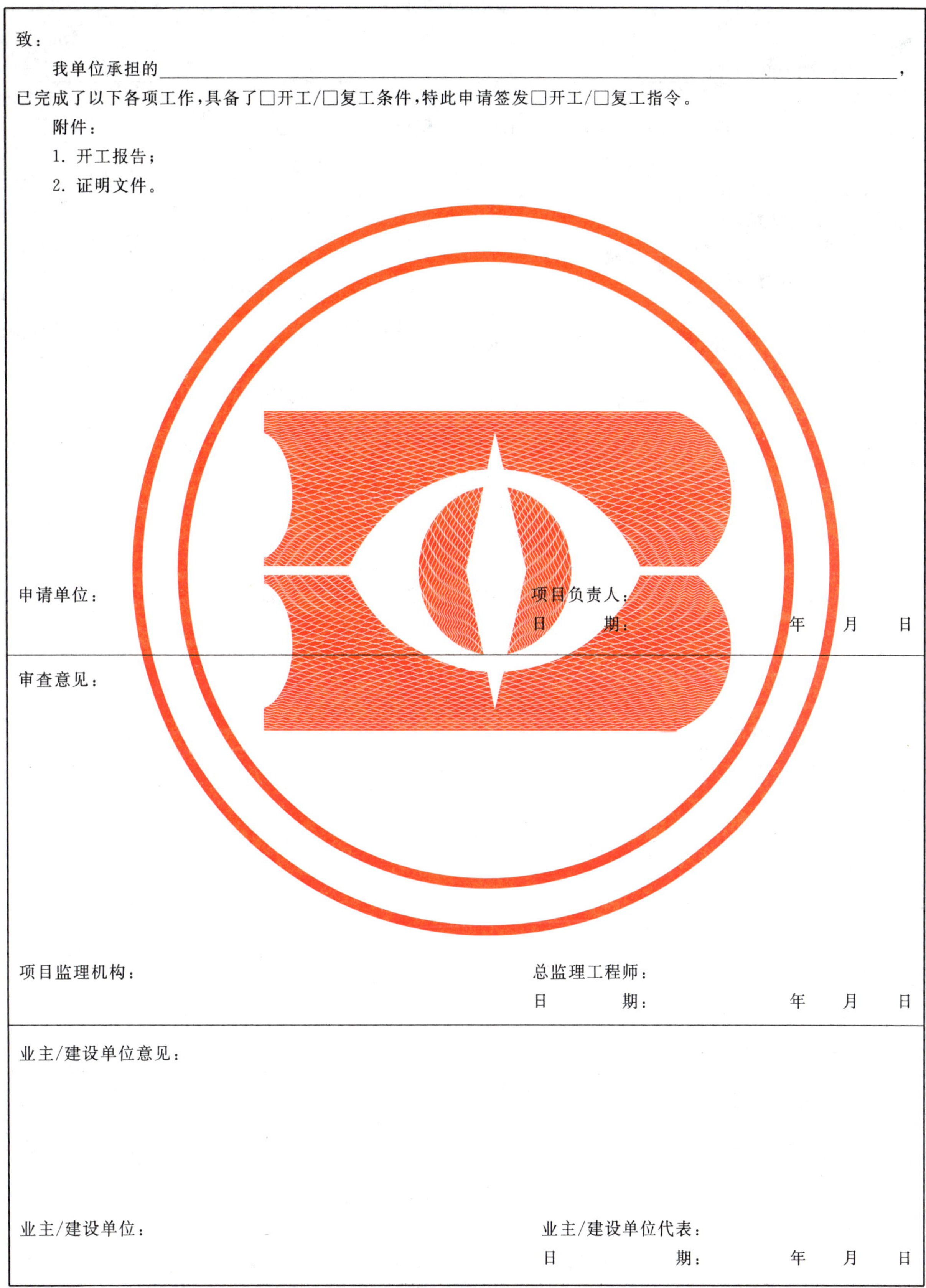

表 A.9　分包单位资格报审表格式

分包单位资格报审表

项目名称：　　　　　　　　　　　　　　　　　　　　　　　　　　　　　编号：

致：

经考察，我方拟选择的 ____________________________________

承担下列 ____________________________________

分包后，我方仍承担合同的全部责任。请予以审查和批准。

附件：

1. 分包单位资质材料；

2. 分包单位业绩材料。

具体说明：

报审单位：　　　　　　　　　　　　　　　　项目负责人：

日　　期：　　　　年　　月　　日

专业监理工程师审查意见：

专业监理工程师：

日　　期：　　　　年　　月　　日

总监理工程师审核意见：

项目监理机构：　　　　　　　　　　　　　　总监理工程师：

日　　期：　　　　年　　月　　日

表 A.10 支付申请表格式

支付申请表

项目名称： 编号：

致：

我方已完成了______________________________

______________________________，

按合同的规定，______________________________

应于______年____月____日前支付该□勘察费 □设计费 □工程款 □制造款 □__________。

共计(大写)：______________________________(小写__________________)。

请予以审查并开具支付证书。

附件：

1. 完成工作清单。

申请单位： 项目负责人：

日 期： 年 月 日

表 A.11 索赔申请表格式

索赔申请表

项目名称： 编号：

致：

根据____，

由于以下的原因，我方要求索赔金额(大写)____________________，

请予以批准。

索赔的理由：

索赔金额的计算：

附：证明材料

申请单位： 项目负责人：

日 期： 年 月 日

表 A.12 监理工程师通知回复单格式

监理工程师通知回复单

项目名称：　　　　　　　　　　　　　　　　　　　　　　　编号：

致： 我方接到监理工程师通知(编号：　　　　)后，已按要求完成了整改工作，请予以验证。 回复单位：　　　　　　　　　　　　项目负责人： 　　　　　　　　　　　　　　　　　日　　期：　　　　年　　月　　日
验证意见 项目监理机构：　　　　　　　　　　总/专业监理工程师： 　　　　　　　　　　　　　　　　　日　　期：　　　　年　　月　　日

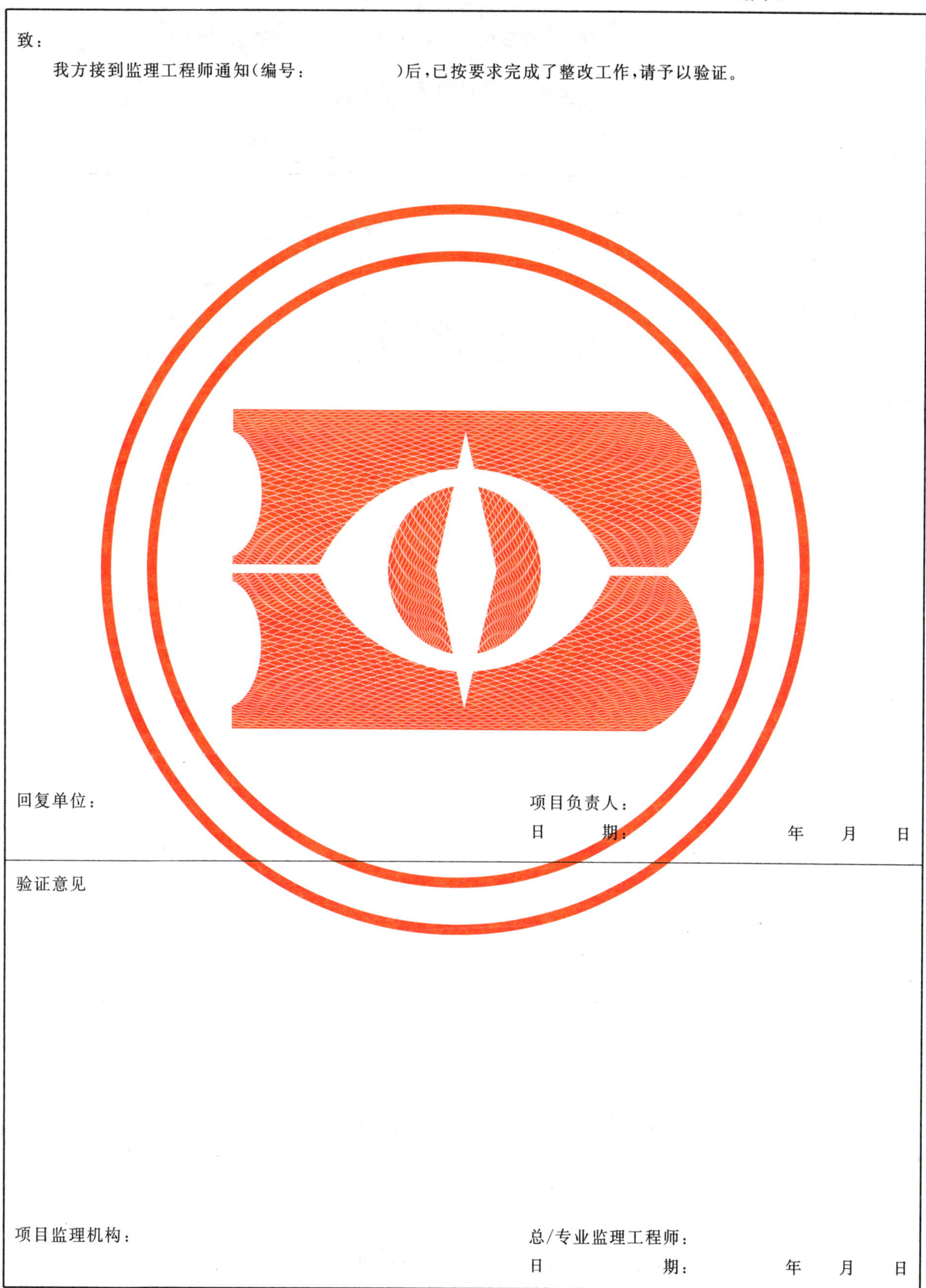

附 录 B
（资料性附录）
监理单位用通用表格

表 B.1 见证情况表格式

见证情况表

项目名称： 编号：

见证内容			
被监理单位			
见证方式	□文件见证 □现场见证 □停工待检点见证 □________		
见证时间	年 月 日	地 点	
监理依据/见证依据		见证情况	
结论/意见： 项目监理机构		见 证 人： 日 期： 年 月 日	
年 月 日	年 月 日	年 月 日	年 月 日

表 B.2 进度计划审批表格式

进度计划审批表

项目名称：　　　　　　　　　　　　　　　　　　　　　　编号：

<table>
<tr><td colspan="2">致：
我方对你方提交的《进度计划报审表》(编号：________________)，经过审核评估：
□同意此进度计划 □不同意此进度计划 □不同意此进度调整计划 □根据下列要求进行调整，请你方执行：

专业监理工程师：　　　　　　　　　　　日　　期：　　年　月　日
项目监理机构：　　　　　　　　　　　　总监理工程师：
　　　　　　　　　　　　　　　　　　　日　　期：　　年　月　日</td></tr>
<tr><td colspan="2">业主/建设单位意见：

业主/建设单位：　　　　　　　　　　　　业主/建设单位代表：
　　　　　　　　　　　　　　　　　　　日　　期：　　年　月　日</td></tr>
</table>

表 B.3 支付证书格式

支付证书

项目名称： 编号：

致：

根据____，

经审核申请单位提交的支付申请表和附件，同意本期支付 □勘察费 □设计费 □工程款 □制造款□__________。

共计(大写)：__________________________________(小写________________)。

请按合同规定及时付款。

其中：

1. 申报款额为：
2. 经审核应得款额为：
3. 本期应扣款额为：
4. 本期应付款额为：

附件：

1. 支付申请表及附件；
2. 项目监理机构审查记录。

项目监理机构： 总监理工程师：

日 期： 年 月 日

表 B.4 索赔审核表格式

索赔审核表

项目名称： 编号：

致： 根据____的规定， 你方提出的____ 索赔申请(编号：______________)，经我方审核评估： □不同意此项索赔 □同意此项索赔 金额为(大写)：________________________(小写______________)。 说明：
索赔金额的计算：   项目监理机构： 总监理工程师： 日 期： 年 月 日

表 B.5 暂停令格式

暂停令

项目名称：　　　　　　　　　　　　　　　　　　　　　　　编号：

<table>
<tr><td colspan="2">致：
现通知你方应于________年____月____日________时起，暂停____
____，
并按下述要求做好各项工作。具体原因及要求如下：

项目监理机构：</td></tr>
<tr><td></td><td>总监理工程师：
日　　期：　　年　　月　　日</td></tr>
<tr><td colspan="2">业主/建设单位意见：

业主/建设单位：</td></tr>
<tr><td></td><td>业主/建设单位代表：
日　　期：　　年　　月　　日</td></tr>
<tr><td>签收单位/部门：</td><td>签　收　人：
日　　期：　　年　　月　　日</td></tr>
</table>

表 B.6 监理工程师通知单格式

监理工程师通知单

项目名称：　　　　　　　　　　　　　　　　　　　　　　　　编号：

<table>
<tr><td colspan="2">致：

项目监理机构：</td><td>专业监理工程师：
日　　期：　　　年　月　日
总监理工程师：
日　　期：　　　年　月　日</td></tr>
<tr><td colspan="2">签收单位/部门：</td><td>签　收　人：
日　　期：　　　年　月　日</td></tr>
</table>

表 B.7 监理备忘录格式

监理备忘录

项目名称：　　　　　　　　　　　　　　　　　　　　　　　　　　　编号：

<table>
<tr><td colspan="2">致：

抄报：

抄送：

项目监理机构：</td></tr>
<tr><td>项目监理机构：</td><td>总监理工程师：
日　　期：　　　年　月　日</td></tr>
<tr><td>签收单位/部门：</td><td>签　收　人：
日　　期：　　　年　月　日</td></tr>
</table>

表 B.8　监理日志格式

监理日志

项目名称：　　　　　　　　　　　　　　　　　　　　　　　　　　编号：

________年____月____日	天气		气温	最高________℃　最低________℃

被监理方工作情况：

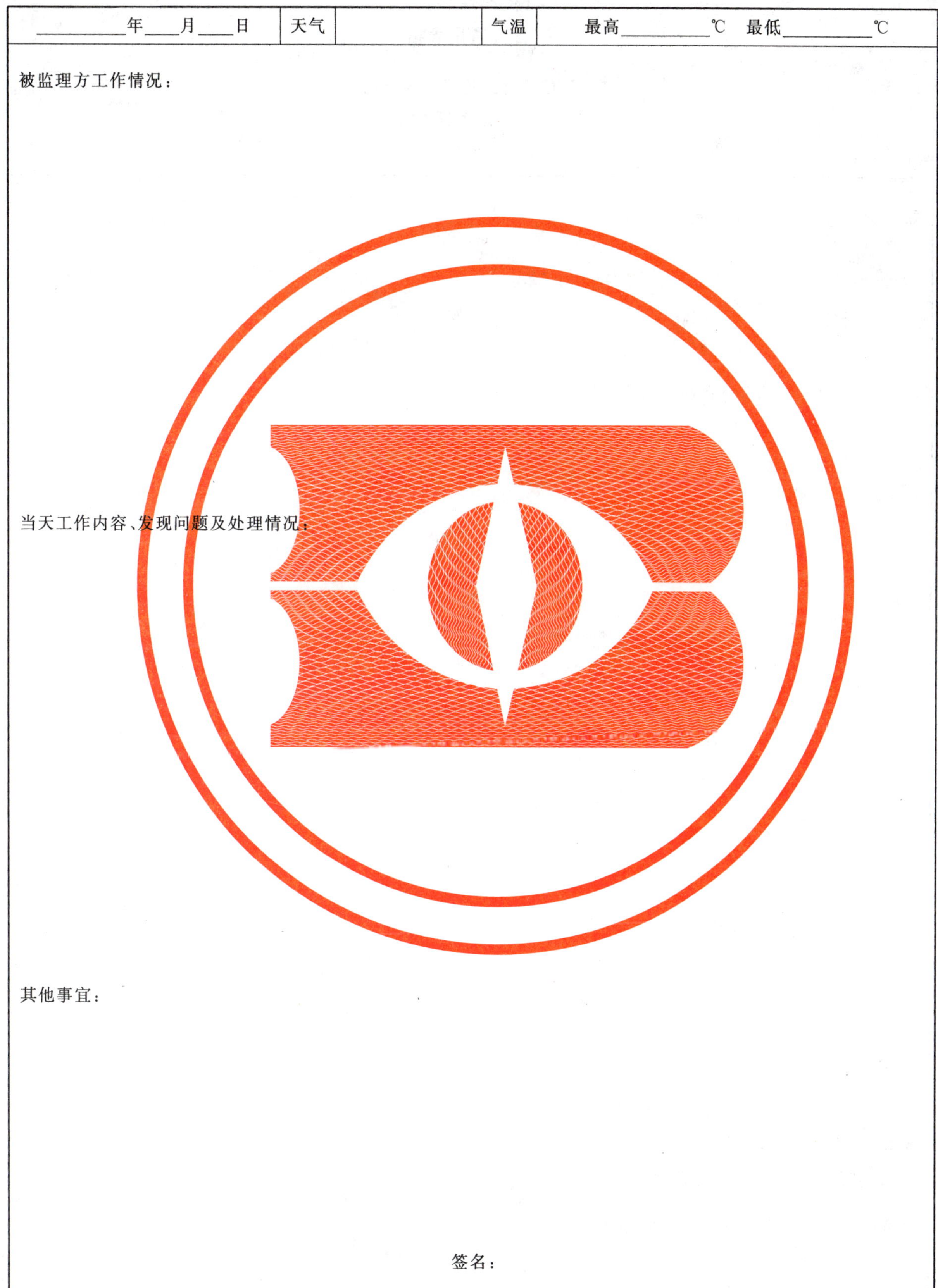

当天工作内容、发现问题及处理情况：

其他事宜：

签名：

附　录　C
（资料性附录）
各方通用表格

表 C.1　工作联系单格式

工作联系单

项目名称：　　　　　　　　　　　　　　　　　　　　　　　　编号：

<table>
<tr><td colspan="2">致：

</td></tr>
<tr><td>发送单位/部门：</td><td>签　发　人：
日　　期：　　　　年　月　日</td></tr>
<tr><td>签收单位/部门：</td><td>签　收　人：
日　　期：　　　　年　月　日</td></tr>
</table>

表 C.2 变更报审单格式

变更报审单

项目名称： 编号：

<table>
<tr><td colspan="4">致：
由于以下原因，兹提出____变更（内容见附件），请予以审批。
说明：

附：

提出单位： 项目负责人：
日 期： 年 月 日</td></tr>
<tr><td colspan="4">一致意见：</td></tr>
<tr><td>业主/建设单位代表（签字）
年 月 日</td><td>设计单位代表（签字）
年 月 日</td><td>项目监理机构代表（签字）
年 月 日</td><td>承包/制造单位代表（签字）
年 月 日</td></tr>
</table>

参 考 文 献

［1］ GB/T 19015—2008 质量管理体系 质量计划指南
［2］ GB/T 19016—2005 质量管理体系 项目质量管理指南

ICS 67.080.20
B 31

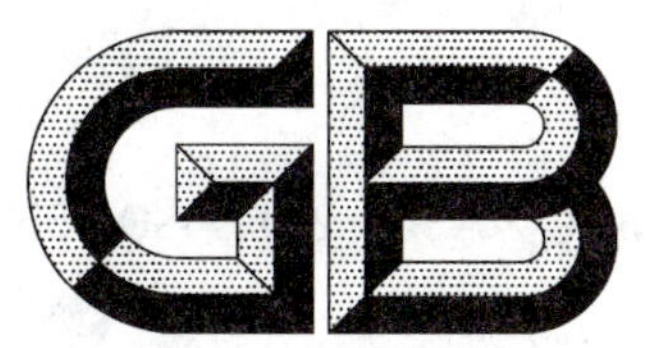

中华人民共和国国家标准

GB/T 26430—2010/ISO 1956-2:1989

水果和蔬菜　形态学和结构学术语

Fruits and vegetables—Morphological and structural terminology

(ISO 1956-2:1989,IDT)

2011-01-14 发布　　2011-06-01 实施

中华人民共和国国家质量监督检验检疫总局
中国国家标准化管理委员会　发布

前　言

本标准按照 GB/T 1.1—2009 给出的规则起草。

本标准等同采用 ISO 1956-2:1989《水果和蔬菜　形态学和结构学术语　第 2 部分》(英文版),内容与 ISO 1956-2:1989 一致,章条编号略有调整,并做了下列编辑性修改:

——"本国际标准"一词改为"本标准";

——删除了 ISO 1956-2:1989 的引言;

——删除了 ISO 1956-2:1989 中的法语和俄语的内容,增加了相应的中文名称。

本标准由中国商业联合会提出并归口。

本标准由中国商业联合会商业标准中心起草。

本标准主要起草人:李祥波、刘振宇、靳晓蕾。

水果和蔬菜　形态学和结构学术语

1　范围

本标准界定了凤梨、芹菜、辣根、芜菁甘蓝、青花菜、花椰菜、孢子甘蓝、球茎甘蓝、辣椒、菊苣、西瓜、榛子、甜瓜、西葫芦、朝鲜蓟、胡桃、结球生菜、香蕉、菜豆、豌豆、萝卜(原变种)、菊牛蒡、茄子、菠菜、婆罗门参、蚕豆、玉米的形态学和结构学术语。

2　形态学和结构学术语

2.1

植物学名称:*Ananas comosus*(Linnaeus) Merrill

英文名称:pineapple

中文名称:凤梨

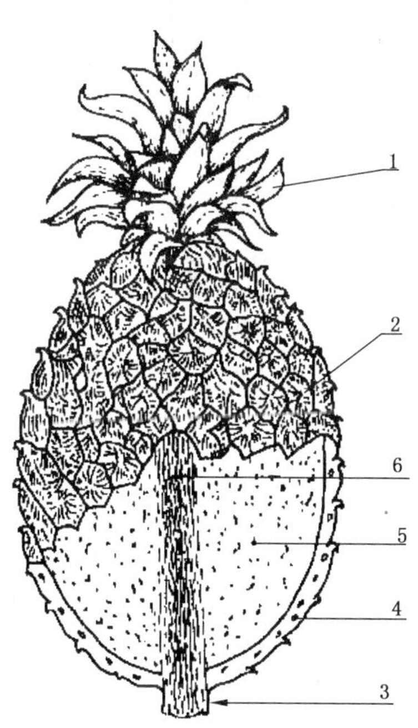

序号	英文名称	中文
1	crown	冠部
2	eye	芽眼
3	peduncle	梗
4	skin,shell	壳
5	flesh	果肉
6	core	果核

2.2

植物学名称:*Apium graveolens* Linnaeus var. *dulce*(Miller) Person

英文名称:celery

中文名称:芹菜

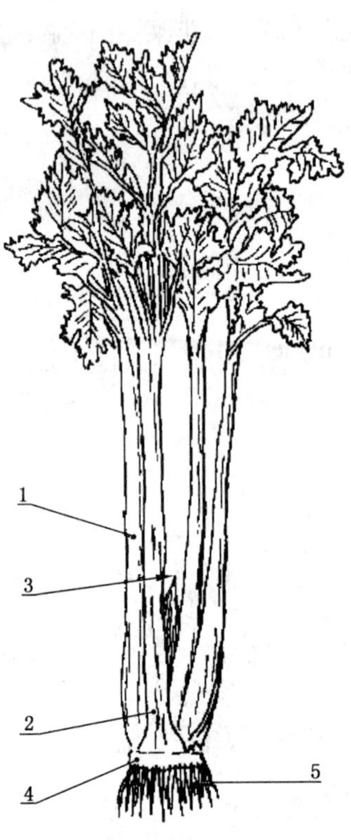

序号	英文	中文
1	leaf stalk	叶柄
2	vein,main vein	叶脉
3	flower stem	花茎
4	neck	颈
5	roots	根

2.3

植物学名称:*Armoracia rusticana* P. Gaertner,B. Meyer et Scherbius

英文名称:horseradish,horse-radish

中文名称:辣根

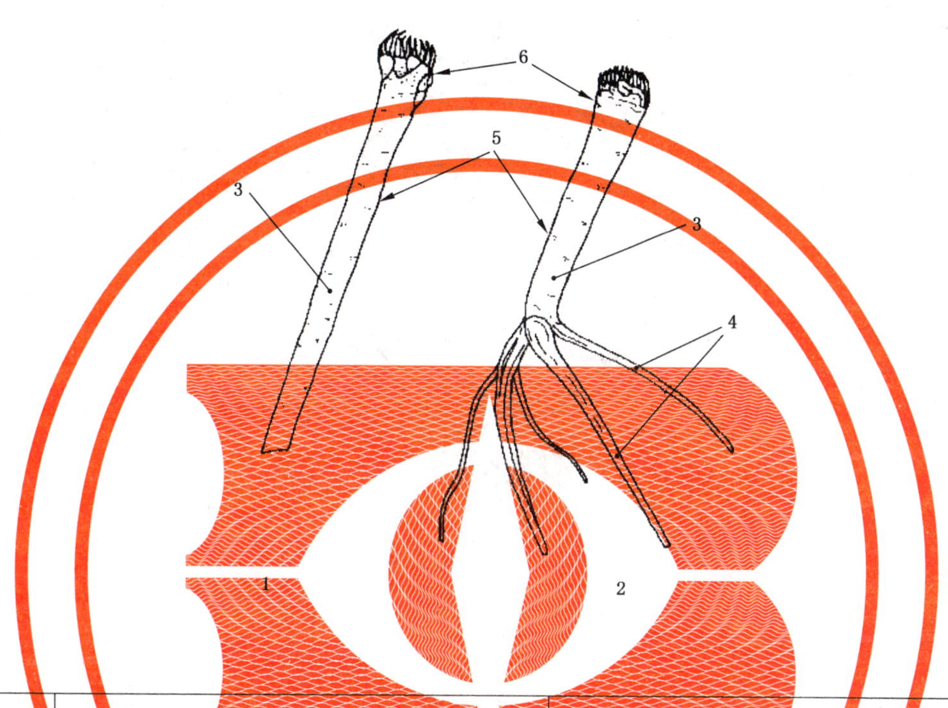

序号	英文	中文
1	straight root	直根
2	branched root	分支根
3	tap root,main root	主根
4	side roots,lateral roots	侧根
5	skin	外皮
6	head	头部

2.4

植物学名称:*Brassica napus* Linnaeus var. *napobrassica*(Linnaeus) Reichenbach

英文名称:swede, rutabaga[1)]

中文名称:芜菁甘蓝

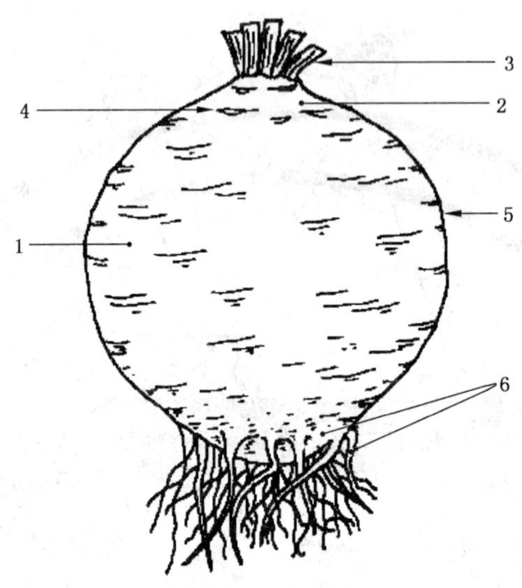

序号	英文	中文
1	fleshy root	肉质根
2	crown	冠部
3	leaf stalk	叶柄
4	leaf scar	瘢痕
5	skin,peel	外皮
6	lateral roots,feeder roots	支根

1) 北美用法。

2.5

植物学名称:*Brassica oleracea* Linnaeus[2)]

英文名称:sprouting broccoli,green sprouting broccoli

中文名称:青花菜

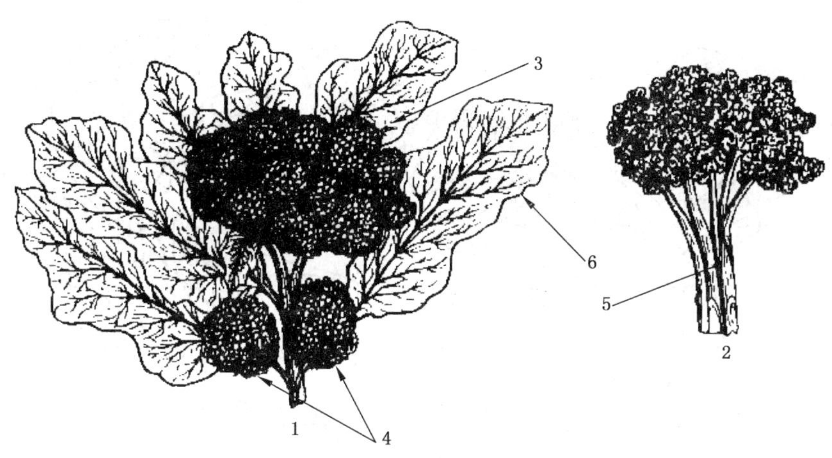

序号	英文	中文
1	compact	紧密的
2	spread head	分散的头部
3	central head	主花球
4	lateral heads	侧花球
5	stem	茎
6	leaf	叶子

2) 植物学名称仍在讨论中。

2.6

植物学名称:*Brassica oleracea* Linnaeus var. *botrytis* Linnaeus subvar. Cauliflora A. P. de Candolle

英文名称:cauliflower

中文名称:花椰菜

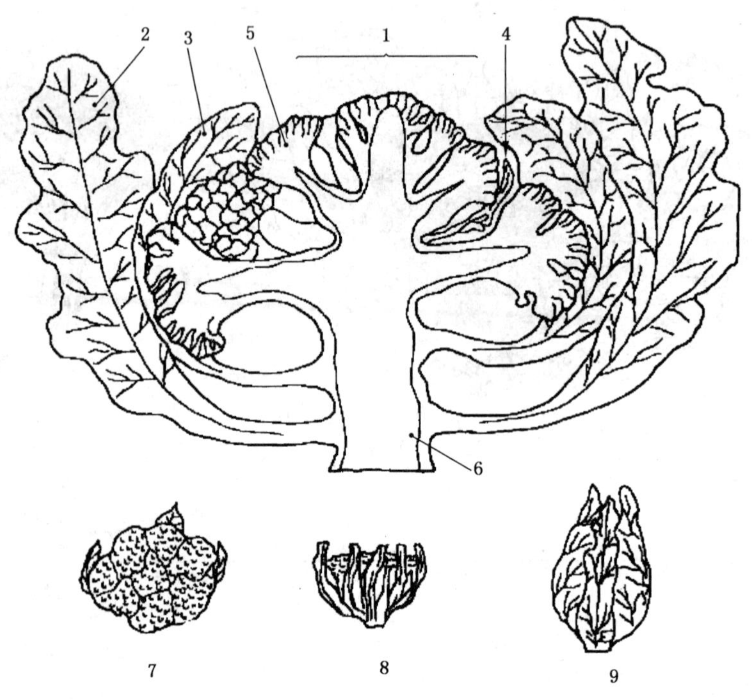

序号	英文	中文
1	head,curd	头部
2	outer leaves	外叶
3	inner leaves	内叶
2,3	protective leaves	保护叶
4	protruding leaves	凸叶
5	flower stalk	花枝
6	stem	茎
7	head without leaves	无叶头部
8	head with cut leaves	有切割叶的头部
9	head with leaves	有叶头部

2.7

植物学名称:*Brassica oleracea* Linnaeus var. *gemmifera* A. P. de Candolle

英文名称:brussels sprouts

中文名称:孢子甘蓝

序号	英文	中文
1	sprout,button	叶球
2	closed sprout (cut)	抱合的叶球
3	open sprout (uncut)	松散的叶球
4	stem,stalk	茎
5	stump	短缩茎

2.8

植物学名称:*Brassica oleracea* Linnaeus var. *gongyloides* Linnaeus

英文名称:kohlrabi,kohl-rabi

中文名称:球茎甘蓝,苤蓝

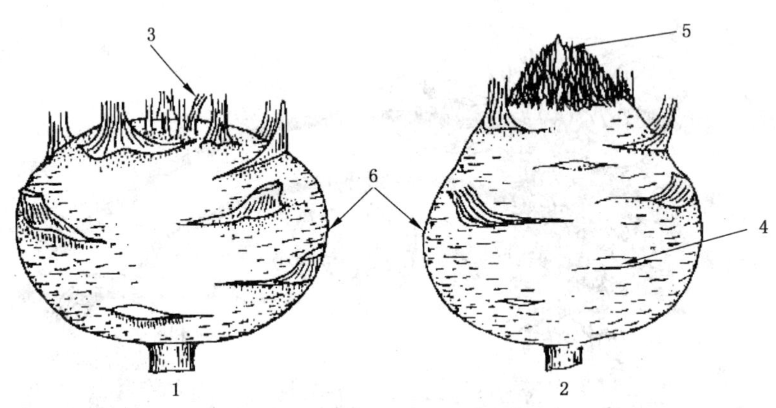

序号	英文	中文
1	good-shaped,mature,kohlrabi	商品成熟的球茎甘蓝
2	bad-shaped,over-mature,kohlrabi	过熟的球茎甘蓝
3	leaf stalk	叶柄
4	leaf scar	瘢痕
5	floral stem	花茎
6	skin, peel	外皮

2.9

植物学名称:*Capsicum annuum* Linnaeus

英文名称:pepper

中文名称:辣椒

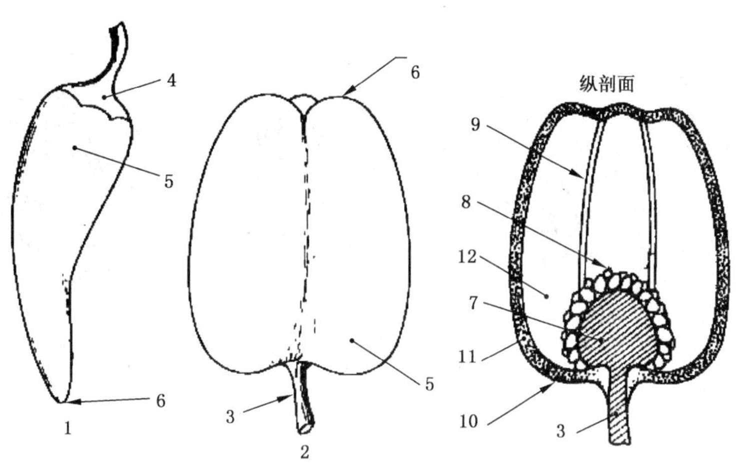

序号	英文	中文
1	long pepper	长椒
2	bell pepper	灯笼形椒
3	stalk,pedicel	果柄
4	calyx	萼片
5	base of the fruit	果实的肩部
6	apex	果脐
7	placenta	胎座
8	seeds	种子
9	venation,septal wall	隔膜
10	skin	外皮
11	flesh	果肉
12	cavity (loculus)	心腔

2.10

植物学名称:*Cichorium intybus* Linnaeus var. *foliosum* Hegv

英文名称:witloof chicory,french endive

中文名称:菊苣,苣荬菜

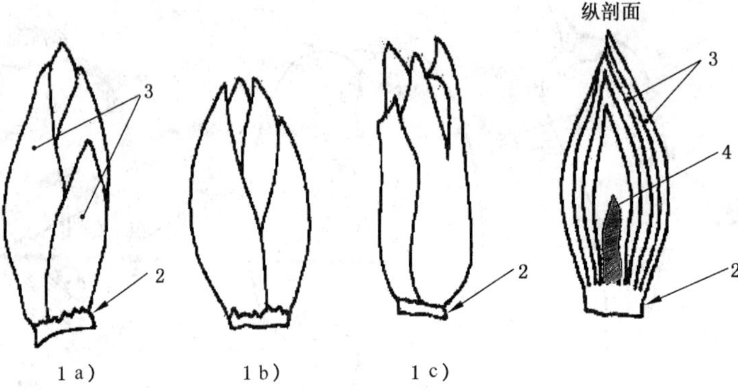

序号	英文	中文
1	head a) completely closed b) partially open c) open	头部 a) 抱合的 b) 半抱合的 c) 松散的
2	neck	颈
3	leaves	叶子
4	stem,floral stem	花茎

2.11

植物学名称:*Citrullus lanatus* (*Thunberg*) *Matsumura et Nakai syn*. *Citrullus vulgaris Schrader*

英文名称:watermelon,water-melon

中文名称:西瓜

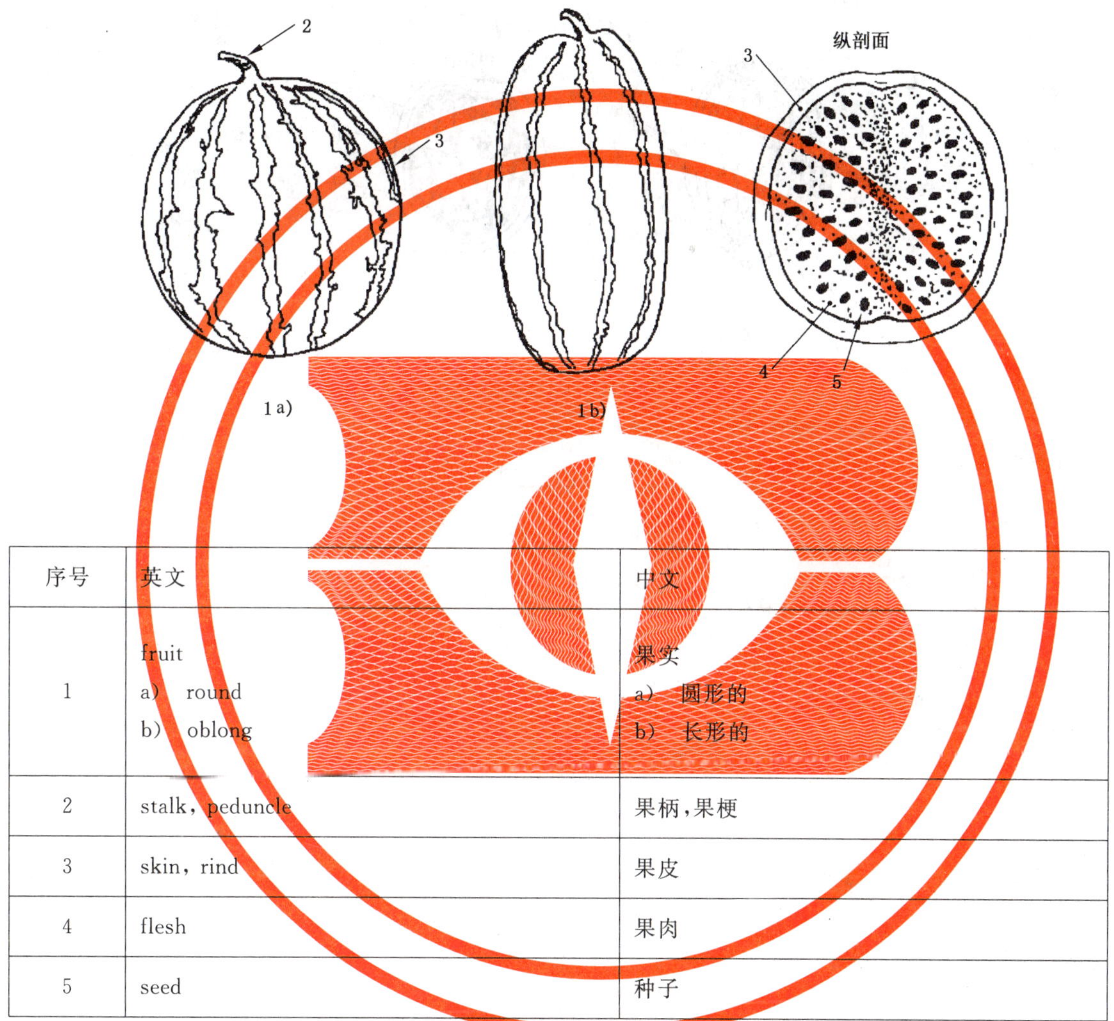

序号	英文	中文
1	fruit a) round b) oblong	果实 a) 圆形的 b) 长形的
2	stalk, peduncle	果柄,果梗
3	skin, rind	果皮
4	flesh	果肉
5	seed	种子

2.12

植物学名称:***Corylus avellana*** **Linnaeus**;***Corylus maxima*** **Miller**

英文名称:hazelnut, hazel-nut, cob-nut

中文名称:榛子

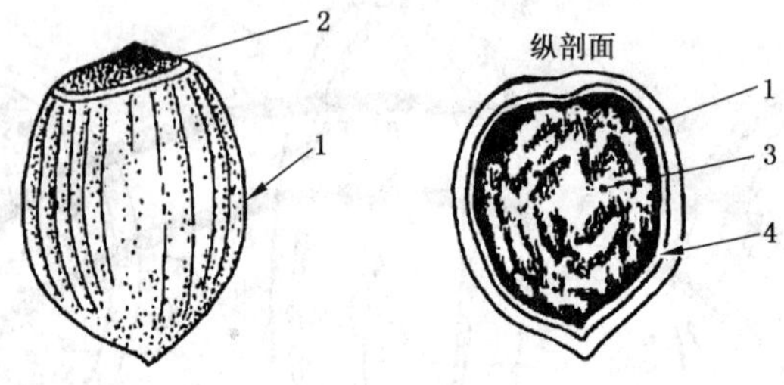

序号	英文	中文
1	hard shell,pericarp	外壳
2	basal scar	基痕
3	kernel	核,仁
4	skin,pellicle	薄皮

2.13

植物学名称:*Cucumis melo* Linnaeus

英文名称:melon

中文名称:甜瓜

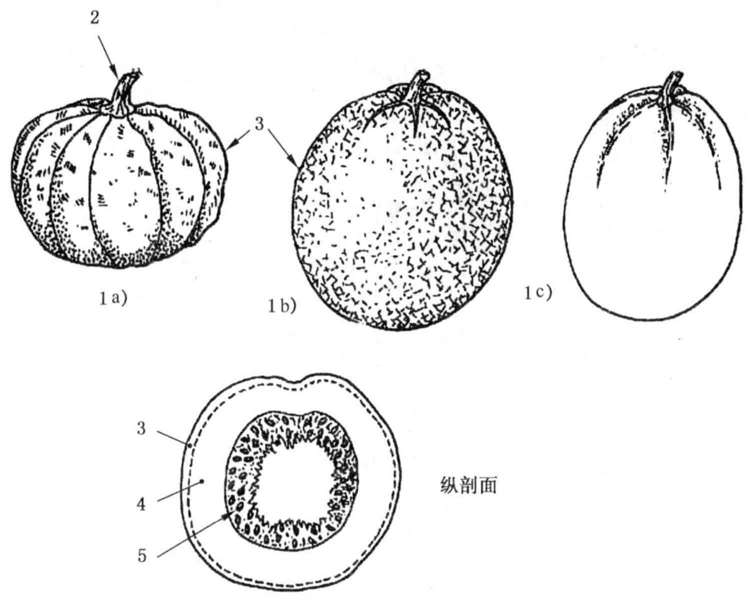

序号	英文	中文
1	fruit a) ribbed b) netted c) smooth	果实 a) 肋状的 b) 网状的 c) 光滑的
2	stalk,peduncle	果梗
3	skin,rind,peel	果皮
4	flesh	果肉
5	seed	种子

2.14

植物学名称:*Cucurbita pepo* Linnaeus

英文名称:vegetable marrow,courgette

中文名称:西葫芦

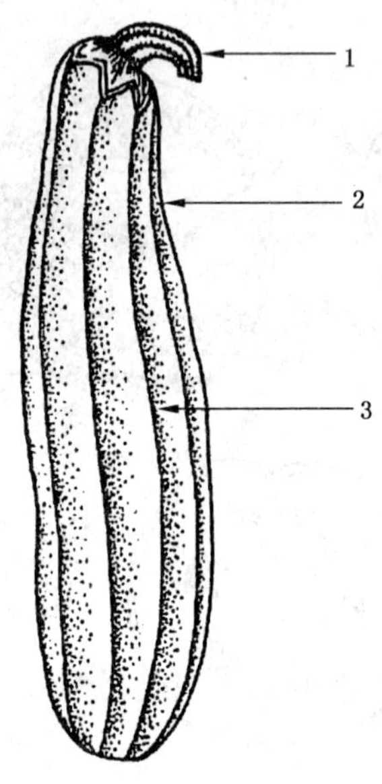

序号	英文	中文
1	stalk,peduncle	果梗
2	skin	果皮
3	rib	肋

2.15

植物学名称:*Cynara scolymus* Linnaeus

英文名称:globe artichoke,artichoke

中文名称:朝鲜蓟

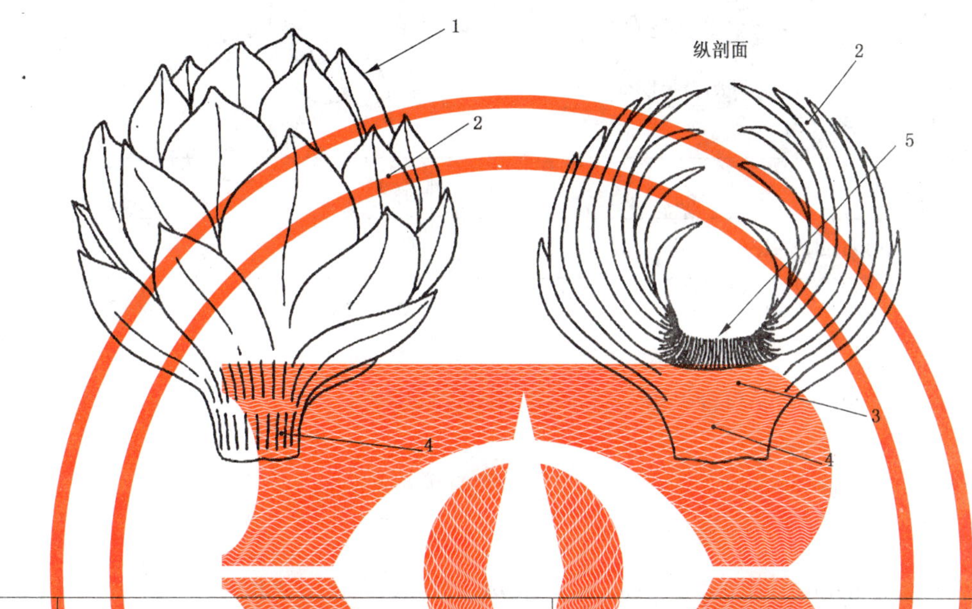

序号	英文	中文
1	head,flower head,bud	头部
2	fleshy bract	苞片
3	fleshy receptacle	花托
4	stalk	花梗
5	florets and bristles	花和刺毛

2.16

植物学名称:*Juglans regia* Linnaeus

英文名称:walnut

中文名称:胡桃

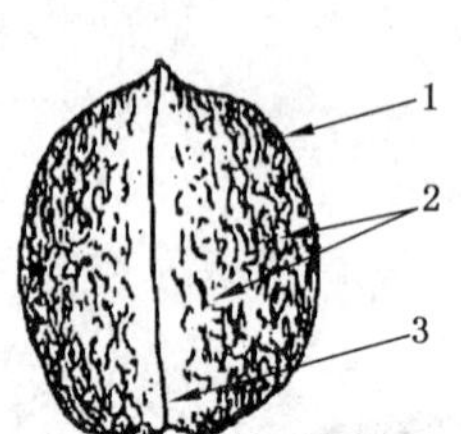

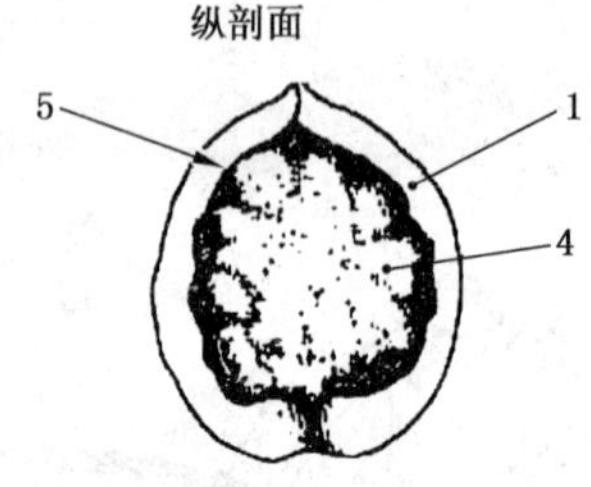

序号	英文	中文
1	hard shell,pericarp	硬壳
2	grooves	凹槽
3	suture	接缝
4	kernel	果仁
5	skin, pellicle	薄皮

2.17

植物学名称:*Lactuca sativa* Linnaeus var. *capitata* A. P. de Candolle

英文名称:cabbage lettuce,head lettuce

中文名称:结球生菜

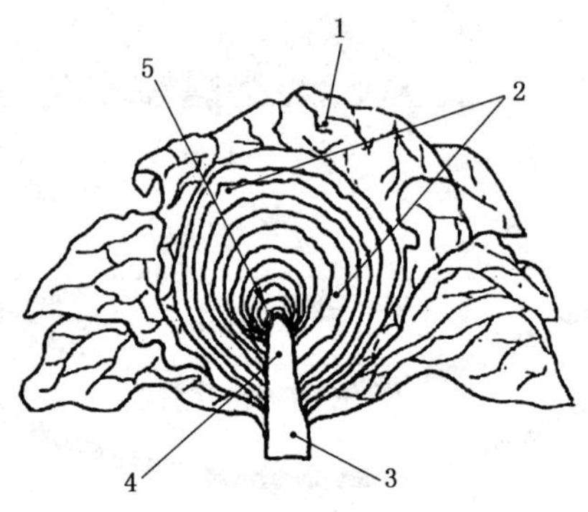

序号	英文	中文
1	outer leaf,wrapper leaf	外叶
2	head	叶球
3	stem	茎
4	stump	短缩茎
5	growing point	生长点

2.18

植物学名称:*Musa species*

英文名称:banana

中文名称:香蕉

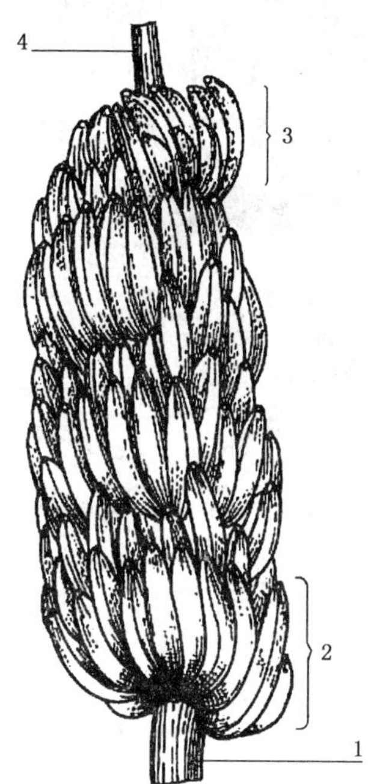

一串

序号	英文	中文
1	stalk,bunch stalk-large end	梗
2	first hand	第一串
3	last hand	最后一串
4	flower or blossom end,bunch stalk-small end	花尾

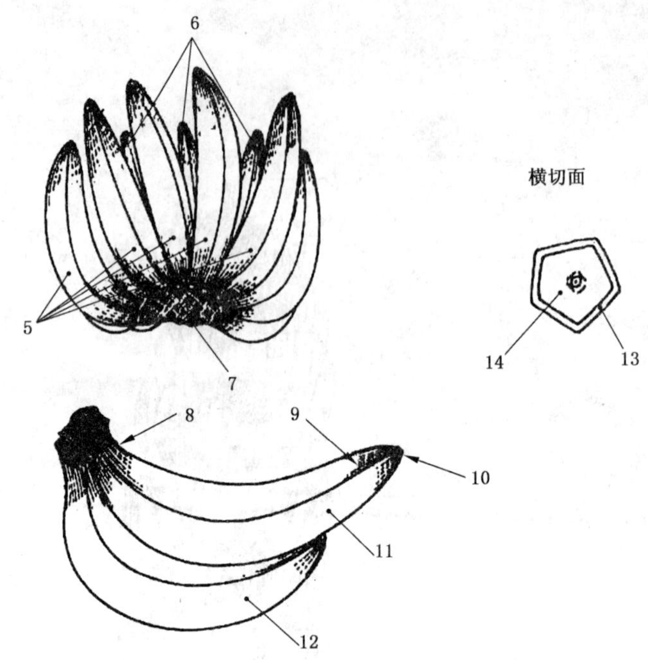

序号	英文	中文
5	inner row,inner whorl	内排
6	outer row,outer whorl	外排
7	crown	冠部
8	pedicel	茎
9	apex,flower end	顶点
10	floral scar,flower scar	花痕
11	inner finger fruit	内侧果实
12	outer finger fruit	外侧果实
13	peel,skin	外皮
14	pulp,flesh	果肉

2.19

植物学名称:*Phaseolus vulgaris* Linnaeus

英文名称:common bean,french bean,kidney bean

中文名称:菜豆

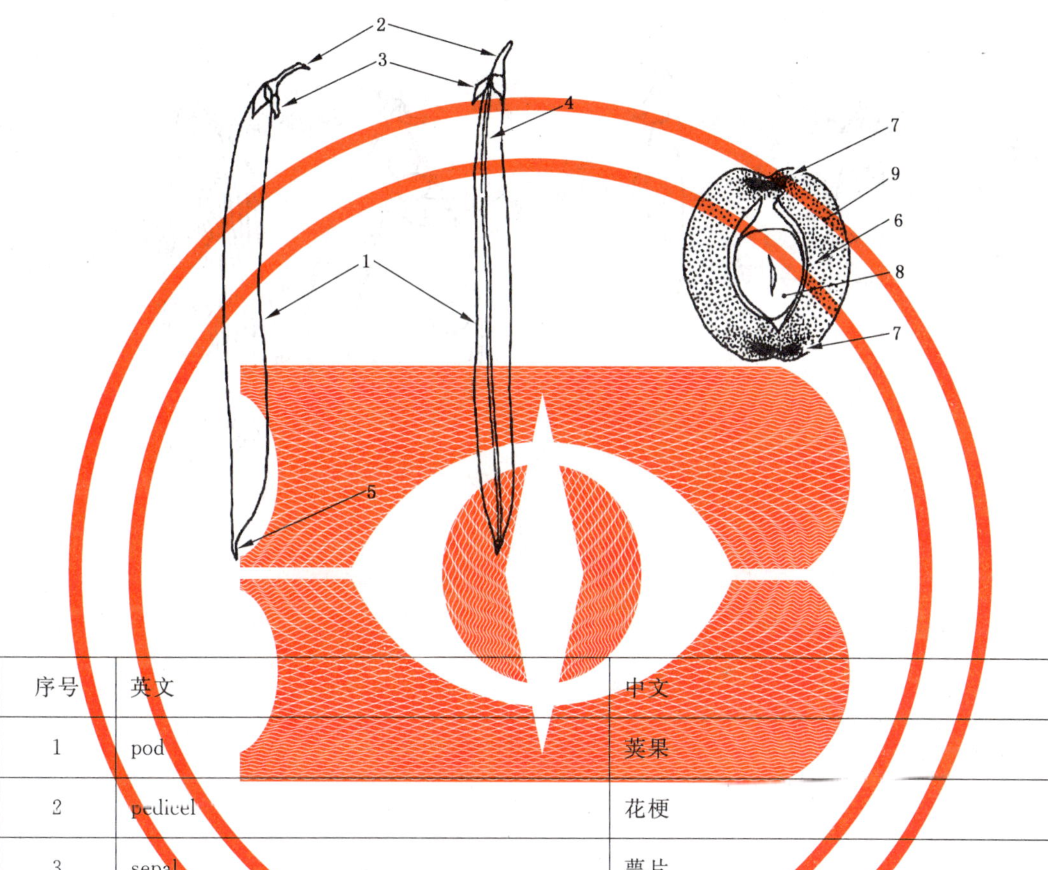

序号	英文	中文
1	pod	荚果
2	pedicel	花梗
3	sepal	萼片
4	suture	接缝
5	beak	壳尖
6	parchment layer	皮
7	string	筋
8	seed	籽
9	flesh	果肉

2.20

植物学名称:*Pisum sativum* Linnaeus

英文名称:pea,garden pea

中文名称:豌豆

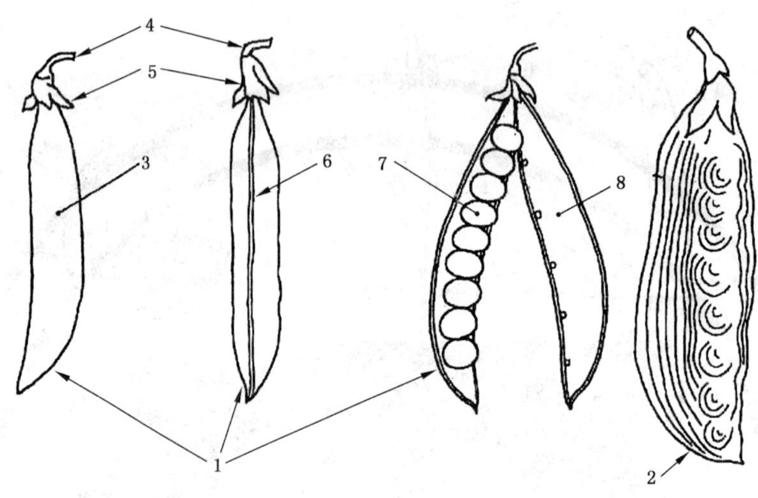

序号	英文	中文
1	shelling pea	去壳豆
2	sugar pea,sweet pea	甜豆
3	pod	豆荚
4	pedicel	茎
5	sepal	萼片
6	suture	接缝
7	pea,seed	豆,籽
8	parchment layer	皮

2.21

植物学名称:*Raphanus sativus* Linnaeus var. *sativus*

英文名称:small radish

中文名称:萝卜(原变种)

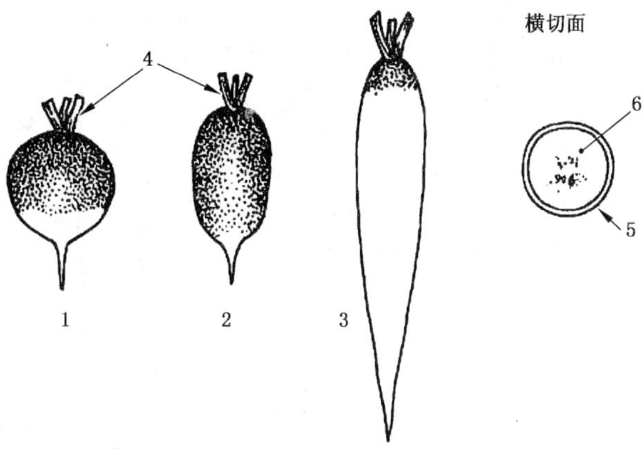

序号	英文	中文
1	round	球形
2	cylindrical	圆锥形
3	long	长圆形
4	leaf stalk	叶茎
5	skin,peel	外皮
6	flesh	木质部

2.22

植物学名称:*scorzonera hispanica* Linnaeus

英文名称:scorzonera,black salsify

中文名称:菊牛蒡、鸦葱

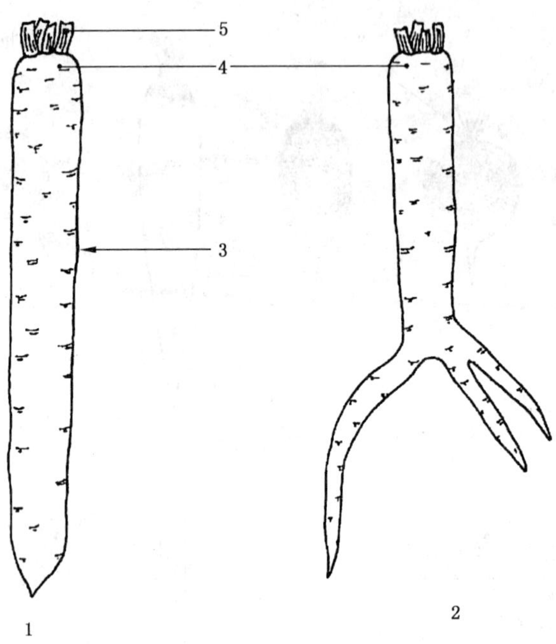

序号	英文	中文
1	straight root	直根
2	branched root	分叉根
3	skin,peel	外皮
4	crown	冠部
5	leaf stalk	叶柄

2.23

植物学名称:*Solanum melongena* Linnaeus

英文名称:eggplant,aubergine

中文名称:茄子

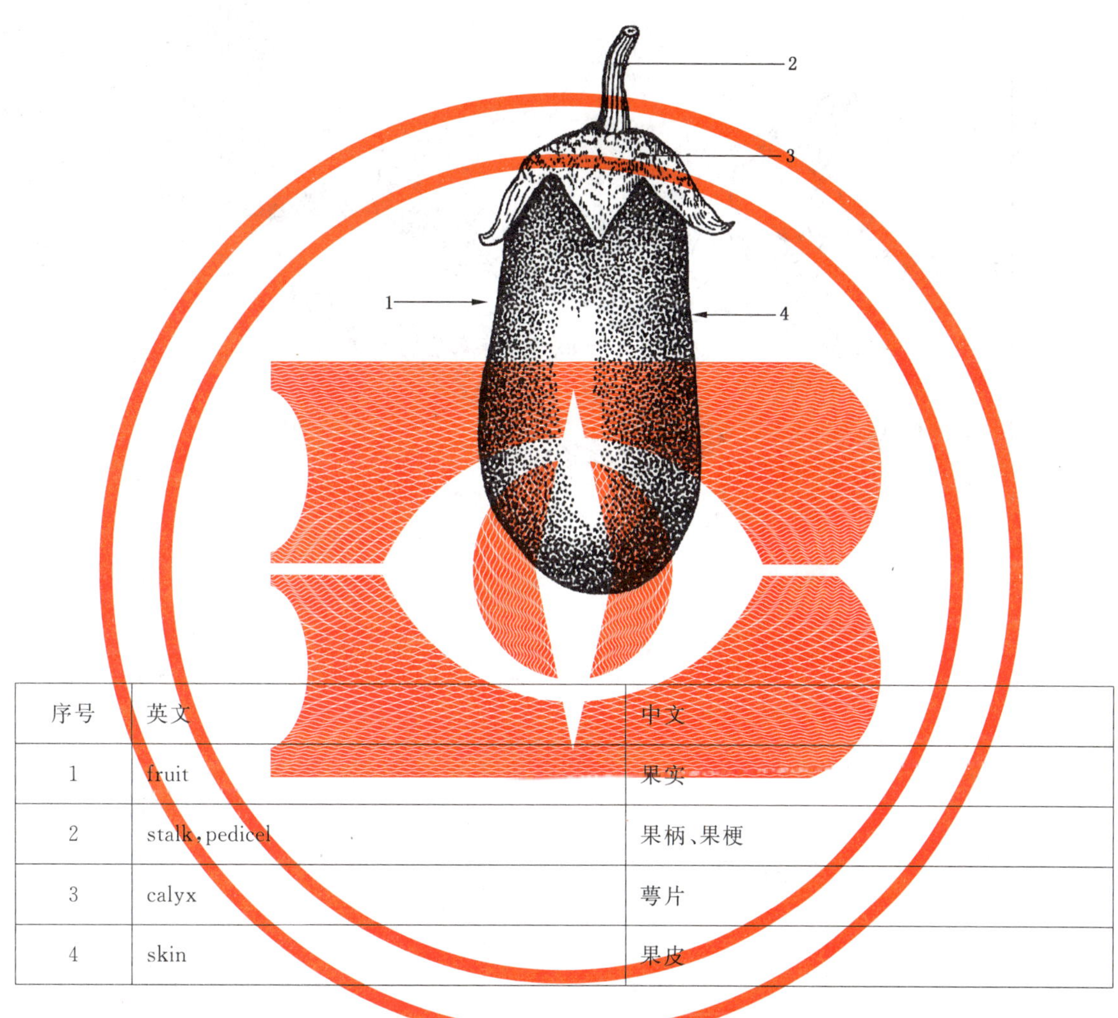

序号	英文	中文
1	fruit	果实
2	stalk,pedicel	果柄、果梗
3	calyx	萼片
4	skin	果皮

2.24

植物学名称:*Spinacia oleracea* Linnaeus

英文名称:spinach

中文名称:菠菜

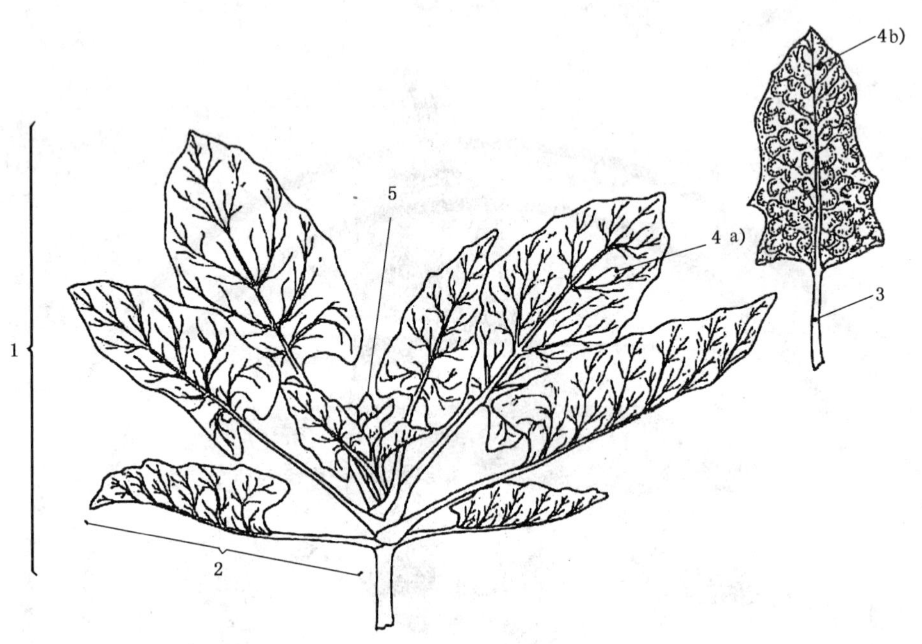

序号	英文	中文
1	head,rosette	叶簇
2	leaf	叶子
3	leaf stalk	叶梗
4	blade a) smooth b) crinkled	叶片 a) 平叶 b) 皱叶
5	floral stem	花茎

2.25

植物学名称:*Tragopogon porrifolius* Linnaeus

英文名称:salsify

中文名称:婆罗门参

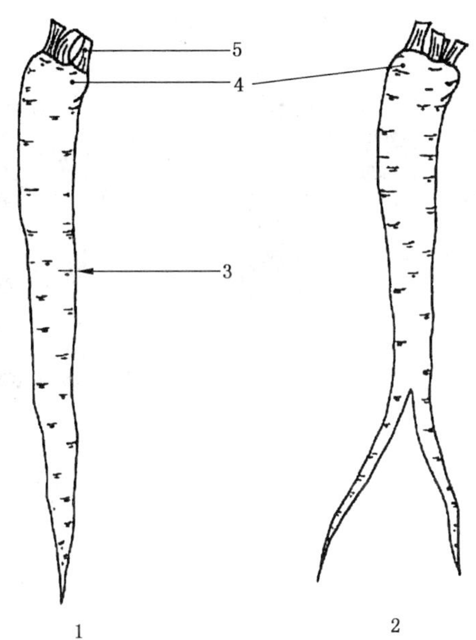

序号	英文	中文
1	straight root	直根
2	branched root	分叉根
3	skin,peel	外皮
4	crown	冠部
5	leaf stalk	叶梗

2.26

植物学名称:*Vicia faba* Linnaeus

英文名称:broad bean,field bean,horse bean

中文名称:蚕豆

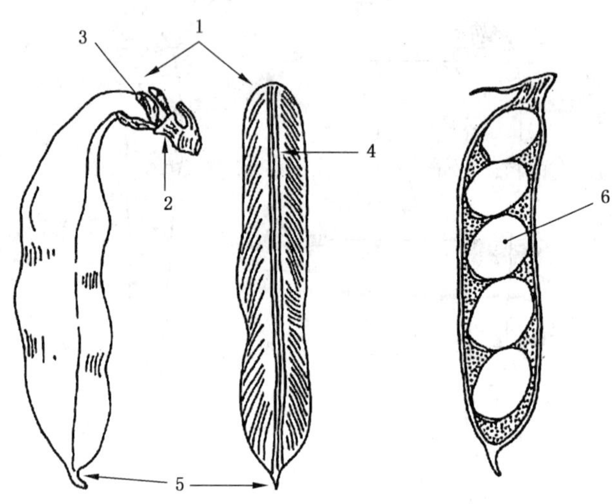

序号	英文	中文
1	pod	荚果
2	peduncle,pedicel	小柄
3	sepal	萼片
4	suture	接缝
5	beak	壳尖
6	seed,bean	籽,豆

2.27

植物学名称:***Zea mays* Linnaeus, var. *saccharata* (Sturtevant) L. H. Bailey**

英文名称:sweet corn,maize

中文名称:玉米

序号	英文	中文
1	ear,cob	玉米穗
2	uniform setting of kernels	谷粒形状标准的玉米
3	irregular setting of kernels	谷粒形状不标准的玉米
4	empty top of the ear or cob	顶部空的玉米
5	husks	外皮
6	kernel	去皮谷粒
7	silks	须
8	stalk	梗

中 文 索 引

英 文 索 引

A

B

C

E

F

G

H

K

M

P

R

S

V

W

ICS 67.080
B 31

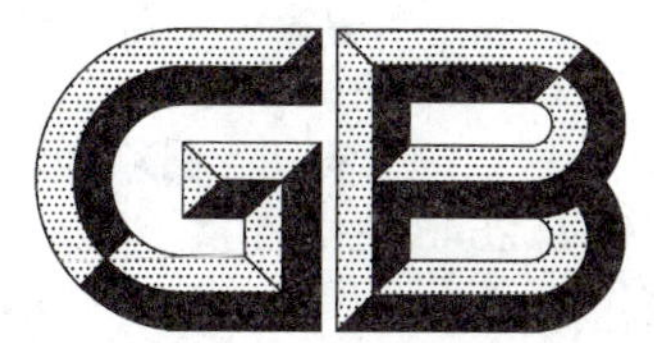

中华人民共和国国家标准

GB/T 26431—2010

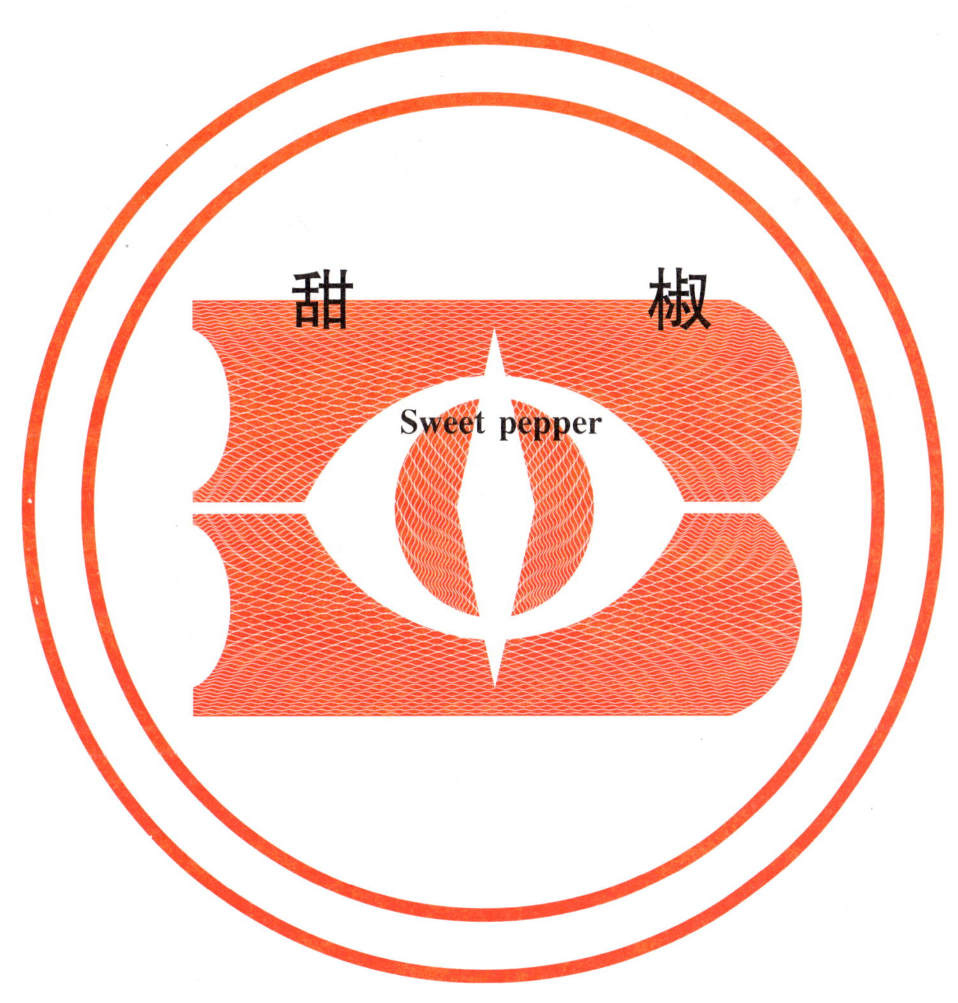

2011-01-14 发布　　2011-06-01 实施

中华人民共和国国家质量监督检验检疫总局
中国国家标准化管理委员会　发布

前　言

本标准由中华人民共和国农业部提出。

本标准由全国蔬菜标准化技术委员会归口。

本标准起草单位:农业部蔬菜品质监督检验测试中心(北京)。

本标准主要起草人:钱洪、刘肃、刘新艳。

甜　　椒

1　范围

本标准规定了甜椒(*Capsicum annum* L.)的要求、试验方法、检验规则、标识以及包装、运输和贮存。

本标准适用于鲜销的甜椒[包括羊(牛)角形、圆锥形和灯笼形甜椒]。

本标准不适用于加工用甜椒。

2　规范性引用文件

下列文件中的条款通过本标准的引用而成为本标准的条款。凡是注日期的引用文件,其随后所有的修改单(不包括勘误的内容)或修订版均不适用于本标准,然而,鼓励根据本标准达成协议的各方研究是否可使用这些文件的最新版本。凡是不注日期的引用文件,其最新版本适用于本标准。

GB 2762　食品中污染物限量

GB 2763　食品中农药最大残留限量

GB/T 6543　运输包装用单瓦楞纸箱和双瓦楞纸箱

GB/T 8855　新鲜水果和蔬菜　取样方法

GB 9689　食品包装用聚苯乙烯成型品卫生标准

JJF 1070　定量包装商品净含量计量检验规则

国家质量监督检验检疫总局[2005]第75号令《定量包装商品计量监督管理办法》

3　要求

3.1　等级

3.1.1　基本要求

根据对每个等级的规定和允许误差，甜椒应符合下列条件：

——完好；

——无杂质；

——无异味；

——无虫及由病虫造成的损伤；

——无腐烂。

3.1.2　等级划分

甜椒分为特级、一级和二级,各等级应符合表1中的规定。

表1　甜椒等级

等级	要求
特级	同一品种,果形饱满,形态正常,色泽良好,果面清洁,新鲜,无皱缩、柔软现象。切口整齐(如适用)。无灼伤、冷害、冻害,无疤痕和机械伤。同一包装内产品整齐
一级	同一品种,果形较饱满,形态正常,色泽较好,果面较清洁,新鲜,无皱缩、柔软现象。切口整齐(如适用)。无明显的灼伤、冷害、冻害、疤痕和机械伤,无裂口和洞孔。同一包装内产品基本整齐
二级	同一品种或相似品种,果形、色泽尚好,果面较清洁、新鲜。允许有轻微的灼伤、冷害、冻害、疤痕、机械伤,基本无裂口和洞孔。同一包装内产品较整齐

3.1.3　**允许误差范围**

按质量或个数计：

a)　特级允许有5%的产品不符合该等级的要求，但应符合一级的要求；

b)　一级允许有10%的产品不符合该等级的要求；但应符合二级的要求；

c)　二级允许有10%的产品不符合该等级的要求；但应符合基本要求。

3.2　**规格**

3.2.1　**规格划分**

根据果实的形状以横径或长度来划分甜椒的规格，分为大、中、小三种规格，规格划分应符合表2中的规定。

表2　甜椒规格

形　状	规　格/cm		
	大(L)	中(M)	小(S)
羊(牛)角形、圆锥形甜椒长度	>15	10～15	< 10
灯笼形甜椒横径	>7	5～7	< 5

3.2.2　**允许误差范围**

按质量或个数计：

a)　特级允许有5%的产品不符合同一规格的要求；

b)　一级和二级允许有10%的产品不符合同一规格的要求。

3.3　**卫生指标**

卫生指标应符合GB 2762和GB 2763中的有关规定。

3.4　**净含量及允许误差**

单位包装净含量及允许误差应符合国家质量监督检验检疫总局[2005]第75号令的规定。

4　试验方法

4.1　**感官**

取样量按GB/T 8855中的有关规定执行。品种、果形、色泽、生长程度、清洁、新鲜、腐烂、灼伤、冷害、冻害、疤痕、机械伤采用目测的方法检验。异味采用嗅的方法检验。病虫害有明显症状或症状不明显而有怀疑者，均应取样果用小刀解剖检验，如发现内部症状，则需扩大验果数量。

4.2　**长度**

取样量按GB/T 8855中的有关规定执行。用尺测量牛角形、羊角形、圆锥形果实从果顶到果肩的距离，单位为厘米。

4.3　**横径**

取样量按GB/T 8855中的有关规定执行。用卡尺测量灯笼形果实最宽处的直径，单位为厘米。

4.4　**卫生指标**

卫生指标的检测按照GB 2762和GB 2763中相应的规定执行。

4.5　**净含量**

对于定量包装商品，净含量的检测按照JJF 1070中相应的规定执行。

5　检验规则

5.1　**检验分类**

5.1.1　**型式检验**

型式检验是对产品进行全面考核，即对本标准规定的全部要求进行检验。有下列情形之一者应进行型式检验：

a) 国家质量监督机构、行业主管部门及合同提出型式检验要求；

b) 前后两次抽样检验结果差异较大；

c) 因人为或自然因素使生产环境发生较大变化。

5.1.2 交收检验

每批产品交收前，应进行交收检验。交收检验内容包括等级规格、包装、标识和净含量。检验合格并附合格证后方可交收。

5.2 组批规则

同一品种或相似品种、同产地、同期收获的甜椒作为一个检验批次。

5.3 抽样

5.3.1 抽样按 GB/T 8855 的规定执行。抽样数量应符合表 3 的规定。

表 3 抽样数量

批量件数	≤100	101～300	301～500	501～1 000	＞1 000
抽样件数	5	7	9	10	15（最低限度）

5.3.2 检验（抽样）单填写的项目应与实货相符，凡与实货不符，品种、等级混淆不清，包装容器损坏者，经生产者或经销者整理后，重新抽样。

5.4 判定规则

5.4.1 限定范围。每批受检样品质量和大小不符合等级、规格要求的允许误差按所检单位的平均值计算，其值不应超过规定的限度，且任何所检单位的允许误差值不应超过规定值的 2 倍。如超过以上规定者，按降级或等外品处理。

5.4.2 卫生指标有一项不合格，则该批产品为不合格。

5.4.3 复验。该批次产品等级规格、包装、标识、净含量不合格者，允许生产单位进行整改后申请复检一次。卫生指标检测不合格不进行复检。

6 标识

包装物上应有明显标识，内容包括：产品名称、等级、规格、生产单位及详细地址、产地、净含量和采收、包装日期及产品的标准编号（可选）。标注内容要求字迹清晰、规范、完整。

7 包装、运输和贮存

7.1 包装

7.1.1 包装要求

同一包装内，应为同一等级和同一规格的产品，包装内的产品可视部分应具有整个包装产品的代表性。

7.1.2 包装材质

盛装甜椒的容器（箱、筐等）应较好地保护果实不受伤害，整洁、干燥、牢固、透气，无污染，无异味，内部无尖突物，外部无钉刺，无虫蛀、腐配、霉变现象。瓦楞纸箱应符合 GB/T 6543 的要求，纸箱无受潮、离层现象。塑料泡沫箱应符合 GB 9689 的要求。

7.2 运输

7.2.1 甜椒收获后应就地整修，及时包装、运输。

7.2.2 运输时做到轻装、轻卸，严防机械损伤。运输工具应清洁、卫生、无污染。

7.2.3 在装运之前应将甜椒进行预冷，如果实际温度超过 18 ℃～20 ℃，应快速冷却到 8 ℃，不可到运输车内慢速冷却。处于运输过程的甜椒，运输温度应为7 ℃～9 ℃，空气相对湿度为80%～90%。

7.3 贮存

7.3.1 贮运时应按品种、等级、规格分别存放。临时贮藏应在阴凉、通风、清洁、卫生的条件下进行，严防曝晒、雨淋、高温、冷冻、病虫害及有毒物质的污染。堆码时应轻卸、轻装，严防挤压碰撞。如空气过分干燥，应加盖聚乙烯薄膜。

7.3.2 贮存库应有通风放气装置，堆码方式应保证气流能均匀地通过垛堆，保证温度和相对湿度的稳定与均匀。

7.3.3 贮存温度以8 ℃～9 ℃、相对湿度以90%～95%为宜。如果相对湿度下降到90%以下，可用聚乙烯薄膜覆盖箱堆，用聚乙烯薄膜覆盖的，其通风换气的时间，比不加覆盖的应延长1 h～2 h。

ICS 65.020.01
B 08

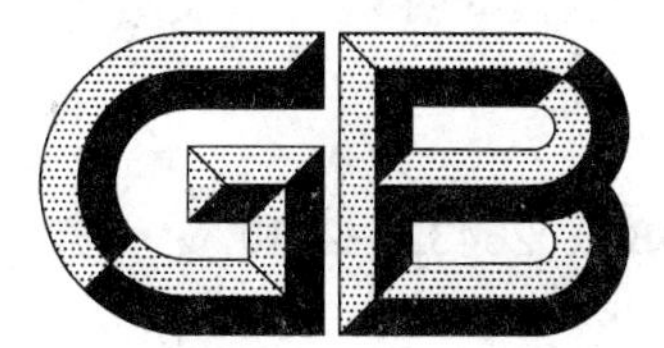

中华人民共和国国家标准

GB/T 26432—2010

新鲜蔬菜贮藏与运输准则

Guidelines for storage and transportation technique of vegetables

2011-01-14 发布　　2011-06-01 实施

中华人民共和国国家质量监督检验检疫总局
中国国家标准化管理委员会　发布

前　言

本标准按照 GB/T 1.1—2009 给出的规则起草。

本标准由中华人民共和国商务部提出并归口。

本标准起草单位：中国蔬菜流通协会、中国人民大学环境学院、国家蔬菜工程技术研究中心。

本标准主要起草人：宫占平、李江华、李武、吴柳云、陈夏。

新鲜蔬菜贮藏与运输准则

1 范围

本标准规定了新鲜蔬菜贮藏与运输前的准备、贮藏与运输的方式和条件、贮藏与运输的管理等准则。

本标准适用于新鲜蔬菜的贮藏与运输,包括加工配送用的新鲜蔬菜。

2 规范性引用文件

下列文件对于本文件的应用是必不可少的。凡是注日期的引用文件,仅注日期的版本适用于本文件。凡是不注日期的引用文件,其最新版本(包括所有的修改单)适用于本文件。

GB 2762 食品中污染物限量

GB 2763 食品中农药最大残留限量

SB/T 10158 新鲜蔬菜包装通用技术条件

SB/T 10447 水果和蔬菜 气调贮藏原则与技术

SB/T 10448 热带水果和蔬菜包装与运输操作规程

3 贮藏与运输前的准备

3.1 质量要求

应符合相应蔬菜品种的质量标准。污染物限量和农药最大残留限量应符合 GB 2762 和 GB 2763 的有关规定。

3.2 前处理

应根据需要对新鲜蔬菜进行挑选、清洗、整修和分级等前处理,剔除有机械伤、枯萎、老化、病虫害和畸形的蔬菜。前处理过程应在阴凉通风处,应轻拿轻放,减少损伤。

3.3 包装

新鲜蔬菜应进行包装,包装材料、容器、方法和包装标识参照 SB/T 10158 和 SB/T 10448 的相关规定和要求。

3.4 预冷

应根据蔬菜的品种特性选择适宜的预冷方式并尽快进行预冷。预冷方法参照 SB/T 10448 的相关规定和要求。预冷后的蔬菜应尽快进行贮藏或运输。

若采用冷库预冷,应控制入库量,保证预冷效果。

3.5 贮藏库和运输工具

贮藏库或运输工具应符合相关设计规范、技术标准和卫生要求(如清洗、消毒、通风等)。

贮藏库或运输工具不应接触有毒、有害、有异味、易污染的物品。

在贮藏或运输前应对贮藏库或运输工具进行定期的检修和维护，并做好降温准备。

4 贮藏

4.1 贮藏方式

根据新鲜蔬菜的品种和用途，可采用通风库贮藏、冷藏贮藏、气调贮藏等贮藏方式。

4.2 垛码

垛的排列方式应与空气循环方向一致。垛底应留有一定空隙(如加托盘等)，垛间应留有一定间隙。冷库贮藏时靠近蒸发器和冷风出口的部位应遮盖防冻。

每垛应有品种、来源、质量等级、采收及入库时间等标识。

4.3 贮藏条件

冷藏的温度和相对湿度应符合相应蔬菜品种的要求。气调贮藏参照 SB/T 10447 的相关规定和要求。

4.4 贮藏管理

贮藏期间应每 1 h～2 h 测定并记录贮藏库内的温度和相对湿度，定期进行空气循环。

定期检查，及时剔除有质量问题的蔬菜。

出库应遵照“先进先出”的原则。

贮藏管理应建立应急预案，并确保有效实施。

5 运输

5.1 运输方式和工具

运输方式和运输工具参照 SB/T 10448 的相关规定和要求。

5.2 运输条件

运输的温度和相对湿度等环境条件应符合相应蔬菜品种的要求。

5.3 运输管理

运输过程中应定时观测并记录温度和湿度等环境条件，应保持运输工具内的气流畅通。

运输的蔬菜应保证质量完好，包装坚固，运输工具内的踩码应紧凑，捆扎结实，防止滑落和挤压。

ICS 67.060
B 20

中华人民共和国国家标准

GB/T 26433—2010

粮油加工环境要求

Environmental requirement for grain and oilseed processing plant

2011-01-14 发布　　2011-06-01 实施

中华人民共和国国家质量监督检验检疫总局
中国国家标准化管理委员会　发布

前 言

本标准由国家粮食局提出。

本标准由全国粮油标准化技术委员会归口。

本标准起草单位：国家粮食局科学研究院、北京市粮食局。

本标准主要起草人：左晓戎、杨万生、刘继辉、张元培、王晓荣、吴国胜。

粮油加工环境要求

1 范围

本标准规定了以食用为目的的粮食和油料加工最低环境要求，包括选址环境、厂区环境、作业场所环境和环境管理的要求。

本标准适用于各类粮油加工厂。

2 规范性引用文件

下列文件中的条款通过本标准的引用而成为本标准的条款。凡是注日期的引用文件，其随后所有的修改单(不包括勘误的内容)或修订版均不适用于本标准，然而，鼓励根据本标准达成协议的各方研究是否可使用这些文件的最新版本。凡是不注日期的引用文件，其最新版本适用于本标准。

GB 3095 环境空气质量标准

GB 3096—2008 声环境质量标准

GB 3836.17 爆炸性气体环境用电气设备 第17部分:正压房间或建筑物的结构和使用

GB 5749 生活饮用水卫生标准

GB 8955 食用植物油厂卫生规范

GB 8978 污水综合排放标准

GB 12348 工业企业厂界环境噪声排放标准

GB 13122 面粉厂卫生规范

GB 13271 锅炉大气污染物排放标准

GB 14881 食品企业通用卫生规范

GB 16297 大气污染物综合排放标准

GB 17440 粮食加工、储运系统粉尘防爆安全规程

GB 18083 以噪声污染为主的工业企业卫生防护距离标准

GB 50016 建筑设计防火规范

GB 50058 爆炸和火灾危险环境电力装置设计规范

GBJ 22 厂矿道路设计规范

GBJ 87 工业企业噪声控制设计规范

3 术语和定义

下列术语和定义适用于本标准。

3.1

加工工艺用水 water used for grain and oilseed processing

粮油加工过程中清理和水分调节，以及与在制品直接混合的生产用水。

4 选址环境

4.1 一般原则

选址应遵守国家基本建设方针、执行国家技术政策、符合城市建设总体规划。应注意环境保护，节约用地，尽可能不占或少占耕地。

4.2 选址环境条件

4.2.1 应选择工程地质、水文地质良好，气象条件适宜地区。不宜选择在抗震设防烈度9度及以上地区。应避开滑坡、断层带、岩溶发育等地质地区，避开有可采矿藏、文化遗址等不利地段。

4.2.2 为避免洪水、潮水和内涝威胁，场地的防洪标准应不低于50年一遇。

4.3 周边环境

4.3.1 厂址应位于居民区及对空气含尘量有严格要求的单位主导风向的下风侧，在全年主导风向不明显的地区，以夏季主导风向为全年主导风向；远离易燃易爆及其他污染源，并避开其主导风向的下风侧。

4.3.2 具备满足生产、生活及发展规划所必须的给水、排水、供电、供热、通讯等基础设施。

4.4 物流环境

4.4.1 宜位于粮油流向合理、集散便捷的集散地，并宜与粮油仓库就近建设。

4.4.2 宜处于交通条件良好，具备大宗货物运输装卸条件的地区。

5 厂区环境

5.1 功能与布局

5.1.1 厂区内建筑物、构筑物的布置应满足功能需要，合理用地。

5.1.2 厂区布局应结合当地气象条件，使建筑物具有良好的朝向、采光和自然通风条件，并防止粉尘、噪声、易燃气体、有害气体等对周围环境的危害。

5.1.3 仓库位置宜靠近运输干线(铁路、公路、河道)及相应的生产车间或辅助车间。

5.1.4 易燃、易爆、有毒、有害物品仓库与其他车间的距离应符合国家有关安全、防火、防爆的标准和规范。

5.1.5 变、配电所及锅炉房等动力车间位置宜靠近负荷中心。

5.1.6 燃料堆场应设在厂区的下风侧，副产品的整理及其储运场所应隔离，并处于下风侧。

5.1.7 办公设施应设在厂区的下上风向位置，并应布置在便于生产管理、环境洁净、靠近主要人流出入口、与城镇和居住区联系方便的地点。

5.2 厂区道路

5.2.1 道路应保证路面平整、路基稳固、边坡整齐、排水良好，并应有完好的照明设施。

5.2.2 应采用混凝土路面或其他易于清洁和维护、且不产生有毒有害物质的路面。

5.2.3 应具有与厂外道路直通的干路，根据流量按照GBJ 22确定厂内各级道路宽度。

5.2.4 仓库应设有便于出入及装卸作业的货物装卸通道与站台，通道宽度及站台型式应适应常用货运车辆装卸作业与停车调车。

5.3 厂区绿化

在不妨碍工程管线的敷设与维修及不影响行车安全的条件下，应绿化厂区内空地。厂区不应种植对生产有害的植物。

6 作业场所环境要求

6.1 一般要求

在粮油加工作业场所，应控制加工过程、原料与制成品的存放环境条件，防止生物、化学、物理危害因素损害粮油原料与制品的质量和卫生安全；并避免粮油加工与储运作业过程对人员和周边环境造成危害。

6.2 消防与电气安全

6.2.1 粮油加工厂按照GB 50016规定有甲、乙类火灾危险性的生产车间和库房，其厂房(仓库)的耐火等级应不低于二级；具有丙类火灾危险性的生产车间和库房，其厂房(仓库)的耐火等级应不低于三级。

6.2.2 厂区建筑物的设置布局和功能划分应符合 GB 50016 的相关规定。

6.2.3 属于气体和粉尘爆炸危险场所的生产车间和库房，其电气设备的选型、安装、检查和维护，均应符合 GB 50058 和 GB 17440 中的有关规定。

6.2.4 对进出具有气体爆炸危险场所的人员和物品，要制定符合防范标准要求的制度并严格执行。

6.2.5 油脂浸出车间的电气设备用房，其结构与使用应符合 GB 3836.17 的规定。

6.2.6 厂区内物料处理系统设计与运行应符合 GB 17440 中有关规定。

6.2.7 仓房和车间照明灯具应有防护罩，生产作业区应设置应急照明设备。

6.3 环境卫生

6.3.1 宜分别设置原料库、成品库、副产品库和包装材料库；若同一仓库储存性质不同物品时，应适当区分阻隔。

6.3.2 仓库的构造应以最有效地减缓库存原料、成品的品质劣化为原则，应有密闭和防止污染的构造，并应有防止鼠鸟虫等动物侵入的装置及构造。仓库面积应满足作业顺畅进行，并易于维持整洁。

6.3.3 制成品散装仓的内壁材料应为食品级无毒材料，且应具有光滑、防潮性能，利于仓内物品流动且不残留。

6.3.4 仓库应有温度记录，必要时应记录湿度。

6.3.5 加工车间设备布局和工艺流程应当合理，以避免交叉污染；并配备必要的防虫、防鼠等设施。

6.3.6 车间墙面应光洁、平整、不起灰、易清洗，具有防潮性能；墙面、地面、棚面相接处宜有一定弧度。

6.3.7 车间地面应铺设防潮、不透水、易清洗消毒的材料，且应平坦不滑，不得有侵蚀、裂缝及积水。

6.3.8 对输送管道及加工设备的食品接触面应制定定期清理制度，并按要求进行清洁处理。

6.3.9 生产车间的厕所应为水冲式，且设置在车间外侧，备有洗手、消毒设施和通风排臭装置；其出入口不得正对车间门，且应避开主要通道；其排污管道应与车间排水管道分设。

6.4 粉尘与烟尘的控制

6.4.1 在易发生粉尘外溢的原粮装卸点、设备衔接处、集尘箱、包装作业等区域应合理配置吸风除尘系统。粮油加工厂排入周围大气的灰尘浓度应符合 GB 16297，以及 GB 3095 中的相关规定。

6.4.2 粮油加工厂使用的锅炉烟筒高度和大气污染物排放应符合 GB 13271 的规定，烟道出口与引风机之间应设置除尘装置。

6.5 噪声的控制

6.5.1 对噪声较大的设备宜酌情采取消声减震或隔音措施。车间内部噪声超过 GBJ 87 规定的限值时，应设置隔音休息室。

6.5.2 粮油加工场所对周边环境的噪声影响，应符合 GB 12348 的要求。位于城市的粮油加工厂的噪声影响，应至少满足 GB 3096—2008 中 3 类标准的要求。

6.5.3 粮油加工厂与居住区之间所需的卫生防护距离，应符合 GB 18083 的要求。

6.5.4 厂区布置应充分利用地形地貌及其他建筑物的声障作用，在防护地带内加强绿化，以减少噪声污染。噪声污染源应与办公和生活区保持足够的距离。

6.6 加工工艺用水要求

加工工艺用水应符合 GB 5749 的要求。

6.7 污水排放控制要求

6.7.1 粮油加工过程产生的污水排放应符合 GB 8978 的相关要求。

6.7.2 油脂浸出车间的污水应经过水封池等隔离装置处理方可排放。

6.7.3 作业场所的排水系统应具有便于清理、保持通畅的构造，并有适当的过滤或排除杂物的装置。排水出口应有防止动物侵入的装置。

6.8 包装物使用与处理

6.8.1 应使用符合粮油原料与制品包装标准的包装材料，不得使用无检验合格证明的包装材料。

6.8.2 循环使用的包装物应符合使用标准,并经符合使用要求的处理过程,方可再次使用。

6.8.3 废弃包装物应集中存放回收处理,不得随意丢弃。

6.9 辅料处理

6.9.1 粮油加工过程使用的生物与化学制品应按相关食品原料标准保存。超过保质期限的辅料应以符合环境保护法规的方式处理。

6.9.2 原料与制品仓库使用的防治与防护药剂应设有专用仓库保存,并有防盗措施;过期药剂的处理应符合相关国家标准及行业标准的规定。

6.9.3 粮油加工过程产生的副产品应建立相应仓库暂存,及时处理,不得随意露天丢弃。

7 环境管理要求

7.1 应建立健全环境质量检查和监控制度,并应配备必要的仪器设备。

7.2 对有气体和粉尘爆炸危险的场所应建立相应的作业与检查、监控规范和制度。

7.3 工厂的卫生管理应符合 GB 14881、GB 8955 和 GB 13122 等规范的相关要求。

ICS 65.120
B 46

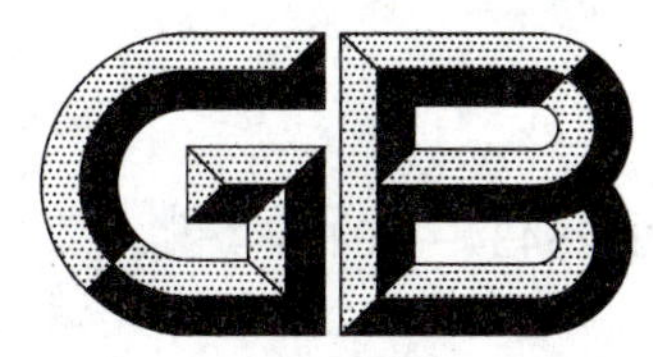

中华人民共和国国家标准

GB 26434—2010

2011-01-14 发布　　2011-07-01 实施

中华人民共和国国家质量监督检验检疫总局
中国国家标准化管理委员会　发布

前　言

本标准的全部技术内容为强制性。

本标准按照 GB/T 1.1—2009 给出的规则起草。

本标准由全国饲料工业标准化技术委员会(SAC/TC 76)提出并归口。

本标准起草单位:华中农业大学。

本标准主要起草人:张妮娅、齐德生、于炎湖、翟钦辉。

饲料中锡的允许量

1 范围

本标准规定了饲料中锡的允许量及其试验方法。

本标准适用于猪、家禽、反刍动物配合饲料以及猪、家禽浓缩饲料和反刍动物精料补充料。

2 规范性引用文件

下列文件对于本文件的应用是必不可少的。凡是注日期的引用文件，仅注日期的版本适用于本文件。凡是不注日期的引用文件，其最新版本(包括所有的修改单)适用于本文件。

GB/T 5009.16 食品中锡的测定

GB/T 14699.1 饲料 采样

3 要求

猪、家禽及反刍动物配合饲料、猪、家禽浓缩饲料及反刍动物精料补充料中锡的允许量见表1。

表 1

适用范围	允许量 mg/kg
猪、家禽及反刍动物配合饲料	≤50
猪、家禽浓缩饲料及反刍动物精料补充料	按在配合饲料中应用比例折算

4 试验方法

4.1 采样

按 GB/T 14699.1 执行。

4.2 锡的测定方法

按 GB/T 5009.16 执行。

ICS 67.120.30
B 52

中华人民共和国国家标准

GB/T 26435—2010

中华绒螯蟹　亲蟹、苗种

Chinese mitten-handed crab—Brooders and larvae

2011-01-14 发布　　　　2011-07-01 实施

中华人民共和国国家质量监督检验检疫总局
中国国家标准化管理委员会　发布

前言

本标准由中华人民共和国农业部提出。

本标准由全国水产标准化技术委员会淡水养殖分技术委员会归口。

本标准起草单位:上海水产大学、江苏省高淳固城湖中华绒螯蟹原种场。

本标准主要起草人:李思发、赵金良、蔡完其、邹曙明、王成辉、胡本龙。

中华绒螯蟹　亲蟹、苗种

1　范围

本标准规定了中华绒螯蟹(*Eriocheir sinensis* H. Milne-Edwards)亲蟹、蟹苗和蟹种的来源、质量要求、检验方法以及包装和运输。

本标准适用于中华绒螯蟹亲蟹、蟹苗和蟹种。

2　规范性引用文件

下列文件中的条款通过本标准的引用而成为本标准的条款。凡是注日期的引用文件,其随后所有的修改单(不包括勘误的内容)或修订版均不适用于本标准,然而,鼓励根据本标准达成协议的各方研究是否可使用这些文件的最新版本。凡是不注日期的引用文件,其最新版本适用于本标准。

GB/T 19783—2005 中华绒螯蟹

3　术语和定义

下列术语和定义适用于本标准。

3.1

亲蟹　brooder crab

达到性成熟用来繁殖后代的中华绒螯蟹雌、雄个体。

3.2

蟹苗　fry crab

经过五期蚤状体变态,并从咸水环境变为适应淡水生活的中华绒螯蟹大眼幼体。

3.3

蟹种　fingerling crab

包括大眼幼体经数次蜕壳后形态似成蟹的仔蟹(生产上俗称为豆蟹),以及生长三个月以上纽扣般大小的幼蟹。

4　亲蟹

4.1　来源

4.1.1　使用长江等江河及其附属湖泊中自然长成的中华绒螯蟹的成蟹作为亲蟹。或从持有国家发放中华绒螯蟹原种生产许可证的原种场引进性成熟的个体作为亲蟹。

4.1.2　不得使用日本绒螯蟹及其同中华绒螯蟹的杂交种作为亲蟹,不得使用近亲繁殖的后代作为亲蟹。

4.1.3　不得使用生产单位养成的未经检测和鉴定的成蟹作为亲蟹。

4.2　质量要求

4.2.1　亲蟹种质应符合 GB/T 19783—2005 的规定。

4.2.2　雌蟹个体 110 g 以上,雄蟹个体 130 g 以上。

4.2.3　背部青绿,腹部灰白。

4.2.4　十足齐全,无残肢、外伤,无畸形。

4.2.5　体表清洁,无附生物。

4.2.6　无寄生虫及其他疾病。

4.2.7 体质强壮，肥满度好，活力强，仰卧后能迅速翻身。

4.2.8 雌雄性比为3∶1。

5 蟹苗、蟹种的来源

5.1 使用符合第4章规定的中华绒螯蟹亲蟹人工繁殖的蟹苗，经人工培育成蟹种。

5.2 天然捕捞的中华绒螯蟹蟹苗，经人工培育成蟹种。

5.3 由持有国家发放中华绒螯蟹原种生产许可证的原种场提供的蟹苗、蟹种。

6 蟹苗质量要求

6.1 天然蟹苗的杂苗率不超过2%。

6.2 蟹苗规格为140 000只/kg～160 000只/kg。

6.3 人工繁育蟹苗应达6日龄，淡化时间达到4d～5d，盐度在5以内。

6.4 健康活泼，将握在手心的蟹苗松开后，能迅速散开、逃逸。

6.5 体表无病症。

7 蟹种质量要求

7.1 规格整齐，仔蟹10 000只/kg～12 000只/kg，幼蟹100只/kg～200只/kg。

7.2 无性早熟蟹种。

7.3 体质强壮，活力强，仰卧后立即翻身爬起。

7.4 体表光洁，无病症。

7.5 螯足齐全，单侧步足伤残不得超过一条。群体伤残率不超过5% 。

8 检验方法

8.1 抽样

一个销售批作为一个检验批，对每一检验批随机多点抽样，抽样数不少于100只。

8.2 称量过数

亲蟹应采用逐个计数方法。

每次抽样称1 kg重蟹种，进行计数统计，取两次抽样的平均值。

每次抽样称1 g重蟹苗，进行计数统计，取两次抽样的平均值。

8.3 感官检验

通过感官检验，统计亲蟹、蟹种的畸形个体和伤残个体，计算畸形率和伤残率。

8.4 种质检验

按GB/T 19783—2005的规定执行。

8.5 结果判定

经检验，如有不合格项，应对原检验批加倍取样进行复检，以复检结果为准。经复检，如仍有不合格项，则判定该批为不合格。

9 包装和运输

9.1 包装

亲蟹雌、雄分别放入洁净的潮湿蒲包。每只蟹都应背部向上装入包内，包口扎紧，放入竹筐。

蟹种按3 kg～5 kg装入网袋内，再装入外表坚硬、透气的箱内。

装蟹苗前，将蟹苗箱洗刷干净，在淡水中浸泡。蟹苗沥水后，均匀撒在箱内，每箱 0.5 kg。每 5 只箱重叠成一组，加上盖扎紧。

9.2 运输

运输过程中，应保温、保湿，防止风吹、雨淋、日晒，避免置于密闭容器过久。

ICS 11.220
B 41

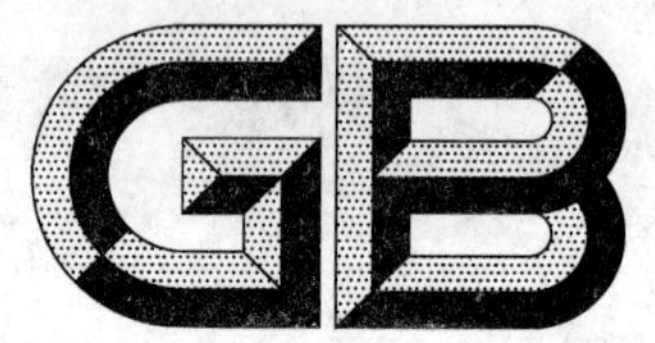

中华人民共和国国家标准

GB/T 26436—2010

禽白血病诊断技术

Diagnostic techniques for avian leukosis

2011-01-14 发布 2011-07-01 实施

中华人民共和国国家质量监督检验检疫总局
中国国家标准化管理委员会 发布

前　言

本标准的附录 A、附录 B、附录 C、附录 D、附录 E、附录 F 为规范性附录，附录 G、附录 H 为资料性附录。

本标准由中华人民共和国农业部提出。

本标准由全国动物防疫标准化技术委员会(SC/TC 181)归口。

本标准起草单位：山东农业大学、中华人民共和国珠海出入境检验检疫局、华南农业大学。

本标准主要起草人：崔治中、孙淑红、赵鹏、杨素、沙才华、廖明、曹伟胜。

引 言

禽白血病病毒(avian leukosis viruses;ALV)为反转录病毒科的 α 反转录病毒属,可诱发鸡不同组织的良性和恶性肿瘤,是鸡群中除马立克氏病病毒(MDV)和禽网状内皮增生症病毒(REV)外的又一类重要的致肿瘤病毒。

禽白血病是一类由 ALV 相关的反转录病毒引起鸡的不同组织良性和恶性肿瘤病的总称。随发生肿瘤的主要细胞成分不同,分别称之为不同名称的肿瘤。ALV 可分为 A～J 10 个亚群,其中仅 A 亚群、B 亚群、C 亚群、D 亚群、E 亚群、J 亚群病毒与鸡相关。A 亚群、B 亚群、C 亚群、D 亚群、J 亚群属外源性 ALV,与禽白血病的不同类型肿瘤发病相关。E 亚群病毒基因组可完整地整合进感染鸡的染色体基因组并稳定地遗传下去,也可从中再复制出传染性病毒颗粒,因而称之为内源性病毒。此外,在一些鸡的染色体的不同部位,还可能带有一些 ALV 的基因组片段。E 亚群 ALV 的致病性很低或没有致病性,不属于净化对象,但很多鸡群中包括一些无特定病原(SPF)鸡群都可能带有 E 亚群内源性 ALV,它的感染不会给鸡群带来不良影响,但会干扰检测。

目前,该病对我国养鸡业的危害很大。在国际种禽贸易中,外源性白血病病毒感染是最主要的检测对象之一。

禽白血病诊断技术

1 范围

本标准规定了病料中 ALV 特异血清抗体和外源性 ALV 的检测方法。

本标准适用于判断鸡群或病料中是否有外源性 ALV 感染。

2 临床症状和病理变化

ALV 主要引起感染鸡在性成熟前后发生肿瘤死亡，感染率和发病死亡率高低不等，死亡率最高可达 20%。一些鸡感染后虽不发生肿瘤，但可造成产蛋性能下降甚至免疫抑制。

淋巴样白血病是最为常见的经典型白血病肿瘤，肿瘤可见于肝、脾、法氏囊、肾、肺、性腺、心、骨髓等器官组织，肿瘤可表现为较大的结节状（块状或米粒状），或弥漫性分布细小结节。肿瘤结节的大小和数量差异很大，表面平滑，切开后呈灰白色至奶酪色，但很少有坏死区。在成红细胞性白血病、成髓性细胞白血病、髓细胞白血病中，多使肝、脾、肾呈弥漫性增大。J 亚群 ALV 感染主要诱发髓细胞样肿瘤，它最常见的特征性变化主要为肝脾肿大或布满无数的针尖、针头大小的白色增生性肿瘤结节。在一些病例中，还可能在胸骨和肋骨表面出现肿瘤结节。

单纯苏木精伊红染色（H.E 染色）的病理组织切片观察在诊断上有一定参考意义。在表现为淋巴样细胞肿瘤结节时，要注意与马立克氏病病毒（MDV）和禽网状内皮增生症病毒（REV）诱发的肿瘤相区别；在表现为髓样细胞瘤时，既要与 REV 诱发的类似肿瘤细胞相区别，也要与嗜中性白细胞浸润性炎症相区别，如鸡戊型肝炎病毒感染引起的肝局部炎症。最终的鉴别诊断以肿瘤组织中的病毒抗原检测或病毒分离鉴定为最可靠依据。

3 病毒的分离培养、检测和鉴定

3.1 试剂和仪器

3.1.1 试剂

DMEM 液体培养基（pH7.2）、0.25%胰酶、磷酸盐缓冲液（0.01 mol/L PBS，pH7.2）、抽提缓冲液、青霉素（10 万 U/mL）、链霉素（10 万 U/mL）、抗 ALV 单抗、抗 ALV 单因子鸡血清、异硫氰酸荧光素（FITC）标记的山羊抗小鼠 IgG 抗体、ALV-p27 抗原酶联免疫吸附试验（ELISA）检测试剂盒、聚合酶链反应（PCR）试剂、RT-PCR 试剂、生理盐水（0.9%氯化钠）、无水乙醇（分析纯）、丙酮（分析纯）、甘油（分析纯）、75%酒精、碘酒、细胞生长液（含有 5%胎牛血清或小牛血清的 DMEM 液体培养基）、细胞维持液（含有 1%胎牛血清或小牛血清的 DMEM 液体培养基）、大肠杆菌（TG1）、蛋白酶 K、70%冷乙醇、乙酸钠（分析纯）、三氯甲烷（分析纯）、异戊醇（分析纯）、异丙醇（分析纯）、10×加样缓冲液、琼脂糖、DL2000 DNA Marker、TAE 电泳缓冲液、氯化钙（0.1 mol/L）、氨苄青霉素（100 μg/μL）、双蒸水、LB 液体培养基、TE 缓冲液、RNase、细胞裂解液、0.1%的 DEPC（焦碳酸乙二酯）水等（除特殊说明外，上述试剂均为分析纯）。

3.1.2 仪器

锥形瓶、荧光显微镜、恒温培养箱，冰冻台式离心机（≥12 000 r/min）、−20 ℃冰箱、−80 ℃冰箱、

Eppendorf管(离心管)、棉棒、载玻片、盖玻片、细胞培养平皿、37 ℃数显恒温水浴锅、37 ℃摇床、96孔培养板、SPF隔离器、紫外光凝胶成像分析仪、微量移液器、低温恒温水槽(16 ℃)、吸水纸。

3.2 分离病毒用细胞

3.2.1 鸡胚成纤维细胞(CEF)

鸡胚成纤维细胞制备方法见附录A。

3.2.2 鸡胚成纤维细胞自发永生株(DF1)细胞

DF1细胞培养基制备方法见附录B。

3.3 病料的采集与处理

3.3.1 全血、血清或血浆

取疑似病鸡的全血、带有白血细胞的血浆或血清,无菌接种于长成单层的CEF或DF1,置于含5%二氧化碳的37 ℃恒温培养箱中培养。

3.3.2 脏器

采集疑似病鸡的脾脏、肝脏、肾脏,按脏器质量的1倍~2倍加入灭菌生理盐水(含青霉素和链霉素各1 000 IU/mL)研磨,直至成匀浆液。将悬液移至离心管中充分摇振后,4 ℃,10 000 r/min离心5 min,收集上清液。按3.4.1.1中的方法接种培养或−70 ℃保存备用。

3.3.3 疫苗样品

疫苗样品处理后接种CEF培养扩增病毒。但为了鉴别是否是外源性ALV,应接种DF1细胞或其他抗E亚群白血病鸡细胞(C/E)鸡来源的细胞。

3.3.4 咽喉、泄殖腔棉拭子

取咽喉棉拭子时,将棉拭子深入喉头口及上颚裂来回刮3次~5次取咽喉分泌液;取泄殖腔棉拭子时,将棉拭子深入泄殖腔转3圈并沾取少量粪便;将棉拭子头一并放入盛有1.5 mL磷酸盐缓冲液的无菌离心管中(含青霉素和链霉素各1 000 IU/mL),盖上管盖并编号,10 000 r/min离心5 min后取上清备用。

3.4 病毒的分离培养与鉴定

3.4.1 病毒的分离培养

3.4.1.1 接种培养:病料接种细胞单层后,置于37 ℃培养箱中培养2 h。然后吸去细胞生长液,换入细胞维持液,继续培养5 d~7 d。

3.4.1.2 细胞传代:将3.4.1.1培养的细胞传代于加有盖玻片的平皿中,培养5 d~7 d。

3.4.2 病毒的鉴定

3.4.2.1 间接免疫荧光抗体反应(IFA)

3.4.2.1.1 固定

将盖玻片上的单层细胞,在自然干燥后滴加丙酮-乙醇(6∶4)混合液室温固定5 min,待其自然干

燥，用于IFA，或置于－20 ℃保存备用。设未感染的细胞单层为阴性对照。

3.4.2.1.2 加第一抗体

用0.01 mol/L磷酸盐缓冲液(pH7.4)将单克隆抗体(如抗ALV-J亚群特异性单克隆抗体)或抗ALV单因子鸡血清(抗ALV单因子鸡血清的制备见附录C)稀释到工作浓度，在37 ℃水浴箱作用40 min，然后用磷酸盐缓冲液洗涤3次。

3.4.2.1.3 加FITC标记二抗

按商品说明书用磷酸盐缓冲液稀释FITC标记的山羊抗小鼠IgG抗体或山羊抗鸡IgY抗体(当第一抗体为ALV特异性单克隆抗体，选用FITC标记的山羊抗小鼠IgG抗体作为第二抗体；当第一抗体为鸡抗ALV单因子血清，则选用FITC标记的山羊抗鸡IgY抗体作为第二抗体)。37 ℃水浴箱作用40 min，用磷酸盐缓冲液洗涤3次。

3.4.2.1.4 加甘油

滴加少量50%甘油磷酸盐缓冲液于载玻片上，将盖玻片上的样品倒扣其上。在荧光显微镜下观察。

3.4.2.1.5 结果观察与判定

被感染的CEF细胞内呈现亮绿色荧光，周围未被感染的细胞不被着色或颜色很淡。在放大200×～400×时，可见被感染细胞胞浆着色，判为ALV阳性，无亮绿色荧光者判为阴性。

3.4.2.2 ALV-p27抗原ELISA检测

3.4.2.2.1 抗原样本制备

将病料同3.4.1.1和3.4.1.2所述方法接种细胞，培养7 d～14 d后取上清液直接检测；也可取细胞培养物冻融后检测；或用从泄殖腔采集的棉拭子。

3.4.2.2.2 p27抗原ELISA检测

ALV-p27抗原可用商品试剂盒检测，对不同来源的样品，按厂家的说明书操作。当样本在DF1细胞或CEF(C/E品系)上检测出ALV-p27抗原时，判为外源性ALV阳性，否则判为阴性。直接用泄殖腔棉拭子样品检测出p27，说明有ALV，但不能严格区分外源性或内源性。

3.5 ALV亚群鉴定

3.5.1 利用J亚群ALV特异性单克隆抗体进行IFA检测，可以鉴定J亚群ALV，但不能鉴别其他ALV亚群如A亚群、B亚群、C亚群、D亚群。

3.5.2 对分离到的病毒用RT-PCR(上清液中的游离病毒)或PCR(细胞中的前病毒cDNA)扩增和克隆囊膜蛋白gp85基因，测序后与基因序列数据库(GeneBank)中的已知A亚群、B亚群、C亚群、D亚群的gp85基因序列做同源性比较，即可对病毒进行分群。ALV病毒分群方法见附录D。

3.6 荧光定量PCR扩增ALV-J

该方法适用于鸡群的检疫或ALV-J感染的净化，可在较短时间内完成大量样品的特异性检测。血浆或泄殖腔棉拭子样品可直接用于检测，见附录E。

4 血清特异性抗体的检测

4.1 仪器和试剂

4.1.1 试剂:磷酸盐缓冲液洗液、禽白血病抗体 ELISA 检测试剂盒、FITC 标记的山羊抗鸡 IgY 抗体、甘油。

4.1.2 仪器:酶标仪、荧光显微镜、37 ℃恒温培养箱。

4.2 样品的采集

样品的采集见 3.3。

4.3 抗体的检测

4.3.1 ELISA 检测

可选用禽白血病 A 亚群、B 亚群及 J 亚群抗体 ELISA 检测试剂盒,严格按商品提供的说明书操作和判定。

4.3.2 IFA 检测

4.3.2.1 抗原

抗原制备方法见附录 F。

4.3.2.2 操作步骤

在相应的盖玻片上或抗原孔中加入用磷酸盐缓冲液(1∶50)稀释的待检鸡血清,在 37 ℃下作用 40 min,用磷酸盐缓冲液洗涤三次。再加入工作浓度的 FITC 标记的山羊抗鸡 IgY 抗体(第二抗体),在 37 ℃作用 40 min,用磷酸盐缓冲液洗涤 3 次,加少量 50%甘油磷酸盐缓冲液后在荧光显微镜下观察。

4.3.2.3 结果的判定

结果的判定方法同 3.4.2.1.5。不论是商品鸡群还是 SPF 鸡群,只要检出 A 亚群、B 亚群及 J 亚群抗体阳性的鸡,就表明该群体曾经有过外源性 ALV 感染。

附 录 A
（规范性附录）
0 系 SPF 鸡胚成纤维细胞(CEF)的制备

选择 9 日龄～10 日龄发育良好的 SPF 鸡胚。先用碘酒棉再用酒精棉消毒蛋壳气室部位，无菌取出鸡胚，去头、四肢和内脏，放入灭菌的玻璃器皿内，用无血清的 DMEM 液洗涤胚体。用灭菌的剪刀剪成米粒大的小组织块，再用无血清的 DMEM 液洗 2 次～3 次，然后加 0.25% 胰酶溶液（每个鸡胚约加 1 mL），在 37.5 ℃～38.5 ℃水浴中消化 10 min～15 min。吸出胰酶溶液消化产生的悬液，再加入适量的营养液（用无血清的 DMEM 液，加青霉素、链霉素 200 IU/mL～500 IU/mL）吹打，用 4 层纱布滤过。取少量过滤后的细胞悬液做细胞计数，其余在 1 000 r/min 下离心 5 min。将细胞沉淀再混悬于细胞培养液中，制成每毫升含活细胞数约 100 万～150 万的细胞悬液，分装于培养瓶（皿）中，进行培养，形成单层后备用（一般在 24 h 内应用）。

附　录　B
（规范性附录）
DF1细胞培养基配制

B.1　商品化的DMEM液，pH7.2，加5%胎牛血清。青霉素、链霉素：各250 IU/mL。

B.2　培养条件：37 ℃，5%二氧化碳。

附 录 C
（规范性附录）
抗 ALV 单因子鸡血清的制备

选择经鉴定无任何其他潜在病毒的 ALV 参考株作为种毒(如经 ALV-J 全基因组 cDNA 克隆质粒 DNA 转染 SPF 鸡的 CEF 所产生的分子克隆化 ALV)，接种 C/E CEF 后复制和扩增病毒。病毒接种 CEF 继续培养 5 d 后，再传代一次。将传代长成单层的 CEF 换成含 1％小牛血清的 DMEM 维持液，继续培养 72 h～96 h 后收取上清液(通常可达到最高病毒效价)，分装在离心管中，每支 1 mL，于－70 ℃ 冰箱保存。2 d～3 d 后，取出一支，用细胞培养液作 10 倍系列稀释后，分别接种于含有新鲜配制的 CEF 单层(细胞覆盖面应 70％)96 孔培养板上，每个稀释度 8 孔。在 37 ℃下培养 6 d 后，弃上清液，用磷酸盐缓冲液洗一次后，加入预冷的丙酮-乙醇(6：4)固定。待自然干燥后，用抗 ALV-J 的单克隆抗体进行 IFA(见 3.5)，以 IFA 的结果来判定病毒感染的终点，测定其中 ALV 的组织细胞半数感染量($TCID_{50}$)。

选用 6 周龄以上 SPF 鸡，SPF 隔离器饲养。每只鸡皮下接种 10^4 个 $TCID_{50}$的 ALV 悬液。4 周～6 周后采集血清。IFA 抗体滴度应≥1：100。

附 录 D
（规范性附录）
ALV 亚群鉴定程序

D.1 克隆载体和宿主菌

商品化的 PCR 产物克隆载体质粒，或其他类似载体质粒。可用多种大肠杆菌作为宿主菌，如 TG1 等。

D.2 病毒模板的制备

按照以下程序或商品化提取细胞 DNA 试剂盒的说明书提取细胞 DNA。

1） 接种病毒的细胞经磷酸盐缓冲液洗涤 3 次，加入适量 0.25％胰酶，37 ℃温箱中放置 5 min～10 min，将细胞消化吹打后收集于 1.5 mL 离心管中。

2） 2 000 r/min 离心收获细胞，然后加入 500 μL 抽提缓冲液（100 mmol/L 氯化钠，10 mmol/L Tris.Cl pH8.0，25 mmol/L EDTA pH8.0，0.5％SDS）悬浮后，加入 5 μL 蛋白酶 K（100 μg/mL），56 ℃水浴中消化 5 h。

3） 加入等体积的苯酚-三氯甲烷溶液（苯酚：三氯甲烷：异戊醇＝25：24：1）约 500 μL 抽提一次，将上层液体转移到另一 1.5 mL 离心管中，加入 1/10 体积 3 mol/L 的乙酸钠和 2 倍体积无水乙醇后，置于－20 ℃冷却 2 h 或者更长时间。

4） 取出后 12 000 r/min 离心 10 min 沉淀 DNA，弃去上清液。再小心加入 70％冷乙醇轻洗 DNA 沉淀，弃去上清液。

5） 经乙醇沉淀后的 DNA，空气中室温自然干燥后，溶解于 50 μL 双蒸水中，即为模板 DNA。

D.3 囊膜蛋白 *env* 基因的扩增

D.3.1 引物

可根据已发表资料合成扩增 ALV-J 的前病毒 DNA 特异性 PCR 引物，本例示范引物为：

正向引物：5′-CTTGCTGCCATCGAGAGGTTACT-3′，相当于 ALV-J 原型毒株 HPRS-103 前病毒基因组 DNA 序列的第 5394 对～第 5416 对碱基。

反向引物：5′-AGTTGTCAGGGAATCGAC-3′，相当于 ALV-J 原型毒株 HPRS-103 前病毒基因组 DNA 序列的第 7811 对～第 7794 对碱基。

引物用双蒸水稀释为 25 pmol/μL，－20 ℃保存备用。

D.3.2 PCR

以第 D.2 章中提取的细胞 DNA 为模板，扩增 ALV-J 的囊膜蛋白基因（*env*）特异性 2.2 kb 条带，其 PCR 反应体系（50 μL）见表 D.1。

表 D.1 ALV-J *env* 基因 PCR 反应体系

组　分	体积/μL
双蒸水	30.5
10×缓冲液(无 Mg^{2+})(成分:100 mmol/L Tris.Cl pH8.0,500 mmol/L 氯化钾,1%明胶)	5
氯化镁(15 mmol/L)	4
dNTPs(2.5 mmol/L)	4
正向引物(25 pmol/μL)	2
反向引物(25 pmol/μL)	2
DNA 聚合酶(5 U/μL)	0.5
模板 DNA(约 100 ng/μL)	2
总体积	50

将上述成分分别加入灭菌的 PCR 管中,轻轻混和均匀,离心后置于 PCR 扩增仪。按照以下扩增程序进行反应:

首轮循环:95 ℃5 min,50 ℃1 min,72 ℃1 min;

中间循环:95 ℃1 min,50 ℃1 min,72 ℃2 min30 s,进行 30 个循环;

72 ℃延伸 10 min;4 ℃保存。

D.3.3 PCR 产物 DNA 电泳

用微量移液器取 4.5 μL PCR 产物加入 0.5 μL 的 10×进样缓冲液(0.25%溴酚蓝,0.25%二甲苯苯胺,15%聚蔗糖 400),在浓度为 0.8%的琼脂糖凝胶上进行电泳,同时在另一加样孔加入 5 μL DL2000 DNA Marker。在 TAE 电泳缓冲液中,90 V 电压,电泳 50 min 后,于紫外光凝胶成像分析系统中观察并记录结果。

D.3.4 PCR 产物的回收与定量

可采用商品化 PCR 产物回收试剂盒进行回收。

1) 将病毒 *env* 基因的 PCR 产物在 0.8%的琼脂糖凝胶上进行电泳,90 V 电压,电泳 50 min。
2) 将目的条带切割下来,置于已经称重的 1.5 mL 离心管中。
3) 再次称重,计算含目的条带的凝胶块的质量。
4) 按每毫克加入 100 μL Ultra Salt,在 55 ℃~65 ℃水浴锅中使琼脂糖凝胶融化。
5) 加入 5 μL Glass Milk,混匀后室温下放置 5 min。
6) 12 000 r/min 离心,去掉上清液。
7) 加入 1 mL Ultra Wash 洗涤沉淀。
8) 12 000 r/min 离心,去掉上清液。再次离心,用微量移液器吸出剩余液体。
9) 干燥后,加入 15 μL 双蒸水,用微量移液器吹打混匀后,室温下放置 5 min,12 000 r/min 离心,将上清液转移至另一离心管中。
10) 取 1 μL 回收产物在 0.8%的琼脂糖凝胶上进行电泳,另加 5 μL DL2000 DNA Marker,用以估计回收 DNA 的浓度。

D.4 PCR 产物的克隆

D.4.1 连接反应

将载体与纯化回收 PCR 产物于 16 ℃下连接 6 h～8 h。

连接体系为：

载体	25 ng
纯化 *env* 基因 PCR 产物	100 ng
溶液Ⅰ	5 μL
加双蒸水至	10 μL

D.4.2 质粒转化用感受态大肠杆菌的制备

用氯化钙法制备大肠杆菌 TG1 菌株的感受态细胞，步骤简述如下：

1） 一个盛约 50 mLLB 液体培养基的锥形瓶，接种大肠杆菌 TG1 菌株，在 37 ℃恒温振荡器中振荡培养至半浑浊半透明状态。
2） 在无菌条件下将细菌转移到一个无菌的－20 ℃保存的 50 mL 离心管中，冰上放置 10 min，使培养物冷却至 0 ℃。
3） 4 ℃以 4 000 r/min 离心 10 min，回收细菌细胞。
4） 倒出上清液，将管倒置 1 min，以使残余的培养液流尽。
5） 用 10 mL 用冰预冷的 0.1 mol/L 氯化钙重悬每份沉淀，冰浴上放置 30 min。
6） 4 ℃以 4 000 r/min 离心 10 min，回收细菌细胞。
7） 倒出上清液，将管倒置 1 min，以使残余的培养液流尽。
8） 每 50 mL 初始培养物用 1 mL 用冰预冷的 0.1 mol/L 氯化钙重悬每份沉淀，4 ℃保存备用。

D.4.3 质粒的转化

将 D.4.1 中得到的连接产物转化大肠杆菌，步骤简述如下：

1） 10 μL 连接产物加入 200 μL 新鲜制备的 TG1 感受态细胞中，混匀内容物，冰浴上放置 30 min。
2） 放入 42 ℃循环水浴中，准确热激 90 s。
3） 快速转移到冰浴中，使之冷却 2 min～3 min。
4） 每管加 LB 培养基 800 μL，在 37 ℃摇床上（转速不超过 225 r/min），温育 45 min，使细菌复苏。
5） 取 200 μL 菌液均匀涂布到含有 100 μg/μL 氨苄青霉素的 LB 琼脂平板上。
6） 将平板置于 37 ℃温箱中培养 12 h，挑取单个菌落培养后，进行质粒 DNA 的制备与鉴定。

D.5 质粒 DNA 的提取和鉴定

D.5.1 质粒 DNA 的提取

挑选平板上的白色菌落，接种至氨苄青霉素浓度为 50 μg/mL 的 5 mL LB 液体培养基中，于 37 ℃摇床上振荡培养 6 h，提取质粒。

1） 菌体的收集：
   a） 将培养液倒入 1.5 mL 离心管中，12 000 r/min，离心 1 min，倒掉上清液。
   b） 用 1 mL TE 缓冲液悬浮菌体沉淀，再离心回收菌体。

2） 将沉淀悬浮于 100 μL 用冰预冷的溶液Ⅰ，在振荡器上强烈振荡混匀。

3） 加 200 μL 溶液Ⅱ（不超过 5 min，溶液Ⅱ需现配），颠倒 5 次（不要强烈振荡），冰浴中放置 3 min。

4） 加 150 μL 溶液Ⅲ，温和振荡 10 s，冰浴中放置 3 min～5 min。

5） 12 000 r/min 离心 5 min，将上清液转移至另一离心管中，加入等体积的苯酚-三氯甲烷，在振荡器上振荡混匀。

6） 12 000 r/min 离心 5 min，将上清液转移至另一离心管中，加入 2 倍体积的无水乙醇。

7） 12 000 r/min 离心 10 min～15 min，用 1 mL70％乙醇漂洗沉淀，干燥 DNA 沉淀。

8） 用 50 μL 双蒸水或 TE 缓冲液溶解沉淀，同时加入 0.5 μL～1 μL RNase。－20 ℃保存备用。

D.5.2 重组质粒 DNA 的酶切鉴定

质粒以 EcoR Ⅰ和 Hind Ⅲ这两种酶进行双酶切鉴定。

酶切体系如下：

总体积	20 μL
质粒 DNA	10 μL
双蒸水	7 μL
10×缓冲液 K	2 μL
EcoR Ⅰ	0.5 μL
Hind Ⅲ	0.5 μL

以上组分混匀后，轻微离心，37 ℃ 酶切 2 h。于 0.8％的琼脂糖凝胶中 90 V 电泳 45 min，在凝胶成像系统下观察并记录结果。

D.6 克隆序列的测定

将上一步经 EcoR Ⅰ和 Hind Ⅲ双酶切鉴定的阳性克隆测序。所得序列与 GeneBank 中发布的 ALV 的 A 亚群、B 亚群、C 亚群、D 亚群、E 亚群和 J 亚群的囊膜蛋白 gp85 基因做同源性比较分析，并确定属于哪个亚型。可参考的 GeneBank 中序列编号分别为：M37980 和 DQ365814（A 亚型）；AF052428（B 亚型）；J02342（C 亚型）；D10652（D 亚型）；M12172、EF467236 和 AY013303（E 亚型）；Z46390、AF247391、DQ115805、AY897219 和 EU264064（J 亚型）。对于 A 亚群、B 亚群、C 亚群、D 亚群和 E 亚群，核苷酸或氨基酸的同源性应分别大于 90％，与哪个参考亚型的同源性最高，即确定是这个亚型。对于 J 亚群，应与大多数已知 J 亚群序列的同源性大于 80％。

附 录 E
（规范性附录）
荧光定量 PCR 扩增 ALV-J

E.1 试剂

引物和探针序列：

选择 ALV-J 特异性 *env* 基因序列作为 ALV-J 检测的靶序列，产物长度为 138 bp。

上游引物：5′ AGAAAGACCCGGAGAAGAC 3′；

下游引物：5′ ACACGTTTCCTGGTTGTT 3′；

*Taq*Man 探针：5′ ATTTCCGTTGTCCCAGGGGTGG 3′，其 5′端和 3′端分别标记 FAM 和 BHQ。

E.2 样品采样和前处理

样品采样和前处理见 3.3。

E.3 核酸抽提及荧光定量 PCR 检测

E.3.1 注意事项

实验室注意事项参见附录 G。

E.3.2 核酸抽提

1) 取 *n* 个灭菌的 1.5 mL Eppendorf 管编号（*n* 为被检样品与阴性对照、阳性对照之和）。
2) 每管加入 600 μL 细胞裂解液，分别加入被检样本、阴性对照、阳性对照各 200 μL，再加入 200 μL 三氯甲烷，混匀器上振荡混匀 5 s（不能过于强烈，以免产生乳化层，也可以用手颠倒混匀）。于 4 ℃、12 000 r/min 离心 15 min。
3) 取与 E.3.2 的 1）相同数量灭菌的 1.5 mL Eppendorf 管，加入 400 μL 异丙醇（－20 ℃ 预冷），做标记。吸取 E.3.2 的 1）各管中的上清液转移至相应的管中，上清液应至少吸取 500 μL，尽量避免吸出中间层，颠倒混匀。
4) 于 4 ℃、12 000 r/min 离心 15 min（Eppendorf 管开口保持朝离心机转轴方向放置），小心倒去上清液，倒置于吸水纸上，沾干液体（不同样品需在吸水纸不同地方沾干）；加入 600 μL75％乙醇，颠倒洗涤。
5) 于 4 ℃、12 000 r/min 离心 10 min（Eppendorf 管开口保持朝离心机转轴方向放置），小心倒去上清液，倒置于吸水纸上，尽量沾干液体（不同样品需在吸水纸不同地方沾干）。
6) 4 000 r/min 离心 10 s（Eppendorf 管开口保持朝离心机转轴方向放置），将管壁上的残余液体甩到管底部，小心倒去上清液，用微量加样器将其吸干，吸头不要碰到有沉淀一面，室温下干燥 5 min～10 min。
7) 加入 15 μL DEPC（焦碳酸乙二酯）水，溶解管壁上的 RNA，5 000 r/min 离心 5 s，冰上保存备用。若需长期保存则需放置在－70 ℃冰箱。

E.3.3 扩增检测

E.3.3.1 扩增试剂准备

在反应混合物配制区进行。

取出J亚群禽白血病病毒一步法荧光定量RT-PCR检测试剂盒(参见附录H),在室温下融化后,6 000 r/min离心5 s,每个PCR反应按表E.1所示用量配制PCR反应混合液(需配制反应液数量=样本个数+阴性对照+阳性对照+1)。

表E.1 PCR反应体系

试　　剂	用量/μL
RT-PCR反应液	14.5
*Taq*酶(5 U/μL)	0.25
逆转录酶	0.25

将以上PCR反应试剂按使用量吸取到一个离心管中,充分混匀,然后在每个PCR管中分装15 μL,转移至样本处理区。

E.3.3.2 加样

在已分装有PCR反应混合液的PCR管中分别加入已提取好的核酸10 μL,盖上管盖,将PCR管放入荧光PCR检测仪内,记录样本放置顺序。

E.3.3.3 PCR扩增检测

在扩增检测区进行。

E.3.3.4 反应条件

第一步:42 ℃ 30 min,95 ℃ 5 min;
第二步:95 ℃ 10 s,55 ℃ 10 s,72 ℃ 30 s,5个循环;
第三步:95 ℃ 5 s,60 ℃ 30 s,40个循环;
60 ℃时设置采集荧光。

E.3.3.5 荧光素设定

报告基团(report dye)设定为FAM,淬灭基团(quench dye)设定为BHQ(或Tamra或Eclipse),参考标记物(reference dye)设定为None。

E.4 分析条件设定及结果判定

E.4.1 质控标准

E.4.1.1 综合分析仪器给出的各项结果,基线(baseline)以仪器给出的默认值作为参考,阈值(threshold)设定原则以阈值线刚好超过正常阴性对照品扩增曲线的最高点为准,具体根据仪器噪音情况进行调整,选择FAM通道进行分析。

E.4.1.2 ALV-J阳性对照和阴性对照质控标准:阳性对照有S型PCR扩增曲线,而且*Ct*值(每个反应管内的荧光信号量达到设定的阈值时所经历的循环数)≤30;阴性对照无S型PCR扩增曲线,且*Ct*

值为无。否则此次试验结果无效。

E.4.2 结果判定及描述

E.4.2.1 有S型PCR扩增曲线，且 *C*t 值≤30的样本为阳性，表明ALV-J核酸阳性。无S型PCR扩增曲线，且 *C*t 值为无的样本为阴性样本，表明ALV-J核酸阴性。

E.4.2.2 对于30＜*C*t 值＜40的样本建议对样品进行复检。若复检后，Ct 值＜40，判为ALV-J核酸阳性，否则判为阴性。样品中ALV-J核酸阳性，表明相应样品中检出该病毒，相应鸡有ALV-J感染。

附 录 F
（规范性附录）
IFA 法抗体检测用 ALV 感染细胞的制备

在已铺满 CEF(C/E)单层细胞的细胞瓶或培养皿中接种 0.5 mL 含 10^3 $TCID_{50}$ 的 ALV(如 ALV-J)悬液，37 ℃ 5%二氧化碳恒温培养箱中培养，24 h 后换 1%小牛血清的 DMEM 培养基继续培养。继续培养 5 d 后将细胞单层用胰酶(见附录 A)溶液消化分散成悬液，经离心后，重新悬浮于 5%小牛血清的 DMEM 培养基中。将细胞浓度调至每毫升 5×10^5 个细胞。在加入盖玻片的培养皿中加入 5 mL 细胞悬液，或在 96 孔细胞培养板上每孔加入 100 μL 细胞悬液。在 37 ℃继续培养 4 d。将盖玻片从培养皿中取出或 96 孔细胞培养板弃去培养基，在磷酸盐缓冲液中漂洗一次后，滴加预冷的丙酮-乙醇(6∶4)固定液室温固定 5 min。自然干燥后，用塑料薄膜包裹后置－20 ℃保存。

附 录 G
（资料性附录）
J亚群禽白血病病毒荧光定量PCR检测方法的实验室规范

G.1 实验室设置要求

G.1.1 实验室分为三个相对独立的工作区域：样本制备区、PCR反应混合物配制区和检测区，并且明确标识。

G.1.2 每一区域需有专用的仪器设备，并且明确标识。

G.1.3 进入各个工作区域严格遵循单一方向顺序，即只能从样本制备区经PCR反应混合物配制区至检测区。

G.1.4 在不同的工作区域应使用不同颜色或有明显区别标志的工作服，工作服不能穿离各特定区域。

G.1.5 实验室清洁时应按PCR反应混合物配制区、样本制备区至检测区的顺序进行。

G.1.6 不同的实验区域应有其各自的清洁用具以防止交叉污染。

G.2 工作区域仪器设备配置

G.2.1 样本制备区仪器设备配置

2 ℃～8 ℃冰箱；－20 ℃冰箱；冰冻台式离心机（≥12 000 r/min）；混匀器；微量加样器（0.5 μL～10 μL，5 μL～20 μL，20 μL～200 μL，200 μL～1 000 μL）；可移动紫外灯。

G.2.2 PCR反应混合物配制区仪器设备配置

2 ℃～8 ℃冰箱；－20 ℃冰箱；台式离心机（≥3 000 r/min）；混匀器；微量加样器（0.5 μL～10 μL，5 μL～20 μL，20 μL～200 μL，200 μL～1 000 μL）；可移动紫外灯。

G.2.3 检测区仪器设备配置

荧光PCR仪；可移动紫外灯；打印机。

G.3 各工作区域功能及注意事项

G.3.1 样本制备区

G.3.1.1 标本的保存，核酸提取、贮存及其加入至扩增反应管在样本制备区进行。

G.3.1.2 可在本区内设立正压条件以避免邻近区的气溶胶进入本区造成污染。

G.3.1.3 用过的加样器吸头放入专门的消毒（例如含次氯酸钠溶液）容器内。实验室桌椅表面每次工作后都要清洁，实验材料（原始样本、提取过程中样本与试剂的混合液等）如出现外溅，作清洁处理并作出记录。

G.3.1.4 对实验台适当的紫外照射（254 nm波长，与工作台面近距离）可以帮助灭活病毒和消除核酸的污染。工作后通过移动紫外线灯管来确保对实验台面的充分照射。

G.3.2 PCR反应混合物配制区

G.3.2.1 试剂的分装和反应混合液的制备在本区进行。

G.3.2.2 在整个本区的实验操作过程中，操作者戴手套。工作结束后立即对工作区进行清洁。本工作区的实验台表面应可耐受诸如次氯酸钠等化学物质的消毒清洁作用。

G.3.3 检测区

G.3.3.1 在本区进行荧光 PCR 检测。

G.3.3.2 PCR 扩增产物不能在本实验室开盖，PCR 管抛弃在远离本实验室的垃圾箱中。

G.3.3.3 实验完成后采用紫外灯对实验室进行充分照射。

附 录 H
（资料性附录）
J 亚群禽白血病病毒一步法荧光定量 RT-PCR 检测试剂盒的组成及使用

H.1 试剂盒组成

每个试剂盒可做 48 个检测，包括以下成分：

RT-PCR 反应液	750 μL×1 管
Taq 酶	12.5 μL×1 管
逆转录酶	12.5 μL×1 管
阴性对照	1.0 mL×1 管
阳性对照	1.0 mL×1 管
DEPC 水	1 mL×1 管
裂解液	30 mL×1 管

H.2 说明

H.2.1 RT-PCR 反应液(1×)：含 50 mmol/L 氯化钾，10 mmol/L Tris. Cl(pH8.3)，2.5 mmol/L 氯化镁，0.2 mmol/L dNTP(deoxyribonucleoside triphosphate，脱氧核苷三磷酸)混合物，上、下游引物各 20 nmol/mL，探针 10 nmol/mL，2 mmol/L 二硫苏糖醇(DTT)，5%甘油。

H.2.2 阳性对照：ALV-J 靶基因 RNA 经稀释保存于 75%的乙醇中。

H.2.3 裂解液为 Trizol，于 4 ℃保存，也可采用功能等效的提取试剂。

H.3 使用时的注意事项

H.3.1 在检测过程中，严防不同样品间的交叉污染。

H.3.2 反应液分装时应避免产生气泡，上机前检查各反应管是否盖紧，以免荧光物质泄露污染仪器。

ICS 65.120
B 46

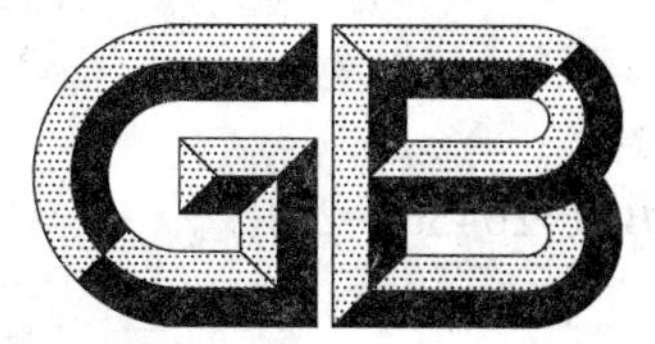

中华人民共和国国家标准

GB/T 26438—2010

畜禽饲料有效性与安全性评价 全收粪法测定猪配合饲料表观消化能技术规程

Feed efficacy and safety evaluation—Guidelines for the determination of apparent digestible energy of formula feed for pigs by the total collection method

2011-01-14 发布　　2011-07-01 实施

中华人民共和国国家质量监督检验检疫总局
中国国家标准化管理委员会　发布

前言

本标准按照 GB/T 1.1—2009 给出的规则起草。

本标准由全国饲料工业标准化技术委员会(SAC/TC 76)提出并归口。

本标准起草单位：中国农业大学、农业部饲料效价与安全监督检验测试中心(北京)、中国农业科学院北京畜牧兽医研究所。

本标准主要起草人：李德发、朴香淑、胡琴、赵峰、马永喜、李鹏飞、王丁、张荣飞、朱滔。

畜禽饲料有效性与安全性评价 全收粪法测定猪配合饲料 表观消化能技术规程

1 范围

本标准规定了畜禽饲料有效性与安全性评价中用全收粪法测定猪饲料表观消化能的技术要求。

本标准专用于全收粪法测定猪配合饲料的表观消化能。

2 规范性引用文件

下列文件对于本文件的应用是必不可少的。凡是注日期的引用文件，仅注日期的版本适用于本文件。凡是不注日期的引用文件，其最新版本(包括所有的修改单)适用于本文件。

GB 3102.4 热学的量和单位

GB/T 5915 仔猪、生长肥育猪配合饲料

GB/T 6435 饲料中水分和其他挥发性物质含量的测定

GB/T 10647 饲料工业术语

GB/T 14699.1 饲料 采样

GB/T 16765 颗粒饲料通用技术条件

GB/T 17823 集约化猪场防疫基本要求

GB/T 20159 动物饲料 试样的制备

NY/T 388 畜禽场环境质量标准

ISO 9831:1998 动物饲料、动物性产品和粪或尿总能的测量 氧弹式热量计法(ISO 9831:1998 Animal feeding stuffs, animal products, and feces or urine—Determination of gross calorific value—Bomb calorimeter method)

3 术语和定义

GB 3102.4 和 GB/T 10647 中界定的以及下列术语和定义适用于本文件。

3.1

全收粪法 total collection method

收集正试期内的全部粪便，以测定饲料中养分消化率的方法。

3.2

饲粮总干物质采食量 gross dry matter intake

饲粮总干物质采食量按式(1)计算。

$$GDM = M_1 \times DM \qquad (1)$$

式中：

GDM——饲粮总干物质采食量，单位为克(g)；

M_1 ——风干饲粮摄入量，单位为克(g)；

DM ——饲粮干物质含量，%。

3.3

摄入总能 gross energy intake

摄入总能按式(2)计算。

$$GE_1 = E_1 \times GDM \quad \cdots\cdots(2)$$

式中：

GE_1 ——摄入总能，单位为焦耳(J)；

注：焦耳(J)按热化学卡(cal_{th})换算，1 热化学卡(cal_{th})=4.184 焦耳(J)(下同)。

E_1 ——摄入饲粮干物质能值，单位为焦耳每克(J/g)；

GDM ——饲粮总干物质摄入量，单位为克(g)。

3.4

粪总能 gross energy excreta

粪总能按式(3)计算。

$$GE_2 = E_2 \times M_2 \quad \cdots\cdots(3)$$

式中：

GE_2——粪总能，单位为焦耳(J)；

E_2 ——排出粪干物质能值，单位为焦耳每克(J/g)；

M_2 ——粪干物质量，单位为克(g)。

4 原理

试验猪在正试期摄入的总能值(GE_1)减去同期排泄的粪总能值(GE_2)所得的有效能值，称为该饲粮的表观消化能值(apparent digestible energy，ADE)。

5 试验期

5.1 试验分适应期、预饲期和正试期 3 个阶段。

5.1.1 适应期：不低于 6 d。分别观察并记录每头试验猪供试饲粮的自由采食量，作为正试期饲粮投喂量的决策依据。

5.1.2 预饲期：不低于 5 d。按适应期观察到的自由采食量的 85%～90%的量准确定量饲喂，准备向正试期过渡。

5.1.3 正试期：不低于 7 d。准确定量饲喂，同步记录每日每头试验猪排出的鲜粪重，并根据鲜粪留样比例确定相对应的鲜粪重，以及鲜粪干物质含量(%)。

5.2 试验动物

5.2.1 从 75 日龄～85 日龄的杜×长×大三元杂交健康猪群中选取体重在 30 kg 以上、为平均体重±2 kg 的去势公猪作为试验动物。在供试期间，控制其正常生理条件下的增重，要求试验结束时，猪的体重不大于 70 kg。

5.2.2 要求在试验期间试验猪无明显应激反应，无怪癖及异嗜症候。

5.2.3 每测一种饲粮所需试验猪数量(重复数)不少于 6 头。

6 试验饲粮

6.1 试验饲粮的要求

应符合 GB/T 5915 的要求和规定。

6.2 试验饲粮的制备

6.2.1 根据 GB/T 5915 的要求，试验饲粮的粉料粒度应 99% 通过孔径为 2.80 mm 的编织筛，1.40 mm 编织筛筛上物比例不得大于 15%，筛上物中不得有整粒谷物，颗粒饲料应符合 GB/T 16765 的要求。试验饲粮均匀度的变异系数应不大于 5%。

6.2.2 将预饲期及正试期所需的饲粮按每头、每次投喂量一次性分别装入耐损纸袋中备用，并在装袋过程的起始、中间、结束时同步抽样，测定饲粮的干物质含量(%)。

6.2.3 分别装袋的饲粮，应及时标明试验饲粮编号、动物编号、饲喂日期、饲喂次第、装袋时的饲粮风干重量，作为核对整个试验期采食饲粮的干物质总量时的依据。

6.3 试验饲粮的存放

封袋后的试验饲粮应排放有序，置低于 25 ℃的防虫蛀、鼠害的阴干处保存。

7 饲养管理

7.1 将每日的总采食均分为 3 次饲喂(时间为 8：00、14：00 和 18：00)，全程自由饮水，水质应达到 NY/T 388 中的有关规定。

7.2 试验猪为个体饲养，测试期间的试验设备应保证试验动物舒适、各项临床生理指标正常。以确保粪尿分离、粪不丢失为准则。

7.3 饲养环境(温度、湿度和光照以及通风等条件)应符合 NY/T 388 的要求，并应遵循国家或者地区有关动物福利和环境保护的有关要求。

7.4 供试猪群的免疫程序应符合 GB/T 17823 中的有关规定。

7.5 在正试期间严禁出现干扰试验猪静卧行为的人为因素，特别在正试期起始日与结束日更应格外注意。

8 试验样品的采集与制备

8.1 试验饲粮采集及制备

8.1.1 采样：试验饲粮的采集程序应符合 GB/T 14699.1 中的有关规定。

8.1.2 制备：试验饲粮的制备应符合 GB/T 20195 中的有关规定。

8.2 粪样采集及制备

8.2.1 采样：精确、完整地分别收取正试期内每头试验猪每日(24 h)不受尿“污染”的新鲜猪粪，随排随收，置阴凉处，按日分别留样。

8.2.2 日与日之间的界限以选定早饲后试验猪的最长静卧时间的中间点为宜(经验证明可以选定在上午 9：00～10：30)。

8.2.3 在正试期间严禁在这一时间段出现干扰试验猪静卧行为的人为因素。特别在正试期起始日与结束日，更应格外注意这一点。

8.2.4 将每头试验猪当日的总鲜粪样全部置搪瓷盘或不锈钢盘上充分拌匀。根据多排多取、少排少取的原则，用四分法以当日总鲜粪重为100%，按试验设计的需要，在各试验猪均统一按固定比例、准确计算、精确称重后置入相应的重量已知的容器中，封存于－20 ℃低温冰箱中冷冻备用。

8.2.5 在完成8.2.4的步骤后，取出同一猪前期冷冻粪样，称重。同步取鲜样三份，分别置于重量已知的、直径约12 cm的烘干培养皿上，摊薄摊匀，每样鲜粪重不少于50 g，用0.05 g灵敏度的上皿天平快速称重，后求恒重。置105 ℃烘箱中烘求恒重。在烘干过程中需做无损失翻动1次～2次，避免内湿外焦。

8.2.6 小样制备：正试期结束后，以猪个体为单元，将按比例取样称重，并经过冷冻保存的鲜粪样，全部置室温下解冻后，摊薄在相应的不锈钢盘或搪瓷盘上，无丢失地搅拌均匀，置通风65 ℃烘箱中烘至风干状，再在22 ℃以下的室温下回潮，分别按试验猪编号留样，粉碎、混匀、封存备用。

8.2.7 粉碎风干粪样时要特别注意前后猪粪样在粉碎机中产生的交叉污染。对难以通过规定筛孔的粪样粗粒应用毛笔从粉碎机中收入瓷乳钵或不锈钢中药碾，手工碾碎达到规定细度后方可并入整样中封存，不得抛弃，或直接装入分析样品中。

8.3 试验样品的分析

8.3.1 试验饲粮的分析：按照GB/T 6435测定试验饲粮水分并计算其干物质含量，根据ISO 9831:1998的规定同步测定试验饲粮总能。最终全部测定数据均以干物质为基础，供试验结果的统计分析。

8.3.2 粪样的分析：按照GB/T 6435测定每头猪前期粪样水分并计算其干物质含量，根据ISO 9831:1998的规定同步测定粪样总能。

9 结果计算及有效数的规定

9.1 试验饲粮表观消化能[ADE，单位为兆焦每千克(MJ/kg)]可用干物质为基础或风干物为基础表示[但应同时标明其干物质含量(%)]，分别按式(4)和式(5)计算。

$$ADE(\text{干物质基础}) = \frac{GE_1 - GE_2}{GDM \times 1\,000} \qquad \cdots\cdots(4)$$

$$ADE(\text{风干物质基础}) = \frac{GE_1 - GE_2}{M_1 \times 1\,000} \qquad \cdots\cdots(5)$$

9.2 以每个试验猪为单位，计算重复组试验饲粮表观消化能的平均值及其相应的标准差。

9.3 表观消化能的法定计量单位是兆焦每千克(MJ/kg)，有效位数为小数点后两位。

9.4 各重复试验猪间的表观消化能测定值相对偏差不得大于5%。

10 试验记录与统计分析

10.1 测试用仪器应定期接受国家计量部门的校验。

10.2 除测定项目外，还应对试验过程中所有试验样品来源，试验猪的初始体重、结束体重、日增重、体况行为、环境条件(包括温湿度等)、免疫与消毒过程以及试验地点等进行记录。记录应用专项表格，详细准确，并由记录人核准签名，并署名年月日后归档保存。

10.3 试验数据应采用国家法定的计量单位。通过非法定计量单位折算的法定计量单位应说明所用相关数学模型和相关单位的出处。

10.4 试验结束后，根据试验目的和试验设计，以重复为单位，采用相应的方法对试验数据进行统计分析。

11 试验报告

试验报告包括题目、摘要、试验目的、材料与方法、结果与分析、试验结论、参考文献（含依据的标准法律）等部分。

12 终止试验

试验猪在试验过程中如发生疾病等不可抗拒的因素影响正常生理状况时应终止试验，该试验猪的所有试验资料应报废。

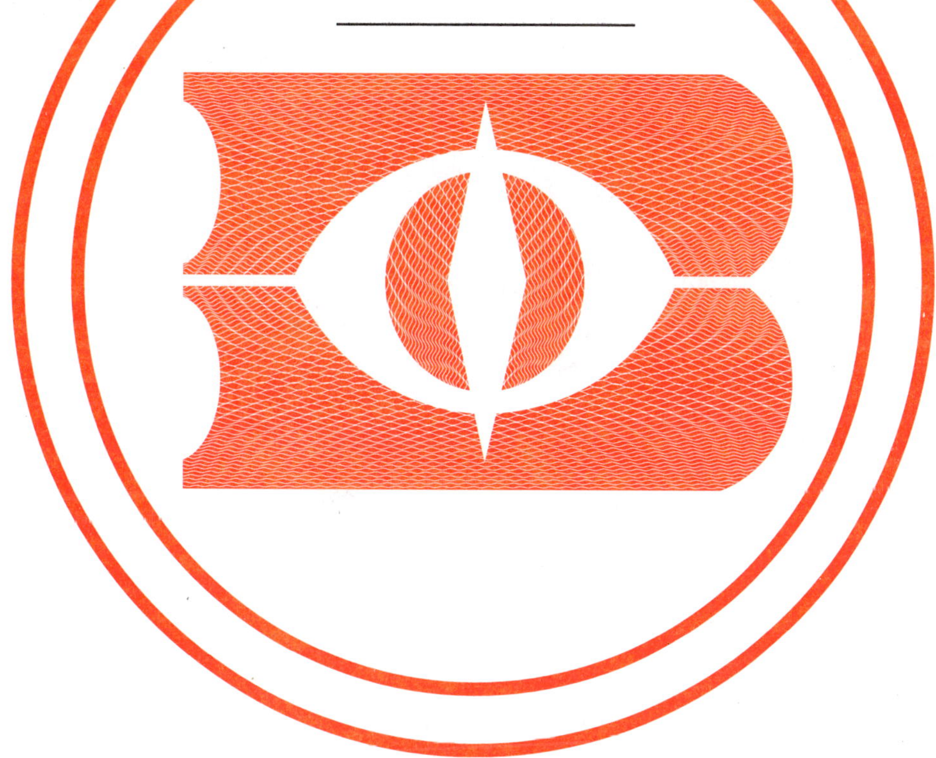

ICS 65.150
B 52

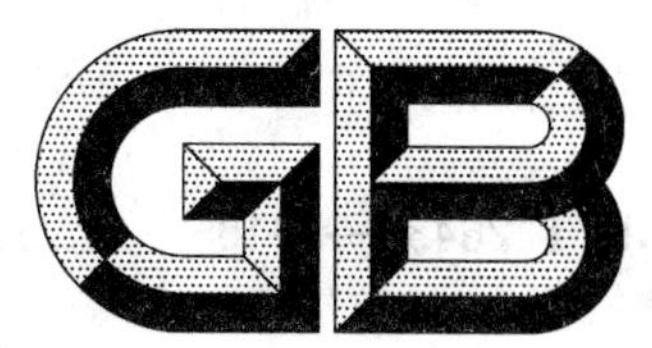

中华人民共和国国家标准

GB/T 26439—2010

鲮

Mud carp

2011-01-14 发布　　2011-07-01 实施

中华人民共和国国家质量监督检验检疫总局
中国国家标准化管理委员会　发布

前　言

本标准的附录 A 为资料性附录。

本标准由中华人民共和国农业部提出。

本标准由全国水产标准化技术委员会淡水养殖分技术委员会归口。

本标准起草单位:中国水产科学研究院珠江水产研究所。

本标准主要起草人:朱新平、郑光明、罗建仁、陆小苕、陈永乐、刘毅辉。

鲮

1 范围

本标准确立了鲮[*Cirrhinus molitorella* (Cuvier et Valenciennes)]的学名与分类、主要形态构造特征、生长与繁殖、遗传学特性、检测方法以及检验规则与结果判定。

本标准适用于鲮的种质检测与鉴定。

2 规范性引用文件

下列文件中的条款通过本标准的引用而成为本标准的条款。凡是注日期的引用文件，其随后所有的修改单(不包括勘误的内容)或修订版均不适用于本标准，然而，鼓励根据本标准达成协议的各方研究是否可使用这些文件的最新版本。凡是不注日期的引用文件，其最新版本适用于本标准。

GB/T 18654.1 养殖鱼类种质检验 第1部分：检验规则

GB/T 18654.2 养殖鱼类种质检验 第2部分：抽样方法

GB/T 18654.3 养殖鱼类种质检验 第3部分：性状测定

GB/T 18654.12 养殖鱼类种质检验 第12部分：染色体组型分析

GB/T 18654.15 养殖鱼类种质检验 第15部分：RAPD分析

SC1037 鲂

3 学名与分类

3.1 学名

鲮[*Cirrhinus molitorella*(Cuvier et Valenciennes)]。

3.2 分类位置

鲤形目(Cypriniformes)，鲤科(Cyprinidae)，野鲮亚科(Labeoninae)，鲮属(*Cirrhina*)。

4 主要形态构造特征

4.1 外部特征

4.1.1 形态性状

体形延长，侧扁，稍高，腹部圆。头短小，稍尖。吻圆钝，吻皮边缘光滑，向下垂盖着上唇大部，上唇两侧外露，其外缘具肉质细乳突。口下位，横裂，略呈弧形。上下颌前缘扁薄锐利，上颌较下颌长，上下颌前方具角质边缘。鳃孔大。鳃盖膜在前鳃盖骨后缘下方和峡部相连。背鳍无硬刺，尾鳍叉形。体背青灰色，体侧及腹部银白色。体侧上部每一鳞片后方具有一黑色斑点。自胸鳍上方侧线上下共有8～15个鳞片的基部有宝蓝色半月形的斑，聚集成一堆似菱形的斑块。背鳍和尾鳍灰色，背鳍后缘灰黑色，其余各鳍淡灰色。幼鱼尾鳍基部具黑斑。

鲮的外部形态见图1。

4.1.2 可数性状

4.1.2.1 须

须2对，细小，吻须稍大，颌须微小或退化，仅留痕迹。

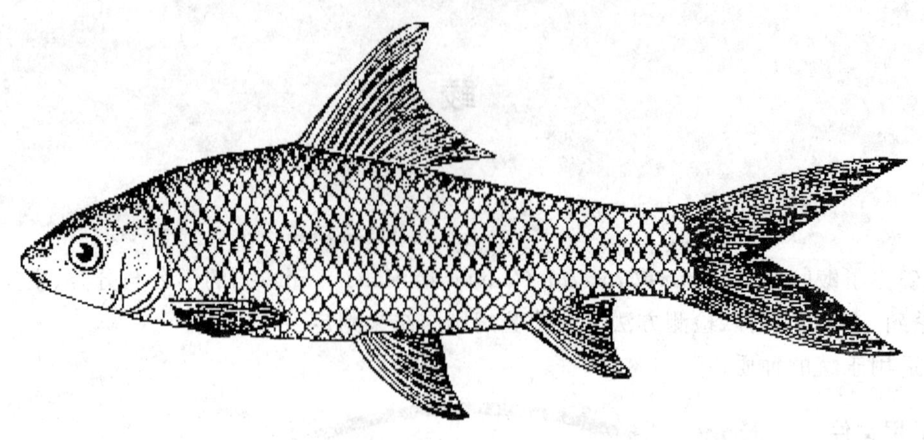

图 1 鲮的外形图

4.1.2.2 鳍式

背鳍鳍式:D. ⅲ～ⅳ-12～13;臀鳍鳍式:A. ⅲ-5～6。

4.1.2.3 侧线鳞

鳞式:37 $\frac{7}{5\text{-V}}$39 。

4.1.2.4 第一鳃弓外侧鳃耙数

62～74。

4.1.3 可量性状

样本范围:全长 88 mm～212 mm。体长为体高的 3.28 倍～3.83 倍,为头长的 4.73 倍～5.18 倍,为尾柄长的 7.28 倍～8.12 倍,为尾柄高的 7.52 倍～8.47 倍。头长为吻长的 2.55 倍～3.75 倍,为眼径的 3.00 倍～4.00 倍,为眼间距的 1.87 倍～3.00 倍。

4.2 内部构造特征

4.2.1 鳔

分 2 室。前室呈圆形,后室长筒形,长约为前室 2 倍。

4.2.2 脊椎骨

脊椎骨总数:36～37。

4.2.3 下咽齿

下咽齿 3 行,齿式:2·4·5/5·4·2。

4.2.4 腹膜

腹膜为白色。

5 生长与繁殖

5.1 生长

不同年龄组实测平均体长与体重见表 1。

表 1 不同年龄组实测体长和实测体重

年龄/龄	1^+	2^+	3^+	4^+	5^+	6^+
体长/mm	85～232	135～270	177～285	242～320	280～370	320～400
体重/g	13.8～325.3	59.3～524.1	138.9～621.3	371.5～894.3	587.6～1 411.9	894.3～1 804.2

鲮的生长方程和体长与体重关系式参见附录 A。

5.2 繁殖

5.2.1 性成熟年龄

雌、雄鱼均为 3^+ 龄。

5.2.2 产卵类型

产浮性卵，一年多次产卵。

5.2.3 怀卵量

各体长组亲鱼的个体怀卵量见表 2。

表 2 各体长组亲鱼的个体怀卵量

体长/mm	291	332	403	456
绝对怀卵量/粒	2.65×10^4	5.83×10^4	18.71×10^4	31.49×10^4
相对怀卵量/(粒/g)	52.6	68.8	106.0	142.9
注：表中所列参数的偏差为±10%。				

6 遗传学特性

6.1 细胞遗传学特性

体细胞染色体数：$2n=50$。核型公式：16 m+24 sm+10 st；染色体臂数(NF)：90。鲮染色体组型见图 2。

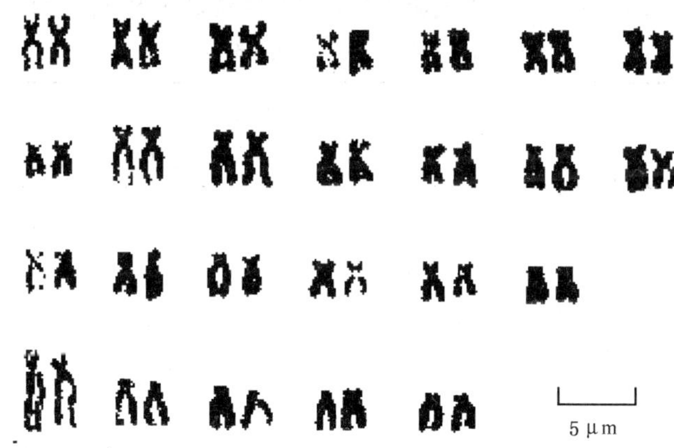

图 2 鲮染色体组型图

6.2 生化遗传学特性

脑组织乳酸脱氢酶(LDH)同工酶电泳图谱和酶带扫描图见图 3，同工酶酶带相对迁移率见表 3。

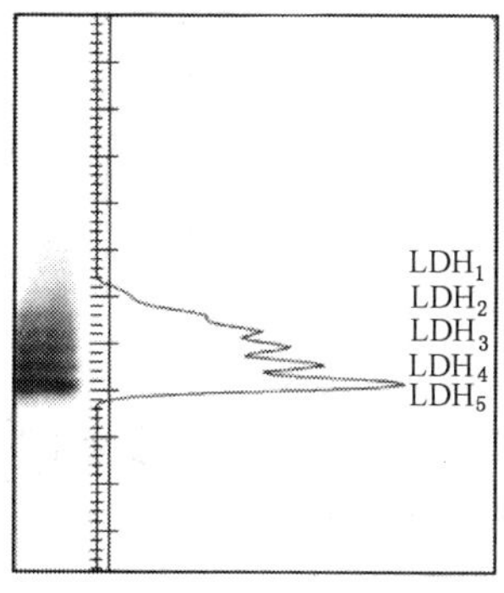

图 3 脑组织 LDH 同工酶电泳图谱和酶带扫描图

表 3 脑组织 LDH 同工酶酶带相对迁移率

酶带	LDH_1	LDH_2	LDH_3	LDH_4	LDH_5
相对迁移率	0.21	0.22	0.23	0.24	0.26

6.3 分子遗传学特性

随机引物扩增多态性 DNA。引物 OPN-06(5′GAGACGCACA3′)对鲮基因组 DNA 的扩增图谱和 DNA 谱带扫描图见图 4,DNA 谱带相对迁移率见表 4。

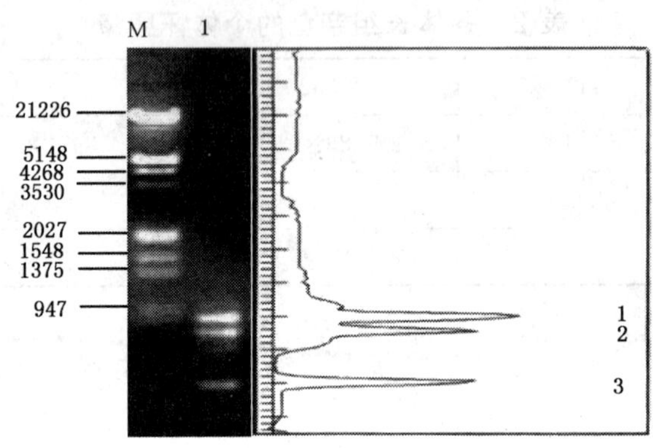

图 4 OPN-06 对鲮基因组 DNA 扩增图谱和 DNA 谱带扫描图

表 4 DNA 谱带相对迁移率

谱带	1	2	3
相对迁移率	0.86	0.92	1.07

7 检测方法

7.1 抽样

按 GB/T 18654.2 的规定执行。

7.2 性状测定

按 GB/T 18654.3 的规定执行。

7.3 年龄的鉴定

按 SC 1037 的规定执行。

7.4 染色体的检测

按 GB/T 18654.12 的规定执行。

7.5 脑组织乳酸脱氢酶酶谱

样品为脑组织,电泳图谱按 SC 1037 的规定执行。酶带扫描图利用生物电泳图像分析系统获得。

7.6 随机引物扩增多态性 DNA 图谱

样品为血液,用一次性无菌注射器从尾动脉处采血。每 6 mL 新鲜血液中加入 1 mL ACD 抗凝剂(配制:柠檬酸 0.48 g 加柠檬酸钠 1.32 g 和葡萄糖 1.47 g,再加蒸馏水至 100 mL),保存在－20 ℃或再加 2 倍体积无水乙醇保存在－20 ℃。随机引物扩增多态性 DNA 图谱的检测方法按 GB/T 18654.15 的规定执行。

8 检验规则与结果判定

按 GB/T 18654.1 的规定执行。

附 录 A
（资料性附录）
生长方程和体长与体重关系式

A.1 体长与体重生长方程

西江鲮体长与体重生长方程见式(A.1)和式(A.2)；珠江三角洲鲮体长与体重生长方程见式(A.3)和式(A.4)。

$$L_{1t}=72.09[1-e^{-0.1156(t+0.3624)}] \quad \cdots\cdots(A.1)$$

$$W_{1t}=12\,449.4[1-e^{-0.1156(t+0.3624)}]^3 \quad \cdots\cdots(A.2)$$

$$L_{2t}=88.14[1-e^{-0.0799(t+0.6843)}] \quad \cdots\cdots(A.3)$$

$$W_{2t}=13\,916.8[1-e^{-0.0799(t+0.6843)}]^3 \quad \cdots\cdots(A.4)$$

式中：

L_{1t}——t 龄时西江鲮鱼体长，单位为毫米(mm)；

L_{2t}——t 龄时珠江三角洲鲮鱼体长，单位为毫米(mm)；

W_{1t}——t龄时西江鲮鱼体重，单位为克(g)；

W_{2t}——t龄时珠江三角洲鲮鱼体重，单位为克(g)；

e——自然对数的底；

t——鱼的年龄，单位为龄。

A.2 体长与体重关系式

西江鲮体长与体重关系见式(A.5)；珠江三角洲鲮体长与体重关系见式(A.6)：

$$W_1=0.0126L_1^{3.2265} \quad \cdots\cdots(A.5)$$

$$W_2=0.2788L_2^{2.9536} \quad \cdots\cdots(A.6)$$

式中：

W_1——西江鲮鱼体重，单位为克(g)；

W_2——珠江三角洲鲮鱼体重，单位为克(g)；

L_1——西江鲮鱼体长，单位为毫米(mm)；

L_2——珠江三角洲鲮鱼体长，单位为毫米(mm)。

ICS 65.150
B 52

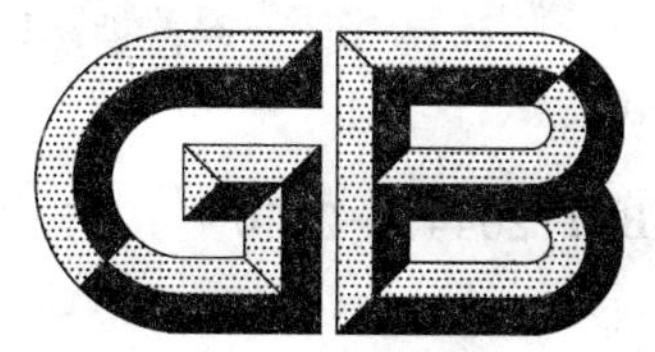

中华人民共和国国家标准

GB/T 26440—2010

欧 洲 鳗 鲡

European eel

2011-01-14 发布 2011-07-01 实施

中华人民共和国国家质量监督检验检疫总局
中国国家标准化管理委员会 发布

前　言

本标准由中华人民共和国农业部提出。

本标准由全国水产标准化技术委员会淡水养殖分技术委员会归口。

本标准起草单位:福建省淡水水产研究所。

本标准主要起草人:黄种持、朱红、林煜、黄柳婷。

欧 洲 鳗 鲡

1 范围

本标准给出了欧洲鳗鲡[*Anguilla anguilla* (Linnaeus)]的学名与分类、主要形态构造特征、生长、遗传学特性、检测方法以及检验规则与结果判定。

本标准适用于欧洲鳗鲡的种质检测与鉴定。

2 规范性引用文件

下列文件中的条款通过本标准的引用而成为本标准的条款。凡是注日期的引用文件,其随后所有的修改单(不包括勘误的内容)或修订版均不适用于本标准,然而,鼓励根据本标准达成协议的各方研究是否可使用这些文件的最新版本。凡是不注日期的引用文件,其最新版本适用于本标准。

GB/T 18654.1 养殖鱼类种质检验 第1部分:检验规则

GB/T 18654.2 养殖鱼类种质检验 第2部分:抽样方法

GB/T 18654.12 养殖鱼类种质检验 第12部分:染色体组型分析

SC 1037—2000 鲂

3 学名与分类

3.1 学名

欧洲鳗鲡[*Anguilla anguilla* (Linnaeus)]。

3.2 分类地位

鳗鲡目(Anguilliformes)、鳗鲡科(Anguillidae)、鳗鲡属(*Anguilla*)。

4 主要形态构造特征

4.1 外部形态特征

4.1.1 外形

体延长,躯干部圆柱形,尾部侧扁。头部稍短,钝锥状。吻中长、圆钝。眼球大而稍凸,眼距较宽,位于口角上方。口大、微斜、前位,口裂伸达眼后缘下方。下颌稍长于上颌,上下颌均有呈带状排列的尖锐细齿。上颌骨齿带无纵走凹沟,犁骨齿带呈狭长形,密布细齿。

体隐被细长小鳞,由5个~6个小鳞平行排列成群,呈席纹状,埋于皮下。侧线孔明显。

背鳍起点远在肛门前上方,背鳍、臀鳍发达,与尾鳍相连一体,尾鳍圆钝、有黑色素斑点环。胸鳍短小、宽圆。

体为银灰黑色,无斑纹。背部为深灰黑色,腹部为近白色。背鳍和臀鳍后部边缘黑色。尾鳍后缘灰黑色。大多数隔年成鳗,体色为茶褐色或略带黄色。

欧洲鳗鲡的外部形态见图1。

图1 欧洲鳗鲡外形图

4.1.2 可数性状

胸鳍鳍条数为 15～21。

4.1.3 可量性状

对于体长 36.1 cm～45.9 cm，体重 95.4 g～212.9 g 的个体，实测性状比例值见表 1。

表 1 实测可量性状比例值

体长/体高	体长/体宽	体长/头长	头长/体高	头长/口裂长	头长/吻长	头长/眼径	头长/眼间距	头长/胸鳍长	背鳍起点至肛门间距/全长
14.2±0.9	18.4±1.4	8.1±0.3	1.7±0.1	3.8±0.2	5.9±0.4	8.0±0.7	5.4±0.4	2.6±0.2	0.12±0.01

4.2 内部构造特征

4.2.1 鳔

一室，鳔小壁厚，紧贴肾脏。

4.2.2 胃

囊状，胃壁厚，位于腹腔中部。

4.2.3 脊椎骨

脊椎骨总数 110～116。

4.2.4 腹膜

白色或灰白色。

5 生长

池塘集约化饲养条件下，鳗种、成鳗的鱼体长、体重实测值见表 2。

表 2 鳗种、成鳗的鱼体长、体重实测值

规　格	鳗种(90 d～120 d)	成鳗(1 龄)
体长/cm	22.8～30.1	43.9～60.1
体重/g	20.2～38.3	199.2～491.4
注 1：鳗种规格为 5 g/尾～50 g/尾。 注 2：成鳗规格为 5 尾/kg 以上。		

6 遗传学特性

6.1 细胞遗传学特性

体细胞染色体数：$2n=38$；核型公式：8 m+10 sm+8 st+12 t。染色体臂数(NF)：56。欧洲鳗鲡染色体组型见图 2。

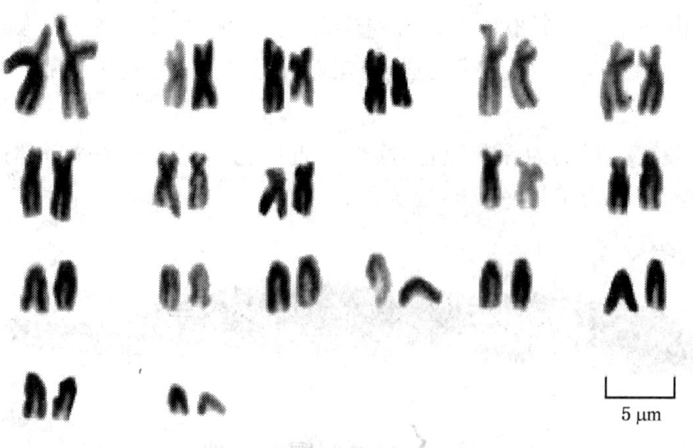

图 2 欧洲鳗鲡染色体组型图

6.2 生化遗传学特性

欧洲鳗鲡心肌乳酸脱氢酶(LDH)同工酶酶谱见图 3;酶带扫描图见图 4;酶带相对活性与相对迁移率见表 3。

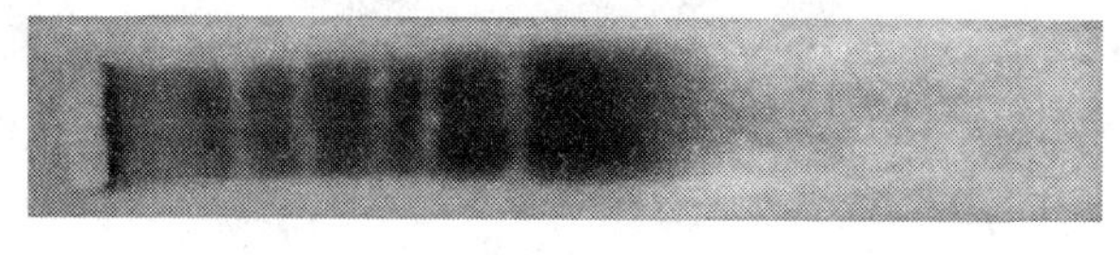

− +

图 3 欧洲鳗鲡心肌乳酸脱氢酶(LDH)同工酶酶谱

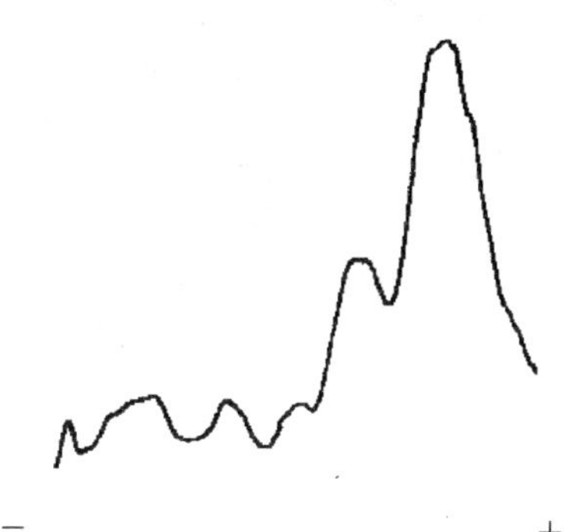

− +

图 4 欧洲鳗鲡心肌 LDH 同工酶酶带扫描图

表 3 欧洲鳗鲡心肌 LDH 同工酶酶带相对活性与相对迁移率

酶带	LDH_1	LDH_2	LDH_3	LDH_4	LDH_5	LDH_6
相对活性/%	6.8	12.3	16.4	11.2	23.6	29.7
相对迁移率	0.069	0.101	0.151	0.186	0.221	0.279

7 检测方法

7.1 抽样

按 GB/T 18654.2 执行。

7.2 染色体的测定

按 GB/T 18654.12 执行。

7.3 同工酶电泳分析

按 SC 1037 执行。

8 检验规则与结果判定

按 GB/T 18654.1 执行。

ICS 65.120
B 46

中华人民共和国国家标准

GB/T 26441—2010

饲料添加剂　没食子酸丙酯

Feed additive—Propyl gallate

2011-01-14 发布　　2011-07-01 实施

中华人民共和国国家质量监督检验检疫总局
中国国家标准化管理委员会　发布

前 言

本标准按照 GB/T 1.1—2009 给出的规则起草。

本标准由全国饲料工业标准化技术委员会(SAC/TC 76)提出并归口。

本标准起草单位:中国农业科学院农业质量标准与检测技术研究所[国家饲料质量监督检验中心(北京)]。

本标准主要起草人：宋荣、田静、索德成、张苏、李玉芳、左江湾、李华岑。

饲料添加剂　没食子酸丙酯

1　范围

本标准规定了饲料添加剂没食子酸丙酯的要求、试验方法、检验规则以及标签、包装、运输、贮存和保质期。

本标准适用于没食子酸与正丙醇酯化制得的饲料添加剂没食子酸丙酯。该产品用于饲料中作为抗氧化剂。

分子式：$C_{10}H_{12}O_5$

相对分子质量：212.20（按 2009 年国际相对原子质量）

结构式：

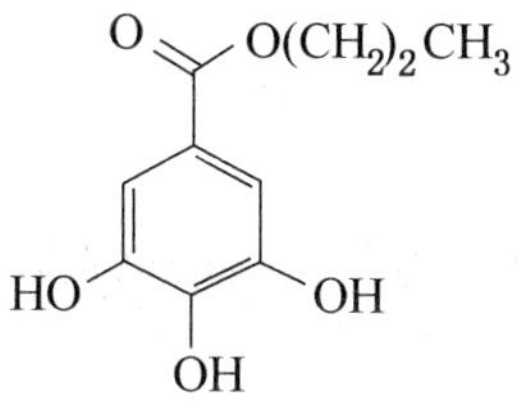

2　规范性引用文件

下列文件对于本文件的应用是必不可少的。凡是注日期的引用文件，仅注日期的版本适用于本文件。凡是不注日期的引用文件，其最新版本（包括所有的修改单）适用于本文件。

GB/T 617　化学试剂　熔点范围测定通用方法

GB/T 6435　饲料中水分和其他挥发性物质含量的测定

GB/T 6438　饲料中粗灰分的测定

GB/T 6682　分析实验室用水规格和试验方法

GB 10648　饲料标签

GB/T 13079—2006　饲料中总砷的测定

GB/T 13080—2004　饲料中铅的测定　原子吸收光谱法

3　要求

3.1　外观和性状

白色或乳白色结晶粉末，无臭，稍有苦味，水溶液无味。

3.2　技术指标

技术指标应符合表 1 的要求。

表 1 技术指标

指标名称	指 标
没食子酸丙酯含量/%	98.0～102.0
熔点/℃	146～150
铅(Pb)/(mg/kg)	≤1
砷(As)/(mg/kg)	≤3
干燥失重/%	≤0.5
灼烧残渣/%	≤0.1

4 试验方法

除非另有说明，在本分析中仅使用确认为分析纯的试剂，铅(Pb)测定采用 GB/T 6682 中规定的二级水，其他技术指标测定采用 GB/T 6682 中规定的三级水。

4.1 鉴别试验

4.1.1 试剂和溶液

4.1.1.1 氢氧化钠溶液：1 mol/L。

4.1.1.2 三氯化铁溶液：100 g/L。

4.1.1.3 乙醇溶液：75%(体积分数)。

4.1.2 鉴别步骤

4.1.2.1 称取约 0.5 g 试样，溶解于 10 mL 氢氧化钠溶液(4.1.1.1)中，进行蒸馏，取出蒸馏液 4 mL，其溶液应澄清，加热时则产生丙醇的臭气。

4.1.2.2 称取约 0.1 g 试样，溶解于 5 mL 乙醇溶液(4.1.1.3)中，加 1 滴三氯化铁溶液(4.1.1.2)，呈紫色。

4.2 含量的测定

4.2.1 原理

没食子酸丙酯与硝酸铋定量反应生成没食子酸丙酯铋盐，重量法计算没食子酸丙酯含量。

4.2.2 试剂和溶液

4.2.2.1 硝酸溶液：1＋300。

4.2.2.2 硝酸铋溶液：20 g/L。称 5 g 五水合硝酸铋[$Bi(NO_3)_3 \cdot 5H_2O$]置于锥形瓶中，加 7.5 mL 硝酸和 10 mL 水，用力振荡使其溶解，冷却，过滤，加水定容至 250 mL。

4.2.3 仪器设备

4.2.3.1 分析天平:感量 0.000 1 g。

4.2.3.2 抽滤装置:抽真空装置,吸滤瓶和密封圈。

4.2.3.3 砂芯漏斗:型号 G4,砂芯孔径 4 μm～7 μm。

4.2.4 分析步骤

称取约 0.2 g 经 110 ℃干燥 4 h 的试样,精确至 0.000 1 g,置于 400 mL 烧杯中,加 150 mL 蒸馏水,加热搅拌使溶解,加 50 mL 硝酸铋溶液(4.2.2.2),搅拌,微沸后继续搅拌约 5 min 至沉淀完全产生,冷却至室温,用已恒量的砂芯漏斗滤出黄色沉淀,用冷硝酸溶液(4.2.2.1)冲洗烧杯 4 次～5 次,每次约5 mL,再用冰水冲洗沉淀 4 次～5 次,每次约 5 mL,用 pH 试纸测定砂芯漏斗滤出液至 pH 值约为 7,然后在 110 ℃干燥至恒量。

4.2.5 结果计算

没食子酸丙酯的含量 X,以质量分数(%)表示,按式(1)计算:

$$X=\frac{m_1\times 0.486\,6}{m}\times 100 \qquad (1)$$

式中:

m_1 ——干燥后没食子酸丙酯铋盐沉淀质量,单位为克(g);

m ——试样质量,单位为克(g);

0.486 6——没食子酸丙酯铋盐换算成没食子酸丙酯系数。

以两次平行测定结果的算术平均值为测定结果,结果表示至小数点后一位。

4.2.6 重复性

在重复性条件下,两次平行测定结果的绝对差值不得超过 0.5%。

4.3 熔点

试样在 110 ℃干燥 4 h 后,按 GB/T 617 规定的方法测定。

4.4 铅(Pb)

称取约 5 g 试样,按 GB/T 13080—2004 中干灰化法消解试样并测定。

4.5 砷(As)

称取约 1 g 试样,按 GB/T 13079—2006 中银盐法测定。

4.6 干燥失重

称取约 3 g 试样,按 GB/T 6435 规定的方法测定(110 ℃,干燥 4 h)。

4.7 灼烧残渣

称取约 2 g 试样,按 GB/T 6438 规定的方法测定。

5 检验规则

5.1 批次的确定

由生产单位的质量检验部门按照其相应的规则确定产品的批号，经最后混合且有均一性质量的产品为一批。

5.2 取样方法和取样量

在每批产品中随机抽取样品，每批按包装件数的3%抽取小样，每批不得少于三个包装，每个包装抽取样品不得少于100 g，将抽取试样迅速混合均匀，分装入两个洁净、干燥的容器或包装袋中，注明生产厂、产品名称、批号、数量及取样日期，一份作检验，一份密封留存备查。

5.3 出厂检验

5.3.1 出厂检验项目至少包括含量、熔点、干燥失重、灼烧残渣。

5.3.2 每批产品应经生产厂检验部门按本标准规定的方法检验，并出具产品合格证后方可出厂。

5.4 型式检验

第4章中规定的所有项目均为型式检验项目。型式检验每一年进行一次，或当出现下列情况之一时进行检验：

——原料、工艺发生较大变化时；

——停产后重新恢复生产时；

——出厂检验结果与正常生产时有较大差别时；

——国家质量监督检验机构提出要求时。

5.5 判定规则

对全部技术要求进行检验，检验结果中若有一项指标不符合本标准要求时，应重新从双倍的包装中取样进行复检。复检结果即使有一项不符合本标准，则整批产品判为不合格。

如供需双方对产品质量发生异议时，可由双方协商选定仲裁机构，按本标准规定的检验方法进行仲裁。

6 标签、包装、运输、贮存和保质期

6.1 标签

饲料添加剂的标签，应符合GB 10648的规定。

6.2 包装

产品的包装应符合国家相应规定，材料应符合相应的饲料包装用卫生标准。

6.3 运输

产品在运输过程中不得与有毒、有害及污染物质混合载运，避免雨淋日晒等。

6.4 贮存

产品应贮存在通风、清洁、干燥的地方，不得与有毒、有害及有腐蚀性等物质混存。

6.5 保质期

产品自生产之日起，在符合上述贮运条件、包装完好的情况下，保质期应不少于12个月。

ICS 65.120
B 46

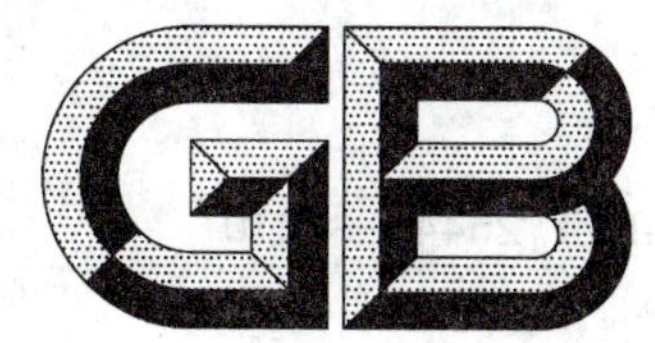

中华人民共和国国家标准

GB/T 26442—2010

饲料添加剂 亚硫酸氢烟酰胺甲萘醌

Feed additive—
Menadione nicotinamide bisulfite

2011-01-14 发布 2011-07-01 实施

中华人民共和国国家质量监督检验检疫总局
中国国家标准化管理委员会 发布

前 言

本标准按照 GB/T 1.1—2009 给出的规则起草。

本标准由全国饲料工业标准化技术委员会(SAC/TC 76)提出并归口。

本标准起草单位:农业部饲料质量监督检验测试中心(成都)、兄弟科技股份有限公司。

本标准主要起草人:柏凡、张静、李云、魏敏、夏德兵、蒋凯。

饲料添加剂
亚硫酸氢烟酰胺甲萘醌

1 范围

本标准规定了亚硫酸氢烟酰胺甲萘醌(简称 MNB)产品的要求、试验方法、检验规则以及标签、包装、运输和贮存。

本标准适用于化学合成法制得的亚硫酸氢烟酰胺甲萘醌产品。该产品在饲料工业中作维生素类饲料添加剂。

分子式:$C_{17}H_{16}N_2O_6S$

相对分子质量:376.23(按 2007 年国际相对原子质量)

化学结构式:

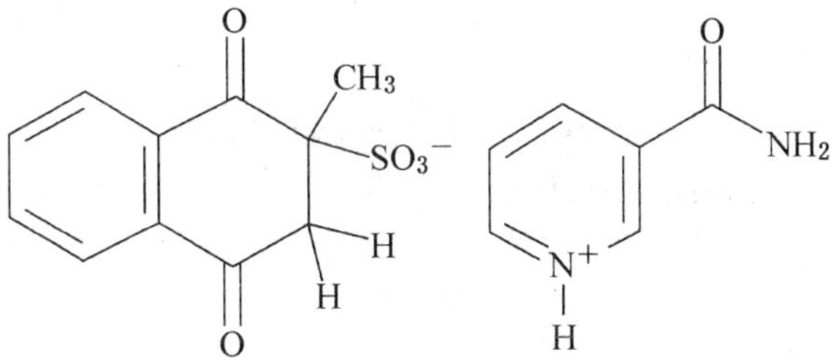

O, CH3, SO3⁻, H, H, O, O, NH2, N+, H

2 规范性引用文件

下列文件对于本文件的应用是必不可少的。凡是注日期的引用文件,仅注日期的版本适用于本文件。凡是不注日期的引用文件,其最新版本(包括所有的修改单)适用于本文件。

GB/T 6682 分析实验室用水规格和试验方法

GB 9691 食品包装用聚乙烯树脂卫生标准

GB 10648 饲料标签

GB/T 13079 饲料中总砷的测定

GB/T 13080 饲料中铅的测定 原子吸收光谱法

GB/T 13088 饲料中铬的测定

《中华人民共和国兽药典》2005 年版一部

3 要求

3.1 性状

白色至浅黄色结晶性粉末,无臭。在水和甲醇中微溶,易溶于三氯甲烷。

3.2 技术指标

技术指标应符合表 1 的规定。

表1 技术指标

项目			指标
熔点/℃			175～180
含量	烟酰胺/%	≥	31.2
	甲萘醌/%	≥	43.9
	MNB/%	≥	96.0
磺酸甲萘醌检查			无沉淀
水分/%		≤	1.5
铅(Pb)/(mg/kg)		≤	20
铬(Cr)/(mg/kg)		≤	120
砷盐(以As计)/(mg/kg)		≤	2

4 试验方法

本标准所用的试剂和水，在没有注明其他要求时，均指分析纯试剂和GB/T 6682规定的三级水。色谱分析中所用试剂均为色谱纯和优级纯，试验用水均为GB/T 6682中规定的一级水。原子吸收光谱法分析中所用试剂均为优级纯，水符合GB/T 6682中规定的一级水的要求。

4.1 试剂和溶液

4.1.1 氢氧化钠。

4.1.2 无水碳酸钠。

4.1.3 硫酸亚铁。

4.1.4 邻菲罗啉。

4.1.5 磷酸二氢钾。

4.1.6 硫酸。

4.1.7 三氯甲烷。

4.1.8 氨水。

4.1.9 甲醇。

4.1.10 亚硫酸氢钠甲萘醌标准品：纯度≥98.0%。

4.1.11 烟酰胺标准品：纯度≥99.0%。

4.1.12 氢氧化钠溶液：称取4 g氢氧化钠(4.1.1)，加水溶解并稀释至100 mL。

4.1.13 碳酸钠溶液：称取无水碳酸钠(4.1.2)10.6 g，加水溶解并稀释至100 mL。

4.1.14 氨水溶液：量取氨水(4.1.8)25 mL，用水稀释至100 mL。

4.1.15 0.02 mol/L磷酸二氢钾溶液：称取2.72 g磷酸二氢钾(4.1.5)，用水溶解并定容至1 000 mL。

4.1.16 亚硫酸氢钠甲萘醌标准溶液的配制：

a) 标准储备液：准确称取100.0 mg亚硫酸氢钠甲萘醌标准品(4.1.10)于100 mL棕色容量瓶中，用水溶解并定容，此储备液浓度为1 000 μg/mL。置于2 ℃～8 ℃冰箱中避光保存，有效期1周。

b) 标准工作液：取适量标准储备液，用水稀释成浓度分别为5.0 μg/mL、20.0 μg/mL、50.0 μg/mL、

100.0 μg/mL、200.0 μg/mL 的标准工作液。临用现配。

4.1.17 烟酰胺标准溶液的配制：

a) 标准储备液：准确称取 100.0 mg 烟酰胺标准品（4.1.11）于 100 mL 容量瓶中，用水溶解并定容，此储备液浓度为 1 000 μg/mL。置于 2 ℃～8 ℃冰箱中保存，有效期 3 个月。

b) 标准工作液：取适量标准储备液，用水稀释成浓度分别为 5.0 μg/mL、20.0 μg/mL、50.0 μg/mL、100.0 μg/mL、200.0 μg/mL 的标准工作液。有效期 1 个月。

4.1.18 邻菲罗啉指示液：称取硫酸亚铁（4.1.3）0.5 g，加水 100 mL 溶解，加硫酸（4.1.6）2 滴和邻菲罗啉（4.1.4）0.5 g，摇匀。本品需临用现配。

4.2 仪器和设备

4.2.1 高效液相色谱仪（配紫外检测器或二极管阵列检测器）。

4.2.2 减压干燥器。

4.2.3 熔点测定仪。

4.2.4 薄层板（GF254）。

4.2.5 254 紫外灯。

4.3 鉴别

4.3.1 甲萘醌的鉴别：取试样约 0.1 g，加水 25 mL，溶解后，滴加氢氧化钠溶液（4.1.12）即生成甲萘醌的黄色沉淀。

4.3.2 烟酰胺的鉴别：取试样适量（相当于烟酰胺 0.05 g），溶于 15 mL 水中，置于分液漏斗中，加 30 mL 三氯甲烷（4.1.7）和 5 mL 碳酸钠溶液（4.1.13），振摇萃取，静置，取上层水相作为样品溶液。同时称取 0.05 g 烟酰胺标准品，溶于 20 mL 水作为标准品溶液。以薄层板（GF254）为固定相，以 100 份甲醇（4.1.9）和 1.5 份氨水溶液（4.1.14）为展开剂展开，取出晾干后在 254 紫外灯下观察，样品点和标准品溶液点的比移值（RF）应相同。

4.3.3 熔点的测定：按《中华人民共和国兽药典》2005 年版一部附录 45 熔点测定法第一法测定，熔点为 175 ℃～180 ℃。

4.4 含量测定

4.4.1 原理

试样在水溶液中分解为亚硫酸甲萘醌和烟酰胺，经反相色谱分离，用紫外检测器检测，外标法计算含量。

4.4.2 试样溶液的制备

称取试样 0.5 g（精确至 0.000 1 g），置于 100 mL 容量瓶中，加水 70 mL，超声提取 5 min，用水定容，摇匀。精密吸取 1 mL 于 50 mL 容量瓶中，用水定容至刻度，摇匀，过 0.45 μm 微孔滤膜，供高效液相色谱仪分析。

4.4.3 测定

4.4.3.1 色谱条件

色谱柱：C_{18} 柱，长 250 mm，内径 4.6 mm，粒径 5 μm，或相当者。

柱温：30 ℃。

流动相：0.02 mol/L 磷酸二氢钾溶液（4.1.15）＋甲醇＝65＋35（体积比）。

流速：1.0 mL/min。

检测波长：265 nm。

进样量：10 μL。

4.4.3.2 上机测定

取标准工作液和试样溶液，注入液相色谱仪，记录色谱图（标准色谱图参见附录A）。按照保留时间进行定性，样品与标准品保留时间的相对偏差不大于2%，采用单点或多点校正外标法定量。待测样液中亚硫酸甲萘醌和烟酰胺的响应值应在工作曲线范围内。

4.4.3.3 计算和结果的表示

试样中烟酰胺的含量 X_1、甲萘醌的含量 X_2、MNB的含量 X_3 以质量分数（%）表示，分别按式（1）、式（2）、式（3）计算：

$$X_1=\frac{A_1\times C_{S1}\times n}{A_{S1}\times m\times 10^6} \quad \cdots\cdots(1)$$

式中：

A_{S1}——烟酰胺标准品溶液的色谱峰面积；

A_1——烟酰胺供试品溶液的色谱峰面积；

C_{S1}——烟酰胺标准溶液的浓度，单位为微克每毫升（μg/mL）；

m——试样质量，单位为克（g）；

n——稀释倍数。

$$X_2=\frac{A_2\times C_{S2}\times n}{A_{S2}\times m\times 10^6}\times 0.623 \quad \cdots\cdots(2)$$

式中：

A_{S2}——亚硫酸氢钠甲萘醌标准品溶液的色谱峰面积；

A_2——亚硫酸氢钠甲萘醌供试品溶液的色谱峰面积；

C_{S2}——亚硫酸氢钠甲萘醌标准溶液的浓度，单位为微克每毫升（μg/mL）；

m——试样质量，单位为克（g）；

n——稀释倍数；

0.623——甲萘醌与亚硫酸氢钠甲萘醌（未含结晶水）的换算系数。

$$X_3=X_2\times 2.186 \quad \cdots\cdots(3)$$

式中：

X_2——甲萘醌的含量，%；

2.186——亚硫酸氢烟酰胺甲萘醌与甲萘醌的换算系数。

计算结果保留至小数点后两位。

4.4.4 重复性

在重复性条件下获得的两次独立测定结果的相对偏差不得超过2.0%。

4.5 磺酸甲萘醌检查

称取试样约0.2 g，加水10 mL，超声溶解，加邻菲罗啉指示液（4.1.18）2滴，不得发生沉淀。

4.6 水分

称取试样(精确至 0.000 1 g),按照《中华人民共和国兽药典》2005 年版一部附录 69 水分测定法第一法测定。

4.7 铅的测定

按 GB/T 13080 测定。

4.8 铬的测定

按 GB/T 13088 测定。

4.9 砷的测定

按 GB/T 13079 测定。

5 检验规则

5.1 应由生产企业的质量检验部门进行检验,本标准规定的所有项目为出厂检验项目,生产企业应保证出厂产品均符合本标准的要求。

5.2 在规定期限内具有同一性质和质量,并在同一连续生产周期中生产出来的一定数量的产品为一批。

5.3 使用单位可按照本标准规定的检验规则和试验方法对所收到的产品进行质量检验,检验其是否符合本标准的要求。

5.4 取样方法:抽样需备有清洁、干燥、具有密闭性和避光性的试样瓶(袋),瓶(袋)上贴有标签并注明:生产企业名称、产品名称、批号及取样日期。

抽样时,应用清洁适用的取样工具伸入包装容器的四分之三深处,将所取样品充分混匀,以四分法缩分,每批样品分 2 份,每份样品量应不少于检验所需试样的 3 倍量,装入样品瓶(袋)中,一瓶(袋)供检验用,另一瓶(袋)密封保存备查。

5.5 出厂检验若有一项指标不符合本标准要求时,允许加倍抽样进行复验,复验结果仍有一项指标不符合本标准要求时,则整批产品判为不合格品。

5.6 如供需双方对产品质量发生异议时,可由双方商请仲裁单位按本标准的检验方法和规则进行仲裁。

6 标签、包装、运输和贮存

6.1 标签

标签按 GB 10648 执行。

6.2 包装

用聚乙烯衬里的容器,密封避光包装。聚乙烯材料卫生指标应符合 GB 9691 的要求。

6.3 运输

在运输过程中应避免日晒雨淋、受热,搬运装卸小心轻放,严禁碰撞,防止包装破损,严禁与有毒有害或其他有污染的物品以及具有氧化性的物质混装、混运。

6.4 贮存

应贮存在阴凉、干燥、避光处，严禁与有毒有害的物品混贮。

7 保质期

在规定的运输、贮存条件下，保质期为12个月。

附 录 A
（资料性附录）
标准色谱图

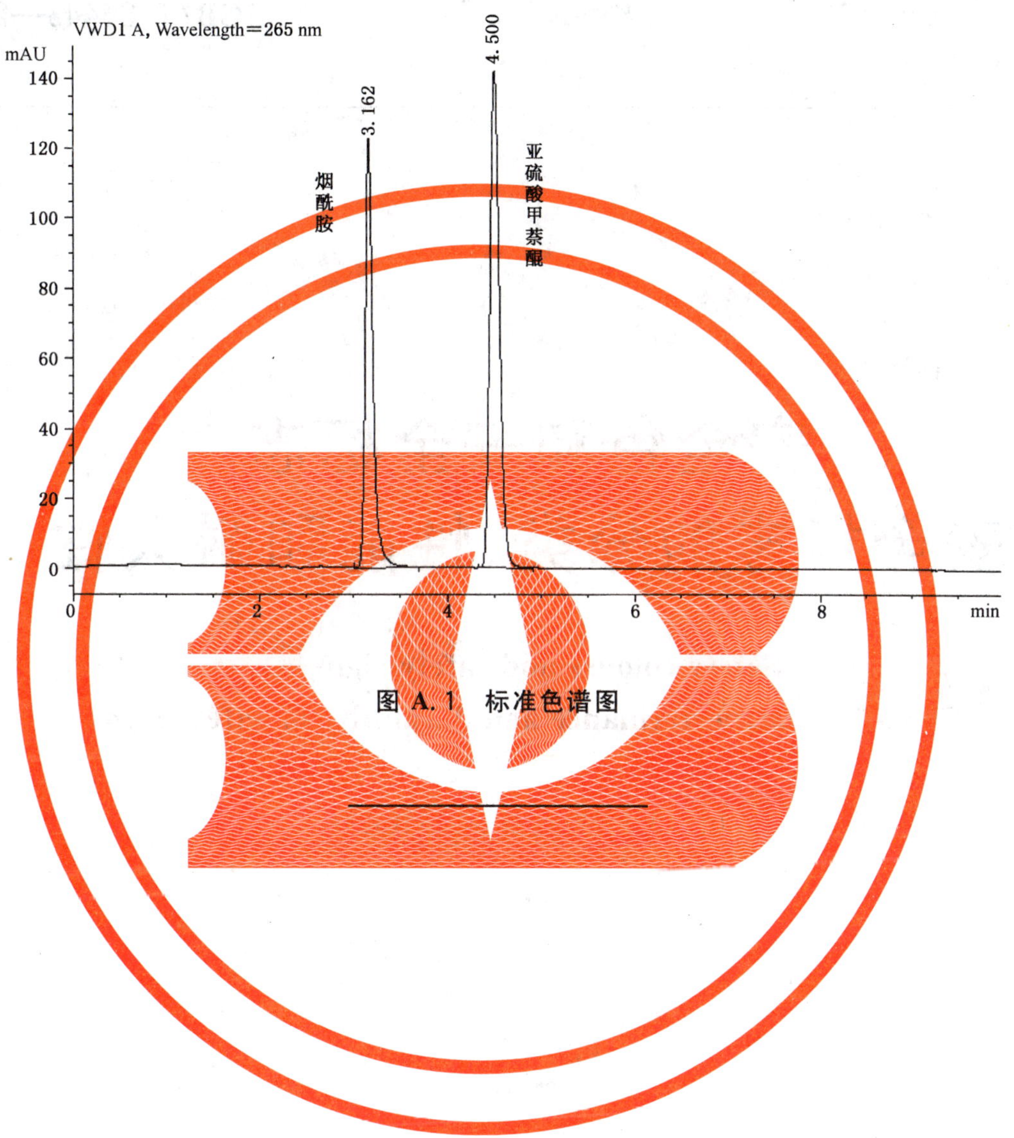

图 A.1 标准色谱图

ICS 01.080.01
A 22

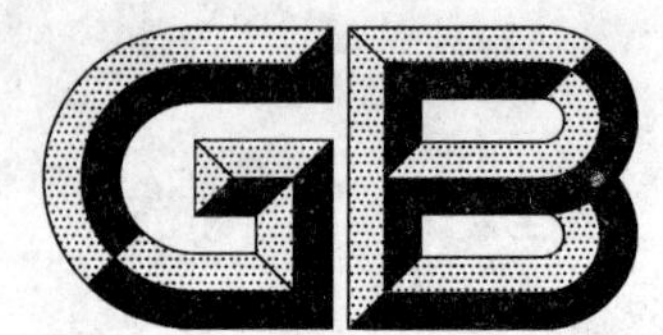

中华人民共和国国家标准

GB/T 26443—2010

安全色和安全标志 安全标志的分类、性能和耐久性

Safety colours and safety signs—Classification, performance and durability of safety signs

(ISO 17398:2004,MOD)

2011-01-14 发布 2011-08-01 实施

中华人民共和国国家质量监督检验检疫总局
中国国家标准化管理委员会 发布

前　言

本标准按照 GB/T 1.1—2009 给出的规则起草。

本标准使用重新起草法修改采用 ISO 17398:2004《安全色和安全标志　安全标志的分类、性能和耐久性》。

本标准与 ISO 17398:2004 相比，结构变化情况为：对 ISO 17398:2004 中术语条目的顺序进行了调整。

本标准与 ISO 17398:2004 的技术性差异及其原因为：为了适应我国的技术条件，将 ISO 17398:2004 中的规范性引用文件用有一致性对应关系的我国文件代替，在第 2 章“规范性引用文件”所列文件清单中通过一致性程度标识反映了相应的代替情况。此外，由于 GB/T 15565《图形符号　术语》（所有部分）涵盖了 ISO 17724:2003 中的术语，因此本标准用 GB/T 15565 代替 ISO 17724:2003。

本标准与 ISO 17398:2004 相比做了编辑性修改：调整了表 3、表 4、表 5、表 6、表 7 等表格的格式。

本标准由全国图形符号标准化技术委员会（SAC/TC 59）提出并归口。

本标准起草单位：中国标准化研究院、民政部地名研究所、公安部天津消防研究所、中国民用航空总局航空安全技术中心。

本标准主要起草人：邹传瑜、白殿一、狄平原、姚松经、陈永权、张亮、刘家伟。

引　言

制定本标准的目的是为了向安全标志的生产商(供应商)和采购商提供协商和确定安全标志性能参数的依据。在安全标志的预期寿命内,已商定的各性能参数均需稳定不变。

本标准提出生产商(供应商)需对产品进行分类,并提供详尽的产品说明。生产商(供应商)和采购商可以从性能水平或者预期使用环境的角度明确对产品的要求。

本标准的推广和实施有助于更好地落实正文中的各项要求,并更深入地理解日常使用的各类安全标志的性能。

安全色和安全标志 安全标志的分类、性能和耐久性

1 范围

本标准规定了安全标志性能分类体系的相关要求，根据安全标志的预期使用环境、基材、光度属性、照明方式、安装方式和表面特性等对安全标志的性能进行了分级。本标准规定的相关性能指标和试验方法是为了向采购商交付产品时能准确说明与耐久性和预期使用寿命相关的各项性能。

本标准不适用于安全标志的电源、电源组件和电动组件的性能。本标准也不适用于照明组件的性能，但对特定类别安全标志的光度属性进行了规定。

2 规范性引用文件

下列文件对于本文件的应用是必不可少的。凡是注日期的引用文件，仅注日期的版本适用于本文件。凡是不注日期的引用文件，其最新版本(包括所有的修改单)适用于本文件。

GB/T 2406.2 塑料 用氧指数法测定燃烧行为 第2部分：室温试验(GB/T 2406.2—2009，ISO 4589-2:1996，IDT)

GB/T 2423.55 电工电子产品环境试验 第2部分：环境测试 试验Eh：锤击试验(GB/T 2423.55—2006，IEC 60068-2-75:1997，IDT)

GB/T 2893.1 图形符号 安全色和安全标志 第1部分：工作场所和公共区域中安全标志的设计原则(GB/T 2893.1—2004，ISO 3864-1:2002，MOD)

GB/T 2918 塑料试样状态调节和试验的标准环境(GB/T 2918—1998，idt ISO 291:1997)

GB/T 3920 纺织品 色牢度试验 耐摩擦色牢度(GB/T 3920—2008，ISO 105-X12:2001，MOD)

GB/T 5169.10 电工电子产品着火危险试验 第10部分：灼热丝/热丝基本试验方法 灼热丝装置和通用试验方法(GB/T 5169.10—2006，IEC 60695-2-10:2000，IDT)

GB/T 5169.11 电工电子产品着火危险试验 第11部分：灼热丝/热丝基本试验方法 成品的灼热丝可燃性试验方法(GB/T 5169.11—2006，IEC 60695-2-11:2000，IDT)

GB/T 6994 船舶电气设备 定义和一般规定(GB/T 6994—2006，IEC 60092-101:2002，IDT)

GB/T 9286 色漆和清漆 漆膜的划格试验(GB/T 9286—1998，eqv ISO 2409:1992)

GB/T 9754 色漆和清漆 不含金属颜料的色漆漆膜的20°、60°和85°镜面光泽的测定(GB/T 9754—2007，ISO 2813:1994，IDT)

GB/T 10125 人造气氛腐蚀试验 盐雾试验(GB/T 10125—1997，eqv ISO 9227:1990)

GB/T 15565(所有部分) 图形符号 术语

GB/T 16422.2 塑料实验室光源暴露试验方法 第2部分：氙弧灯(GB/T 16422.2—1999，idt ISO 4892-2:1994)

GB/T 16422.4 塑料实验室光源曝露试验方法 第4部分：开放式碳弧灯(GB/T 16422.4—1996，eqv ISO 4892-4:1994)

GB/T 23809 应急导向系统 设置原则与要求(GB/T 23809—2009,ISO 16069:2004,MOD)

ISO 554 调节和(或)测试用标准大气规格 规范(Standard atmospheres for conditioning and/or testing—Specifications)

ISO 4046-4:2002 纸、纸板、纸浆及其相关术语 词汇 第4部分:纸和纸板的等级及其加工产品(Paper, board, pulps and related terms—Vocabulary—Part 4: Paper and board grades and converted products)[1)]

ISO 7784-3 涂料和清漆 耐磨性的测定 第3部分:往复试验板法(Paints and varnishes—Determination of resistance to abrasion—Part 3: Reciprocating test panel method)

CIE 15.2 色度学(Colorimetry)

CIE 69 照度计特性化方法和亮度计:性能、特征和规格(Methods of characterizing illuminance meters and luminance meters—Performance, characteristics and specifications)

3 术语和定义

GB/T 15565 界定的以及下列术语和定义适用于本文件。

3.1

普通安全标志 ordinary safety sign

既非逆反射也非磷光的安全标志。

3.2

磷光安全标志 phosphorescent safety sign

以磷光剂作为涂层,在去掉激发能源后,还能继续发光的安全标志。

注:根据发光机理,磷光安全标志也称作蓄光安全标志、光致发光安全标志。

3.3

逆反射安全标志 retroreflective safety sign

采用逆反射材料,即反射光线沿接近入射光线方向的反方向反射的材料作为基材制作的安全标志。

3.4

预期使用寿命 expected service life

由生产商(供应商)标明的安全标志保持其分类和性能的使用时间。

3.5

压敏胶 pressure-sensitive adhesive

通过按压粘接两个表面的胶。

4 安全标志的类别及其产品说明的详细要求

4.1 安全标志的类别

应按表1对安全标志进行分类。

注:安全标志的类别在标记中的应用示例见第8章。

---

1) GB/T 4687—2007 虽然修改采用 ISO 4046:2002,但并未采纳 ISO 4046-4:2002。

表 1 安全标志的类别

序号	说明	类别			相关条款
1	使用环境[a]	户内(I)	户外(E)	特殊(S)	4.2.2、5.3、5.4、7.3、7.4
2	基材 ——刚性(R) ——柔性(F)	塑料(P)	金属(M)	其他(O)	4.2.3、5.4、7.4
3	光度属性[b]	磷光(P)	逆反射(R)	普通(O)	4.2.3.3、5.3、5.5、5.6、7.3、7.11
4	照明方式	外部(E)	内部透射(T)	内部和外部(B)	4.2.4、5.2、7.11
5	安装方式	机械(M)	压敏胶(P)	任选其一(A)	4.2.5、5.7、7.12
6	表面	高光泽(H)	中等光泽(I)	低光泽(L)	5.1.5

[a] 使用环境的分类有

——I：通常适用于室温 10 ℃～30 ℃且受有限降解条件影响的环境，造成降解的原因有碰撞、磨损、超出上述温度值的短暂温度变化、紫外线照射或侵蚀性气体等，一般来说，可以用无侵蚀性的清洁剂定时清洁安全标志；

——E：通常适用的气候条件包括季节性和日常温度、湿度变化，以及阳光暴晒、风吹雨淋等，也可详细说明气候条件，例如“北半球”、“热带”，也可补充说明设计所规定的特殊使用环境；

——S：通常适用于非 I 类或 E 类的使用环境，或者，虽是 I 类和 E 类使用环境但强调产品的特殊性能。

[b] 磷光类、逆反射类和普通类安全标志的定义见第 3 章。

4.2 产品说明

4.2.1 一般要求

安全标志应附带产品说明，产品说明根据表 1 补充说明安全标志分类的信息。

4.2.2 使用环境

产品说明应详细描述安全标志的使用环境，尤其是表 1 中的特殊使用环境。

4.2.3 基材和结构

4.2.3.1 基材和结构的描述

产品说明应详细描述产品基材的特性，对材料结构的描述应含多层材料（多层材料具有复合性）。多层材料的产品说明应描述光度层的制造方法和粘接方法。

产品说明应描述材料的表面特性和材料已有的其他特殊保护。如果安全标志为磷光类(P)或逆反射类(R)，产品说明中应描述光度层的结构和已有的保护。

产品说明应描述光度层表面的一致性，并说明不具备光度属性的位置（如边缘处）。

4.2.3.2 基材和安全标志的物理性质

产品说明应详细描述安全标志的制作材料的如下物理属性，且应按照相应的测试方法确定其物理属性：

——厚度；

——尺寸；

——密度；

——拉伸强度、断裂延伸率、断裂延伸量；

——柔性材料的撕裂强度；

——多层复合材料的剥离强度。

按照7.10的要求测试之后，产品说明应描述安全标志基材的二级分类，即R(刚性)或F(柔性)。满足以下条件的材料应被归为R(刚性)：当温度为23 ℃±2 ℃时，将一条50 mm宽材料带的一端牢固地固定在水平面上，在其自重的作用下，至少200 mm长的另一端下垂角度小于等于5°，并且至少300 mm长的另一端下垂角度小于等于15°。满足以下条件的材料应被归为F(柔性)：当温度为23 ℃±2 ℃时，将一条50 mm宽材料带的一端牢固地固定在水平面上，在其自重的作用下，至少200 mm长的另一端下垂角度大于5°，并且至少300 mm长的另一端下垂角度大于15°。

4.2.3.3 光度属性和表面属性

交付产品时应对安全标志印刷表面的外观予以说明。

产品说明应描述再加工方法，即将图形要素、符号、安全色和对比色印制到材料表面的方法，并应详述上述各要素是在表面还是次表面上加工。

产品说明应说明色度属性和光度属性，并按照GB/T 2893.1测量并核对色度属性和光度属性。

磷光安全标志的产品说明应描述磷光的颜色。应根据磷光安全标志被测试光源[见7.11.5.2a)]激发后5 min内的辐射光谱及其与标准颜色鲜明度的关系确定磷光的颜色，测试方法见CIE 15.2。

产品说明应包括按照7.3测试后的结果，以及详细的测试条件(尤其是与7.3规定条件的不同之处)。

按照4.1被归为P(磷光类)的安全标志，其产品说明应包括亮度消隐的二级分类(见5.5)，亮度消隐的二级分类应与光度属性主分类一同构成产品的分类，如PA，PB，PC或PD。

逆反射类的安全标志，应按照GB/T 2893.1的规定，根据交付时的属性进行二级分类(即R1或R2)。

4.2.4 照明方式

由于光源以及有特殊要求的照明光源会造成特殊的温度条件，继而又可能对安全标志的色度属性和光度属性造成影响，因此内发光安全标志的产品说明应描述在使用环境中所有可能出现的特殊温度条件。

磷光安全标志的生产商(供应商)应说明产品的亮度消隐性能。有关亮度消隐性能的信息至少应包括7.11.5.2中规定的不同照明水平和不同光源条件下的适光亮度消隐性能。如果为了描述4.2.6中的可选性能，或者产品用于GB/T 23809中规定的安全标志或应急导向要素时，产品说明应包括亮度衰减到3 mcd/m^2和2 mcd/m^2的时间(在7.11.5.1和7.11.5.2中的激发条件下分别测试)。

4.2.5 安装方式

产品说明应描述安全标志的一种或几种推荐安装方式。

当安全标志与压敏胶(P)作为整体交付时，应按下述性能说明压敏胶的类别。应根据情况确定压敏胶的类别，压敏胶的类别可能是下述分类中的一个或多个的组合：

——永久性(P)：永久性压敏胶在整个使用寿命期间都能粘接在固定的位置上；

——可剥离(R)：可剥离压敏胶使标志在规定的寿命期内能被轻易地剥离，且不会损伤相粘接的表面；

——可移动(M)：可移动压敏胶使标志可以从一个表面移至另一个表面，且重复使用多次没有不良影响；

——特殊(S)：特殊压敏胶用于粗糙、非极性表面或低表面能的基层；

——低温(L):低温压敏胶用于最低温度为4℃的环境;

——超低温(V):超低温压敏胶用于温度为4℃以下的环境。

可根据需要说明温度限制。

对于用压敏胶安装(4.1中安装方式为P)的安全标志,产品说明应包括粘接强度的二级分类(见5.7)。

生产商(供应商)应对安装前安全标志的正确存放方法、其他服务和维修要求等进行说明。

4.2.6 可选性能说明

当安全标志具有第6章中的一个或多个可选性能时,产品说明应对可选性能进行说明。

5 性能要求

5.1 安全标志的一般要求

5.1.1 耐燃烧性

当按照7.7中的某一试验方法进行测试时,由金属、玻璃或陶瓷之外的其他材料生产的安全标志,根据所采用的试验方法应达到下列相关性能要求:

——氧指数不低于26(见7.7.2);

——通过850 ℃灼热丝测试(见7.7.3);

——归为不可燃的(见7.7.4)。

5.1.2 耐湿热性

按照7.2测试安全标志试样后,肉眼观察试样,并与未经测试的新的对照试样进行对比,测试后试样的材料和(或)图形要素应无明显的印凹痕、分离、裂痕、粉化、膨胀、表面剥离、起泡、片状剥落、大的刮痕或破裂情况。

5.1.3 耐摩擦性

按照7.16测试安全标志试样后,肉眼观察试样,并与未经测试的新的对照试样进行对比,测试后试样的材料和(或)图形要素应无明显的印凹痕、分离、裂痕、粉化、膨胀、表面剥离、起泡、片状剥落、大的刮痕或破裂情况。

5.1.4 表面印刷粘附性

按照7.8测试时,应没有明显的印记粘到压敏胶带上。

5.1.5 光泽

当按照GB/T 9754用60°几何条件测定安全标志的表面光泽时,有安全色的表面应分为如下三类:

——高光泽(H):>75单位;

——中等光泽(I):50单位~75单位;

——低光泽(L):<50单位。

5.2 内发光安全标志

在7.13表8中给出的温度或者产品说明给出的最高使用温度条件下对安全标志测试后,肉眼观察试样,并与未经测试的新的对照试样进行对比,测试后试样的材料和(或)图形要素应无明显的印凹痕、分离、裂痕、粉化、膨胀、表面剥离、起泡、片状剥落、大的刮痕或破裂情况。

5.3 户外安全标志的耐候性

按照7.3给出的一种以上的试验方法进行测试后，根据7.3的规定或者根据生产商(供应商)和采购商之间已有的协定，测试进行期间安全标志的光度属性同时符合GB/T 2893.1中对光度值、色度坐标的限定范围以及5.5中对二级分类的相关要求。肉眼观察试样，并与未经测试的新的对照试样进行对比，测试后试样的材料和(或)图形要素应无明显的印凹痕、分离、裂痕、粉化、膨胀、表面剥离、起泡、片状剥落、大的刮痕或破裂情况。

5.4 户外金属安全标志的耐盐雾腐蚀性

按照7.4对安全标志试样持续测试100 h后，肉眼观察试样，并与未经测试的新的对照试样进行对比，测试后试样的材料和(或)图形要素应无明显的印凹痕、分离、裂痕、粉化、膨胀、表面剥离、起泡、片状剥落、大的刮痕或破裂情况。

用于特殊使用环境(S)的安全标志也应满足该性能要求，但是仅限于特殊的户外环境(E)。

5.5 磷光安全标志

在进行7.11中的试验时，按照4.1被归为磷光类(P)的安全标志，其最低亮度应符合表2中4个二级分类之一的要求。磷光分类和二级分类均应在完成7.3的测试后保持不变。

表2 磷光安全标志的亮度消隐性能

二级分类	最低亮度/(mcd/m^2)			
	消隐时间 2 min	消隐时间 10 min	消隐时间 30 min	消隐时间 60 min
A	108	23	7	3
B	210	50	15	7
C	690	140	45	20
D	1 100	260	85	35

5.6 逆反射安全标志

在4.1中归为逆反射类的安全标志(R)应按其光度属性根据GB/T 2893.1将其二级分类确定为R1或R2类。逆反射分类和二级分类均应在完成7.3的测试后保持不变。

5.7 用压敏胶固定的安全标志的粘接强度

当按照7.12测试用压敏胶安装(4.1中安装方式为P)的安全标志时，根据安全标志基材的类别(刚性或柔性)，应按照表3划分粘接属性的二级分类。当按照7.12.4测试刚性材料的抗剪强度时，测试结果应分类如下：

a) 当系上10 N重物时，如果三个试样中任意一个粘接失效，则其抗剪强度应归为“O”；

b) 当系上10 N重物时，如果三个试样均粘接牢固，则其抗剪强度应归为“N”；

c) 当系上50 N重物时，如果三个试样中任意一个粘接失效，则其抗剪强度应归为“N”；

d) 当系上50 N重物时，如果三个试样均粘接牢固，则其抗剪强度应归为“H”。

表 3 剥离强度和抗剪强度分类

柔性材料的剥离强度 N(每 25 mm 宽度)	刚性材料的抗剪强度 N(每 25 mm×25 mm 面积)
T≥25	O≤10
18≤U<25	N>10
13≤V<18	H=50
10≤W<13	—
7≤X<10	—
4≤Y<7	—
1≤Z<4	—

6 安全标志的可选性能要求

6.1 一般要求

根据具体使用环境，安全标志应符合 6.2～6.7 中的性能要求。

6.2 耐收缩性

按照 7.14 测试安全标志试样后，试样的缩水率不应超过 5%。

6.3 耐化学试剂腐蚀性

按照 7.15 测试安全标志试样后，肉眼观察试样，并与未经测试的新的对照试样进行对比，测试后试样的材料和(或)图形要素应无明显的印凹痕、分离、裂痕、粉化、膨胀、表面剥离、起泡、片状剥落、大的刮痕或破裂情况。

6.4 耐冲击性

按照 7.5 用撞击能量测试安全标志试样，其中所用撞击能量的数值为 0.5 N·m 或者为生产商(供应商)和采购商根据 7.5 商定后的数值，在双方商定好的测试条件下，安全标志应仅有轻微的印凹痕，其表面或图形要素没有其他破损。

6.5 耐磨性

按照 7.9 对安全标志试样做 600 次往复运动测试，肉眼观察试样，并与未经测试的新的对照试样进行对比，测试后试样的材料和(或)图形要素应无明显的印凹痕、分离、裂痕、粉化、膨胀、表面剥离、起泡、片状剥落、大的刮痕或破裂情况。

6.6 耐水性

按照 7.6 测试安全标志试样后，肉眼观察试样，并与未经测试的新的对照试样进行对比，测试后试样的材料和(或)图形要素应无明显的印凹痕、分离、裂痕、粉化、膨胀、表面剥离、起泡、片状剥落、大的刮痕或破裂情况。

6.7 外光源或内外光源安全标志的耐候性

在表8给出的一个或多个标准条件下，按照7.13测试安全标志后，肉眼观察试样，并与未经测试的新的对照试样进行对比，测试后试样的材料和(或)图形要素应无明显的印凹痕、分离、裂痕、粉化、膨胀、表面剥离、起泡、片状剥落、大的刮痕或破裂情况。此外，对于按照4.1归为磷光类(P)或逆反射类(R)的安全标志，测试后，其光度属性应保持其4.1中的分类不变。

7 试验方法

7.1 试样和对照试样

7.1.1 一般要求

应为7.2～7.16的每个试验准备新试样。也应为所有涉及肉眼观察的试验准备新的对照试样。除非因测试仪器本身所限无法测试整个安全标志或者安全标志的图形内容对测试结果没有影响，否则试样和对照试样均应是安全标志。

7.1.2 试样和对照试样的数量

应根据测试结果的可再现性要求确定每个试验准备的试样和对照试样的数量。当测试结果中含量化性能或对测试结果的再现性存有疑问时，为每个测试准备的试样和对照试样的数目最少应为3个，或者根据试验方法的具体要求确定试样数量。

按照先完成非破坏性试验、再进行破坏性试验的流程，有可能减少整个试验所需的试样或对照试样的数量。

7.1.3 试样的条件

应按照GB/T 2918中的要求准备试样和对照试样，即：试验前将试样置于温度23 ℃±2 ℃，相对湿度50%±15%的环境中24 h。

7.2 耐湿热性试验

将试样置于水蒸气凝结环境(温度40 ℃±2 ℃，相对湿度98%±2%)中48 h，然后肉眼观察试样。

7.3 耐候性试验

7.3.1 一般要求

试样应按照7.3.2～7.3.4中的一个或多个试验方法、在规定的试验条件(包括试验持续时间)下进行测试。试验条件应符合相关要求或者符合生产商(供应商)和采购商的已有协议。测试完成后，应肉眼观察每个试样。

7.3.2 开放式碳弧灯型加速耐候性试验

开放式碳弧灯型加速耐候性测试应按照GB/T 16422.4进行，试验条件见表4，或者符合生产商(供应商)和采购商的已有协议。

表 4　开放式碳弧灯型加速耐候性试验的条件

项　　目	指　　标
开放式碳弧灯的数量	1 个(使用“型号 1”滤光器)
电源电压	180 V～230 V
平均放电电压和电流	50 V(±2%),60 A(±2%)
相对湿度	(50±5)%
黑板温度计的温度	(63±3)℃
喷水周期	喷水时间 18 min,不喷水时间 102 min
供应源的水压	78 kPa～127 kPa
喷嘴的孔径	约为 1 mm
试样表面的发光度	300 nm～700 nm 为(255±45)W/m²
试验持续时间	100 h

7.3.3　凝露型加速耐候性试验

凝露型加速耐候性试验应按照 GB/T 16422.4 进行,试验条件见表 5,或者符合生产商(供应商)和采购商的已有协议。

表 5　凝露型加速耐候性试验的条件

项　　目		指　　标
开放式碳弧灯的数量		1 个(无滤光器)
电源电压		180 V～230 V
开关灯周期		开灯时间 60 min,关灯时间 60 min
开灯期间的条件	平均放电电压和电流	50V(±2%),60A(±2%)
	黑板温度计的温度	(63±3)℃
	相对湿度	(50±5)%
关灯期间的条件	空气温度	30 ℃
	相对湿度	98%以上
	试样后表面的冷却水的温度	约 7 ℃
试验持续时间(开关灯时间的总和)		20 h
向试样表面喷水		无
试样表面的发光度		300 nm～700 nm 为(285±50)W/m²

7.3.4　人工模拟耐候性试验

人工模拟耐候性试验应按照 GB/T 16422.2 进行,试验条件见表 6 或表 7,或者符合生产商(供应商)和采购商的已有协议。

表6 氙弧灯人工模拟耐候性试验 条件一

项目	指标
光源类型	氙弧灯
开关灯周期	持续开灯
黑板温度计的温度 相对湿度	(65±3)℃ (50±5)%
喷水周期	喷水时间(18±0.5)min,不喷水时间(102±0.5)min
试样表面的发光度	300 nm～800 nm 为 550 W/m², 或 300 nm～400 nm 为 60 W/m²
试验持续时间	1 000 h

表7 氙弧灯人工模拟耐候性试验 条件二

项目	指标
光源类型	氙弧灯
开关灯周期	持续开灯
黑板温度计的温度 相对湿度	(65±3)℃ (50±5)%
喷水周期	喷水时间(18±0.5)min,不喷水时间(102±0.5)min
试样表面的发光度	300 nm～400 nm 为 180 W/m²
试验持续时间	340 h

7.4 耐盐雾腐蚀性试验

耐盐雾腐蚀性试验应按照 GB/T 10125 进行,试验持续时间为 100 h。测试完成后,应肉眼观察每个试样。

7.5 耐冲击性试验

耐冲击性试验应按照 GB/T 2423.55 进行,试验条件如下:

a) 根据生产商(供应商)的说明模拟正常使用条件安装三个试样,并应使用 GB/T 2423.55 中规定的测试工具——弹簧锤,弹簧锤的最小冲击能量为 0.5 N·m;
   弹簧锤测试装置的示例参见附录 A 中的图 A.1。
   其他冲击能量也可经生产商(供应商)和采购商协商后从以下冲击能量值中选取:0.5 N·m、0.7 N·m、1 N·m、2 N·m、5 N·m、10 N·m、20 N·m、50 N·m。
b) 每个安全标志应进行五次冲击测试,五次冲击的位置分别为:中央位置、靠近边缘且对称的两个位置以及居中的两个位置。冲击位置的示例参见图 1。

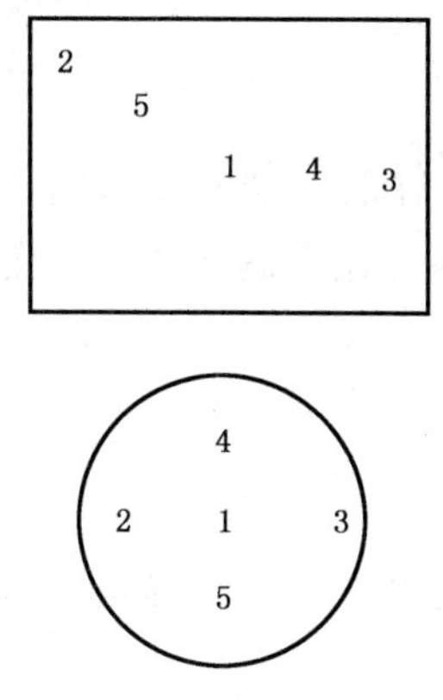

图 1　冲击位置示例

7.6　耐水性试验

试样应置于(20±5)℃的蒸馏水中浸泡 24 h 后取出，在室温中放置 1 h，最后肉眼观察试样。

7.7　耐燃烧性试验

7.7.1　一般要求

应从 7.7.2～7.7.4 所列试验中择一完成。

7.7.2　基层为合成树脂的安全标志的耐燃烧性试验

基层为合成树脂的安全标志的耐燃烧性试验应按照 GB/T 2406.2—2009 第 10 章规定的方法 C 进行，以确定耐燃烧性能指标。

7.7.3　灼热丝试验

三个安全标志的正面应按照 GB/T 5169.11 在 850 ℃下进行灼热丝试验。安全标志的每一面都应测试两次，但是应避免第一次测试对第二次测试的结果可能造成的影响。试验仪器应符合 GB/T 5169.10 的要求。

试样上的火焰或发热现象应在撤去灼热丝后 30 s 内消失，任何燃烧或熔化产生的液滴均不应点燃水平铺在试样下方的垫纸，垫纸为(200±5)mm 大小的电容器纸，电容器纸的定义见 ISO 4046-4:2002 中 4.29。

7.7.4　阻燃性试验

应按照 GB/T 6994 进行阻燃性试验。

7.8　表面附着性试验

表面附着性试验应根据 GB/T 9286 中的方法进行，但对表面切割试验没有要求。所用压敏胶的剥离强度应为每 25 mm 宽度(7±2)N。

7.9　耐磨性试验

耐磨性试验应根据 ISO 7784-3 中的方法进行，在做 600 次往复运动后，肉眼观察试样。

7.10 刚性试验

将宽 50 mm，长至少为 300 mm 的试样的一端牢牢地固定在水平表面上，在(23±2)℃的温度下，在 200 mm 和 300 mm 长度处测量在自重作用下的试样下垂角度，并记录。

7.11 磷光安全标志适光亮度的测量

7.11.1 试样

应测试 3 个试样。每个试样的磷光材料区域的直径至少为 35 mm，以便为亮度计的正常操作留有足够空间。

只要条件许可或为特别指定，试样应为经过防紫外线处理的最终产品。试样上图形符号的尺寸应足以满足最小测试直径的要求，或者试样应取自未印制图形符号但已经防紫外线处理的产品批次。

7.11.2 条件

所有试样应进行预处理，即在完全黑暗的环境中放置至少 48 h。应在试验即将开始前才将试样从黑暗环境中取出。

注：该要求是对 7.1 中相关条件的补充。

7.11.3 环境条件

试样预处理、激发和亮度测试期间的环境温度应为 23 ℃±2 ℃，相对湿度应为 50%±10%。所有亮度试验均应在室内或容器内进行，室内或容器内的亮度比最低亮度测量值至少低一个数量级。

7.11.4 照度和亮度工具

7.11.4.1 照度工具

应使用余弦适光 $V(\lambda)$ 校正照度计测量以勒克斯(lx)为单位的照度，照度计按以下特性校准：

——光谱误差：$f_1' \leqslant 5\%$（f_1' 定义见 CIE 69）；

——紫外线反应：$u \leqslant 0.5\%$（u 定义见 CIE 69）；

——分辨率：1.0 lx；

——线性误差：$f_3 \leqslant 0.5\%$（f_3 定义见 CIE 69）；

——测量范围：10 lx～10 klx；

——照度计头的光入射直径：≤1 cm。

7.11.4.2 亮度工具

应使用校准后的亮度计测量适光亮度。根据采用的是远距测量法（见 7.11.6.2）或接触测量法（见 7.11.6.3），亮度计应分别为远距光度计或接触亮度计，并应满足以下最低特性：

——光谱误差：$f_1' \leqslant 5\%$（f_1' 定义见 CIE 69）；

——紫外线反应：$u \leqslant 0.5\%$（u 定义见 CIE 69）；

——分辨率：至少 0.01 mcd/m^2；

——线性误差：$f_3 \leqslant 0.5\%$（f_3 定义见 CIE 69）；

——信号噪音率：对于所有测量值，至少 10∶1；

——测量范围：10^{-5} cd/m^2～10 cd/m^2；

——显示器：≥3.5 数字，0.001×10^{-2} cd/ m^2～1.999×10 cd/m^2。

7.11.5 激发光条件

7.11.5.1 分类用激发光条件

应采用无散射、无滤光、不高于500 W的连续短氙弧光源(在试样表面上的平均照度达到1 000 lx)激发磷光试样。应使用7.11.4.1规定的照度计测量照度。灯前不应使用屏蔽(如防热)。光源前不应放置滤光器。激发持续时间应为5 min。试样温度不应在激发后1 min超过25 ℃。激发期间周围不应有环境光或漫射光。

应在试样被照明区域的中央和在试样表面外缘相互成90°的四个点上放置试验垫。五个试验垫的平均照度应为1 000 lx。试验垫最大照度除以最小照度的商应小于1.1。

7.11.5.2 产品说明用激发光条件

应按如下规定激发磷光试样:

a) 采用200 lx标准光源D_{65}照射20 min;

b) 采用50 lx、色温为4 300 K的冷白色荧光灯照射15 min;

c) 采用25 lx、色温为3 000 K的暖白色荧光灯照射15 min。

试样温度不应在激发后1 min超过25 ℃。激发期间周围不应有环境光或漫射光。应使用7.11.4.1规定的照度计测量照度。

应在试样被照明区域的中央和在试样表面外缘相互成90°的四个点上放置试验垫。五个试验垫的平均照度应如上述a)、b)和c)所示。试验垫最大照度除以最小照度的商应小于1.1。

供应商和采购商根据特殊使用要求,在上述a)、b)和c)之外,可商定照度水平、光源类型及激发时间等相关试验条件。激发照度较低,达到最优性能的时间必然将增加。

7.11.6 亮度的测量

7.11.6.1 一般要求

应使用7.11.4.2中规定的亮度计,采用远距测量法(见7.11.6.2)或接触测量法(见7.11.6.3)测量亮度。

7.11.6.2 远距测量法

亮度计与被测试样之间的距离,以及亮度计光圈的选择方法应为:预估的试样面积应保证亮度计在低亮度水平时也能读出亮度值。

试样的预估直径宜大于等于30 mm。

7.11.6.3 接触测量法

亮度计的测量头应置于试样表面。应采用光保护材料覆盖试样的外表面或者用盖在亮度测量头周围的方法遮蔽环境光。预估的试样面积应保证亮度计在低亮度水平时也能读出亮度值。

试样的预估直径宜大于等于30 mm。

亮度的计算应通过测量照度并按照以下公式将其转换成亮度以确定亮度值:

$$\overline{L}=\frac{E}{\Omega_{\mathrm{p}}} \qquad \cdots\cdots (1)$$

式中:

$\overline{L}$ ——所测试样的平均亮度,单位为坎德拉每平方米(cd/m^2);

E ——在所用亮度计头光入射区域上确定的地方的照度,单位为lux (lx);

Ω_p ——从亮度计头光入射区域中间看到的测量物体被测表面的投影立体角，单位为球面度(sr)。

投影立体角 Ω_p 的计算公式如下：

$$\Omega_p=\pi[1+(r/R)^2]^{-1}\Omega_0 \quad\quad (2)$$

式中：

Ω_0——单位球面度，$\Omega_0=1$ sr；

r ——光度计头光入射区域和测量物体之间的距离，单位为毫米(mm)；

R ——待测物体的被测表面平面半径，单位为毫米(mm)。

7.11.6.4 亮度记录

7.11.6.4.1 一般要求

测量前应将亮度计归零，测量完后立即检查。如果零偏移大于所测值的5%，则测量应为不合格。

7.11.6.4.2 用于分类的亮度记录

应在激发光撤除后至少每2 min测量一次亮度。一般情况而言，测量值应为三个试样在撤除激发光后60 min内的下述测量值，即2 min±10 s、10 min±10 s、30 min±10 s和60 min±10 s时的测量值(用 mcd/m^2 表示)。

为了分类安全标志，亮度属性应基于三个试样的平均值。

7.11.6.4.3 产品说明用亮度记录

应在激发光撤除后至少每2 min测量一次亮度。一般情况而言，测量值应为三个试样在撤除激发光后60min内的下述测量值，即2 min±10 s、10 min±10 s、30 min±10 s和60 min±10 s时的测量值(用 mcd/m^2 表示)。

如生产商(供应商)和采购商已有协定，或4.2.4、4.2.6中的产品说明有相关要求，又或为了表征GB/T 23809中指定的安全标志和安全导向要素，则应连续测量亮度，应逐一测量3个试样消隐至3 mcd/m^2(当在7.11.5.1给出的激发光条件下测试时)和2 mcd/m^2(当在7.11.5.2给出的激发光条件下测试时)所需时间，并记录3个试样的平均时间。

7.12 用压敏胶安装的安全标志的粘接属性测试

7.12.1 一般要求

所用安装方式按4.1中归为压敏胶(P)的安全标志，其粘接属性应根据7.12某一试验方法确定，试验方法的选择依照生产用的基材是柔性的还是刚性的来决定。

7.12.2 准备试样

7.12.2.1 一般要求

应为7.12.3中的剥离强度试验准备至少3个试样，应为7.12.4中的抗剪强度试验准备至少6个试样。每个试样应按照7.12.2.3准备，并安装在按7.12.2.2制作的试验板上。

7.12.2.2 试验板

试验板应由下列任一种材料制造：

a) 浮法玻璃，面积为200 mm×50 mm；

b) 不锈钢(如X5CrNi18)，表面粗糙度磨成Rz100级，尺寸为200 mm×50 mm×2 mm。

应使用合适的溶剂仔细清洗试验板，去除所有粘接剂、油脂、油或水的痕迹，然后在乙醇中浸 2 h 并至少干燥 2 h。

7.12.2.3 试样

除特殊规定外，试样的尺寸应为 200 mm×25 mm，应用锋利的切割工具纵向或横向切割。应去掉试样表面长度为 75 mm 的保护层，然后将试样对称地放置在试验板上。如果要对试样的抗剪强度进行测试，则应将试样一端粘在试验板上，粘接面积为 25 mm×25 mm。应使用长度为 30 mm～60 mm、直径为 30 mm～60 mm 垫有橡胶层的钢辊轧机，以压力 50 N、200 mm/s 左右的速度纵向碾压试样 5 次。

试样放到试验板上后，在测试开始前应将其在 ISO 554 规定的环境条件下(温度 23 ℃，相对湿度 50%)放置 72 h(如测试剥离强度则需放置 76h)。

7.12.3 剥离强度测试

应以 180°的角度(300±6)mm/min 的速度拉拽试样未被固定的另一端(已用保护衬垫盖好)。此时应在不小于 50 mm 处测量所需的拉力。应计算和记录拉力的平均值(用牛顿 N 表示)。如果由于试样被剥离导致无法达到 50 mm 的测试距离，那么应用另一层待测试样加固。

7.12.4 抗剪强度测试

其中三个试样应分别用 10 N 的力固定，另外三个试样应分别用 50 N 的力固定。然后将每个试样垂直固定在一个稳定的支撑物上，靠其自重自由悬挂，并将固定后的试样存放在 ISO 554 中规定的标准环境中。7 天后，应检查试样是否粘接失效。

7.13 耐候性

应根据预期使用环境将安全标志置于表 8 中的标准条件中，然后肉眼观察试样。

表 8 气候条件

<table>
<tr><td rowspan="2">序号[a]</td><td>温度
℃[b]</td><td>相对湿度
%</td></tr>
<tr><td colspan="2">持续存放 168 h 后</td></tr>
<tr><td>1</td><td>+23±1</td><td>50±3</td></tr>
<tr><td>2</td><td>+40±2</td><td>98±2</td></tr>
<tr><td>3</td><td>−40±3</td><td>—</td></tr>
<tr><td>4</td><td>+80±3</td><td>—</td></tr>
<tr><td>5</td><td>+120±3</td><td>—</td></tr>
<tr><td rowspan="6">6</td><td colspan="2">168 h 内存放的日变化周期</td></tr>
<tr><td colspan="2">8 h</td></tr>
<tr><td>−10±2</td><td>—</td></tr>
<tr><td colspan="2">16 h</td></tr>
<tr><td>+40±2</td><td>92±3</td></tr>
<tr><td colspan="3">[a] 序号可用于参考引用。
[b] 另外，也可在生产商(供应商)的产品说明中给出的最高操作温度下测试试样。</td></tr>
</table>

7.14 缩水

试样尺寸应为 100 mm×100 mm。应测量并记录试样的尺寸。试样应放在如 7.12.2.2 规定的试验板上，试验板尺寸为 120 mm×120 mm，随后将试样放置在表 8 中的某种标准气候条件中，或者放置在生产商(供应商)和采购商已商定的气候条件中。存放一段时间后，应再次测量试样的尺寸，任何尺寸上的变化都应表示为与原始尺寸的百分比。

7.15 耐化学试剂腐蚀性

试样应放置在试验板上，并将其一半浸入表 9 列出的某种试剂中，试剂的选取按照生产商(供应商)和采购商已有协定。在规定的浸没时间后，应立即从试剂中取出试样并肉眼观察试样。

表 9 试剂

代　　码	试　　剂	试验温度 ℃(±2 ℃)	浸没时间 h
W	蒸馏水	65 和 95	8
L	去垢剂[a]	23	8
K	通用清洗剂[a]	23	8
T	变压器油	23	24
B	石油溶剂油(庚烷)	23	1
F	防冻剂(乙二醇和水 1∶1)	23	24
D	柴油	23	24

[a] 去垢剂溶液和通用清洗剂的成分为生产商(供应商)规定的在市场上可以买到的浓缩液体。

7.16 耐摩擦性

应将未漂白的棉布浸在异丙醇中 15 s 后，按照 GB/T 3920 的要求在 9 N、每秒 1 个循环的条件下进行耐摩擦性试验。耐摩擦性试验完毕后，应肉眼观察试样。

8 标记和标识

8.1 标记

在产品文件中应将安全标志的标记与产品(商品)上生产商(供应商)给出的编号相对应，安全标志的标记按序应包括如下要素：

a) 描述段，如“安全标志”字样；

b) 标准代号和顺序号，如 GB/T 26443；

c) 根据 4.1 确定的分类：
——使用环境：I、E 或 S；
——基材：P、M 或 O(R 或 F)；
——光度属性：P、R 或 O；
——照明方式：E、T 或 B；
——安装方式：M、P 或 A；

——表面：H、I 或 L。

示例 1：以符合本标准要求且具备下述属性的安全标志为例：室内使用(I)、刚性金属制成(MR)、磷光属性且二级分类为 B(PB)、外部照明(E)、机械安装(M)、中等光泽的表面(I)，其标记为：

安全标志-GB/T 26443-I-MR-PB-E-M-I

示例 2：以具备下述属性的安全标志为例：户外使用(E)、刚性塑料制成(PR)、普通光度属性(O)、外部照明(E)、永久性低温抗剪强度分类 H 的压敏胶安装(PPLH)、低光泽的表面(L)，其标记为：

安全标志-GB/T 26443-E-PR-O-E-PPLH-L

示例 3：以具备下述属性的安全标志为例：户外使用(E)、柔性塑料制成(PF)、二级分类为 1 的逆反射光度属性(R1)、外部照明(E)、可剥离超低温剥离强度分类为 W 的压敏胶安装(PRVW)、高光泽的表面(H)，其标记为：

安全标志-GB/T 26443-E-PF-R1-E-PRVW-H

8.2 标识

为了便于识别，生产商(供应商)应在安全标志上标示如下内容：

a) 生产商(供应商)的厂名或商标；

b) 符合 8.1 的标记[8.1a)为可选项]；

c) 追溯具体生产时间的生产日期、批号、识别码。

9 文件和试验报告

9.1 文件

使用的文件和测试报告的内容应由生产商(供应商)和采购商商定，但是至少应包括以下内容：

a) 提及本标准(GB/T 26443)以及对应于商品编号的标记；

b) 完整的产品说明及根据第 4 章对产品的分类；

c) 根据第 5 章和第 6 章(可选)的性能要求，按照第 7 章进行的性能测试的测试报告，测试报告是分类和命名的支撑。

9.2 试验报告

试验报告应包括以下内容：

a) 试验日期和地点；

b) 试验方(姓名)和签名；

c) 试样来源；

d) 按照第 7 章说明采用的试验方法；

e) 试验过程中的偏差；

f) 试样的说明和数量；

g) 试验和校准所需仪器的确认；

h) 试验结果；

i) 如果委托第三方进行试验，试验方包括公司的全称、地址和注册号。

附 录 A
（资料性附录）
耐冲击性试验工具

单位为毫米

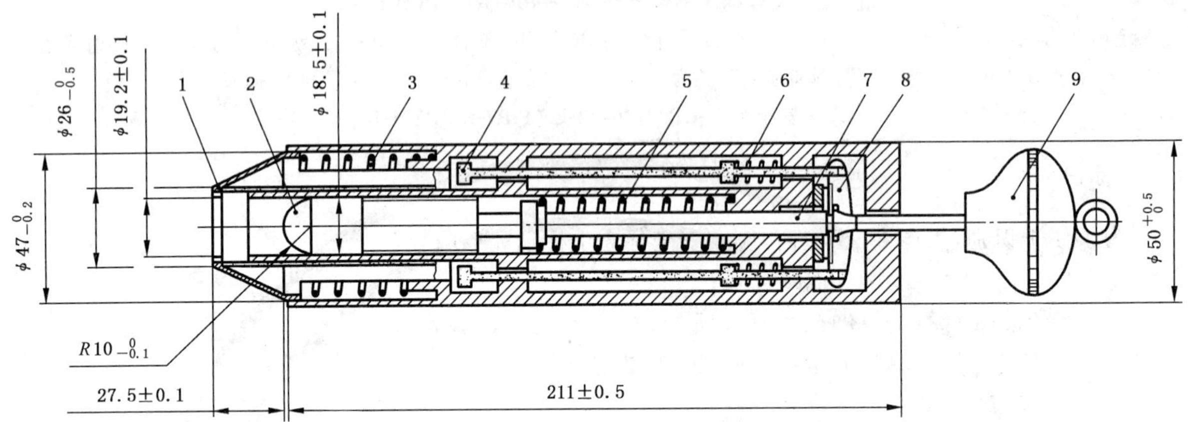

零部件：

1——释放锥头；

2——锤头；

3——释放锥头弹簧；

4——释放杆；

5——锤弹簧；

6——释放弹簧；

7——锤杆；

8——释放键；

9——操作钮。

图 A.1 弹簧锤试验装置

ICS 13.300
A 80

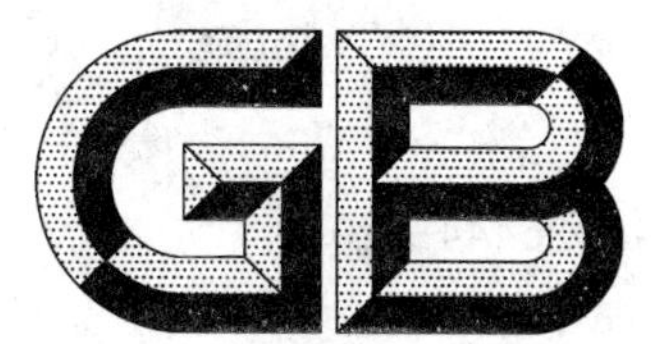

中华人民共和国国家标准

GB 26444—2010

危险货物运输 物质可运输性试验方法和判据

Transport of dangerous goods—
Test methods and criteria relating to substances for transport

2011-01-14 发布　　2011-07-01 实施

中华人民共和国国家质量监督检验检疫总局
中国国家标准化管理委员会　发布

前　言

本标准第 4 章为强制性的，其余为推荐性的。

本标准与联合国《关于危险货物运输的建议书：试验和标准手册》(第四修订版)的一致性程度为非等效。其有关技术内容与上述手册完全一致，在标准文本格式上按 GB/T 1.1—2000 做了编辑性修改。

本标准与联合国《关于危险货物运输的建议书：试验和标准手册》的技术内容对应如下：

——第一法对应试验系列 3 的 3(a)(i)试验；

——第二法对应试验系列 3 的 3(a)(ii)试验；

——第三法对应试验系列 3 的 3(a)(iii)试验；

——第四法对应试验系列 3 的 3(a)(iv)试验；

——第五法对应试验系列 3 的 3(a)(v)试验；

——第六法对应试验系列 3 的 3(a)(vi)试验；

——第七法对应试验系列 3 的 3(b)(i)试验；

——第八法对应试验系列 3 的 3(b)(ii)试验；

——第九法对应试验系列 3 的 3(b)(iii)试验；

——第十法对应试验系列 3 的 3(c)(i)试验；

——第十一法对应试验系列 3 的 3(d)试验。

本标准的附录 A 和附录 B 为资料性附录。

本标准由全国危险化学品管理标准化技术委员会(SAC/TC 251)提出并归口。

本标准负责起草单位：江西出入境检验检疫局。

本标准参加起草单位：中化化工标准化研究所、中国石油和化学工业协会。

本标准主要起草人：郭平、梅建、石磊、王晓兵、祝建新、桂家祥。

本标准为首次发布。

危险货物运输
物质可运输性试验方法和判据

1 范围

本标准规定了判断危险物质可否以试验形式安全运输的试验方法和判定依据。

本标准的第一法、第二法、第三法、第四法、第五法和第六法适用于判断固态、液态危险物质对撞击的敏感度。

本标准的第七法、第八法和第九法适用于判断固态、液态危险物质对包括撞击摩擦在内的摩擦的敏感度。

本标准的第十法适用于判断固态、液态危险物质的热稳定性。

本标准的第十一法适用于判断固态、液态危险物质对火烧的反应程度。

2 规范性引用文件

下列文件中的条款通过本标准的引用而成为本标准的条款。凡是注日期的引用文件,其随后所有的修改单(不包括勘误的内容)或修订版均不适用于本标准,然而,鼓励根据本标准达成协议的各方研究是否可使用这些文件的最新版本。凡是不注日期的引用文件,其最新版本适用于本标准。

GB 6944 危险货物分类和品名编号

GB/T 21566 危险品 爆炸品摩擦感度试验方法

GB/T 21567 危险品 爆炸品撞击感度试验方法

GB/T 21580 危险品 小型燃烧试验方法

联合国《关于危险货物运输的建议书:规章范本》(第十五修订版)

联合国《关于危险货物运输的建议书:试验和标准手册》(第四修订版)

3 术语、定义和缩略语

GB 6944、联合国《关于危险货物运输的建议书:规章范本》(第十五修订版)和联合国《关于危险货物运输的建议书:试验和标准手册》(第四修订版)确立的以及下列术语和定义适用于本标准。

3.1

危险货物 dangerous goods

具有爆炸、易燃、毒害、感染、腐蚀、放射性等危险特性,在运输、储存、生产、经营、使用和处置中,容易造成人身伤亡、财产损毁或环境污染而需要特别防护的物质和物品。

3.2

极限撞击能 limiting impact of energy

表示一种物质的撞击敏感度,是指在至少 6 次试验中至少有 1 次得到的结果是“爆炸”的最低撞击能。撞击能用落锤的质量和落高计算,如 1 kg 落锤从 0.5 m 高度自由落下,撞击能为 5 J。1 kg 落锤所用落高为 10 cm、20 cm、30 cm、40 cm 和 50 cm 时,撞击能分别是 1 J、2 J、3 J、4 J 和 5 J;5 kg 落锤所用落高为 15 cm、20 cm、30 cm、40 cm、50 cm 和 60 cm 时,撞击能分别是 7.5 J、10 J、15 J、20 J、25 J 和 30 J;10 kg 落锤所用落高为 35 cm、40 cm 和 50 cm 时,撞击能分别是 35 J、40 J 和 50 J。试验首先用 10 J 进行一次试验,如果在此试验中观察到的结果是爆炸,就逐级降低撞击能继续进行试验,直到观察到分解或无反应为止。在这一撞击能水平下重复进行试验。如果不发生爆炸,重复 6 次,否则继续逐级降低撞击，直到测出极限撞击能为止。如果在 10 J 撞击能水平下，观察到的结果是分解或无反应（即不爆炸），则逐级增加撞击能继续进行试验，直到第一次得到的爆炸的结果，那么再降低撞击能，直至测出极限撞击能。

3.3

不敏感指数　figure of insensitiveness，F of I

标准炸药的滑动平均中值落高（H_1）和试样的滑动平均中值落高（H_2）的比值的倍数，按式(1)计算：

$$F = 80 \times \frac{H_2}{H_1} \quad \cdots\cdots (1)$$

式中：

F——试样不敏感指数；

H_2——试样的滑动平均中值落高；

H_1——标准炸药的滑动平均中值落高。

3.4

极限落高　limiting drop height

指在 3 次重复试验中均没有发生传播时落锤的最大落高。

3.5

爆炸品撞击敏感度下限　lower limit of explosive impact sensitivity

指 10 kg 钢锤在 25 次试验中没有得出正结果的最大落高。落高的选择范围如下：50 mm、70 mm、100 mm、120 mm、150 mm、200 mm、250 mm、300 mm、400 mm 和 500 mm。

3.6

极限荷重　limiting load

指在至少 6 次试验中至少有 1 次得到“爆炸”结果的最低荷重。

3.7

摩擦指数　figure of friction，F of F

标准炸药的滑动平均中值打击速度（V_1）和试验的滑动平均中值打击速度（V_2）比值的倍数，按式(2)计算：

$$F = 3.0 \times \frac{V_2}{V_1} \quad \cdots\cdots (2)$$

式中：

F——试样摩擦指数；

V_2——试样的滑动平均中值落高；

V_1——标准炸药的滑动平均中值落高。

3.8

摩擦敏感度下限　lower friction sensitivity

在 25 次重复试验中不出现爆炸的试样最大承受压力，该压力值与造成试样爆炸的压力值的差在试验压力小于 100 MPa 时不得超过 10 MPa，当试验压力 100 MPa～400 MPa 时不得超过 20 MPa，当试验压力大于 400 MPa 时不得超过 50 MPa。

4　试验方法

警告：如果试样在使用前需要压碎或切割，操作时必须十分小心，应当使用保护设备，如安全屏障等，并且在试验精度允许下，把试样数量减到最小。

4.1　试验类型

判断危险物质可否以试验形式安全运输的试验方法包括：第一、二、三、四、五和六法用于确定物质的撞击敏感性;第七、八和九法用于确定物质的摩擦(包括撞击摩擦)敏感性;第十法用于确定物质的热稳定性;第十一法用于确定物质对火烧的反应。试验方法见表1。

表1 系列试验方法

试 验 类 型	试 验 名 称
第一法	炸药局撞击设备法
第二法	BAM落锤仪法
第三法	Rotter试验
第四法	30 kg落锤试验
第五法	改进的12型撞击装置试验
第六法	撞击敏感度试验
第七法	BAM摩擦仪试验
第八法	旋转式摩擦试验
第九法	摩擦敏感度试验
第十法	75 ℃热稳定性试验
第十一法	小型燃烧试验

4.2 试验条件

4.2.1 对于第一、二、三、四、五、六、七、八和九法,湿润样品中湿润剂的含量应为符合运输要求的最小量。

4.2.2 第一、二、三、四、五、六、七、八和九法应当在环境温度下进行,除非另有规定或者物质将在其可能改变物理状态的条件下运输。

4.2.3 为了获得可重复的结果,第一、二、三、四、五、六、七、八和九法的一切因素应仔细地加以控制,并应对已知敏感度的适当标准物质进行定期测试。

为了避免残存气泡使液态样品对撞击更敏感,第一、二、三、四、五和六法中液态样品试验方法使用了特殊装置或程序对气泡进行隔热处理。

4.2.4 第七、八和九法不适用于液体。

4.3 判定依据

根据试验结果判定物质是否能以试验形式进行运输。如果试验得到的结果是"+",那么该物质被视为太危险而不能以试验形式进行运输。

4.4 第一法 炸药局撞击设备法

4.4.1 原理

采用两种不同的试验装置分别测试固态和液态的试样对落锤撞击的敏感度,用于确定物质可否以试验形式安全运输。

4.4.2 设备

4.4.2.1 撞击设备

撞击设备由两根平行的圆柱形导杆、落锤和试样装置组成。落锤重3.63 kg,可以在两根导杆之间自由落到试样装置上。见图1所示。

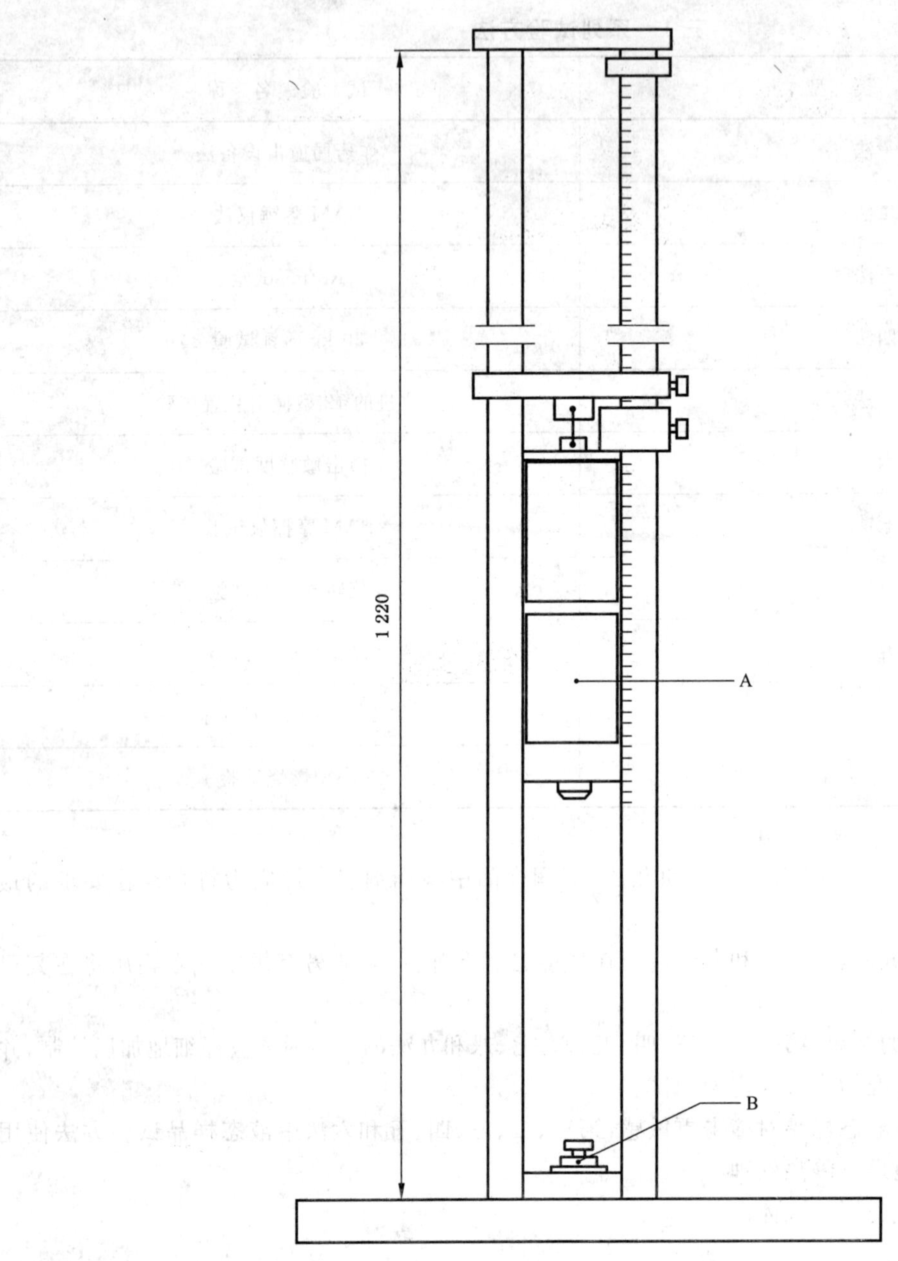

A——落锤(3.63 kg)；
B——试样装置。

图 1 炸药局撞击设备

4.4.2.2 固态样品装置

固体试样装置由冲杆、塞、冲模、套管、击砧和护套组成。冲杆、塞、冲模、套管和击砧等组件的材质是硬度为洛氏 C 标 50～55 的淬火工具钢，啮合表面和与试样接触的表面有 0.8 μm 的涂层。试样盒直径为 5.1 mm。套管的内径刚好满足可以使冲杆和塞自由运动的要求。见图 2 所示。

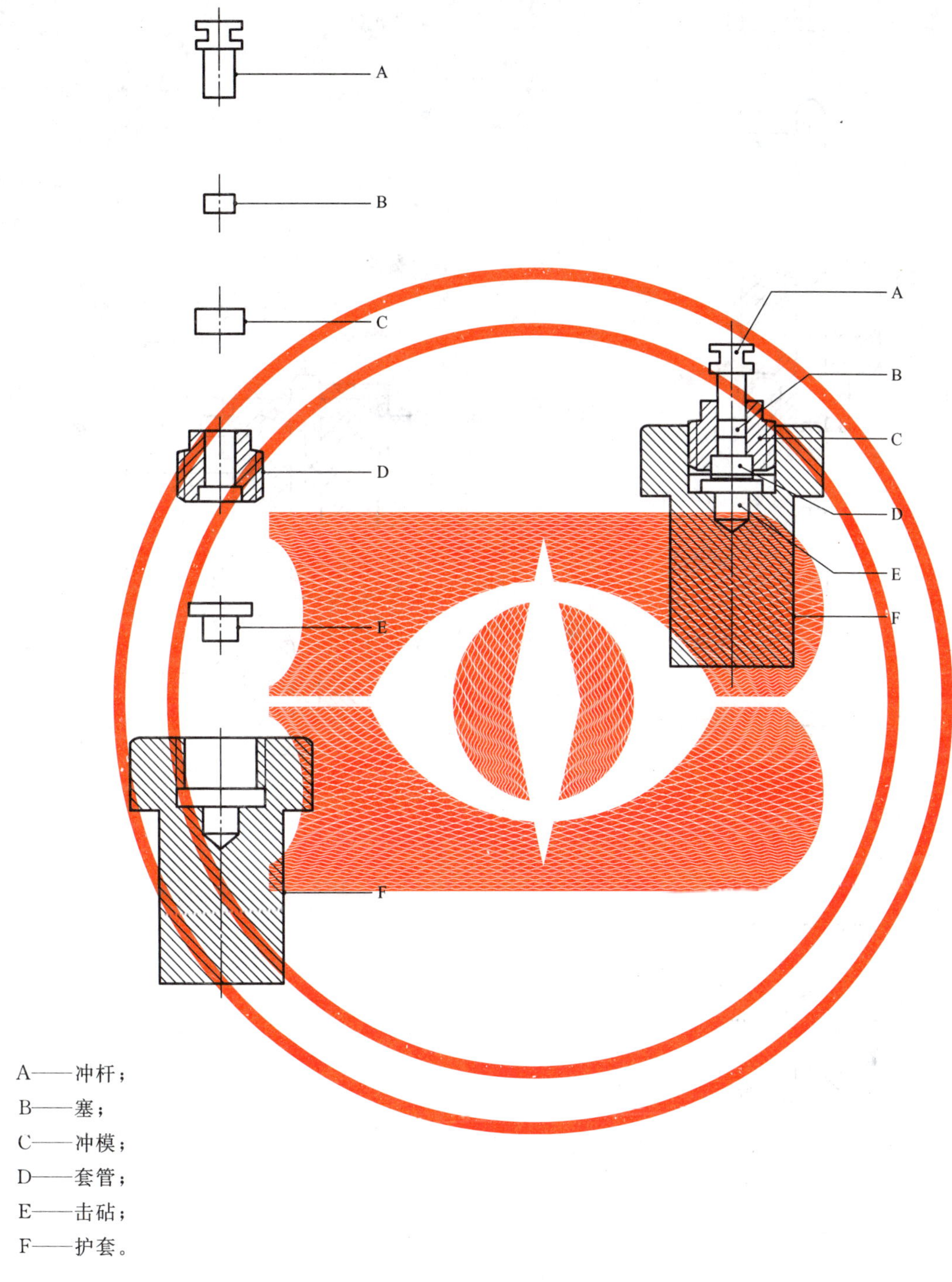

A——冲杆；
B——塞；
C——冲模；
D——套管；
E——击砧；
F——护套。

图 2 固态样品装置

4.4.2.3 液态样品装置

液态样品装置由回跳套环、中间杆、撞杆护套、撞杆、铜杯、击砧和砧座护套组成。见图 3 所示。

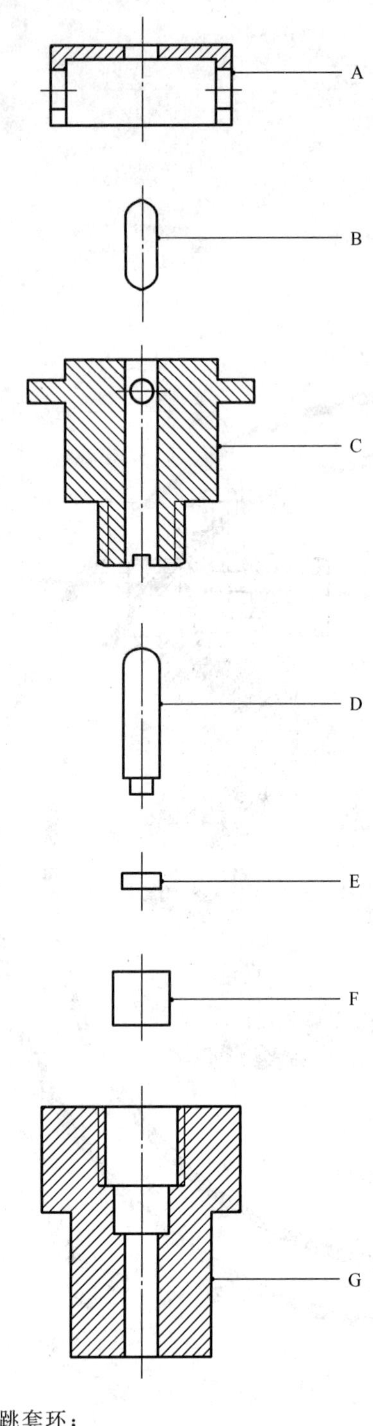

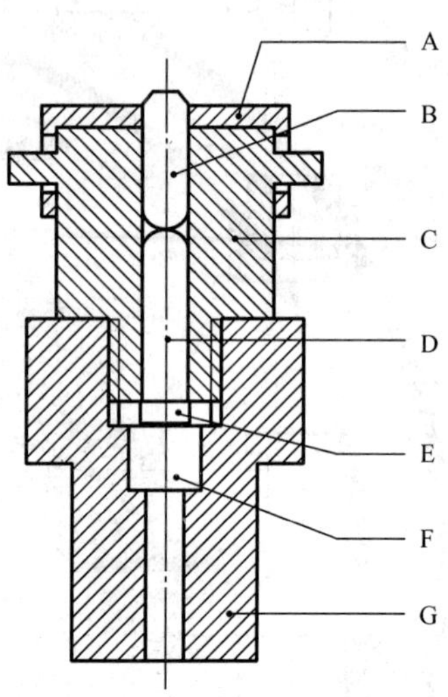

A——回跳套环；

B——中间杆；

C——撞杆套环；

D——撞杆；

E——铜杯；

F——击砧；

G——砧座护套。

图 3　液态样品装置

4.4.3 试验步骤

4.4.3.1 固态样品

将 10 mg 试样装到冲模上，击砧和冲模放入试样护套内并从上面把套管拧入，然后将塞和冲杆插入并置于试样上方。将落锤提升至 10.0 cm 高度处释放。观察是否发生伴有火焰或听得见的爆炸声的爆炸现象。每一试样进行 10 次重复试验。

4.4.3.2 液态样品

将回跳套环、中间杆和撞杆装在撞杆护套内，把铜杯放在杯定位座中。将一滴试验液体放入铜杯中，撞杆护套及其组件置于杯定位座上，将撞杆末端部分地滑入铜杯中且不能与杯中液体接触。然后将撞杆护套向下拧入击砧护套中。用手拧紧撞杆护套，铜杯底部刚好碰到砧座。将整个装置放到撞击设备中。将落锤提升至 25.0 cm 高度处释放。观察是否发生伴有火焰或听得见的爆炸声的爆炸现象。每一试样进行 10 次重复试验。

4.4.4 结果判定

4.4.4.1 判定依据

4.4.4.1.1 固态样品

如果 10 次试验中至少有 5 次观察到伴有火焰或听得见的爆炸声的爆炸现象，试验结果计为“＋”，否则结果为“－”。模棱两可的情况可以利用布鲁塞顿方法解决。

4.4.4.1.2 液态样品

如果 10 次试验中至少有 1 次观察到伴有火焰或听得见的爆炸声的爆炸现象，试验结果计为“＋”。否则结果为“－”。

4.4.4.2 部分样品测试结果

4.4.4.2.1 部分固态样品测试结果见表 2。

表 2 部分固体样品测试结果

测 试 物	结 果
高氯酸铵	－
奥克托金炸药(干)	＋
硝化甘油达纳炸药	－
季戊炸药(干)	＋
季戊炸药/水(75/25)	－
旋风炸药(干)	＋

4.4.4.2.2 部分液态样品测试结果见表 3。

表 3 部分液态样品测试结果

测 试 物	结 果
硝化甘油	＋
硝基甲烷	－

4.5 第二法 BAM 落锤仪法

4.5.1 试验方法

试验操作和结果纪录按照 GB/T 21567 进行。

4.5.2 结果判定

4.5.2.1 判定依据

对试验现象的描述可分为：

a) 无反应；

b) 发生分解:无火焰或爆炸,出现颜色改变或产生能辨别出的气味;

c) 爆炸:伴有从弱到强的爆炸声或着火。

4.5.2.2 **判定结果**

如果在6次重复试验中至少出现一次爆炸的最低撞击能是2 J或更低,结果计为“+”。否则结果为“—”。

4.5.2.3 **部分样品测试结果**

部分样品测试结果见表4。

表4 部分样品测试结果

测试物	极限撞击能/J	结果
硝酸乙酯(液体)	1	+
六氢三硝基三嗪与铝的混合物(70/30)	10	—
高氯酸肼(干)	2	+
叠氮化铅(干)	2.5	—
雷酸汞(干)	1	+
收敛酸铅	5	—
甘露糖醇六硝酸酯(干)	1	+
硝化甘油(液体)	1	+
季戊炸药(干)	3	—
季戊炸药/蜡 95/5	3	—
季戊炸药/蜡 93/7	5	—
季戊炸药/蜡 90/10	4	—
季戊炸药/水 75/25	5	—
旋风炸药/水 75/25	3	—
旋风炸药/乳糖 85/15	30	—
旋风炸药(干)	5	—
特屈儿炸药(干)	4	—

4.6 **第三法 Rotter试验**

4.6.1 **原理**

采用两种不同的试验装置分别测试固态和液态的试样对落锤撞击的敏感度,用于确定样品可否以试验形式安全运输。试验程序可能涉及与标准炸药直接比较,中位落高(50%点火概率)用布鲁塞顿法确定。

4.6.2 **设备和材料**

4.6.2.1 固态样品Rotter撞击仪

固态样品Rotter撞击仪由导轨、质量为5 kg的落锤、冲头、爆炸室和压力计等组成,如图4所示。其中爆炸室由淬火钢击砧、黄铜小帽、密封圈和撞杆组成,如图5所示。

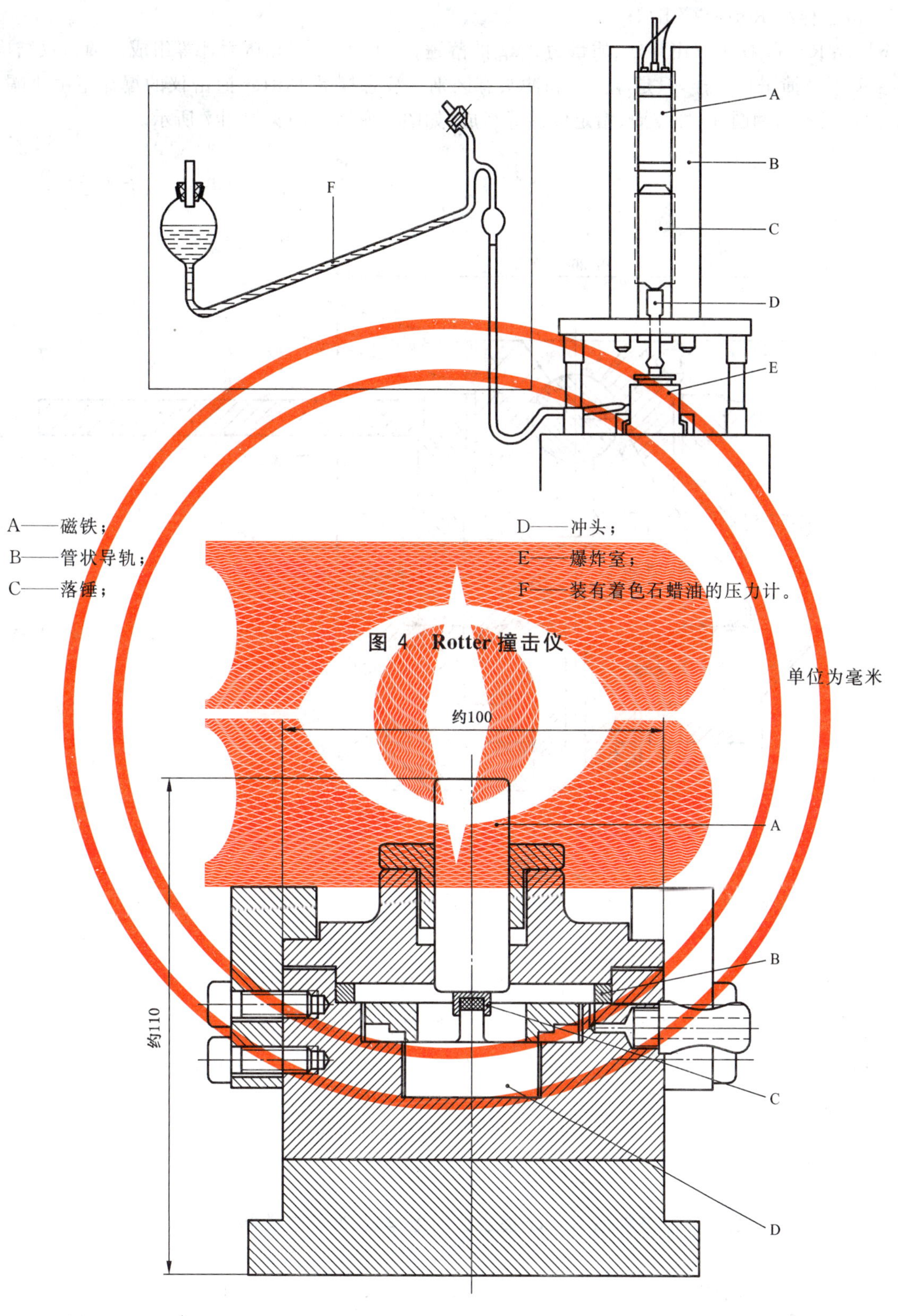

A——磁铁；

B——管状导轨；

C——落锤；

D——冲头；

E——爆炸室；

F——装有着色石蜡油的压力计。

图 4　Rotter 撞击仪

单位为毫米

A——撞杆；

B——密封圈；

C——小帽；

D——击砧。

图 5　固态样品 Rotter 撞击仪的爆炸室

4.6.2.2 液态样品 Rotter 撞击仪

液态样品 Rotter 撞击仪由导轨、质量为 2 kg 的落锤、冲头、爆炸室和压力计等组成。撞击仪结构与固态样品 Rotter 撞击仪一样，只是爆炸室和冲头有区别。液态样品 Rotter 撞击仪的爆炸室由小帽、轴承、护套、冲杆、不锈钢圆片、橡皮圈、帽定位器等组成，如图 6 所示。冲头如图 7 所示。

单位为毫米

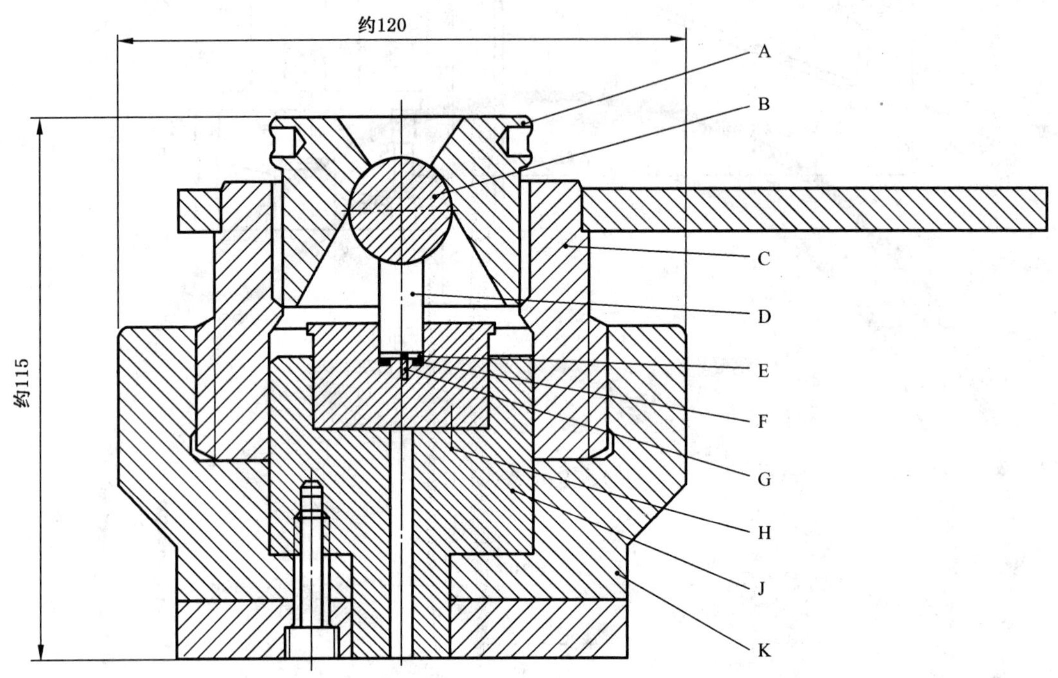

A——帽；
B——22.2 mm 滚珠轴承；
C——护套上部；
D——淬火钢冲杆；
E——不锈钢圆片；
F——橡皮圈；
G——试样；
H——淬火钢小皿；
J——撞击小室；
K——帽定位器。

图 6 液态样品 Rotter 撞击仪的爆炸室、冲杆装置和护套

单位为毫米

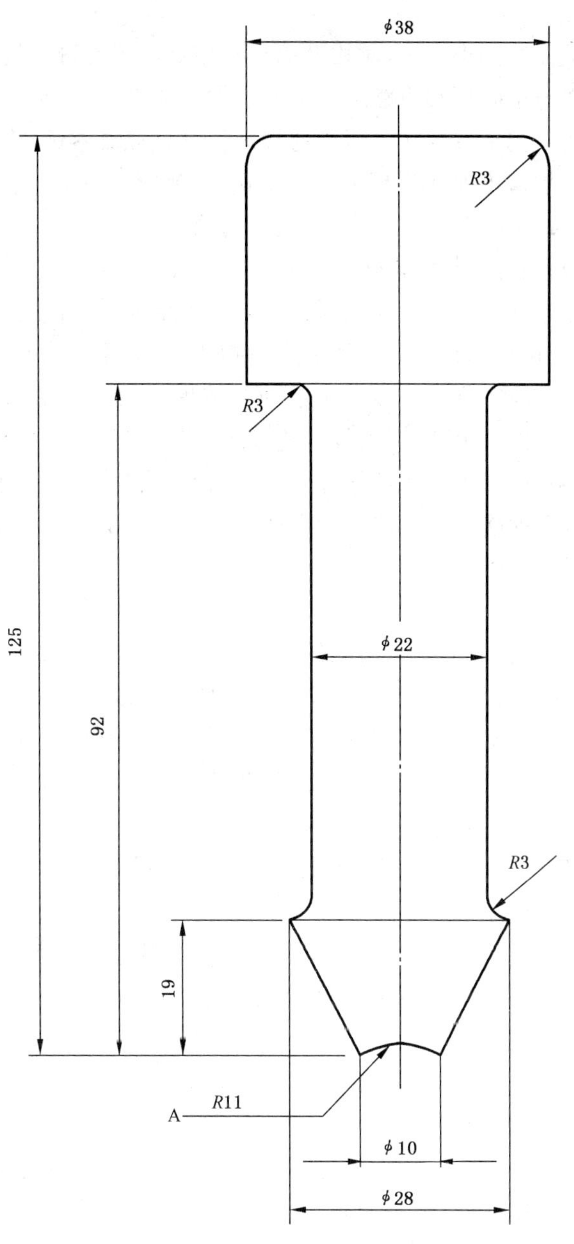

A——球面。

图 7 液态样品 Rotter 撞击仪的中间冲头

4.6.2.3 量筒:0.03 cm^3。

4.6.2.4 捣实器具。

4.6.2.5 量气筒:50 cm^3。

4.6.2.6 配量器:由容积不小于 0.5 cm^3 的气密注射器筒、棘轮和细尖塑料喷嘴等组成。

4.6.2.7 标准炸药:按照标准程序用环己酮重结晶并干燥的旋风炸药。

4.6.3 试样制备

糊状或胶体以外的固体物质,按下述方式制备试样:

a) 将粗粉物质压碎并通过筛孔为 850 μm 的筛子;

b) 将浇注样品压碎并通过筛孔为 850 μm 的筛子,或者将样品切成体积为 0.03 cm^3 的圆片,其直径约为 4 mm,厚度约为 2 mm。

4.6.4 试验步骤

4.6.4.1 固态样品

4.6.4.1.1 用量筒量取试样装入小帽中,对松散的试样用捣实器具进行捣实。把已装药的小帽放在击砧上,注意防止小帽在试样与击砧顶端接触之前翻倒。然后旋转小帽使炸药分布平整,关闭小室,并调整撞杆使之与小帽接触,然后把小室放在仪器中的规定位置。释放落锤,观察是否“响”。

4.6.4.1.2 标准落高的对数值排列在直尺上。参照附录A所提供的方法,进行布鲁塞顿法操作。通过在最靠近的“响”(点燃)与“不响”(不点燃)之间进行内插试验,直到在相邻的水平上发生这些情况,来确定试验样品和标准药开始布鲁塞顿法操作的初始高度。在正常试验中都进行50次布鲁塞顿法操作。

4.6.4.1.3 如果使用试样比较试验程序,参见附录B,对标准药小帽和试验试样小帽交替进行冲击,每次都按单独的布鲁塞顿操作进行。在试验任何爆炸性物质时,如果压力计上记录的气体产物大于或等于1 cm^3,或者压力计流体的非标准瞬态移动显示如此结果,而且在打开击砧座时有烟存在而得到证实,则认为是“响”了。对于一些烟火药,出现较轻的效应,例如变色,就可以作为“响”了的证明。试验每个小帽以后,要对击砧和小室内部彻底清理并进行干燥;检查击砧,如有可见的损伤应予更换。重锤从大大超过200 cm的高度落下就能损坏击砧。标准药的数据除非是从试样比较试验程序中得到,否则应从确定滑动平均值的50次操作中获取。

4.6.4.2 液态样品

4.6.4.2.1 试验开始前,将试验液体物质用的各个小皿和冲杆成对分置。把校准圆片依次插入每个小皿中,再加上冲杆,然后将此装置放入撞击小室中。把滚珠轴承放在冲杆顶端之后,把护套上部安放到帽定位器上,并锁定位置。然后把帽插入,并向下拧,直到珠座和滚珠接触。初始位置从护套上部顶端的100分度的环形尺读出,使用的每个小皿和冲杆具有各自特定的读数。环形尺上的每个分度相当于垂直位移0.02 mm。

4.6.4.2.2 试验时,在小皿中放入一个O形密封圈。用配量器量取0.025 cm^3 试验液体放入凹穴中。然后将不锈钢圆片放落到O形密封圈上,封住体积为0.025 cm^3 的空气。再把冲杆装在顶部。将此装置放入撞击小室内,滚珠轴承放在冲杆顶部,将护套上部装上并锁定位置。然后用手将帽往下拧,直到与滚珠接触,见图6。将帽向下拧至所使用的特定小皿和冲杆的初始校准位置,加上环形尺上一个标准数目的分度,从而给试样小室施加一个标准的预压。将护套放到落锤仪下,使球面凹槽冲头贴在滚珠轴承的顶部,见图6。试验程序与固体样品相似,使用同样的布鲁塞顿分度。如果听到“嘭”声比在相同落高下撞击惰性液体时的声音要响,或者在试样小室里有残余压力,或者在拆开后看到或嗅到分解产物,则认为是“响”了。若液体留在试样小室里未发生变化,就是“未响”。试验后,要对小皿和冲杆彻底清理干净,如两者之中任何一个有损坏(通常是出现凹痕)痕迹,必须更换,并使用校正圆片重新进行校正。每次试验后,要换新的O形密封圈和不锈钢圆片。

4.6.5 结果判定

4.6.5.1 判定依据

4.6.5.1.1 固态样品

固态样品试验结果的判定依据是:

a) 在一次试验中观察是否到“响”了;

b) 用布鲁塞顿法确定参考标准旋风炸药和试样的中位落高,计算试样相对标准炸药的不敏感指数;

c) 利用以下公式比较标准旋风炸药的滑动平均中位落高(H_1)和试样的滑动平均中位落高(H_2):

不敏感指数(F of I)$=80\times H_2/H_1$

(如果 $H_2\geqslant 200$ cm,那么不敏感指数即为>200)。

4.6.5.1.2　**液态样品**

液态样品试验结果的评估依据是：

a) 在一次试验中观察是否到“响”。

b) 用布鲁塞顿法确定试样的中位落高。

c) 液态样品的中位落高计算方法与固态样品相同，但结果直接标出。对于在约 125 cm 处落下“不响”的样品，中位落高计为“＞125 cm”。

4.6.5.2　**判断结果**

4.6.5.2.1　**固态样品**

a) 如果不敏感指数小于或等于 80，试验结果计为“＋”。

b) 如果不敏感指数大于 80，试验结果计为“－”。

c) 如果试验物质得到的不敏感指数小于 80，可以参见附录 B 利用试样比较试验程序将它与标准旋风炸药进行直接比较，对每一物质都作 100 次冲击。如果试验物质不比旋风炸药更敏感的可信度为 95％或更大，则试验物质以其进行试验的形式运输不是很危险。

4.6.5.2.2　**液态样品**

a) 如果液态样品在试验中比硝酸异丙酯更敏感，试验结果计为“＋”。

b) 如果液态样品的中位落高大于或等于硝酸异丙酯的中位落高，试验结果计为“－”。

c) 当样品中位落高小于硝酸异丙酯的中位落高达 14 cm 时，可以利用样品比较法将试样与硝酸异丙酯进行直接比较，对每一样品都作 100 次冲击。如果试样不比硝酸异丙酯更敏感的可信度为 95％或更大，则试验物质以其进行试验的形式运输不是很危险。

4.6.5.3　**部分样品的测试结果**

4.6.5.3.1　部分固态样品的测试结果见表 5。

表 5　部分固态样品测试的测试结果

测　试　物	不敏感指数	结　　果
炸胶——杰奥发克斯炸药	15	＋
炸胶——水下用	15	＋
柯达炸药	20	＋
1,3-二硝基苯	>200	－
硝酸胍	>200	－
奥科托金炸药	60	＋
叠氮化铅(军用)	30	＋
季戊炸药	50	＋
季戊炸药/蜡 90/10	90	－
旋风炸药	80	＋
特屈儿炸药	90	－
梯恩梯	140	－

4.6.5.3.2 部分液态样品的测试结果见表6。

表6 部分液态样品的测试结果

测试物	不敏感指数	结果
二甘醇二硝酸酯	12	+
二甘醇一硝酸酯	46	—
1,1-二硝基乙烷	21	—
二硝基乙苯	87	—
三硝酸甘油酯(硝化甘油,NG)	5	+
硝酸异丙酯	14	+
硝基苯	>125	—
硝基甲烷	62	—
三甘醇二硝酸酯	10	+
三甘醇一硝酸酯	64	—

4.7 第四法 30 kg 落锤试验

4.7.1 原理

采用落锤试验装置测试试样对落锤撞击的敏感度,用于确定物质可否以试验形式安全运输。

4.7.2 设备

4.7.2.1 钢试样槽:槽深 8 mm,宽 50 mm,长 150 mm,壁厚约 0.4 mm,如图 8 所示。

单位为毫米

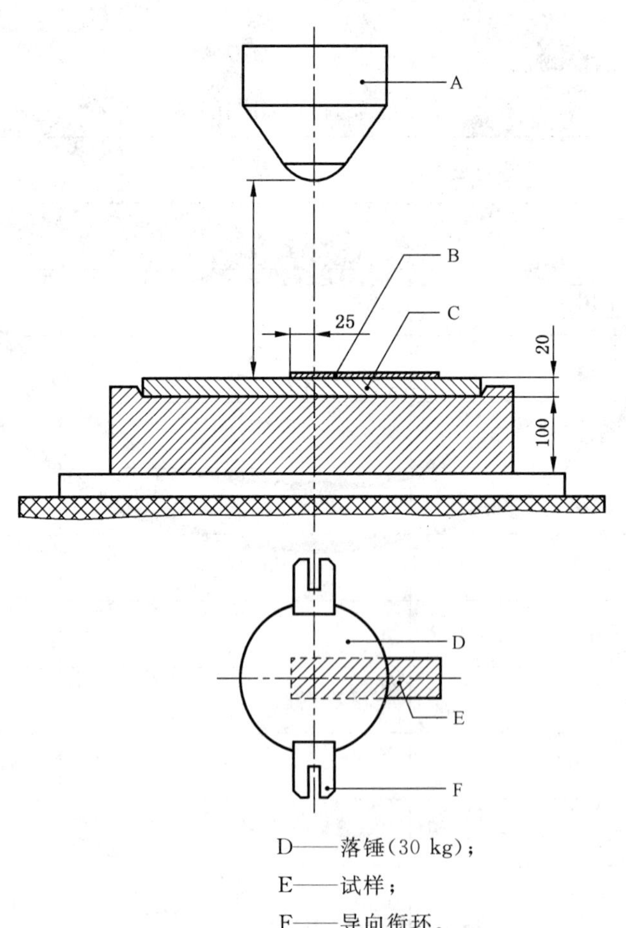

A——落锤;
B——试样;
C——可拆卸的击砧;
D——落锤(30 kg);
E——试样;
F——导向衔环。

图8 30 kg 落锤试验试样槽装置图

4.7.2.2 落锤:质量为 30 kg,如图 9 所示。

单位为毫米

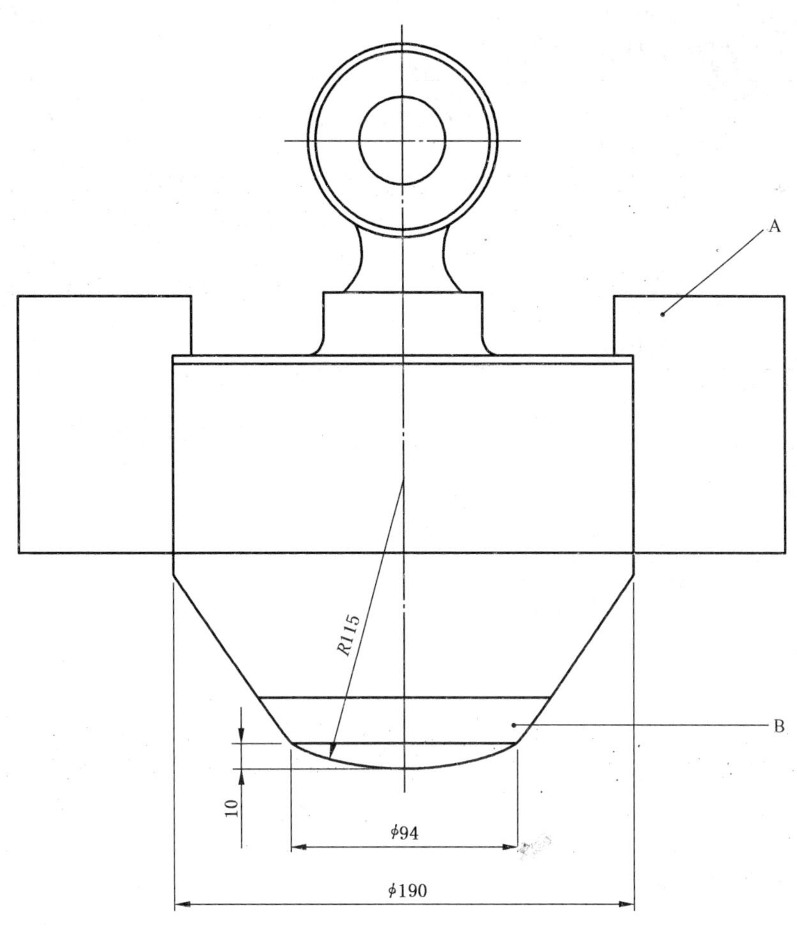

A——导向衔环;

B——可拆卸的锤头。

图 9 落锤

4.7.3 试验步骤

试样槽中均匀装满 8 mm 深的试样后放于击砧上,落锤的轴线应与试样槽的纵向重叠,且落锤的落点距离试样槽的一端 25 mm。从 4.00 m 处开始释放落锤,按照每次降低 0.25 m 的次序直至逐步减到 0.25 m。如果在距离试样撞击点至少 100 mm 处观察到以槽壁变形为主的爆炸效应,即视为发生了传播。每个高度进行三次重复试验。记录试样的极限落高。当落高为 4.00 m 时没有发生传播,极限落高记录为"≥4.00m"。

4.7.4 结果判定

4.7.4.1 判定依据

如果试样的极限落高小于 0.75 m,试验结果计为"+",否则结果计为"-"。

4.7.4.2 部分样品测试结果

部分样品测试结果见表 7。

表 7 部分样品的测试结果

测试物	极限高度/m	结果
高氯酸铵	≥4.00	−
奥克托金炸药 0 μm～100 μm (最少 70%的样品粒径小于或等于 40 μm)[a]	0.5	+
奥克托金炸药 80 μm～180 μm (最少 50%的样品粒径大于或等于 315 μm)[a,b]	1.75	−
硝酸肼,熔融的[c]	0.25	+
采矿炸药[d]	≥4.00	−
硝化甘油	0.50	+
硝基胍	≥4.00	−
季戊炸药,细粒(最少 40%的样品粒径小于或等于 40 μm)	0.50	+
旋风炸药,0 μm～100 μm(最少 55%的样品粒径小于或等于 40 μm)[a]	1.00	−
旋风炸药,平均粒径 125 μm～200 μm	2.00	−
梯恩梯,片状[e]	≥4.00	−
梯恩梯,浇注	≥4.00	−

a 用环己酮重新结晶。

b 旋风炸药含量:最多 3%。

c 60 ℃～80 ℃。

d 以硝酸铵为基料,含 11.5%喷妥炸药和 8.5%铝。

e 熔点≥80.1 ℃。

4.8 第五法 改进的 12 型撞击装置法

4.8.1 原理

采用两种不同的试验装置分别测试固态和液态的试样对落锤撞击的敏感度,用于确定样品可否以试验形式安全运输。

4.8.2 设备和材料

4.8.2.1 改进的 12 型撞击装置

由撞击表面直径为 32 mm 的击砧和中间锤导轨组成,如图 10 所示。

4.8.2.2 落锤和中间锤

中间锤置于试样上,落锤通过导轨可自由落在中间锤上,如图 10 所示。落锤和中间锤有以下组合:

a) 1.5 kg 的中间锤分别与 1.0 kg、1.5 kg、1.8 kg 和 2.0 kg 落锤的组合;

b) 2.0 kg 的中间锤分别与 1.0 kg 和 2.0 kg 的落锤的组合;

c) 2.5 kg 的中间锤分别与 2.5 kg 和 5.0 kg 的落锤的组合。

4.8.2.3 方形石榴石砂纸:边长 25 mm±2 mm。

4.8.2.4 天平:感量 0.001 g。

4.8.2.5 黄铜小帽:直径 10.0 mm,高 4.8 mm,壁厚 0.5 mm。

4.8.2.6 不锈钢圆片:直径 8.4 mm,厚 0.4 mm。

4.8.2.7 O 形密封圈:氯丁橡胶,直径 8.4 mm,厚 1.3 mm。

4.8.2.8 注射器:50 μL

4.8.2.9 小刮刀。

单位为毫米

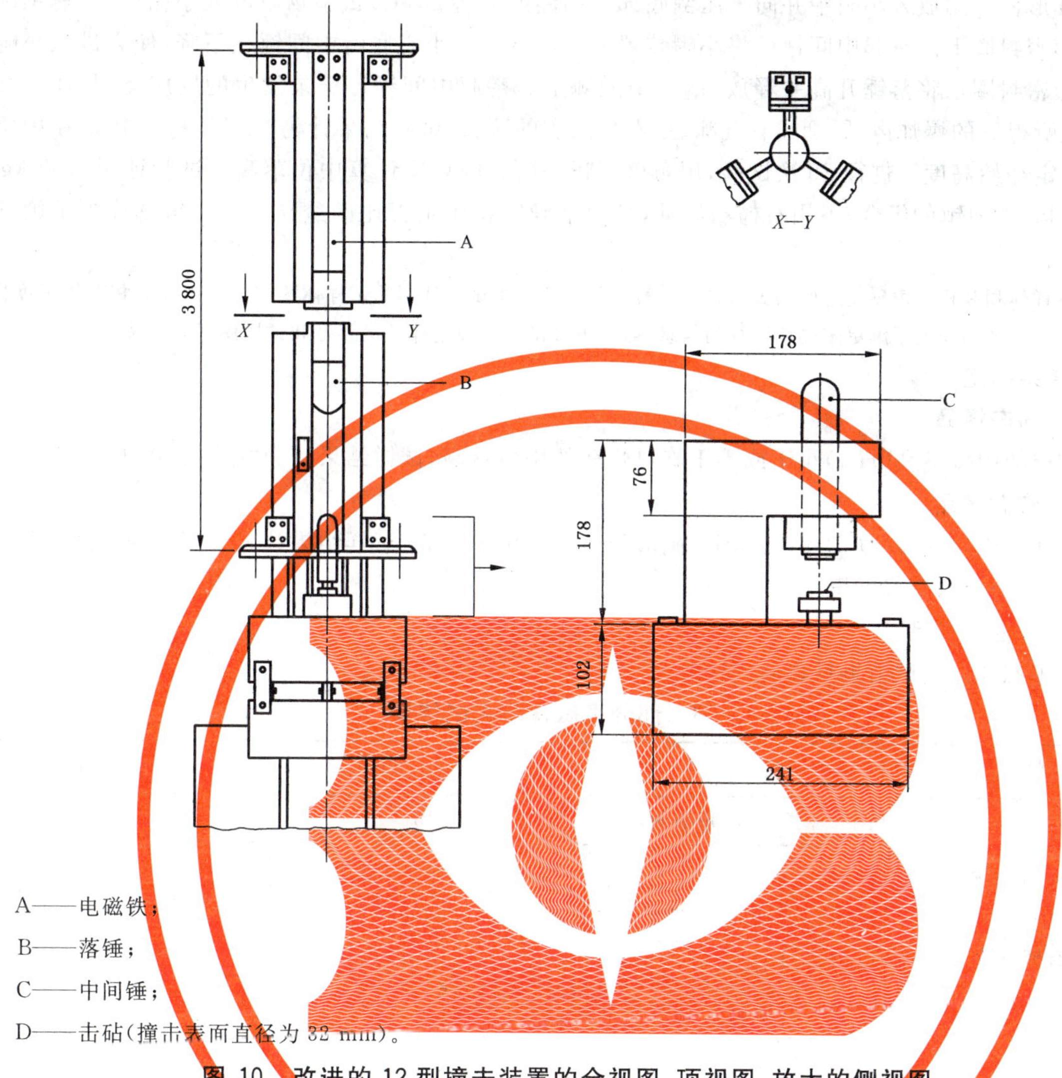

A——电磁铁；

B——落锤；

C——中间锤；

D——击砧（撞击表面直径为 32 mm）。

图 10　改进的 12 型撞击装置的全视图、顶视图、放大的侧视图

4.8.2.10　标准炸药：干燥的旋风炸药。

4.8.2.11　硝酸异丙酯。

4.8.3　试验步骤

4.8.3.1　固态样品

准确称量 0.03 g±0.005 g 的试样。提起中间锤。将试样松散地堆放在击砧中央。对于比较不敏感的样品，将试样放在一张方形石榴石砂纸上，然后将石榴石砂纸放在击砧上。小心地将中间锤往下放到击砧上的试样上。将落锤升高到 36.0 cm 即落高对数系列中点的高度后释放，使其落到中间锤上。记录发生的反应类型，如果试样的反应是听得见的爆炸声、冒烟或有气味、或看见点燃的迹象，试验结果计为“＋”。提起中间锤，击砧表面用布擦干净。

参照附录 A，按布鲁塞顿法确定初始落高：在最接近的得到“＋”结果和“－”结果的落高之间进行内插试验，直到“＋”结果和“－”结果发生在相邻的落高上。然后进行 25 次试验，使用布鲁塞顿法选定各次的落高。落高之间以 10 为底的对数间隔为 0.093，因此落高系列为：6.5 cm、8 cm、10 cm、12 cm、15 cm、19 cm、24 cm、29 cm、36 cm、45 cm、55 cm、69 cm、85 cm、105 cm、131 cm、162 cm 和 200 cm。利用布鲁塞顿法所载的程序利用结果计算中位落高（H_{50}）。试验证明，1.8 kg 落锤和 1.5 kg 中间锤的组合，不用石榴石砂纸，是用于确定物质是否比旋风炸药更敏感或更不敏感的最佳组合。

4.8.3.2 液态样品

将O形密封圈放入小帽中并向下压倒底部。用注射器将25 μL试验物质放入小帽中，不锈钢圆片放在O形密封圈上。举起中间锤后将小帽装置放在击砧上。小心底将中间锤往下降，使它进入小帽并压住O形密封圈。将落锤升高并释放，落在中间锤上。举起中间锤。记录发生的反应类型，如果试样的反应是听得见的爆炸声、冒烟或有气味、或看见点燃的迹象，试验结果计为"+"。利用附录A中所述的程序确定初始高度。进行25次试验，用布鲁塞顿法所载的程序计算中位落高。试验证明，1.0 kg落锤和1.5 kg中间锤的组合，不用石榴石砂纸，是用于确定物质是否比硝酸异丙酯更敏感或更不敏感的最佳组合。

注：试样体积和样品敏感度之间的关系是样品特有的性质。本试验选用的试样体积仅为测试样品相对敏感度提供参考。如果需要了解更多的待测物的信息，需要更多试验来确定样品敏感度和试样体积的关系。

4.8.4 结果判定

4.8.4.1 固态样品

如试样的中位落高(H_{50})小于或等于旋风炸药的中位落高，试样结果计为"+"，否则为"−"。

4.8.4.2 液态样品

如试样的中位落高(H_{50})小于或等于硝酸异丙酯的中位落高，试样结果计为"+"，否则为"−"。

4.8.4.3 部分试样测试结果

4.8.4.3.1 固态样品

部分固态样品测试结果见表8。

表8 部分固态样品测试结果

测试条件	测试物	中值高度/cm	结果
1.8 kg落锤，1.5 kg中间锤，无石榴石砂纸	季戊炸药(超细的)	15	+
	一级旋风炸药	38	+
	旋风炸药/水 75/25	>200	−
	特屈儿炸药	>200	−
	梯恩梯	>200	−
2.5 kg落锤，2.5 kg中间锤，有石榴石砂纸	季戊炸药(超细的)	2	+
	旋风炸药(3211J)	12	+
	特屈儿炸药	13	−
	梯恩梯(200筛号)	25	−

4.8.4.3.2 液态样品

部分液态样品测试结果见表9。

表9 部分液态样品测试结果

测试条件	测试物	中值高度/cm	结果
1.0 kg落锤，2.0 kg中间锤	硝酸异丙酯(99%，沸点101 ℃～102 ℃)	18	−
	硝基甲烷	26	−
	三甘醇二硝酸酯	14	+
	三羟基甲基乙烷三硝酸酯	10	+
	三甘醇二硝酸酯/三羟基甲基乙烷三硝酸酯 50/50	13	+

4.9 第六法 撞击敏感度法

4.9.1 原理

采用两种不同的试验装置分别测试固态和液态的试样对落锤撞击的敏感度，用于确定样品可否以试验形式安全运输。

4.9.2 设备和材料

4.9.2.1 撞击设备：如图11所示，主要包括以下部件：

a) 无缝钢制成的击砧；

b) 垂直平行的落锤导柱；

c) 带有限止闩的钢锤：10 kg，钢锤撞击头是由洛氏硬度60～63的淬火钢制成；

d) 抓放装置；

e) 防止落锤反复落下的锯齿板；

f) 标有毫米刻度的量尺。

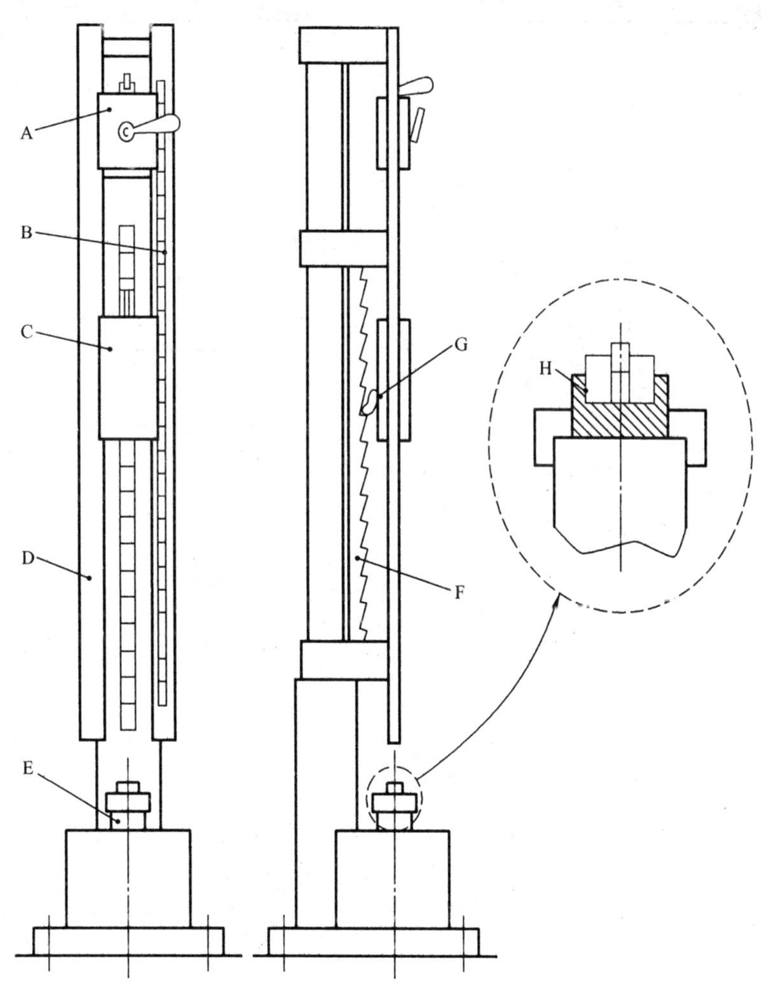

A——抓放装置；
B——分度尺；
C——落锤；
D——导柱；
E——击砧；
F——锯齿板；
G——防止回跳的齿杆；
H——滚筒装置放大图。

图11 撞击设备

4.9.2.2 滚筒装置1:适用于固态样品的测试,如图12所示。

单位为毫米

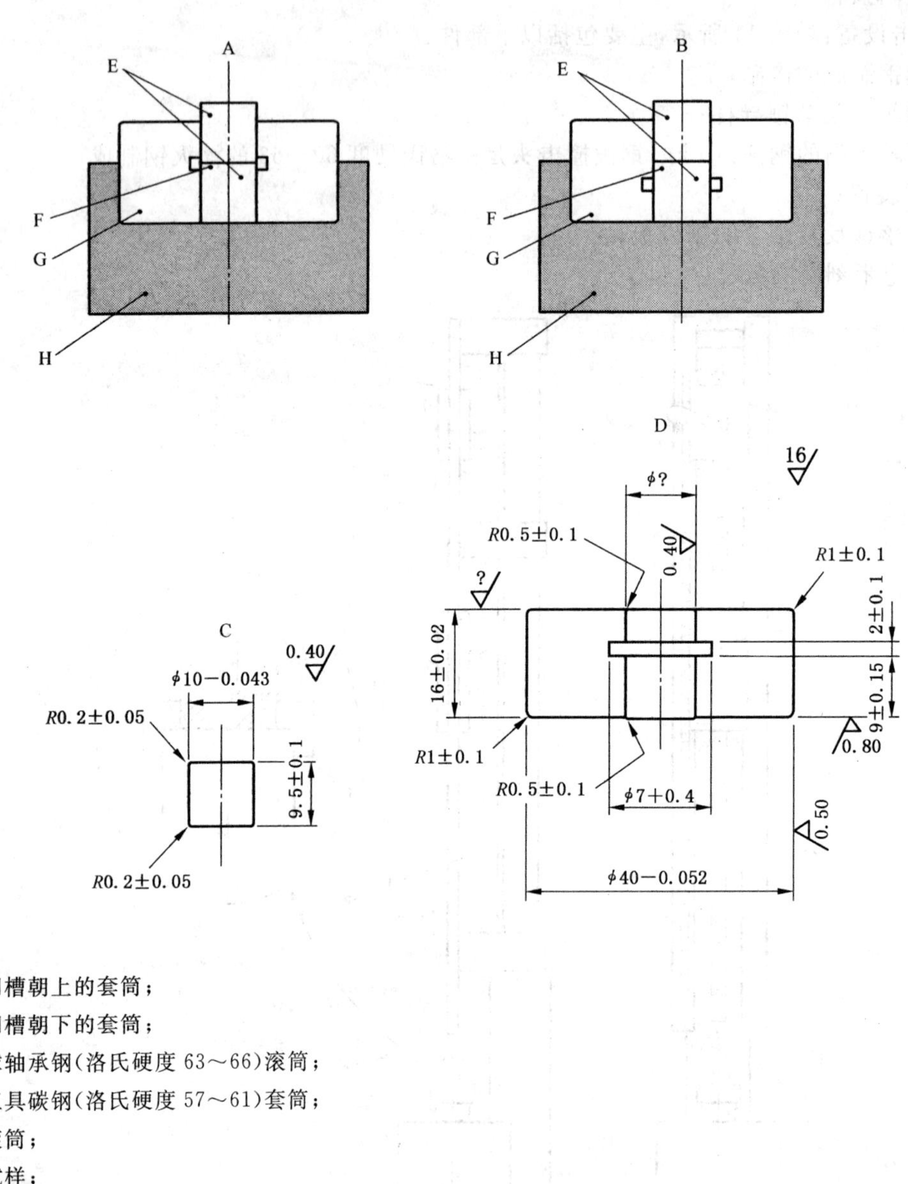

A——凹槽朝上的套筒;
B——凹槽朝下的套筒;
C——球轴承钢(洛氏硬度63～66)滚筒;
D——工具碳钢(洛氏硬度57～61)套筒;
E——滚筒;
F——试样;
G——套筒;
H——托盘。

图12 滚筒装置1

4.9.2.3 滚筒装置2:适用于液态样品的测试,如图13所示。

单位为毫米

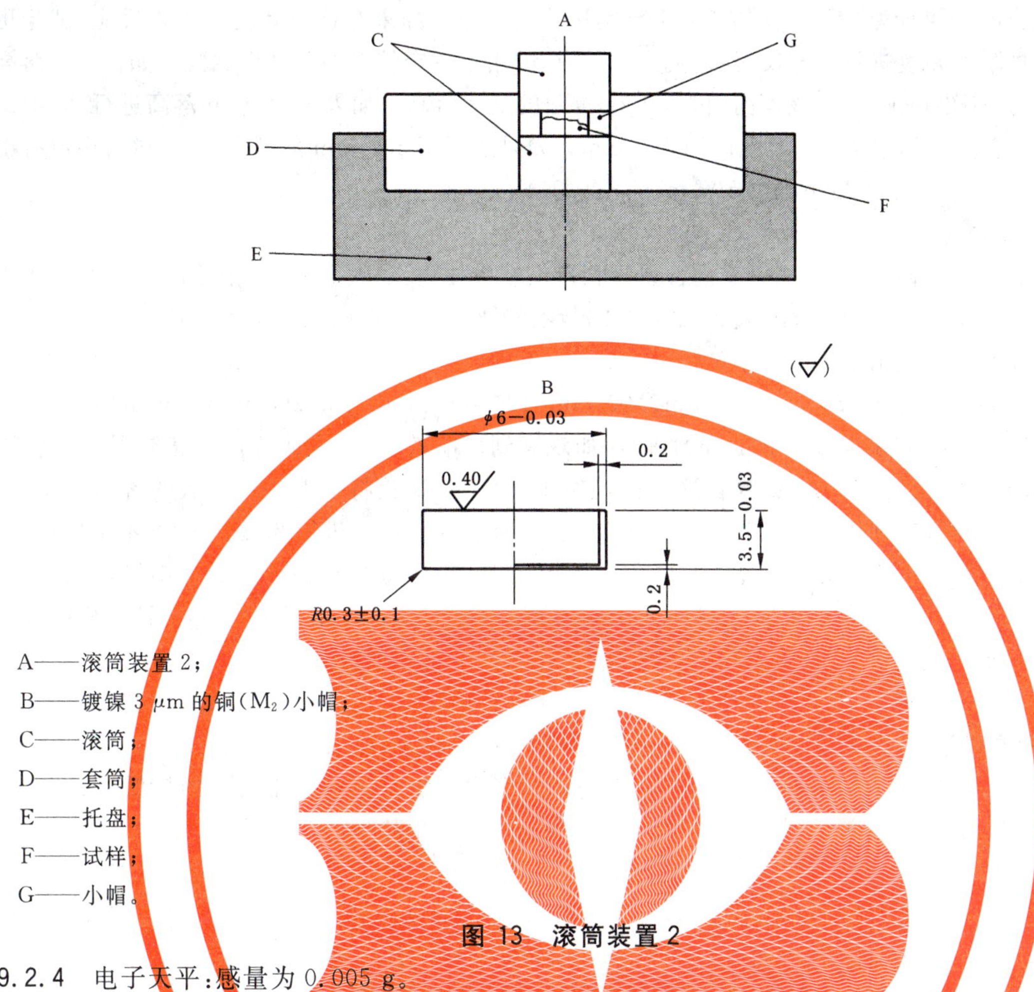

A——滚筒装置 2；

B——镀镍 3 μm 的铜(M_2)小帽；

C——滚筒；

D——套筒；

E——托盘；

F——试样；

G——小帽。

图 13 滚筒装置 2

4.9.2.4 电子天平：感量为 0.005 g。

4.9.2.5 水压机：可以提供 290 MPa 压力。

4.9.2.6 特屈儿标准炸药：经丙酮结晶制得，晶体大小为 0.200 mm～0.270 mm。

4.9.3 试样制备

4.9.3.1 通常以所收到样品的形式进行试验。湿润物质应以运输所需要的湿润剂量最小者进行试验。根据物理形状，试样应经下列程序制备：

a) 颗粒、片状、压制、浇注和类似样品经研磨并过筛孔为 0.9 mm～1.0 mm 的筛子；

b) 弹性物质在木板上切成大小不超过 1 mm 的碎片，不须过筛；

c) 粉状和塑性爆炸品试样不须研磨和过筛。

4.9.3.2 滚筒装置在使用前用丙酮或乙醇洗去油污，装置中套筒和滚筒之间应有 0.02 mm～0.03 mm 间距。在测试液态样品时，准备 35～40 套滚筒装置。

4.9.4 试验步骤

4.9.4.1 固态样品

准确称取 100 mg 试样，精确到 5 mg，置于敞开的滚筒装置 1(4.9.2.2)的滚筒表面上。套筒的凹槽朝下。将另一个滚筒放在试样上，用力挤压和转动将试样平整均匀。将装有试样的滚筒装置放在水压机上，以 290 MPa 的压力将试样压实。浸湿的爆炸品不用压缩。随后将装有滚筒和试样的套筒倒转放进托盘并将滚筒尽量压紧，以使试样与套筒的凹槽接触。将装有试样的滚筒装置放在撞击装置的击砧上。将落锤从一定高度落下撞击试样。观察现象并记录结果。

落高的选择范围如下：50 mm、70 mm、100 mm、120 mm、150 mm、200 mm、250 mm、300 mm、

400 mm和500 mm。试验从150 mm开始进行，如观察到声响效果、闪光或滚筒和套筒上出现燃烧痕迹，视为正反应，结果计为“+”。样品变色不算是爆炸的迹象。如果在这一高度发生正反应，试验将在下一个较低的落高重复进行。相反，如果发生负反应，则用上一个较高的落高作试验。如在某一落高进行25次试验均不出现正反应，该落高则为10 kg重锤的最大落高。如果在50 mm落高进行25次试验中得到正结果，那么该试样敏感度下限为<50 mm。如果在使用500 mm落高作25次试验中没有出现正反应，则该试样撞击敏感度下限为500 mm或更高。

4.9.4.2 液态样品

小帽放在下面滚筒的中央，用一支滴管或吸管向小帽中注满试样。将另一个滚筒小心地放在盛有液体物质的小帽上。然后将滚筒装置2(4.9.2.3)放在撞击装置的击砧上。将落锤从一定高度落下撞击试样。观察现象并记录结果。

落高的选择范围如下：50 mm、70 mm、100 mm、120 mm、150 mm、200 mm、250 mm、300 mm、400 mm和500 mm。试验从150 mm开始进行，如观察到声响效果、闪光或滚筒和套筒上出现燃烧痕迹，视为正反应，结果计为“+”。如果在这一高度发生正反应，试验将在下一个较低的落高重复进行。相反，如果发生负反应，则用上一个较高的落高作试验。如在某一落高进行25次试验均不出现正反应，该落高则计为10 kg重锤的最大落高。如果在50 mm落高进行25次试验中得到正结果，那么该试样敏感度下限为<50 mm。如果在使用500 mm落高作25次试验中没有出现正反应，则该试样撞击敏感度下限为500 mm或更高。

4.9.5 结果判定

4.9.5.1 固态样品

依据在某一落高下进行25次试验是否出现一次或多次正反应和出现正反应的最低落高来判断。如果发生正反应的最低落高小于100 mm，试验结果计为“+”，否则为“—”。

4.9.5.2 液态样品

依据在某一落高下进行25次试验是否出现一次或多次正反应和出现正反应的最低落高来判断。如果发生正反应的最低落高小于100 mm，试验结果计为“+”，否则计为“—”。

4.9.5.3 部分样品测试结果

4.9.5.3.1 固态样品

部分固态样品测试结果见表10。

表10 部分固态样品撞击敏感度测试结果

测试物	敏感度下限/mm	结果
阿芒拿儿炸药(80.5%硝酸铵，15%三硝基甲苯和4.5%铝)	150	—
阿芒拿儿炸药，爆裂用(66%硝酸铵，24%六素精和5%铝)	120	—
阿芒炸药，6 ZhV(79%硝酸铵，21%三硝基甲苯)	200	—
阿芒炸药，T-19(61%硝酸铵，19%三硝基甲苯，20%氯化钠)	300	—
环三亚甲基三硝胺(干)	70	+
环三亚甲基三硝胺/蜡 95/5	120	—
环三亚甲基三硝胺/水 85/15	150	—
白粒岩 AS-8(91.8%硝酸铵，4.2%机油，4%铝)	>500	—
季戊四醇四硝酸酯(干)	50	+
季戊四醇四硝酸酯/石蜡 95/5	70	+
季戊四醇四硝酸酯/石蜡 90/10	100	—

表 10（续）

测　　试　　物	敏感度下限/mm	结　　果
季戊四醇四硝酸酯/水 75/25	100	—
苦味酸	>500	—
特屈儿炸药	100	—
三硝基甲苯	>500	—

4.9.5.3.2 液态样品

部分液态样品测试结果见表 11。

表 11 部分液态样品撞击敏感度测试结果

测　　试　　物	敏感度下限/mm	结　　果
双(2,2-二硝基-2-氟-乙基)甲醛/二氯甲烷 65/35	400	—
硝酸异丙酯	>500	—
硝化甘油	<50	+
硝基甲烷	>500	—

4.10 第七法 BAM 摩擦仪试验

4.10.1 试验方法

试验操作和结果记录按照 GB/T 21566 进行。

4.10.2 结果判定

4.10.2.1 判定依据

a) 在某一特定摩擦荷重下进行的最多六次试验中是否有任何一次出现“爆炸”；和

b) 在六次试验中至少有一次出现“爆炸”的最低摩擦荷重。

4.10.2.2 判定结果

如果在 6 次试验中出现一次“爆炸”的最低摩擦荷重小于 80 N，试验结果计为“+”，否则为“—”。

4.10.2.3 部分样品测试结果

部分样品测试结果见表 12。

表 12 部分样品测试结果

测　试　物	极限荷重/N	结　　果
炸胶(75%硝化甘油)	80	—
六硝基芪	240	—
奥克托金炸药(干的)	80	—
高氯酸肼(干的)	10	+
叠氮化铅(干的)	10	+
收敛酸铅	2	+
雷酸汞(干的)	10	+
硝化纤维素 13.4%N(干的)	240	—
奥克托尔炸药 70/30(干的)	240	—
季戊炸药(干的)	60	+
季戊炸药/醋 95/5	60	+

表 12（续）

测 试 物	极限荷重/N	结 果
季戊炸药/醋 93/7	80	—
季戊炸药/醋 90/10	120	—
季戊炸药/水 75/25	160	—
季戊炸药/乳糖 85/15	60	+
苦味酸(干的)	360	—
旋风炸药(干的)	120	—
旋风炸药(水湿的)	160	—
梯恩梯	360	—

4.11 第八法 旋转式摩擦法

4.11.1 原理

本试验用于将薄层试样置于经过处理的扁平钢条表面和经过处理的轮子周缘表面之间，并使试样处于一个荷重之下，以测量物质对机械摩擦刺激的敏感度，用来确定样品可否以试验形式安全运输。

4.11.2 设备和材料

4.11.2.1 旋转摩擦装置

由轮子、钢条等组成。轮子装在转动体一端的插销上，转动体另一端有一个装在枢轴上的凸轮，凸轮用螺旋管电路中的继电开关装置操纵。将空气压缩到预定的压力以施加荷重。接通点火开关时，该凸轮移入重飞轮周缘上的击杆的运动路径中，飞轮驱动转动体，使轮子转动 60°，之后借助于转动体上的偏心轮和由载荷缸操纵的推杆使摩擦表面分开。设备如图 14 所示。其中钢条和轮子的规格要求如下：

a) 钢条：由通用软钢制成，其表面经喷砂加工至光洁度为 3.2 μm±0.4 μm。

b) 轮子：直径 70 mm、厚 10 mm 由通用软钢制成，其周缘经喷砂加工至光洁度为 3.2 μm±0.4 μm。

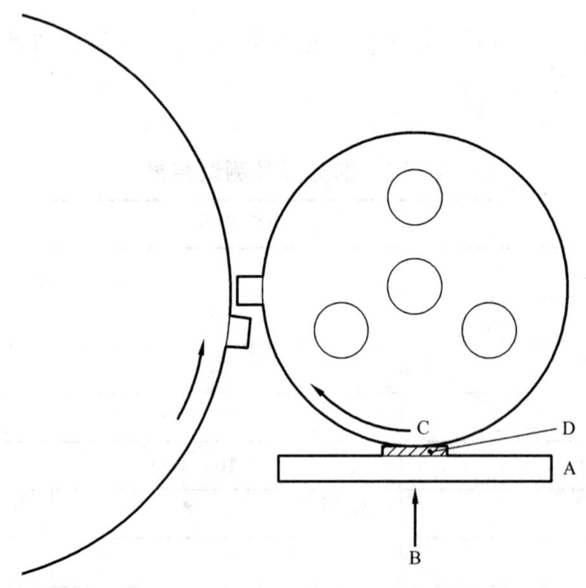

A——软钢条；

B——压缩空气荷重；

C——与试样接触的轮子；

D——试样。

图 14 旋转式摩擦设备

4.11.2.2 标准炸药：将旋风炸药用环己酮重新结晶并按照标准方法加以干燥。

4.11.3 试样制备

粉末样品混合均匀，其他类型的固体样品切成薄片混合均匀。

4.11.4 试验步骤

4.11.4.1 将粉末试样铺在钢条上，其他类型的固体试样切成薄片铺在钢条上，使试样在钢条上的厚度不大于约0.1 mm。在正常程序中，荷重是用0.275 MPa的空气压力予以维持，但非常敏感的爆炸品可能需要用比较小的荷重。轮子的角速度用作可变参数，并用改变驱动飞轮的电动机的速度来控制。观察是否“点燃”，测定样品和标准炸药的滑动平均中值打击速度。

4.11.4.2 参照附录A采用布鲁塞顿法和参照附录B采用样品比较法来测定样品和标准炸药的滑动平均中值打击速度。应用布鲁塞顿法时，通过在与最相近的点燃和不点燃速度的平均值最接近的速度上进行试验，并重复这一过程直到这些情况发生在相邻水平的速度上，来确定开始布鲁塞顿操作的初始速度。在正常试验中，每一样品和标准炸药使用对数间距为0.10来进行50次布鲁塞顿操作。应用使用样品比较法时，对样品和标准炸药交替进行打击，每次都按单独的布鲁塞顿法进行记录。

4.11.4.3 对标准炸药的滑动平均中值打击速度的测定优先选用样品比较法，再考虑采用布鲁塞顿法。

4.11.4.4 每一试样只用一次，钢条和轮子互相接触的表面也只用一次。

4.11.4.5 通常情况下，如果产生闪光或听得见的爆炸声可认为是点燃，但即使冒一点烟或样品变黑也应认为是点燃。

4.11.5 结果判定

4.11.5.1 判定依据

结果判定的依据是：

a) 是否在一次试验中观察到“点燃”；

b) 根据所测定的样品和标准炸药的滑动平均中值打击速度计算摩擦指数。

4.11.5.2 判定结果

a) 规定标准炸药的摩擦指数为3.0。

b) 如果摩擦指数小于或等于3.0，试验结果计为“+”。

c) 如果样品摩擦指数大于3.0，试验结果计为“−”。

d) 当样品摩擦指数小于3.0时，可以利用样品比较法将试样与标准炸药进行直接比较，对每一样品都作100次冲击。如果试样不比标准炸药更敏感的可信度为95%或更大，则试验物质以其进行试验的形式运输是不太危险。

4.11.5.3 部分样品测试结果

部分样品测试结果见表13。

表13 部分样品测试结果

测 试 物	摩 擦 指 数	结 果
炸胶——杰奥发克斯炸药	2.0	+
炸胶——水下用	1.3	+
叠氮化铅	0.84	+
季戊炸药/醋 90/10	4.0	−
旋风炸药	3.4	−
特屈尔炸药	4.5	−
梯恩梯	5.8	−

4.12 第九法 摩擦敏感度法

4.12.1 原理

本试验测量物质对机械摩擦刺激的敏感度，用于确定样品可否以试验形式安全运输。

4.12.2 试验设备

4.12.2.1 摩擦试验装置：摩擦试验装置安装在混凝土基座上，由摆、摆托、装置主体和水压机等组成，如图15所示。

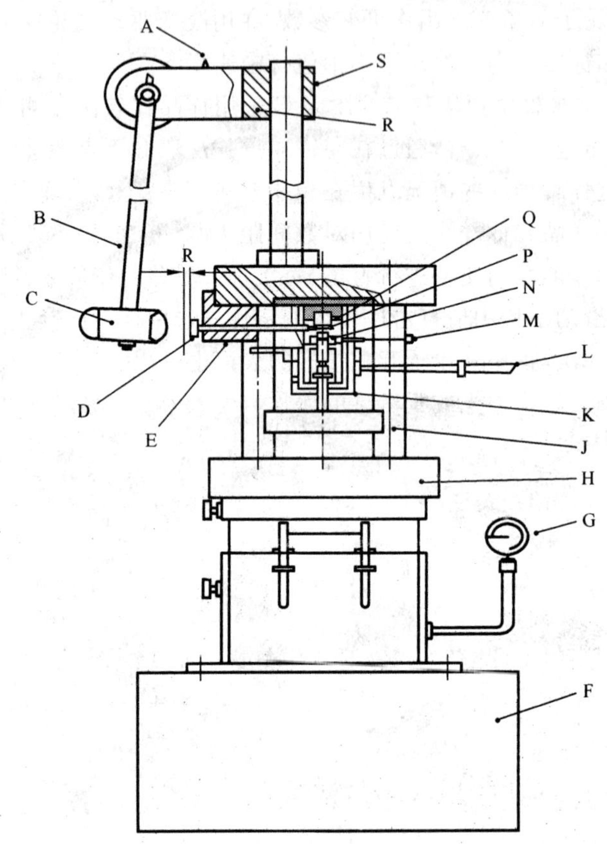

A——起动装置；
B——摆臂；
C——摆锤；
D——撞针；
E——撞针导板；
F——基座；
G——压力表；
H——水压机；
J——装置支撑；
K——装置主体；
L——滚筒组合套筒下降柄；
M——滚筒组合推杆；
N——套筒；
P——滚筒；
Q——空箱；
R——摆托；
S——摆托支架。

图15 撞击摩擦试验装置

4.12.2.2 滚筒组合:滚筒组合在装置主体内,由一个套筒和两个滚筒组成,如图16所示。滚筒组合在使用前必须洗去油污。所使用装置如果符合规格可继续使用。

单位为毫米

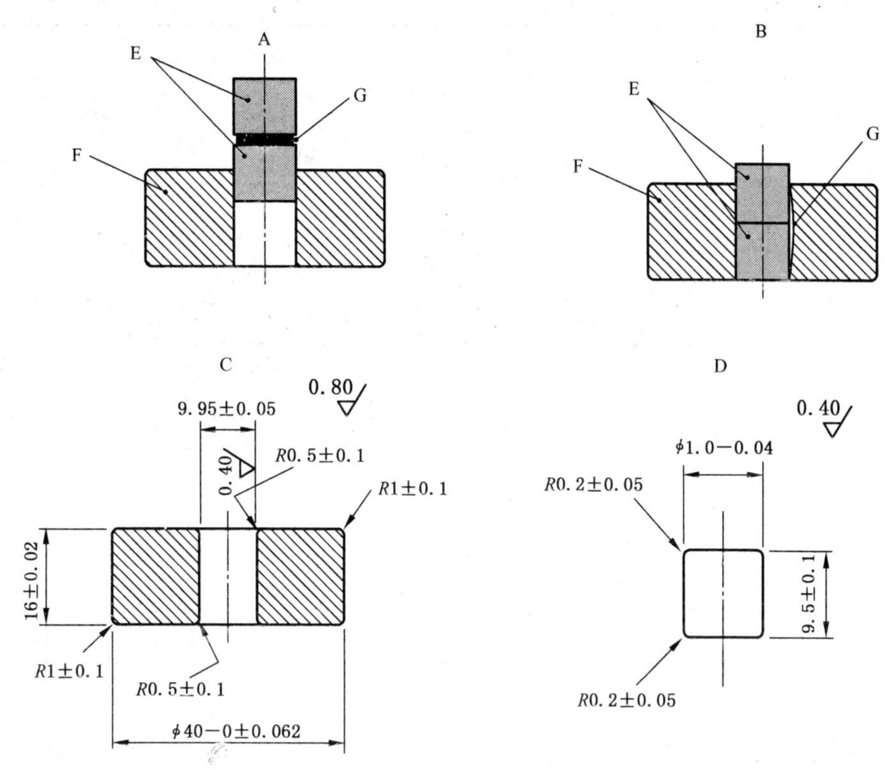

A——滚筒的初始位置;

B——试验状态下滚筒的位置;

C——工具碳钢 HRC57-61 套筒;

D——球轴承钢 HRC63-66 滚筒;

E——滚筒;

F——套筒;

G——试样。

图16 滚筒组合

4.12.3 试样制备

通常以所收到样品的形式进行试验。湿润的样品应以其含有运输要求湿润剂含量最小者进行试验。试样物质应经以下程序处理:

a) 颗粒、片状、压制、浇注和类似包装的样品经研磨后过筛孔直径为0.50 mm±0.05 mm的筛子;

b) 弹性样品在木板上切成大小不超过1 mm的碎片,混合均匀;

c) 粉末、塑性和糊状爆炸品试样不研磨和过筛,取有代表性的样品混匀。

4.12.4 试验步骤

4.12.4.1 称取20 mg试样置于敞开的滚筒组合里。通过轻轻挤压和旋转上面的滚筒使爆炸品试样在滚筒之间均匀分布。将装有试样的滚筒组合放进装置主体的空箱里,然后用选定的压力压缩试样。通过保持压力使套筒下降,使得试样能够压在两个滚筒表面之间并上升到超过套筒。移动撞针,使其撞击端与滚筒接触。按照表14,根据试样所承受的压力设定摆锤的甩角。撞针在受到摆锤撞击后,造成上面的滚筒移动1.5 mm,与试样产生摩擦。观察实验现象,如出现响声、闪光或滚筒上有燃烧痕迹,即被看作是发生爆炸。

表 14 试样承受压力和摆锤甩角

测试物试样的承受压力/MPa	摆锤甩角（离开垂直线的角度）/(°)	爆炸品试样的承受压力/MPa	摆锤甩角（离开垂直线的角度）/(°)
30	28	40	32
50	35	60	38
70	42	80	43
90	46	100	47
120	54	140	58
160	61	180	64
200	67	220	70
240	73	260	76
280	78	300	80
320	82	340	83
360	84	380	85
400	86	450	88
500	91	550	93
600	95	650	97
700	100	750	101
800	103	850	106
900	107	950	108
1 000	110	1 100	115
1 200	118		

4.12.4.2 摩擦敏感度下限被看作是在 25 次试验中不出现爆炸并且与造成爆炸时的压力相差不超过下列数值的最大承受压力：

a) 在试验压力小于 100 MPa 时不超过 10 MPa；

b) 在试验压力 100 MPa～400 MPa 时不超过 20 MPa；

c) 在试验压力超过 400 MPa 时不超过 50 MPa。

4.12.4.3 通过改变摆锤的甩角，直至测试出 25 次重复试验中均不出现爆炸的试样最大承受压力。

4.12.4.4 如果在 1 200 MPa 的压力下进行 25 次试验中没有出现爆炸，把摩擦敏感度下限定为“1 200 MPa或更高”。如果在 30 MPa 压力下进行 25 次试验中出现 1 次或 1 次以上爆炸，把摩擦敏感度下限定为“小于 30 MPa”。

4.12.5 结果判定

4.12.5.1 判定依据

依据在 25 次重复试验中是否发生一次爆炸和在 25 次重复试验中都没有发生爆炸的最大承受压力来判断。如果撞击摩擦敏感度下限小于 200 MPa，试验结果计为“＋”，否则为“－”。

4.12.5.2 部分样品测试结果

部分样品测试结果见表 15。

表 15 部分样品测试结果

测试物	下限/MPa	结果
硝酸铵	1 200	—
叠氮化铅	30	+
季戊炸药(干的)	150	+
季戊炸药/石蜡(95/5)	350	—
季戊炸药/梯恩梯(90/10)	350	—
季戊炸药/水(75/25)	200	—
苦味酸	450	—
旋风炸药(干的)	200	—
旋风炸药/水(85/15)	350	—
三氨基三硝基甲苯(TATB)	900	—
梯恩梯	600	—

4.13 第十法 75 ℃热稳定性试验

4.13.1 原理

本试验测量物质在加热条件下的稳定性,以确定样品可否以试验形式安全运输。

4.13.2 试验设备和材料

4.13.2.1 电烘箱:装有通风装置、防爆电装置、保护装置和恒温控制器。恒温控制器能够保持烘箱温度为 75 ℃±2 ℃并记录。保护装置用于防止恒温器失灵时热失控。

4.13.2.2 无嘴烧杯:直径 35 mm、高 50 mm。

4.13.2.3 玻璃盖:直径 40 mm。

4.13.2.4 电子天平:感量 0.1 g。

4.13.2.5 热电偶。

4.13.2.6 温度记录系统。

4.13.2.7 平底玻璃管:直径 50.5 mm±1 mm、长 150 mm。

4.13.2.8 塞子:耐压 60 MPa(0.6 bar)。

4.13.2.9 对照品:选择一种物理性质和热性质与待测物相似的惰性物质作为对照品。

4.13.3 试验步骤

4.13.3.1 预试验

测试新样品前,应当进行若干鉴别试验以确定其性能,如 75 ℃下将少量试样加热 48 h。如果没有发生爆炸反应,那么可以进行后续的试验。如果试样发生爆炸或着火,表明该样品过于热不稳定不能运输。

4.13.3.2 正式试验

4.13.3.2.1 无仪器试验

称取 50 g 试样,精确至 0.1 g,置于烧杯中,加玻璃盖后放进预先升温至 75 ℃的烘箱。在加热 48 h 后,如果无现象或者没有出现着火或爆炸而是出现某些自加热的迹象如冒烟或分解,那么可以进行后续的试验。

4.13.3.2.2 仪器试验

准确称取 100 g(精确至 0.1 g)或 100 mm^3 密度小于 1 000 kg/m^3 的试样置于平底玻璃管里,将同样数量的对照品置于另一根管子里。将两个热电偶插到管内试样一半高度的位置,如果热电偶对于试样和对照品来说不是惰性的,则必须用惰性的外罩包裹。将另一个热电偶和加了盖的两根管子放入烘箱内,如图 17 所示。在试样和参考物质达到 75 ℃以后的 48 h 内,如果试样与对照品之间的出现温差,做好记录,并记录试样分解的现象。

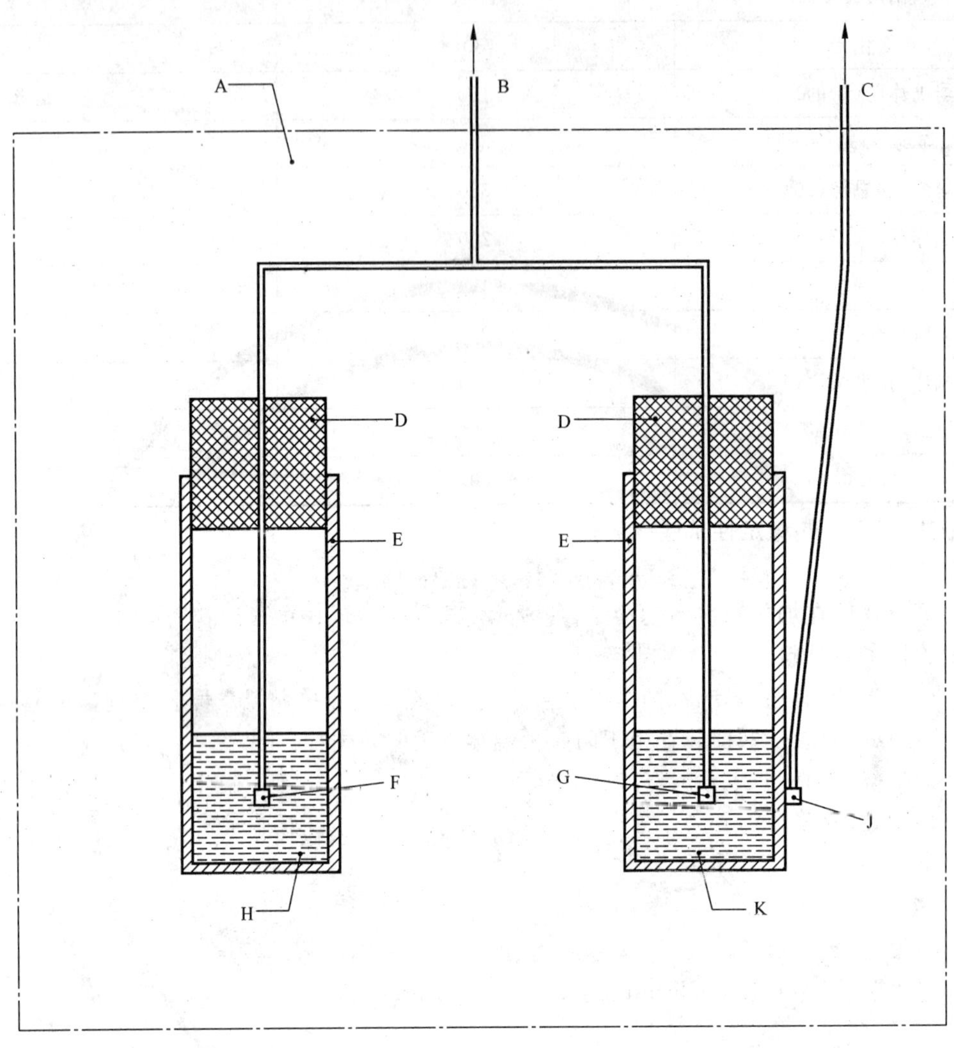

A——加热烘箱;

B——接毫伏特计(T_1-T_2);

C——接毫伏特计(T_3);

D——塞子;

E——玻璃管;

F——热电偶 T_1;

G——热电偶 T_2;

H——100 mm^3 试样;

J——热电偶 T_3;

K——100 mm^3 对照品。

图 17　75 ℃热稳定性试验装置

4.13.4　结果判定

4.13.4.1　判定依据

4.13.4.1.1　无仪器试验

如果出现着火或爆炸的现象,结果计为“+”;如果没有观察到变化,结果计为“-”。

4.13.4.1.2 仪器试验

4.13.5 结果判定

4.13.5.1 判定依据

如果出现着火或爆炸的现象或者由于自加热产生并记录到的温度差大于或等于为 3 ℃，结果计为“＋”。如果没有出现着火或爆炸，但记录到的自加热的温度差小于 3 ℃，可能需要进行进一步的试验和/或评估以便确定试样是否热不稳定。

4.13.5.2 部分样品测试结果

部分样品测试结果见表 16。

表 16 部分样品测试结果

测 试 物	观 察 结 果	结 果
70％高氯酸胺，16％铝，2.5％卡托烯，11.5％粘结剂	在卡托烯(燃速催化剂)上发生了氧化反应。试样表面变色。但无化学分解	－
季戊炸药/蜡 90/10	重量损失可忽略	－
旋风炸药，22％水湿润	重量损失＜1％	－
胶质达纳炸药(硝化甘油 22％、二硝基甲苯 8％、铝 3％)	重量损失可忽略	－
铵油炸药	重量损失＜1％	－
塑胶炸药[a]	重量损失可忽略(有时发生)微小膨胀	－

[a] 各种类型的塑胶炸药。

4.14 第十一法 小型燃烧试验

4.14.1 试验方法

试验操作和结果记录按照 GB/T 21580 进行。

4.14.2 结果判定

4.14.2.1 判定依据

根据目视观察到的现象来判断。可分为三种现象：

a) 未点着；

b) 点着并燃烧；

c) 爆炸。

同时所记录下来的燃烧持续时间或从点着到爆炸的时间可以作为判断的辅助资料。

如果试样发生爆炸，试验结果计为“＋”，否则试验结果计为“－”。

4.14.2.2 部分样品测试结果

部分样品测试结果见表 17。

表 17 部分试样测试结果

测 试 物	观 察 结 果	结 果
液态样品		
硝基甲烷	燃烧	－
固态样品(替代试验)		
炸胶 A(硝化甘油 92％，硝化纤维素)	燃烧	－
黑火药粉末	燃烧	－
叠氮化铅	爆炸	＋
雷酸汞	爆炸	＋

附 录 A
（资料性附录）
布鲁塞顿法

A.1 引言

布鲁塞顿法用于确定有50%可能性获得正结果的刺激水平。

A.2 步骤

施加不同水平的刺激并确定是否发生正反应。试验集中在临界区域附近进行。如果获得正结果，那么下一次试验将刺激水平降低一级。如果获得负结果则将刺激水平提高一级。通常约进行5次初步试验来确定在适当区域附近的起始水平，然后至少进行25次试验来获得可供计算用的数据。

A.3 结果计算

在确定获得正结果的可能性为50%的刺激水平(H_{50})时，只使用正结果(+)或负结果(−)，取总数较小者。如果总数相等，两者可以任选一个。数据记录在一张表上，如表A.1，并且像表A.2一样相加数据。表A.2的第一列表示跌落高度，从记录试验结果的最低高度开始依次上升。在第二列中，"i"表示在基线或零线之上的间距数目。第三列表示每一跌落高度的正结果数目[$n(+)$]或负结果[$n(-)$]。第四列是"i"与"n"的乘积。第五列是"i"的平方与"n"的乘积。用式(A.1)计算平均值。

$$H_{50}=c+d\left(\frac{A}{N_s}+0.5\right) \qquad \cdots\cdots(\text{A}.1)$$

式中：

N_s——$\sum n_i$；

A——$\sum(i\times n_i)$；

c——最低跌落高度；

d——跌落高度间距。

如果使用负结果，括号内的符号取"+"；如果使用负结果，则取"−"。标准偏差可用式(A.2)估算。

$$s=1.62\times d\times\left(\frac{N_s\times B-A^2}{{N_s}^2}+0.029\right) \qquad \cdots\cdots(\text{A}.2)$$

式中：

B——$\sum(i^2\times n_i)$。

A.4 实例

使用表A.2中的数据，最低跌落高度为10 cm，高度间距为5 cm，$i\times n(-)$之和为16，$i^2\times n(-)$之和为30，$n(-)$之和为12，则平均高度计算如下：

$$H_{50}=10+0.5\times\left(\frac{16}{12}+0.5\right)=19.2\ \text{cm}$$

标准偏差计算如下：

$$s=1.62\times0.5\times\left(\frac{12\times30-16^2}{12^2}+0.029\right)=6.1$$

表 A.1 数据记录表

跌落高度/cm	跌落结果																									次数	
	1	2	3	4	5	6	7	8	9	10	11	12	13	14	15	16	17	18	19	20	21	22	23	24	25	+	−
30								+																		1	
25							−		+				+				+		+							4	1
20				+		−				+		−		+		−		−		+		+				5	4
15	+		−		−						−				−						−		+		+	3	5
10		−																						−			2
																										13	12

表 A.2 数据汇总表

跌落高度/cm	$i(-)$	$n(-)$	$i(-)\cdot n(-)$	$i^2(-)\cdot n(-)$
25	3	1	3	9
20	2	4	8	16
15	1	5	5	5
10	0	2	0	0
总计		$N_t=12$	$A=16$	$B=30$

附 录 B
（资料性附录）
样品比较法

B.1 引言

本方法可适用于任何使用布鲁塞顿法的试验。样品比较法是无参数的程序，目的是提高在布鲁塞顿法得出的平均值彼此很相近的情况下任何敏感度差别的可信度。

B.2 步骤

试样A按正常的布鲁塞顿法进行试验，但试验是与试样B交替进行。不过试样B并不按自己的升降刺激水平进行试验，而是经受在它之前进行试验的试样A一样的刺激水平。因此在试验过程的每一刺激水平上，试样A和试样B都各做一次试验。如果两者都有反应或都没有反应，那么结果不用评估。只评估两者反应不同的结果。

B.3 结果计算

如果反应不同的结果有 n 对，而 x 是这些结果中最不敏感样品的正反应数目，即 $x<(n-x)$ 那么这一样品的确实较不敏感的可信度 $K\%$ 用伯努利统计法计算。K 用式(B.1)计算：

$$K=100\times\left[1-2^{-n}\times\left[\sum_{i=n}^{x}\frac{n!}{i!\ \times(n-i)!}\right]\right] \quad\cdots\cdots\cdots\cdots(\text{B.1})$$

表B.1列出了一系列 x 值和 n 值计算出的说明性 K 值。

表B.1 x 值和 n 值

x	n			
	15	20	25	30
2	99			
3	98	99		
4	94	99		
5	85	98	99	
6	70	94	99	
7		87	98	99
8		75	95	99
9		59	89	98
10			79	95

如果两个样品之间没有实际的差别，二者试样结果相同的情况所占比例会增加。同时，$(n-2x)$ 并不随试验的进行而显示增加的一般趋势。

B.4 结果举例

以0.01%的45 μm～63 μm的砂砾混合的HMX与普通HMX为例，得到 $x=3$，$n=13$，前者比较敏感的可信度为 $K=100\times\left[1-2^{-13}\times\left[\sum_{i=0}^{3}\frac{13!}{i!\ \times(13-i)!}\right]\right]=100\times\left[1-\frac{1+13+78+286}{8\ 192}\right]=95.4\%$

将经研磨的 HMX 可疑样品和正常 HMX 样品比较，得到 $x=6$，$n=11$，前者比较敏感的可信度为

$$K=100\times\left[1-2^{-11}\times\left[\sum_{i=0}^{6}\frac{11!}{i!\ \times(11-i)!}\right]\right]=100\times\left[1-\frac{1+11+55+165+330+462+462}{2\ 048}\right]=27.4\%$$

这表明可疑样品与正常样品没有什么区别。

注：估计 K 值的最简易方法是使用式(B.2)。

$$K=100\times\{0.5+G(z)\} \qquad \text{(B.2)}$$

式中：

$G(z)$——中心纵坐标与横坐标 $z=n^{0.5}-(2x+1)/n^{0.5}$ 时的纵坐标的高斯面积。

如：当 $n=13$，$x=3$ 时，$z=1.664\ 1$，$G(z)=0.452$，$K=95.2\%$。

参 考 文 献

[1] W. J. Dixon and F. V. Massey. Jr. "Introduction" to Staistical Analysis, McGraw—Hill Book Co. , Toronto, 1969.

[2] H J Scullion. Journal of Applied Chemistry and Biotechnology, 1975, 25, pp. 503-508.

ICS 13.300
A 80

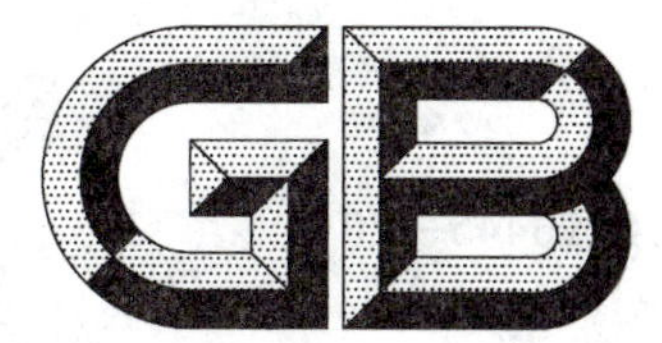

中华人民共和国国家标准

GB 26445—2010

危险货物运输 物品、包装物品或包装物质可运输性试验方法和判据

Transport of dangerous goods—
Test methods and criteria relating to article,
packaged article or packaged substance for transport

2011-01-14 发布　　　　2011-07-01 实施

中华人民共和国国家质量监督检验检疫总局
中国国家标准化管理委员会　发布

前　言

本标准第4章为强制性的，其余为推荐性的。

本标准与联合国《关于危险货物运输的建议书：试验和标准手册》(第四修订版)的一致性程度为非等效，其有关技术内容与上述手册完全一致，在标准文本格式上按GB/T 1.1—2000做了编辑性修改。

本标准与联合国《关于危险货物运输的建议书：试验和标准手册》的技术内容对应如下：

——第一法对应试验系列4的4(a)(i)试验；

——第二法对应试验系列4的4(b)(i)试验；

——第三法对应试验系列4的4(b)(ii)试验。

本标准由全国危险化学品管理标准化技术委员会(SAC/TC 251)提出并归口。

本标准负责起草单位：江西出入境检验检疫局。

本标准参加起草单位：中化化工标准化研究所、中国石油和化学工业协会。

本标准主要起草人：卜延刚、王晓兵、石磊、梅建、郭平、桂家祥。

本标准为首次发布。

危险货物运输 物品、包装物品或包装物质可运输性 试验方法和判据

1 范围

本标准规定了物品、包装物品或包装物质是否适合于运输的试验方法和结果判定依据。

本标准的第一法适用于物品和包装物品的热稳定性测试。

本标准的第二法适用于均质液体的钢管跌落测试。

本标准的第三法适用于物品、包装物品及除均质液体外的包装物质的 12 m 跌落测试。

2 规范性引用文件

下列文件中的条款通过本标准的引用而成为本标准的条款。凡是注日期的引用文件，其随后所有的修改单(不包括勘误的内容)或修订版均不适用于本标准，然而，鼓励根据本标准达成协议的各方研究是否可使用这些文件的最新版本。凡是不注日期的引用文件，其最新版本适用于本标准。

GB 5085 危险废物鉴别标准

GB 6944 危险货物分类和品名编号

GB/T 15233 包装 单元货物尺寸(GB/T 15233—2008,ISO 3676:1983,MOD)

联合国《关于危险货物运输的建议书:规章范本》(第十五修订版)

ASTM D 4359:1990 测定一种物质是液体或固体的试验方法

《欧洲国际公路运输危险货物协定》

3 术语与定义

GB 5085、GB 6944、GB/T 15233 和联合国《关于危险货物运输的建议书:规章范本》(第十五修订版)确立的以及下列术语和定义适用于本标准。

3.1

危险货物 dangerous goods

具有爆炸、易燃、毒害、感染、腐蚀、放射性等危险特性，在运输、储存、生产、经营、使用和处置中，容易造成人身伤亡、财产损毁或环境污染而需要特别防护的物质和物品。

3.2

包件 package

包装作业的完结产品，包括准备好供运输的容器和其内容物。

3.3

液体 liquid

指在 50 ℃时蒸气压不大于 300 kPa、20 ℃和 101.3 kPa 压力下不完全是气态、101.3 kPa 压力下熔点或起始熔点等于或低于 20 ℃的危险货物。对于比熔点无法确定的黏性物质应当采用 ASTM D 4359:1990 试验或《欧洲国际公路运输危险货物协定》(联合国出版物:ECE/TRANS/160)附件 A 中2.3.4规定的流动性测定试验以确定是否为液体。

3.4

爆炸 explosion

在极短时间内，释放出大量能量，产生高温，并放出大量气体，在周围造成高压的化学反应或状态变化的现象。

3.5

整体爆炸 mass detonation or explosion of total contents

指瞬间能影响到几乎全部载荷的爆炸。

3.6

爆炸品 explosive

固体或液体物质，在外界作用下(如受热、受压、撞击等)能发生剧烈的化学反应，瞬时产生大量的气体和热量，使周围压力急聚上升发生爆炸，对周围环境造成破坏的物品，也包括无整体爆炸危险，具有燃烧、抛射及较小爆炸危险的物品。

3.7

爆燃 deflagration

燃放时，烟火药剂以接近爆炸性反应速率进行猛烈燃烧的现象。

3.8

爆轰 detonation

以冲击波为特征，以超音速传播的爆炸。冲击波传播速度通常超过 1 000 m/s，且外界条件对爆速的影响较小。

3.9

包装单元 packaged unit

通过一种或多种手段将一组货物或包装件固定在一起，使其形成一个整体单元，以利于装卸、运输、堆码和贮存。

4 试验方法

4.1 试验类型

物质或物品在运输过程中可能会发生高温、高湿、低温、振动、颠簸和跌落等现象。判断物质或物品是否太危险而不能运输的试验方法包括两类试验，第一法用于确定物品的热稳定性；第二法和第三法用于确定物品或物质因跌落可能发生的危险性。

4.2 试验条件

第一法适用于测试物品的热稳定性，最小测试单元为物品最小包装单元或无包装运输的单个物品；如果用于运输的包件太大放不进烘箱，应制成尽可能装入最多物品的较小包件进行试验。第二法适用于测试均质液体的爆炸现象；第三法适用于测试无包装物品、包装物品及除均质液体外的包装物质的燃烧或爆炸危险性。

4.3 第一法 无包装物品和包装物品的热稳定性试验

4.3.1 原理

试样在高温恒温状态下保持一段时间，待冷却后观察试样发生的变化。通过试样在高温条件下发生的反应，确定试样是否可以运输。

4.3.2 试验设备

4.3.2.1 鼓风烘箱

可维持温度在 75 ℃±2 ℃，配有双重自动调节器或者在恒温控制器失灵时防止温度过高的保护装置。

4.3.2.2 **温度记录仪**

带有热电偶的温度记录仪。

4.3.3 **试样准备**

本试验的试样是最小的包装单元，或者无包装物品。如果用于运输的包件太大放不进烘箱，应制成尽可能装入最多物品的较小包件进行试验。

4.3.4 **试验步骤**

4.3.4.1 **试样放置**

根据待测样品状况，将温度记录仪的热电偶置于无包装物品的外壳上，或者置于包装物品包件中心的一个物品的外壳上，一同放入烘箱。

4.3.4.2 **加热**

将烘箱加热至 75 ℃保持 48 h，然后让烘箱冷却至室温，取出试样。

4.3.4.3 **观察记录**

记录温度是否变化，观察试样是否发生反应、损坏或渗漏现象。

4.3.5 **结果判定**

4.3.5.1 如果试样外观未受影响且温度上升不超过 3 ℃，试验结果计为“—”。

4.3.5.2 如果试样出现下列现象，试验结果计为“+”，表明物品或包装物品太危险而不能运输：

a) 爆炸；

b) 着火；

c) 温度上升超过 3 ℃；

d) 物品外壳或外包装被损坏；

e) 发生危险渗漏，即在物品外可见爆炸品。

4.3.5.3 部分测试物试验结果见表 1。

表 1 部分测试物热稳定性试验结果

测试物	结　果
筒形液体储藏器	—
延迟电点火器	—
手动信号装置	—
铁路信号雷管	—
吐珠烟花	—
安全点火管	—
信号弹	—
轻武器弹药	—
烟雾罐	—
发烟枪榴弹	—
发烟罐	—
发烟信号弹	—

4.4 **第二法 液体的钢管跌落试验**

4.4.1 **原理**

液体试样装在密闭钢管内从不同高度跌落到钢砧上，根据钢管损坏程度，确定液体是否可以运输或适用何种包装运输。

4.4.2 设备和材料

4.4.2.1 钢管

内径 33 mm、外径 42 mm、长 500 mm，A37 型钢制成，见图 1 所示，用于盛装试样。

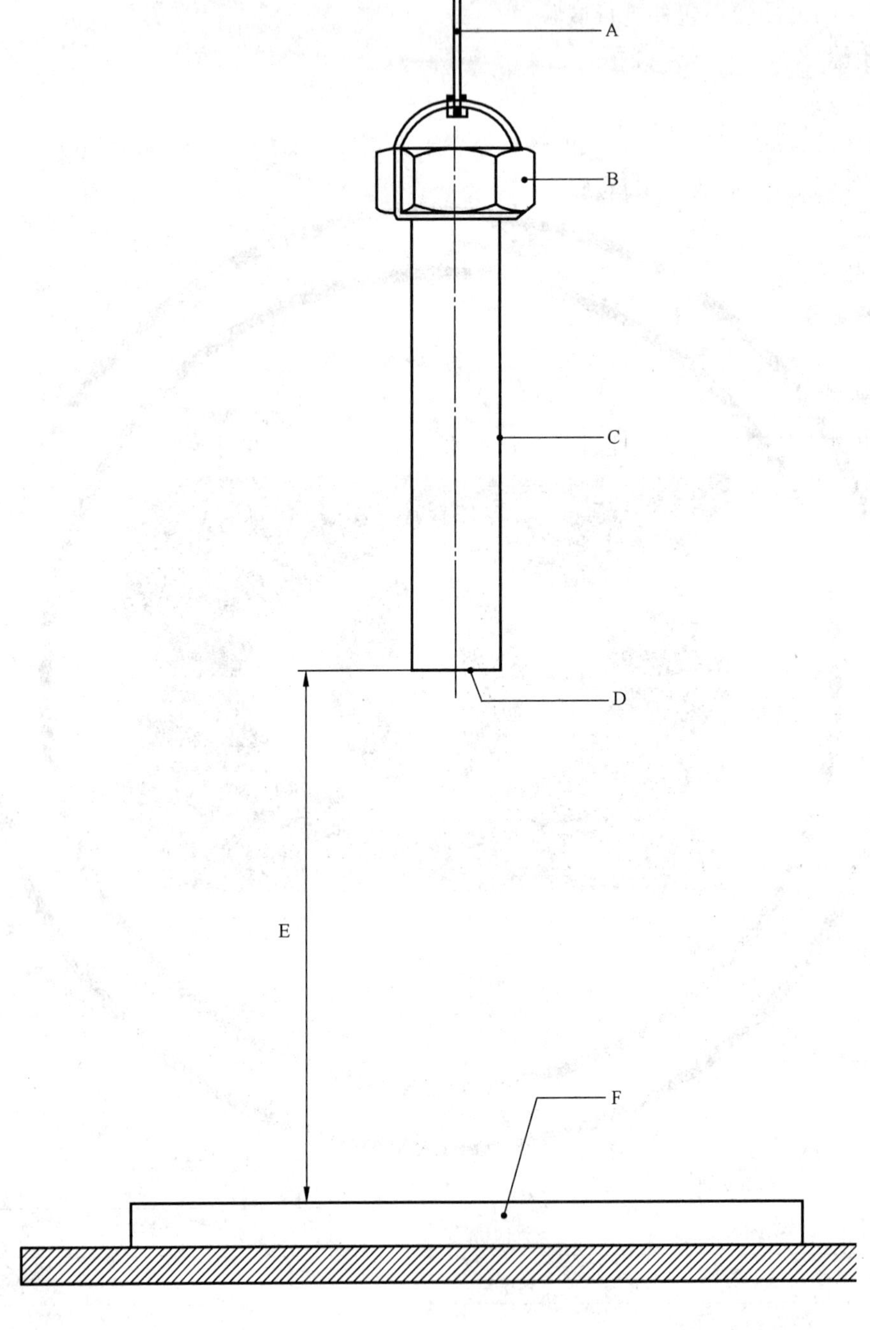

A——通过金属丝熔化释放；

B——铸铁螺帽；

C——无缝钢管；

D——焊接的钢底(厚 4 mm)；

E——跌落高度(0.25 m～5 m)；

F——钢砧。

图 1 液体钢管跌落试验装置

4.4.2.2 **铸铁螺帽**

螺帽上钻有一个加装试样用的 8 mm 轴向孔，用于钢管上端拧合。

4.4.2.3 **四氟乙烯胶带**

用于密封螺帽。

4.4.2.4 **塑料塞**

用于封闭螺帽轴向孔。

4.4.2.5 **钢砧**

长 1 000 mm，宽 500 mm，厚 150 mm，用于承接跌落的钢管。

4.4.3 **试验步骤**

4.4.3.1 **试样准备**

将试样装满钢管，上端拧上铸铁螺帽，螺帽孔用塑料塞封闭，螺帽用四氟乙烯胶带密封。记录试样的温度和密度。跌落试验前 1 h 内摇动钢管 10 s，以混匀试样。

4.4.3.2 **跌落试验**

熔断吊系钢管的金属丝，使钢管垂直落下。跌落高度逐级升高，每级 0.25 m，直至跌落高度达到 5 m。

4.4.3.3 **观察记录**

记录是否发生下列现象以及发生时的跌落高度：

a) 爆轰，钢管裂成碎片；

b) 局部反应导致钢管破裂；

c) 无反应，钢管损坏不大。

4.4.4 **结果判定**

4.4.4.1 如果在跌落 5 m 或不到 5 m 后发生爆轰，试验结果即为"＋"，表明液体太危险不能运输。

4.4.4.2 如果在跌落 5 m 后发生局部反应但无爆轰现象，试验结果即为"－"，表明液体不能使用金属容器包装运输，除非有证据表明这种运输方式的安全性满足主管部门的要求。

4.4.4.3 如果在跌落 5 m 后没有发生反应，试验结果即为"－"，表明液体可以用任何适宜容器包装运输。

4.4.4.4 部分测试物试验结果见表 2。

表 2 部分测试物钢管跌落试验结果

测试物	温度/℃	爆轰的跌落高度/m	结　　果
硝化甘油	15	＜0.25	＋
硝化甘油/甘油三乙酸酯/2-硝基二苯胺(78/21/1)	14	1.00	＋
硝基甲烷	15	＞5.00	－
三甘醇二硝酸酯	13	＞5.00	－

4.5 **第三法 物品、包装物品和包装物质 12 m 跌落试验**

4.5.1 **原理**

试样从 12 m 高度自由落在平滑的硬板上，通过观察试样与硬板的撞击是否会发生明显的燃烧或爆炸现象，确定物品、包装物品和除均质液体外的包装物质是否可以运输。

4.5.2 **设备**

4.5.2.1 **撞击面**

厚度不少于 75 mm、布氏硬度不小于 200 的表面平滑钢板，底部用厚度不小于 600 mm 的坚固水泥混凝土支撑，撞击面的长度和宽度应不小于试样尺寸的 1.5 倍。

4.5.2.2 图像记录仪

摄影仪或其他图像记录装置，用于记录撞击姿态和结果。如果撞击姿态对结果判断很重要，可使用导向装置来获得所需的撞击姿态，但导向装置不能明显抑制跌落速度和阻碍撞击后的回弹。

4.5.3 试样准备

每种物品或物质准备三个试样(试验单元)。在某些情况下，可用惰性物品代替试验物品包件中的一些爆炸性物品，这些惰性物品应与所代替的爆炸性物品的重量和体积相同。爆炸性物品应放在撞击时最可能起作用的位置。如果进行试验的是包装物质，则不能用惰性物质代替其中任何物质。

4.5.4 试验步骤

试样从 12 m 高度(试样的最低点到撞击面的距离)自由跌落到撞击面中央。

每个试样只能实验一次。除非发生明显的燃烧或爆炸现象，每种物品或物质应当进行三次试验。

4.5.5 观察和记录

记录数据包括包件说明和观察结果。记录结果包括照片和引发燃烧的视听证据、发生时间、撞击姿态以及用整体爆炸或爆燃之类的术语表示结果的严重程度。如包件破裂可予以记录，但不影响结论。

注：即使撞击时没有发生看得见的燃烧或爆炸，也应遵守规定的安全等候期过后再进一步检查试样是否发生燃烧或爆炸。

4.5.6 结果判定

4.5.6.1 如果撞击引起燃烧或爆炸，试验结果为“+”，表明物品、包装物品或包装物质太危险不能运输。

4.5.6.2 如果三次跌落撞击都没引起燃烧或爆炸，试验结果为“-”。

4.5.6.3 如果撞击只是引起包件或物品外壳破裂，试验结果不被认为是“+”。

4.5.6.4 部分样品的试验结果见表3。

表3 部分样品的 12 m 跌落试验结果

测 试 物	跌落次数	观察结果	结 果
电缆切割器炸药包，装2个装置的金属箱	3	无反应	-
铸装起爆器(27.2 kg)	3	无反应	-
CBI 固态推进剂，直径 7.11 mm(36.3 kg)	3	无反应	-
包含雷管/起爆器和引信组合体的(射弹)部件	1	燃烧	+
胶质硝胺炸药(22.7 kg)	3	无反应	-
40%强度硝胺炸药(22.7 kg)	3	无反应	-
60%强度硝甘炸药(22.7 kg)	3	无反应	-
50%强度纯“挖钩”硝甘炸药(22.7 kg)	3	无反应	-
推进剂气体发生器，净重 61.7 kg，装在铝容器中	3	无反应	-
爆破点火装置，木箱中装有20个单独包装的装置	3	无反应	-

ICS 13.300
A 80

中华人民共和国国家标准

GB 26446—2010

危险货物运输 排除物质爆炸性的试验方法和判据

Transport of dangerous goods—Test methods and criteria relating to the explosive substance excluded

2011-01-14 发布　　2011-07-01 实施

中华人民共和国国家质量监督检验检疫总局
中国国家标准化管理委员会　发布

前　言

本标准第4、5章为强制性的，其余为推荐性的。

本标准与联合国《关于危险货物运输的建议书：试验和标准手册》（第四修订版）的一致性程度为非等效。其有关技术内容与上述手册完全一致，在标准文本格式上按GB/T 1.1—2000做了编辑性修改。

本标准与联合国《关于危险货物运输的建议书：试验和标准手册》的技术内容对应如下：

——第一法对应试验系列1的1(a)试验；

——第二法对应试验系列1的1(b)试验；

——第三法对应试验系列1的1(c)(i)试验；

——第四法对应试验系列1的1(c)(ii)试验。

本标准附录A为资料性附录。

本标准由全国危险化学品管理标准化技术委员会（SAC/TC 251）提出并归口。

本标准负责起草单位：江西出入境检验检疫局。

本标准参加起草单位：中化化工标准化研究所、中国石油和化学工业协会。

本标准主要起草人：占春瑞、石磊、王晓兵、郭平、梅建、桂家祥。

本标准为首次发布。

危险货物运输
排除物质爆炸性的试验方法和判据

1 范围

本标准规定了排除物质爆炸性的试验方法和判定依据。

本标准的第一法适用于测试物质传播爆炸的可能性。

本标准的第二法适用于测试加热对密闭状态下物质的影响。

本标准的第三法和第四法适用于测试点火对密闭状态下物质的影响。

2 规范性引用文件

下列文件中的条款通过本标准的引用而成为本标准的条款。凡是注日期的引用文件,其随后所有的修改单(不包括勘误的内容)或修订版均不适用于本标准,然而,鼓励根据本标准达成协议的各方研究是否可使用这些文件的最新版本。凡是不注日期的引用文件,其最新版本适用于本标准。

GB 6944 危险货物分类和品名编号

GB 19458 危险货物危险特性检验安全规范 通则

GB/T 21570 危险品 隔板试验方法

GB/T 21578 危险品 克南试验方法

联合国《关于危险货物运输的建议书:规章范本》(第十五修订版)

联合国《关于危险货物运输的建议书:试验和标准手册》(第四修订版)

3 术语与定义

GB 6944、GB 19458 和联合国《关于危险货物运输的建议书:规章范本》(第十五修订版)确立的以及下列术语和定义适用于本标准。

3.1

危险货物 dangerous goods

具有爆炸、易燃、毒害、感染、腐蚀、放射性等危险特性,在运输、储存、生产、经营、使用和处置中,容易造成人身伤亡、财产损毁或环境污染而需要特别防护的物质和物品。

3.2

爆炸性物质 explosive substance

能够通过其自身化学反应产生气体,反应时在温度、压力和速度下能对周围环境造成破环的某一种固态或液态物质(或这些物质的混合物)。不放出气体的烟火物质也属于爆炸性物质。

3.3

烟火物质 pyrotechnic substance

用来产生热、光、声、气或烟的效果或这些效果加在一起的一种物质或物质混合物。这些效果是由不起爆的自持放热化学反应产生的。

3.4

爆炸 explosion

在极短时间内,释放出大量能量,产生高温,并放出大量气体,在周围造成高压的化学反应或状态变化的现象。

3.5

爆轰 detonation

以冲击波为特征,以超音速传播的爆炸。冲击波传播速度通常超过 1 000 m/s,且外界条件对爆速的影响较小。

4 试验方法

4.1 试验类型

判断物质是否为爆炸性物质的试验方法共有四种,第一法用于确定是否传播爆轰;第二法用于确定在封闭条件下加热的效应;第三法和第四法用于确定在封闭条件下点火的效应。

4.2 试验条件

4.2.1 由于物质的视密度对方法一的结果有重大影响,应予以记录。固体的视密度通过测量钢管的体积和试样的质量来确定。

4.2.2 如果混合物在运输过程中可能分离,进行试验时应使引爆器与最有爆炸性可能的部分接触。

4.2.3 除非物质将在可能改变其物理状态或密度的条件下运输,否则试验应在环境温度下进行。

4.2.4 联合国《关于危险货物运输的建议书:规章范本》第 3.3 章特殊规定 26 中规定"由于大量运输时可能引发爆炸,这种物质不允许用便携式罐体或容量超过 450 L 的中型散货集装箱运输"。如果液体被考虑用容量超过 450 L 的罐式集装箱或中型散货集装箱运输,应参照附录 A 中适宜的方法对样品进行空化。

4.3 第一法 联合国隔板试验

4.3.1 试验方法

试验操作和结果记录按照 GB/T 21570 进行。

4.3.2 结果判定

4.3.2.1 如果钢管完全破裂或验证板穿透一个洞,试验结果为"+",表明物质传播爆轰。

4.3.2.2 钢管没有完全破裂或验证板没有穿透一个洞的任何其他试验结果为"-"的,表明物质不传播爆轰。

4.3.2.3 部分样品测试结果如表 1 所示。

表 1 部分样品的隔板实验结果

测 试 物	视密度/(kg/m³)	破裂长度/cm	验证板	结果
硝酸铵,颗粒	800	40	隆起	+
硝酸铵,200 μm	540	40	穿孔	+
硝酸铵/燃料油,94/6	880	40	穿孔	+
高氯酸铵,200 μm	1 190	40	穿孔	+
硝基甲烷	1 130	40	穿孔	+
硝基甲烷/甲醇,55/45	970	20	隆起	−
季戊炸药/乳糖,20/80	880	40	穿孔	+
季戊炸药/乳糖,10/90	830	17	无损伤	−
梯恩梯,浇注	1 510	40	穿孔	+
梯恩梯,片状粉末	710	40	穿孔	+
水	1 000	<40	隆起	−

4.4 第二法 克南试验

4.4.1 试验方法

试验步骤和结果记录按照 GB/T 21578 进行。

4.4.2 结果判定

4.4.2.1 如果极限直径为 1.0 mm 或更大，结果记录为“+”，表示物质在封闭条件下对加热显示某种效应。

4.4.2.2 如果极限直径小于 1.0 mm，结果记录为“−”，表示物质在封闭条件下对加热不显示效应。

4.4.2.3 部分样品的克南实验测试结果如表 2 所示。

表 2 部分样品的克南实验测试结果

测试物	极限直径/mm	结果
硝酸铵(晶体)	1.0	+
硝酸铵(高密度颗粒)	1.0	+
硝酸铵(低密度颗粒)	1.0	+
高氯酸铵	3.0	+
1,3-二硝基苯(晶体)	<1.0	−
2,4-二硝基甲苯(晶体)	<1.0	−
硝酸胍(晶体)	1.5	+
硝基胍(晶体)	1.0	+
硝基甲烷	<1.0	−
硝酸脲(晶体)	<1.0	−

4.5 第三法 时间/压力试验

4.5.1 原理

将待测物放在规定的压力容器中，通过点火装置点火后，记录压力升高情况及压力升至规定范围所需时间，以判断物质是否具有爆燃性。

4.5.2 试验设备和材料

4.5.2.1 压力容器

圆柱形钢压力容器，长 89 mm，外径 60 mm。相对的两侧削成平面(把容器的横截面减至 50 mm)，以便于固定点火塞和通风塞。容器有一直径 20 mm 的内膛，将其任何一端的内面 19 mm 深处车上螺纹以便旋入 2.54 cm 英制标准管。

4.5.2.2 压力测量装置

压力测量装置应不受高温气体或分解产物的影响，能够测量不小于 276 kPa/ms 的压力上升速率。

侧臂形状的压力测量装置拧入压力容器的曲面距离一端 35 mm 处，并与削平的两面成 90°。其插座的镗孔深 12 mm 并车有螺纹，以便容纳侧臂一端上的 1.27 cm 英制标准管。装上垫圈以确保密封的气密性。侧臂伸出压力容器体外 55 mm，并有 6 mm 的内膛。侧臂外端车上螺纹以便安装隔膜式压力传感器。

4.5.2.3 点火塞

装有两个电极，一个与塞体绝缘，另一个与塞体接地。压力容器离侧臂较远的一端用点火塞密封。

4.5.2.4 铝防爆盘

厚度 0.2 mm，爆裂压力约为 2 200 kPa。压力容器的另一端用铝防爆盘密封，并用内膛为 20 mm 的夹持塞将防爆盘固定住。

4.5.2.5 **软铅垫圈**

用于密封防爆盘夹持塞。

4.5.2.6 **时间/压力试验装置**

压力容器、压力测量装置、点火塞、铝防爆盘和软铅垫圈等按照图1装配而成。

单位为毫米

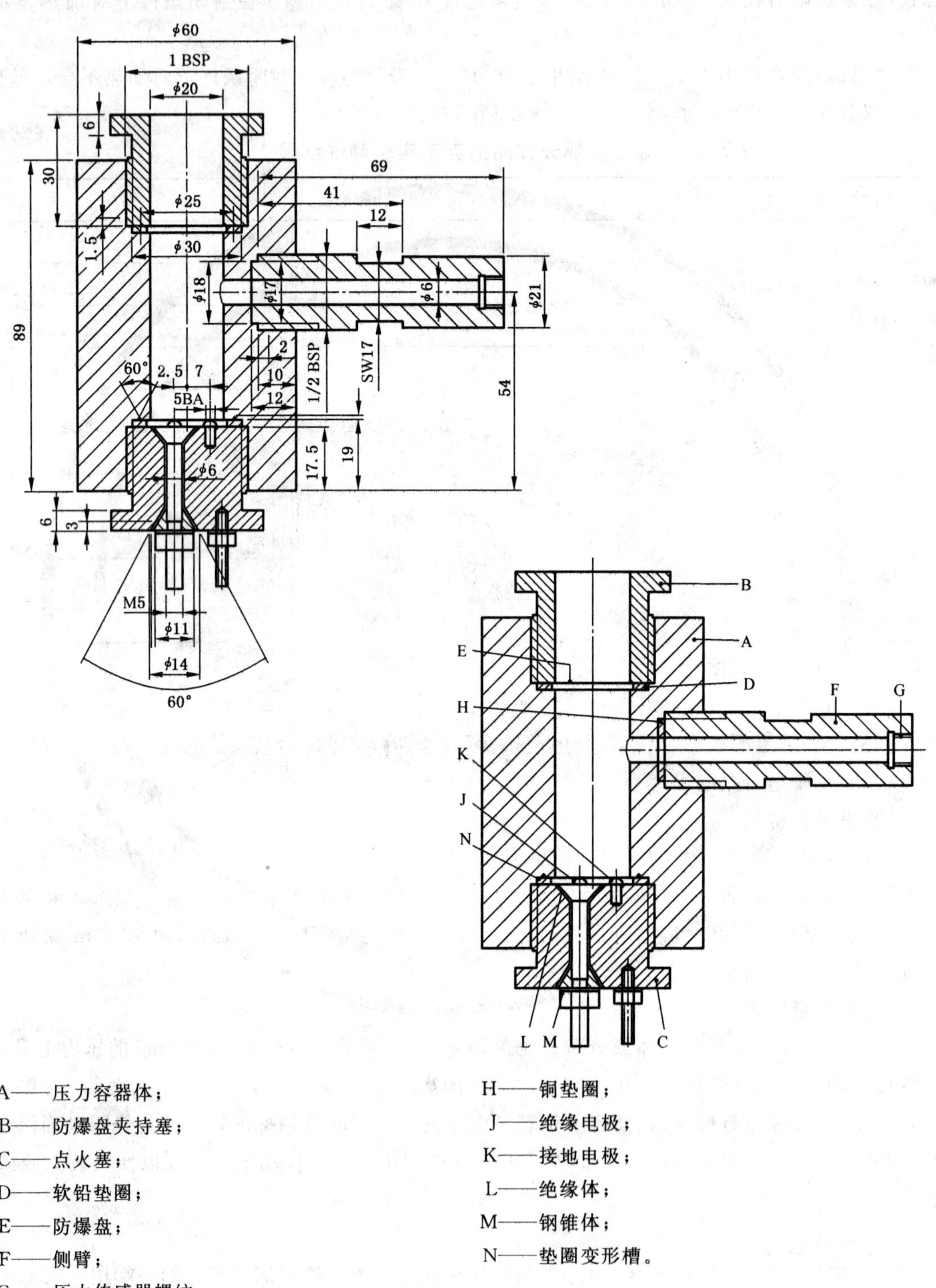

A——压力容器体；
B——防爆盘夹持塞；
C——点火塞；
D——软铅垫圈；
E——防爆盘；
F——侧臂；
G——压力传感器螺纹；
H——铜垫圈；
J——绝缘电极；
K——接地电极；
L——绝缘体；
M——钢锥体；
N——垫圈变形槽。

图1 时间/压力试验装置

4.5.2.7 **时间/压力试验装置支撑架**

由一个尺寸为 235 mm×184 mm×6 mm 的软钢底板和一个长 185 mm 的 70 mm×70 mm×

4 mm 的方形空心型材组成，如图 2 所示。方形空心型材一端相对的两边都切去一块，使之形成一个由两个平边脚顶着一个长 86 mm 的完整箱形舱的结构。将两个平边的末端切成与水平面成 60°角，并焊到底板上。底舱上端的一边开一个 22 mm 宽、46 mm 深的切口，以便当压力容器装置以点火塞端朝下放进箱形舱支架时，侧臂落入此切口。将一块宽 30 mm、厚 6 mm 的钢垫板焊到箱形舱下部的内表面上作为衬垫。将两个 7 mm 的翼形螺钉拧入相对的两面，使压力容器稳固地就位。将两块宽 12 mm、厚 6 mm 的钢条焊到临接箱形舱底部的侧块上，从下面支撑压力容器。

单位为毫米

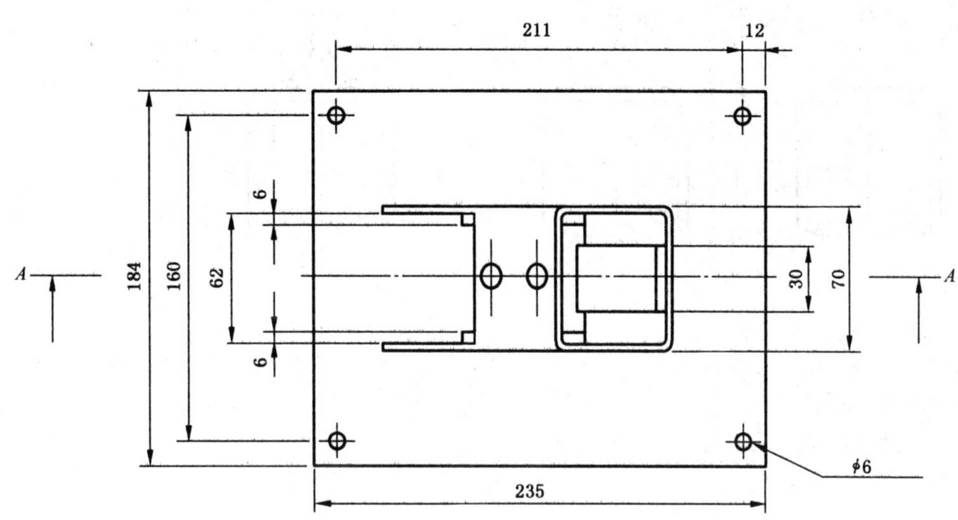

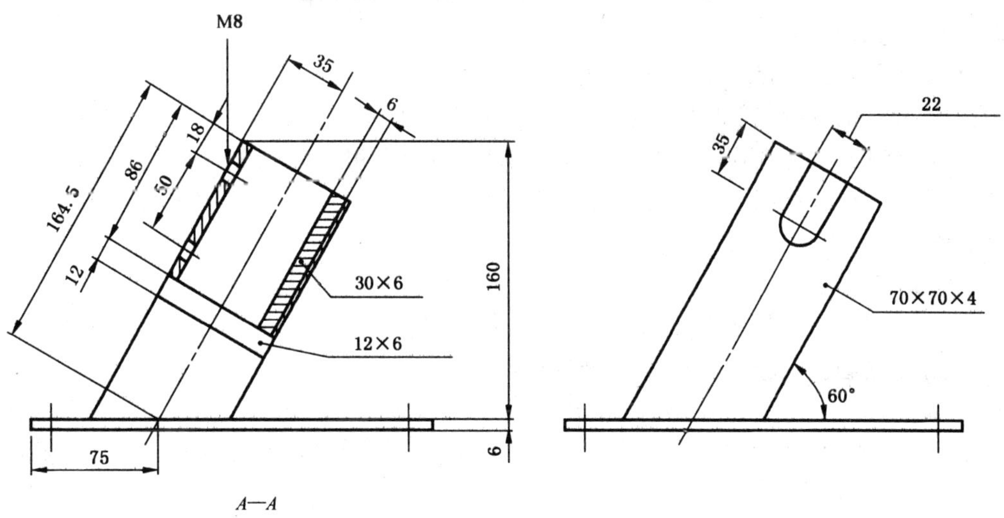

图 2 时间/压力试验支撑架

4.5.2.8 点火系统

包括一个低压雷管中常用的电引信头或相当者以及一块 13 mm 见方的点火细麻布。点火细麻布是两面涂有硝酸钾/硅/无硫火药烟火剂的亚麻布。

4.5.2.9 固体点火装置

首先将电引信头的黄铜箔触头同其绝缘体分开，如图 3 所示。然后把绝缘体露出部分切掉，利用黄铜箔触头将引信头接到点火塞接头上，使引信头的顶端高出点火塞 13 mm。将一块 13 mm 见方的点火细麻布从中心穿孔后套在接好的引信头上，然后折叠将引信头包起来并用细棉线扎好。

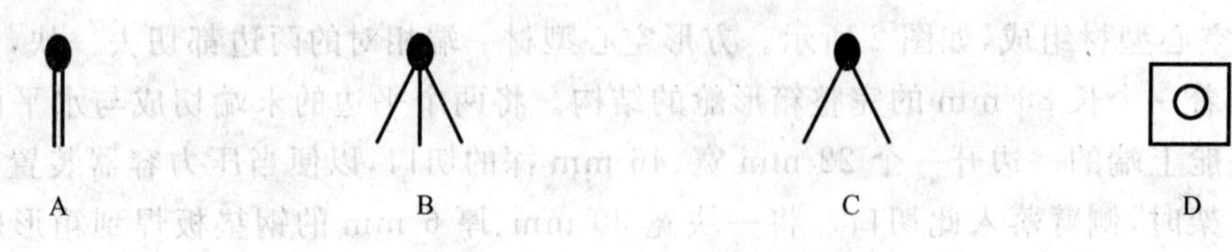

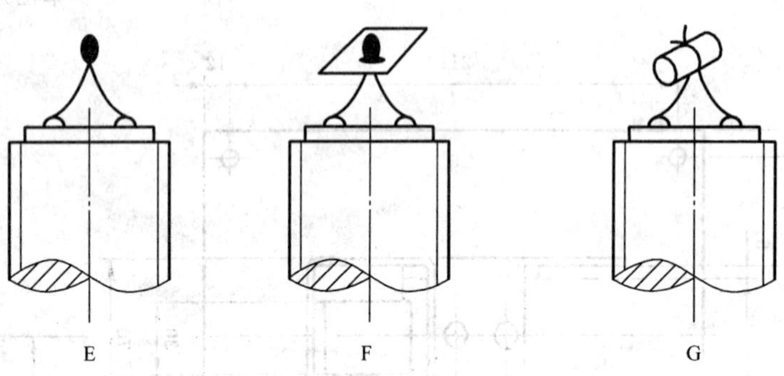

A——制成的点火引信头；

B——黄铜箔触头与卡片绝缘体分离；

C——绝缘卡片被切去；

D——中心有孔的 13 mm 见方点火细麻布(SR252)；

E——引信头接到点火塞插头上；

F——细麻布套在引信头上；

G——细麻布包起来并用线扎好。

图 3 时间/压力试验固体点火系统

4.5.2.10 液体点火装置

对于液体试样，将引线接到引信头的接触箔上，然后如图 4 所示把引线穿过长 8 mm、外直径 5 mm、内直径 1 mm 的硅橡胶管，并将硅橡胶管向上推到引信头的接触箔上。点火细麻布包着引信头并用一块聚氯乙烯薄膜或等效物罩着点火细麻布和硅橡胶管。用一根细铁丝绕着薄膜和硅橡胶管将薄膜紧紧扎住。然后将引线接到点火塞的接头上，并使引信头的顶端高出点火塞表面 13 mm。

4.5.3 试验程序

4.5.3.1 试样装填

将装上压力传感器而未装铝防爆盘的设备以点火塞一端朝下架好。将约 5.0 g 的试样放进设备中并使之与点火系统接触。可轻轻压实，直至装满容器。记录所填的试样质量。

注：如果初步的操作安全试验(例如在火焰中加热)或不封闭的燃烧试验结果表明测试物可能发生迅速反应，那么试样量应减至 0.5 g，直至完全了解测试物在封闭条件下的反应严重程度。如果需要使用 0.5 g 试样，那么可以逐步增加试样量，直至获得“+”结果或者试样量达到 5.0 g。

4.5.3.2 安置试验设备

装上铅垫圈和铝防爆盘并将夹持塞夹紧。将装了试样的容器移到点火支架上，防爆盘朝上，并置于适当的防爆通风橱或点火室中。

4.5.3.3 点火进行试验

点火塞外接头接上打火机，将装料点火。试验进行三次。

4.5.3.4 记录

使用既可评估又可永久记录实验时间/压力图形的系统，如瞬时记录器与图表记录器耦合装置，记录压力传感器产生的信号。

判断表压是否能够达到 2 070 kPa，如果可以，记录从 690 kPa 升至 2 070 kPa 所需的时间，并用最短的时间间隔进行分类。

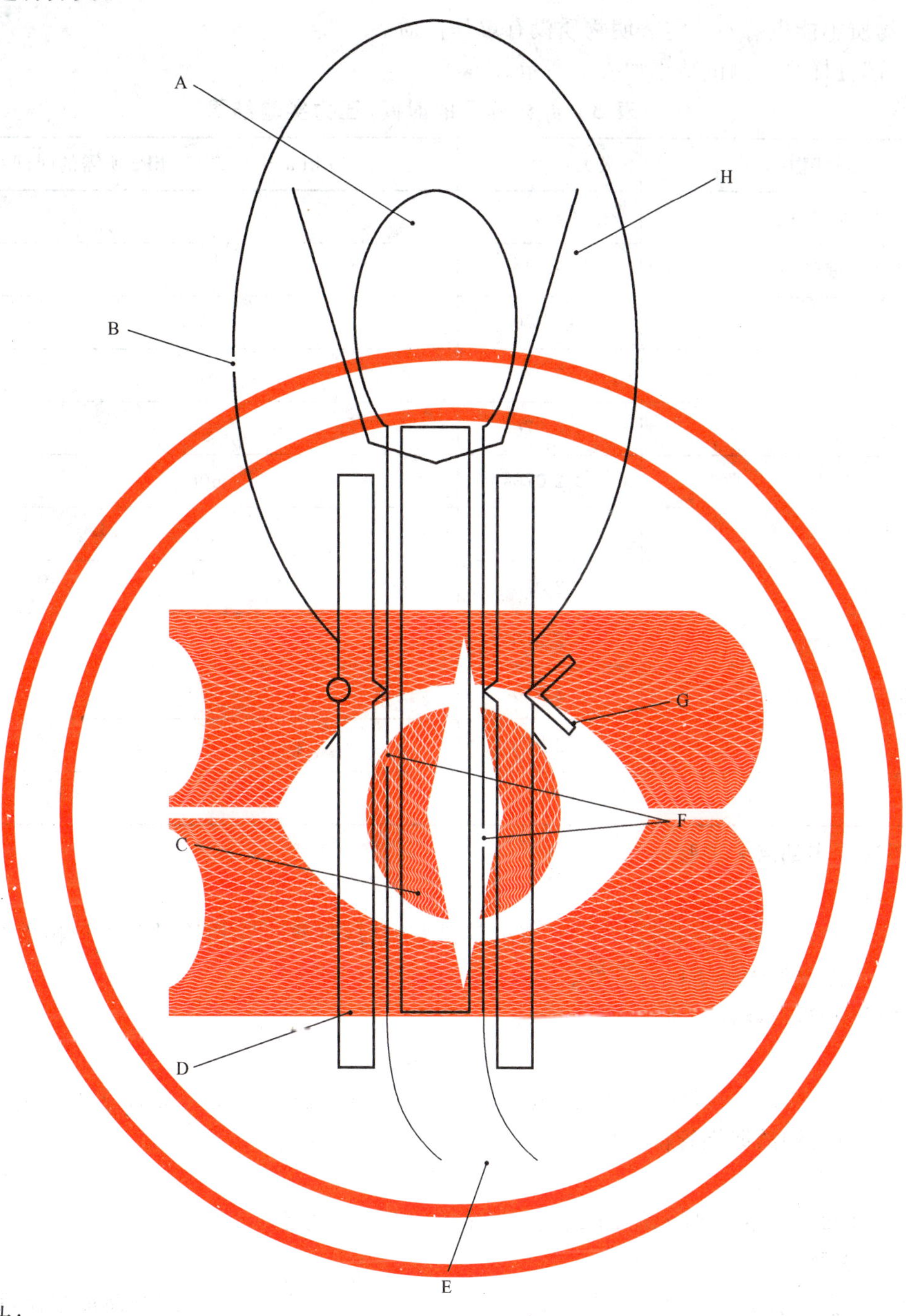

A——引信头；

B——聚氯乙烯薄膜；

C——绝缘卡片；

D——硅橡胶管；

E——点火引线；

F——箔触头；

G——用于扎紧使液体不漏出的铁丝；

H——点火细麻布。

图 4 时间/压力试验液体点火系统

4.5.4 结果判定

4.5.4.1 如果达到的最大压力大于或等于 2 070 kPa，结果计为“+”，表示物质具有爆燃性。

4.5.4.2 如果任何一次试验达到的最大压力小于2 070 kPa,结果计为“—”,表示物质没有显示爆燃的可能性。物质不能点燃不一定表明物质没有爆炸性质。

4.5.4.3 部分样品的测试结果如表3所示。

表3 部分样品的时间/压力实验结果

测试物	最大压力/kPa	压力从690 kPa升至2 070 kPa所需的时间/ms	结果
硝酸铵(高密度颗粒)	<2 070	—	—
硝酸铵(低密度颗粒)	<2 070	—	—
高氯酸铵(2 μm)	>2 070	5	+
高氯酸铵(30 μm)	>2 070	15	+
叠氮化钡	>2 070	<5	+
硝酸胍	>2 070	606	+
亚硝酸异丁酯	>2 070	80	+
硝酸异丙酯	>2 070	10	+
硝酸胍	>2 070	400	+
苦胺酸	>2 070	500	+
苦胺酸钠	>2 070	15	+
硝酸脲	>2 070	400	+

4.6 第四法 内部点火试验

4.6.1 原理

将待测物密封在规定的钢管中,通过点火装置点火后,观察试验物质对钢管和帽盖的破坏程度,以判定物质由爆燃过渡为爆轰的可能性。

4.6.2 试验设备和材料

4.6.2.1 钢管

“3英寸80号”碳(A 53B级)钢管,钢管长457 mm,内直径74 mm、壁厚7.6 mm,两端用可耐压13 335 N(3 000磅)的锻钢管帽盖住。

4.6.2.2 黑火药

能够全部通过孔径0.84 mm的20号筛,且全部不通过孔径0.297 mm的50号筛。

4.6.2.3 点火器

由点火药盒和引爆器组成。点火药盒是一个直径21 mm、长64 mm的圆筒形容器,用0.54 mm厚的醋酸纤维素制成,由两层尼龙丝增强的醋酸纤维素带固定在一起。引爆器置于点火药盒内,由一个周长25 mm、直径0.7 mm、电阻0.35 Ω的镍-铬合金电阻丝小环和两根连接小环、直径0.7 mm的镀锡铜绝缘引线组成。带有绝缘层的引线直径为1.3 mm。

4.6.3 试验步骤

4.6.3.1 试样装填和试验装置安装

将试样放置至与环境温度一致后装入钢管中直至23 cm高度。将20 g黑火药装入点火药盒中。将点火器插入钢管中心,引线穿过管壁上的小孔伸至管外,如图5所示,拉紧引线并用环氧树脂密封小孔。将余下的试样装入钢管并拧上顶盖。如为胶状试样,应当使填装试样的密度尽可能接近其运输状态时的密度。如为颗粒试样,则在填装时装将钢管对着硬表面反复轻拍压实。

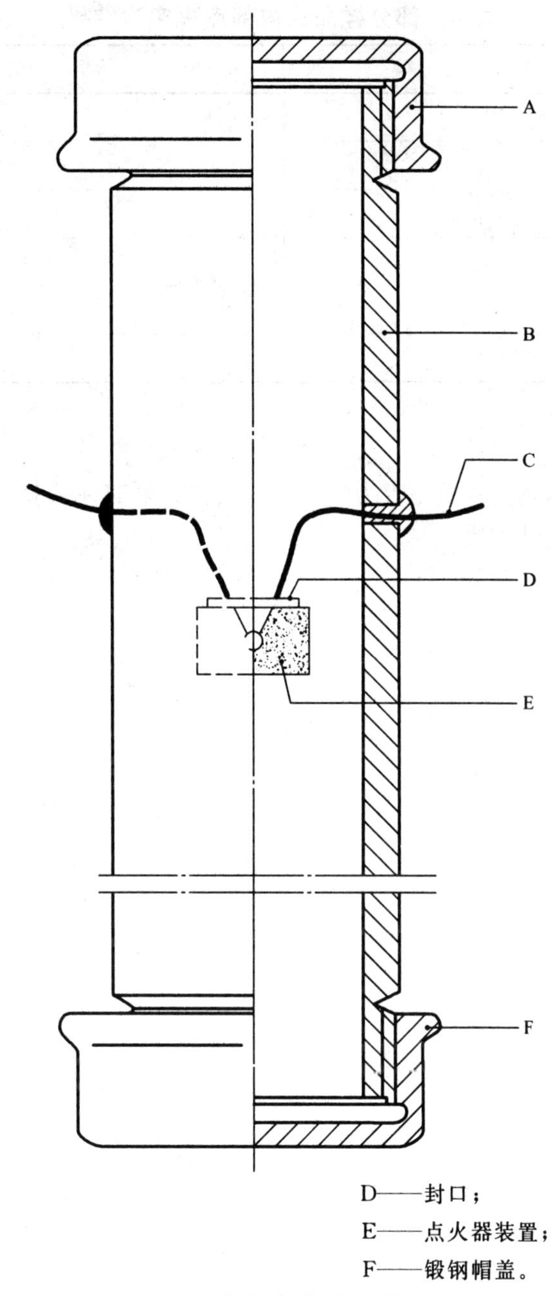

A——锻钢帽盖；
B——钢管；
C——点火器引线；
D——封口；
E——点火器装置；
F——锻钢帽盖。

图 5 内部点火试验装置

4.6.3.2 **点火进行试验**

将钢管垂直立放，用 20 V 变压器产生的 15 A 电流点燃引线。

4.6.3.3 **重复试验**

除非发生爆燃转为爆轰现象，否则应进行三次重复试验。

4.6.3.4 **观察和记录**

观察并记录钢管或盖帽的损坏程度。

4.6.4 **结果判定**

4.6.4.1 如果钢管或者至少一端的帽盖破裂成至少两块分开的碎片，结果计为“＋”。

4.6.4.2 如果钢管只是有裂缝或裂开，或者钢管或帽盖扭曲导致帽盖飞脱，结果计为“－”。

4.6.4.3 部分样品的内部点火实验测试结果如表 4 所示。

表 4 部分样品的内部点火实验结果

测试物	结果
硝酸铵/铝化燃料油	+
硝酸铵,疏化颗粒,低密度	—
高氯酸铵(45 μm)	+
硝基碳酸硝酸复合物	—
梯恩梯,颗粒	+
水胶炸药	+

5 判定依据

根据上述四种试验结果,判定物质是否为爆炸性物质。如果四种试验中任何一类试验得到的结果是“+”,那么该物质即为爆炸性物质。

附 录 A
（资料性附录）
样品的空化

A.1 德国方法

当液体要在空化状态下进行试验时，可以采用使气泡不断流过它的方法来实现空化。如图 A.1 所示，钢管底部延长 100 mm 用螺帽和聚四氟乙烯垫圈封闭，将一根内直径约 5 mm 的短钢管焊接到在这个螺帽中央开的一个孔中。用一根软塑料管把一个多孔玻璃滤器连接在短钢管的内端上，以使它的位置正好在中央并且尽可能靠近螺帽底部。多孔圆盘的直径至少应为 35 mm，孔径为 10 μm～16 μm，孔隙率为 4。空气、氧气或氮气流量应为 28 L/h±5 L/h。为防止压力增大，上端螺帽应当另外钻开 4 个直径 10 mm 的孔。

单位为微米

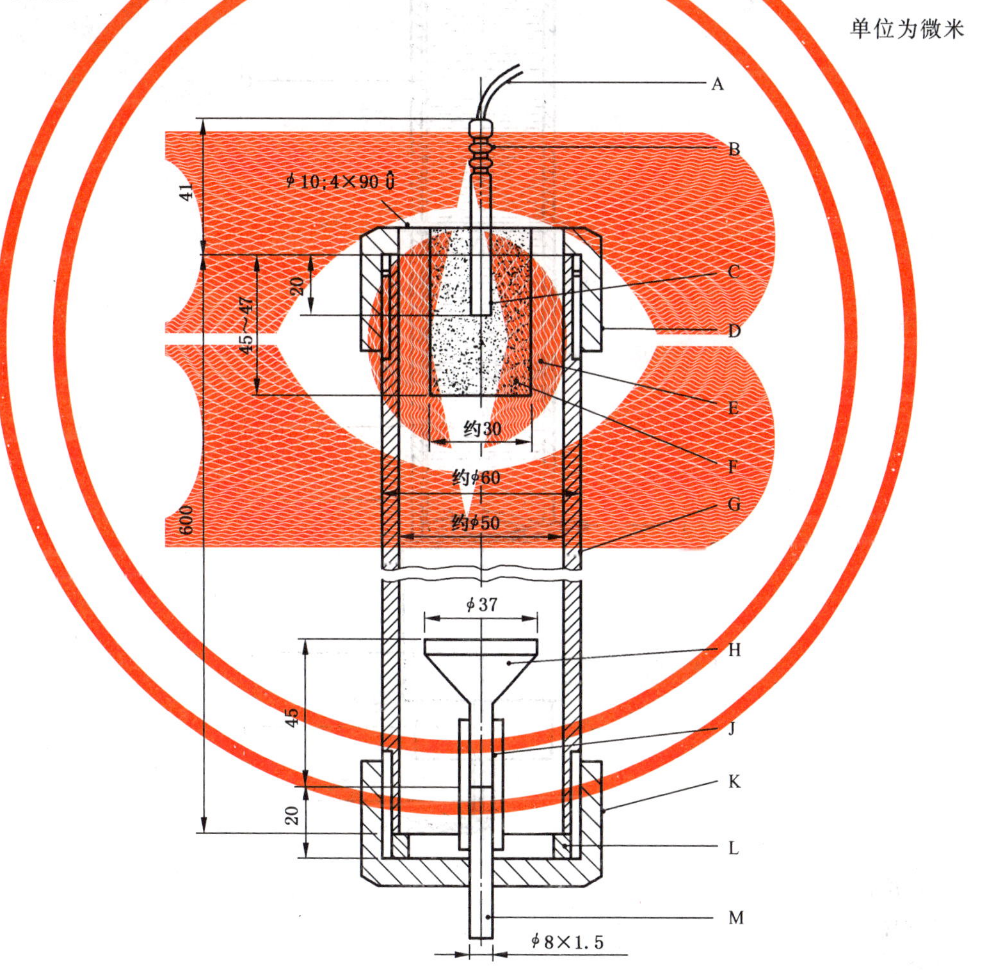

A——引线；
B——电点火器；
C——雷管；
D——可锻铸铁螺帽；
E——试验物质；
F——旋风炸药/蜡(95/5)传爆装药；
G——钢管符合DIN 2441规格，材料St. 37符合DIN 1629规格 3 号钢板；
H——多孔玻璃滤器；
J——软塑料管；
K——St 35 钢螺；
L——聚四氟乙烯垫圈；
M——小钢管。

图 A.1 德国空化装置

A.2 美国方法

如图 A.2 所示，气泡由放置在试样底部的一个直径为 23.5 mm 的环形乙烯塑料管注入，外直径 1.8 mm，壁厚0.4 mm。用直径 1.3 mm 的针穿过环形塑料管相对的两边，打穿两排小孔，小孔之间的距离为 3.2 mm。由于塑料管具有弹性，小孔在针抽出后几乎完全收缩，因此实际孔径比 1 mm 小得多。环形塑料管的一端用环氧树脂粘合剂密封，在另一端将一端塑料管穿过钢管上的一个小孔接到外面的空气源，该小孔也用环氧树脂粘合剂密封。以 30 kPa～100 kPa 的压力输送空气，流量为 1.2 L/min。

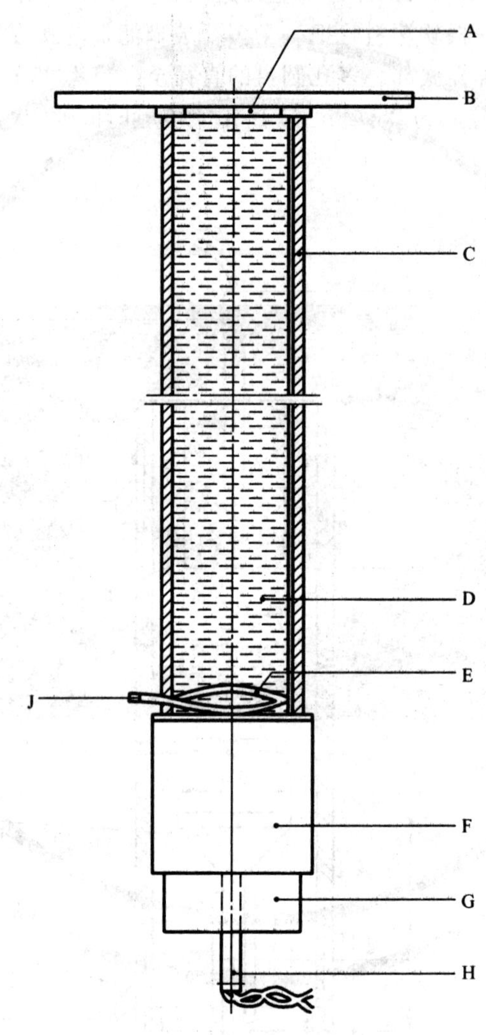

A——隔离层；

B——验证板；

C——钢管；

D——试验物质；

E——起泡器；

F——喷托炸药柱；

G——雷管支座；

H——雷管；

J——空气源。

图 A.2 美国空化装置

A.3 法国方法

本方法使用通常用于敏化乳状爆炸品的空心封闭玻璃微球，如钠钙硼硅玻璃泡，视密度 0.15，平均直径 50 μm，最大直径 200 μm，有 25％颗粒的直径小于 30 μm，可适用于液体和糊状物。按照 1 L 试样中添加 500 mg 玻璃微球的比例添加，必要时可使用少量的与试验物质相容的分散剂，将混合物搅拌成均匀的稳定分散体，然后装入点火管。

ICS 13.300
A 80

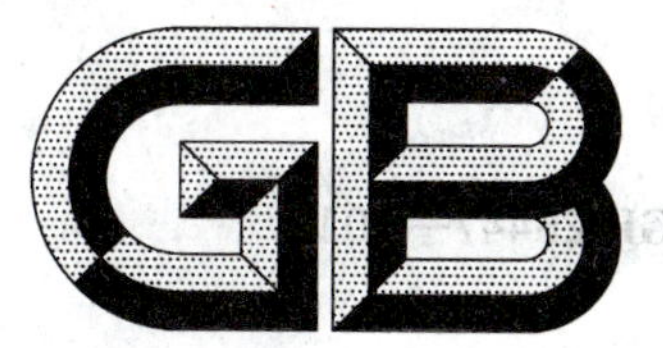

中华人民共和国国家标准

GB 26447—2010

危险货物运输 能够自持分解的硝酸铵化肥的分类程序、试验方法和判据

Transport of dangerous goods—Classification procedures, test methods relating to ammonium nitrate fertilizers capable of self-sustaining decomposition

2011-01-14 发布 2011-07-01 实施

中华人民共和国国家质量监督检验检疫总局
中国国家标准化管理委员会 发布

前　言

本标准第 4.5 章为强制性的，其余为推荐性的。

本标准与联合国《关于危险货物运输的建议书：试验和标准手册》(第四修订版)的一致性程度为非等效，其有关技术内容与上述手册完全一致，在标准文本格式上按 GB/T 1.1—2000 做了编辑性修改。

本标准与联合国《关于危险货物运输的建议书：试验和标准手册》的技术内容对应如下：

分类程序、试验方法和判定依据对应对第 9 类物质和物品的分类程序、测试方法和判断依据。

本标准由全国危险化学品管理标准化技术委员会(SAC/TC 251)提出并归口。

本标准负责起草单位：江西出入境检验检疫局。

本标准参加起草单位：中化化工标准化研究所、中国石油和化学工业协会。

本标准主要起草人：祝建新、梅建、石磊、王晓兵、桂家祥、郭平。

本标准为首次发布。

危险货物运输　能够自持分解的硝酸铵化肥的分类程序、试验方法和判据

1　范围

本标准规定了能够自持分解的硝酸铵化肥的分类程序、试验方法和判定依据。

本标准适用于能够持续自分解的硝酸铵化肥的分类测试。

2　规范性引用文件

下列文件中的条款通过本标准的引用而成为本标准的条款。凡是注日期的引用文件，其随后所有的修改单(不包括勘误的内容)或修订版均不适用于本标准，然而，鼓励根据本标准达成协议的各方研究是否可使用这些文件的最新版本。凡是不注日期的引用文件，其最新版本适用于本标准。

GB 6944　危险货物分类和品名编号

联合国《关于危险货物运输的建议书:规章范本》(第十五修订版)

3　术语与定义

GB 6944 和联合国《关于危险货物运输的建议书:规章范本》(第十五修订版)确立的以及下列术语和定义适用于本标准。

3.1

第 9 类物质和物品(杂项危险物质和物品)　substances and articles of Class 9(miscellaneous dangerous substances and articles)

在运输过程中具有其他类别未包括的危险的物质和物品。

3.2

能够自持分解的化肥　fertilizers capable of self-sustaining decomposition

在局部引发的分解会扩大到整体的化肥。

4　分类程序

提交运输的新产品如果其成分符合联合国编号 UN 2071 定义，应在付之运输前实施分类程序。

4.1　分类依据

进行测试以确定新产品在局部引发的分解是否会扩大到全部物质。推荐的测试方法见本标准第 5 章，产品是否为第 9 类物质和物品中的硝酸铵化肥取决于测试结果。

4.2　包装划分

所有第 9 类物质和物品中的硝酸铵化肥都划入Ⅲ类包装。

4.3　例外

具有 UN 2071 所述组成的硝酸铵化肥如果试验表明它们不容易自持分解并且所含的超量硝酸盐质量分数不大于 10%，可视为不受联合国《关于危险货物运输的建议书:规章范本》的约束。

5 试验方法

5.1 原理

将拟提交运输形式的硝酸铵化肥装入水平架置的金属丝网槽中，通过加热使化肥底层引发局部分解。移除引发热源后，测量分解向整槽化肥传播的情况，以确定产品是否为能够自持分解的化肥。

5.2 设备和材料

5.2.1 金属丝网槽

用网孔约 1.5 mm、网丝直径 1 mm 的方孔金属丝网(推荐用不锈钢)做成一上端开口、内部尺寸为 150 mm×150 mm × 500 mm 的槽，如图 1 所示，将槽置于由宽 15 mm、厚 2 mm 的钢条制成的支架上，槽两端的金属丝网可用 1.5 mm 厚，150mm × 150 mm 见方的不锈钢板代替。

如果化肥的粒度组成使大部分的化肥漏过槽的丝网孔，则应用较小网孔的槽或使用衬有较小网孔丝网的槽进行测试。引发期间，应提供并保持足够的热量使足以产生均匀的分解锋面。

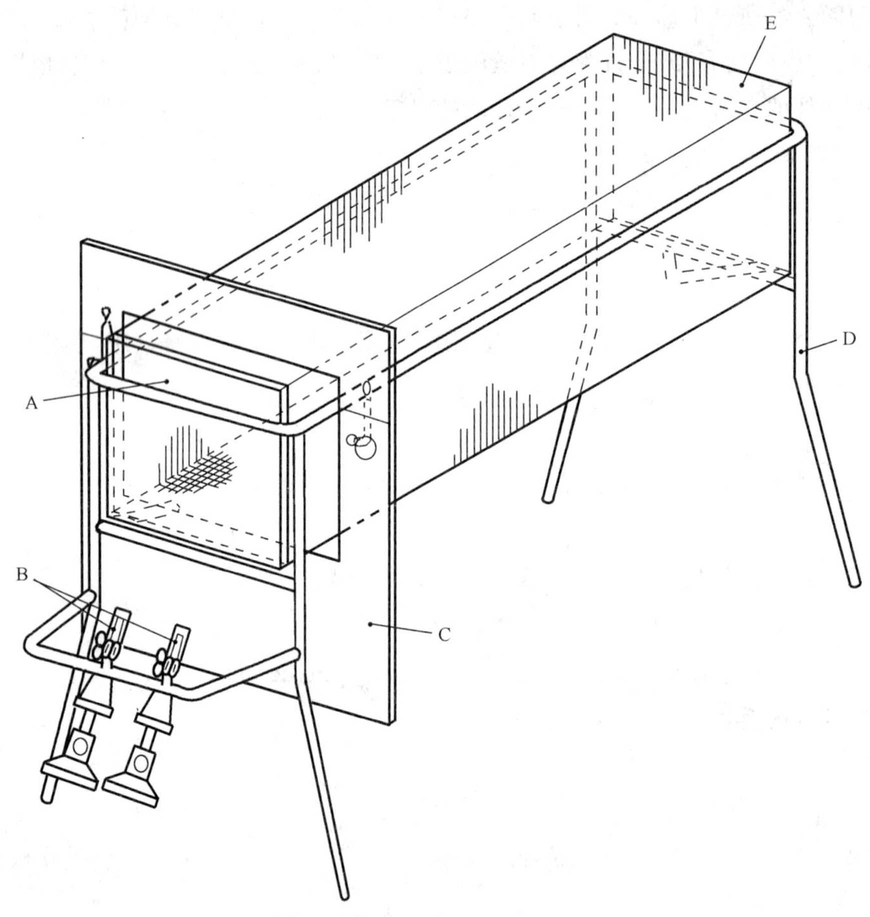

A——钢板(150 mm ×150 mm，厚 1 mm～3mm)；
B——燃气烧嘴；
C——热屏蔽钢板(厚 2mm)；
D——支架(由宽 15 mm、厚 2 mm 的钢条制成)；
E——网槽(150 mm ×150 mm × 500 mm)。

图 1 带燃气燃烧嘴的金属丝网槽

5.2.2 加热装置及安装

选用下述两种加热装置之一进行加热：

5.2.2.1 电加热装置

在一个不锈钢盒中装置一套功率为 250 W 的电加热器，将其放置在槽内一端，如图 2 所示。不锈钢盒的尺寸为 145 mm × 145 mm × 10 mm，钢板壁厚约 3 mm。盒子不与化肥接触的一边可用 5 mm 厚的隔热板保护，加热的一边用铝箔纸或不锈钢板保护。

单位为毫米

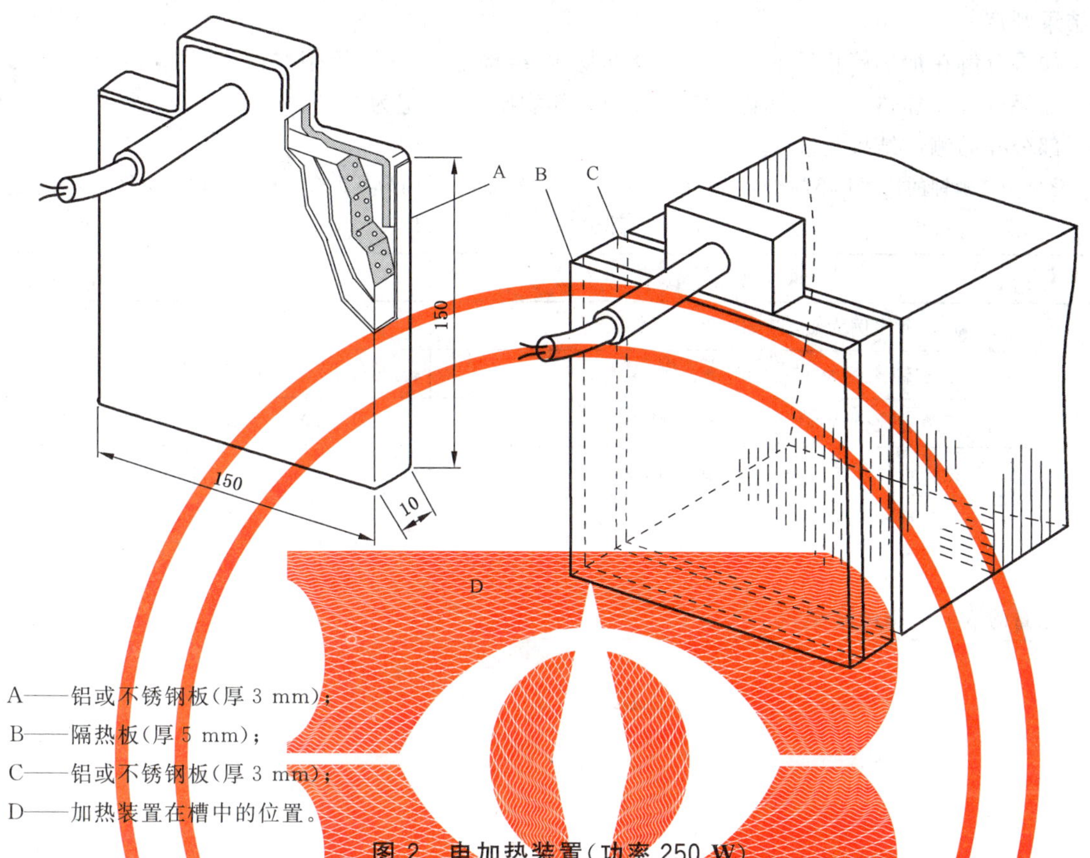

A——铝或不锈钢板(厚 3 mm)；

B——隔热板(厚 5 mm)；

C——铝或不锈钢板(厚 3 mm)；

D——加热装置在槽中的位置。

图 2　电加热装置(功率 250 W)

5.2.2.2　燃气加热装置

在槽内一端放置一块厚 1 mm～3 mm 的钢板，并与丝网接触，如图 1 所示。将两个燃气燃烧嘴固定在槽支架上。给钢板加热并使钢板温度保持在 400 ℃ ～600 ℃，即暗红炽热。

5.2.3　热屏蔽装置

为防止热沿着槽的外侧传播，在离槽加热端约 5 cm 处安装一个厚 2 mm 的钢板作为热屏蔽。

5.2.4　热电偶

应使用合适的热电偶。

5.3　试验步骤

5.3.1　安置试验槽

将试验槽及支架放置于排烟罩下以排除分解气体，或放置在开放场地以使烟气能容易分散。虽然进行本试验并没有爆炸危险，但仍然建议在试验槽和观察者之间设置透明塑料板等防护盾牌。

5.3.2　填放化肥

在槽内装入拟交付运输形式的化肥，并将热电偶放置于化肥中不同的位置。

5.3.3　加热引发分解

在槽的一端用上述电加热或燃气加热形式引发分解。持续加热直到化肥产生充分分解、并且观察到锋面的传播(3 cm～5 cm)为止。在产品具有高热稳定性的情况下，可能需要持续加热 2 h；如果化肥显示熔化的倾向，应小心加热，如使用小火焰。

5.3.4　记录

在加热停止后约 20 min，记录分解反应锋面的位置。反应锋面可通过颜色差异来确定，如棕色(未分解化肥)到白色(已分解化肥),或从反应锋面介于其间的两对相临热电偶显示的温度来确定。传播速度可通过观察和计时来确定或热电偶记录来确定。应当记下分解是否在加热停止后就不再传播或者分解是否传播到全部物质。

5.4 结果判定

5.4.1 如果分解在加热停止后继续传播到全部物质,结果记为"+",该硝酸铵化肥能够自持分解。

5.4.2 如果分解在加热停止后没有继续传播到全部物质,结果记为"−"。

5.4.3 部分样品测试结果见表1。

注:化肥中氮磷钾的比例并不能作为其是否会自持分解的标准,这是因为是否会自持分解取决于化学品种类。

表1 部分样品测试结果

测 试 物	传播距离/cm	结 果
氮磷钾比例为17-11-22[a] 复合肥料	50	+
氮磷钾比例为15-11-8[b] 复合肥料	10	−
氮磷钾比例为14-14-14[a] 复合肥料	10	−
氮磷钾比例为21-14-14[a] 复合肥料	10	−
氮磷钾比例为12-12-18[b] 复合肥料	50	+

[a] 含氯化物。

[b] 含痕量的钴和铜,但氯化物含量低于1%。

ICS 13.300
A 80

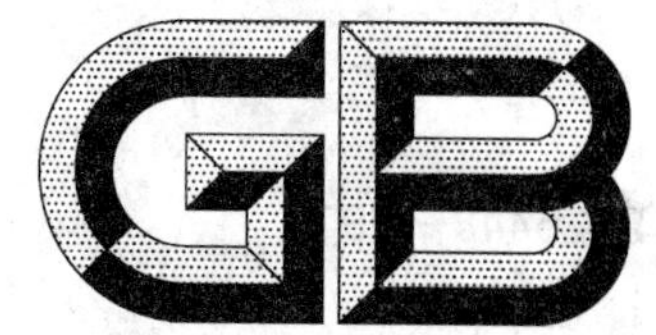

中华人民共和国国家标准

GB 26448—2010

危险货物运输 炸药中间体(ANE)的敏感性试验方法和判据

Transport of dangerous goods—Test methods and criteria relating to the sensitivity of ammonium nitrate emulsions, suspension or gels, intermediate for blasting explosives(ANE)

2011-01-14 发布 2011-07-01 实施

中华人民共和国国家质量监督检验检疫总局
中国国家标准化管理委员会 发布

前　言

本标准第4章为强制性的，其余为推荐性的。

本标准与联合国《关于危险货物运输的建议书：试验和标准手册》（第四修订版）的一致性程度为非等效，其有关技术内容与上述手册完全一致，在标准文本格式上按GB/T 1.1—2000做了编辑性修改。

本标准与联合国《关于危险货物运输的建议书：试验和标准手册》的技术内容对应如下：

——第一法对应试验系列8的8(a)试验；

——第二法对应试验系列8的8(b)试验；

——第三法对应试验系列8的8(c)试验；

——第四法对应试验系列8的8(d)试验。

本标准由全国危险化学品管理标准化技术委员会（SAC/TC 251）提出并归口。

本标准负责起草单位：江西出入境检验检疫局。

本标准参加起草单位：中化化工标准化研究所、中国石油和化学工业协会。

本标准主要起草人：左海根、梅建、石磊、郭平、王晓兵、桂家祥。

本标准为首次发布。

危险货物运输
炸药中间体(ANE)的敏感性
试验方法和判据

1 范围

本标准规定了硝酸铵乳液、硝酸铵悬浮剂或硝酸铵凝胶等炸药中间体(ANE)敏感性的测定方法和判据,及确定该物质是否可被划入第5.1项物质。

本标准的第一法适用于测定炸药中间体(ANE)在高温条件下的稳定性。

本标准的第二法适用于测定炸药中间体(ANE)对规定水平的冲击的敏感度。

本标准的第三法适用于测定炸药中间体(ANE)在高度封闭条件下对强热效应的敏感度。

本标准的第四法适用于判定炸药中间体(ANE)是否适合于罐装运输。

2 规范性引用文件

下列文件中的条款通过本标准的引用而成为本标准的条款。凡是注日期的引用文件,其随后所有的修改单(不包括勘误的内容)或修订版均不适用于本标准,然而,鼓励根据本标准达成协议的各方研究是否可使用这些文件的最新版本。凡是不注日期的引用文件,其最新版本适用于本标准。

GB 6944 危险货物分类和品名编号

联合国《关于危险货物运输的建议书:规章范本》(第十五修订版)

3 术语与定义

GB 6944和联合国《关于危险货物运输的建议书:试验和标准手册》(第十五修订版)确立的以及下列术语和定义适用于本标准。

3.1

危险货物 dangerous goods

具有爆炸、易燃、毒害、感染、腐蚀、放射性等危险特性,在运输、储存、生产、经营、使用和处置中,容易造成人身伤亡、财产损毁或环境污染而需要特别防护的物质和物品。

3.2

第5.1项物质 division 5.1 oxidizing substances

本身不一定可燃,但通常因放出氧可能引起或促使其他物质燃烧的物质。

3.3

炸药中间体 intermediate for blasting explosives

本标准中的炸药中间体是指硝酸铵乳液、硝酸铵悬浮剂或硝酸铵凝胶等。

4 试验方法

4.1 试验类型

本标准试验用于炸药中间体(ANE)敏感性的测定方法和判据,包括四种试验方法。其中第一法、第二法和第三法作为判断测试物是否属于第5.1项物质的依据,第四法用于作为评估是否适合罐体运输的一种方法。

4.2 试验条件

试样应保持同运输时的状态一致,并在运输时最高温度条件下进行试验。

4.3 第一法 ANE热稳定性试验

4.3.1 原理

本试验用于测定炸药中间体(ANE)在高温条件下的稳定性,以确定炸药中间体(ANE)在运输过程中的温度条件下是否稳定及是否太危险而不能运输。

4.3.2 设备和材料

4.3.2.1 试验室

具有耐火和耐压性能,最好安装有减压系统,如防爆墙。在单独的观测区安装有记录系统。试验室可使用足够大的具有温度调节功能的干燥箱,如加装风扇,以保证杜瓦瓶四周的空气流通。干燥箱内温度应稳定控制,以保证在10 d中杜瓦瓶中液体惰性试样的温度偏差不大于1 ℃,建议干燥箱门上安装磁性锁扣或使用绝缘盖。干燥箱内部可用适当的钢衬里加以保护。

4.3.2.2 杜瓦瓶

容量为500 mL,可放置于金属网罩内。带有惰性的封闭装置,如图1所示。通过改变封闭装置调节杜瓦瓶热损失在80 mW/(kg·K) ~100 mW/(kg·K)之内。

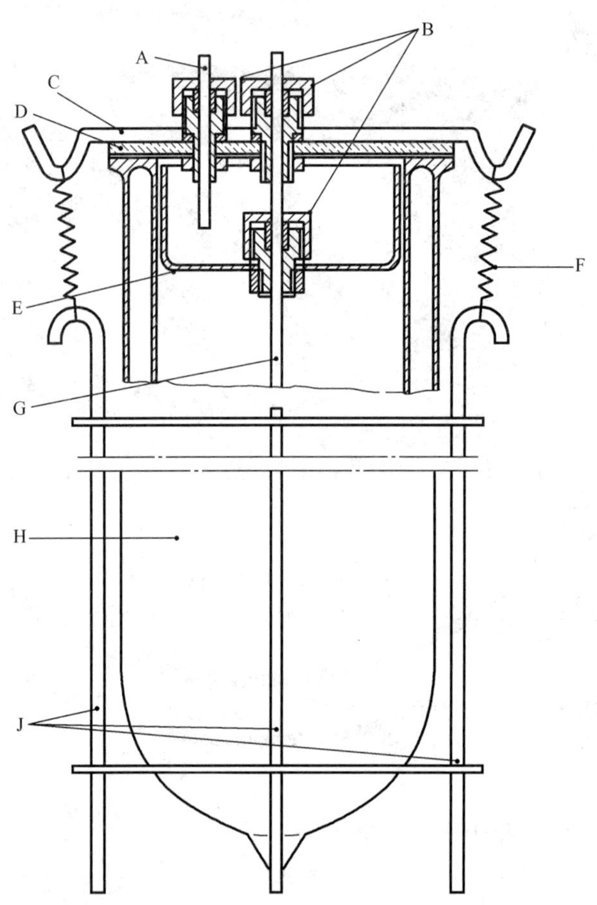

A——聚四氟乙烯毛细管;
B——带环形封口的特制螺旋装置(聚四氟乙烯或铝);
C——金属带;
D——玻璃盖;
E——玻璃大口杯底坐;
F——弹簧;
G——玻璃保护管;
H——杜瓦瓶;
J——钢支架。

图1 带封闭装置的杜瓦瓶

其中杜瓦瓶单位质量的热损失按式(1)计算：

$$L=\frac{\ln 2\times c_p}{t_{1/2}} \quad \cdots\cdots(1)$$

式中：

L——单位质量的热损失，单位为瓦每千克开[W/(kg·K)]；

$t_{1/2}$——在杜瓦瓶中装满具有类似物理性质的惰性物质后降低一半温度所用的时间，单位为秒(s)；

c_p——物质的比热容，单位为焦每千克开[J/(kg·K)]。

4.3.2.3 温度传感器

温度范围能够满足大于试验室温度 6 ℃以上的要求。

4.3.2.4 温度记录系统

测量并记录试验室和试样的温度。

4.3.3 试验步骤

4.3.3.1 杜瓦瓶及密闭系统的热损失特性测试

由于密闭系统对热损失特性有重要影响，可通过改变密闭系统以在一定程度上调整热损失特性。应在试验前确定所使用的杜瓦瓶及密闭系统的热损失特性。可通过测定已填充具有类似物理性质惰性物后，瓶体降低一半温度所用时间来确定热损失特性，按照式(1)计算。合适的杜瓦瓶在装有 400 mL 物质时，其热损失应在 80 mW/(kg·K)～100 mW/(kg·K)范围。

4.3.3.2 装载试样

将试样装入杜瓦瓶中至瓶高的约 80%，记录装入试样的质量。当试样粘度较高时，可将试样预制成正好能放入杜瓦瓶的形状，其直径应略小于杜瓦瓶的内径。将试样装入瓶之前，可用惰性固体物质装入杜瓦瓶下部空出部分，以便于使用圆柱形的试样。将温度传感器插入至试样的中心，封闭盖好的杜瓦瓶口，将杜瓦瓶放入试验室的金属网罩中，连接温度记录装置，关闭试验室。

4.3.3.3 设定温度

将试验室温度设定为比测试物装载或运输过程中可能出现的最高温度高 20 ℃的温度点。

4.3.3.4 加热

对样品进行加热，连续监测试样和试验室温度，记录试样温度达到低于试验室温度 2 ℃时的时间。继续加热 7 d；如果试样的温度在 7 d 内上升到高于试验室温度 6 ℃，则终止加热。记录试样温度从低于试验室温度 2 ℃上升至其最高温度的时间。

4.3.3.5 试样处理

试验结束后，试验室如有试样残存，待冷却后取出，尽快处理，确定质量损失的百分比和成分变化。

4.3.4 结果判定

4.3.4.1 如果在试验过程中，试样温度未超过试验室温度 6℃，则可认为具有热稳定性，结果计为“—”，可以进行后续试验。

4.3.4.2 部分样品的热稳定性测试结果如表 1 所示。

表 1 部分样品物热稳定性试验结果

测试物	样品质量/g	试验温度/℃	结果	备注
硝酸铵	408	102	—	轻度褪色，结成硬块，质量损失 0.5%
ANE-1 硝酸铵 76%，水 17%，燃料/乳化剂 7%	551	102	—	油和结晶盐分离，质量损失 0.8%
ANE-2(加敏的)硝酸铵 75%，水 17%，燃料/乳化剂 7%	501	102	—	部分褪色，质量损失 0.8%
ANE-Y 硝酸铵 77%，水 17%，燃料/乳化剂 7%	500	85	—	质量损失 0.1%

表 1（续）

测试物	样品质量/g	试验温度/℃	结果	备注
ANE-Z 硝酸铵 75%，水 20%，燃料/乳化剂 5%	510	95	—	质量损失 0.2%
ANE-G1 硝酸铵 74%，硝酸钠 1%，水 16%，燃料/乳化剂 7%	553	85	—	无温度升高
ANE-G2 硝酸铵 74%，硝酸钠 3%，水 16%，燃料/乳化剂 7%	540	85	—	无温度升高
ANE-J1 硝酸铵 80%，水 13%，燃料/乳化剂 7%	613	80	—	质量损失 0.1%
ANE-J2 硝酸铵 76%，水 17%，燃料/乳化剂 7%	605	80	—	质量损失 0.3%
ANE-J4 硝酸铵 71%，硝酸钠 11%，水 12%，燃料/乳化剂 60%	602	80	—	质量损失 0.1%

4.4 第二法 ANE 隔板试验

4.4.1 原理

本试验用于测定炸药中间体对规定水平的冲击如给定的供体装药和隔板的敏感度。

4.4.2 设备和材料

4.4.2.1 雷管

联合国标准雷管或相当者。

4.4.2.2 木块

雷管托板，直径 95 mm，厚 25 mm，中央钻孔，用于托住雷管。

4.4.2.3 爆炸装药

供体，直径 95 mm、长 95 mm 的压制 50/50 彭托利特炸药，或密度为 1 600 $kg/m^3 \pm 50$ kg/m^3 的 95/5 旋风炸药/蜡弹丸。

4.4.2.4 屏障

隔板，浇注聚甲基丙烯酸甲酯即有机玻璃的棒块，直径 95 mm，长 70 mm。根据使用的供体类型，见表 2 及图 2 所示，70 mm 长的隔板对乳胶造成的冲击压大约在 3.5 GPa～4.0 GPa 之间。

表 2 ANE 隔板试验校准数据

彭托利特炸药 50/50 雷管		旋风炸药/蜡/石墨供体雷管	
隔板距离/mm	屏障压力/GPa	隔板距离/mm	屏障压力/GPa
10	10.67	10	12.53
15	9.31	15	11.55
20	8.31	20	10.63
25	7.58	25	9.76
30	6.91	30	8.94
35	6.34	35	8.18
40	5.94	40	7.46
45	5.56	45	6.79
50	5.18	50	6.16
55	4.76	55	5.58
60	4.31	60	5.04

表 2（续）

彭托利特炸药 50/50 雷管		旋风炸药/蜡/石墨供体雷管	
隔板距离/mm	屏障压力/GPa	隔板距离/mm	屏障压力/GPa
65	4.02	65	4.54
70	3.53	70	4.08
75	3.05	75	3.66
80	2.66	80	3.27
85	2.36	85	2.91
90	2.1	90	2.59
95	1.94	95	2.31
100	1.57	100	2.04
		105	1.81
		110	1.61
		115	1.42
		120	1.27

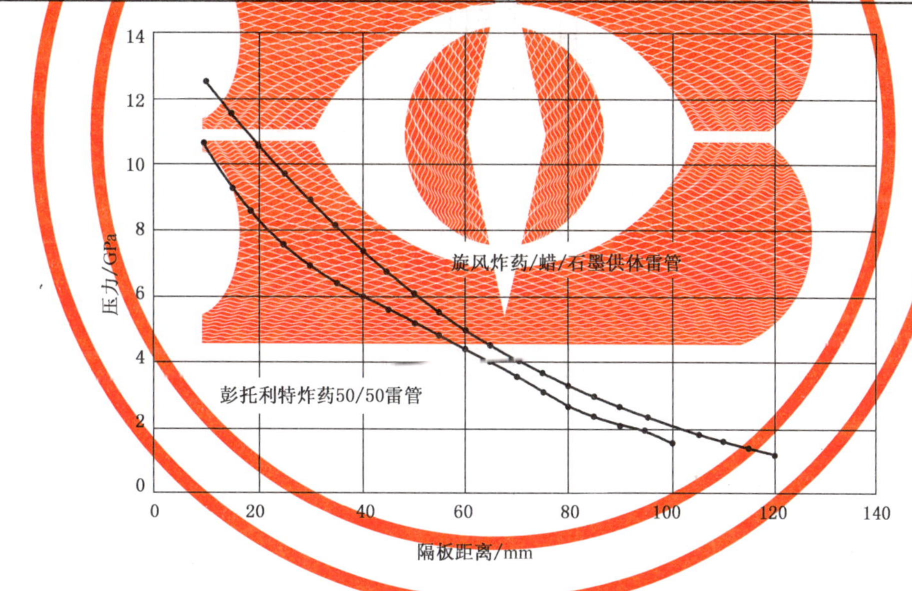

图 2　ANE 隔板试验校准数据

4.4.2.5　冷拔无缝钢管

受体，用作装载试样炸药的容器，外直径 95 mm，壁厚 11.1 mm±1.11 mm，长 280 mm，具有下列机械特性：

a）抗拉强度为 420 MPa±84 MPa；

b）伸长为 22 %±4.4 %；

c）布氏硬度为 125±25。

4.4.2.6　试样

试样物质直径刚好比装载试样炸药的冷拔无缝钢管内径小，试样和受体之间的空隙应尽可能小。

4.4.2.7　硬纸板管

内径 97 mm，长 443 mm。

4.4.2.8 验证钢板

靶子,为软钢板,200 mm×200 mm×20 mm,具有下列机械特性:

a) 抗拉强度为 580 MPa±116 MPa;

b) 伸长为 21%±4.2%;

c) 布氏硬度为 160±32。

4.4.3 试验步骤

4.4.3.1 试验装置的准备

在环境温度下,将雷管、供体装药、隔板和受体装药同轴排列在验证板的中央上方,确保雷管和供体之间、供体和隔板之间、隔板和受体装药之间接触良好,如图 3 所示。

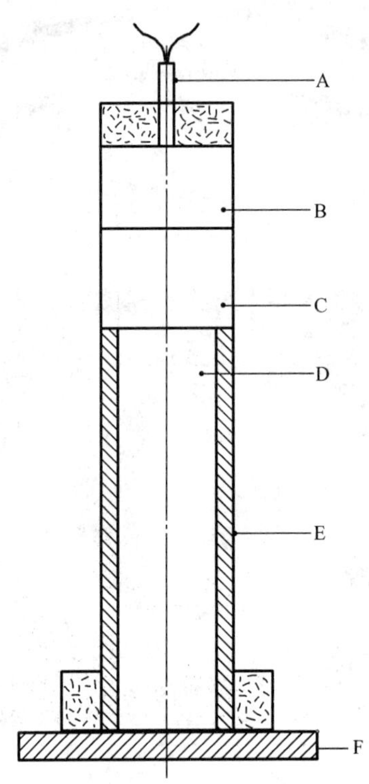

A——雷管;

B——起爆装药;

C——有机玻璃隔板;

D——试验物质;

E——钢管;

F——验证板。

图 3 ANE 隔板试验装置

4.4.3.2 收集装置的准备

为了更好收集验证板的残余,整个试验装置可以架在盛水容器的上面,水面和验证板底面之间至少有 10 cm 的空间,验证板从两边架起。也可采用其他收集方法,但验证板下面必须有足够的自由空间,以便不阻碍验证板被击穿。

4.4.3.3 进行试验

除非提前观察到正结果,一般进行三次试验。

4.4.4 结果判定

4.4.4.1 验证板被击穿了一个光洁的洞,表示在试样中引发了爆炸。在任何试验中,在 70 mm 长的隔板下引爆的物质不列为炸药中间体,结果记为"+"。

4.4.4.2 部分样品的 ANE 隔板试验测试结果见表 3。

表 3 部分测试物 ANE 隔板试验结果

测试物	密度/(g/cm³)	间隔/mm	结果	评注
硝酸铵(低密度)	0.85	35	—	钢管碎裂(大碎片),钢板弯曲 VOD:2.3 km/s～3.8 km/s
硝酸铵(低密度)	0.85	35	—	钢管碎裂(大碎片),钢板破裂
ANE-FA 硝酸铵 69%,硝酸钠 12%,水 10%,燃料/乳化剂 8%	1.4	50	—	钢管碎裂(大碎片),钢板未穿孔
ANE-FA	1.44	70	—	钢管碎裂(大碎片),钢板未穿孔
ANE-FB 硝酸铵 70%,硝酸钠 11%,水 12%,燃料/乳化剂 7%	约 1.40	70	—	钢管碎裂(大碎片),钢板未穿孔
ANE-FC(加敏的)硝酸铵 75%,水 13%,燃料/乳化剂 10%	1.17	70	+	钢管碎裂(细小碎片),钢板穿孔
ANE-FD(加敏的)硝酸铵 76%,水 17%,燃料/乳化剂 7%	约 1.22	70	+	钢管碎裂(细小碎片),钢板穿孔
ANE-1 硝酸铵 76%,水 17%,燃料/乳化剂 7%	1.4	35	—	钢管碎成大片,钢板凹痕 VOD:3.1 km/s
ANE-2(加敏的) 硝酸铵 76%,水 17%,燃料/乳化剂 7%	1.3	35	+	钢管碎成小片,钢板穿孔 VOD:6.7 km/s
ANE-2(加敏的) 硝酸铵 76%,水 17%,燃料/乳化剂 7%	1.3	70	+	钢管碎成小片,钢板穿孔 VOD:6.2 km/s
ANE-G1 硝酸铵 74%,硝酸钠 1%,水 16%,燃料/乳化剂 9%	1.29	70	—	钢管碎裂,钢板凹痕, VOD 1 968 m/s
ANE-G2 硝酸铵 74%,硝酸钠 3%,水 16%,燃料/乳化剂 7%	1.32	70	—	钢管碎裂,钢板凹痕
ANE-G3(充气加敏)硝酸铵 74%,硝酸钠 1%,水 16%,燃料/乳化剂 9%	1.17	70	+	钢管碎裂,钢板穿孔
ANE-G4(微球加敏)硝酸铵 74%,硝酸钠 3%,水 16%,燃料/乳化剂 7%	1.23	70	+	钢管碎裂,钢板穿孔
ANE-G5 硝酸铵 70%,硝酸钙 8% 水 16%,燃料/乳化剂 7%	1.41	70	—	钢管碎裂,钢板凹痕, VOD 2 061 m/s
ANE-J1 硝酸铵 80%,水 13%,燃料/乳化剂 7%	1.39	70	—	钢管碎裂,钢板凹痕
ANE-J2 硝酸铵 76%,水 17%,燃料/乳化剂 7%	1.42	70	—	钢管碎裂,钢板凹痕
ANE-J4 硝酸铵 76%,硝酸钠 11%,水 12%,燃料/乳化剂 6%	1.40	70	—	钢管碎裂,钢板凹痕
ANE-J5(微球加敏)硝酸铵 71%,硝酸钠 5%,水 18%,燃料/乳化剂 6%	1.20	70	+	钢管碎裂,钢板穿孔 VOD 5.7 km/s
ANE-J6(微球加敏)硝酸铵 80%,水 13%,燃料/乳化剂 76%	1.26	70	+	钢管碎裂,钢板穿孔 VOD 6.3 km/s

4.5 第三法 克南试验

4.5.1 原理

本试验用于确定硝酸铵乳胶、悬浮剂或凝胶及炸药中间体在高度封闭条件下对强热效应的敏感度。

4.5.2 设备和材料

4.5.2.1 试验钢管

用于装填试验样品，安装在加热和保护装置内，一次性使用。由钢板深拉制成的，质量为 25.5 g±1.0 g，开口端具有凸缘，尺寸如图 4 所示。

4.5.2.2 孔板

用于封闭钢管管口，由耐热的铬钢制成，带有小孔，以供排出测试物分解产生的气体，孔径如下：1.0 mm、1.5 mm、2.0 mm、2.5 mm、3.0 mm、5.0 mm、8.0 mm、12.0 mm 和 20.0 mm。

4.5.2.3 闭合装置

包括螺纹套筒和螺帽，尺寸如图 4 所示。

单位为毫米

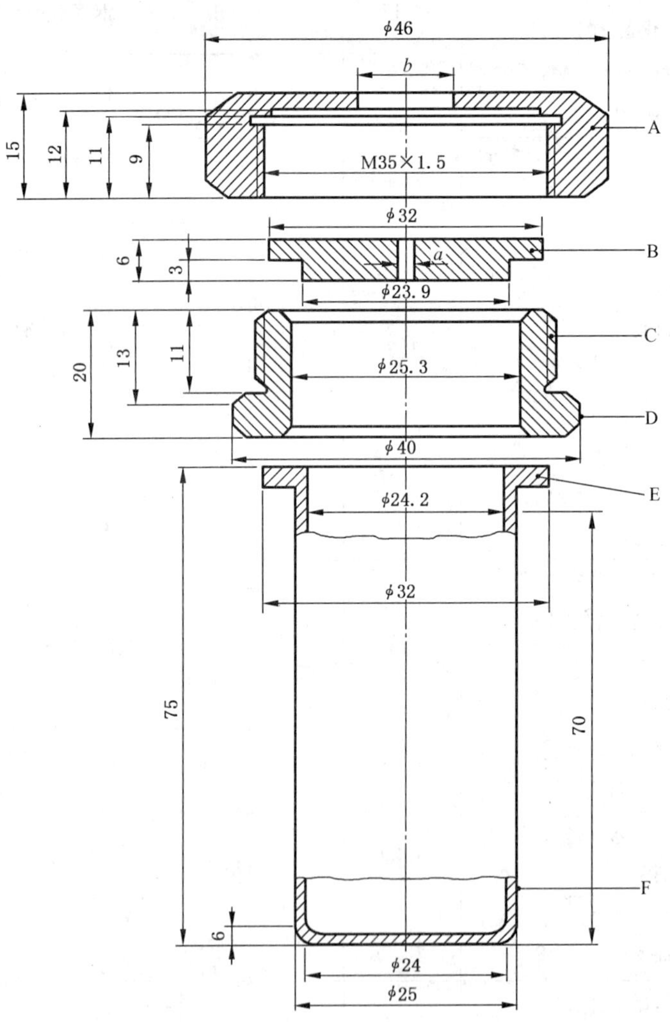

A——螺帽（b=10.0 mm 或 20.0 mm）；

B——孔板；

C——螺纹套筒；

D——36 号扳手用平面；

E——凸缘；

F——钢管。

图 4 克南试验钢管组件

4.5.2.4 加热装置

由工业气瓶、流量计、气体分配管和四个燃烧器组成。燃烧器的排列见图5,燃烧器用点火舌或电点火装置同时点燃。通过压力调节器调节工业气瓶中气体(丙烷或其他气体燃料)压力,使其通过流量计和一根管道后分配到四个燃烧器,达到3.3 K/s±0.3 K/s的加热速度。通过校准程序调节气体压力,使其达到规定的加热速度。

注:校准程序测量如下:加热一根装有27 cm^3邻苯二甲酸二丁酯的钢管(配有一块带1.5 mm圆孔的封口板),记录液体温度(用放在钢管中央距离管口43 mm处的直径为1 mm的热电偶测量)从50 ℃上升至250 ℃所需的时间,然后计算加热速度。

4.5.2.5 保护装置

由于钢管可能在试验中被损坏,加热应在焊接的保护箱中进行。保护箱结构和尺寸如图5所示,用两根棒穿过相对的两个箱壁的洞中,把钢管悬挂在这两根棒之间。

单位为毫米

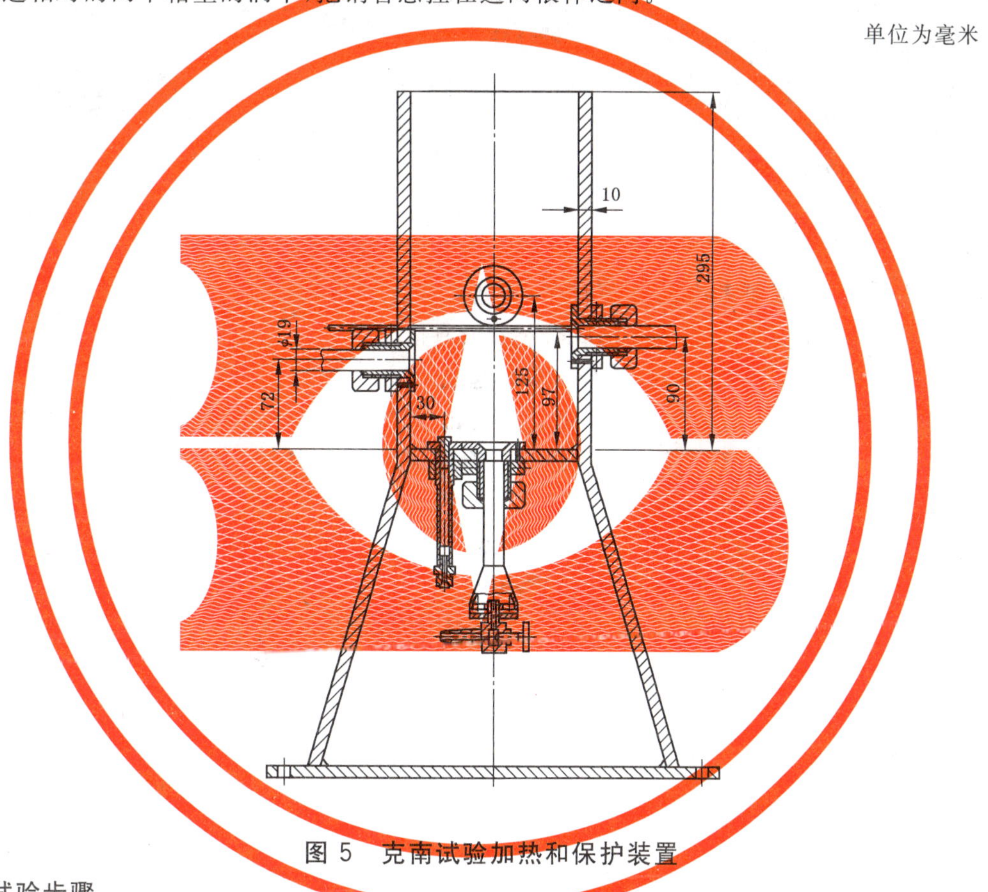

图5 克南试验加热和保护装置

4.5.3 试验步骤

4.5.3.1 准备

将试验设备放在保护区内。应保证燃烧器的火焰不受任何气流的影响,而且能排出试验所产生的气体或烟。

用孔径为1.0 mm～8.0 mm的孔板时,使用孔径10.0 mm的螺帽;如果孔板的孔径大于8.0 mm,使用孔径20.0 mm的螺帽。孔板、螺纹套筒和螺帽如果无损坏可以再次使用。

4.5.3.2 装样

将试样小心地装至钢管的60 mm高处,注意避免试样间形成空隙。再涂上一些以二硫化钼为基料的润滑油,将螺纹套筒从下端套到钢管上,插入适当的孔板并用手将螺帽拧紧,确保没有试样留在凸缘和孔板之间或留在螺纹内。

4.5.3.3 试验操作

把钢管夹在固定的台钳上,用扳手把螺帽拧紧。然后将钢管悬挂在保护箱内的两根棒之间。实验人员撤离试验区，打开供气阀并点燃燃烧器。记录发生反应的时间和反应的持续时间。如果钢管没有破裂，应继续加热至少 5 min 才结束试验。在每次试验之后，如果有钢管破片，应当收集起来称重。

先用 20.0 mm 的孔板进行试验。如果在这次试验中观察到“爆炸”结果，使用没有孔板和螺帽但有螺纹套筒（孔径 24.0 mm）的钢管继续进行试验。如果在孔径 20.0 mm 时“没有爆炸”，则依次使用孔径 12.0 mm、8.0 mm、5.0 mm、3.0 mm、2.0 mm、1.5 mm 和 1.0 mm 的孔板继续单次试验，直到这些孔径中的某一个取得“爆炸”结果为止。然后依次使用孔径 1.0 mm、1.5 mm、2.0 mm、2.5 mm、3.0 mm、5.0 mm、8.0 mm、12.0 mm 和 20.0 mm 的孔板进行试验，直到用某一孔径的三次试验结果均为负结果为止。记录获得“爆炸”结果的最大孔径为测试物的极限直径。如果用孔径 1.0 mm 孔板取得的结果是“没有爆炸”，极限直径即记录为“<1.0 mm”。

4.5.3.4 观察和判断

观察试验的钢管，通过辨别下列效应以判断是否“爆炸”：

“O”：钢管无变化；

“A”：钢管底部凸起；

“B”：钢管底部和管壁凸起；

“C”：钢管底部破裂；

“D”：管壁破裂；

“E”：钢管裂成两片；

“F”：钢管裂成三片[1)]或更多片，主要是碎片，有些大碎片之间可能有一狭条相连；

“G”：钢管裂成许多片，主要是小碎片，闭合装置没有损坏；

“H”：钢管裂成许多非常小的碎片，闭合装置凸起或破裂。

“D”、“E”和“F”型效应如图 6 所示。如果试验得出“O” 至“E”中的任何一种效应，结果即被视为“没有爆炸”。如果试验得出“F”、“G”或“H”效应，结果即被评为“爆炸”。

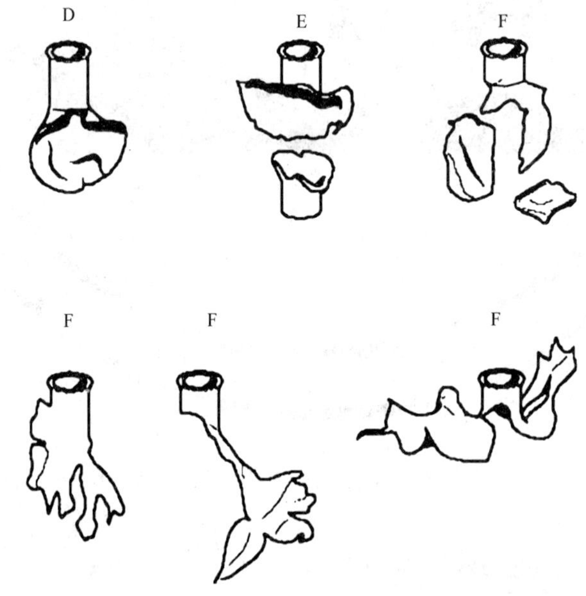

图 6 克南试验 D、E 和 F 型效应示例

4.5.4 结果判定

4.5.4.1 如果极限直径为 2.0 mm 或大于 2.0 mm，结果计为“+”，表示物质不应划入第 5.1 项。

4.5.4.2 部份样品的克南试验测试结果实例见表 4。

1） 留在闭合装置中的钢管上半部分算为一片。

表 4　部分样品的克南试验结果

测　试　物	结果	备注
硝酸铵(低密度)	—	极限直径:<1 mm
ANE-F1 硝酸铵 71%,水 21%,燃料/乳化剂 7%	—	
ANE-F2 硝酸铵 77%,水 17%,燃料/乳化剂 7%	—	
ANE-F3 硝酸铵 70%,硝酸钠 11%,水 12%,燃料/乳化剂 7%	—	
ANE-F4 硝酸铵 42%,硝酸钙 35%,水 16%,燃料/乳化剂 7%	—	
ANE-F5 硝酸铵 69%,硝酸钠 13%,水 10%,燃料/乳化剂 8%	—	
ANE-F6 硝酸铵 72%,硝酸钠 11%,水 10%,燃料/乳化剂 6%	—	
ANE-F7 硝酸铵 76%,水 13%,燃料/乳化剂 10%	—	
ANE-F8 硝酸铵 77%,水 16%,燃料/乳化剂 6%	—	
ANE-1 硝酸铵 76%,水 17%,燃料/乳化剂 7%	—	极限直径:1.5 mm
ANE-2(微球加敏)硝酸铵 75%,水 17%,燃料/乳化剂 7%	+	极限直径:2 mm
ANE-4(微球加敏)硝酸铵 70%,硝酸钠 11%,水 9%,燃料/乳化剂 5.5%	+	极限直径:2 mm
ANE-G1 硝酸铵 74%,硝酸钠 1%,水 16%,燃料/乳化剂 9%	—	
ANE-G2 硝酸铵 74%,硝酸钠 3%,水 16%,燃料/乳化剂 7%	—	
ANE-J1 硝酸铵 80%,水 13%,燃料/乳化剂 7%	—	“O”型效应
ANE-J2 硝酸铵 76%,水 17%,燃料/乳化剂 7%	—	“O”型效应
ANE-J4 硝酸铵 71%,硝酸钠 11%,水 12%,燃料/乳化剂 6%	—	“A”型效应
硝酸铵(低密度)	—	极限直径:<1 mm
ANE-F1 硝酸铵 71%,水 21%,燃料/乳化剂 7%	—	
ANE-F2 硝酸铵 77%,水 17%,燃料/乳化剂 7%	—	
ANE-F3 硝酸铵 70%,硝酸钠 11%,水 12%,燃料/乳化剂 7%	—	
ANE-F4 硝酸铵 42%,硝酸钙 35%,水 16%,燃料/乳化剂 7%	—	
ANE-F5 硝酸铵 69%,硝酸钠 13%,水 10%,燃料/乳化剂 8%	—	
ANE-F6 硝酸铵 72%,硝酸钠 11%,水 10%,燃料/乳化剂 6%	—	
ANE-F7 硝酸铵 76%,水 13%,燃料/乳化剂 10%	—	
ANE-F8 硝酸铵 77%,水 16%,燃料/乳化剂 6%	—	
ANE-1 硝酸铵 76%,水 17%,燃料/乳化剂 7%	—	极限直径:1.5 mm
ANE-2(微球加敏)硝酸铵 75%,水 17%,燃料/乳化剂 7%	+	极限直径:2 mm
ANE-4(微球加敏)硝酸铵 70%,硝酸钠 11%,水 9%,燃料/乳化剂 5.5%	+	极限直径:2 mm
ANE-G1 硝酸铵 74%,硝酸钠 1%,水 16%,燃料/乳化剂 9%	—	
ANE-G2 硝酸铵 74%,硝酸钠 3%,水 16%,燃料/乳化剂 7%	—	
ANE-J1 硝酸铵 80%,水 13%,燃料/乳化剂 7%	—	“O”型效应
ANE-J2 硝酸铵 76%,水 17%,燃料/乳化剂 7%	—	“O”型效应
ANE-J4 硝酸铵 71%,硝酸钠 11%,水 12%,燃料/乳化剂 6%	—	“A”型效应

4.6 第四法 通风管试验

警告：试验应在风速小于 6 m/s 的条件下进行。

4.6.1 原理

本试验用于测定试样在受限制但通风的条件下遇到大火的影响，以评估其是否适合罐装运输。

4.6.2 设备和材料

4.6.2.1 通风管

直径 31 cm±1 cm、长 61 cm±1 cm 的钢管，底部焊接 38 cm×38 cm、厚 10 mm±0.5 mm 的软钢板。钢管顶部焊接 38 cm×38 cm、厚 10 mm±0.5 mm 的软钢板，钢板中央有一个直径 78 mm 的通风口，在上面焊接一个长 152 mm、内径 78 mm 的钢管接头，如图 7 所示。钢管、钢板、钢管接头等的材质均为 A53 B 级的 40 号碳钢。

单位为毫米

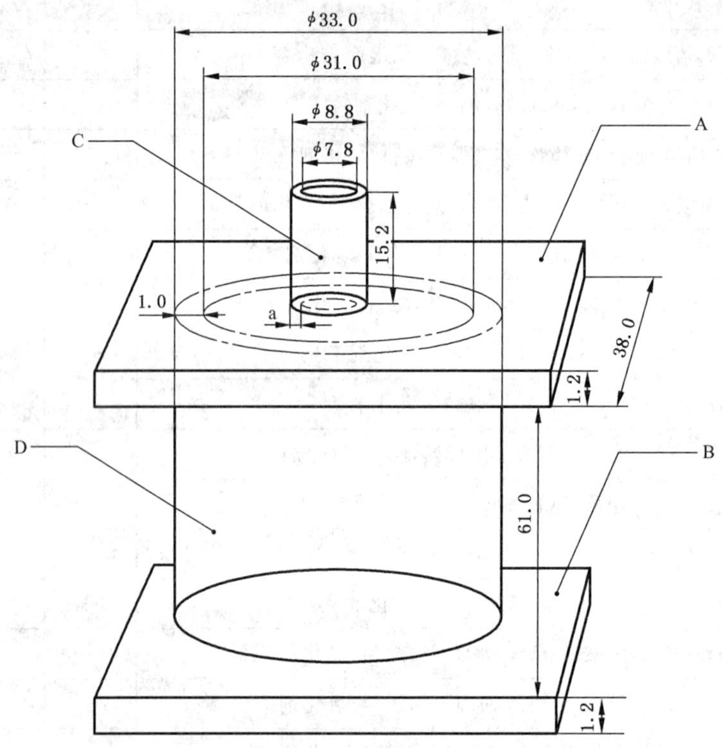

A——顶部钢板；

B——底部钢板；

C——钢管接管(a=0.5 cm)；

D——钢管。

图 7 通风管试验装置

4.6.2.2 金属栅

用于将装有物质的钢管支撑在燃料上方，可保证充分加热。如使用木垛点火，金属栅应高于地面 1.0 m；如使用液烃盆点火，金属栅应高于地面 0.5 m。

4.6.2.3 燃料

燃料足以保证火焰持续燃烧至少 30 min。如有必要，直至物质有明显足够的时间对火作出反应。

4.6.2.4 点火设备

以适当的点火方法从两侧点燃。

注：例如使用木柴火时，应用煤油浸湿木柴，再用点火器点燃刨花。

4.6.2.5 **记录设备**

摄影机或录像机、风压计、辐射计等相关的记录设备。

注：最好有高速和普通速度，对试验做彩色录像。

4.6.3 **试验步骤**

4.6.3.1 **试样准备**

钢管内装入试验物质，装入过程中不应夯实。物质小心装入，避免增加空隙。钢管垂直放在金属栅上，并加以固定以免翻倒。燃料放在金属栅下，使火能够包围整个钢管。对侧面的风采取防范措施，避免热量的散失。

4.6.3.2 **选择加热方式**

使用适当的热源如木柴、液体燃料或气体燃料，火焰温度至少应达到 800 ℃。

用木材烧火时，应有平衡的空气/燃料比率，以避免烟雾太多而记录不清事态发展，并且燃烧强度和持续时间足以使供试品在 10 min～30 min 内产生反应。可采用如下方法放置：用截面大约 50 mm 见方的风干木头在金属格栅（离地面1 m 高）下面堆成网络状，木条之间的横向距离约为 100 mm，堆至支撑供试品的格栅底部。木头堆垛面积应超出供试品，每个方向超出的距离应至少为 1.0 m。

如果用液体燃料烧火，装燃料的贮槽周边应超出供试品，每个方向应超出的距离至少为 1.0 m，格栅和贮槽之间的距离约为 0.5 m。使用这种烧火方法之前，应当考虑爆炸品和液体燃料之间是否会发生淬火作用或不利的相互作用，从而影响试验结果。

如果使用气体燃料，燃烧面积应超出供试品，每个方向超出的距离应至少为 1.0 m。气体供应必须能确保火焰均匀地包围供试品。蓄气筒应当足以使火持续燃烧至少 30 min。点燃气体的方式可以是远距离点燃烟火或远距离释放靠近预先放置的点火源的气体。

4.6.3.3 **点火试验**

应事先安装好点火系统，同时从两个方向上点火，其中一个在上风头。

试验结束后，如果钢管没有断裂，应先让装置冷却，然后小心拆卸试验装置，倒出钢管的内装物。

4.6.3.4 **观察现象**

在试验过程中观察是否出现以下现象：

a) 爆炸的证据；

b) 巨响；

c) 从点火区飞出碎片。

4.6.4 **结果判定**

4.6.4.1 如果观察到钢管爆炸和爆裂的至少一种现象，试验结果计为“＋”，表明该物质不适合罐装运输。

4.6.4.2 如果未观察到钢管爆炸和爆裂的至少一种现象，试验结果计为“－”。

ICS 73.120
D 96

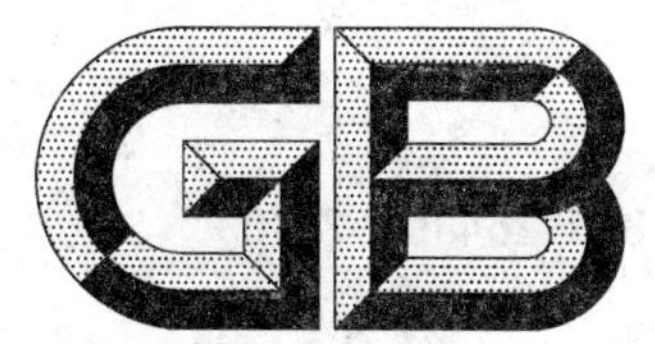

中华人民共和国国家标准

GB/T 26449—2010

辐射式水力旋流分级机组

Radiation hydraulic cyclone sizing units

2011-01-14 发布　　　　2011-10-01 实施

中华人民共和国国家质量监督检验检疫总局
中国国家标准化管理委员会　发布

前言

本标准由中国机械工业联合会提出。

本标准由全国矿山机械标准化技术委员会(SAC/TC 88)归口。

本标准负责起草单位:江西维东山设备有限公司。

本标准参加起草单位:上饶市质量技术监督局、德兴市质量技术监督局。

本标准主要起草人:陆东山、尹善荣、黄强、余卫。

辐射式水力旋流分级机组

1 范围

本标准规定了辐射式水力旋流机组的型式与基本参数、技术要求、试验方法、检验规则及标志、包装、运输和贮存。

本标准适用于辐射式水力旋流机组(以下简称“机组”)。该机组主要用于矿浆的分级、脱泥及浓缩。

2 规范性引用文件

下列文件中的条款通过本标准的引用而成为本标准的条款。凡是注日期的引用文件,其随后所有的修改单(不包括勘误的内容)或修订版均不适用于本标准,然而,鼓励根据本标准达成协议的各方研究是否可使用这些文件的最新版本。凡是不注日期的引用文件,其最新版本适用于本标准。

GB/T 528 硫化橡胶或热塑性橡胶 拉伸应力应变性能的测定(GB/T 528—2009,ISO 37:2005,IDT)

GB/T 531.1 硫化橡胶或热塑性橡胶 压入硬度试验方法 第1部分:邵氏硬度计法(邵尔硬度)(GB/T 531.1—2008,ISO 7619-1:2004,IDT)

GB/T 1689 硫化橡胶耐磨性能的测定(用阿克隆磨耗机)(GB/T 1689—1998,neq BS 903:Part A9:1988)

GB/T 3452.1 液压气动用O形橡胶密封圈 第1部分:尺寸系列及公差(GB/T 3452.1—2005,ISO 3601-1:2002,MOD)

GB/T 7284 框架木箱

GB/T 9969 工业产品使用说明书 总则

GB/T 10819 木制底盘(GB/T 10819—2005,JIS Z 1405:1984)

GB/T 13306 标牌

JB/T 5000.12 重型机械通用技术条件 第12部分:涂装

JB/T 9092 阀门的检验与试验

3 型式与基本参数

3.1 型式

3.1.1 机组包括:旋流器、闸阀、分浆器、进浆管、机架、平台、溢流槽、沉砂槽及闸阀控制系统,见图1。

3.1.2 机组采用从底部中心给料,溢流矿浆从溢流槽的侧面排出,沉砂矿浆从沉砂槽的底部排出的结构型式。

3.1.3 旋流器一般采用左给料方式进料,通常由直筒体、锥体、旋流室、沉砂嘴进出口接头,溢流管等部件组成,见图2。

3.1.4 闸阀截流功能是通过不锈钢闸板的插入或提起来实现的,闸阀按操作方式可分为:手动、手动加力、气动、液动、电动。与机组配套使用的闸阀通常采用气动并按需要可配备就地及远程主控室控制系统。

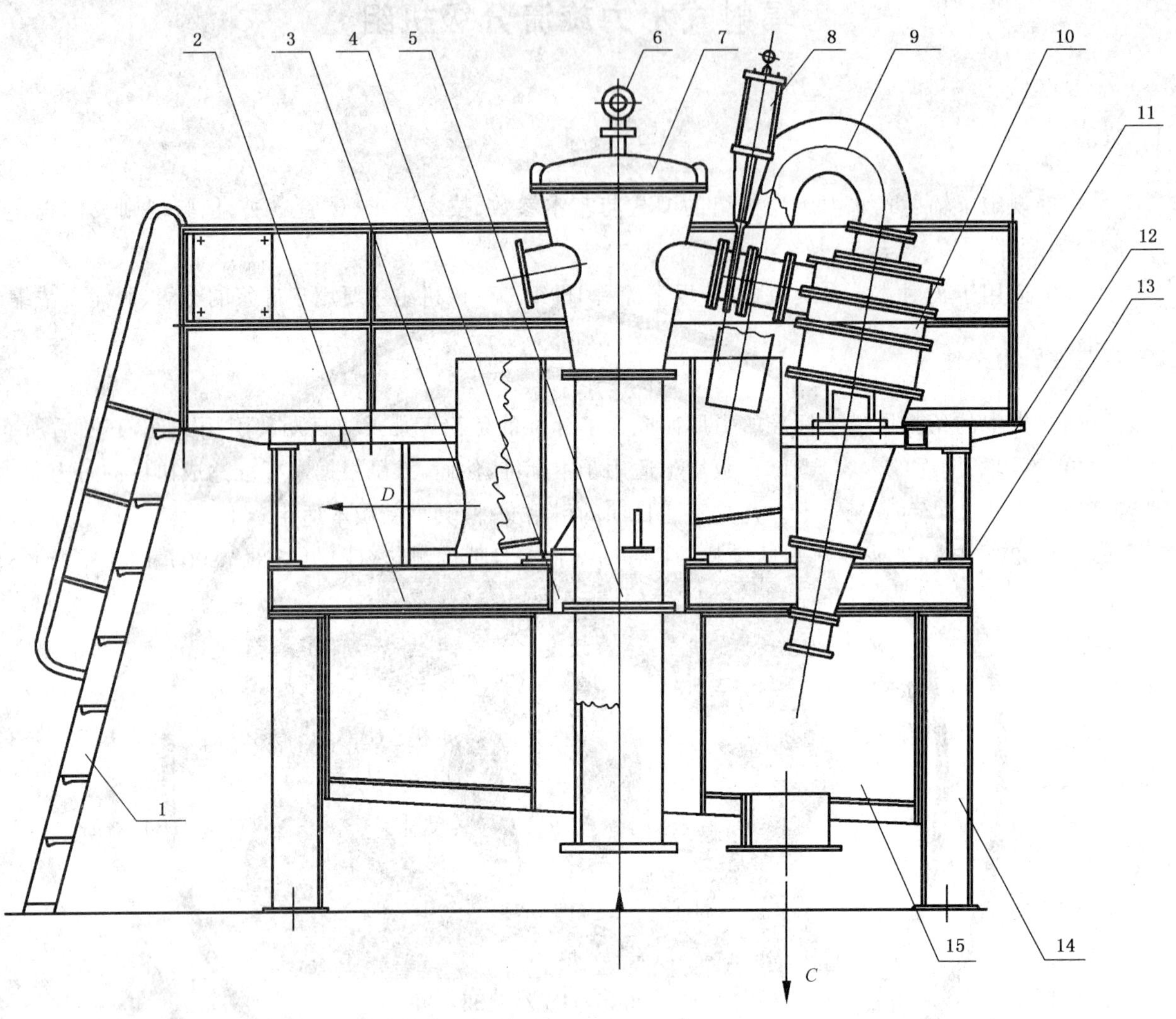

1——梯子；

2——中间梁；

3——溢流槽；

4——中心环；

5——进浆管；

6——压力表；

7——分浆器；

8——闸板阀；

9——溢流弯管；

10——旋流器；

11——栏杆；

12——平台；

13——上支脚；

14——下支脚；

15——沉沙槽。

图 1　机组结构形式

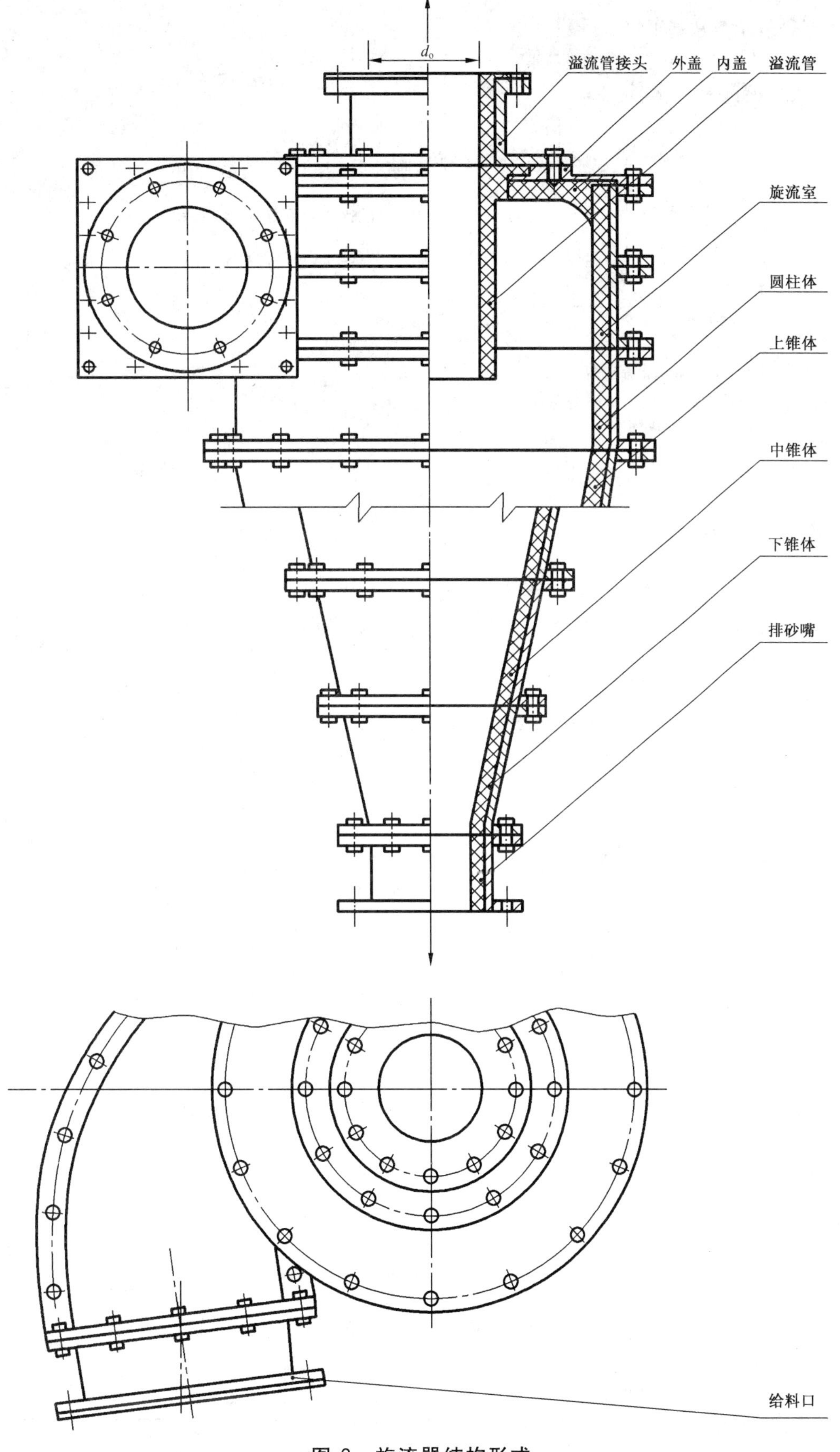

图 2　旋流器结构形式

3.2 型号表示方法

机组型号表示方法如下：

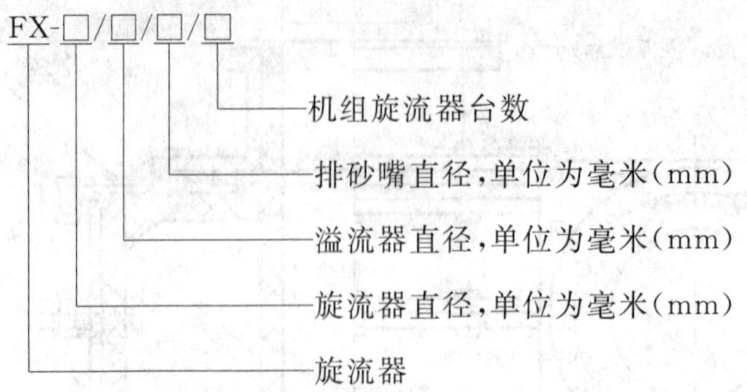

标记示例：

配备4台直径为100 mm，溢流器直径为25 mm，排砂口直径为12 mm的旋流器机组，其标记为：

FX-100/25/12/4　辐射式水力旋流分级机组

3.3 基本参数

旋流器的基本参数应符合表1的规定。

表 1

基本参数	型号								
	FX-100 (WDS100)	FX-150 (WDS150)	FX-250 (WDS250)	FX-300 (WDS300)	FX-350 (WDS350)	FX-500 (WDS500)	FX-550 (WDS550)	FX-660 (WDS660)	FX-760 (WDS760)
旋流器直径 mm	100	150	250	300	350	500	550	660	760
给料口直径 mm	40	50	75	90	100	210	220	250	250
锥角 (°)	10	10	20	20	20	20	20	20	20
溢流管直径 mm	25	30	60	70	90	140	150	200	220
	35	40	75	85	100	160	160	220	250
	40	50	100	100	115	180	180	240	280
沉砂嘴直径 mm	10	16	30	40	40	80	80	120	130
	12	21	35	45	50	90	90	140	155
	14	32	40	50	60	100	100	160	180
给矿口压力 MPa	0.08～0.12	0.08～0.12	0.06～0.08	0.06～0.08	0.06～0.08	0.06～0.08	0.06～0.08	0.06～0.08	0.06～0.08
分离粒度 μm	10～25	18～55	30～100	35～140	40～170	50～200	55～220	60～250	70～300
处理能力 m^3/h	7～15	12～30	25～70	35～110	50～140	100～260	100～280	150～450	200～550
注：括号内的型号为习惯用型号。									

4 技术要求

4.1 机组应符合本标准的要求，并按照经规定程序批准的图样和技术文件制造。

4.2 机组在下列条件下应能正常工作：

a) 户外(户内)运行；

b) 环境温度为 0 ℃～80 ℃；

c) 给料质量浓度一段在 60%以下，二段在 50%以下；

d) 给料粒度一段在－0.075 mm 占 25%～35%、二段在 55%～65%的条件下，一段闭路磨矿分级的溢流粒度应能达到－0.075 mm 占 65%～70%、二段磨矿分级的溢流粒度应能达到－0.075 mm占 95%～98%。

4.3 机组的零部件应经检验合格，外购件和外协件应有合格证明文件，方可进行装配。

4.4 在表 1 中给出的压力下，旋流器侧壁不允许出现变形，各连接处不应有泄漏。

4.5 在强碱、高温(80 ℃以下)的工作介质下应能稳定运行。耐磨橡胶的力学性能及磨耗量应符合表 2 的规定。

表 2

项　目	单　位	要　求
邵尔 A 硬度	度	55±2
拉伸强度	MPa	≥16.7
扯断伸长率		≥600%
扯断永久变形		≤30%
磨耗量(阿克隆)	cm^3/1.61 km	≤0.25

4.6 机组配套使用气动闸阀时，手动控制阀的操作手柄向外拨动时，闸阀开启，当手动控制阀的操作手柄向内拨动时，闸阀关闭。有远程控制时，则按相应按钮开关即可动作。当机组配套使用手动闸阀时，操作手柄朝逆时针方向旋转，闸阀开启；操作手柄朝顺时针方向旋转时，闸阀关闭。当机组配套使用电动闸阀时，按相应功能按钮，闸阀应动作自如。

4.7 闸阀气缸的"O"型密封圈应符合 GB/T 3452.1 的规定。

4.8 机组外观应符合 JB/T 5000.12 的规定。

4.9 耐磨橡胶内衬与外壳的结合处不应有脱落、气泡、凹坑等缺陷，不应有超过 1 mm 宽、深 1.5 mm 的裂纹。

4.10 气动闸阀的密封性：在 1.2 倍工作压力下，不应有泄漏现象。

4.11 使用寿命：机组中的沉砂槽、溢流槽、分浆器、进浆管、机架的使用寿命不少于 5 年，旋流器主体的使用寿命不少于 2 年(易损件沉砂嘴及下锥体除外)。

5 试验方法

5.1 旋流器的分级精度在用户投料运行时随机抽样分析并进行检验。

5.2 旋流器及气动闸阀的抗压能力，采用水压机进行试验。试验压力为工作压力的 1.2 倍，试验时间为 5 min，观察旋流器侧壁有无变形，连接处有无泄漏。

5.3 机组在具有强碱腐蚀的环境下运行 1 月～2 月，观察设备外表和运行情况以及耐磨橡胶的粘结情况。

5.4 耐磨橡胶的力学性能试验，邵尔硬度按 GB/T 531.1 的规定进行；拉伸强度、扯断伸长率、扯断永久变形按 GB/T 528 的规定进行。

5.5 耐磨橡胶的磨耗量(阿克隆)按 GB/T 1689 的规定进行检验。

5.6 按JB/T 9092的规定进行闸阀开闭动作的正确性试验，试验时，闸阀带负荷(装好胶套并用螺栓压紧)，试验气压为0.5 MPa～0.7 MPa，观察闸阀启闭是否灵活，是否有明显的机械磨损、卡滞现象；启动相应的开关，观察机组是否按规定正常工作。

5.7 机组的使用寿命的测定，在强碱的环境下，按用户正常生产的实际运转纪录进行确定。

6 检验规则

6.1 检验分类

检验分为出厂检验和型式检验。

6.2 出厂检验

6.2.1 每台机组须经制造厂质量检验部门检验合格后方可出厂，出厂时应附有证明产品质量合格的文件。

6.2.2 每台机组均应进行出厂检验，出厂检验按4.3、4.4、4.6～4.10。

6.3 型式检验

6.3.1 有下列情况之一时，应进行型式检验：

a) 新产品试制定型鉴定或老产品转厂生产时；

b) 正式生产后，产品结构、材料、工艺有较大改变，可能影响产品性能时；

c) 正常生产后的定期检验；

d) 长期停产后恢复生产时；

e) 出厂检验结果与上次型式检验有较大差异时；

f) 国家质量监督检验机构提出型式检验要求时。

6.3.2 型式检验应包括本标准的全部要求。

6.3.3 型式检验应从出厂检验合格的产品中抽取一台进行。检验中若不合格，则应加倍抽样进行复检。如复检合格，则判该批产品为合格。如仍有一台不合格时，则判该批产品为不合格品。

7 标志、包装、运输和贮存

7.1 机组中的每台旋流器及闸阀应在醒目位置固定产品标牌，标牌的型式和尺寸应符合GB/T 13306的规定，其内容如下：

a) 产品名称和型号；

b) 主要技术参数；

c) 产品执行标准编号；

d) 制造厂名称及地址；

e) 制造日期及出厂编号。

7.2 机组的各部件的包装应符合水路、陆路运输的要求，框架箱应符合GB/T 7284的规定。木制底盘应符合GB/T 10819的规定。包装应牢固，便于吊装，且应能保证产品在贮运过程中不受损。外包装箱上应有下列明显标识：

a) 收货站及收货单位名称；

b) 发货站及发货单位名称；

c) 合同号、产品名称及型号；

d) 毛重、净重、箱号及外形尺寸；

e) 储运图示标志及起吊作业标记。

7.3 随机附带以下资料：

a) 产品使用说明书；

b) 产品质量证明文件；

c) 装箱单；

d) 平面布置及基础图。

7.4 产品使用说明书应符合 GB/T 9969 的规定。

7.5 橡胶内衬在运输或贮运过程中不应与酸、油类和有机溶剂等影响质量的物质相接触，并应距离热源 3 m 以外。

7.6 机组应贮存在干燥的库房中，每存放半年应进行一次养护。

ICS 13.020.10
Z 00

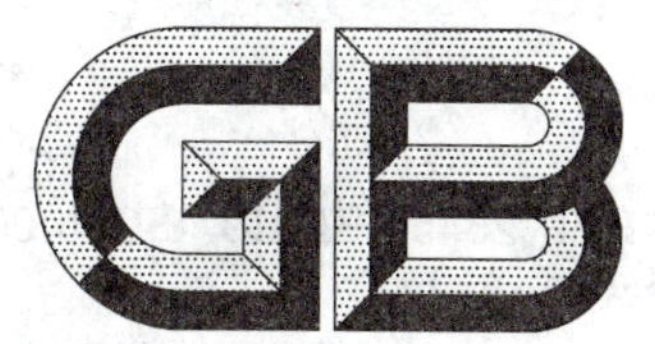

中华人民共和国国家标准

GB/T 26450—2010/ISO 14063:2006

环境管理 环境信息交流指南和示例

Environmental management—Environmental communication—Guidelines and examples

(ISO 14063:2006,IDT)

2011-01-14 发布 2011-06-01 实施

中华人民共和国国家质量监督检验检疫总局
中国国家标准化管理委员会 发布

前 言

本标准为 GB/T 24000 环境管理系列标准之一。

本标准等同采用 ISO 14063:2006《环境管理　环境信息交流　指南和示例》(英文版)。

关于 ISO 14000 系列标准内更多的环境信息交流信息见网站 www.iso.org/iso14063。

为便于使用,本标准做了以下编辑性修改:

——删除 ISO 14063:2006 的前言,增加了中文前言;

——对于 ISO 14063:2006 引用的其他国际标准中已被等同采用为我国国家标准的,本标准采用我国国家标准代替对应的国际标准。

本标准附录 A 为资料性附录。

本标准由全国环境管理标准化技术委员会提出并归口。

本标准起草单位:中国标准化研究院、方圆标志认证集团、国家认证认可监督管理委员会认证认可技术研究所、中国合格评定国家认可中心和中国质量认证中心。

本标准主要起草人:黄进、陈全、刘克、李燕、王瑜、刘玫、陈亮。

引　言

0.1　20多年以来，由于公众关注和兴趣的提升，以及与环境有关的政府活动的增加，对于环境价值、行动和绩效的信息交流已经成为组织的一项基本活动。世界各地的组织越来越需要阐明他们的观点，提出并解释他们的活动、产品和服务的环境影响；同时也需要倾听相关方的意见，并将他们的观点和要求融为环境信息交流的组成部分。

组织需要获得和提供关于环境问题、关注点和计划的信息，并对它们作出回应。这受到组织的地理位置和分布、活动规模和类型等因素的影响。信息交流动机包括以下方面：

——组织对共享其环境实践信息的兴趣；

——员工或投资人、政府机构、社会团体、客户或供方，或任何其他相关方对信息的要求；

——与相关方进行讨论的需要，特别是与目标群体讨论组织建议的措施，例如：扩大现有设施或建设新设施，或引进新产品或服务；

——环境风险管理；

——法律法规要求；

——回应来自相关方的抱怨；

——日益增加的解决环境问题的重要性。

环境信息交流是信息共享的过程，目的是为建立信任、可信度和合作关系、提高意识和在决策中使用。所用的环境信息交流过程和内容随组织的目标和条件而不同，而且宜建立在真实信息基础上。

0.2　环境信息交流比环境报告广泛。环境信息交流有许多目的并采取多种形式。环境信息交流可以是临时安排的或有计划的。临时安排的环境信息交流的实例可以是某个设施主管出席社区活动并回答问题。计划的信息交流可以包括相关方从有限参与到全部参与的下述一系列信息交流：

a)　组织发布信息的单向信息交流，例如组织发布环境报告时未提供提问或讨论的机会；

b)　组织和相关方之间交换信息和想法的双向信息交流；

c)　参与决策时组织与相关方的合作，包括影响组织和(或)当地社区的有效的信息反馈。

0.3　与相关方密切联系，为组织提供了解他们的问题和关注点的机会；从而使双方互相了解并影响彼此的观点和见解。只要做法恰当，任何具体方法都能获得成功并满足组织和相关方的需要。在某些情况下，在环境信息交流中理解每一个相关方(或目标群体)的信息交流形式(行为)也很重要。最有效的环境信息交流过程包括组织将与内部和外部相关方的持续联系作为其总体信息交流战略的组成部分。图1显示了环境信息交流的相互关系和流程。

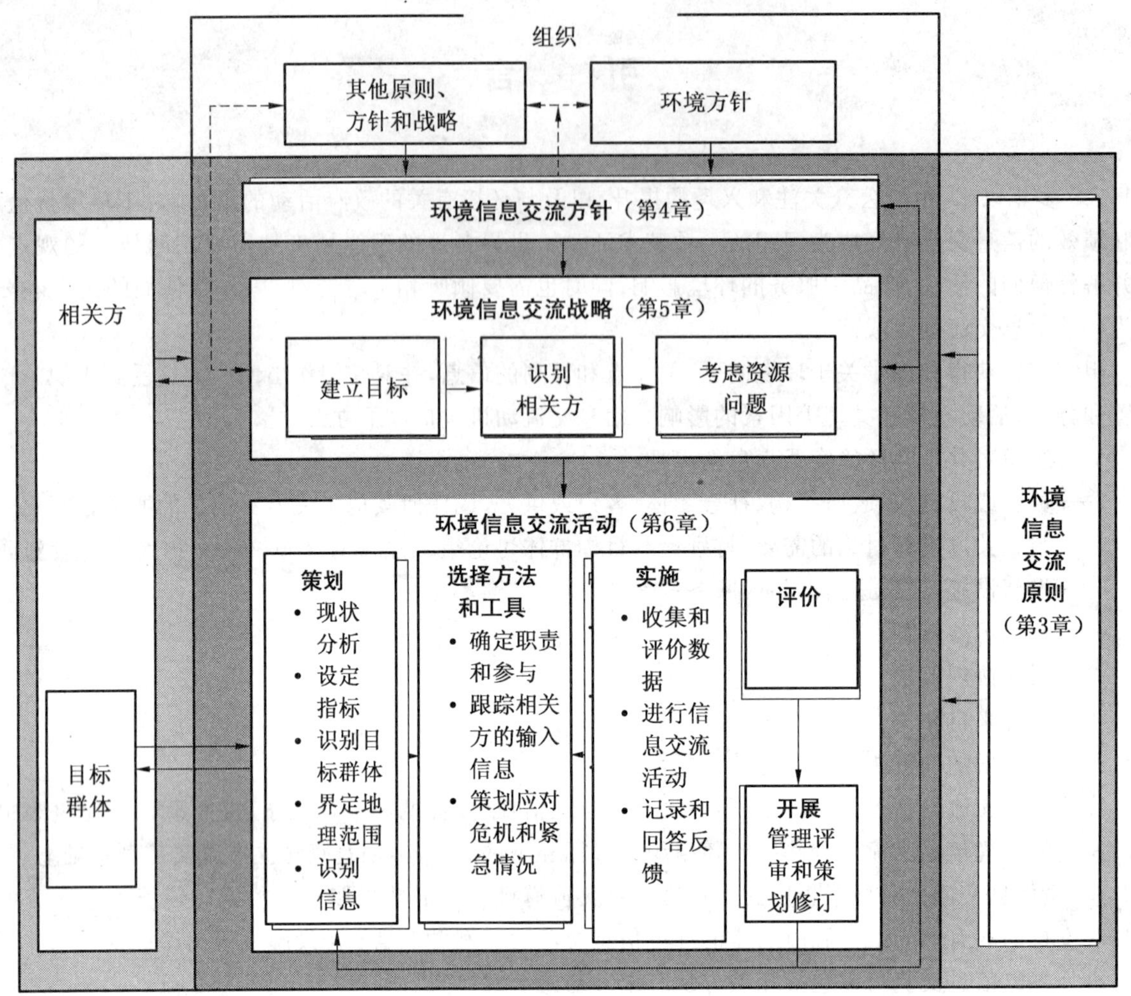

图 1　环境信息交流

注 1：黑体字和编号指本标准的条款。

注 2：虚线箭头指示环境信息交流系统与组织其他要素的关系；实线箭头指示环境信息交流系统内部的相互关系。

注 3：阴影表示环境信息交流系统范围；较深的阴影表示环境信息交流系统在组织内部。

0.4　环境信息交流通常会产生许多益处，例如：

——有助于相关方了解组织的环境承诺、方针和绩效；

——为改善组织的活动、产品和服务的环境绩效及向可持续性发展提供输入和建议；

——改善对相关方需求和关注的了解，促进信任和对话；

——提高组织的环境资质、成就和绩效；

——提高环境意识的重要性和程度，以支持组织内的环境责任文化和价值；

——解决相关方关于运行和紧急情况下环境危害的关注点和抱怨；

——加强相关方对组织的理解；

——增加经营支持和股东信心。

本标准适用于所有组织，不论其规模、类型、地点、组织结构、活动、产品和服务，也不论其是否已经建立环境管理体系。环境信息交流对于已经建立或尚未建立环境管理体系(EMS)的组织而言都是至关重要的事项之一。环境信息交流不只是组织的问题和管理的问题，还关系到组织的价值观。为确保成功的信息交流过程，重要的是组织应将自身视为社会中负责任的一分子，并关注相关方的环境期望。

环境管理　环境信息交流　指南和示例

1　范围

本标准为组织提供了关于内部和外部环境信息交流的一般原则、方针、战略和活动方面的指南。本标准使用已建立并证实行之有效的方法进行信息交流，适合于环境信息交流中的各种具体条件。

本标准适用于所有组织，不论其规模、类型、地点、结构、活动、产品和服务，也不论其是否已经建立环境管理体系。

本标准不拟用作认证或注册目的，或确立任何其他环境管理体系的符合性要求。本标准可以与任何 GB/T 24000 系列标准组合使用或单独使用。

注 1：附录 A 提供了 GB/T 24000 系列标准参考表。

注 2：GB/T 24020、GB/T 24021、GB/T 24024 和 GB/T 24025 提供了有关产品标志和声明的专门的环境信息交流工具和指南。

2　术语和定义

下列术语和定义适用于本标准。

2.1

环境信息交流　environmental communication

组织实施的提供信息和获得信息及与内外部相关方进行对话的过程，以促进对环境问题、环境因素和环境绩效的共同理解。

2.2

环境信息交流方针　environmental communication policy

由最高管理者正式表述的组织有关环境信息交流的总体意图和方向。

注：环境信息交流方针可以是一个单独的方针，也可以是组织其他方针的一部分。

2.3

环境信息交流战略　environmental communication strategy

组织实施其环境信息交流方针和制定环境信息交流目标和指标的框架。

2.4

组织　organization

具有自身职能和行政管理的公司、集团公司、商行、企事业单位、政府机构、社团或其结合体，或上述单位中具有自身职能和行政管理的一部分，无论其是否具有法人资格、公营或私营。

注：对于拥有一个以上运行单位的组织，可以把一个运行单位视为一个组织。

[GB/T 24001—2004，3.16]

2.5

相关方　interested party

关注组织的环境绩效或受环境绩效影响的个人或团体。

[GB/T 24001—2004，3.13]

2.6

目标群体　target group

被选择作为组织环境信息交流活动焦点的相关方或相关方团体。

2.7

环境信息交流目标　environmental communication objective

组织依据其环境信息交流方针规定自己所要实现的、作为其环境信息交流战略一部分的总体环境信息交流目的。

2.8

环境信息交流指标　environmental communication target

由环境信息交流目标产生，为实现环境信息交流目标所需规定并满足的、适用于组织的具体的绩效要求。

3　环境信息交流原则

3.1　概述

组织在其环境信息交流中采用下述原则是必要的。

3.2　原则

3.2.1　透明性

在考虑所要求的信息保密条件下，使环境信息交流中使用的过程、程序、方法、数据来源和假设可为所有相关方获得，告知相关方其在环境信息交流中的作用。

3.2.2　适宜性

使用符合相关方兴趣和需要的格式、语言和媒介，使环境信息交流中所提供的信息与相关方有关，使他们能够充分参与。

3.2.3　可信性

以诚实和公平的方式进行环境信息交流，提供真实的、准确的、实质性的和对相关方不产生误导的信息。用被认可的和可再现的方法和参数开发信息和数据。

3.2.4　响应性

确保环境信息交流对相关方的需求是开放的。以充分和及时的方式回应相关方的问询和关注。使相关方知道他们的问询和关注是如何解决的。

3.2.5　明确性

确保环境信息交流的方法和语言易于相关方理解，以最大限度地减少歧义。

4　环境信息交流方针

4.1　管理承诺

组织的最高管理者宜建立环境信息交流方针，在方针中表述其承诺，并推行环境信息交流方针。环境信息交流方针宜与第3章的原则保持一致并清楚地做出下列陈述：

a)　与相关方进行对话的承诺；

b)　公开其环境绩效信息的承诺；

c)　组织内部和外部环境信息交流的重要性；

d)　实施方针和提供必要资源的承诺；

e)　解决关键环境问题的承诺。

环境信息交流方针可以构成组织的信息交流方针或环境方针的组成部分，或整合到其中，或也可成为单独的方针。

4.2　制定方针

制定方针时，组织内负责环境管理的人员宜与负责信息交流的人员相互配合，以保证信息交流方针与组织的其他原则、方针和价值观保持一致。随之，各级管理者宜实施方针，并为方针的形成和修改提供输入。

环境信息交流方针无须繁琐，但宜向相关方传达组织对有关环境问题、环境因素及其相关环境影响和环境绩效的信息交流的重视。在制定环境信息交流方针时，宜以组织的愿景、使命、价值观和文化为基础。适用时，组织宜在方针中做出承诺，该承诺要表明其在环境信息交流活动中反映当地、地区和/或国家文化特点。

在制定环境信息交流方针时宜考虑的重要因素包括：

——组织的经营领域及其产品或服务系列；

——组织的规模；

——组织的基础设施；

——公司治理；

——市场和品牌战略；

——环境管理体系现状；

——环境因素和环境影响；

——与相关因素的相互作用，例如健康和安全及其他关于可持续性的方法；

——关于公开环境信息的法律要求；

——当地的、地区的、国家的和国际的道德和行为规范；

——相关方的期望；

——公众的“知情权”。

适当时，宜向内部和外部相关方沟通信息交流方针。

5 环境信息交流战略

5.1 总体考虑

组织的管理者宜制定战略，以实施其环境信息交流方针。该战略宜包括环境信息交流目标、相关方的识别、信息交流的时间、计划和内容，并承诺配置充分的资源。组织在考虑其资源的前提下宜阐明什么是可能实现的，以便能够最好和最切合实际地满足相关方的期望。

宜考虑到环境信息交流是组织总体环境活动的组成部分，环境信息交流宜与管理体系的其他要素、方针、战略或相关活动保持一致。

实用帮助 1——制定环境信息交流战略

下列提示有助于制定环境信息交流战略：

- 组织进行环境信息交流的原因和目的是什么？
- 组织的关键环境问题和影响是什么？
- 所包含的主要问题、所传递的信息以及所使用的信息交流技术、方法、工具和渠道是什么？
- 执行战略需要多少时间？
- 战略将如何使环境管理者、相关方、负责环境问题的个人(或多人)和负责组织内部和外部信息交流的个人(或多人)参与和协调？
- 战略中涉及的当地的、地区的、国家的和国际的边界是什么？

战略一经确定，宜由最高管理者进行批准，然后作为组织开展环境信息交流活动的基础。

5.2 建立环境信息交流目标

组织宜建立环境目标，它能为有效的环境信息交流战略提供基础。当制定环境信息交流目标时，组织宜确保目标与环境信息交流方针保持一致，考虑内部和外部相关方的观点，并与第 3 章的环境信息交流原则一致。在为其环境信息交流活动设定目标时，组织宜考虑其优先事项和所希望的结果，确保对所确定的目标的表述不需要进一步加以解释。

实用帮助 2——设定目标的优先项

设定目标的优先项可以包括：

- 与组织特定的活动、产品和服务有关的环境问题；
- 遵守适用的法律法规和其他要求；
- 影响关于环境问题的公共政策；
- 提供信息和鼓励相关方了解关于组织的环境活动、环境因素、环境影响和环境绩效；
- 满足相关方对环境信息的期望；
- 建立持续的关于环境事务的对话；
- 使内部和(或)外部冲突最少；
- 改善组织的可信度和声誉；
- 改善组织的产品和服务的公众认知度和环境形象；
- 激励环境创新和创造力。

目标的例子及其与指标的关系见 6.1.3 实用帮助 5。

5.3 识别相关方

在制定环境信息交流战略和设定目标时，组织宜识别对其活动、产品和服务感兴趣的内部和外部相关方。还宜识别为实现环境信息交流战略的总体目标而希望与之进行信息交流的其他潜在相关方。

随后，将识别更具体的环境信息交流活动的目标群体(见 6.1.4)。

实用帮助 3——相关方示例

组织可能考虑的相关方的某些例子包括：

- 过去、现在和将来的员工和他们的代表；
- 客户和消费者；
- 供方、承包方、批发商和分销商；
- 竞争者；
- 股东；
- 银行和金融/投资团体；
- 保险公司；
- 评级机构；
- 公共权力机构；
- 立法者；
- 监管者；
- 政治家和意见代表；
- 邻居和当地社区；
- 与供应链组织相关的团体；
- 学校、学术界和研究者；
- 参与环境问题的专业人员；
- 传媒组织；
- 非政府组织。

5.4 考虑资源问题

组织的环境信息交流活动依赖于可获得的资源。环境信息交流战略宜包括人力、技术和财务资源的配置，指定的职责和权限，以及确定的措施。宜考虑员工的经验和培训需求。

6 环境信息交流活动

6.1 策划环境信息交流活动

6.1.1 总则

组织在实施其环境信息交流方针时通常将开展一系列环境信息交流活动。在推进环境信息交流战略和目标时，宜在考虑环境问题、地理边界和相关方的基础上开发特定的环境信息交流活动。

> 实用帮助 4——策划环境信息交流活动
>
> 在策划环境信息交流活动时组织宜考虑下列问题：
>
> - 该活动是否与第 3 章的环境信息交流原则和组织的方针保持一致？
> - 适宜时，该活动是否加强双向信息交流？
> - 该活动能否促进与相关方的共识？
> - 该活动是否为接触目标群体、与其互动，并可能解决其关注问题提供机会？
> - 该活动是否为解决深层次多种问题提供机会？
> - 该活动关注的焦点是否是关键性问题？
> - 该活动是否提供专门针对目标群体的信息？
> - 该活动是否比较容易执行？
> - 该活动是否能以较低的成本传递信息？
> - 该活动是否容易更新？
> - 该活动的效果能否测量？
> - 该活动是否是教育的良好手段？
> - 该活动是否创立建设性氛围？
> - 该活动是否是宣传或增加公众认知的有效方法？

6.1.2 现状分析

制定或改进环境信息交流活动从了解信息交流背景开始。

在现状分析中，组织宜考虑下列问题：

a) 已有的环境信息交流活动和承诺；

b) 识别和了解相关方关心的问题；

c) 相关方对于组织的期望和看法；

d) 相关方（例如当地社区）的环境意识；

e) 在类似现状下与相关方的信息交流被证明是最有效的信息交流媒介和活动；

f) 识别对环境信息交流有关问题的意见代表和他们的影响力；

g) 在特定问题上组织的公众形象；

h) 与组织的特定活动、产品和服务有关的环境问题的最新发展和趋势；

i) 经济和金融影响；

j) 对相关方的价值观和文化的认识和了解。

可借助多种工具开展现状分析。从 6.2（表 1）中可以找到示例。现状分析可能导致修改环境信息交流目标。

在评价环境信息交流活动背景时，考虑不进行信息交流的潜在成本和后果也很重要。这些后果可能是显而易见的，从长远来看其成本超过环境信息交流成本，并使组织付出其他代价，例如声誉的损害。下面的示例说明了这类情况的影响。

示例:

案例1:不进行环境信息交流的代价

一位经理承认,当决定在工厂内燃烧危险性的二次液体燃料时,因未与社区充分讨论而导致危机。该组织没有估计到反应的强烈,因此事先没有配置足够的资源进行协商和沟通。该组织与社区之间90年来的良好工作关系一夜之间消失。管理者估计花费了两年中的大部分时间试图重建这一关系。该组织的代价包括该经理的工资、其他员工与一系列相关方会晤所花费的无法计算的时间,以及举行大量公众会议和发布新闻和其他媒体声明的成本。这项努力的结果之一是建立了社区联络委员会,其中包括强烈要求燃烧替代燃料的市民。该组织和监管者在做出重要决策之前用该委员会作为沟通渠道。五年之后,重新建立了信任。

6.1.3 设定环境信息交流指标

组织宜明确通过环境信息交流活动拟实现的目的。宜建立与环境信息交流目标相一致的指标,且指标是具体的、可测量的、可实现的、切合实际的并与时间相关的。这将使组织能够评估环境信息交流活动和确定是否已达到指标要求。

实用帮助5——目标和指标示例

目标:在与社区进行讨论的基础上,使设施内的重要变更获得同意。

指标:

- 将解释设施改变及环境影响的小册子送到90%的社区家庭;
- 在社区调查中对设施改变的接受率达到75%;
- 建议的改变开始3个月前完成信息交流工作。

目标:增加客户对组织环境绩效的认识。

指标:

- 80%的特定产品购买者对组织的环境绩效有所认识;
- 从65%的特定产品消费者中获得关于他们了解组织环境绩效水平的反馈信息;
- 在完成可持续性报告最终版本2个月前完成信息交流工作。

目标:

通过与供应商交流组织的目的、目标和指标,跟踪供应链的变化对环境绩效的改善及共享改进信息,以改善整个供应链的环境绩效。

指标:

- 与原材料供方的95%和消耗品供方的65%进行交流;
- 从100%的原材料供方和85%的消耗品供方得到调查问卷回答;
- 提供结论,以便在规定日期改变采购程序。

6.1.4 识别目标群体

在策划环境信息交流活动时,组织宜在相关方当中确定目标群体。良好的信息交流要有一定范围的可能的目标群体参与,而不仅仅是那些对组织有利的或具有足够资源来组织和表达自己的目标群体。

在不同的目标群体之间识别利益冲突是常见的情形。因此,环境信息交流活动需要解决和回应来自目标群体的不同的和往往是冲突的要求,特别是那些最具影响力的、对环境信息交流活动的结果有负面影响的目标群体的要求。

当进行环境信息交流活动时,组织宜寻求了解目标群体对组织环境绩效的期望和看法。最简单的方法是目标群体与组织之间直接对话可以产生所要求的反馈信息。如果从目标群体寻求输入信息,组织宜解释寻求信息的目的和用途。

6.1.5 界定地理范围

对于每一项环境信息交流活动,由于不同地区的语言、文化和习惯不同,可能影响公众的需求和对组织的看法，组织宜确定环境信息交流活动的焦点区域或位置。任何特定的信息交流活动的焦点可以分布在从当地社区到可能远离组织设施或办公场所的更广泛的公共区域。

组织可参与解决不局限于一个地域范围的特定环境问题。例如，在环境报告中可包括当地、区域、国家或国际关注的温室气体排放。这些环境信息交流活动可能要求不同类型的信息，根据所涉及的相关方的需要，相同的信息可能须以不同方式提出。

6.1.6 识别环境信息

组织宜预见相关方关心的环境问题，这有助于集中收集其产品、服务、过程和活动的环境影响和环境绩效的信息。基于环境信息交流活动所设定的指标，能够选择和产生适当的定量的和定性的数据和信息。这类信息宜与现行的环境绩效和绩效参数的标准和指南保持一致。

实用帮助 6——环境信息交流活动信息来源示例

在大多数组织内包括许多信息来源和信息类型，尤其是已建立 GB/T 24001 环境管理体系的组织：

- 关于组织的战略及其环境内涵的信息；
- 有可能从组织的环境管理体系中获得的环境方针、管理实践和绩效测量；
- 活动、产品和服务的环境因素和环境影响清单；
- 产品和活动生命周期评价；
- 环境标志和声明所使用的数据和其他文件；
- 环境参数清单；
- 环境绩效评价数据；
- 日常和不定期收集的信息，例如来自位于特定地区的设施的报告，来自子公司的报告(对控股公司)，研究报告，监测、控制和测量数据登记和分析报告等；
- 日常合规性报告；
- 遵守适用的法律法规要求和其他要求的记录；
- 关于应急响应和对事故的响应的计划、记录和指南；
- 关于材料安全操作的员工培训手册和记录；
- 组织负责环境事务的员工的专业资格记录(管理人员、技术人员、专家等)；
- 相关的财务和会计数据；
- 来自社区拓展活动的信息。

有时组织内的已有信息不是以适合于环境信息交流活动或适合与非技术目标群体对话的形式存在，这些信息可用对相关目标群体清晰和适宜的形式来准备书面材料或其他形式的信息交流。

例如，经常被组织用于交流其环境绩效的环境参数尤其是这样。这类定量的或定性的参数可能实质上是技术性的，宜以相关方能理解和能使用的方法解释参数的用途、意义和内容。在某些情况下，由于收集适当数据的困难，可能导致对实现指标的方法进行修改。

注：GB/T 24031 和 ISO/TR 14032 提供了制定环境绩效参数的指南。

示例：

案例 2：为一座电子设备制造厂确定环境绩效参数

一座电子设备制造厂与 75 家相关方协商决定该组织应当报告哪些环境绩效参数。该过程的主要阶段包括：

——识别重要的外部和内部相关方，确定他们对组织环境绩效主要关注点和期望；

——识别在环境报告中应提出的环境绩效参数以及这些参数在相关方中的优先次序；

——根据这些参数评价组织的绩效；

——编制组织的环境绩效概况并将结果反馈给相关方。

参加该过程的75家相关方包括员工、顾客和供方、意见代表、邻居、立法和监管者及金融和保险公司。

对来自共75个相关方的每个目标群体的5～15名代表进行了面谈。向个人询问"你认为哪些环境问题是该组织应当解决并应在其环境报告中予以报告的?"识别出超过100个问题,提炼出11项环境绩效和管理绩效参数。

还举办了一次由12家相关方出席的研讨会,讨论并确认11项参数和决定每项参数的相关优先次序。

该过程的结果形成了一个环境报告,提供了该组织详细的环境绩效。确定了一些通常在其他环境报告中没有提出的环境绩效参数,例如"在追求可持续发展中的信息技术"。根据从相关方收到的反馈信息,在环境报告中论及的问题被优先考虑,以使报告更加关注相关方的要求,并协助组织为改进环境绩效配置资源。该方法通过纳入相关方的观点增加了报告过程的客观性。

6.2 选择环境信息交流内容、方法和工具

6.2.1 总则

组织的环境信息交流方法的选择取决于组织是否愿意征询、了解、告知、说服目标群体,并使目标群体参与。重要的是,应注意到环境信息交流是一个动态过程,并且在目标群体之间及组织内部都存在着不断的变化。

选择信息交流方法时,在信息交流包含的问题中考虑信息交流活动所涉及的目标群体的需求和关注程度是很重要的。另外,在信息交流中,考虑组织如何愿意做到积极主动同样很重要。根据组织和目标群体的主动性或被动性,以及根据组织环境信息交流目标、目标群体和组织具有的信息交流资源,存在不同的信息交流方法。

组织宜针对目标群体,对其所提供的信息进行梳理,这些信息宜与初始策划保持一致。信息宜:

a) 考虑目标群体的行为因素和社会、文化、教育、经济和政治利益;

b) 使用适合的语言;

c) 适当时,利用视觉图像或电子媒体;

d) 与所选择的方法一致,相关时,与组织以往交流的环境问题的其他信息一致。

在做出任何公开的信息交流之前,组织可能需要测试提供信息的方式。针对测试信息提供方式的观点调查有助于识别需要更多解释或澄清之处,需要解决的关键问题和疑问等。

表1～表3提供了详细的信息交流方法和工具。

表1 书面信息交流方法和工具

方 法	描 述	优 点	缺 点	注意事项
网站	电子通讯媒介,所有外部和内部在线相关方均可进入。包括可下载的报告、教育资料,用户能向组织提供反馈信息的网站连接	为很多人在很多问题上进行沟通提供巨大可能性(并提供适当信息)。 容易更新,具有进行双向信息交流的可能性	公司经常在其网站上放置小册子,失去互动机会(例如录像、真实数据、电子邮件反馈)	保持较低的电脑配置要求——不是每一个人都有最新的电脑硬件。 费用不高。可在网站上提供对经常问及的问题的回答,提供电话号码供更详细的询问
环境报告或可持续性报告	对若干关键问题的承诺和绩效的综合表达。这些报告的摘要或总结可以包括在组织的其他信息交流中,例如财务报告	有机会解决多种深层次问题。建立信任和可信性的基本方法。建立关于组织所有相关问题的内部透明	工作量大,很难经常更新。提供的信息形式可能不允许与类似组织比较。可以期待每年发布	关注外部和内部相关方的利益。 包括困难、失败和成功。 宜使用适当的行业报告标准或参数作为基准

表 1(续)

方法	描述	优点	缺点	注意事项
印刷的材料(报告、小册子和简讯)	报告或小册子——感兴趣的设施或特定项目,关键问题以及如何参与的简单说明。 简讯——机构活动的定期更新。告知相关方并与其保持联系	必要时能针对一个问题。费用低、速度快。 告知很多人。 简讯对外部和内部相关方都是有效的方法	可能被错误解释。只能提供基本信息。 没有直接反馈信息。 在边远地区可能难以散发	对问题必须研究。 使用基本语言。 使用照片和图片。要客观。 包括联系人姓名、电话号码和地址。 读写能力可能是一个问题,可使用漫画和图进行帮助
产品或服务信息标志或声明	描述与产品、服务相关的重要环境问题。如果是产品,可以附在产品上或单独提供	能够告知客户关于产品或服务的环境属性	因为信息是以简要形式提供的,所以可能引起混乱	产品的环境标志的形式和内容可以遵守 GB/T 24020、GB/T 24021、GB/T 24024 和 GB/T 24025 的要求
海报/展示	项目描述,突出问题并放置在公共地点	以比较低的成本提供一般信息。能使许多否则可能不参加的人知道	提供信息,而不是获得信息	保持要点。使用照片和图片。定期更新。 在展示地点发布广告。提供联系人姓名和电话号码
信函	与指定的个人就专门问题来往书信	能够解决特定的相关方的需求。方便快捷	可能过分正式化。一般来说不是交流复杂信息的好方法	收信人的阅读水平。 使争论充分
电子邮件	发送信息和消息的电子方法。 提供发送印刷出版物电子版的机会	收发消息和信息的低成本和容易的方法。快速交换、及时传播。为很多人提供快速获取的机会	不是所有人都有电脑或能够接受电子邮件。 如果人们认为信息不重要,在阅读之前可能被删除	当发送附件时,确保收件人装有兼容的软件
媒体/报纸文章	解释设施或项目的特点	能为大量受众获取。 对大众方便。 良好的教育载体	很可能经过报纸编辑,因此只能讲述部分情况。 在边远地区或发展中国家,不一定能广泛提供	当地媒体和全国范围的媒体可能要求不同的方法、风格和详细程度
媒体/新闻发布	为媒体准备和散发信息供其使用	宣传和引起关注的有效和低成本方法	除非被认为有新闻价值,否则媒体不予报导。 很可能经过编辑以符合指南	避免错误地表达组织的环境绩效
媒体/广告	付款的广告宣传材料,例如在报纸上的连续广告,或专栏赞助(例如地区报纸的环境版)	大量受众可获取	价格高。寿命期可能有限。 描述复杂问题的机会有限	刊载广告的出版物或节目的受众的概貌

表 2 口头信息交流方法和工具

方法	描述	优点	缺点	注意事项
公开会议	发表信息和交换观点的一种途径。针对特定的议程或项目状况。包括报告、问答、正式及定时的听证	看作"合法的"咨询。 向很多人提供信息。成本低。 人们通常愿意出席	互动有限。不能保证听到所有观点。 可能成为情绪激动的争论。 言语过多的少数人可能左右会议	经常最好在较小的活动(面谈、焦点组)后使用,以提前知道相关方的反应。对会议要充分做广告。 职员需要有经过证实的经验。如有可能,启用具有独立性的主席和/或协调人/主持人
相关方面谈/个人接触	在其家里、办公室或中立地点与其谈话	双向交换信息。人们感觉他们的意见被听取。能解决特定问题。诚实的谈话可以建立信任。面谈帮助识别关键问题和关注,并建立联系	很难识别所有相关方。 时间受限制。 非公众性感受。可能惊吓到某些人。 有时可能文化上不适合	确定代表某类相关方的个人,他们可能被特定活动影响或正在被影响。 接受某些人可能希望有专业代表的想法。包括有影响的相关方往往比较好。在方便于相关方的地点会见
焦点群	会见有相似背景的相关方群体(例如政府官员或居民)讨论特定的主题	能够自由交换想法,因为参加者与同行在一起感觉舒服。对最重要的问题往往能达到共识	与所有重要相关方进行焦点组讨论耗费时间	经常最好在与相关方初次面谈后使用,以确认可能提出的主要问题
调查	对相关方使用问题调查(如果认为有必要,可以由独立组织进行),从回答者收集人口信息并指出其问题和关心	当一个公司计划在社会建立关系或如果考虑在运作中有主要改变时使用调查很有帮助。 对定期更新也很有好处(例如每 2 年)	根据调查问题的复杂性、提问方法(例如问个人或通过网站)、样本中的人数、所选择的地理位置数量和大小,调查可能需要大量人力	调查可以登门进行或通过电话。也可以书面或通过互联网进行
开放参观日、信息日、现场参观、录像	开放参观日通常在公共中心场所举办,为公众提供提问和讨论问题的机会。信息日可以与现场访问参观相结合,为公众提供亲自观看设施和提问的机会。在任何这些活动中都可以使用录像解释设施的运作	允许直接互动。 提供纠正错误信息和探究问题的机会。 对接触外部和内部相关方很有用	提供的多于得到的。 费用高,需要耗费许多员工的工时。 依赖于员工的知识和技能	必须有充分的广告宣传。 必须向员工说明基本情况。 项目经理宜在场。 提出的问题必须记录。 员工宜主动倾听相关方的意见,不宜抵触

表 2（续）

方　法	描　述	优　点	缺　点	注意事项
以环境为焦点的有引导的参观	为目标群体提供关注组织区域或设备的参观	提供组织内部人员和参观者之间面对面接触的机会。 能够在现场展示组织的环境活动	如果只展示好的方面，可能解释成公关行动。这种努力接触到的人数有限。 费用高，需要耗费许多员工的工时。依赖于员工的知识和技能	参观宜涉及与组织的产品、过程和活动直接有关的问题或与组织的经营直接有关的问题
研讨会、大型会议、对话活动	这些会议是一系列相关方讨论想法、关注点和问题的机会	这些会议对于就高度优先的问题达成共识很有成效且很有帮助	为保证各类相关方出席，组织工作很耗费时间	通常在面谈或焦点组调查提供了问题类型的信息以后举办这类活动最有效
媒体/电台采访	简短节目通常目的在于讨论或回答涉及面窄的问题或焦点问题	沟通很多人的手段	不可能控制所问的问题。除非电台允许听众打电话，否则很难有任何形式的信息交流	保持信息尖锐、清楚和简单。 如果正在考虑某些被社会广泛关心的重大决策，接受这种采访
市民顾问组或社区联络组	由组织外的具有各种利益和专门知识的人组成的小组，定期举行会议，从相关方的观点对环境问题提出建议	调查问题，提出建议。双向信息交流信息。显示组织愿意与人们一道工作。帮助组织保持在社会的眼界	权力有限。不可能代表所有具不同层次专业知识的人们的利益。 信息不能总是传递到社区。 顾问组成员可能没有接触他所代表的人	必须代表全面的利益，小组的作用和权限必须明确规定。 宜预先决定任期。成员必须与社区进行信息交流
帮助平台	向相关方提供关于产品的环境因素和其他方面的电话咨询和信息	为相关方提供关于产品特定问题的询问和得到回答的机会	电话可能包括任何题目。询问者未必总是仔细听回答，因此可能误解回答	员工必须经过关于组织的活动、产品和服务的环境因素的充分培训和告知。如果回答困难问题，以后再回答或书面回答有时是最好的
向利益相关群体做报告	与利益相关小组谈话，通常在小组定期开会地点举行。 简短展示以后进入提问和回答环节。可以用于内部或外部小组	可以针对不同的利益小组来编辑信息，以满足小组的需求，信息可以传递给其他人。主办小组可以做一些工作（提出邀请），这对当地社区很有用	可能受到不友好听众的反对。 如果单独使用，可能触及不到社区内的各个方面	用于发展工作关系。 不排除不支持的小组。 开会前提供所要考虑的书面材料。 带走书面材料

表 2（续）

方　法	描　述	优　点	缺　点	注意事项
相关方餐会/关于可持续的业务餐会	一系列小组会议将不同的相关方集合到一起，公布报告或讨论可持续性	与会者从共享他们的看法中获益（例如享受美餐）。获得第一手相关方的看法。在建设性气氛中讨论可持续性	困难在于选择客人和将谈话控制在可持续性方面	规模可以不同，例如与地区和当地相关方的大型餐会，或少于 10 人的小型餐会
戏剧表演	用戏剧形式向内部或外部相关方展示环境信息	能吸引相关方的注意力。没有阅读书面材料的相关方能够获取相关信息	可能难以制作适合具有不同知识水平、理解力和兴趣的群体的节目	表演必须精彩、生动，避免对观众说教。 考虑启用专业演员

表 3　其他信息交流方法和工具

方　法	描　述	优　点	缺　点	注意事项
合作项目	由组织和相关方小组联合开展的项目	通过一起工作达到共同目标，能建立信任和合作关系	相关方对组织能提供的投入和资源可能有不切合实际的期望	在开发合作项目时，一定要明确规定项目的目标和每一方的作用、责任及提供的资源
可持续发展协议	由组织和社区共同对可持续发展进行承诺所达成的协议	有助于在社区与组织之间建立促进环境信息交流和互动的关系。好处包括组织被视为承诺改善生活质量和环境的引领者	保持社区关系需要时间和资源	因为存在协议，如果组织不能满足承诺，其声誉可能受到损害
艺术展	围绕环境主题组织的艺术展	鼓励可能不被更常规的方法吸引的外部和内部相关方参与	组织工作可能耗费时间	宜在人们有时间参观时举办，例如晚间和周末

6.2.2　确定职责和参与（内部和外部）

最高管理者的职责宜包括：

a）参与环境信息交流过程，以熟悉其战略、策划、产品和服务、过程和未来活动的环境影响，以及相关方的要求；

b）在改善内部氛围以激励并奖励人们积极参与环境信息交流中起领导作用；

c）鼓励与所有员工就环境信息交流的动议和结果进行定期沟通。

宜对汇总用于环境交流的信息的职责作出明确规定，以便在负责整理信息的人员与负责进行信息传递和交流的人员之间进行协调。对于小型组织，环境信息交流活动的职责可以指派给一个人。

当环境信息交流由内部或外部信息交流专业人员与来自各领域的其他专业人员合作进行时，组织宜考虑对适当的员工进行有关信息交流方面（传媒培训、公开演讲、协商技术等）的培训，以及与组织及其相关方相关的环境问题的培训。

组织与相关方之间持续的非正式对话能产生较好效果。除了培训之外，建立一种开放性、个人责任和参与的文化将有助于促进与相关方积极的和建设性的对话。

6.2.3　跟踪来自相关方的输入信息

组织可以编制或参照用以记录组织与相关方之间相关联系的日志或电子登记簿。在考虑任何数据保护要求的前提下，这种记录至少宜包括与相关方有关的联系信息，以及过去互动或信息交流的日期和

性质。跟踪并保存这种信息使组织能够:

——追溯特定的相关方信息交流、询问或关注的历史;

——了解过去各相关方参与的性质;

——需要时,在开展未来的信息交流、发现并解决特定相关方关注点的过程中提高组织的有效性。

6.2.4 策划应对环境危机和紧急情况的环境信息交流活动

尽管环境信息交流在任何时间都是重要的,但在环境危机和紧急情况下尤其重要。组织宜识别任何潜在危机和紧急情况,并策划适当的环境信息交流。策划宜提出应对潜在情况、实际危机和紧急情况的相关信息。

信息交流的可信性基于策划和组织响应的质量。策划或过程的任何缺陷都很可能突显出来。即使允许有很小的错误,不适当地或低质量地进行信息交流都可能导致严重后果。

在危机和紧急情况下对环境信息交流活动进行详细策划是至关重要的:

——告知受影响的社区所采取的措施并意识到暴露的风险;

——减少或避免工人和附近居民发生健康问题;

——减少或避免对环境的影响;

——确保管理部门被适当地告知信息。

这种策划能极大地减少不希望的事件给组织在顾客和当地社区居民中的声誉带来的不良后果。

媒体在环境危机或紧急情况下扮演着重要的信息交流角色。组织宜认识到与媒体进行有效、透明的信息交流的重要性。宜保持媒体被告知与组织有关的环境问题的信息,以便媒体在紧急情况时利用被告知的背景和联系信息。

实用帮助7——策划与危机或紧急情况有关的环境信息交流活动时的一些考虑

策划可以包括:

- 潜在的事件/事故情景;
- 可能暴露的人口及其易伤害性;
- 组织现有的减缓措施;
- 可以预计的当地或更大范围的环境影响;
- 用于告知受影响人员有关应对措施的可用的传媒和方法;
- 为特定受众设计的信息;
- 响应过程使用的基础设施;
- 事先指定危机期间负责信息交流的人员的职责和权限,并告知相关方;
- 主管部门和行业贸易或专业协会的指南或要求;
- 事先的培训或演习;
- 对负面媒体报道的反应;
- 相关的法律法规要求和后果。

危机和紧急情况下环境信息交流活动的一些示例包括:

- 召开新闻发布会讨论形势;
- 举办社区会议讨论发生的事件,使相关方有机会表达关注的问题,使组织有机会听取关注的问题并直接做出回答,以及提供关于组织响应、当前状态、跟进及预防措施的信息;
- 保持媒体得到关于当前状态的信息、更新信息和后续活动的信息;
- 与当地和其他适当的主管部门协调响应行动;
- 积极查明事故原因,防止再次发生并报告进展;
- 向相关方提供关于询问、表达关注和获得信息的地点。

6.3 实施环境信息交流活动

6.3.1 收集和评价数据

环境信息交流所使用的资料宜形成文件,以便能够整理、保持和易于被对信息感兴趣的人使用。文件管理系统宜能够提供快速获得信息的通道,尤其是用于响应环境危机和紧急情况的信息。

数据的评价宜包括检查准确性、一致性、可靠性和适用性。收集的数据宜以适合于指定用途和目标群体的形式作为信息提出。

6.3.2 开展环境信息交流活动

开展环境信息交流活动的方法取决于信息交流的性质、目标群体的需要、组织的信息交流目标和组织喜欢采用的方法。信息交流的具体详细方法可以有很大的灵活性和变化。例如,书面信息交流可以用不同形式传播;开放日活动可以用许多不同方法组织。

当与目标群体进行信息交流时,组织宜:

a) 指定为组织工作的人或代表组织的人作为发言人和信息来源;

b) 在发言人执行其日常信息交流任务之前对其进行发言人培训或传媒培训;

c) 考虑是否使用独立的第三方或顾问编制将要提供的信息;

d) 积极促进并回应输入信息和反馈信息;

e) 尽量提前通知相关方,对公布的信息进行审阅和斟酌;

f) 确保信息交流对内部经营周期、外部活动、相关方参与及其利益方面的时间安排适当;

g) 考虑是否使用协调人或调解人;

h) 避免行话、过于专业和不一致的信息;

i) 可开放式地采用基于目标群体的兴趣和需要所提出的各种可能的信息交流方法。

如果环境信息交流活动包括讨论组织提供的信息,组织宜确保所有目标群体在讨论日期之前收到足够的信息,允许有充分的时间审阅和斟酌。组织宜考虑自愿目标群体可能比行业或政府组织需要更多的时间审查。

示例:

案例3:用各种方法和工具进行环境信息交流活动。

20世纪90年代中期,某研究机构经历了几次与地下水污染有关的环境事件,导致来自邻居、积极分子、官员和管理者的强烈回应。在新的管理下,该机构实施了环境管理体系,最终获得ISO 14001认证。为了符合ISO 14001的“考虑重要环境因素的对外信息交流过程”的要求,该机构启动了有力的对外环境信息交流计划,重新获得了相关方的信任。

由相关方、员工和管理者组成的核心小组提出并整理在社区参与计划中的建议。计划的一个关键方面是认识到社区参与机构决策的价值,并及时、清楚和准确地提供正面和负面的信息。

该机构的环境信息交流目前在几个层次进行。反映概貌的一般信息通过简讯、调查、邮寄表、网站和社区会议传播(要求反馈信息)。为了获得更详细的信息并支持决策的制定,成立了由32个当地小组的代表组成的社区顾问委员会。该委员会定期开会,向该机构提出问题并提供对正在考虑的决策的反馈意见。为了与管理者和官员一道工作,建立了圆桌会议制度,其作用与社区顾问委员会类似。此外,鼓励员工深入社区,通过演讲团向社区进行宣传,并通过“使节计划”完成从个人和当地组织收集信息的要求。

总之,信息交流计划是成功的。该机构向顾问组提出新问题用于决策,并通过应急计划向顾问组提供他们所关心的问题的信息。正式的体系确保了对信息要求的接收和回应。该机构还被授予重要的国家环境信息交流奖。

6.3.3 对反馈信息的回应和记录

信息交流中有价值的部分是从目标群体收到的反馈信息。通过评价他们的反应,组织能够确定目标群体是如何接收信息以及他们是否理解这些信息。如果信息交流在这些方面是成功的,组织仍需从不同的目标群体得到反馈信息,然后做出回应,表明组织了解他们的观点,重视他们的意见并将予以考虑。

如果组织在任何方面的信息交流活动失败,迅速反应可能是必要的。信息交流过程的错误可以通过更直接的接触和讨论来提供更清楚的信息弥补。某些目标群体对信息交流的负面反应可能更严重:可能预示着反对组织的活动。宜调查这种反应,以便充分了解目标群体关心的问题。在最好的情况下,这些问题可通过改进信息交流解决;或者可能需要对活动进行调整,以解决他们所关心的问题。在最坏的情况下,由于他们所关心的问题未能解决,因此可能导致提议被推迟,在面临重大反对意见时,提议甚至可能被取消。

组织发布的环境报告或其他公开文件可包含反馈信息表。这种反馈信息能帮助组织不断改进已发布报告的质量。

每一项信息交流活动不仅宜包括确定组织想提供的信息,而且包括确定组织希望获得的信息。为活动配置的资源宜包括如何处理反馈信息的详细说明。通过观点研究获得的反馈信息可以在内部处理。但是,进行双向信息交流的组织必须做好认真考虑反馈信息的准备并做出迅速的回应。这并不意味着组织始终需要根据这种反馈改变活动,而是需要使相关方确信组织已听取了他们的意见。

组织宜使用收到的反馈信息评价其信息交流活动的效果并改进未来的工作。

6.4 评价环境信息交流

组织宜允许有足够的时间使环境信息交流产生效果。所需的时间取决于信息交流的性质、相关方的数量及关注点,以及所使用的传媒类型。组织宜评审和评价其环境信息交流的效果。在评价信息交流效果时,组织宜考虑下列问题:

a) 环境信息交流方针;
b) 如何应用环境信息交流原则;
c) 目标和指标是否实现;
d) 提供给目标群体的信息和环境信息交流活动的质量和适当性;
e) 进行环境信息交流的方法;
f) 相关方的回应;
g) 信息交流计划是否促进与目标群体有效的和有意义的对话;
h) 程序和方法是否透明;
i) 环境信息交流是否考虑了目标群体的需求;
j) 目标群体是否知道其意见已被听取并了解他们的输入信息将如何被使用;
k) 目标群体是否理解环境信息交流的目的和内容;
l) 对目标群体提出的问题是否进行了适当的跟踪。

评价结果宜为最高管理者评审其环境信息交流方针提供基础。

实用帮助 8——环境信息交流参数

为了监测是否实现了已制定的环境信息交流目标和指标,组织宜利用环境信息交流参数。这些参数宜仔细选择或设计,以便能够跟踪关键步骤和各方利益。

和组织使用的其他参数一样,用于环境信息交流的参数应当简单、精确、容易理解并与有关过程贴切。一组良好的环境信息交流参数宜代表定量的和定性的信息。

下面是一些示例:

- 单位时间内参观过组织环境活动的人数(例如每年参观者人数);
- 单位时间内收到的相关方关于环境问题的信函、电话、电子邮件数量(例如每月电子邮件数量)及负面的和正面的内容分析;
- 对某种环境因素、活动或问题的投诉数量或投诉率;
- 奖励申请数量;
- 获奖数量;
- 媒体发表的文章数量;
- 访问组织网站的环境信息页面的访问者人数(例如每月访问者人数);
- 对环境调查/问卷的回应率;
- 信息发布活动的数量,以及通过评估调查/问卷,分析哪些活动对目标群体是最有效的。

6.5 开展管理评审和策划修订

最高管理者可能希望根据6.4描述的评价结果评审和修订其环境信息交流方针或其他方针和战略。评审宜包括评价改进机会和环境信息交流变化的需求，包括环境信息交流方针、战略和活动。组织宜确保那些为组织工作的人员或代表组织的人员广泛地参与。

当决定是否需要修订时，组织宜：

a) 评价为环境信息交流提供的资源的充分性；

b) 评价数据收集过程；

c) 区分对提供给相关方的信息(包括形成信息的过程)与信息交流过程(包括所采用的方法)的必要改进。

当决定是否改变环境信息交流方针、战略和活动时，组织宜考虑相关方如何理解这种改变并将原因告知相关方。

附 录 A
（资料性附录）
环境管理系列标准参考表

环境信息交流是整个环境管理系列国家标准的重要特性（包括 GB/T 19011）。本附录确定环境信息交流活动所参考的、要求的或建议的条款、子条款和附录，以及本标准对执行其他标准可以提供的帮助。本附录还可以通过为用户提供适用的其他环境管理标准中的信息交流要素来执行本标准。

表 A.1 环境管理系列标准参考表

国家/国际标准	条款、子条款和附录	标 题
GB/T 24001—2004《环境管理体系 要求及使用指南》	4.2/A.2	环境方针
	4.3.3/A.3.3	目标、指标和方案
	4.4.1/A.4.1	资源、作用、职责和权限
	4.4.2/A.4.2	能力、培训和意识
	4.4.3/A.4.3	信息交流
	4.4.6/A.4.6	运作控制
	4.4.7/A.4.7	应急准备和响应
	4.6/A.6	管理评审
GB/T 24004—2004《环境管理体系 原则、体系和支持技术通用指南》	4.1.4	初始环境评审
	4.2	环境方针
	4.3.2	法律法规和其他要求
	4.3.3	制定目标和指标
	4.4	实施与运行
	4.4.1	资源、作用、职责和权限
	4.4.3	信息交流
	4.4.4	文件
	4.4.6.1	识别运行控制要求
	4.4.7	应急准备和响应
	4.5.3	不符合、纠正措施和预防措施
	4.6	环境管理体系评审
GB/T 24015—2003《环境管理 现场和组织的环境评价(EASO)》	4.2.5	评价计划
	5	报告
GB/T 24020—2000[a]《环境管理 环境标志和声明 通用原则》	4	环境标志和声明的目标
	5.5	原则 4
	5.9	原则 8
	5.10	原则 9

表 A.1（续）

国家标准	条款、子条款和附录	标　　题
GB/T 24021—2001[a] 《环境管理　环境标志和声明　自我环境声明(Ⅱ型环境标志)》	4	自我环境声明的目的
	5.9	其他信息或声明
	6.5	信息的获取
GB/T 24024—2001[a] 《环境管理　环境标志和声明　Ⅰ型环境标志 原则和程序》	4	Ⅰ型环境标志的目标
	6.2	与相关方的协商
	6.6	报告和公布
GB/T 24025—2009[a] 《环境标志和声明　Ⅲ型环境声明　原则和程序》	4	目的
	5.5	相关方的参与
	5.9	透明
	6.5	相关方的参与
GB/T 24031—2001 《环境管理　环境表现评价　指南》	3.1	概述
	3.3.4	信息评价
	3.3.5	报告和交流
	3.4	环境表现评价的评审和改进(检查和改进)
ISO/TR 14032:1999 《环境管理　环境绩效评价示例(EPE)》	3.2.4	数据和信息的使用
	附录 A 至附录 Q	应用示例
GB/T 24040—2008 《环境管理　生命周期评价　原则与框架》	4.1	LCA 的原则
	6	报告
	7.3.3	相关方评审组的鉴定性评审
GB/T 24044—2008 《环境管理　生命周期评价　要求与指南》	4.2.2	研究目的
	5	报告
	6.3	相关方评审组的鉴定性评审
ISO/TS 14048:2002 《环境管理　生命周期评价　数据文件格式》	4.2	报告
ISO 14050:2002 《环境管理　术语》	全部	术语和定义
ISO/TR 14061:1998[b] 《帮助林业组织使用环境管理体系标准 ISO 14001 和 ISO 14004 的信息》	7	林业组织环境管理体系自我声明、第二方审计和第三方认证
	8	信息交流
GB/T 24062—2009 《环境管理　将环境因素引入产品的设计和开发》	5.4	信息交流
ISO 14064-1:2006 《温室气体　第1部分:组织层次上对温室气体排放和清除的量化和报告的规范及指南》	3	原则
	7	GHG 报告

表 A.1（续）

国家标准	条款、子条款和附录	标　　题
ISO 14064-2:2006《温室气体　第2部分:项目层次上对温室气体减排或清除增加的量化、监测和报告的规范及指南》	3	原则
	4	GHG 项目简介
	5.2	项目说明
	5.13	GHG 项目报告
ISO 14064-3:2006《温室气体　第3部分:温室气体声明审定与核查的规范及指南》	3	原则
GB/T 19011—2003《质量和(或)环境管理体系审核指南》	5.4	审核方案的实施
	6.5.1	举行首次会议
	6.5.2	审核中的沟通
	6.5.7	举行末次会议

[a] 这些国际标准解决产品环境信息交流。

[b] 现在撤回。

参 考 文 献

［1］ GB/T 24001—2004 环境管理体系 要求及使用指南

［2］ GB/T 24020—2000 环境管理 环境标志和声明 通用原则

［3］ GB/T 24021—2001 环境管理 环境标志和声明 自我环境声明（Ⅱ型环境标志）

［4］ GB/T 24024—2001 环境管理 环境标志和声明 Ⅰ型环境标志 原则和程序

［5］ GB/T 24025—2009 环境标志和声明 Ⅲ型环境声明 原则和程序

［6］ GB/T 24031—2001 环境管理 环境表现评价 指南

［7］ ISO/TR 14032:1999 环境管理 环境绩效评价示例（EPE）（Environmental management—Examples of environmental performance evaluation）

ICS 03.120.20
A 00

中华人民共和国国家标准

GB/T 27040—2010/ISO/IEC 17040:2005

合格评定 合格评定机构和认可机构同行评审的通用要求

Conformity assessment—General requirements for peer assessment of conformity assessment bodies and accreditation bodies

(ISO/IEC 17040:2005,IDT)

2010-06-30 发布 2010-10-01 实施

中华人民共和国国家质量监督检验检疫总局
中国国家标准化管理委员会 发布

前　言

本标准等同采用ISO/IEC 17040:2005《合格评定　合格评定机构和认可机构同行评审的通用要求》(英文版)。

为了便于使用,本标准做了如下编辑性修改:

——本标准引用或参考的国际标准已有相应国家标准的,采用国家标准,其技术内容一致。

——3.2注中的“见7.10”,由于与正文条款不对应,改为“见7.11”。

本标准的附录C为规范性附录,附录A、附录B为资料性附录。

本标准由全国认证认可标准化技术委员会(SAC/TC 261)提出并归口。

本标准起草单位:中国家用电器研究院、国家认证认可监督管理委员会、中国合格评定国家认可委员会、中国质量认证中心。

本标准主要起草人:邴旭卫、郝欣、谢澄、宫赤霄、翟培军、王会玲、徐娜、邓云峰、刘挺。

引　言

同行评审作为评价某个特定同行集团(即由同业机构或同业人员组成的团体)是否具备成员资格的手段已经应用了很多年。同行评审一般是使用现有成员共同建立的过程来判定某专业组织是否具备成员资格。该过程包括设置成员条件以及评价候选机构与这些要求的符合性。在合格评定领域,为了确保每个机构的工作都能被评审,评审结果亦能被所有其他成员接受,许多开展同类工作的机构(例如检测机构、认可机构)均采用同行评审作为评审的手段。

随着经济日益全球化,认可机构之间的互认需求以及合格评定机构之间的互认需求日益迫切,随之各个集团都逐步建立了适合自己行业的同行评审模式,但纵观不同集团的评审方法都具有很多相同之处。因此,建立一个供同行评审使用的通用标准是非常必要的。当然,个别集团可以采用适合其特定活动领域的特殊要求。

本标准旨在用于同行集团(例如合格评定机构、认可机构)开展的任何合格评定活动(同行集团有多种描述方式,在 GB/T 27068—2006 中称之为协议集团),但并不表示从事不同领域工作的其他集团就不能实施同行评审,只是这些集团需要采用适合的组织架构和管理方式为实施最佳同行评审过程提供适宜的条件,获得事半功倍的效果。

本标准也旨在增强采用或依靠合格评定结果的各方的信心,该合格评定工作是由具备能力的人员以适当的方式实施的。

本标准图 1 所示为同行评审的一般过程。

图 1 中的图例将本标准包含的同行评审过程分成若干环节。首先假定存在一个欲加入某协议集团的申请方,并假定该协议集团对申请加入者规定了一些需要满足的准则或要求。本标准未包含集团成员资格的决定环节以及与该决定有关的申诉等环节,这些环节由特定协议集团自主决定。本标准重点关注同行评审过程实施的步骤,确有必要时,可规定一些评审过程之外的其他相关要求。本标准可以与 GB/T 27068—2006 结合使用,用于合格评定的强制或自愿领域的同行评审过程。

同行评审的性质取决于协议集团的目标以及同行评审过程结果的应用。协议集团的目标可能是以下的一个或多个:

a) 机构与规定要求的符合性;

b) 机构间合格评定结果的等效性;

c) 一个机构合格评定结果被其他机构接受以用于其合格评定活动。

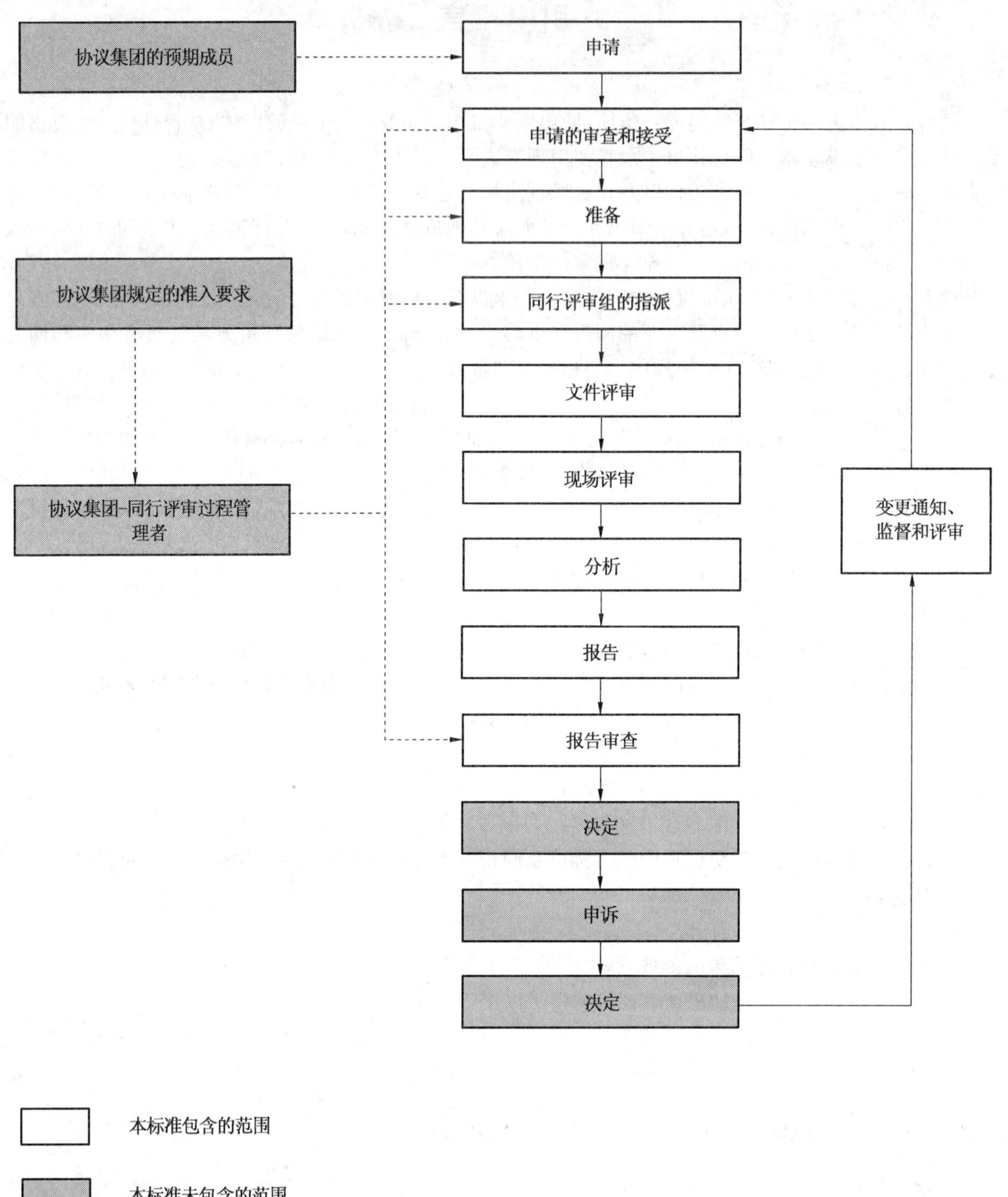

图 1　同行评审的一般过程

合格评定　合格评定机构和认可机构同行评审的通用要求

1　范围

1.1　本标准规定了由认可机构或合格评定机构的协议集团实施同行评审过程的通用要求，描述了仅与同行评审过程相关的协议集团的结构和运作。

1.2　本标准不涉及协议集团形成、组织和管理等安排的更多事项，也不涉及集团如何通过同行评审来决定集团内部的成员资格。另外，诸如申请方对协议集团的决定进行申诉的程序也不包含在本标准中。

注1：GB/T 27068—2006中包含了关于更多事项的进一步信息。

1.3　本标准适用于实施如下活动的合格评定机构的同行评审：

a)　检测；

b)　产品认证；

c)　检查；

d)　管理体系认证(有时候也称为注册)；

e)　人员认证。

一个同行评审过程可以包含上述一种以上的活动，这特别适用于接受同行评审的机构实施多个合格评定活动的结合评审时。

本标准同时适用于认可机构之间的同行评审，也叫做同行评价。

注2：协议集团的成员机构也可能希望依靠健全的同行评审过程，来评价一个同行机构作为潜在分包方的能力。

2　规范性引用文件

下列文件对于本文件的应用是必不可少的。凡是注日期的引用文件，仅所注日期的版本适用于本文件。凡是不注日期的引用文件，其最新版本(包括所有的修改单)适用于本文件。

GB/T 27000—2006　合格评定　词汇和通用原则(ISO/IEC 17000:2004,IDT)

3　术语和定义

下列术语和定义适用于本标准。

3.1

同行评审　peer assessment

协议集团中其他机构或协议集团候选机构的代表根据规定要求对某机构的评审。

[GB/T 27000—2006,定义4.5]

注1：一个新的集团即将成立时，在还没有任何成员的这段时间内就产生了“候选机构”的概念。

注2：某些协议集团用术语“同行评价”来代替“同行评审”。

3.2

申请方　applicant

作为同行评审对象的机构。

注：这里的机构可以是申请协议集团成员资格的机构，也可以是申请扩大业务范围的协议集团成员。如果同行评审过程是为了符合性的持续保证(见7.11)，则“申请方”是指被评审的机构。

4　结构要求

4.1　本标准仅限于成功实施同行评审过程所必需的要求。GB/T 27068—2006为协议集团运作的其他环节提供了指南。

4.2 应指定一个获得全面授权并能对同行评审过程负责的管理委员会或个人，并由其从事下列活动：

a) 制定与同行评审过程的运作相关的政策和程序；

b) 实施同行评审过程的政策和程序；

c) 管理同行评审过程的财务(参见附录 A)；

d) 实施同行评审过程；

e) 报告被评审机构与协议集团规定的要求的符合性；

f) 控制被评审机构不符合的解决；

g) 向协议集团提供与同行评审过程相关事务的建议。

管理委员会或个人可以授权一些委员会或人员代表其从事特定的活动。本标准中的“管理委员会或个人”包含任何已获授权的委员会或个人。

4.3 管理委员会或个人，及其授权的委员会或人员的职责和义务均应形成文件。

4.4 管理委员会或个人应确保参与同行评审过程的人员能够胜任且能客观地履行职责。

5 人力资源要求

5.1 资格和选择

5.1.1 应明确规定实施同行评审过程的人员资格准则并形成文件。

GB/T 19011—2003 第 7 章的要素通过适当修改后可适用于各种形式的评审。

5.1.2 实施同行评审过程的人员的资格准则应与执行该活动的人员所必需的个人素质和能力相匹配。

5.1.3 人员能力准则应与要实施的同行评审的性质相匹配。(见引言)

5.1.4 应明确规定实施同行评审过程的人员的选择、培训与持续评价，并形成文件。

5.2 语言——翻译

5.2.1 同行评审过程所需的基础文件应使用同行评审组全体成员都能理解的语言，被评审机构可能需要将一些文件翻译成另一种语言。这些基础文件的选择应在实施同行评审过程前，在协议集团成员间达成一致。

5.2.2 应规定同行评审过程实施时所使用的语言。为了确保所有的评审组成员都能理解讨论的内容，必要时应提供翻译。

6 信息和文件

管理委员会或个人需要以成员间约定的语言向申请方、协议集团的成员以及其他利益相关方提供下列信息和文件：

a) 协议集团对全体成员规定的、实施同行评审过程所依据的要求。

这些要求宜参照相关标准或指南。如果没有相关的标准或指南，这些要求宜至少包括以下内容：

——结构；

——分包；

——合格评定结果的管理体系；

——内部审核和管理评审；

——文件；

——记录；

——保密；

——人力资源，包括人员个人素质和能力准则；

——适当时，设施和设备；

——投诉和申诉。

用于补充标准或指南的任何必要的附加文件宜由具备必需技术能力的委员会或个人制定，并经协议集团的成员同意。

b) 同行评审形式和范围的清晰明确的定义。

注：同行评审的形式是指7.1所描述的同行评审活动，同行评审的范围是指被评审的申请方的活动范围。

c) 依据协议集团成员从事的活动所确定的成员资质总范围。

注：协议集团的成员可以从事超出协议集团范围之外的其他活动，但这些活动不在同行评审范围之内。

d) 同行评审过程的具体描述。

e) 可能要求的费用以及由申请、初评和复评产生的其他费用。

f) 申请表。

7 同行评审过程要求

7.1 通则

应对每一同行评审过程中需要实施的活动进行规定并形成文件，这些活动可包括：

a) 文件评审；

b) 记录的评审；

c) 与包括最高管理者在内的人员面谈；

d) 对机构内部活动实施情况的评审；

e) 对机构实施各项活动的见证；

f) 对机构见证客户活动的见证；

g) 对相关规范性文件所要求的设施的评审；

h) 对合格评定活动的技术评审；

i) 对与活动的有效性相关的比对和能力验证计划结果的审查。

为了达到本标准的目的，7.2至7.12中规定的要求是同行评审过程的最低要求，协议集团可在此基础上增加要求以适应其特有的情况。

7.2 同行评审或扩大范围的申请

7.2.1 应由申请方正式授权的代表签署申请表。在申请表中申请方应：

a) 详细说明其接受同行评审过程的活动范围；

b) 简要说明当前及以往的活动，及其相关机构；

c) 声明已知晓同行评审过程的执行方式；

d) 同意同行评审过程，特别是接受评审组的来访；

e) 同意无论评审结果如何，在任何适用情况下都支付与申请方相关的费用，并在任何适用情况下都愿意承担后续监督所产生的费用。

7.2.2 在现场评审之前，根据要求，申请方应至少提供与同行评审过程期望的范围相关的下列信息：

a) 申请方关于保密性、客观性、公正性、独立性、诚信性及法律地位等问题的管理规定；

b) 申请方开展的合格评定活动、执行的标准或方法或程序，以及协议集团要求的能力限定的描述；

c) 一份质量手册的副本，程序文件和作业指导书目录以及相关文件；

d) 当协议集团需要时，与相关要求符合性的其他独立评审信息，例如经历过的认可或同行评审信息。

如果申请方的文件是保密的，申请方宜提供包含所要求信息的摘要文件。

7.2.3 管理委员会或个人应保存同行评审申请的记录。

7.3 申请的审查和接受

7.3.1 在管理委员会或个人开始准备同行评审过程之前，应先对申请方提供的申请资料进行审查，以确保申请方满足接受同行评审过程的基本条件。

7.3.2 管理委员会或个人应将审查结果通知申请方。

7.3.3 管理委员会或个人应保留对同行评审申请审查的记录。

7.4 同行评审过程的准备

7.4.1 对同行评审过程的准备要求应在文件中规定。这个文件作为协议集团内部运行文件，可以是一份保密的"运行文件"或"指南"或使用其他名称命名的文件。

7.4.2 如果申请方提供了其他独立评审的证据(例如通过了认可或者通过了其他同行评审)，应对其加以评价，以确定这些证据在证明与协议集团规定要求相符合时的可利用程度。

7.4.3 申请方或管理委员会或个人可以建议由同行评审组或集团的一名或多名成员进行一次初访。进行初访之前，申请方应与管理委员会或个人就初访的目的、安排以及财务条件达成协议。

理想情况下，初访宜由根据 7.5.2 指派的同行评审组组长来承担。如果在指派同行评审组前需要进行初访，则管理委员会或个人宜将该任务指派给一名合适的、有资格的人员来承担。

7.4.4 获得了必要的信息之后，管理委员会或个人应向申请方提供一份同行评审过程的计划，包括提议的承担评审工作的人数、姓名及其所属组织，评审可能的持续时间，申请方可能承担的费用等。在管理委员会或个人开始同行评审过程之前应先得到申请方对计划的接受。

注：同行评审关于财务的指南在附录 A 中给出。

7.5 同行评审组的指派

7.5.1 管理委员会或个人应指派有资格的同行评审组实施同行评审过程。

7.5.2 应指派同行评审组的一名成员担任组长，全权负责同行评审过程以及与申请方和管理委员会或个人的沟通。

根据同行评审过程的规模，可以指派由一个人组成的评审组，即该组长负责实施整个同行评审过程。

7.5.3 被指定实施特定的同行评审过程的人员应具备拟被评审活动的实践经验。

7.5.4 只要可能，评审组人员应从协议集团成员机构中均衡选择。

7.5.5 指定评审组成员时应充分考虑他们有效合作的能力。

7.5.6 考虑到可能存在的任何利益冲突，应制定要求以确保评审组成员工作的客观性。

7.5.7 若某机构曾接受过本次被评审机构人员参与的评审，则该机构的人员不能被指派为本次评审组成员，除非是特意作出这种交互安排，并有来自这两个机构的书面协议。

注：协议集团可针对本要求规定一个时限。

7.5.8 出于对实施同行评审过程的人员进行培训和评价等目的，管理委员会或个人经评审组组长同意可以指派一名或多名观察员跟随评审组。

7.5.9 管理委员会或个人应将评审组成员和观察员的姓名及所属组织通知申请方。应允许申请方对评审组成员和观察员的安排表示同意或反对，如反对应说明理由。管理委员会或个人应制定解决类似异议的程序。

7.5.10 如需要翻译人员，应制定文件以明确规定翻译人员的特定作用、选择和提供这些翻译人员的职责。应考虑客观性的需要，以及提供完整和技术准确的翻译能力的需要(见 5.2)。

7.5.11 管理委员会或个人应要求评审组成员对规定评审组的目标和职责的文件表示认同并承诺遵守。

7.5.12 管理委员会或个人应制定程序，明确规定每次同行评审过程都应制定计划，而且该计划应得到包括申请方和同行评审组在内的所有相关方的理解和接受。该程序应包含后续发现有必要对计划进行调整时所采取的措施。

7.6 文件评审

评审组应对申请方提供的文件进行评审以确定其能满足协议集团规定的要求。如果评审发现文件不能满足要求，除非问题的解决能让双方都满意，否则不宜进入下一环节。应记录文件评审的结果。

7.7 现场评审

7.7.1 同行评审组应在现场评审开始时与申请方的相关人员召开首次会议，确认同行评审的目的、协议集团规定的要求以及现场评审的范围和计划。

7.7.2 同行评审组应通过现场评审搜集在适用范围内申请方符合协议集团规定要求的客观证据，适用时，评审组可以仅在申请方工作的主要地点进行完整的现场评审，或必要时，需对申请方工作的其他地点进行现场评审。

7.7.3 同行评审组应按照协议集团规定的适用要求（参见附录B）对申请方申请范围内的活动涉及的条款进行评审。

7.7.4 同行评审组应采用适宜的抽样技术见证足够数量的申请方人员现场活动的实例和档案，以确保适当地评价了与要求的满足程度。

7.7.5 同行评审组应对申请方足够数量和类别的人员进行评价以确信申请方满足要求。

7.8 评审发现的分析

同行评审组应对文件评审和现场评审过程中搜集的所有信息和客观证据进行分析，以确定申请方与协议集团规定要求的符合程度，并确定不符合。如果评审组对可能存在的不符合有疑问，评审组应反馈给相关管理委员会或个人要求其予以澄清。

注：同行评审组可以将识别出的改进建议提供给申请方，只要该建议不会被视为咨询。

7.9 同行评审报告

7.9.1 管理委员会或个人应根据需要采用适当程序，这些程序至少应确保：

a) 在离开现场前，同行评审组应与申请方的最高管理者召开一次会议，并提供关于评审发现的报告，包括为了满足协议集团规定的所有要求拟开具的不符合，应允许申请方对评审发现及依据提出质疑；

b) 应及时提请申请方关注同行评审过程的书面报告（见附录C），如果申请方复制报告，则应完整复制；

c) 应请申请方就书面报告提出意见，并说明在规定时限内针对发现的不符合已经或计划采取的措施；

d) 评审组组长应分析申请方针对不符合提出的纠正措施（如需要，同行评审组的其他成员亦可参与），以决定纠正措施是否充分、有效；

e) 评审组组长应将分析结果通知申请方。

7.9.2 评审组组长应向管理委员会或个人递交一份书面报告，报告应包括评审的结论或推荐意见，以及供其判断申请方与协议集团规定要求符合性的足够信息。管理委员会或个人应在文件中规定报告内容的详细程度，但应包括附录C中的信息。

注：按条款7.9.1 b）准备的报告可能会与解决不符合所采取措施的信息一起使用。

7.10 同行评审报告的审查

7.10.1 管理委员会或个人应对同行评审报告以及相关信息进行审查。如果管理委员会或个人将这项任务指派他人，则应由独立于评审组之外的个人或小组来承担。必要时，应有具备适当技术资格的人员参与审查。

7.10.2 同行评审报告以及其他相关信息的审查应确认以下内容：

a) 同行评审过程是按照本标准的要求，以一种一致的、胜任的方式实施的；

b) 用于确定申请方与协议集团规定要求的符合性的信息充分可靠；

c) 所有不符合的表述准确并形成文件。

如果审查的结果不能清晰地说明以上事项均已得到满足，则评审报告应按照协议集团适用的程序进行处理。

7.10.3 管理委员会或个人应有程序规定当审查结果为申请人满足协议集团规定要求时所应采取的行动。

注：本标准不包含允许申请方加入协议集团的决定，亦不包含对此决定进行申诉的处理程序（见1.2）。

7.10.4 管理委员会或个人应保存评审报告、审查活动以及相关通信的记录。

7.11 支持协议集团保持成员资格的同行评审

如果协议集团决定使用同行评审来提供成员机构能够持续符合协议集团规定要求的证据，则管理委员会或个人应制定程序规定如何应用本标准的要求。

协议集团可以将同行评审作为对特定成员机构工作中被发现有缺陷时所采取的措施，或作为对所有成员机构的计划性的审查。

7.12 变更通知

7.12.1 协议集团应预先通知拟变更的同行评审要求。在决定变更的确切形式和生效日期前，协议集团应与受到变更影响的各重要利益方协商。在变更要求被决定并发布之后，应验证每个成员在协议集团认为合理的时间内对其程序进行了必要调整。

7.12.2 成员机构的任何变更如可能影响到与协议集团规定要求的符合性，应及时通知协议集团。协议集团应制定处理该类变更的程序。该程序可以要求负责同行评审事务的管理委员会或个人就变更可能产生的影响进行评价。必要时，按照本标准的要求对成员机构实施全要素或者部分要素的评审。当变更只影响到成员机构或其活动的一部分时，安排一次部分要素的评审即可。

8 保密

协议集团应做出适当的安排并形成文件，以维护同行评审过程中所获信息的保密性。这些安排应覆盖协议集团内工作的所有人员，包括委员会成员、外部机构或个人的代表。除非法律要求，这些信息未经信息所有者的组织或个人的书面同意不允许向未授权方透露。当协议集团应法律要求提供这些保密信息时，除非法律禁止，否则应通知机构提供了哪些信息。

9 投诉

协议集团应制定政策和程序以处理有关同行评审过程的投诉。程序应至少要求以下内容：

a) 确定投诉的有效性；

b) 在不违反保密原则的情况下，确保将处理结果通知到投诉方；

c) 确保采取了适当的纠正措施；

d) 采取的措施形成文件并评价其有效性；

e) 建立并保存所有投诉记录。

注：符合 GB/T 19012 要求的投诉处理系统可视为满足本要求。

附 录 A
（资料性附录）
财 务

同行评审过程涉及相当大的资源消耗，用于：

——建立同行评审过程；

——管理和维护同行评审过程；

——实施同行评审过程；

——如需要，实施确保协议集团成员符合性的持续活动。

协议集团宜决定成员提供资源的方式。例如，如果集团由具备类似规模、经验和活动范围的成员组成，协议集团可能会决定每个成员为同行评审组的组建提供的必要的人力资源，这样就不必发生资源消耗不均衡所带来的财务补偿。另外，如果集团的一些成员机构被动员为同行评审组的组建提供较多的人力资源，协议集团可能会决定补偿他们为此而产生的费用。这些补偿可能只包括实际发生的差旅费，或者可能还包括按照约定比率支付的成员机构所提供人员的工时补偿费。

协议集团宜制定同行评审财务方面的政策和程序，并形成文件。政策宜承认这种成本与不符合协议集团规定要求所带来的风险是成比例的。

附 录 B
（资料性附录）
同行评审组使用的评审技术

B.1 通则

GB/T 19011—2003 提供的关于审核技术的指南同样适用于同行评审过程。这些被广泛应用于其他类型的对组织的评审技术可节约时间、改进协作关系，另外推进了现场同行评审过程。这些技术包括代表性的或纵向的评审、按单元或区域划分的评审以及横向的评审。

B.2 代表性的或纵向的评审

它是指基于同行评审组从申请方的档案中随机选择已经完成的报告进行评审。使用包含在报告样本中的信息来检查申请方与相关体系要求的符合性。许多体系要素使用这种方式进行评审（例如人员培训、测试仪器的校准、记录的充分性以及与客户的沟通等）。

另外，要完成整个体系的评审仍可能要求进行直接观察。

B.3 按单元或区域划分的评审

它是指一个相互协作的评审，每个单独的组织单元、部门或一个物理区域被当作即将被评审的组织和设施的一个关键部分。

根据评审组的规模和能力，在每一个选定的物理场所或部门同时或连续地进行小型评审，然后汇总评审发现。当范围广泛或属于同一机构的不同物理区域有相当的距离时，采用这种评审形式可能是一个节省时间的好办法。在评审策划阶段应注意防止评审过程中重复工作。

B.4 横向的评审

横向的评审是同行评审组选定的对合格评定机构的方案、职能或产品的协同评审。横向评审典型应用于一个实施多个不同的方案或活动，且每个方案或活动都依据不同的运行程序的合格评定机构。在评审范围内的每个方案所涉及的人员、设施和其他指定的资源都将分别被评审。在制定计划时要防止评审过程中重复工作。

附 录 C
（规范性附录）
同行评审报告中应包含的信息

同行评审过程的报告应至少包括以下信息：

a） 申请方的名称；

b） 现场评审的日期、范围以及方案；

c） 同行评审组中评审员和(或)专家的姓名及其在评审组中的角色；

d） 所有评审场所的名称和地址；

e） 接受同行评审过程的活动范围；

f） 所用的参考文件；

g） 对在末次会上提供给申请方的信息的任何差异的解释；

h） 用以证明申请方符合协议集团规定要求的管理体系及其实施的充分性；

i） 对申请方内部和外部人员资格、经验和授权的评价；

j） 对申请方不符合及采取纠正措施(适用时)的评价，还包括对未解决的不符合的说明；

k） 有助于确定申请方对协议集团规定要求的符合性的其他信息；

l） 适用时，申请方实施的能力验证结果或其他组织间比对活动的结果，以及相应的纠正措施；

m） 适用时，同行评审组的推荐意见或结论；

n） 对见证的活动和人员的评价。

因为同行评审活动常用于提供与要求的符合性的持续保证，故管理委员会或个人可能采用简化的报告程序。

同行评审组可以决定不在报告中包含负面的信息，而将其作为限制发放范围的保密附件。

参考文献

[1] ISO/IEC 指南 62:1996*) 质量体系认证机构通用要求

[2] GB/T 27065—2004 产品认证机构通用要求(ISO/IEC 指南 65:1996,IDT)

[3] ISO/IEC 指南 66:1999*) 环境管理体系(EMS)认证机构通用要求

[4] GB/T 27068—2006 合格评定结果的承认和接受协议(ISO/IEC 指南 68:2002,IDT)

[5] GB/T 19001—2000 质量管理体系 要求(ISO 9001:2000,IDT)

[6] GB/T 19012—2008 质量管理 顾客满意 组织处理投诉指南(ISO 10002:2004,IDT)

[7] GB/T 27011—2005 合格评定 认可机构通用要求(ISO/IEC 17011:2004,IDT)

[8] GB/T 18346—2001 各类检查机构能力的通用要求(ISO/IEC 17020:1998,IDT)

[9] GB/T 27025—2008 检测和校准实验室能力的通用要求(ISO/IEC 17025:2005,IDT)

[10] GB/T 19011—2003 质量和(或)环境管理体系审核指南(ISO 19011:2002,IDT)

[11] ILAC-P1:2003 ILAC 互认协议 ILAC 承认的区域合作认可机构评价要求

[12] ILAC-P2:2003 ILAC 互认协议 区域合作机构认可评价程序

[13] IAF MLA 政策和程序(2003 年 2 月,第 4 版,第三次发行),IAF 关于认可机构和区域集团互认协议的政策和程序

[14] IEC 体系的信息和文件以及同行评审程序可以在国际电工委员会(IEC)网站 www.iec.ch 中"conformity assessment"目录查到

[15] 实验室认可信息和文件可以在国际实验室认可合作组织(ILAC)网站 www.ilac.org 中查到

*) ISO/IEC 指南 62:1996 和 ISO/IEC 指南 66:1999 已经被 ISO/IEC 17021:2006《合格评定 管理体系审核认证机构的要求》取代。

ICS 67.040
X 04

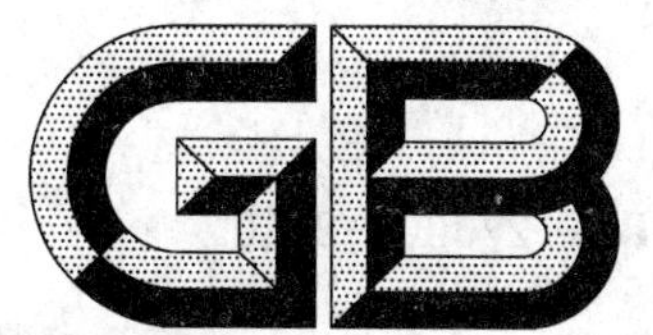

中华人民共和国国家标准

GB/T 27320—2010

食品防护计划及其应用指南 食品生产企业

Food defense plan and guidelines for its application—Food processing establishments

2010-11-10 发布　　2011-05-01 实施

中华人民共和国国家质量监督检验检疫总局
中国国家标准化管理委员会　发布

前　言

本标准的附录 A、附录 B、附录 C、附录 D 均为资料性附录。

本标准由国家认证认可监督管理委员会提出。

本标准由全国认证认可标准化技术委员会(SAC/TC 261)归口。

本标准起草单位:国家认证认可监督管理委员会注册管理部、山东出入境检验检疫局、国家食品安全危害分析与关键控制点应用研究中心、北京中大华远认证中心、北京华都肉鸡公司。

本标准主要起草人:刘先德、秦红、吕青、黄斌、鲁超、庞平、孔繁明、李经津、胡军、佘锋、王建德、叶志平、李和平、顾绍平。

食品防护计划及其应用指南
食品生产企业

1 范围

本标准规定了食品生产企业食品防护计划的建立、实施和改进的基本要求。

本标准适用于食品生产企业食品防护计划的建立、实施和改进。初级生产、储藏、运输、饲料生产等企业可参照执行。

2 术语和定义

下列术语和定义适用于本标准。

2.1

食品防护计划 food defense plan

为确保食品生产和供应过程的安全，通过进行食品防护评估、实施食品防护措施等，最大限度降低食品受到生物、化学、物理等因素故意污染或蓄意破坏风险的方法和程序。

2.2

故意污染 intentional contamination

为谋取不当利益，故意向原辅料或食品中添加非食用物质，故意超范围、超限量使用农兽药和食品(饲料)添加剂或采用其他不适合人类食用的方法生产加工食品等的行为。

2.3

蓄意破坏 deliberate tampering

为伤害他人或扰乱社会，通过生物、化学、物理等因素对食品和食品生产过程进行破坏的行为。

3 食品防护计划的原则

3.1 评估原则

通过对食品生产和供应各环节面临的威胁、存在的弱点、造成的影响，以及三者综合作用带来风险的可能性进行食品防护评估，找出薄弱环节，从而采取有效的预防性措施，以防止食品生产和供应过程受到故意污染或蓄意破坏。

3.2 预防性原则

通过对潜在的可能发生问题的环节进行调查分析，并针对环节制定措施防止其发生，形成预防性的食品防护计划，最大限度地降低食品受到故意污染或蓄意破坏的风险。

3.3 保密性原则

通过对企业外部(如：采购方等)和内部(如：不同生产管理部门等)人员允许接触食品防护计划的范围和内容做出规定并进行有效控制，保护食品防护计划的评估过程等核心内容不被泄漏，防止被有故意污染或蓄意破坏意图的人员利用。

3.4 整合性原则

通过整合企业现有的食品安全卫生管理体系，避免相互矛盾或重叠，使食品防护计划成为企业食品安全卫生管理体系的有效补充。已实施危害分析与关键控制点(HACCP)体系的食品生产企业进行危害分析时，可参考食品防护评估结果。

3.5 沟通原则

通过企业内部之间以及企业与外部公众或社会组织之间信息的发送、接受与反馈的交流，识别发生故意污染或蓄意破坏食品安全事件的可能性,及时做出反应,改进食品防护计划的针对性,提高食品防护计划的有效性,预防重大食品安全事件的发生。

3.6 应急反应原则

针对故意污染、蓄意破坏等突发事件和威胁,协调、整合相关资源和能力,建立、制定、维持相关的应急预案并进行演练,以提高准备、抵御、应对、恢复和减损能力。在紧急情况发生时,根据应急预案采取行动,最大限度地降低食品安全事件造成的损失。

3.7 灵活性原则

通过分析自身情况,企业可制定独立的食品防护计划,也可以将食品防护计划与企业的食品安全卫生管理体系整合,或采取其他合理的方式,达到最大限度地降低食品受到故意污染或蓄意破坏风险的目的。

3.8 动态原则

通过对影响食品防护计划有效性的因素及其变化的信息进行确定、收集和分析,及时调整食品防护评估、食品防护措施和食品防护计划,实现动态更新和持续改进,确保食品防护计划的有效性。

4 食品防护计划的策划

企业根据实际情况和产品特点,宜按照但不限于以下方式对食品防护计划进行策划:

a) 独立型:形成独立完整的食品防护计划;

b) 整合型:食品防护计划与企业其他食品安全卫生管理体系整合,但应考虑必要的保密要求。

5 食品防护计划的制定

5.1 食品防护计划的内容

食品防护计划应包括但不限于以下内容:

a) 食品防护评估;

b) 食品防护措施;

c) 检查程序;

d) 纠正程序;

e) 验证程序;

f) 应急预案;

g) 记录保持程序。

5.2 预备步骤

5.2.1 组成食品防护小组

食品防护小组的成员应诚信,具有责任心和必要的经验和知识。

食品防护小组的成员应包括熟悉食品原辅料采购、加工、卫生、保卫、现场管理、销售等方面的人员,必要时可获得外部专家的支持。

食品防护小组的成员按照各自的职责参加食品防护计划的制定、实施和验证等活动。

5.2.2 产品描述

应描述产品特性,包括名称、成分、物理和化学特性、工艺过程、包装、保质期、储藏条件、配送方法等内容。

5.2.3 识别预期用途

应描述最终用户和消费者对产品的使用期望。特定情况下,还应考虑易受伤害的消费群体特点。

5.2.4 法律法规标准等的识别

应收集和确定企业生产活动和产品需遵守和执行的相关法律、法规、食品安全标准和其他要求等。

5.2.5 新的食品原料、食品添加剂新品种、食品相关产品新品种的识别

应确定企业使用的食品原料、食品添加剂、食品相关产品是否属于需申请许可的新的食品原料、食品添加剂新品种和食品相关产品新品种。

5.2.6 绘制流程图

应绘制包括所有食品生产和供应步骤的流程图和路径图，包括储藏和运输环节的流程。

5.2.7 绘制布局图

应绘制包括所有食品生产和供应相关区域的布局图。该布局图应包括厂区周边环境和厂区各种出入口、厂区建筑物布局；厂房及内部设施的布局；空气、水、能源等基础条件供给设施的布局等。

5.2.8 现场确认流程图和布局图

应对所有的流程图和布局图进行现场确认。流程图和布局图与实际情况不符的，应进行修改。

5.3 食品防护评估

根据预备步骤提供的相关信息，对企业各个环节受到故意污染和蓄意破坏的可能性进行食品防护评估。食品防护评估内容应包括，但不限于以下方面：

a) 外部：厂区外围、照明、人员和车辆进出控制、厂区各种出入口、生产场所的出入口、窗户和通风口等；

b) 内部：生产场所的设计布局、内部设施（如：应急灯、视频监控系统、紧急预警系统等）、存放个人用品的区域等；

c) 加工：原辅料的添加、混合加工区域、区域的标识、产品传送和传递的监控、产品的标识与包装、生产过程中发生的故意污染等；

d) 储藏：储藏库的设计、人员进出、出入库控制和管理、有毒有害化合物的储藏等；

e) 供应链：原辅料、包装材料等供应组织食品防护能力的评估；合格供应商评估；原辅料、包装材料生产和供应发生的故意污染；运输公司食品防护能力的评估；运输工具的管理、出入货物的完整性、文件、货物的装卸和核对、退运货物的防护等；

f) 水/冰：水源地、中间储水设施、水处理设施、制冰、供水系统的保护和维修等；

g) 人员：工作人员的背景调查、身份识别、培训、沟通等；

h) 信息：食品防护计划信息控制、与相关方的联系方式、国内外食品安全动态信息、故意污染信息的采集和报告、计算机信息安全等；

i) 实验室：实验室的布局、人员进入、试剂和药品的保管与使用、样品和活菌株的控制和管理等。

通过食品防护评估，确定企业的薄弱环节。

企业食品防护评估指南示例参见附录 A，食品防护评估表示例参见附录 B。

5.4 制定食品防护措施

通过食品防护评估，制定经济有效的食品防护措施。食品防护措施可以是企业新增加的控制措施，也可以是企业其他食品安全卫生管理体系中已有的控制措施。特别在确定企业的薄弱环节后，应制定针对性的食品防护措施进行重点防护。

薄弱环节食品防护措施表示例参见附录 C。

5.5 制定检查程序

应制定食品防护措施的检查程序，及时发现食品防护措施实施不当或失效的情况。

5.6 制定纠正程序

应制定食品防护措施的纠正程序，发现食品防护措施实施不当或失效时，评估事件的后果并采取相应措施，同时改进或重新制订食品防护措施。

5.7 制定验证程序

应制定食品防护计划的验证程序。验证包括确认、薄弱环节验证和全面验证。验证程序应包括验证的方法和频率。

5.8 制定应急预案

企业应识别可能发生的食品防护紧急事件并制定应急预案。应急预案包括但不限于以下方面：

a) 应急预案执行者的职责和权限；

b) 应急措施及疏散；

c) 防止受污染或可能产生危害的产品进入销售环节；

d) 对已进入销售环节的受污染或可能产生危害的产品实施召回；

e) 受污染产品的安全处置；

f) 在紧急事件发生时，允许授权人员进入企业的规定；

g) 应建立应急联系清单，发生食品防护威胁或者产品受到污染时，应及时通知相关方。应急联系清单应包括相关政府机构、企业责任人、供应商、运输商、销售商等的联系方式。联系信息应定期验证并及时更新。

企业应定期演练和评估应急预案。特别是食品防护紧急事件发生后，应对应急预案的实施效果进行评估。必要时，对应急预案进行修订。

5.9 制定记录保持程序

食品防护计划的有关活动应有记录，制定并执行记录的标记、收集、编目、归档、存储、保管和处理等管理规定。所有记录应真实、准确、规范并具有可追溯性，保存期不少于2年。

6 食品防护计划的实施

6.1 批准

食品防护计划应得到企业最高管理者的批准。

6.2 职责和权限

最高管理者应确保落实食品防护小组成员的职责和权限，签订保密协议。

6.3 资源提供

为保证食品防护计划的实施，最高管理者和相关人员应确保提供必要的资源。

6.4 培训

应对全体员工进行食品防护计划知识的培训，培训应考虑相关职责和保密要求，并对培训的效果进行评估。应保持与培训有关的记录。

6.5 运行控制

食品防护计划的各项措施和程序应得到持续有效的实施，并保持相应的记录。

6.6 沟通

应建立、实施和保持有效的内部和外部沟通机制。

应保证企业内有关人员就食品防护计划的事项进行及时沟通。企业员工应有监督和汇报可疑情况的意识和责任。

应确保企业与食品链/销售链范围内的供方、消费者、政府机构以及其他产生影响的相关方进行及时必要的沟通。

7 食品防护计划的验证和改进

7.1 验证

7.1.1 确认

7.1.1.1 食品防护评估和食品防护措施的确认

每年应至少对食品防护评估和食品防护措施进行1次确认，并保持记录。

产品或加工过程改变或其他影响食品防护评估的情况出现时，应重新进行食品防护评估的确认。必要时，根据确认的结果对食品防护评估进行修订。

食品防护评估发生变更或其他影响食品防护措施的情况出现时，应重新进行食品防护措施的确认。根据确认的结果对食品防护措施进行修订或保持食品防护措施不需要修订的依据。

7.1.1.2 食品防护计划有效性的确认

应对食品防护计划的有效性进行确认，并保持记录。

确认应在食品防护计划实施之前以及变更后进行。

当确认结果表明不能满足上述要求时，应对食品防护计划进行修改和重新确认。

食品防护计划有效性确认评估表示例参见附录D。

7.1.2 薄弱环节验证

经食品防护评估确定的薄弱环节，采取食品防护措施后，应对食品防护措施的效果重新进行评估和验证。

7.1.3 全面验证

应定期对食品防护措施进行演练。演练可按照食品防护评估内容随机抽取某个环节进行，对非薄弱环节也应进行演练。

食品防护小组应定期对食品防护措施的实施情况进行全面验证，验证应进行策划并涵盖企业所有的区域和环节。对验证过程中发现的不符合项应及时采取纠正措施，必要时对食品防护计划进行修订，修订后应重新对食品防护措施实施情况进行验证。

7.1.4 企业应按验证程序对食品防护计划进行验证并保持记录。

7.2 **改进**

应动态更新和持续改进食品防护计划，确保食品防护计划的有效性。

附 录 A
（资料性附录）
食品防护评估指南示例

A.1 外部

A.1.1 厂区应采用围墙、围栏等必要设施限制未经许可人员进入。应对出入人员进行登记，对人员和车辆进行检查，对厂区外围和厂区内部进行定期巡视。

A.1.2 厂区外围、厂区内应具备监控设施或夜间照明措施，能够发现任何可疑的活动。

A.1.3 厂区外围除正常大门外的其他出入口应具备自动锁门或其他出入控制措施，以防止出入口的自由进出。

A.1.4 对进入企业的访问者应提前通知并进行身份识别，如带有照片的身份识别证、进厂证等，只允许访问者进入许可参观或工作的区域。

A.1.5 下列设施应采取安全防范措施以防止外来人员的进入：

a） 正门和其他的门应采取严格程度不同的控制措施，对非经常出入门应采取更加严格的监控管理措施；

b） 厂区或车间的窗户应只允许从内部开启。禁止开启的窗户应有标识，对非正常开启的窗户能在最短时间内识别并采取相应的措施；

c） 对于屋顶开口处应采取合理有效的管理措施。对于供热、通风、空调等系统，仅允许许可的人员接触，对于进入屋顶的通道采取封闭管理措施；

d） 通风口的设计应考虑防止人为破坏。通风口的位置应位于不易接近的区域。

A.1.6 对进入厂区的运输工具应有足够的措施予以监控，包括：

a） 应对运输车辆进行备案，并定期检查，应有车辆操作人员的安排计划和管理措施；

b） 对进出厂区的私人（职工、访问者）运输工具进行管理；

c） 应对私人运输工具予以登记，必要时，还应检查携带物品；

d） 应对商业运输工具进出工厂的路线、停放的区域进行规定和管理。

A.2 内部

A.2.1 车间的设计布局应按照敏感区域、重要程度的差异予以隔离。对于限制人员进入的区域应有警示性标识。

A.2.2 车间的每个区域，特别是敏感的区域如大规模混料区，应装有足够的停电应急灯。

A.2.3 对内部设施和加工过程进行监控。企业可通过视频系统进行监控，监控视频文件至少保存到产品的保质期。

A.2.4 车间应有门禁措施。车间应安装紧急预警系统，包括火警预警和发生其他紧急情况时的疏散系统，并定期进行检查或者进行演练，对员工疏散路线、疏散命令等有统一的要求。

A.2.5 访问者或其他非加工区域人员进入工作区域前应经过身份的确认、资格的许可，由管理人员全程陪同，并保持相关记录。

A.2.6 车间内无有毒有害物质的藏匿场所。

A.2.7 车间内的消毒剂、清洁剂等应有专门的存放场所，应由专人管理。

A.2.8 对卫生间、个人储物柜及储藏区等容易存放私人物品的地方应定期进行检查。

A.2.9 工器具间应由专人负责，建立领用核销和使用管理制度。

A.2.10 排风系统应设计合理，有防止异物或不明气体进入的设施。

A.2.11　下脚料处理区域不易造成废料、气流的回流，无人为的破坏。

A.2.12　通风系统、空调系统、供水系统、供电系统、消毒设施和电脑系统等应有防止未经许可人员进入的措施，定期检查。

A.2.13　设备维修应经相关人员批准，由许可人员维修，应保持维修记录。

A.3　加工

A.3.1　应按照加工工艺流程进行分区域管理，不同区域人员应通过易于识别的标识进行区分。不同加工区域应有标识。

A.3.2　对于原辅料添加区、混合加工区等大规模的、多成分混合的区域应由专人管理，持续监控。

A.3.3　对于消毒剂、清洁剂等的使用应由专人负责。

A.3.4　产品传送和传递过程应进行监控。

A.3.5　产品的标识与包装应处于受控状态以防止盗窃或误用。

A.3.6　产品的包装和标识应具有破坏存迹(如：充氮、抽真空等形式)识别的特性。

A.3.7　加工过程中应防止故意向食品中添加非食用物质，超范围、超限量使用食品添加剂以及采用其他不适合人类食用的方法生产加工食品等问题的发生。

A.4　储藏

A.4.1　储藏库的设计应能防止人为破坏。

A.4.2　进入储藏区域的人员应经过许可。

A.4.3　储藏区域应建立出入库登记管理制度。

A.4.4　对储藏区域的卫生和货物存放应定期进行检查。

A.4.5　杀虫剂等有毒有害化合物的储藏区域应远离加工区域，由经过培训的人员管理。应建立领用和核销记录。有毒有害化合物应标识清楚，在有效期内使用。

A.5　供应链

A.5.1　应对食品原辅料、包装材料等供应方进行食品防护能力的评估。

A.5.2　应对原辅料的生产管理进行食品防护能力的评估。

A.5.3　应对饲料的生产、动物的养殖、作物的种植进行食品防护能力的评估。

A.5.4　食品原辅料、包装材料等供应方应建立产品追溯和召回程序。

A.5.5　应考虑在原辅料生产和供应中故意向食品中添加非食用物质，超范围、超限量使用农兽药和食品(饲料)添加剂的情况。

A.5.6　应建立合格供应商评估制度并考虑故意污染方面的评估结果，及时获得供应商提供的相关证明性文件。

A.5.7　在制定原辅料、包装材料等的验收要求和实施验收时，应考虑故意污染方面的评估结果。

A.5.8　应对运输公司进行食品防护能力的评估。

A.5.9　货车、集装箱等运输工具在厂区内应进行封闭式管理，禁止未经许可的人接近。

A.5.10　货车、集装箱等运输工具装卸货物时，应由经过培训的人员进行监控，并保持相关记录。应对集装箱外观、温度、冷藏设施进行检查，确保无可疑的损坏。

A.5.11　收发货的品种、数量、质量、标识等与货物运输文件相一致。

A.5.12　货物出入库时应检查包装有无故意污染或蓄意破坏的痕迹。

A.5.13　产品运输货车、集装箱等运输工具应保证清洁无毒，避免产品间相互污染。适用时，运输过程中对活动物的饲料和饮用水进行必要的防护。

A.5.14　应对退运产品进行验收和实施防护。

A.6 水和冰

A.6.1 加工用水符合国家标准和相关贸易国家(地区)要求。
A.6.2 水源地、中间储水设施、水处理设施应封闭,由专人管理。
A.6.3 原辅料的种植/养殖或预加工基地的水源地保护。
A.6.4 制冰设备应由专人管理,有防止无关人员进入或接近的措施。
A.6.5 供水系统应定期检查。
A.6.6 应确保在加工用水不符合要求时,能及时得到通知和纠正。

A.7 人员

A.7.1 敏感区域如与原辅料、半成品及成品密切接触及容易发生大范围蓄意破坏的区域(如:混料区、包装的装填和封口等区域)的操作人员应进行身份背景等调查。
A.7.2 按照工序、权限不同对员工采取不同的身份识别措施,如工作服颜色、上岗证等。
A.7.3 对于轮岗人员或临时更换人员,例如请假人员的代替者或新进人员应有人员识别清单。
A.7.4 车间不同安全级别区域有相应的限制进入的设施和管理措施。
A.7.5 对员工和访问人员的进出携带物品有必要的检查措施。
A.7.6 对员工及管理人员应进行有针对性的、分层次的食品防护计划知识的培训、考核。
A.7.7 管理人员应与员工进行定期交流,听取意见和建议。
A.7.8 应对受处罚、降职、辞退等的人员情况进行跟踪。
A.7.9 应有发现、报告和控制情绪不稳定员工及对其进行心理疏导的规定和程序。

A.8 信息

A.8.1 对企业外部(如:采购方等)和内部(如:不同生产管理部门等)人员允许接触食品防护计划的范围和内容做出规定并进行有效控制。食品防护计划制定的全过程和内容应有适当的保密规定并得到有效执行。
A.8.2 加工工艺、配方等应有适当的保密规定并得到有效执行。
A.8.3 应建立访客、客户、供应商联系档案,对参观内容、参观区域、对外公布信息进行评估。
A.8.4 应建立紧急情况处理系统,建立相关政府机构的联系方式、电话和传真,并定期审核更新,定期验证联系方式有效性。
A.8.5 应有专人负责收集国内外食品安全的动态等信息。
A.8.6 应识别、收集故意污染信息(可来源于国内外食品安全动态、媒体报道、顾客反馈、行业内交流等),充分评估故意污染可能造成的危害,采取针对性的防护措施。应保持相关的记录以备政府主管部门检查。若发现故意污染具有行业普遍性,应及时向政府主管部门报告。
A.8.7 应采取措施确保计算机信息的安全和网络的安全。

A.9 实验室

A.9.1 应布局合理并与食品加工区域有效隔离。
A.9.2 应仅允许许可人员进入。
A.9.3 对各种试剂和药品特别是有毒有害药品应设立单独区域,由专人管理,建立核销台账,对过期药品的处理符合食品防护要求。
A.9.4 应建立样品(包括阳性样品)处理程序。
A.9.5 应制定活菌株储藏和处理的程序。

附 录 B
（资料性附录）
食品防护评估表示例

表 B.1 食品防护评估表

评估内容	是否是薄弱环节
评估内容参考附录 A	填写"是"或"否"或"不适用"
注：本表仅提供了设计食品防护评估表的一种样式，企业可根据实际情况制定。	

附 录 C
（资料性附录）
薄弱环节食品防护措施表示例

表 C.1 薄弱环节食品防护措施表

薄弱环节	食品防护措施
附录表 B 确认的薄弱环节	针对薄弱环节采取的控制措施

附 录 D
（资料性附录）
食品防护计划有效性确认表示例

表 D.1 食品防护计划有效性确认表

确 认 内 容	确认结果
1. 制定了食品防护计划，所有薄弱环节都制定了针对性的控制措施	填写“是”或“否”
2. 明确了实施食品防护相关人员的职责	填写“是”或“否”
3. 食品防护小组成员和其他企业员工进行了食品防护计划的培训	填写“是”或“否”
4. 有定期食品防护措施演练的要求	填写“是”或“否”
5. 有食品防护计划定期验证的要求	填写“是”或“否”
6. 有适当的保密措施	填写“是”或“否”
7. 有与当地公安和其他相关政府机构的应急联络信息，定期更新，并有可靠的联络手段	填写“是”或“否”
8. 制定了应急预案并进行定期演练	填写“是”或“否”
9. 建立了有效的内外部沟通机制	填写“是”或“否”
10. 制定了召回计划并能保证召回产品得到了恰当处理	填写“是”或“否”
11. 有故意污染信息一览表、评估结果和控制措施	填写“是”或“否”
确认结论：________（填写“有效”或“需进一步修改”）	

ICS 11.020
C 05

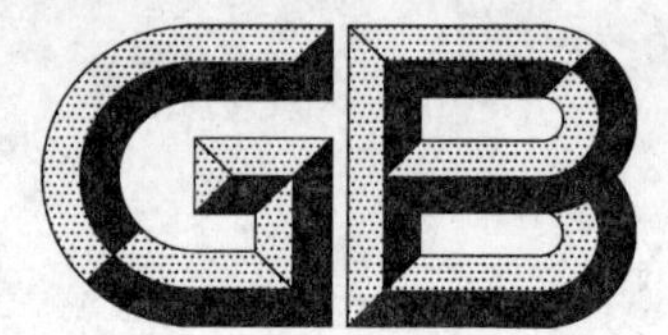

中华人民共和国国家标准

GB/T 27409—2010

医学实验室能力验证的应用

Application of proficiency testing in the medical laboratory

2011-01-14 发布　　2011-07-01 实施

中华人民共和国国家质量监督检验检疫总局
中国国家标准化管理委员会　发布

前　言

本标准由全国认证认可标准化技术委员会(SAC/TC 261)提出并归口。

本标准起草单位:中华人民共和国北京出入境检验检疫局、中华人民共和国辽宁出入境检验检疫局、中国合格评定国家认可中心、卫生部科技教育司、中华人民共和国江苏出入境检验检疫局、中华人民共和国云南出入境检验检疫局、中华人民共和国新疆出入境检验检疫局、中华人民共和国深圳出入境检验检疫局。

本标准主要起草人:朱红、吴刚、翟培军、薛芳、李云峰、宋广霞、周有良、李亚平、杨屹、董瑞玲。

引　言

能力验证(Proficiency Testing)既是实验室检验或分析结果质量的外部评价工具,也是很有价值的实验室特定检验或测量能力的自我监测工具。能力验证通过与同行实验室、参考标准或参比实验室的比较来评价实验室的分析能力。能力验证对于实验室、实验室客户以及管理机构均很重要,能力验证可为实验室客户、认可机构以及实验室的管理机构提供实验室在能力方面的客观证据。

能力验证作为自我监测工具并不限于对不满意结果的调查分析,同样可以监测满意的能力验证结果的趋势,可以使实验室发现由于精密度、系统误差、偶然误差和人为误差等因素所致的潜在问题。

实验室间结果比对在国内外已被广泛应用,能力验证是利用室间比对活动对实验室的能力进行评价,评价结果可独立作为实验室能力的证明。检验能力验证不包括对某一方法的过程或特定检验的参考区间的适宜性的评价,因为已假定实验室在这些方面是满足要求的。

本标准是为了帮助医学实验室将能力验证作为质量改进的工具,描述了监测能力验证结果、分析问题的原因、采取相应补救和纠正措施的系统方法,从而达到预防问题发生、教育检验人员和监控内部过程的目的。

本标准是促进我国医学实验室能力验证计划的应用、提高检验水平、开展医学实验室认可并实现与国际做法接轨的技术指导性文件。

医学实验室能力验证的应用

1 范围

本标准规定了检验能力验证结果的系统方法,分析不满意能力验证结果,包括可能发生的问题类型。

本标准适用于从事医学检验的实验室(包括床旁检验),帮助医学实验室利用能力验证结果(包括满意和不满意)改进实验室质量管理工作。

本标准给出了能力验证提供者对能力验证报告进行分析和结果解释的指南。

本标准给出了管理机构和认可机构对医学实验室能力验证管理的指南,包括对结果的评估、分析不满意结果产生的影响和发生的根本原因、制定补救措施和纠正措施等。

2 规范性引用文件

下列文件中的条款通过本标准的引用而成为本标准的条款。凡是注日期的引用文件,其随后所有的修改单(不包括勘误的内容)或修订版均不适用于本标准,然而,鼓励根据本标准达成协议的各方研究是否可使用这些文件的最新版本。

GB/T 22576—2008 医学实验室 质量和能力的专用要求

GB/T 3358.1—2009 统计学术语 第1部分:一般统计术语

JJF 1001—1998 通用计量术语及定义

3 术语和定义

GB/T 22576—2008、GB/T 3358.1—2009 和 JJF 1001—1998 确立的以及下列术语和定义适用于本标准。

3.1

能力验证 proficiency testing;PT

利用室间比对以预设标准评价参与实验室的检验能力。

3.2

能力验证计划 proficiency testing scheme

为检验、测量、校准或检查的特定领域而设计和运作的一次或几次能力验证方案。

注:一个能力验证计划可覆盖能力验证的一个特定类型或一组项目的检验、校准或检查。

3.3

能力验证计划提供者 proficiency testing provider

从事能力验证计划设计和实施的机构。

3.4

能力验证样品(检验品) proficiency test item

为进行能力验证而送交实验室的材料和物品。

3.5

医学实验室 medical laboratory

以为诊断、预防、治疗人体疾病或评估人体健康提供信息为目的,对来自人体的材料进行生物学、微生物学、免疫学、化学、血液学、生物物理学、细胞学、病理学或其他检验的实验室。

注:改写 GB/T 22576,定义 3.9。

3.6

目标值(指定值)　assigned value

赋予一个能力验证样品特定量的值。

注:"目标值"一词被归入更为通用的"指定值"一类,也叫靶值。

3.7

补救措施　remedial action

为弥补或减少对已发生的不满意结果或其他不期望情况所造成的不良后果和影响而采取的措施。

3.8

纠正措施　corrective action

为消除已发现的不满意结果或其他不期望情况的原因所采取的措施。

注1:一个不满意结果可以有若干个原因。

注2:采取纠正措施是为了防止再发生,而采取预防措施是为了防止发生。

注3:纠正和纠正措施是有区别的。

注4:改写 GB/T 19000,定义 3.6.5。

3.9

预防措施　preventive action

为消除潜在的不满意结果或其他潜在不期望情况的原因所采取的措施。

注:改写 GB/T 19000,定义 3.6.4。

3.10

根本原因　root cause

导致问题发生的最基本原因,如果纠正可以防止问题的再发生。

4　能力验证在医学实验室中的实施

4.1　实验室、能力验证计划提供者和管理机构的职责

4.1.1　实验室职责

实验室应有相应的实施程序:

a)　根据检验范围选择被管理机构认可的能力验证计划提供者;

b)　按照能力验证计划确定的方法分析能力验证样品;

c)　对"不满意"的能力验证结果进行处理,包括:

——调查并分析错误的根本原因并确定病人检验结果是否受到影响;

——必要时采取纠正措施防止同样的错误再次发生;

——验证纠正措施有效性。

d)　监测能力验证结果,确定其趋向性,当发现持续性的偏差时,应采取适当的预防措施;

e)　保存参加能力验证计划的所有记录,包括对不满意结果的调查记录。

4.1.2　能力验证计划提供者职责

能力验证计划提供者应帮助实验室和管理机构实施和利用能力验证计划。能力验证计划提供者应满足下列要求:

a)　有符合能力验证计划实施要求的质量管理体系和技术能力;

b)　有能力进行能力验证计划的测试材料和测试物品的制备、测试和分发;

c)　为参加能力验证计划的实验室对不满意结果进行调查提供支持,包括技术咨询和补充样品;

d)　为参与者提供详尽的说明,包括:

——测试结果的目标值及其评价标准的详细解释;

——能力验证计划参加者使用的不同检验方法所得结果的汇总统计;

——实验室和其他参加者所得结果的图形分析；
——实验室在历次能力验证计划中的统计结果；
——与本次能力验证有关的教育信息，以及影响能力验证结果的因素或错误来源的相关信息。

4.1.3 管理机构职责

管理机构应制定并实施以下工作和程序：

a) 要求能力验证计划提供者符合 4.1.2 要求；

b) 要求实验室对“不满意”的能力验证结果采取措施；

c) 评价实验室对不满意结果的调查和采取的纠正措施是否适当；

d) 必要时，监测和更新能力验证计划的内容、频次和评价标准。

4.2 能力验证计划的选择

实验室及其管理机构应在能力验证计划选择上达成一致。能力验证计划应根据实际工作需要，或由相关专业组织或机构推荐确定，并且应与实验室检验范围和实验室客户的需要相适应。管理机构通常应确定能力验证提供者的名单，提供适合不同实验室的能力验证计划，使实验室可根据需要选择参加。

4.3 能力验证样品处置

4.3.1 实验室应尽可能采取与常规临床样本相同的处理方式进行检验能力验证样品。

4.3.2 当能力验证样品与临床样本处理程序不同时，实验室应遵守能力验证计划提供者提供的操作程序。

4.3.3 能力验证样品应按照规定条件保存，以备复查。

4.4 能力验证结果的利用

4.4.1 使用能力验证结果时应注意，单次的能力验证结果(包括满意和不满意)不一定反映医学实验室的真实水平，只有将单次结果与持续监测的能力验证结果综合比较才能真实地反映医学实验室检验水平。特定的监测方案应针对医学实验室的分析物和分析目的，并且与医学实验室其他质量监测保持一致。

4.4.2 定量检验结果的监测可采用图形、表格或其他适当方式进行表达和分析，定性检验结果可通过简单比较“满意”和“不满意”的比例进行监测。

4.4.3 能力验证活动的统计数据能够评价检验方法的分析性能。医学实验室之间的差异能够反映方法的复现性，即在不同条件下检验结果的一致性。

5 能力验证结果不满意时的处理

当医学实验室的能力验证结果“不满意”时，说明在检验前、检验中、检验后过程中可能存在问题。医学实验室应系统评价检验过程的各个环节，尽可能发现存在的问题。评估程序应包括对患者检验结果影响的评估、补救措施、及出现问题的根本原因、纠正措施(尽可能消除根本原因)和用于确认纠正措施有效性的跟踪审核。

5.1 不满意能力验证结果的原因分析

实验室对不满意的能力验证结果应进行全面的原因分析，包括对能力验证样品检验的各种原始记录，可参考以下问题进行：

——是否在满意的条件下收到能力验证样本，其类型是否适合检验程序；
——是否按照规定程序进行样本处理；
——是否根据规定的检验程序进行操作；
——试剂和检验条件是否恰当；
——是否根据规定的程序维护和操作检验设备；
——检验能力验证样品时，室内质控是否为满意结果；

——结果报告、解释是否恰当；

——能力验证样品检验结果是否曾出现过同样问题，是否有导致失败的趋势；

——用正确保存的能力验证样本重复检验操作，是否得到类似的结果。

5.2 问题分类

5.2.1 人为差错

人为差错是指因报告抄录错误或报告媒介介质不正确使用而导致不满意能力验证结果，易在报告能力验证结果时出现，拷贝错误导致的错误比较单一，而抄错能够导致多种后续错误的结果。人为差错可分为：

——结果抄录差错，如小数点错位；

——能力验证样品标记差错；

——设备或方法(代码)的填写差错；

——检验结果的“单位”差错。

5.2.2 方法学差错

方法学差错指在检验系统、试剂盒或操作方法中出现的问题，可通过对检验程序操作记录的分析发现。方法学差错可分为以下几类：

——没有为操作人员准备作业指导书(SOP)；

——操作程序中步骤不完整或描述不准确或与当前实际操作不一致；

——试剂或控制物的生产商问题；

——检验结果接近检验方法的极限值或超出测量范围；

——不同品牌或不同批号试剂混用；

——给定的校准值不准确或校准系统不稳定；

——质控方法不恰当(如：质控物浓度或质控规则选择不合理)；

——方法学性能(如：偏差、灵敏度、特异性)不满足要求或未经确认；

——样品有残留；

——孵育条件不合适；

——数据库系统对生物体鉴定错误。

5.2.3 设备差错

设备差错是指设备和(或)其软件在用于样品或试剂的保存、检验时出现问题，导致不满意的能力验证结果，与分析设备或其辅助设备的某部分相关。设备差错包括：

——设备数据处理出现问题；

——仪器参数设置问题；

——设备功能障碍；

——设备软件程序错误；

——没有定期进行设备维护。

5.2.4 技术差错

技术差错是指个人操作错误并产生不满意的能力验证结果。技术差错是一种人为的差错，与设备操作或方法的掌握有关。技术差错可分为以下几类：

——未按要求检查设备功能；

——试剂或能力验证样品配制、处理或保存不当；如能力验证样品在操作中被污染；

——未按检验作业指导书操作；

——样品在设备里放置顺序不对；

——忽视质控结果提示的方法问题；

——校准错误；

——检验反应的判断错误。

5.2.5 能力验证样品问题

能力验证样品问题可包括：

——能力验证样品和患者样品的特性(待测物或基质)不同；

——样品在运输过程中变质或污染；

——接收到坏死样品，或样品反应弱，或有边缘效应；

——样品为非均质性，或含有干扰因素。

5.2.6 能力验证结果评价错误

指能力验证计划提供者提供错误数据，导致实验室能力验证结果不满意。此类错误包括：

——分组不当；

——目标值设定不当；

——评估区间使用不当。

5.2.7 调查后无法解释

调查后无法解释分为随机误差和系统误差：

a) 随机误差：当潜在的差错被排除后，特别是当重复检验后结果是“满意”时，单一“不满意”的结果可能是随机误差导致。随机误差可能会因技术问题、方法学问题、设备问题而增加；

b) 系统误差：当重复检验能力验证样本后，仍是“不满意”结果时，这种单一“不满意”结果可能不是随机误差导致。同样，如果两个以上结果在同样的错误方向，则可能是系统误差。

5.3 分析根本原因

调查所发现的问题如果不是导致不满意结果的的根本原因，应进一步确定和纠正潜在的根本原因。根本原因可从以下几方面确定：

——人员数量或培训不满意；

——实验室缺乏对能力验证的经验、认识和理解；

——设备操作不正确，或未充分利用功能，或使用不当；

——实验室设计或工作环境不合理。

5.4 评估影响和采取补救措施

对不满意的能力验证结果产生影响的评估和补救措施包括：从判定发生不满意的能力验证结果可能会影响患者诊疗开始，复查患者检验结果。如果复查结果显示患者检验结果可能受到了影响，医学实验室应采取相应的补救措施，必要时应停止检验和出具检验报告。按照下列方面分析确定检验结果：

——考虑不一致检验结果的医学意义，注意请教医师，必要时召回或重新鉴定不一致的检验结果；

——必要时停止检验和报告，确定下一步采取的措施；

——为解决问题确定人员职责；

——为继续检验确定人员职责。

5.5 实施纠正措施

医学实验室应实施纠正措施，以消除问题的根本原因，并监测所有纠正措施的有效性。

5.6 记录文档

医学实验室应用标准化的表格记录每一次不满意结果的调查记录，记录内容应包括调查、评估、补救措施、纠正措施、跟踪审核等。

5.7 检验前、后程序的评估

能力验证样品及表格通常与患者样品及检验报告不同，能力验证操作很少与常规实验室检验前和检验后操作有关联。能力验证计划提供者应设计用于评估实验室检验前、检验后程序的计划。医学实验室在执行能力验证活动过程中，如发现检验前、检验后程序可能产生不满意结果，也应采取相应措施。检验前程序和检验后程序的计划内容应符合 GB/T 22576 的规定。

6 能力验证应成为一种教育手段

能力验证实施过程中的计划、记录、样品和交流等信息资料均应作为实验室能力改进和提高的教育、培训资源。

6.1 能力验证计划

能力验证计划实施操作产生的程序和规范应成为实验室提高质量管理等方面的教育、培训的良好资源。

6.2 能力验证信息

能力验证完成后的相关信息和记录应为实验室回顾分析工作提供参考,通过相应教育、培训,改进实验室工作质量。

6.3 能力验证样品

能力验证使用的样品应成为实验室提高技术能力的有效教育和培训资源。

6.4 能力验证交流

能力验证计划提供者与实验室相关人员应定期以会议、讨论等形式进行交流,这种交流应视为实验室人员能力提高的良好教育和培训机会。

参 考 文 献

[1] Using Proficiency Testing to Improve the Clinical Laboratory; Approved Guideline

[2] ISO/IEC 17043 Conformity assessment—General requirements for proficiency testing

[3] GB/T 15483.1 利用实验室间比对的能力验证 第1部分:能力验证计划的建立和运作

[4] GB/T 15483.1 利用实验室间比对的能力验证 第2部分:实验室认可机构对能力验证计划的选择和使用

[5] GB/T 20470 临床实验室室间质量评价要求

ICS 03.120.20
A 00

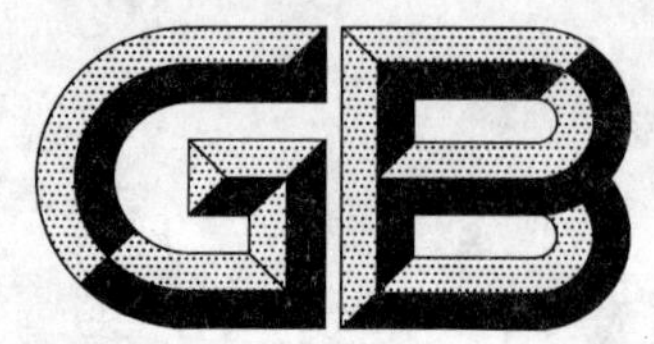

中华人民共和国国家标准

GB/T 27410—2010

消费类产品中有毒有害物质检测实验室技术规范

Technical specification for laboratories of testing hazardous substances in consumer products

2011-01-14 发布 2011-07-01 实施

中华人民共和国国家质量监督检验检疫总局
中国国家标准化管理委员会 发布

前　言

本标准是根据消费类产品中有毒有害物质检测的特点，对GB/T 27025—2008《检测和校准实验室能力的通用要求》的补充或细化。

本标准附录A、附录B、附录C为资料性附录。

本标准由全国认证认可标准化技术委员会(SAC/TC 261)提出并归口。

本标准负责起草单位有：中国质量认证中心。

本标准参加起草单位有：中国合格评定国家认可委员会、昆山市产品质量监督检验所、中华人民共和国北京出入境检验检疫局、浙江省质量技术监督检测研究院、中华人民共和国宁波出入境检验检疫局、江苏出入境检验检疫局机电产品检测中心、深圳华测检测技术有限公司、谱尼测试科技(北京)有限公司、上海市计量测试技术研究院、中认英泰(苏州)检测技术有限公司、通标标准技术服务有限公司、Intertek上海天祥质量技术服务有限公司。

本标准主要起草人：姜文博、曹实、陈小珍、刘来福、马奇菊、周杰、高惠明、陈伟、曹国洲、陆全荣、薛建、钱峰、宋薇、徐建、陈建国、王虎、贾真、刘滢、刘彦宾、王海龙。

引　言

随着科学技术水平和工业生产水平的提高，消费类产品的数量及种类正在快速增长。消费类产品中有毒有害物质的存在影响消费者的身体健康，破坏人类的生存环境。同时，随着人们的安全健康及环保意识不断增强，世界各国相关法律法规的不断出台，社会对消费类产品中有毒有害物质的检测要求也日益提高。实验室的规划建设、技术能力、管理水平直接影响着实验室检测工作质量，通过对我国现有的消费类产品中有毒有害物质检测实验室现状的调查研究和分析比较，结合我国同类实验室的现有人员配置、仪器装备、管理水平等情况，为规范消费类产品中有毒有害物质检测实验室的建设和日常运行、管理，特制定本标准。

消费类产品中有毒有害物质检测实验室应满足 GB/T 27025—2008《检测和校准实验室能力的通用要求》的要求，同时推荐使用本标准。本标准也可作为认可机构对此类实验室认可的依据。

消费类产品中有毒有害物质检测实验室技术规范

1 范围

本标准规定了消费类产品中有毒有害物质检测实验室应满足的技术要求，包括人员、设施和环境、样品管理、样品拆分和制备、仪器设备、检测方法及方法确认等关键环节。

本标准适用于电子电器产品、日用纺织品、玩具、装饰装修材料和家具等5类消费类产品中有毒有害物质检测实验室。其他适用的有毒有害物质检测实验室也可参考本标准。

2 规范性引用文件

下列文件中的条款通过本标准的引用而成为本标准的条款。凡是注日期的引用文件，其随后所有的修改单（不包括勘误的内容）或修订版均不适用于本标准，然而，鼓励根据本标准达成协议的各方研究是否可使用这些文件的最新版本。凡是不注日期的引用文件，其最新版本适用于本标准。

GB/T 8170—2008 数值修约规则与极限数值的表示和判定

GB/Z 20288 电子电气产品中有害物质检测样品拆分通用要求

GB/T 27025—2008 检测和校准实验室能力的通用要求

3 术语和定义

下列术语和定义适用于本标准。

3.1

消费类产品 consumer products

为满足社会成员生活需要而销售的产品。本标准所指的消费类产品主要包括电子电器产品、日用纺织品、玩具、装饰装修材料和家具等。

3.2

有毒有害物质 hazardous substances

相关法律法规中规定的对健康和环境可能造成危害的化学物质。

3.3

废弃物 waste substances

实验室样品处理和检测过程中产生的废弃物质。

3.4

样品拆分 sample disjointment

采用常规工具对产品进行必要的拆解以制备化学分析用样品的过程。

3.5

测量不确定度 measurement uncertainty

表征合理地赋予被测量之值的分散性，与测量结果相联系的参数。

4 人员

4.1 资质和能力

4.1.1 实验室从事仪器设备操作、化学检测、结果评价、感官评价、报告签发、检测方法开发和制定等人员均应具有相应的资质和能力，并不同程度的了解和掌握（关键检测人员需掌握）化学分析测量不确定度评价的方法。实验室全体人员应根据不同资质、能力等确定相应的岗位。

4.1.2 实验室授权签字人应具有化学相关专业本科以上学历，并具有3年以上相关技术工作经历。如果不具备化学相关专业本科以上学历，应具有足够的化学相关领域检测工作经历（至少10年）。

4.1.3 实验室人员应具备该行业职业健康安全的意识和知识，并履行各自的职业健康安全义务。

4.2 授权

除GB/T 27025—2008中规定的授权人员外，有毒有害检测物质实验室还应对以下岗位的工作人员给予授权后，方可上岗工作：

——试剂和标准物质管理人员；

——废弃物处置人员。

4.3 培训

4.3.1 实验室应根据科技发展、市场需求和实验室发展情况，明确实验室人员的教育和培训目标，制定培训计划并做好实施工作。实验室应对相关人员进行有关检测技能、安全以及化学防护、救护知识的培训，培训合格后方可从事相关检测工作，并进行持续培训。

4.3.2 仪器设备操作人员应经过相关仪器设备的操作和日常维护的培训，培训后应能够熟练操作相关仪器设备，确保数据的准确性，并能分析仪器设备、检测过程中相关因素对检测结果的影响。样品拆分、制样与前处理岗位人员应经过拆分、制样和前处理相关知识的培训，培训后能熟练操作各类制样和前处理设备，并能分析制样及前处理过程中相关因素对检测结果的影响。

4.3.3 实验室应对培训的有效性进行评价。

4.4 监督

4.4.1 实验室应建立有效的监督机制，对所有与检测活动相关的人员，尤其是关键岗位检测人员、仪器设备操作人员、检测辅助人员、采购人员、自校人员等进行有效监督，确保这些人员的工作符合实验室管理体系要求。

4.4.2 实验室应建立规范的人员档案，完整记录所有技术人员的技术能力、教育资质、培训经历、实际经验以及相关授权等信息，便于日常查阅、任务分工和能力培训。

5 设施和环境

5.1 从事有毒有害物质检测的实验室的设施和环境应相对独立。

5.2 所有设施应能确保样品在检测过程中不发生交叉污染，检测用玻璃容器应严格按要求进行清洗，防止容器污染而影响检测结果。与检测样品直接接触的容器应防止吸附造成的待测物丢失。样品前处理前应对通风橱、实验台面、实验器具、仪器设备等进行严格检查，确保不影响检测结果。

5.3 制样工作环境应独立于其他操作，保持适宜的温度和湿度，必要时应记录环境条件。实验室应具备必要的能防止样品制备传递过程污染的设施，如密封样品袋、样品状态标志等。

5.4 仪器设备所放置的环境应保持整洁，温度、湿度、光照、通风、电磁干扰、防震、防爆、接地等指标应达到仪器设备安装调试和使用的要求，必要时应对需要连续或较长时间运行的仪器设备配备不间断电源，防止断电等因素影响检测的进行。注意日常环境条件的控制，防止因环境因素突变而影响仪器设备的检测性能或损坏。当环境条件危及到检测结果时，应停止检测。

注：对于新建实验室，在对基础实施进行设计时可参见附录A。

5.5 有毒有害的标准物质和化学试剂应按有关规定进行管理。实验室应有专用设施来存放标准物质和化学试剂，按要求分类存放，防止污染，如有避光、低温等要求的，应特殊处理。

5.6 直接与检测样品接触的各类仪器设备或器具应保持清洁，检测完毕后应及时清理和清洗，如擦拭、冲淋等。

6 样品管理

6.1 抽样

6.1.1 若抽样作为检测的一部分时，实验室应制定相关的程序，记录与抽样有关的信息，包括所用抽样程序、抽样人的识别、环境条件(如果相关)、标明抽样位置的图示或其他等效方式(必要时)。

6.1.2 抽样程序应规定抽样过程中要控制的因素，以确保检测结果的有效性。

6.1.3 当客户要求偏离、添加或删除文件化的抽样程序时，应得到客户确认，实验室应详细记录相关信息。

6.2 样品接收

实验室应保证样品在整个检测过程中有唯一性的编号和状态标识(如：待检、检测中、已检等)。实验室接收样品时，应记录样品信息，如产品型号、产品的外观、装箱附件、功能、拆分信息等。若有异常情况或与检测方法所述有偏离的状态，实验室在检测之前与客户进行沟通，得到客户确认，并记录沟通和确认的内容。

6.3 样品保护

实验室应制定样品保护的相关规定。样品接收人员需要确认样品信息和检测要求，使用合适的方式进行传递。必要时，传递器具需要进行有毒有害物质本底检测，防止污染。实验室应向客户了解样品的存放条件，确保样品在实验室传递和保存中不发生变化、丢失、损坏或污染。必要时，应对存放样品的环境条件进行监控。

7 样品拆分、制备和前处理

7.1 样品拆分(必要时)

实验室应按照标准的要求对样品进行拆分，如电子电器产品的拆分可参考 GB/Z 20288 的规定。

7.2 样品制备

7.2.1 样品拍照(必要时)

样品在制备或检测前应对样品的原始状态进行照相，照片应能清晰反映出样品颜色和状态，可附加文字说明。样品图像可标注样品标识、标尺和取样位置。

7.2.2 样品制备

7.2.2.1 为保证检测样品的代表性，需要对样品进行制备。通常样品制备方法有：手工裁剪、机械研磨或粉碎、溶剂洗脱等。

7.2.2.2 样品制备前应核对样品编号，并确认样品描述与样品实物是否一致。

7.2.2.3 若对一个样品的不同部位分别进行制备，应采用文字或图片等方式说明取样位置。

7.2.2.4 应保证样品在制备过程中不受污染，尤其避免待测物质的污染。盛装或放置样品的容器应干燥清洁。制备好的样品应分别盛装并做好唯一性标识，记录必要信息，如品名、材料类别、检测项目、制样日期、制样人员、样品传递等信息。

7.2.2.5 处理易污染的粉末、粘稠物等样品时一定要戴手套并保证手套为一次性使用。

7.2.2.6 需用刀具将测试的表面涂层刮落收集时，勿将样品基材同时刮下带入。

7.2.2.7 处理特殊样品或危险样品时，应与客户确认采用适当的方法，防止意外。

7.3 样品前处理

样品应按相关标准要求进行处理，前处理过程中应避免待测物质的损失和污染。样品前处理的方法主要有试剂浸取、湿法消解、微波消解、萃取、索氏提取等。实验室应记录采用前处理的方法和前处理的过程，必要时可以采用拍照等方法。

8 仪器设备

8.1 实验室应配备有毒有害物质检测所需要的仪器设备以及必要的辅助器具，消费类产品中有毒有害物质检测实验室常用设备参见附录B。仪器设备的准确度、精密度、灵敏度等技术指标应满足检测方法的要求。

8.2 对检测结果有重要影响的仪器设备应由专人负责验收和使用。仪器设备的日常操作人员应经过培训,熟悉仪器设备的工作原理、操作步骤及日常的维护保养。必要时须持有相关管理部门核发的上岗证或操作证。

8.3 实验室的仪器设备应有明确的状态标识来识别设备的管理、使用和性能状况。对于需要校准的设备,可行时,还需标明校准状态,如上次校准的日期、校准有效期、校准机构等。

8.4 必要时应利用期间核查来保持对仪器设备校准状态的可信度,尤其是对稳定性差、使用频率高、使用环境差的设备。消费类产品中有毒有害物质检测实验室常用仪器设备的期间核查要求参见附录C。

8.5 对于脱离实验室直接控制的仪器设备,应对其功能和校准状态进行核查,满足要求后方可恢复使用。

9 试剂和标准物质

9.1 实验室应建立与检测有关的试剂与标准物质的购买、接收及储存程序。

9.2 实验室应采取适当的检查或验证方法确保影响检测质量的试剂与标准物质符合要求,并保存相关记录。

9.3 实验室应对影响检测质量的试剂与标准物质供应商进行评价并保存评价的记录和获批准的供应商名单。

9.4 试剂与标准物质应分类存放,妥善保管,存放环境应符合保存要求。

9.5 实验室配制的各种溶液均应明确标识,并注明试剂名称、浓度、配制时间、配制人员和有效期等。应制定标准溶液和其他内部标准物质的制备、标定、验证、核查、有效期限及其标识的文件化程序,并保存记录。

10 检测方法和方法确认

10.1 实验室应选择适合的方法进行检测,包括检测样品的拆分、制备、前处理、仪器分析等,必要时,对检测结果进行测量不确定度评定或用统计技术分析检测数据。若缺少指导书可能对检测结果有影响,实验室应制定相应的操作指导书。指导书、标准、手册和参考资料应保持现行有效并易于实验室人员取阅。检测方法的偏离应是在该偏离已被文件规定、经技术判断、授权和客户接受的情况下才允许发生。

10.2 实验室应采用满足客户需求并符合有关法律法规规定的检测方法进行检测。当客户未指定所用检测方法时,实验室应按优先选择国际、区域、国家标准或行业标准,并确保使用该标准最新有效的版本。当没有上述标准方法时,可选用经确认的非标方法和实验室方法。

10.3 实验室制定新的检测方法,可从设计开发的策划、输入、输出、评审、验证、确认和更改的控制加以考虑。

10.4 为满足客户需要,实验室需要使用非标准方法时,应与客户达成协议,说明非标准方法的限制与客户要求的关系。

10.5 实验室应对所使用的各种标准或方法进行评价或确认,以证实该方法适用于有关技术法规对有毒有害物质检测的要求。包括标准方法的评价和非标方法适用性的确认:

a) 非标方法和实验室方法的确认可采用标准物质(参考物质)校准、方法比较、实验室间比对、影响因素的系统评价或结果不确定度评定等方式,由具备资格的人员进行,确认应尽可能全面,并进行记录,以满足预定用途或应用领域的需要;实验室应记录所得到的结果、使用的确认程序以及该方法是否适合预期用途的声明;

b) 方法的评价应与客户的需求和实验室能力相适应,同时考虑方法的检出限、选择性、线性、重复性、再现性和结果的不确定度等,应满足相关法律法规的要求。

11 测量溯源性

11.1 实验室应选择有资质的检定/校准实验室完成设备和参考标准的校准。

11.2 对检测结果有影响的所有设备，包括检测辅助设备，在投入使用前均应进行检定或校准，以确保检测结果可溯源到国家基准或SI单位。若检测结果确实不能溯源至国家基准或SI单位时，可采用参加实验室间的比对或溯源至有证标准物质的方式，实验室对校准结果进行评价，以确认设备的校准结果数据能符合检测项目对设备的要求。

11.3 实验室应有专门的管理人员负责设备和参考标准的校准计划的制定与实施。实验室应能够提供所用设备的测量不确定度。

11.4 参考标准应仅用于校准而不用于其他目的。参考标准在任何调整前后均应校准。

11.5 可能时，标准物质(参考物质)应溯源至SI测量单位或有证标准物质(参考物质)。

11.6 实验室应对参考标准和标准物质(参考物质)进行期间核查，应制定核查计划和核查方法，保存核查的详细记录并进行结果评价，以保证其校准状态的可靠性。内部标准物质也应进行核查。

12 测量不确定度

12.1 实验室应有评定测量不确定度的程序。所有涉及有毒有害物质检测项目都应进行不确定度评定。

12.2 测量不确定度评定过程中，所有重要不确定度分量均应采取适当的方法加以考虑，如试样前处理引入的不确定度分量，样品的均匀性、反应效率、分析空白、基体效应、干扰影响、回收率等因素以及标准物质(参考物质)、方法和设备、环境条件、样品的性能和操作人员。

13 记录和检测报告

13.1 检测记录

13.1.1 实验室应对检测结果有影响的过程予以记录。检测记录应清晰、真实、准确、及时、完整；对每项检测，不论采取何种媒体方式进行记录，应包含充分的信息，以识别检测结果不确定度的影响因素，并确保在尽可能接近原条件下复现检测活动和检测结果，以及在必要时能追溯检测活动的过程和细节。

13.1.2 检测记录一般应包含下列信息：

a) 检测任务编号；
b) 检测样品名称和样品编号；
c) 检测项目；
d) 检测日期、地点(必要时)；
e) 检测方法，有关情况的说明(必要时)；
f) 主要检验仪器设备的名称、型号规格、编号；
g) 检测环境条件；
h) 样品拆分前后的状况记录；
i) 检测样品的拆分清单(必要时)；
j) 样品制备过程记录；
k) 所使用的消耗材料；
l) 检测前后主要检验仪器设备核查记录；
m) 观测记录、检测数据、修正值、计算公式、计算过程及导出结果；
n) 各环节检测人员、审核人员、复核人员(必要时)签名；
o) 检测过程中的异常情况，或由于某种原因导致检验失效的记录；
p) 其他与检测不确定度影响因素相关及追溯、复现所需的内容。

13.1.3 观察结果、数据和计算应在产生的当时予以记录，并能按照特定的任务分类识别。

13.1.4 当记录中出现错误时，每一错误应杠改，将正确值填写其旁边，并由改动人签名或签名缩写。对电子存储的记录也应采取相应措施，以避免原始数据的丢失或改动。

13.1.5 应准确记录所规定的全部信息，不得缺漏。必要时，还应包括临界数据分析的有关信息。

13.1.6 应采用法定计量单位和标准的符号、术语、代号等。

13.1.7 记录数据的位数应与所用仪器的分辨率相一致。数据的处理和修约应符合 GB/T 8170 及相关检测标准的规定。

13.1.8 当使用计算机或自动化仪器设备进行采集、处理、运算、记录检测数据时，应确保：

a) 应有保护数据完整、防止丢失的措施；

b) 数据处理、运算的程序应验证和核查；

c) 数据记录应有可追溯的标识；

d) 应有措施防止非授权人员/检测人员接触和篡改记录。

13.2 检测结果与规定限量的符合性评定

13.2.1 实验室应客户的要求，应对检测结果与规定限量的符合性进行评定。

13.2.2 当按某个特定规范进行检测，并且客户或规范要求做出符合性评定时，报告中应声明检测结果是否符合该规范。

13.2.3 最简单的情况是规范本身清楚地说明检测结果经在给定的置信概率下的不确定度扩展后不应超出某个限值或在某个规定的限定值内。

13.2.4 在多数情况下，规范要求在证书或报告中做出符合性评定，但没有指明进行符合性评价时需考虑不确定度的影响。在这种情况下，客户可以在不考虑不确定度的情况下，根据检测结果是否在规定限值范围内做出符合性判断。

13.2.5 在客户与实验室之间的协议或规范中已规定判断符合性时，可以忽略不确定度。实验室应记录并保存这些结果，以备日后查阅。

13.2.6 当没有相应的规范和客户要求时，建议采用下列方式：

a) 当检测结果以 95% 的置信概率延伸扩展不确定度半宽度后仍不超过规定限值时，则可以声明符合规范要求；

b) 如果检测结果向下延伸扩展不确定度半宽度后，仍超出规定限值，则可以声明不符合规范要求；

c) 在不可能检测同一个产品单元的多个样品的情况下，测得的单一值若非常接近规定限值，扩展不确定度半宽度与规定限值迭交，这时在规定的置信度上不能确定是否符合规范。应当报告检测结果与扩展不确定度，并声明无法证实符合或不符合规范。

13.3 检测报告

13.3.1 实验室出具的检测报告应准确、清晰、客观地反映每一项检测及其结果，内容应包括客户和所用方法要求的全部信息。

13.3.2 当检测报告包含了由分包方所出具的检测结果时，这些结果应予以清晰说明。

13.3.3 检测报告应至少包括下列信息：

a) 标题(例如“检测报告”)；

b) 实验室的名称和地址；

c) 检测报告的唯一性标识(如：系列号)和页码标识，报告结束的清晰标识；

d) 客户的名称和地址；

e) 检测样品的描述，可以采用文字和图像记录(包括样品名称、状态和标识)；

f) 检测样品的接收日期和进行检测的日期；

g) 检测方法及其偏离、增添或删节说明，特定检测条件的信息，如环境条件等；

h) 检测设备的信息，如仪器名称、检定/校准日期等(必要时)；
i) 带SI单位制的检测结果；
j) 对检测结果不确定度的说明(必要时)；
k) 对检测报告内容负责人员的姓名、职务、签字。

必要时，还应反映以下信息：

l) 检测结果仅对来样负责的有关的声明等；
m) 有毒有害物质符合(或不符合)要求和(或)规范的声明；
n) 对方法及结果的建议和解释，且应被清晰标注；
o) 客户要求做出评定并指定评判依据时，应给出评定结论；
p) 特定方法、客户或客户群体要求的附加信息。

如果检测涉及抽样过程，检测报告还应包括以下信息：

q) 抽样所代表的样本数量和(或)质量；
r) 样本的包装方式和包装完好情况；
s) 抽样方法；
t) 抽样地点、日期。

13.3.4 以其他媒体形式出具的检测报告应满足本标准的要求，并可以使用具有防篡改/防伪措施的等同标识。

14 检测结果质量控制

14.1 实验室应有质量控制程序以监控检测结果的准确性和有效性。可采用统计技术对检测结果进行审查，以确保实验室的检测质量有良好的发展趋势。实验室应积极参加所承检项目的质量控制活动，一般采取以下方式(但不限于)进行质量控制：

a) 在日常分析过程中使用有证标准物质(参考物质)和/或次级标准物质(参考物质)进行结果核查；
b) 有计划、有目的地进行空白实验，并且将空白值控制在一定水平；
c) 由同一操作人员对保留样品进行重复检测；
d) 由两个以上人员对保留样品进行比对检测；
e) 使用不同方法(技术)或同一型号的不同仪器对同一样品进行检测；
f) 参加能力验证或其他实验室间比对活动；
g) 分析样品不同特性结果的相关性。

14.2 实验室应有稳定的测量系统，通过实施内外部的质量控制计划，来分析检查结果，采取预防、纠正等措施来消除影响结果准确性的因素。当发现检测结果处于临界值时，应使用相同/不同方法或不同人员进行重复检测。

15 废弃物处置

15.1 实验室废弃物包括验余样品、过期样品、过期、失效的危险化学品、实验室产生的废弃试剂、实验废物、废气或废液等。实验室应制定废弃物处置程序，保证废弃物得到有效地控制。所有废弃物的处理均应填写处理记录并妥善保存。

15.2 实验室应按照有关法律法规对废弃物处理的要求进行处置，对实验中产生的对环境或人类健康有影响的废弃物应单独收集，必要时采取有效隔离，确保废弃物不造成环境污染及避免对人员的伤害。处置人员应具备相应资格。

15.3 对于验余样品、过期样品等对环境影响小或对人身伤害小的一般废弃物可通过明显标识，分类摆放，由专人统一收集，定期处置。

15.4 对于能在实验室通过中和、稀释、燃烧等简易方法处理的，则在实验室直接进行无害化处理。

15.5 需要特殊处理的危险废弃物(如：剧毒或有放射性样品)应按国家有关危险物品的相关管理规定单独包装或配有相应的防护配套装置，并作醒目标识和记录。

15.6 对于废弃物数量大、实验室自身难以处置的，应委托有资质的环保部门进行无害化处置，并保存处置记录。

16 安全要求

16.1 实验室应制定相应的安全操作、防护规程或作业指导书。

16.2 实验室应制定应急预案，当出现安全事故或对实验室人员和环境产生危害时，能及时应对。

16.3 实验室应在相关区域设置明显的安全性提示标识。非实验室人员未经允许不得进入实验室操作现场。确保进入实验室人员的安全。

16.4 实验室应有与检测范围相适应的安全防护装备及设施，如个人防护装备、烟雾报警器、毒气报警器、洗眼及紧急喷淋装置、灭火器等。

16.5 当制备未知样品或接触有毒有害物质时，应使用个人防护装备或设施。

16.6 使用液氮时，应安全操作，防止液氮溅出冻伤皮肤。

16.7 实验室配备的实验台应采用防水、防火、防腐蚀、耐热以及易清洗的材料。

附 录 A
（资料性附录）
实验室基础设施设计要求

A.1 平面布局要求

A.1.1 实验室的总体布局应注重模块设计，各类用房宜集中布置，做到功能分区明确，布局合理、联系方便、互不干扰，且留有发展余地。

A.1.2 有使用放射性、爆炸性、毒害性和污染性物质的相对独立或隔离区域，在总平面位置应符合有关安全、防护、疏散和环保等规定。

A.2 通风要求

A.2.1 实验室送、排风系统的设计应考虑实验室设备的使用条件及工作人员的安全，具有良好的通风设施，有需要的实验室应设有通风柜，通风柜柜口面风速值应按实验室有毒有害物质最高容许浓度设计。

A.2.2 送风口和排风口布置应使实验室内气流停滞的空间降低到最小程度。实验室区域及辅助区域的排风换气次数要有足够保证。

A.3 给排水要求

A.3.1 实验室给水管道和排水管道，应沿墙、柱、管道井、实验台夹腔、通风柜内衬板等部位布置，不得布置在贵重仪器设备的上方。给排水支管穿过实验室顶棚、墙壁和楼板处应设套管，管道与套道之间应有可靠的密封措施。

A.3.2 排水系统选择应根据污水的性质、浓度、流量并结合室外排水条件确定；排水管材件应满足强度、温度、耐腐蚀等性能要求；有害废水应经过处理，达到现行国家标准后方能排放。

A.4 气体管道

A.4.1 实验室气体管道的干管，应敷设在上、下技术夹层或技术夹道内，管道与墙壁或楼板之间应采取可靠的密封措施，高纯气体管道设计还应符合其他相关要求。气体管道应按不同介质设明显的标识，各种气瓶建议集中分类放置。

A.4.2 易燃易爆气体入口室、管廊、上下技术夹层或技术夹道内有可燃气体管道的易积聚处等部位应设可燃气体报警装置和事故排风装置，报警装置应与相应的事故排风机联锁。

A.5 电气要求

A.5.1 实验室用电负荷等级和供电要求应根据实际需求及设计规范确定，有特殊要求的工作电源宜设置不间断电源(UPS)。

A.5.2 接地系统采用综合接地方式时接地电阻值应小于或等于1 Ω，选择分散接地方式时，各种功能接地系统的接地体应远离防雷接地系统的接地体。对接地有特殊要求的实验仪器设备应按照仪器的要求设计，如一些大型仪器设备(如：光谱、质谱仪等)要求具有独立的接地装置，其接地电阻不得大于4 Ω。

A.6 安全消防

A.6.1 实验室建筑设计应执行国家现行有关安全、卫生、辐射防护、防火规范、环境保护等法规和规定。

A.6.2　实验室门、窗应采取安全防盗措施。实验室危险性试剂或化学危险品等物质贮存场所，应设置防盗门、防盗窗及报警装置等设施，并且要有严格的管理措施。

A.6.3　使用易燃易爆物量较大的实验室或气瓶间，应采用防爆工具、防爆电器开关及防爆灯具，还应安装易燃易爆气体浓度监测及报警装置。

A.6.4　经常使用强酸、强碱、有化学品烧伤危险的实验室，在出口就近处应设置应急喷淋器及应急眼睛冲洗器。

A.6.5　必须存放少量日常使用的化学危险品的实验室，应设置 24 h 持续通风的专用化学品贮存柜或通风柜。

附 录 B
(资料性附录)
消费类产品中有毒有害物质检测实验室常用设备

表 B.1 消费类产品中有毒有害物质检测实验室常用设备一览表

设备类别	常用设备举例
光谱	X 射线荧光光谱仪(XRF)
	红外光谱(IR)
	紫外可见分光光度计(UV-Vis)
	原子吸收分光光度计(AAS)
	原子荧光光度计(AFS)
	电感耦合等离子体原子发射光谱仪(ICP-AES)
	电感耦合等离子体质谱联用仪(ICP-MS)
色谱	气相色谱仪(GC)
	气相色谱质谱联用仪(GC-MS)
	高效液相色谱仪(HPLC)
	液相色谱质谱联用仪(LC-MS)
	液相色谱仪(LC)
	离子色谱(IC)
拆分	有专门的工作台及各种常规拆分工具(如:螺丝刀、剪刀、老虎钳等)
前处理	样品粉碎装置(如:冷冻研磨装置、剪板机、台钻等)
	回流装置(如:索氏抽提、旋转蒸发仪等)
	微波消解系统
	萃取装置(如:超声萃取、固相萃取装置等)
	加热装置(如:电炉、马弗炉、可控温电加热板等)
	恒温装置(如:水浴锅、恒温箱等)
	氮吹仪
	高速离心机
	振荡装置(如:振荡仪)
辅助	称量装置(电子天平)
	玻璃器皿清洗装置(如:超声清洗设备)
	样品拍照及记录系统

附 录 C
（资料性附录）
消费类产品中有毒有害物质检测实验室常用仪器设备建议校准间隔和期间核查要求

C.1 建议校准间隔

应按照国家相关法律法规要求执行，一般情况可参考以下建议：

a） 紫外分光光度计、酸度计、天平校准间隔为1年；

b） 气相色谱仪、液相色谱仪、气质联用仪、液质联用仪、原子吸收分光光度计、原子荧光光度计、等离子发射光谱仪、电位滴定仪校准间隔为2年；

c） 烘箱、高温电阻炉、温湿度计校准间隔为3年；

d） 滴定管、移液管、容量瓶、分样筛校准间隔为3年，其中用于碱溶液的为1年。

C.2 仪器设备的期间核查要求

在期间核查的具体工作中，实验室一般应对处于下列情况的仪器设备考虑进行期间核查：

a） 使用频繁；

b） 使用环境严酷或使用环境发生剧烈变化；

c） 使用过程中容易受损、数据易变或对数据存疑的；

d） 脱离实验室直接控制后返回的；

e） 临近失效期。

实验室应针对具体仪器设备的特点，从经济性、实用性、可靠性、可行性等方面综合考虑相应的期间核查方法。期间核查的常见方法如下：

a） 仪器说明书规定的方法或其他参考资料的校准方法；

b） 使用有证标准物质或参考物质；

c） 与相同准确度等级的另一个仪器设备或几台仪器设备的量值进行比较；

d） 对稳定的被测件的量值重新测定；

e） 参加实验室间比对。

参 考 文 献

[1] CNAS-CL01:2006 检测和校准实验室能力认可准则

[2] CNAS-CL08:2006 评价和报告测试结果与规定限量符合性的要求

[3] CNAS-CL10:2006 检测和校准实验室能力认可准则在化学检测领域的应用说明

后　记

2010年制修订国家标准共2846项，分91册出版。

1. 2010年度发布的顺延上年度标准编号的新制定的国家标准，从GB/T 24848—2010开始，至GB/T 27410—2010结束，收入在《中国国家标准汇编》2010年"制定"卷第450～503分册中，共54册，收入国家标准1794项。

2. 2010年度发布的非顺延上年度标准编号的新制定的国家标准和全部修订的国家标准，收入在2010年修订-1～修订-37分册中，共37册，收入国家标准1047项。

3. GB/T 25270—2010、GB/T 25447—2010、GB/T 26437—2010、GB/T 27407—2010、GB/T 27408—2010因故延迟出版。

中国标准出版社

2011年8月